# Cuadernos de lógica, epistemología y lenguaje

Volumen 17

# Filosofía posdarwiniana
Enfoques actuales sobre la intersección entre análisis epistemológico y naturalismo filosófico

Volumen 6
La Lógica como Herramienta de la Razón. Razonamiento Ampliativo en la Creatividad, la Cognición y la Inferencia
Atocha Aliseda

Volumen 7
Paradojas, Paradojas y más Paradojas
Eduardo Barrio, editor

Volumen 8
David Hilbert y los fundamentos de la geometría (1891-1905)
Eduardo N. Giovannini

Volumen 9
Henri Poincaré. Del Convencionalismo a la Gravitación
María de Paz

Volumen 10
Innovación en el Saber Teórico y Práctico
Anna Estany y Rosa M. Herrera

Volumen 11
El fundamento y sus límites. Algunos problemas de fundamentación en ciencia y filosofía.
Jorge Alfredo Roetti y Rodrigo Moro, editores

Volumen 12
Una introducción a la teoría lógica de la Edad Media
Manuel A. Dahlquist

Volumen 13
Aventuras en el Mundo de la Lógica. Ensayos en Honor a María Manzano
Enrique Alonso, Antonia Huertas y Andrei Moldovan, editors

Volumen 14
Infinito, lógica, geometría
Paolo Mancosu

Volumen 15
Lógica, Conocimiento y Abducción. Homenaje a Ángel Nepomuceno
C. Barés Gómez, F. J. Salguero Lamillar and F. Soler Toscano, editores

Volumen 16
Dilucidando π. Irracionalidad, trascendencia y cuadratura del círculo en Johann Heinrich Lambert (1728-1777)
Eduardo Dorrego López and Elías Fuentes Guillén. With a preface by José Ferreirós

Volumen 17
Filosofía posdarwiniana. Enfoques actuales sobre la intersección entre análisis epistemológico y naturalismo filosófico
Rodrigo López-Orellana and E. Joaquín Suárez-Ruíz, editors. Prólogo de Antonio Diéguez Lucena

Cuadernos de Lógica, epistemología y lenguaje
Series Editors                              Shahid Rahman and Juan Redmond
Assistant Editor                                       Rodrigo López-Orellana

# Filosofía posdarwiniana
## Enfoques actuales sobre la intersección entre análisis epistemológico y naturalismo filosófico

Editores
**Rodrigo López-Orellana
E. Joaquín Suárez-Ruíz**

Prólogo de
Antonio Diéguez Lucena

© Individual author and College Publications 2021. All rights reserved.

ISBN 978-1-84890-379-1

College Publications
Scientific Director: Dov Gabbay
Managing Director: Jane Spurr

http://www.collegepublications.co.uk

Cover produced by Laraine Welch

All rights reserved. No part of this publication may be reproduced, stored in a retrieval system or transmitted in any form, or by any means, electronic, mechanical, photocopying, recording or otherwise without prior permission, in writing, from the publisher.

# Índice

Prefacio de los Editores .................................................................... 1-6

Prólogo. Biología y filosofía en conversación ..................................... 7-17
    Antonio Diéguez

## I. Entre precursores y cambios de paradigma

1. Charles Darwin and Ethics: why the *Descent of Man* is the most important work in moral philosophy since Aristotle's *Nicomachean Ethics* (se acompaña de traducción al castellano) ..... 21-60
    Michael Ruse

2. Selection for Oppression: Where Evolutionary Biology Meets Political Philosophy (se acompaña de traducción al castellano) .... 61-84
    David Livingstone Smith

3. Darwin filósofo ................................................................ 85-122
    Santiago Ginnobili

4. El naturalismo gradualista y continuista de John Dewey .............. 123-143
    Ana Cuevas Badallo

5. Lo material, lo ideal y la historia: algunas reflexiones en torno al "materialismo" darwiniano ........................................................... 145-167
    Maurizio Espósito

6. El retorno del determinismo genético ......................................... 169-186
    Antonio Diéguez

## II. El difuso límite entre análisis epistemológico y naturalismo filosófico

7. La « société » entre nature et artifice. Esquisse d'un naturalisme social modéré (se acompaña de traducción al castellano) .............. 189-238
    Laurence Kaufmann; Fabrice Clément

8. Estrategias naturalistas en teoría social .................................. 239-265
    Félix Ovejero

9. Bases biológicas y culturales de la creatividad humana ................. 267-277
    Alfredo Marcos

10. Juicios sociales y conceptos en primates no humanos ................. 279-304
    Laura Danón

11. Tomando la continuidad en serio: cultura animal en el marco
    de la discusión sobre el gradualismo evolutivo ........................... 305-330
    Leonardo González Galli; E. Joaquín Suárez-Ruíz

12. La Antropología Filosófica frente al factum de la evolución ......... 331-347
    Rodrigo Braicovich

13. Construyendo desde adentro: repensando la metaética y el debate
    sobre el aborto desde una comprensión evolutiva de la naturaleza
    humana ........................................................................ 349-374
    Julieta Elgarte; Martín Daguerre

## III. De la filosofía de las ciencias cognitivas al giro cognitivo en la filosofía

14. La cognición extendida y colaborativa: un reto para la
    epistemología ................................................................ 377-395
    Anna Estany

15. ¿Puede controlar el cerebro nuestra mente? ............................. 397-408
    Camilo Cela Conde

16. Reivindicación psicológico-mecanicista de la autoridad de las
    normas morales ............................................................. 409-427
    Alejandro Rosas López

17. Bases neuroéticas de la corrección política. Una aproximación
    desde la teoría de la espiral del silencio de Elisabeth Noelle-
    Neumann ..................................................................... 429-453
    Pedro J. Pérez Zafrilla

18. El reduccionismo instrumentalista de la racionalidad ecológica aplicada a las decisiones morales .................................................. 455-469
    María Natalia Zavadivker

# Prefacio de los Editores

**Rodrigo López-Orellana; E. Joaquín Suárez-Ruíz**

Este libro es una colección de textos que versan sobre lo que denominamos "filosofía posdarwiniana". Según se evidencia desde el título, con dicho concepto nos referimos a reflexiones sobre la intersección contemporánea entre el análisis epistemológico de la biología, a través del cual la filosofía examina los diversos aspectos de las hipótesis, teorías y conocimientos biológicos, y el naturalismo filosófico, perspectiva la cual se caracteriza por integrar hipótesis, teorías y conocimientos biológicos en la investigación filosófica. A su vez, el calificativo "posdarwiniano" indica que los trabajos aquí compilados no discurrirán sobre la intersección entre ciencias biológicas y filosofía en general, sino que harán énfasis en las implicaciones de la perspectiva evolutiva en la filosofía actual. Específicamente, el prefijo "post" busca resaltar el hecho de que los desarrollos de Charles Darwin han representado un antes y un después en la comprensión de los seres vivos en general y de los seres humanos en particular, cuya influencia no se limitó al ámbito de las ciencias biológicas sino que se extendió y se extiende incluso a las diversas disciplinas filosóficas.

Para ejemplificar en qué consiste esta intersección entre epistemología y naturalismo, nos remitiremos a una tendencia existente entre no pocos filósofos de la biología. En los desarrollos recientes de investigadores como Philip Kitcher, Daniel Dennett o Michael Ruse, se evidencia que la metodología de investigación en su campo de estudio ya no se limita exclusivamente al análisis epistemológico. Por ejemplo, cuando Kitcher (2011) analiza el origen hipotético del proyecto ético en las primeras comunidades humanas, cuando Dennett (2004) problematiza la pertinencia del concepto de "libre albedrío" a la hora de comprender el origen y fundamento de la moral o cuando Ruse (1986) analiza las limitaciones de las éticas normativas tradicionales desde el punto de vista de la evolución biológica, estos filósofos de la biología complementan sus indagaciones epistemológicas con reflexiones acerca de cuál sería el alcance y los límites de la perspectiva evolutiva en la ética filosófica.

Vale resaltar que la introducción del enfoque evolutivo post-darwiniano en la filosofía no es nueva, dado que se encontraba presente ya en las primeras décadas del siglo XX en reflexiones de pensadores como John Dewey (1911). Sin embargo, también es preciso tener en cuenta que la actualización de la perspectiva evolutiva desde los tiempos de Dewey hasta hoy en relación con el avance en disciplinas como la primatología, la neurociencia o la biología evolutiva, ha sido considerable. De modo que al retomar las reflexiones de precursores del enfoque filosófico posdarwiniano como Dewey, es preciso además actualizarlas a la luz de las investigaciones científicas del presente.

Un punto importante que no hay que pasar por alto es el hecho de que la introducción de la perspectiva evolutiva en la investigación filosófica aún no suele ser bien recibida por gran parte de la comunidad filosófica hispanohablante. Por un lado, dicho rechazo se vincula con ecos históricos de algunos intentos fallidos con consecuencias funestas, como el positivismo comteano, el darwinismo social spenceriano o la frenología de corte lombrosiano. A pesar de tratarse de corrientes teóricas caducas, según Michael Ruse (1993) es en gran parte a causa de ellas que disciplinas como la "ética evolutiva" todavía poseen una suerte de "mal olor" para los filósofos en general. Por otro lado, también se vincula con la concepción dogmática, acrítica y por momentos ingenua de las potencialidades de los conocimientos científicos en la que suelen caer algunos filósofos demasiado entusiasmados con las ciencias.

A partir de esta tensión contemporánea entre el avance de proyectos que abogan por una filosofía científicamente informada y sus detractores, el "naturalismo filosófico" se ha convertido en uno de los tópicos de mayor actualidad en filosofía actual. Ahora bien, ¿en qué consiste un enfoque "naturalista" de los problemas filosóficos? Vale resaltar desde un principio que, tal como sugiere David Smith, *el naturalismo viene en muchos sabores* (2017, 8). Por ejemplo, según el filósofo de la biología Antonio Diéguez (2014) no habría algo así como "el" naturalismo, sino que debería hablarse de al menos tres tipos: un naturalismo "ontológico", uno "epistemológico" y uno "metodológico". Los dos primeros poseen varios problemas. El primero se compromete con el supuesto de que las entidades naturales permanecen invariables cual esencias fijas ("esencialismo" en el naturalismo ontológico[1]), y el segundo, por otro lado, con el supuesto de que el conocimiento científico no es condicionado por los cambios socio-históricos ("cientificismo" en el naturalismo epistemológico). Para evitar estos dos compromisos fuertes,

---

[1] Vale resaltar que esta crítica se aplica solamente al naturalismo ontológico reduccionista, el cual supone que todas las propiedades son propiedades de entidades materiales o son supervinientes de forma fuerte sobre propiedades naturales. Dicho de otro modo, aunque hay propiedades de nivel superior (como las propiedades mentales), éstas pueden ser reducidas, al menos idealmente, a propiedades de nivel inferior (fisicoquímico). El naturalismo ontológico no reduccionista, sostiene que las propiedades supervinientes (como las propiedades mentales) no pueden existir sin la base correspondiente en propiedades fisicoquímicas, pero no son reductibles a ellas (Diéguez 2012).

Diéguez opta por el "naturalismo metodológico" como la opción más atinada en la comprensión de cómo y en qué medida reconocerle pertinencia a los conocimientos científicos en el análisis de problemas filosóficos. En palabras del filósofo:

> El naturalismo metodológico no sólo es hoy la única opción viable en la ciencia, sino que es visto además por muchos filósofos (entre los que me encuentro) como una opción saludable en la propia práctica de la filosofía. El filósofo que así lo estime, tenderá a creer [...] que no hay diferencias metodológicas que marquen una separación absoluta entre la filosofía y la ciencia —o si se quiere que la filosofía también debe tomar la evidencia empírica como piedra de toque de sus propuestas teóricas, que a su vez han de interpretarse como hipótesis revisables. Aceptará, pues, que en la filosofía puede también aplicarse de forma fructífera un principio de parsimonia —Ronald Giere lo ha bautizado como "principio de prioridad naturalista"— que manda no explicar de forma no naturalista lo que puede ser explicado de forma naturalista. (2014, 40)

La propuesta de Diéguez deja en evidencia que existen vías prometedoras para explorar la posibilidad de una filosofía que incluye conocimientos biológicos en sus investigaciones y que no necesariamente cae en perspectivas problemáticas como las mencionadas más arriba. Su punto de vista posibilita, por un lado, conservar una visión crítica de los conocimientos científicos que escapa del esencialismo y/o el cientificismo, al mismo tiempo que, por otro lado, permite defender que dichos conocimientos son insoslayables a la hora de analizar problemas filosóficos actuales. De hecho, el naturalismo metodológico del filósofo español coincide hasta cierto punto con la definición que ofrece Michael Ruse del "naturalismo filosófico". A grandes rasgos, según Ruse consiste en "usar los métodos de las ciencias empíricas o las conclusiones de ellas en nuestras inquisiciones filosóficas" (2002, 152). A la luz de las afirmaciones de estos dos filósofos se comprende que la filosofía hoy posee al menos dos tipos distintos pero complementarios de articulación con los conocimientos científicos. Por un lado, un enfoque epistemológico y, por otro lado, un enfoque naturalista. Es en la intersección de ambos donde discurren los desarrollos que componen este libro.

En este breve prefacio hemos decidido distinguir la perspectiva de Diéguez por el hecho de que su defensa del naturalismo filosófico ha representado una inspiración fundamental a lo largo del proceso de ideación y concretización de este compilado. A su vez, al igual que el filósofo español, consideramos que el hecho de que no haya diferencias metodológicas absolutas entre la filosofía y la ciencia conlleva múltiples implicaciones teóricas que aún resta analizar en profundidad. Es por ello que, siendo que aún escasean las producciones académicas en castellano sobre el punto de intersección entre la filosofía de las ciencias (de las biológicas en particular) y la perspectiva naturalista del análisis filosófico, el objetivo principal de este libro es ahondar en dicho tópico a través de las reflexiones de diversos pensadores reconocidos a nivel internacional. Finalmente, nuestro propósito a largo plazo es alentar a los filósofos y las filósofas hispanohablantes a que se unan a esta empresa, con el fin de favorecer un vínculo cada vez más estrecho entre la investigación filosófica y la científica que, no obstante, no pierda de vista la identidad de cada una de ellas.

En la primera sección, denominada *Entre precursores y cambios de paradigma*, se incluyen textos que examinan las características actuales del vínculo entre las ciencias biológicas y la filosofía, así como también aquellos que exploran la relevancia de figuras como Charles Darwin o John Dewey en el proceso de maduración de una perspectiva evolutiva en la investigación filosófica. En la segunda sección, denominada *El difuso límite entre análisis epistemológico y el naturalismo filosófico*, se incluyen desarrollos que versan sobre los posibles aportes y problemas que conlleva la inclusión de conocimientos biológicos en las diversas disciplinas filosóficas. Por último, la tercera sección, denominada *De la filosofía de las ciencias cognitivas al giro cognitivo en la filosofía*, agrupa textos focalizados específicamente en uno de los aspectos actualmente más en boga del naturalismo filosófico, a saber, la introducción de saberes provenientes de disciplinas como la psicología experimental, las neurociencias y las diversas ciencias cognitivas en el análisis filosófico.

Finalmente, aprovechamos para agradecer enormemente a todos los autores que tan generosamente han aceptado unirse a este proyecto. Su paciencia y confianza fueron las que lo hicieron posible. Nos gustaría, también, destacar la presencia de Michael Ruse, quien ya nos había acompañado en una selección de textos previa (Suárez-Ruíz y López-Orellana, 2019). Al enviarnos su capítulo para este libro, Michael nos ha dicho lo siguiente: "Inmodestamente, creo que es uno de los mejores ensayos que he escrito. Es un placer y un privilegio compartirlo con mis muchos amigos de Sudamérica".

**Acerca de los Editores**

**Rodrigo López Orellana** es Doctor en Lógica y Filosofía de la Ciencia por la Universidad de Salamanca, Universidad de Santiago de Compostela, Universidad de La Laguna, Universidad de Valencia (Estudio General), Universidad de Valladolid y Universidad de A Coruña, España.

Es Investigador del Proyecto Postdoctoral (No 3210531) "Por un enfoque pragmático-filosófico de los sistemas-objetivo en la modelización de sistemas biológicos", financiado por la Agencia Nacional de Investigación y Desarrollo, Chile. Además, es Investigador en el Instituto de Estudios Científicos y Tecnológicos, Universidad de Salamanca, España (http://institutoecyt.usal.es). Además, es Investigador Extranjero (Pesquisador Estrangeiro), Grupo de Investigación "Filosofía de la Medicina y Epidemiología", en la Universidade Federal de Goiás, Brasil.

DGP - Diretório dos Grupos de Pesquisa no Brasil, CNPq - Conselho Nacional de Desenvolvimento Científico e Tecnológico, Brasil (http://dgp.cnpq.br/dgp/espelhogrupo/691493).

Es Editor Jefe de las revistas: *Artefactos. Revista de Estudios Científicos y Tecnológicos*, Instituto de Estudios Científicos y Tecnológicos de la Universidad de Salamanca (ECYT-USAL), España, eISSN 1989-3612 (http://revistas.usal.es/index.php/artefactos/); y de la *Revista de Humanidades de Valparaíso*, Instituto de Filosofía, Universidad de Valparaíso, eISSN 0719-4242 (https://revistas.uv.cl/index.php/RHV). Asimismo, es Editor de la *Serie Selección de Textos*, del Instituto de Filosofía-UV (http://www.selecciondetextos.cl).

Publicaciones en: http://www.cefiloe.cl/rodrigo-lopez-orellana/

Email: rodrigo.lopez@uv.cl

**E. Joaquín Suárez-Ruíz** es Magíster en Filosofía por la Université Bordeaux-Montaigne. Su formación de grado es Profesor y Licenciado en Filosofía, y Profesor y Licenciado en Comunicación Audiovisual por la Universidad Nacional de La Plata (UNLP). Actualmente forma parte de proyectos de investigación de la UNLP y de la Universidad de Buenos Aires, y es becario doctoral del Consejo Nacional de Investigaciones Científicas y Técnicas, Argentina. Su tema de investigación actual son las bases evolutivas de la polarización política. Los resultados de sus investigaciones previas han sido publicados en diversas revistas especializadas como *Signos filosóficos, Logos. Anales del seminario de metafísica, Tópicos, Comprendre, Estudos em Comunicação*, entre otras.

Email: jsuarez@fahce.unlp.edu.ar

**Referencias bibliográficas**

Dennett, D. (2004). *La evolución de la libertad*. Barcelona: Paidós.

Dewey, J. (1910). The Influence of Darwin on Philosophy. En *The Influence of Darwin on Philosophy and Other Essays*. New York: Henry Holt and Company.

Diéguez, A. (2014). Delimitación y defensa del naturalismo metodológico (en la ciencia y en la filosofía). En R. Gutierrez-Lombardo, J. Sanmartín (Eds.), *La filosofía desde la ciencia* (pp. 21-49). Ciudad de México: Centro de Estudios Filosóficos, Políticos y Sociales Vicente Lombardo Toledano.

Kitcher, P. (2011). *The ethical Project*. Cambridge, Massachusetts: Harvard University Press.

Ruse, M. (1986). Evolutionary ethics: A phoenix arisen. *Zygon, 21*(1), 95-112.

Ruse, M. (1993). The new evolutionary ethics. En M. H. Nitecki y D. V. Nitecki (Eds.), *Evolutionary ethics* (pp. 133-162). New York: State University of New York Press.

Ruse, M. (2002). A Darwinian Naturalist's Perspective on Altruism. En Stephen Post et al. (eds.), *Altruism and altruistic love: Science, philosophy, and religion in dialogue* (pp. 151-167). Oxford: Oxford University Press.

Smith, D. L. (Ed.) (2017). *How Biology Shapes Philosophy: New Foundations for Naturalism*. Cambridge University Press.

Suárez Ruíz, E. J., Lopez-Orellana, R. (2019). Sección Monográfica: Perspectivas actuales en Filosofía de la Biología. *Revista de humanidades de Valparaíso*, 14, 7-8.

# Prólogo

*Biología y filosofía en conversación*

**Antonio Diéguez Lucena**[*]

> La filosofía es el intento inusualmente obstinado de pensar con claridad.
>
> William James

En la introducción a un libro publicado hace ya casi veinte años con un título ambicioso, *The Future for Philosophy*, el filósofo norteamericano Brian Leiter, especialista en Nietzsche y en filosofía del derecho, que ejercía como editor del mismo, señalaba la existencia de tres mitos arraigados acerca de la situación de la filosofía en aquel momento. El primero era que el postmodernismo, identificado con el escepticismo sobre la objetividad de la moral, la verdad, el conocimiento y la ciencia, era la filosofía triunfante. El segundo, que la filosofía, tal como ya habían anunciado Wittgenstein y Heidegger décadas antes, estaba llegando a su fin. Los que aún seguían, pese a todo, haciendo filosofía –y este era el tercer mito–, la habían convertido en un asunto técnico y profesional, irrelevante para el común de los mortales, traicionando así lo que la filosofía pretendió ser a lo largo de su historia. De forma más esperanzada que firme me atrevo a sugerir aquí que las cosas han cambiado un poco desde entonces.

---

[*] Catedrático de Lógica y Filosofía de la Ciencia en la Universidad de Málaga, España. Miembro de número de la Academia Malagueña de Ciencias. Sus líneas de investigación son el realismo científico, la filosofía de la biología, la filosofía de la tecnología, el biomejoramiento humano y el transhumanismo. Es autor de numerosos artículos y libros. Entre estos últimos destacan: La evolución del conocimiento. De la mente animal a la mente humana (Biblioteca Nueva, 2011), La vida bajo escrutinio. Una introducción a la filosofía de la biología (Biblioteca Buridán, 2012), Filosofía de la ciencia (UMA editorial, 2020), Transhumanismo. La búsqueda tecnológica del mejoramiento humano (Herder, 2017), y Cuerpos inadecuados (Herder, 2021).

El postmodernismo, aunque conserva todavía alguna influencia en ciertos ámbitos, empieza a ser visto como cosa del pasado (lo que, por cierto, nos pone en la extraña situación de ser postpostmodernos, a menos que encontremos pronto un buen nombre para la extraña época en la que estamos). Por otro lado, no muchos filósofos defienden ya de forma categórica la tesis del final próximo de la filosofía, por mucho que algún afamado científico y ciertas autoridades educativas insistan todavía en ella para cuestionar una influencia que les molesta o solo para escamotear una de por sí precaria financiación. En general, con excepción de unos pocos pesimistas o quietistas, la convicción de los filósofos actuales es más bien que la filosofía, lejos de haber acabado, tiene bastante tarea por hacer, en especial cuando se tiene en cuenta que vivimos en un mundo dependiente irreversiblemente de una sobreabundante tecnología y que la reflexión detenida sobre los fines que merece la pena perseguir con ella es cada vez más necesaria. La filosofía puede contribuir a ofrecer una perspectiva global de los desafíos que nos presentan los avances tecnológicos y los cambios políticos y sociales, que no son pocos, ni fáciles de afrontar, puesto que está en juego la propia pervivencia de nuestra especie (crisis climática, crisis ecológica, transhumanismo, etc.). En cambio, me parece que del tercer mito citado no nos podemos escabullir con la misma facilidad. La filosofía sigue siendo un campo en exceso especializado y técnico, con una débil vocación por acercarse a un público amplio para explicarle su función y sus logros. Esa es al menos la impresión que queda tras la lectura de cualquier artículo publicado en una revista académica o de la mayoría de los libros que se editan cada año. Precisamente por eso, creo que debe ser muy bienvenido cualquier esfuerzo por ampliar el número de interesados en las reflexiones de los filósofos, como el que hace este libro, al mostrar en qué medida las ciencias, y particularmente la biología, están conformando el contenido de esas reflexiones en el momento presente y cómo esa interacción ha modificado la visión tradicional del ser humano.

Hay, sin embargo, un mito que Leiter no menciona y que se mantiene ahora con la misma tenacidad que hace veinte años. El mito de que la filosofía es inútil, que no sirve para nada. Algunos filósofos han llegado a asumirlo con orgullo, como si la inutilidad de la filosofía fuera un bien preciado que la distingue de los vulgares saberes utilitarios. Ese mito es falso, claro está. Una cosa es que la filosofía no sirva para construir aparatos o utensilios, que no genere tecnología, ni ayude a dinamizar los mercados, y otra bien distinta que sea inútil sin más. Por mucho valor que pueda tener lo inútil, la filosofía no debería asumir ese valor. Puede que la filosofía no se busque principalmente por su utilidad práctica, como enseñaba Aristóteles, pero hacen mal quienes la presentan como un modo alternativo de conocer la realidad que, a diferencia de las ciencias, no conduce nunca a su transformación ni la pretende, como si su reino no fuera de este mundo o sus ideas condujeran solo al cultivo personal.

La (buena) filosofía tiene, de hecho, una gran utilidad. Crea conceptos nuevos para precisar ideas aún no pensadas con claridad, algunos de los cuales son luego incorporados a las ciencias; señala los límites de los viejos conceptos, que hacen que estos ya no puedan encajar bien en las nuevas circunstancias históricas, y ayuda a derribarlos cuando son un estorbo; proporciona argumentos para apoyar mejor y de forma más persuasiva las ideas más racionales, y facilita la detección de los argumentos falaces y de las preguntas mal formuladas. En realidad, si se mira con atención, se verá que pocas cosas han sido más transformadoras que la filosofía. Las ideas filosóficas han ejercido una poderosa influencia que ha dejado en numerosas ocasiones su huella visible en la historia. Han alejado o acercado pueblos; han sustentado y justificado revoluciones; han edificado instituciones culturales y sistemas políticos; han erradicado o santificado costumbres; han forjado utopías que anhelar (como la de la paz universal y perpetua o la de la igualdad entre los seres humanos) y distopías que evitar. Nos han dado, en definitiva, a los seres humanos una imagen coherente de nosotros mismos, junto con unos ideales de perfeccionamiento (aunque también de conformidad), y, sobre todo, nos han enseñado que las cuestiones últimas que siempre nos han importado pueden alcanzar una respuesta, por tentativa y provisional que sea, dentro de límites de la mera razón.

Incluso para las ciencias ha tenido la filosofía una gran utilidad. No solo por el hecho bien conocido de que muchas de las ciencias fundamentales se han ido desgajando a lo largo de la historia del tronco común de la filosofía, que preparó el camino hasta que los ámbitos correspondientes de la realidad pudieron estudiarse con métodos más precisos, sino porque –y esto es un hecho mucho menos reconocido– la reflexión filosófica ha realizado aportaciones en diversas disciplinas que han contribuido, aunque sea modestamente, a su desarrollo. La filosofía de la biología, que es el campo que aquí más nos interesa, proporciona algunos ejemplos relevantes. Pensemos en el problema de la conducta altruista y si cabe su explicación mediante el recurso a la selección de grupos, o en el asunto más general de los niveles sobre los que puede actuar la selección natural. Pensemos en problemas de tipo conceptual, como el de la clarificación de la noción de especie o de la noción de eficacia biológica (fitness); o pensemos en las dificultades para determinar el papel y justificación de los conceptos informacionales en biología, o en los laberintos teóricos que hay detrás de las ideas de complejidad y de individuo. Y podríamos añadir el espinoso asunto de los fundamentos metodológicos de la sociobiología y la psicología evolucionista, o el debate acerca de si es posible tener un concepto único de gen. En todos estos temas, que competen sin duda a la biología, hay filósofos que han participado activamente en su discusión con resultados bien acogidos por los propios biólogos. Incluso encontramos casos de filósofos que han sido capaces de llevar a cabo estudios de campo sobre fenómenos biológicos, como han sido los trabajos de Peter Godfrey-Smith sobre la cognición en cefalópodos. En otra rama de la filosofía, la que integran la filosofía de la mente y la filosofía de la psicología, han surgido también ideas que han sido aprovechadas por los científicos, como la de la modularidad de la mente, o diversas hipótesis sobre el origen y significado de la consciencia.

Si lo que he dicho hasta ahora ha despertado un cierto acuerdo en el lector, tal como espero que haya sido, puede que su buena disposición decaiga si menciono también dentro de sus funciones útiles la tarea crítica que la filosofía ha ejercido con respecto a diversas concepciones de la ciencia. Feyerabend hizo mucho por socavar el mito de que hay UN Método Científico, único y estable a través de los tiempos, igual para todas las ciencias, y capaz de garantizar la verdad de lo que se consigue mediante él. El pluralismo metodológico cuenta desde entonces con una creciente aceptación. Y en años recientes Philip Kitcher y otros han puesto su empeño en analizar cuestiones políticas ligadas la práctica de la ciencia, como quién decide la agenda investigadora y con qué intereses. El objetivo no es otro que encajar adecuadamente la ciencia actual en una sociedad democrática, de modo que pueda estar realmente al servicio de los ciudadanos y no de los poderes económicos. Otros filósofos han suscitado temas concretos de gran interés social y económico, como el de la biopiratería.

Permítaseme contar una anécdota personal en relación con este asunto. Entrado el mes de junio de 2015 tuve la oportunidad de asistir a una conferencia que Peter Singer dio en la Universidad de Oxford. Singer es uno de los filósofos cuyo trabajo más ha hecho por cambiar las formas de pensar en la época en la que vivimos. Su libro *Liberación animal*, publicado en 1975, puede considerarse como un texto fundacional del movimiento animalista y vegano, y es una de las obras de referencia básicas para todo defensor de los derechos de los animales. En su conferencia, Singer realizó un recorrido por su trayectoria intelectual, desde sus tiempos juveniles en Oxford, con sus primeros artículos de impacto en los años 70, hasta ese momento en el que hablaba, con su libro recién publicado en defensa del altruismo eficaz. La conferencia llevaba por título precisamente "From moral neutrality to effective altruism: The changing scope and significance of moral philosophy". Recordó al auditorio cómo comenzó su carrera criticando la tesis por entonces muy extendida de que la filosofía moral no debía decirle a la gente lo que está bien y lo que está mal, sino que debía dedicarse al análisis del lenguaje moral o a disquisiciones técnicas sobre cuestiones metaéticas. En otras palabras, que la ética era un asunto para especialistas. Singer llegó pronto al convencimiento de que eso era un completo error que estaba reduciendo la filosofía moral a la insignificancia. El filósofo debía explicar lo que, según sus análisis, consideraba o no como correcto moralmente, y para ello nada mejor que comenzar por mostrar las incoherencias que en muchas ocasiones encierran las ideas morales más arraigadas. Eso es lo que pretendió hacer él mismo en *Liberación animal*, al argumentar que no se puede condenar el racismo y el machismo y al mismo tiempo establecer discriminaciones en la valoración acerca del sufrimiento de los animales basadas en su mera pertenencia a especies distintas de la nuestra.

Hubo una frase en su conferencia que se me quedó grabada. Era más o menos así: "Si se quiere hacer filosofía radical, mejor que hacerla al modo en que se estila actualmente en algunos lugares bajo ese apelativo, esto es, una mezcla bastante oscura de marxismo y filosofía francesa, lo que hay que hacer es una filosofía que la entienda todo el mundo". Por supuesto, me acordé al oír esto de la defensa de la claridad en la filosofía que hizo Ortega y Gasset. Singer ha venido dando desde hace años un ejemplo nítido de cómo las ciencias biológicas han transformado radicalmente a la filosofía y de cómo la filosofía puede ser un asunto de interés para toda la sociedad, hasta el punto de llegar a cambiar a la propia sociedad.

En realidad, la filosofía, se ha ocupado en cada momento histórico de problemas de importancia general, aunque no siempre haya sido capaz de transmitirlo con eficacia. En la época helenística se ocupó de cómo tener una vida buena a pesar de que el mundo que se había conocido hasta entonces comenzaba a derrumbarse; en la Edad Media se ocupó de cómo conciliar la razón y la fe; en el Renacimiento de cómo fundamentar una visión del ser humano capaz de asumir la tradición pero en busca de una nueva forma de pensar su condición moral y social; en el comienzo de la Modernidad se interesó en cómo conseguir un saber tan riguroso como el que empezaba a alcanzar la Nueva Ciencia, puesta en marcha por Galileo y por otros "filósofos naturales"; en el siglo XVIII se ocupó sobre todo de cuestiones políticas y morales, centrando su atención en la posibilidad de una renovación de la cultura y de la sociedad basada en la ciencia y en las técnicas; en el Romanticismo, de los excesos cometidos en el periodo anterior y de rescatar las emociones y la historia, etc., etc., etc. Como dijo Hegel, la filosofía ha sido siempre su tiempo atrapado en pensamientos.

En el presente, como es natural, la filosofía tiene también asuntos de gran calado de los que ocuparse. En cuanto a los temas más urgentes, y sabiendo que cualquier selección tendrá inevitablemente un sesgo personal, creo que cabe destacar al menos tres que están relacionados con la ciencia y la tecnología (es difícil encontrar hoy temas que no lo estén). En primer lugar, la filosofía actual se interesa por las consecuencias que el desarrollo científico-técnico está teniendo y va a tener en los próximos años sobre el ser humano, tanto en su relación con la naturaleza como con otros seres humanos. Es necesario indagar sobre las alternativas que podemos tener a nuestro alcance para evitar las peores consecuencias que dicho desarrollo podría tener para las generaciones futuras si no se conduce de una forma controlada. Hay que pensar también, como dije antes, sobre los fines que queremos alcanzar mediante nuestra tecnología. Por eso, en segundo lugar, la filosofía está interesada en reflexionar sobre los límites (si es que los debe haber) de las transformaciones que sería legítimo hacer en el futuro por medio de la tecnología en los seres humanos y en los animales. Esto implica reconsiderar la propia noción de naturaleza humana y el estatus moral que damos a los animales. El mejoramiento humano, que ya empieza a ser una posibilidad real y no mera ciencia ficción, ha entrado con fuerza en la agenda filosófica. Así, por ejemplo, encontramos discusiones intensas acerca de si debe permitirse o no en humanos la modificación genética en la línea germinal, tal como piden los transhumanistas, o sobre qué consecuencias sociales y personales tendría una extensión significativa de la duración de la vida humana. Y, en tercer lugar, resulta imprescindible analizar el impacto social y cultural de los nuevos movimientos políticos emergentes, de los cambios geoestratégicos que se están produciendo, de los movimientos migratorios, de la crisis ecológica a la que parecemos abocados si no ponemos remedio. La filosofía política en particular lleva tiempo estudiando con detenimiento los retos que estos fenómenos pueden presentar para las democracias actuales, de modo que podamos evitar su deterioro e incluso su destrucción. Necesitamos aprender a conjugar el desarrollo científico-técnico con la preservación de la naturaleza y el aumento de la libertad y la igualdad.

Pero, ¿todo esto qué tiene realmente que ver con el núcleo central de la filosofía, con los grandes temas metafísicos, epistemológicos o éticos que aparecen recogidos en los manuales de historia de la filosofía y que para muchos constituyen el cuerpo de conocimientos que hay que seguir cuidando y transmitiendo? Pues, en parte sí y en parte no, pero eso no debería preocuparnos demasiado, creo yo. Durante unos años impartí una asignatura de Ciencia, Tecnología y Sociedad en la Universidad de Málaga y, al comienzo del curso solía leerles a los alumnos, muchas veces extrañados de que la ciencia y la tecnología merecieran realmente atención filosófica (hoy no tantos pensarían eso), esta cita de *Cosmópolis*, el inspirador libro de Stephen Toulmin:

> Después de 1630, los filósofos ignoraron los asuntos concretos, temporales y particulares de la filosofía práctica, y se ocuparon de asuntos abstractos, intemporales y universales (i. e., teoréticos). Hoy esta agenda teorética está agotando su buena acogida, y los problemas filosóficos de la práctica vuelven al centro de atención.
>
> Desde 1945, los problemas que han desafiado a los pensadores reflexivos en un nivel filosófico profundo [...] son cuestiones de *práctica*: incluyendo cuestiones de vida o muerte. [...]
>
> No es accidental que hoy los filósofos estén de nuevo tomando en serio campos de estudio que, en el *Discurso del Método*, Descartes desechó como carentes de profundidad real; ni es accidental que cada vez más filósofos sean atraídos hacia los debates sobre política medioambiental o ética médica, práctica judicial o política nuclear. Algunos de ellos [...] temen que comprometerse con la filosofía "aplicada" pueda prostituir su talento y distraerles de las cuestiones técnicas de la auténtica filosofía académica.

Sin embargo, se podría argüir, estos debates prácticos no son, hoy por hoy, filosofía "aplicada", sino la *filosofía misma*.[1]

Toulmin tiene mucha razón en que esa es hoy la filosofía, y quizá por ello vuelve a despertar un cierto interés público. Es fundamentalmente filosofía aplicada. Esto implica el olvido o relegación de algunas de las viejas preguntas sobre las que se había centrado a lo largo de la tradición y el cambio de atención hacia otras nuevas que han surgido solo recientemente, lo cual, a su vez, promueve la aparición de nuevas corrientes de pensamiento.

Entre las tendencias emergentes que ya se percibían con claridad a comienzos del siglo pasado (e incluso antes, porque siempre se encuentran antecedentes en estos casos), hay una que ha perdurado, hasta el punto de haberse convertido en dominante en el ámbito filosófico de habla inglesa, y que ha tenido efectos decisivos sobre el modo de practicar la propia filosofía. Me refiero al naturalismo filosófico, esto es, a la aspiración por acercar el trabajo de los filósofos a los resultados de las diversas ciencias empíricas. Esta es, al menos, una de sus caracterizaciones posibles, lo suficientemente amplia como para dar cabida a diversos enfoques, tanto a los radicales como a los moderados.

Algunos insistirán en que la filosofía no es ciencia (y en eso tienen razón) ni tiene por qué tomar demasiado en cuenta a las ciencias (y ahí no tienen tanta razón); otros dirán que las ciencias no pueden responder a muchas cuestiones filosóficas (y tienen razón) y que la filosofía debería afrontar los problemas que le interesan en franco contraste con el modo en que lo hacen las ciencias (y ahí no tienen tanta razón). Con todo, pese a los descontentos, una parte sustancial de lo más interesante de la filosofía actual ha consistido en los intentos de naturalización de viejas nociones filosóficas, muy a menudo con ayuda de la biología (función, vida, representación, individuo, razón, cognición, justicia, etc.), como da fe la ingente cantidad de publicaciones que estos intentos han generado.

Dentro del enfoque naturalista, la biología evolutiva, como era de esperar dadas sus implicaciones antropológicas, ha tenido un papel central. Darwin es, en tal sentido, una frontera intelectual que aun nos define y nos sigue orientando. Desde finales del XIX y a lo largo de todo el siglo XX han sido diversas las escuelas de pensamiento que han intentado ofrecer una explicación coherente y sistemática del ser humano y de su conducta social. Lo hizo el psicoanálisis, lo hizo el marxismo, y lo hizo también el darwinismo. Hay otras alternativas, como es sabido, pero creo que estas han sido las fundamentales. Pues bien, no sería arriesgado afirmar que, de esas tres aproximaciones a lo humano, la darwinista es la que sigue teniendo más fuerza.

---

[1] S. Toulmin (1990), *Cosmopolis. The Hidden Agenda of Modernity*, Chicago: The University of Chicago Press, pp. 186 y 190.

Si entre los primeros filósofos en incorporar una visión darwinista a su propio pensamiento estuvieron Spencer, Nietzsche, Bergson y Dewey, son Daniel Dennett, Michael Ruse y Philip Kitcher los que probablemente más han hecho por insertarla en la filosofía reciente. Cualquier interesado en la filosofía de la biología y en su contraparte, la biofilosofía, lo sabe bien. Pero es de justicia, en un libro como este, dirigido a un público de habla hispana, mencionar el nombre de Carlos Castrodeza, un pionero en este campo, al que me unió una gran amistad. Castrodeza, pese a su prematura muerte, sentó las bases de una metafísica inspirada por el darwinismo. En su libro *El flujo de la historia y el sentido de la vida: la retórica irresistible de la selección natural*, que revisé para su edición póstuma en la editorial Herder, Castrodeza analiza, siempre desde la perspectiva del naturalismo darwinista, el problema de Dios, de la muerte, del sentido de la vida, de la marcha de la historia, del peso de la cultura, del libre albedrío, del mal, de la relación con el otro… Se enfrenta también con la cuestión del nihilismo como consecuencia final del naturalismo, que ya había tratado en obras anteriores, sobre todo en el que quizás sea su mejor libro, *La darwinización del mundo*, sólo que en este lo presenta como una opción más entre otras posibles. Cada una de nuestras opciones filosóficas tendría, según Castrodeza, su función dependiendo del contexto en que nos encontremos. De hecho, puede decirse que la idea central del libro es que toda opción filosófica es una estrategia adaptativa.

Como es lógico, la orientación darwinista en la filosofía también ha tenido sus críticos. No solo ahora, sino desde los mismos comienzos. Mencionemos algunos de los últimos. En su libro *Aping Mankind: Neuromania, Darwinitis and the Misrepresentation of Humanity* (Routledge, 2011), el geriatra y neurocientífico Raymond Tallis califica de 'darwinitis' a la búsqueda de una explicación de aspectos fundamentales de la condición humana, individual y social, en el hecho evolutivo entendido como la acción de la selección natural sobre variaciones espontáneas en los rasgos heredables de los organismos. Considera que, junto con lo que llama 'neuromanía' (somos nuestro cerebro), constituyen una nueva ortodoxia académica que se ha convertido en dogma incuestionable, cuando en realidad se trataría de puro reduccionismo biologicista. También el filósofo Markus Gabriel ha visto un ejemplo de esa darwinitis en los intentos por mostrar que la conducta moral (especialmente, su base en los sentimientos morales) tiene un origen evolutivo. (Yo creo, por el contrario, que hay buenas razones para sostener que se trata de uno de los proyectos filosóficos más interesantes y prometedores de las últimas décadas). Pero quizá la crítica más influyente al naturalismo evolucionista haya sido la de Thomas Nagel en su libro *Mind and Cosmos* (Oxford University Press, 2012), que lleva un subtítulo militante: "Por qué la concepción materialista neo-darwiniana de la naturaleza es casi ciertamente falsa". El libro ha recibido numerosas réplicas desde su publicación por parte de los naturalistas (yo mismo escribí una reseña crítica[2]) y no tiene sentido repetirlas aquí. Baste decir que la alternativa al naturalismo que Nagel propone, centrada en la postulación de una teleología o "predisposición cósmica para la formación de la vida, de la consciencia y de los valores" (p. 123), presenta más problemas y queda mucho más difusa que el naturalismo que él quiere socavar.

El naturalismo darwinista está mostrando aún todo su potencial. Me parece precipitado descartarlo sin más porque conduce a una imagen del ser humano en la que no aparece ese "espíritu" que Gabriel reivindica y al que considera fundamento de la propia libertad, o esa teleología cósmica a la que recurre Nagel para explicar, entre otras cosas, la mente humana y la consciencia. Es cierto, y no lo vamos a negar, que en el estudio del origen evolutivo de la mente se han cometido excesos y se han aventurado hipótesis poco fundadas. No obstante, estos excesos han sido repetidamente denunciados y hay una ingente cantidad de trabajos científicos serios en este campo, con revistas sumamente prestigiosas, como *Animal Cognition*, y disciplinas consolidadas, como la etología cognitiva y la primatología, que los respaldan. No hay ninguna razón de peso para excluir a priori como factible y deseable la investigación del origen de la mente y de la consciencia humana desde planteamientos evolucionistas, ya sean estos estrictamente darwinistas o necesiten recurrir a hipótesis provenientes de otros sectores de la teoría evolutiva, como evo-devo.

De hecho, si está teniendo éxito alguno de los caminos abiertos por el naturalismo darwinista, es precisamente el del estudio evolutivo de la mente. Estamos viendo que las capacidades cognitivas de los animales son superiores a lo que habitualmente se había pensado. Crece, incluso, el número de los que sostienen, contra las tesis de Davidson, Brandom, y McDowell, que algunos animales no solo tienen creencias, sino que pueden formar cierto tipo de conceptos simples. Entre los que defienden esto último, son muy dignos de atención los argumentos de Colin Allen y H.J. Glock. Basándose en los estudios empíricos sobre cognición animal y en los resultados de la paleoantropología, la epistemología evolucionista está contribuyendo a arrojar luz sobre viejas cuestiones epistemológicas y a perfilar el viejo debate sobre la fiabilidad de nuestras capacidades cognitivas.

Por su parte, la ética evolucionista está mostrando cómo explicar nuestro comportamiento moral desde posiciones estrictamente naturalistas, sin necesidad de recurrir a fundamentaciones religiosas o a un realismo moral poco plausible. La ética evolucionista considera que nuestro comportamiento moral es el resultado de ciertos sentimientos, estructuras mentales y conductas que han resultado beneficiosas desde el punto de vista adaptativo en especies ancestrales a la nuestra. El ser humano añade a esta base evolutiva la elaboración propiciada por una

---

[2] A. Diéguez (2013), De nuevo, la mente como excepción. Algunos comentarios críticos acerca del antinaturalismo de Thomas Nagel, *Ludus Vitalis*, XXI(39), pp. 343-354.

mayor inteligencia y capacidad de razonamiento, por el lenguaje y por miles de años de evolución cultural acumulativa. Cualquier defensor del origen evolutivo de la conducta moral acepta que sólo los seres humanos actúan por deber, tras una deliberación sobre lo moralmente correcto, y que solo los seres humanos (algunos al menos) intentan mejorar su conducta en función de objetivos morales, arrepintiéndose de su mala conducta anterior. Pero eso no lo es todo en lo que al comportamiento moral se refiere. Lo interesante es que los seres humanos no son los únicos animales que tienen sentimientos hacia sus semejantes, practican la reciprocidad, o son sensibles al aprecio o la desconsideración del grupo social. Esos rasgos, debido a su capacidad para promover la cooperación y evitar conflictos, quedaron fijados hace millones de años en las poblaciones de nuestros ancestros primates, ya que es de suponer que favorecieron la supervivencia y el éxito reproductivo de los individuos o grupos genéticamente emparentados que los desarrollaron, es decir, fueron rasgos adaptativos que hemos heredado de ellos.

Obviamente, se podrían adoptar conceptos de moralidad y de inteligencia tan exigentes que excluyamos por definición a los animales no humanos de su aplicación, pero con ello no habríamos obtenido ningún conocimiento nuevo. Solo habríamos agrandado las diferencias importantes que hay entre ellos y los seres humanos. No parece muy lógico, sin embargo, que cuando un chimpancé acude a consolar a un congénere que ha perdido en una pelea veamos en su comportamiento una reacción meramente instintiva, o la búsqueda de algún beneficio propio, como la disminución de su estrés, mientras que si un ser humano hace algo semejante lo consideremos sin lugar a dudas como un acto moral. Esa acción puede estar motivada en el caso del ser humano por ideas muy nobles acerca de la ayuda al prójimo, que están fuera de la comprensión de cualquier animal no humano, pero es razonable pensar que tiene su origen último en un sentimiento de empatía que otros primates también poseen.

Digamos para terminar que hay una tendencia entre los críticos del naturalismo a identificarlo erróneamente con el reduccionismo, con el eliminativismo, con el materialismo o con el cientifismo. El naturalismo no se identifica necesariamente con ninguna de estas posiciones, aunque algunas formas de naturalismo sí lo hayan hecho. Cabe un naturalismo no cientifista y no reduccionista. El naturalismo bien entendido, como señalamos más arriba, es solo la pretensión (quizás ilusoria, pero argumentable) de que no hay una discontinuidad esencial entre la tarea de la ciencia y la de la filosofía, ni por sus problemas, ni por sus conceptos, ni siquiera por sus métodos. Es la idea de que ya no es posible una filosofía primera y de que la determinación de la ontología básica, en el sentido de qué tipo de entidades existen, cuáles son sus propiedades físicas, cómo interactúan, etc., corresponde a las ciencias.

El naturalismo en algún sentido es el modo en que la filosofía ha respondido al hecho incontestable de que ya toda filosofía ha de hacerse en la era de la ciencia.

Como escribe Philip Pettit, "una imagen naturalista [...] del universo se nos impone por el desarrollo acumulativo en la física, la biología y la neurociencia, y esto nos reta a buscar dónde puede haber lugar en ese mundo para los fenómenos que siguen tan vivos como siempre en la imagen manifiesta: la conciencia, la libertad, la responsabilidad, el bien, la virtud y otros semejantes". De modo que muchos de los problemas centrales de la filosofía permanecen, solo que quedan abiertos a nuevas respuestas. La permanencia de estos viejos problemas y la dificultad de su solución no constituyen por sí mismas una refutación del naturalismo, sino solo un desafío.

Hasta aquí, pues, mi defensa de un pensamiento postdarwinista, un pensamiento que pretende continuar la inspiración que la obra de Darwin nos ofrece, buscando su enraizamiento en la situación presente. Entiéndase este prólogo como una aclaración para contextualizar los excelentes trabajos que este libro recoge, escritos por colegas a los que admiro y que conocen estos asuntos con mucha más profundidad que yo. Lo que no significa que todos los autores aquí incluidos coincidan con las ideas que acabo de exponer. De hecho, sé que no es así. Pero en tal caso, mejor para el lector, porque así podrá ver el asunto desde al menos dos perspectivas distintas.

# I

*Entre precursores y cambios de paradigma*

# Charles Darwin and Ethics: Why the *Descent of Man* is the Most Important Work in Moral Philosophy Since Aristotle's *Nicomachean Ethics*

## Michael Ruse[*]

### 1. The traditional critique

In 1876, in the first issue of what today is the leading journal in philosophy, *Mind,* the British moral philosopher Henry Sidgwick wrote:

> Probably all who speak of Evolution mean by it not merely a process from old to new, but also a progress from less to more of certain qualities or characteristics. But that these characteristics are intrinsically good or desirable is more often implied than explicitly stated: otherwise it would be more clearly seen that this ethical proposition cannot be proved by any of the physical reasonings commonly used to establish the doctrine of Evolution. (Sidgwick 1876, 56)

Lest there be any mistake about his thinking, Sidgwick wrote bluntly. "It is more necessary to argue that the theory of Evolution, thus widely understood, has little or no bearing upon ethics." Continuing that he had nothing against evolution as such, "but when it is all admitted, I cannot see that any argument is gained for or against any particular ethical doctrine" (Sidgwick 1876, 54). In

---

[*] Michael Ruse, born in England in 1940, taught philosophy for 35 years at the University of Guelph, in Canada, and then for 20 years at Florida State University, in the USA. A specialist in the history and philosophy of evolutionary biology, with an emphasis on Charles Darwin, he has written or edited over sixty books, and was the founding editor of the journal *Biology and Philosophy*. A Fellow of the Royal Society of Canada, he is the recipient of four honorary degrees. He has held Guggenheim and Killam fellowships and was a Gifford Lecturer. Email: mruse@fsu.edu

other words, it is wrong to go from the origin of moral thinking to justification for moral thinking. It is a version of the genetic fallacy, thinking the route to discovery of an idea has relevance for the justification of that idea.

Sidgwick started a tradition that was still going strong when I started on my philosophical career, as an undergraduate back in 1960. Sidgwick was not alone in his scornful attitude to possible connections between evolution and ethics. Arthur Balfour was a British politician, sometime Prime Minister, best known for the "Balfour Declaration" of 1917, which gave support for a Jewish homeland in then-Arab territories. He was also a sophisticated philosopher, who first formulated the evolutionary argument against naturalism, namely that evolution undermines the stability of our beliefs, so in a way naturalism is self-refuting. What evolution does not do is throw much light on philosophical issues about morality.

> For not only does there seem to be no ground, from the point of view of biology, for drawing a distinction in favour of any of the processes, physiological or psychological, by which the individual or the race is benefited; not only are we bound to consider the coarsest appetites, the most calculating selfishness, and the most devoted heroism, as all sprung from analogous causes and all evolved for similar objects, but we can hardly doubt that the august sentiments which cling to the ideas of duty and sacrifice are nothing better than a device of Nature to trick us into the performance of altruistic actions. (Balfour 1895, 16)

This brings us to G. E. Moore, Sidgwick's best-known student, and to his major work, *Principia Ethica* (1903). Writing in the tradition of his teacher, who in turn was drawing on insights of David Hume, Moore derided the mistaken attempt to go from claims about matters of fact to claims about matters of obligation:

> Ethics aims at discovering what are those other properties belonging to all things which are good. But far too many philosophers have thought that when they named those other properties they were actually defining good; that these properties, in fact, were simply not 'other,' but absolutely and entirely the same with goodness. This view I propose to call the 'naturalistic fallacy' (Moore 1903, 10).

It was Charles Darwin's contemporary, the evolutionist Herbert Spencer, who was identified as the gravest of offenders.

> There can be no doubt that Mr Spencer has committed the naturalistic fallacy. All that the Evolution-Hypothesis tells us is that certain kinds of conduct are more evolved than others; and this is, in fact, all that Mr

> Spencer has attempted to prove in the two chapters concerned. Yet he tells us that one of the things it has proved is that conduct gains ethical sanction in proportion as it displays certain characteristics. (Moore 1903, 31)

Continuing:

> It may, of course, be true that what is more evolved is also higher and better. But Mr Spencer does not seem aware that to assert the one is in any case not the same thing as to assert the other. He argues at length that certain kinds of conduct are 'more evolved,' and then informs us that he has proved them to gain ethical sanction in proportion, without any warning that he has omitted the most essential step in such a proof. Surely this is sufficient evidence that he does not see how essential that step is. (Moore 1903, 31)

We need not make bricks from straw. The identification of evolutionary approaches to ethics is fallacious. Facts and values are forever twain. More than that. Although this was not really the concern of Moore, who separated out the philosophical study of morality from the possible implications of morality – casuistry – evolutionary ethics leads to truly vile social prescriptions. It is little wonder that "social Darwinism" (however called) had a bad name.

The pattern was set. Julian Huxley, the biologist grandson of Darwin's great supporter – his "bulldog" – Thomas Henry Huxley, was ever an enthusiast for evolution-based approaches to ethics. A scientist, writing during the 1930s and 1940s, Julian Huxley thought – not surprisingly – that (particularly at the societal level) we should be promoting the virtues and benefits of science and technology. Responding to the Great Recession, we find that Huxley was a great enthusiast for the public works funded by Franklin Roosevelt's New Deal. Although stepping somewhat warily because he did not want to be seen as endorsing the war preparations of the National Socialists – the building of the Autobahn for example – Huxley was unrestrained in his encomia for the Tennessee Valley Authority, that project bringing electricity to large parts of the American South (Huxley 1943a). After the Second World War, Huxley became the first director general of UNESCO. It was he who insisted that the United Nations go beyond just education and culture, to include science also. He wrote a little book linking all of this to evolution and declaring it the philosophy of the new organization (Huxley 1948). His overseers were so shocked they cut his intended term from four years to two. It is no surprise either that the philosopher C. D. Broad, student of G. E. Moore, should react negatively to all of this. Reviewing a book by Huxley endorsing evolutionary ethics (Huxley 1943b), Broad could not see that evolution "has any direct bearing on the question whether certain states of affairs or processes or experiences would be intrinsically good or bad" (Broad 1944, 363). *Principia Ethica* all over again.

## 2. Second thoughts

Hardly surprising that, back in 1960, I thought the validity of the naturalistic fallacy was one of the eternal verities, along with even the nicest boys only want one thing, and Americans have terrible table manners. (Cut your meat up with a knife and then eat it with a fork?) But things change. I still think the naturalistic fallacy valid. Having now raised teenagers, I still think even the nicest boys want only one thing. I am not so sure about American table manners, but in these days of fast food who cares? No one uses a knife and fork anyway. Where I differ from Sidgwick, Moore, and Broad is in their thinking that the naturalistic fallacy spells the end of evolutionary ethics (Ruse 1986a, 1986b, 2021a; Ruse and Richards 2017; O'Connell and Ruse, 2021). I argue that Charles Darwin's *Descent of Man* (1871) deserves to be put on the pedestal of all-time winners of the philosophy of morality contest, along with Aristotle's *Nicomachean Ethics* and Immanuel Kant's *Critique of Practical Reason*. What brought about this mind change? The rise of the Darwinian-based study of social behaviour, "Sociobiology," and its perceived importance for the study of moral philosophy. Harvard evolutionist, Edward O Wilson, stated the case forcefully in his magisterial *Sociobiology: The New Synthesis* (1975). If the title of the first chapter, "The morality of the gene", does not flag you, then the opening words surely will:

> Camus said that the only serious philosophical question is suicide. That is wrong even in the strict sense intended. The biologist, who is concerned with questions of physiology and evolutionary history, realizes that self knowledge is constrained and shaped by the emotional control centers in the hypothalamus and limbic systems of the brain. These centers flood our consciousness with all the emotions – hate, love, guilt, fear, and others – that are consulted by ethical philosophers who wish to intuit the standards of good and evil. What, we are then compelled to ask, made the hypothalamus and limbic system? They evolved by natural selection. That simple biological statement must be pursued to explain ethics and ethical philosophers, if not epistemology and epistemologists, at all depths. (Wilson 1975, 3)

That upset the philosophers, something Wilson felt able to bear with equanimity. It helped that, rather than a reasoned philosophical strategy, Wilson had more of a gut feeling about how to go forward.

I agree fully with Wilson that we must move forward, although as you will see I am not convinced that Wilson's path is the right one. But it is now time to pull back and put things in context. As an evolutionist, I believe that the answer to problems of the present is to be found in the past. Let me therefore take my own advice and turn to history.

## 3. Two root metaphors

Many assume that science is simply a matter of *Dragnet* writ large. Tell it like it is. "Just the facts, ma'am, just the facts." As we now realize, particularly since Thomas Kuhn's *The Structure of Scientific Revolutions* (1962), scientifc thinking is embedded in overall metaphysical world pictures – paradigms. In later writings, Kuhn identified paradigms with metaphors. This is a major insight. Science is deeply metaphorical – force, pressure, work, selection, arms race, Oedipus complex – and science overall is done within metaphors. An important point to which linguists draw attention is that metaphors often come in packages, with one metaphor holding together others (Lakoff and Johnson, 1980). Think of argument as a battle. I went at him with hammer and tongs – full frontal assault. I gave way gracefully – retreat. I came back at him with a different point – new weapons. We agreed to disagree – armistice. And so forth. Even more importantly, some metaphors – root metaphors – embrace everything. Western science has been governed by two root metaphors, and the Scientific Revolution, taking us from Copernicus at the beginning of the sixteenth century to Newton at the end of the seventeenth century was, above all, a change in those root metaphors (Ruse 2021b).

From the Greeks down to the Revolution, the world was seen through the lens of an *organism*. This was the ordering principle of understanding. Plato set the scene in his *Timaeus*, arguing that the Demiurge, identified with the Form of the Good, had designed the universe. Because He wanted everything to be as good as possible, He modeled the universe on the best of all things, namely Himself! And this brings in intelligence. God realized that the intelligent is better than the unintelligent and that the physical on its own cannot supply this. And so straight off we get a world soul (Cooper 1997, 30b-c). World as an organism! When you think about things – humans, horses, hedgerows, rivers, ravines, rocks – think of them in terms of organisms. Use this as your means of understanding. Think about a cat. Why is it crouching behind a chair? To catch a mouse. Think about rainfall. Why do we get so much in the Spring? To water the growing plants. Aristotle (1984) consolidated this kind of thinking. As it happens, for metaphysical reasons, he was not too sure that the Earth as a whole is an organism – Gaia – but, like Plato, he insisted on using the organic model or metaphor as a principle of understanding. He distinguished "efficient causes" – the blade that chopped off the murderer's head – from "final causes" – the head was chopped off in order to punish the miscreant and as an example to others.

Plato and Aristotle were, technically, pagans. However, their thinking meshed readily with that late-comer, the Christian religion. And so to Copernicus. He initiated a new metaphor, one more suited for the times: nature as a *machine* (Dijksterhuis 1961). By his time, the beginning of the sixteenth century, mechanization was underway. Pumps moving water around and forever-moving mill stones grinding corn (wheat). And, above all, machines for telling time. It was the seventeenth-century chemist Robert Boyle, much impressed by those wonderful time-pieces in medieval churches that not only tell time but show the motions of the planets and have moving figures that perform on the hour, who drummed home this image. Don't think of the world as crammed with life-forces, forever working to keep things going. Making specific reference to a device built in the late sixteenth century, Boyle argued rather that the world is

> like a rare clock, such as may be that at Strasbourg, where all things are so skillfully contrived that the engine being once set a-moving, all things proceed according to the artificer's first design, and the motions of the little statues that at such hours perform these or those motions do not require (like those of puppets) the peculiar interposing of the artificer or any intelligent agent employed by him, but perform their functions on particular occasions by virtue of the general and primitive contrivance of the whole engine. (Boyle 1686, 12-13)

All of this was hammered home by the French philosopher and mathematician René Descartes, who argued explicitly that the human body likewise is a machine. In his *Discourse on Method* (1637), Descartes discussed Englishman William Harvey's work, showing that the heart is a pump (a machine) and the similar mechanistic functioning of other bodily parts.

## 4. Romanticism

Unfortunately, there was a fly – a very large, living, final-cause-ruled fly – in the mechanistic ointment. Organisms qua organisms seem to be a different matter (Boyle 1688; Ruse 2017). Final-cause thinking didn't seem so irrelevant here. Even in the machine age, it still makes sense to ask about the purpose, the final cause of, the eye. The eye is produced by physiological causes. But it exists because of final causes, to see. No wonder that people went on worrying. Or that there were those who simply gave up and pushed for a return to the organic model. Particularly around the end of the eighteenth century, especially in Germany, there grew up the "Romantic" movement – often in science designated *Naturphilosophie* – that called for a replacement of "the concept of mechanism" and a renewal of the organic metaphor, "elevating it to the chief principle for interpreting nature" (Richards 2003, xvii). Johann Wolfgang von Goethe, the poet, Friedrich Schelling, the philosopher, Lorenz Oken, the anatomist, are names often associated with the movement. Interestingly, although the mechanists had little time for organic evolution, there is reason to think that all the leading Romantics were evolutionists. Just as an organism grows fueled by its own internal causes, so Romantic evolutionism saw a kind of internal force or pressure driving the developmental process.

Like the coronavirus, Romanticism was highly contagious. In England, the perfect exemplar of this kind of thinking was already-mentioned Herbert Spencer (1852a; 1852b). He became an evolutionist early in the 1850s. Central to his thinking was the process named after the early-nineteenth-century French evolutionist Jean-Baptiste Lamarck (1809; Ruse 1996) – the inheritance of acquired characteristics. The giraffe stretches its neck as it reaches for leaves on the higher branches, and subsequent generations of giraffes are born with longer necks already in place. Spencer combined this with a somewhat idiosyncratic view of our reproductive powers, thinking that there is only a fixed quantity of seminal fluid. As organisms improve and (in the case of animals) brains grow, this fluid gets diverted from the loins and the end of reproduction to the production of ever-better organs of thought. Spencer was himself so far advanced that he never married and reproduced.

Lamarck proposed some kind of internal force. This was the position of Spencer, although typically he added some touches of his own. Explicitly Spencer likened societies to organisms (1860) – and an odor of the second law of thermodynamics – Spencer believed that groups or societies would be in equilibrium, something disturbs them, and then they achieve equilibrium at a higher level (Spencer 1864). This thinking was deeply Romantic. No surprise. The seminal influence on Spencer, via near-plagiaristic translations by the poet Samuel Coleridge, was the philosopher Friedrich Schelling. Above all, there was progress, from the savage to the European, from the acorn to the oak, from the monad to the man.

> Now, we propose in the first place to show, that this law of organic progress is the law of all progress. Whether it be in the development of the Earth, in the development of Life upon its surface, in the development of Society, of Government, of Manufactures, of Commerce, of Language, Literature, Science, Art, this same evolution of the simple into the complex, through successive differentiations, holds throughout. From the earliest traceable cosmical changes down to the latest results of civilization, we shall find that the transformation of the homogeneous into the heterogeneous, is that in which Progress essentially consists .... It is clearly enough displayed in the progress of the latest and most heterogeneous creature – Man. It is alike true that, during the period in which the Earth has been peopled, the human organism has grown more heterogeneous among the civilized divisions of the species; and that the species, as a whole, has been growing more heterogeneous in virtue of the multiplication of races and the differentiation of these races from each other. (Spencer 1857, 244)

The twentieth century saw an active group of "organicists," some going back directly to the Romantics and others via Spencer (Peterson 2016). Henri Bergson, the hugely influential French philosopher at the beginning of the twentieth century, author of *L'évolution créatrice*, published in 1907 (English translation 1911), was the champion of the neo-Aristotelian life force, the élan vital – hence, better known as a "vitalist" rather than the more comprehensive "organicist." Yet, he was not that far out of the loop. Notably, Bergson an enthusiastic Spencerian. In the Anglophone world, in America, there was the Englishman, Alfred North Whitehead, co-author with Bertrand Russell of the three-volume opus *Principia Mathematica*, in which they tried to show that mathematics follows deductively from the laws of logic. Coming to Harvard after the Great War, Whitehead switched from formal analysis to metaphysics. In *Science and the Modern World*, Whitehead (1926, 99) called for "the abandonment of the traditional scientific materialism, and the substitution of an alternative doctrine of organism". Affirming: "Nature exhibits itself as exemplifying a philosophy of the evolution of organisms subject to determinate conditions" (Whitehead 1926, 115). Organicism had staying power! And, as for Spencer, it was progressionist through and through.

> Not only does consciousness appear as the motive principle of evolution, but also, among conscious beings themselves, man comes to occupy a privileged place. Between him and the animals the difference is no longer one of degree, but of kind. (Bergson 2011, 34)

Or take the Bergson-influenced Julian Huxley:

> One somewhat curious fact emerges from a survey of biological progress as culminating for the evolutionary moment in the dominance of Homo sapiens. It could apparently have pursued no other general course than that which it has historically followed. (Huxley 1942, 569)

## 5. Romantic evolutionary ethics

So where does ethics fit into all of this? Distinguish between *substantive ethics* -- What should I do? -- and *metaethics* – "Why should I do what I should do?" As we turn to substantive ethics for the Romantic evolutionist, at once we start to see why evolutionary ethics – social Darwinism – has a bad name. Listen to Herbert Spencer.

> We must call those spurious philanthropists, who, to prevent present misery, would entail greater misery upon future generations. All defenders of a Poor Law must, however, be classed among such. That rigorous necessity which, when allowed to act on them, becomes so sharp a spur to the lazy and so strong a bridle to the random, these pauper's friends would repeal, because of the wailing it here and there produces. (Spencer 1851, 323)

He is nothing to some of the Germans. General Friedrich von Bernhardi, pushed out of the German army because he was signaling a little too bluntly the General Staff's intentions, left no place for the imagination in his best-selling *Germany and the Next War* (1912). "War is a biological necessity," and hence: "Those forms survive which are able to procure themselves the most favourable conditions of life, and to assert themselves in the universal economy of nature. The weaker succumb." Progress depends on war: "Without war, inferior or decaying races would easily choke the growth of healthy budding elements, and a universal *decadence* would follow." And, anticipating horrible philosophies of the twentieth century:

> Might gives the right to occupy or to conquer. Might is at once the supreme right, and the dispute as to what is right is decided by the arbitrament of war. War gives a biologically just decision, since its decision rests on the very nature of things. (Bernhardi 1912, 10; quoted by Crook 1994, 83)

No wonder Adolf Hitler lapped up this sort of stuff. If you look at *Mein Kampf*, the story seems dire.

> All great cultures of the past perished only because the originally creative race died out from blood poisoning. The ultimate cause of such a decline was their forgetting that all culture depends on men and not conversely; hence that to preserve a certain culture the man who creates it must be preserved. This preservation is bound up with the rigid law of necessity and the right to victory of the best and stronger in this world. Those who want to live, let them fight, and those who do not want to fight in this world of eternal *struggle* do not deserve to live. (Hitler 1925, 1, chapter 11)

Actually, even if you ignore obviously decent prescriptions – substantive ethical urgings – like those of Julian Huxley, things are a little more complex than a surface reading suggests. The passage by Spencer quoted above, written before he became an evolutionist, is directed less against the poor and more against the rich and powerful who grab all of life's goodies. Anticipating Margaret Thatcher, a century later – like Spencer from the non-conformist, provincial (British Midlands), lower middle classes, hating the parasitic rich – Spencer wanted fewer rules so the poor-but-merited could rise in society. Slackers must not be coddled, but they must be given the chance. Later in life, as he started to push the integrated nature of society, he fulminated against German militarism which, among other things, he saw as bad for trade.

Von Bernhardi, who hated the British, was far more indebted to German Romanticism than to anything from the evolutionists. Georg Wilhelm Friedrich Hegel demanded strong restrictions about not harming civilians – but he saw war as a necessary component in defining or delimiting one state from another. In context, particularly as we are building the best kind of state— as manifested by the growth and coming together of the parts to make the new Prussian-infused Germany.

> I have remarked elsewhere, 'the ethical health of peoples is preserved in their indifference to the stabilisation of finite institutions; just as the blowing of the winds preserves the sea from the foulness which would be the result of a prolonged calm, so also corruption in nations would be the product of prolonged, let alone "perpetual" peace.' (Hegel 1821, 324)

And Hitler? Well, for a start, he did not believe in evolution.

What about justifications? What of the metaethical foundations of these kinds of systems? With enthusiastic exponents like Herbert Spencer and Julian Huxley, not to mention the German militarists, there is not much surprise. The foundations lie in the supposedly progressive nature of the evolutionary process, with humans at the top. These thinkers are all into progress in a very big way. Since nature is an organic unfolding, getting ever more perfect, prescriptions emerge naturally. We ought to cherish the evolutionary process as generating ever greater value, and hence we ought to help it along. At least, not impede its progress. "Ethics has for its subject-matter, that form which universal conduct assumes during the last stages of its evolution" (Spencer 1879, 21). Adding:

> And there has followed the corollary that conduct gains ethical sanction in proportion as the activities, becoming less and less militant and more and more industrial, are such as do not necessitate mutual injury or hindrance, but consist with, and are furthered by, co-operation and mutual aid. (Spencer 1879, 21)

For von Bernhardi, there is progress and it depends on war: "Without war, inferior or decaying races would easily choke the growth of healthy budding elements, and a universal decadence would follow" (von Bernhardi 1912, 20). In a very different key, Julian Huxley sings the same song:

> I do not feel that we should use the word purpose save where we know that a conscious aim is involved; but we can say that this is the most desirable direction of evolution, and accordingly that our ethical standards must fit into its dynamic framework. In other words, it is ethically right to aim at whatever will promote the increasingly full realization of increasingly higher values. (Huxley 1927, 137)

## 6. Darwinian ethics

Time to move on; but, as we do, see how the worries of the philosophers cut absolutely no ice with these Romantics. The essence of the Romantic philosophy is that the world is impregnated with value (Ruse 2021a). Organisms have value in themselves, and as they develop that value increases. Acorn to oak, caterpillar to butterfly, savage to European. The naturalistic fallacy, insisting that you cannot go from statements of fact to statements of value, is simply brushed aside as irrelevant. There is simply not the hardline division supposed between fact and value. They are Siamese twins. To put matters in more philosophical terms, the Romantics are working under one root metaphor; their critics under another. As Kuhn says about paradigms, because the opponents have made a kind of faith commitment to their own position, their positions are incommensurable, unresolvable in an important way: Democrat or Republican? Catholic or Protestant? Organicist or mechanist?

The pressing question now is whether the mechanist, the person under the machine root metaphor, can draw upon evolution for insight, or must we remain forever at the level of the analytic philosophers? G. E. Moore: "evolution could hardly have been supposed to have any important bearing upon philosophy" (Moore 1903, 34). Bertrand Russell:

> What biology has rendered probable is that the diverse species arose by adaptation from a less differentiated ancestry. This fact is in itself exceedingly interesting, but it is not the kind of fact from which philosophical consequences follow (Russell 1937).

Ludwig Wittgenstein: "Darwin's theory has no more to do with philosophy than any other hypothesis in natural science" (Wittgenstein 1922, 4.1122).

Start the counter-attack with Darwin's account of morality in his *Descent of Man*. Remember, Darwin was writing as a scientist not as a philosopher. To go from the first to the second is going to require work by us. In a review of the *Origin,* that he wrote a month after it appeared, Thomas Henry Huxley (1859) denied that natural selection could have all the effects supposed by Darwin. For all that he was Darwin's "bulldog,", Huxley made a profession out of getting Darwin wrong. In a late essay – written a decade after Darwin's death, Huxley went so far as to argue that morality is opposed to evolution and that we must strive against our innate animal drives (Huxley 1893). This was hardly going to be Darwin's position. He had not labored his way through the *Origin* and half of the *Descent* to have to throw up his hands and say that his mechanism was opposed to the most important aspect of humankind. Against Huxley, the first thing that Darwin had to argue was that natural selection could lead to some kind of harmonious social situation. He had to argue that it is false that, from a biological perspective, the struggle just leads to outright hostility and competition and warfare, and that anything social must be imposed from without, almost by force as it were. Darwin had faced this problem in the *Origin* when dealing with the social insects. His solution there to the problem was to suggest that it comes about because of relatedness. Organisms show help to others if they are related. Although Darwin did not have the language of genetics, he would have agreed with today's thinkers who argue that, inasmuch as relatives reproduce, one is oneself reproducing by proxy, because you share units of heredity (genes) with relatives (Hamilton 1964a, b). Kin selection!

In the *Descent*, Darwin extended this discussion. He suggested that sociality could come through the interaction of non-relatives, through what today is known as "reciprocal altruism" – you scratch my back and I will scratch yours (Trivers 1971).

> In the first place, as the reasoning powers and foresight of the members became improved, each man would soon learn that if he aided his fellow-men, he would commonly receive aid in return. From this low motive he might acquire the habit of aiding his fellows; and the habit of performing benevolent actions certainly strengthens the feeling of sympathy which gives the first impulse to benevolent actions. Habits, moreover, followed during many generations probably tend to be inherited. (Darwin 1871, 163-4)

Then Darwin added:

> But there is another and much more powerful stimulus to the development of the social virtues, namely, the praise and the blame of our fellow-men. The love of approbation and the dread of infamy, as well as the bestowal of praise of blame, are primarily due, as we have seen in the third chapter, to the instinct of sympathy; and this instinct no doubt was originally acquired, like all the other social instincts, through natural selection. (1871, 164)

He elaborated: "To do good unto others – to do unto others as ye would they should do unto you, – is the foundation-stone of morality. It is, therefore, hardly possible to exaggerate the importance during rude times of the love of praise and the dread of blame" (Darwin 1871, 165). Darwin elaborated:

> It must not be forgotten that although a high standard of morality gives but a slight or no advantage to each individual man and his children over the other men of the same tribe, yet that an advancement in the standard of morality and an increase in the number of well-endowed men will certainly give an immense advantage to one tribe over another. (1871, 166)

There is no ambiguity about what this means:

> There can be no doubt that a tribe including many members who, from possessing in a high degree the spirit of patriotism, fidelity, obedience, courage, and sympathy, were always ready to give aid to each other and to sacrifice themselves for the common good, would be victorious over most other tribes; and this would be natural selection. (1871, 166)

Hence, the consequence:

> At all times throughout the world tribes have supplanted other tribes; and as morality is one element in their success, the standard of morality and the number of well-endowed men will thus everywhere tend to rise and increase. (1871, 166)

Let us emphasize that Darwin was not now breaking from the thinking of the *Origin*. Following the comparative jurist Henry Maine (1861), he regarded tribes as inter-related families (or thinking they are), and he took the family to be one individual, a kind of super-organism. With respect to morality, humans are like the ants. We are parts of a whole rather than individuals doing their own thing (Richards and Ruse 2016). Note however that, although we may have a super-organism, the parts are furthering their own ends and only incidentally that of the whole. I am better off being part of a tribe.

What about the substantive ethics/metaethics divide? Although, as noted, Darwin writes the *Descent* as a scientist, not as a philosopher, it is not difficult to see where he stands. With respect to substantive ethics, we ought to do what our biology dictates: remember, "patriotism, fidelity, obedience, courage, and sympathy," combined with a readiness "to give aid to each other and to sacrifice themselves for the common good." (Darwin 1871, 166). Not to think and behave this way would go against our deepest nature. Not that we should be patsies. We know that Darwin was very much a child of his time, a time that saw Britain rising to the top of the heap thanks to the vigor of its industrialists, scientists, thinkers, politicians and more. The meek do not inherit the Earth. The men and women of guts and determination are not just the winners but in some real sense the people of moral worth. Think – for all his faults in interpreting Darwin! -- Thomas Henry Huxley (Desmond 1998). Rising from modest beginnings, he became a professor of anatomy, dean of the new science university in South Kensington, a member of the first London School Board, leader of government commissions, Privy Counselor, non-stop lecturer, and author of some of the greatest essays of all time. At the same time, he battled crushing depressions, refusing to let them triumph. Darwinian substantive ethics owes much to Christian ethics, but it is colored with the norms of Victorian society. The meek do not inherit the Earth. It is inherited by those with guts and vigor. Do not mistake this for brute selfishness in a von Bernhardi sort of way – it is anything but – rather, it those who show again and again the truth of what the philosopher John Stuart Mill (1863) was telling us all. "When people who are fairly fortunate in their material circumstances don't find sufficient enjoyment to make life valuable to them, this is usually because they care for nobody but themselves" (Mill 1863[2001], 16).

Darwinian metaethics is a bit trickier. For a start, Darwin did not believe in biological progress. His theory negated it. Success, as the paleontologist Jack Sepkoski put it colorfully, is relative. "I see intelligence as just one of a variety of adaptations among tetrapods for survival. Running fast in a herd while being as dumb as shit, I think, is a very good adaptation for survival" (Ruse 1996, 486). So much for "four legs good, two legs better." Nevertheless, there are very suggestive clues as to Darwin's metaethical stance. He was a moral non-realist. He believed in substantive ethics, but he didn't think it had any external justification. Darwin owned and, between 1838 and 1840, read carefully Sir James Mackintosh's *Dissertation on the Progress of Ethical Philosophy Chiefly During the Seventeenth and Eighteenth Centuries* (1836), which discusses the thinking of David Hume, Adam Smith and others (Darwin 1987). Little surprise then that Darwin was in the same school as the mid-twentieth century emotivists and prescriptivists, going back to David Hume (Ruse 1986a). Darwin calmly pointed out that, had our evolution been otherwise, our moral understanding would be very different. Were it the case that:

> men were reared under precisely the same conditions as hive-bees, there can hardly be a doubt that our unmarried females would, like the worker-bees, think it a sacred duty to kill their brothers, and mothers would strive to kill their fertile daughters; and no one would think of interfering. (Darwin 1871, 73)

This would rise above blind behavior: "the bee, or any other social animal, would in our supposed case gain, as it appears to me, some feeling of right and wrong, or a conscience" (Darwin 1871, 74-75). Let us stress precisely what this means, or rather what it does not mean. It does not mean that substantive morality is made up, or that it is all relative, or that if it feels okay then it is okay. We are evolved social creatures. We ourselves did not make up our morality. It was fashioned long before we were born. Within our society there is no relativism at this level. The person who goes against the norm is going to get punished or kicked out. We are humans not ants, and, so as far as we are concerned, that is that. Brothers can rest easy!

And, so can philosophers like me for whom the naturalistic fallacy is as sacrosanct as the virginity of Mary. Romantics commit the naturalist fallacy. Not that they care, because they don't think it much of a fallacy. Hence, they are comfortable in justifying substantive morality by appealing to the course and result of evolution. People like Darwin and me, who appeal to what is known today as the "debunking position" – because we debunk claims to moral objectivity or realism – do not commit the naturalist fallacy, because we are not trying to justify substantive ethics. To quote an authority close to my heart: "morality is an illusion put in place by our genes to make us good cooperators" (Ruse and Wilson 1985). Note that we do not claim that substantive morality is an illusion. Rape is wrong. Rather the claim is that metaethical claims about moral realism are illusory. Or rather, they are for me. In a moment, we shall see that they are certainly not illusory for my co-author! A final point, if they are illusory, why do we follow the dictates of our heart? Because, although morality is subjective, we "objectify" it. It comes across to us as real. It is not just my decision or feeling. Rape really is wrong. And that means that overall morality holds and binds humans. It is an effective adaptation helping our sociality.

## 7. Today: twin visions

I speak of "twin visions." I do not refer to whether or not evolution has relevance to our study of morality. That argument is over. It does. The divide over visions, of which I speak, very much alive today, is that between evolutionists. Is substantive morality justified by evolution, as is claimed by the Romantics? Or is the reality of grounds for substantive morality debunked, as it claimed by the Darwinians? I have presented both sides, and now it up to the reader to make their decision. I do want to conclude by pointing out that this debate is not just history. It is very much alive today. Edward O Wilson is a Romantic. Michael Ruse is a Darwinian. Let me explain.

As Julian Huxley's prescriptions reflected the challenges of his era, so Edward O. Wilson's prescriptions – substantive ethical imperatives -- reflect the challenges of our era. Expectedly, as one whose naturalist callings took him to exotic places like the Brazilian rain forests, Wilson has concern about the environment, specifically about biodiversity (Wilson 1984; 1992; 2012). He worries a great deal about the ways in which modern society is destroying the natural habitat and how with this comes the subsequent decline of natural resources and species diversity. Wilson sees humans as having evolved in symbiotic relationship with nature. Apart from the utilitarian factors – how for instance unknown, exotic species might produce substances of great social and medical benefit – Wilson believes, in an almost aesthetic way, that humans need the growing living world. An environment of plastic would kill, literally as well as metaphorically. In *The Future of Life*, Wilson declares: "a sense of genetic unity, kinship, and deep history are among the values that bond us to the living environment. They are survival mechanisms for us and our species. To conserve biological diversity is an investment in immortality" (Wilson 2002, 133).

For all that most would judge Wilson today's most distinguished Darwinian evolutionist, historians have uncovered reason to think that Wilson's deeper allegiances are to Spencer and Romanticism (Gibson 2013). Harvard biology was always in Whitehead's camp, strong Spencerians. Wilson is their child. Above all, evolutionary progress is for him what God's Providence was for him in his Christian childhood. In *Sociobiology*, there is an ordering of organisms from the simplest to the most complex. It would have made Spencer proud. It would have earned praise from a medieval theologian expounding the virtues of the "Great Chain of Being." We are animals. True. We are the top animals. Even more true. "Man has intensified these vertebrate traits while adding unique qualities of his own. In so doing he has achieved an extraordinary degree of cooperation with little or no sacrifice of personal survival and reproduction" (Wilson 1975, 382). The big question is not whether progress occurred, but why it occurred. "Exactly how he alone has been able to cross to this fourth pinnacle, reversing the downward trend of social evolution in general, is the culminating mystery of all biology" (Wilson 1975, 382).

In later works, Wilson expands on this:

> The overall average across the history of life has moved from the simple and few to the more complex and numerous. During the past billion years, animals as a whole evolved upward in body size, feeding and defensive techniques, brain and behavioral complexity, social organization, and precision of environmental control – in each case farther from the nonliving state than their simpler antecedents did. (Wilson 1992, 187).

Adding: "Progress, then, is a property of the evolution of life as a whole by almost any conceivable intuitive standard, including the acquisition of goals and intentions in the behavior of animals" (Wilson 1992, 187). You just cannot be more of a Romantic than that.

Turning to Michael Ruse, the all-important thing to be learned about him is that he was raised in the Religious Society of Friends, the Quakers. Although he has long been a non-believer – agnostic, not atheist – those childhood teachings have ruled his (very fulfilled) life (Ruse 2021a; Davies and Ruse 2021). It is not by chance that he has just retired from a fifty-five career teaching philosophy. Teaching. Quakers stress the importance of serving others. They could give John Stuart Mill lessons! My whole life has been molded by the Quaker doctrine of the "inner light," the belief that humans are special because in some way we all are touched by the divine. As a non-believer, I don't accept it literally, and I have trouble extending it to all people without exception, or at least qualification. Overall, though, as a teacher, without intending to sound prissy, I have been guided and inspired and helped by the starting assumption that each and every one of my students, no matter how difficult or psychically unattractive, is a person of worth to whom I, as a fellow human, have obligations. Philosophy. Quakers have no dogmas. It is for individuals to think these things through for themselves. Socrates said that the unexamined life is not worth living. There is nothing I can or would add to that.

Metaethics? Justification? I am not big on progress, cultural or biological. Any species that produced Adolf Hitler or committed themselves to the "Final Solution" does not fit my criteria for advance. I do not deny that there are instances – many instances – of great merit, intellectual and moral. Plato, Aristotle, Kant, to name three heroes of my discipline. Sophie Scholl of the White Rose Group, who died on the guillotine for her opposition to the Third Reich, is as good as Henrich Himmler was vile. But overall, talk of cultural progress rings hollow. And the same of biological progress. Jack Sepkoski said it all. I have a strong suspicion that after humans have gone extinct, the "dumb as shit" will rule the Earth.

Overall, I am mystified. I do not have the confidence of either the Pope, the leading Christian, or of Richard Dawkins, the leading New Atheist. With the geneticist J. B. S. Haldane (1927, 286), I think the world is not only queerer than I think it is, but queerer than I could think it is. For once agreeing with Richard Dawkins (1998), it is altogether beyond me why adaptations to get out of the forest and onto the plains would e quip me to peer into the ultimate workings of the universe. I am a Pragmatist. Morality works, usually. That is what we have. Stop yearning for more. My inspiration is the French existentialist Jean-Paul Sartre. In his little essay *Existentialism and Humanism* (1948, 5) he writes:

> Existentialism is not so much an atheism in the sense that it would exhaust itself attempting to demonstrate the nonexistence of God; rather, it affirms that even if God were to exist, it would make no difference – that is our point of view. It is not that we believe that God exists, but we think that the real problem is not one of his existence; what man needs is to rediscover himself and to comprehend that nothing can save him from himself, not even valid proof of the existence of God.

He explains what this means for humankind:

> My atheist existentialism . . . declares that God does not exist, yet there is still a being in whom existence precedes essence, a being which exists before being defined by any concept, and this being is man or, as Heidegger puts it, human reality. That means that man first exists, encounters himself and emerges in the world, to be defined afterwards. Thus, there is no human nature, since there is no God to conceive it. It is man who conceives himself, who propels himself towards existence. Man becomes nothing other than what is actually done, not what he will want to be. (Sartre 1948, 1)

## 7. Conclusion

This is my answer to Henry Sidgwick. "It is more necessary to argue that the theory of Evolution, thus widely understood, has little or no bearing upon ethics" (1876, 54). He could not have been more wrong. But, then, I have been in the business long enough to know that making mistakes is the defining characteristic of philosophers! Most importantly, he may have got the answer wrong. He got the question right. I honor him.

## References

Aristotle (1984). De Generatione de Animalium. In *The Complete Works of Aristotle*, edited by Jonathan Barnes (pp. 1111-218). Princeton: Princeton University Press.

Balfour, A. (1895). *The Foundations of Belief.* New York: Longmans, Green.

Bergson, H. (1907). *L'évolution créatrice.* Paris: Alcan.

Bergson, H. (1911). *Creative Evolution.* New York: Holt.

Boyle, R. ([1688]1966). A Disquisition about the Final Causes of Natural Things. In *The Works of Robert Boyle,* editor T. Birch (vol. 5, pp. 392-444). Hildesheim: Georg Olms.

Boyle, R. (1996). *A Free Enquiry into the Vulgarly Received Notion of Nature.* Editors E. B. Davis, and M. Hunter. Cambridge: Cambridge University Press.

Broad, C.D. (1944). Critical notice of Julian Huxley's. *Evolutionary Ethics. Mind* 53, 344-67.

Cooper, J.M. (ed.) (1997). *Plato: Complete Works.* Indianapolis: Hackett.

Crook, P. (1994). *Darwinism, War and History: The Debate over the Biology of War from the 'Origin of Species' to the First World War.* Cambridge: Cambridge University Press.

Darwin, C. (1859). *On the Origin of Species by Means of Natural Selection, or the Preservation of Favoured Races in the Struggle for Life.* London: John Murray.

Darwin, C. (1871). *The Descent of Man, and Selection in Relation to Sex. Vol. 1.* London: John Murray.

Darwin, C. (1987). *Charles Darwin's Notebooks, 1836–1844.* Editors P. H. Barrett, P. J. Gautrey, S. Herbert, D. Kohn, and S. Smith. Ithaca, N. Y.: Cornell University Press.

Darwin, C. (1958). The autobiography of Charles Darwin 1809-1882. With the original omissions restored. Edited and with appendix and notes by his granddaughter Nora Barlow. (N. Barlow, Ed.). New York: W.W. Norton.

Davies, B., Ruse, M. (2021). *Taking God Seriously: Two Different Voices.* Cambridge: Cambridge University Press.

Dawkins, R. (1998). *Unweaving the Rainbow: Science, Delusion and the Appetite for Wonder.* New York: Houghton Mifflin.

Descartes, R. ([1637]1964). Discourse on Method. *Philosophical Essays* (pp. 1-57). Indianapolis: Bobbs-Merrill.

Desmond, A. (1998). *Huxley: From Devil's Disciple to Evolution's High Priest.* London: Penguin.

Dijksterhuis, E.J. (1961). *The Mechanization of the World Picture.* Oxford: Oxford University Press.

Gibson, A. (2013). Edward O. Wilson and the organicist tradition. *Journal of the History of Biology,* 46, 599-630.

Haldane, J.B.S. (1927). *Possible Worlds and Other Essays.* London: Chatto and Windus.

Hamilton, W.D. (1964a). The genetical evolution of social behaviour I. *Journal of Theoretical Biology,* 7, 1-16.

Hamilton, W.D. (1964b). The genetical evolution of social behaviour II. *Journal of Theoretical Biology,* 7, 17-32.

Hegel, G.W.F. (1991). *Elements of the Philosophy of Right.* Editor A. Wood. Cambridge: University of Cambridge Press.

Hitler, A. (1925[1939]). *Mein Kampf.* Translator Murphy. London: Hurst & Blackett.

Huxley, J.S. (1927). *Religion Without Revelation.* London: Ernest Benn.

Huxley, J.S. (1942). *Evolution: The Modern Synthesis.* London: Allen and Unwin.

Huxley, J.S. (1943a). *TVA: Adventure in Planning.* London: Scientific Book Club.

Huxley, J.S. (1943b). *Evolutionary Ethics.* Oxford: Oxford University Press.

Huxley, J.S. (1948). *UNESCO: Its Purpose and Its Philosophy.* Washington, D.C.: Public Affairs Press.

Huxley, T.H. ([1859]1884). The Darwinian hypothesis. In *Collected Essays: Darwiniana.,* 1-21. London: MacMillan.

Huxley, T.H. (2009). *Evolution and Ethics with a New Introduction.* Edited by M. Ruse. Princeton: Princeton University Press.

Kuhn, T. (1962). *The Structure of Scientific Revolutions.* Chicago: University of Chicago Press.

Lakoff, G., Johnson M. (1980). *Metaphors We Live By.* Chicago : University of Chicago Press.

Lamarck, J-B. (1809). *Philosophie zoologique.* Paris: Dentu.

Mackintosh, J. (1836). *Dissertation on the Progress of Ethical Philosophy.* Edinburgh: Black.

Maine, H.J.S. (1861). *Ancient Law; Its Connection to the Early History of Society, and Its Relation to Modern Ideas.* London: John Murray.

Mill, J.S. (1863[2001]). *Utilitarianism.* Kitchener, Ontario: Batoche Books.

Moore, G. E. (1903). *Principia Ethica.* Cambridge: University Press.

O'Connell, J., Ruse, M. (2021). *Social Darwinism (Cambridge Elements on the Philosophy of Biology).* Cambridge: Cambridge University Press.

Pepper, S.C. (1942). *World Hypotheses: A Study in Evidence.* Berkeley: University of California Press.

Peterson, E.L. (2016). *The Life Organic: The Theoretical Biology Club and the Roots of Epigenetics.* Pittsburgh: Pittsburgh University Press.

Richards, R.J. (2003). *The Romantic Conception of Life: Science and Philosophy in the Age of Goethe.* Chicago: University of Chicago Press.

Ruse, M. (1986a). *Taking Darwin Seriously: A Naturalistic Approach to Philosophy.* Oxford: Blackwell.

Ruse, M. (1986b). Evolutionary ethics: a phoenix arisen. *Zygon*, 21, 95-112.

Ruse, M. (1996). *Monad to Man: The Concept of Progress in Evolutionary Biology.* Cambridge, Mass.: Harvard University Press.

Ruse, M. (2017). *On Purpose.* Princeton, N. J.: Princeton University Press.

Ruse, M. (2021a). *A Philosopher Looks at Human Beings.* Cambridge: Cambridge University Press.

Ruse, M. (2021b). The Scientific Revolution. *The Cambridge History of Atheism.* Editors S. Bullivant, and M. RuseCambridge: Cambridge University Press.

Ruse, M., Richards, R.J. (eds.) (2017). *The Cambridge Handbook of Evolutionary Ethics.* Cambridge: Cambridge University Press.

Ruse, M., Wilson, E.O. (1985). The evolution of morality. *New Scientist*, 1478, 108-28.

Russell, B. (1937). *Power: A New Social Analysis.* London: Allen and Unwin.

Sartre, J.P. (1948). *Existentialism and Humanism.* Brooklyn, N.Y.: Haskell House Publishers Ltd.

Sidgwick, H. (1876). The theory of evolution in its application to practice. *Mind*, 1, 52-67.

Spencer, H. (1851). *Social Statics: Or, the Conditions Essential to Human Happiness Specified, and the First of Them Developed.* London: Chapman.

Spencer, H. (1852a). A theory of population, deduced from the general law of animal fertility. *Westminster Review*, 1, 468-501.

Spencer, H. (1860). The social organism. *Westminster Review* LXXIII: 90-121.

Spencer, H. (1864). *Principles of Biology.* London: Williams and Norgate.

Spencer, H. ([1852b]1868). The development hypothesis. *The Leader*. Reprinted in *Essays: Scientific, Political and Speculative*, H. Spencer (pp. 377-83). London: Williams and Norgate.

Spencer, H. ([1857]1868). Progress: Its law and cause. *Westminster Review*, LXVII, 244-67.

Spencer, H. (1879). *The Data of Ethics*. London: Williams and Norgate.

Trivers, R.L. (1971). The evolution of reciprocal altruism. *Quarterly Review of Biology*, 46, 35-57.

Von Bernhardi, F. (1912). *Germany and the Next War*. London: Edward Arnold.

Whitehead, A.N. (1926). *Science and the Modern World*. Cambridge: Cambridge University Press.

Wilson, E.O. (1975). *Sociobiology: The New Synthesis*. Cambridge, Mass.: Harvard University Press.

Wilson, E.O. (1984). *Biophilia*. Cambridge, Mass.: Harvard University Press.

Wilson, E.O. (1992). *The Diversity of Life*. Cambridge, Mass.: Harvard University Press.

Wilson, E.O. (2002). *The Future of Life*. New York: Vintage Books.

Wilson, E.O. (2012). *The Social Conquest of Earth*. New York: Norton.

Wittgenstein, L. (1922). *Tractatus Logico-Philosophicus*. London: Routledge & Kegan Paul.

## Traducción al español[†]

**Charles Darwin y la ética: por qué *El origen del hombre* es la obra más importante en la filosofía moral desde la *Ética a Nicómaco* de Aristóteles**

### 1. La crítica tradicional

En 1876, en el primer número de lo que hoy es la revista líder de filosofía, *Mind*, el filósofo moral británico Henry Sidgwick escribió:

> Probablemente, los que hablan de 'evolución' no se refieran simplemente a un proceso que va de lo viejo a lo nuevo, sino también a un progreso de ciertas cualidades o características que va de menos a más. No obstante, la afirmación de que estas características son intrínsecamente buenas o deseables suele ser más implícita que explícita, de lo contrario se vería más claramente que esta proposición ética no puede ser probada por ninguno de los razonamientos físicos comúnmente usados para establecer la doctrina de la evolución. (Sidgwick 1876, 56)

Para que no haya ningún tipo de confusión acerca de su forma de pensar, Sidgwick escribió sin rodeos: "Es más preciso sostener que la teoría de la evolución, en términos generales, tiene poca o ninguna relación con la ética". Luego afirmó que no tenía nada en contra de la evolución como tal, "pero incluso si se admitiese por completo, no veo que se obtenga de ella ningún argumento a favor o en contra de una doctrina ética en particular" (Sidgwick 1876, 54). En otras palabras, según el filósofo es un error pasar del origen del pensamiento moral a la justificación del pensamiento moral. Se trata de una versión de la falacia genética, es decir, pensar que el camino hacia el descubrimiento de una idea tiene relevancia para la justificación de esa idea.

Sidgwick inició una tradición que aún poseía fuerza en 1960, cuando comencé mi carrera filosófica. No estaba solo en su postura desdeñosa hacia las posibles conexiones entre evolución y ética. Arthur Balfour fue un político británico, en algún momento primer ministro, mejor conocido por la "Declaración Balfour" de 1917 que otorgó su apoyo a una patria judía todavía en territorios árabes. Balfour también fue un filósofo sofisticado, ya que fue quien formuló por primera vez el argumento evolutivo contra el naturalismo, esto es, siendo que la evolución socava la estabilidad de nuestras creencias, el naturalismo, al menos en cierto

---

[†] Traducción: E. Joaquín Suárez-Ruíz. Revisión: Leonardo González-Galli.

sentido, se refuta a sí mismo. Es por ello que si hay algo que la evolución no hace es arrojar luz sobre cuestiones filosóficas relacionadas con la moral. En palabras de Balfour:

> De modo que no solo no parece haber fundamento, desde el punto de vista de la biología, que permita hacer una distinción a favor de cualquiera de los procesos, fisiológicos o psicológicos, por los que un individuo o una raza se benefician; no solo estamos obligados a evaluar los apetitos más groseros, el egoísmo más calculador y el heroísmo más devoto, en cuanto que todos surgieron de causas análogas y evolucionaron teniendo por fin objetos similares, sino que difícilmente podamos dudar de que los augustos sentimientos que se aferran a las ideas sobre el deber y el sacrificio sean un dispositivo de la naturaleza surgido con el fin engañarnos para así poder llevar a cabo acciones altruistas. (Balfour 1895, 16)

Esto nos lleva a G. E. Moore, el alumno más conocido de Sidgwick, y a su obra principal, *Principia Ethica* (1903). Al inscribirse en la tradición de su maestro, quien a su vez se basaba en las ideas de David Hume, Moore ridiculizó el erróneo intento de pasar de afirmaciones sobre cuestiones de hecho a afirmaciones sobre cuestiones de obligación:

> La ética tiene como objetivo descubrir cuáles son esas otras propiedades que poseen todas las cosas buenas. No obstante, son muchos los filósofos que han supuesto que cuando nombraban esas otras propiedades estaban definiendo el bien; que esas propiedades, de hecho, simplemente no eran 'otras', sino absoluta y completamente iguales a la bondad. Propongo denominar 'falacia naturalista' a este punto de vista. (Moore 1903, 10).

Ahora bien, fue un contemporáneo de Charles Darwin, el evolucionista Herbert Spencer, quien era identificado como el peor de los infractores.

> No cabe duda de que el señor Spencer ha cometido la falacia naturalista. Lo único que nos dice la hipótesis de la evolución es que ciertos tipos de conducta están más evolucionados que otros; y esto es, de hecho, todo lo que el señor Spencer ha intentado demostrar en los dos capítulos en cuestión. Sin embargo, nos afirma también que una de las cosas que ha demostrado es que la conducta obtiene su autorización ética en la medida de que exhibe ciertas características. (Moore 1903, 31)

Y continúa:

> Por supuesto, es posible que sea cierto que lo más evolucionado es también lo mayor y mejor. Pero el señor Spencer no parece darse cuenta de que afirmar lo que algo no es, en ningún caso es lo mismo que afirmar lo contrario. Argumenta extensamente que ciertos tipos de conducta están "más evolu-

cionados", y luego nos informa que ha demostrado que obtienen cierta autorización ética en proporción, sin ninguna advertencia de que ha omitido el paso más esencial en tal prueba. Sin dudas, esto es evidencia suficiente de que no ve cuán esencial es ese paso. (Moore 1903, 31)

Ahora bien, tampoco es posible construir un edificio teórico sobre bases tan endebles. La identificación de los diversos enfoques evolutivos de la ética es falaz. A su vez, los hechos y los valores son para siempre dos. Aunque esto no era realmente la preocupación de Moore, quien separó el estudio filosófico de la moral de las posibles implicaciones de la moral (la casuística), terminó por instaurar que la ética evolutiva conduciría a prescripciones sociales verdaderamente viles. No es de extrañar que el (así llamado) "darwinismo social" tuviera mala fama.

A partir de entonces el patrón ya había sido establecido. Julian Huxley, el biólogo nieto del gran partidario de Darwin, su "bulldog", Thomas Henry Huxley, siempre fue un entusiasta de los enfoques de la ética fundados en la evolución. Julian, un científico que escribió durante las décadas de 1930 y 1940, pensaba, como era de esperar, que deberíamos promover las virtudes y los beneficios de la ciencia y la tecnología (particularmente a nivel social). Por ejemplo, en respuesta a la Gran Recesión, Huxley fue un gran entusiasta de las obras públicas financiadas por el *New Deal* de Franklin Roosevelt. Aunque se manejó con cierta cautela, porque no quería ser considerado como un defensor de los preparativos de guerra de los nacionalsocialistas (la construcción de la *Autobahn*, por ejemplo), Huxley se mostró incondicional con la Autoridad del Valle de Tennessee, aquel proyecto que traía electricidad a gran parte del sur de los Estados Unidos (Huxley 1943a). Después de la Segunda Guerra Mundial, Huxley se convirtió en el primer director general de la UNESCO. De hecho, fue él quien insistió en que las Naciones Unidas fueran más allá de la educación y la cultura, para incluir también la ciencia. A su vez, escribió un librito que relacionaba todo esto con la evolución y lo declaró la filosofía de la nueva organización (Huxley 1948). Sus supervisores quedaron tan conmocionados que redujeron su período previsto de cuatro años a dos. Tampoco es de extrañar que el filósofo C. D. Broad, alumno de G. E. Moore, reaccionara negativamente a todo esto. Al revisar un libro de Huxley que respalda la ética evolutiva (Huxley 1943b), Broad no logró ver que la evolución "tiene alguna relación directa con la cuestión de si ciertos estados de cosas, procesos o experiencias son intrínsecamente buenos o malos" (Broad 1944, 363). *Principia Ethica* de nuevo.

## 2. Pensándolo otra vez

No es de extrañar que allá por 1960 yo pensara que la validez de la falacia naturalista era una de las verdades eternas, junto con el supuesto de que los chicos más simpáticos solo quieren una cosa y que los estadounidenses tienen malos modales en la mesa (¿Cortar la carne con un cuchillo y luego comerla con un tenedor?), pero las cosas cambian. Hoy sigo considerando que la falacia naturalista es válida y, habiendo criado adolescentes, continúo pensando que los chicos más simpáticos solo quieren una cosa. No estoy tan seguro de los modales en la mesa estadounidenses, pero en estos días de comida rápida, ¿a quién le importa? Ya nadie usa cuchillo y tenedor de todos modos. Difiero con Sidgwick, Moore y Broad en que la falacia naturalista significa el fin de la ética evolutiva (Ruse 1986a; 1986b; 2021a; Ruse y Richards 2017; O'Connell y Ruse 2021). Por mi parte, considero que *Descent of Man* de Charles Darwin (1871) merece ser puesto en el pedestal de los ganadores de todos los tiempos del concurso de filosofía de la moral, junto con *Nicomachean Ethics* de Aristóteles y *Critique of Practical Reason* de Immanuel Kant. ¿Qué provocó en mí este cambio de opinión? El surgimiento del estudio darwiniano del comportamiento social, la "Sociobiología", por su importancia para el estudio de la filosofía moral. El evolucionista de Harvard, Edward O. Wilson, expuso el caso de manera contundente en su magistral *Sociobiology: The New Synthesis* (1975). Si el título del primer capítulo no te conmociona ("La moral del gen"), entonces las palabras iniciales seguramente lo harán:

> Camus afirmó que la única cuestión filosófica seria es el suicidio. Eso está mal incluso en el sentido estricto pretendido. El biólogo que se ocupa de cuestiones relacionadas con la fisiología y la historia evolutiva se da cuenta de que el autoconocimiento está limitado y moldeado por los centros de control emocional en el hipotálamo y el sistema límbico del cerebro. Dichos centros inundan nuestra consciencia con todas esas emociones - odio, amor, culpa, miedo y otras - que son consultadas por los filósofos éticos que anhelan intuir los estándares del bien y del mal. Entonces, nos vemos obligados a preguntar, ¿qué es aquello que originó el hipotálamo y el sistema límbico? Evolucionaron por selección natural. Esta simple afirmación biológica debe ser comprendida como fundamental por parte de los filósofos éticos para explicar la ética, y quizás también valga para los epistemólogos en relación con la epistemología. (Wilson 1975, 3)

Esta declaración molestó bastante a los filósofos, algo que Wilson se sintió capaz de soportar con ecuanimidad. Aún más, dicha actitud contribuyó a que continuara fundando sus desarrollos en intuiciones más que en estrategias filosóficas razonadas. Estoy totalmente de acuerdo con Wilson en que debemos avanzar, aunque, como verán, no estoy convencido de que el camino que tomó sea el correcto. De modo que es momento de hacer marcha atrás y poner las cosas en contexto. Como evolucionista, considero que las respuestas a los problemas del presente se encuentran en el pasado. Permítanme, por tanto, seguir mi propio consejo y volver a la historia.

## 3. Dos metáforas de base

Muchos asumen que la ciencia, en términos generales, posee un procedimiento similar al de los detectives de *Dragnet*[1]. Digamos las cosas como son, "solo los hechos, señora, solo los hechos". Ahora nos damos cuenta, particularmente desde *The Structure of Scientific Revolutions* de Thomas Kuhn (1962), que el pensamiento científico está imbuido en las imágenes generales y metafísicas del mundo: paradigmas. En escritos posteriores, Kuhn identificó los paradigmas con metáforas. Esta es una idea fundamental, dado que la ciencia es profundamente metafórica (fuerza, presión, trabajo, selección, carrera armamentista, complejo de Edipo) y porque la ciencia en general se hace dentro de metáforas. Un punto importante sobre el que los lingüistas han llamado la atención es que las metáforas a menudo vienen en paquetes, donde cada una de ellas se asocia con otras (Lakoff y Johnson 1980). Por ejemplo, pensemos una disputa como si se tratase de una batalla. Lo ataqué con un martillo y unas tenazas: un ataque frontal. Di un paso al costado con gracia: retirada. Regresé con un argumento diferente: nuevas armas. Acordamos estar en desacuerdo: armisticio. Etcétera. Existen unas metáforas particularmente importantes, las *metáforas de base*, que lo abarcan todo. La ciencia occidental se ha regido por dos metáforas de base, y la Revolución científica, que nos lleva desde Copérnico a principios del siglo XVI hasta Newton a finales del siglo XVII, supuso un cambio en ellas (Ruse 2021b).

Desde los griegos hasta la Revolución, el mundo fue visto a través de la lente del *organismo*. Este era el principio ordenador del entendimiento. Platón sentó las bases en su *Timeo*, argumentando que el Demiurgo, identificado con la Forma del Bien, había diseñado el universo. Dado que pretendía que todo sea de la mejor manera posible, modeló el universo sobre la base de lo mejor de todas las cosas, es decir, ¡Él mismo! En este proceso se introducía, al mismo tiempo, la inteligencia. Dios se dio cuenta de que lo inteligente era mejor que lo no inteligente y que lo físico por sí solo no podía suplir esto. Y así, de repente, obtuvimos un alma mundial (Cooper,1997, 30b-c). ¡El mundo como organismo! Por ejemplo, cuando usted piense en cosas (humanos, caballos, setos, ríos, barrancos, rocas), piense en ellos en términos de organismos. Utilice esto como su medio de comprensión. Piense en un gato. ¿Por qué está agachado detrás de una silla? Para atrapar un ratón. Piense en las precipitaciones. ¿Por qué llueve tanto en primavera? Para regar las plantas en crecimiento. Aristóteles (1984) consolidó este modo de pensar. Da la casualidad de que, por razones metafísicas, no estaba muy seguro de que la Tierra en su conjunto fuera un organismo (Gaia) pero, al igual que Platón, insistió en utilizar el modelo o la metáfora orgánica como principio de entendimiento.

---

[1] N. del T.: el autor se refiere a una serie de televisión estadounidense del género detectivesco.

Distinguió las "causas eficientes" (la cuchilla que cortó la cabeza del asesino) de las "causas finales" (la cabeza fue cortada para castigar al malhechor y para dar el ejemplo a los demás).

Platón y Aristóteles eran, técnicamente hablando, paganos. Sin embargo, su pensamiento encajaba fácilmente con la recién llegada, la religión cristiana. Y así también el de Copérnico. Él inició una nueva metáfora, más adecuada a la época: la naturaleza como *máquina* (Dijksterhuis 1961). En su época, a principios del siglo XVI, la mecanización estaba en marcha. Bombas que impulsaban agua y piedras móviles de los molinos que trituraban maíz y trigo. Y, sobre todo, máquinas para medir el tiempo. Fue el químico del siglo XVII, Robert Boyle, muy impresionado por esos maravillosos relojes en las iglesias medievales que no solo daban la hora sino que también mostraban los movimientos planetarios y tenían figuras animadas al dar la hora, quien hizo hincapié en esta imagen. En este caso, ya no resulta adecuado pensar el mundo como abarrotado de fuerzas vitales, trabajando siempre para que las cosas sigan funcionando. Boyle, haciendo referencia específica a un dispositivo construido a finales del siglo XVI, argumentó que el mundo es:

> como un reloj raro, por ejemplo el de Estrasburgo, donde cada cosa está tan hábilmente construida que una vez puesto en marcha el motor todas proceden de acuerdo con el diseño inicial del artífice, y donde los movimientos de las pequeñas figuras que en ciertas horas salen a realizar su espectáculo no requieren (a diferencia de las marionetas) la particular intervención del artífice o de cualquier agente inteligente, sino que realizan sus funciones en determinadas ocasiones como consecuencia del general y primitivo artilugio de dicho motor. (Boyle 1686, 12-13)

Esto fue recalcado por el filósofo y matemático francés René Descartes, quien argumentó explícitamente que el cuerpo humano es también una máquina. En su *Discourse on Method* (1637), Descartes discutió el trabajo del inglés William Harvey, demostrando que el corazón era una bomba (una máquina) y que existía un funcionamiento mecanicista similar en otras regiones corporales.

## 4. Romanticismo

Desafortunadamente, había una mosca en el ungüento mecanicista, una mosca muy grande, viva y gobernada por la causa final. Los organismos *qua* organismos parecían ser un asunto bastante diferente y, en este caso, el pensamiento regido por causas finales no parecía tan irrelevante (Boyle 1688; Ruse 2017). Incluso en la era de las máquinas, todavía tenía sentido preguntar sobre el propósito. Por ejemplo, la causa final del ojo. Si bien se produce por causas fisiológicas, existe por causas finales: ver. No es de extrañar que esta inquietud haya persistido. De hecho, hubo quienes simplemente se rindieron e insistieron en volver al modelo orgánico.

A finales del siglo XVIII, y especialmente en Alemania, surgió el movimiento "romántico" (a menudo denominado *Naturphilosophie* en la ciencia), el cual proponía un reemplazo del "concepto de mecanismo" y una renovación de la metáfora orgánica que la "elevaba a principio rector en la interpretación de la naturaleza" (Richards 2003, xvii). Johann Wolfgang von Goethe, el poeta, Friedrich Schelling, el filósofo, y Lorenz Oken, el anatomista, son nombres habitualmente asociados con este movimiento. Resulta curioso que, aunque la evolución orgánica no era la principal preocupación de los mecanicistas, hay razones para pensar que todos los románticos destacados eran evolucionistas. Así como un organismo crece alimentado por sus propias causas internas, el evolucionismo romántico concibió una especie de fuerza o presión interna que impulsaba el proceso de desarrollo.

Al igual que el coronavirus, el romanticismo era muy contagioso. En Inglaterra, el ejemplo perfecto de este tipo de pensamiento fue el del ya mencionado Herbert Spencer (1852a; 1852b), quien se convirtió en evolucionista a principios de la década de 1850. Un aspecto central de su pensamiento fue el proceso que lleva el nombre acuñado por el evolucionista francés de principios del siglo XIX, Jean-Baptiste Lamarck (1809; Ruse 1996), a saber, la herencia de caracteres adquiridos. La jirafa estira su cuello a medida que alcanza las hojas de las ramas más altas y las generaciones posteriores nacen con cuellos más largos. Spencer combinó dicha noción con un enfoque hasta cierto punto idiosincrático de nuestros poderes reproductivos, suponiendo que solo había una cantidad fija de fluido seminal. A medida que los organismos se perfeccionan y (en el caso de los animales) crece el cerebro, este fluido se desvía de las entrañas y de la reproducción como fin hacia la producción de órganos vinculados con el pensamiento cada vez mejores. Spencer estaba tan avanzado que nunca se casó ni se reprodujo.

Lamarck propuso un cierto tipo de fuerza interna. Spencer continuó con esa posición, aunque también agregó algunos detalles propios. Comparó explícitamente las sociedades con los organismos (1860) y creía que, con un aroma similar a la segunda ley de la termodinámica, en primera instancia los grupos o sociedades se encontraban en equilibrio, luego algo los perturbaba y posteriormente lograban el equilibrio en un nivel superior (Spencer 1864). Este pensamiento era profundamente romántico. No es una sorpresa, dado que la influencia fundamental de Spencer, a través de las traducciones casi plagiarias del poeta Samuel Coleridge, fue el filósofo Friedrich Schelling. Ante todo, lo principal era que había progreso: de lo salvaje a lo europeo, de la bellota al roble, de la mónada al hombre. En palabras de Spencer:

Ahora, en primer lugar, nos proponemos demostrar que esta ley del progreso orgánico es la ley de todo progreso. Ya sea en el desarrollo de la tierra, en el desarrollo de la vida sobre su superficie, en el desarrollo de la sociedad, del gobierno, de las manufacturas, del comercio, del lenguaje, la literatura, la ciencia, el arte, es la misma evolución de lo simple a lo complejo la que, a través de sucesivas diferenciaciones, se mantiene en todas partes. Desde los primeros cambios cósmicos rastreables hasta los últimos efectos de la civilización, encontraremos que la transformación de lo homogéneo en lo heterogéneo es aquello en lo que consiste esencialmente el progreso. (…) Se muestra con bastante claridad en el progreso de la última y más heterogénea criatura: el hombre. Es igualmente cierto que, durante el período en que la tierra estuvo poblada, el organismo humano se ha vuelto aún más heterogéneo a partir de las variedades civilizadas de las especies, y que la especie, en su conjunto, se ha ido volviendo más heterogénea en virtud de la multiplicación de razas y la diferenciación de estas razas entre sí. (Spencer 1857, 244)

En el siglo XX existió un grupo activo de "organicistas", algunos volvían directamente a los románticos y otros vía Spencer (Peterson 2016). Henri Bergson, el influyente filósofo francés de principios del siglo XX, autor de *L'évolution créatrice* publicado en 1907 (traducción inglesa de 1911), fue el paladín de la fuerza vital neo-aristotélica: el élan vital (de ahí que sea más conocido como "vitalista", en lugar del más conveniente "organicista"). Sin embargo, no estaba tan fuera del patrón. Cabe destacar que Bergson era un entusiasta de Spencer. En el mundo anglófono, en América, estaba el inglés Alfred North Whitehead, coautor con Bertrand Russell del opus *Principia Mathematica* en tres volúmenes, en el que intentaron demostrar que las matemáticas se siguen deductivamente de las leyes de la lógica. Al llegar a Harvard después de la Gran Guerra, Whitehead pasó del análisis formal a la metafísica. Por ejemplo, en *Science and the Modern World*, Whitehead convocó "el abandono del materialismo científico tradicional y la sustitución de una doctrina alternativa del organismo" (1926, 99). A su vez, afirmó: "La naturaleza se exhibe como ejemplificando una filosofía de la evolución de organismos sujetos a determinadas condiciones" (Whitehead 1926, 115). ¡El organicismo tenía poder de permanencia! Por otro lado, en lo que respecta a Spencer, fue un progresista hasta la médula. Lo mismo cabe afirmar de Bergson: "La consciencia no solo aparece como principio motor de la evolución, sino que también, entre los propios seres conscientes, el hombre pasa a ocupar un lugar privilegiado. Entre él y los animales existe una diferencia que ya no es de grado, sino de tipo" (Bergson 2011, 34). O también, tomemos al Julian Huxley influenciado por Bergson:

Un hecho algo curioso surge del estudio del progreso biológico como culminación del momento evolutivo en el dominio del *Homo sapiens*. Aparentemente, no pudo haber seguido otro curso general que el que históricamente ha seguido (Huxley 1942, 569).

## 5. Ética evolutiva romántica

Entonces, ¿dónde encaja la ética en todo esto? En principio, distingamos entre ética sustantiva -¿Qué debo hacer?- y *metaética* -¿Por qué debería hacer lo que debería hacer? En cuanto pasamos a la ética sustantiva del evolucionista romántico comenzamos a ver por qué la ética evolutiva, el darwinismo social, es digna de desconfianza. Escuchemos a Herbert Spencer:

> Debemos calificar de espurios a esos filántropos que, con el fin de evitar la miseria actual, acarrean una miseria aún mayor para las generaciones futuras. Sin embargo, deberíamos incluir allí también a todos los defensores de una Ley de Pobres. Si bien la rigurosa necesidad, cuando se le permite actuar sobre ellos, se convierte en un agudo espolón para el perezoso y en una fuerte rienda para el descarriado, estos amigos de los pobres pretenden derogarla, por los lamentos que produce aquí y allá. (Spencer 1851, 323)

Ahora bien, sus palabras son poca cosa en comparación con las de algunos alemanes. El general Friedrich von Bernhardi, que había sido expulsado del ejército alemán porque señalaba con demasiada franqueza las intenciones del Estado Mayor, no dejó lugar a la imaginación en su famoso *Germany and the Next War* (1912). "La guerra es una necesidad biológica", y por tanto, "Sobreviven aquellas formas que pueden procurarse las condiciones de vida más favorables y afirmarse en la economía universal de la naturaleza. Los más débiles sucumben". El progreso dependía de la guerra: "Sin la guerra, las razas inferiores o deterioradas fácilmente sofocarían el crecimiento de aquellos elementos todavía sanos y en ciernes, y se produciría una *decadencia* universal". Aún más, anticipándose a las horribles filosofías del siglo XX, afirmaba:

> El poder da el derecho a ocupar o conquistar. Este es el derecho supremo y la disputa sobre lo que es correcto se decide mediante el arbitraje de la guerra. La guerra otorga una sentencia biológicamente justa, ya que se basa en la naturaleza misma de las cosas. (Bernhardi 1912, 10; citado por Crook 1994, 83)

No es de extrañar que Adolf Hitler abrevara de este tipo de afirmaciones. Si echamos un vistazo a *Mein Kampf*, la historia parece terrible:

> Todas las grandes culturas del pasado perecieron tan solo porque la raza originariamente creativa murió por el envenenamiento de su sangre. La cau-

sa última de tal declive fue el olvido de que toda cultura depende de los hombres y no al revés; de ahí que para preservar una determinada cultura deba preservarse el hombre que la crea. Dicha preservación se encuentra unida a la rígida ley de la necesidad, así como también al derecho a la victoria de los mejores y más fuertes de este mundo. Aquellos que quieren vivir, que luchen, y los que no quieren luchar en este mundo de eterna *lucha*, pues no merecen vivir. (Hitler 1925, 1, capítulo 11)

En realidad, incluso si ignoramos las prescripciones obviamente decentes (instancias de ética sustantiva) como las de Julian Huxley, las cosas son un poco más complejas de lo que sugiere una lectura superficial. El pasaje de Spencer anteriormente citado, el cual había escrito antes de convertirse en evolucionista, está menos dirigido contra los pobres y más contra los ricos y poderosos que se apoderan de todos los bienes. Anticipándose a la Margaret Thatcher de un siglo después, Spencer, hombre de clase baja, no conformista, provinciano y que odiaba a los ricos parásitos, quería menos reglas con el fin de que los pobres que poseyeran el mérito suficiente pudieran ascender socialmente. No se debía consentir a los vagos, pero sí se les debía dar una oportunidad. Más adelante, cuando comenzó a promover la naturaleza integrada de la sociedad, Spencer despotricó contra el militarismo alemán que, entre otras cosas, consideraba perjudicial para el comercio.

Por otro lado, Von Bernhardi, que odiaba a los británicos, estaba mucho más en deuda con el romanticismo alemán que con cualquier cosa proveniente de los evolucionistas. Por ejemplo, Georg Wilhelm Friedrich Hegel exigió fuertes restricciones para no dañar a los civiles, pero vio la guerra como un componente necesario para definir o delimitar un Estado de otro. Poniendo estas afirmaciones en contexto, y particularmente contemplando que se buscaba construir el mejor tipo de Estado (como se evidenciaba en el crecimiento y la unión de partes que iban a conformar la nueva Prusia-Alemania), Hegel decía:

> He comentado en otra parte que 'la salud ética de los pueblos se preserva en su indiferencia hacia el establecimiento de instituciones finitas; así como el soplo de los vientos protege al mar de la suciedad que resulta de una calma prolongada, del mismo modo la corrupción en las naciones es el producto de una paz prolongada y mucho menos 'perpetua'(Hegel 1821, 324).

¿Y Hitler? Bueno, para empezar, no creía en la evolución.

Ahora bien, ¿qué pasa con las justificaciones?, ¿qué hay de los fundamentos metaéticos de este tipo de sistemas? En relación con exponentes tan entusiastas como Herbert Spencer o Julian Huxley, sin mencionar a los militaristas alemanes, pues no hay mucha sorpresa. Sus cimientos se encuentran en la naturaleza supuestamente progresiva del proceso evolutivo, con los humanos a la cabeza. Todos estos pensadores suponían un progreso a lo grande. Dado que la naturaleza era un desarrollo orgánico cada vez más perfecto, las recetas surgían de forma natural para ellos. Es decir, no solo debemos apreciar el proceso evolutivo como generador de algo cada vez más valioso, sino que también debemos ayudarlo. O por lo menos no obstaculizar su avance. Decía Spencer: "La ética tiene por objeto la forma que asume la conducta universal durante las últimas etapas de su evolución" (1879, 21). Y añadió:

> Y ha seguido el corolario de que la conducta obtiene autorización ética en la medida en que las actividades, cada vez menos violentas y cada vez más industriales, son tales que no precisan del daño o el impedimento mutuo, sino que consisten y son promovidas por la cooperación y la ayuda mutua. (Spencer 1879, 21)

Por otro lado, para von Bernhardi también hay progreso y depende de la guerra. Volviendo a una cita anterior: "Sin la guerra, las razas inferiores o deterioradas fácilmente sofocarían el crecimiento de aquellos elementos todavía sanos y en ciernes, y se produciría una decadencia universal" (von Bernhardi 1912, 20). En un tono muy diferente, Julian Huxley canta la misma canción:

> No creo que debamos usar la palabra 'propósito' salvo cuando sabemos que está involucrado un objetivo consciente; pero sí podemos afirmar que esta es la dirección evolutiva más deseable y, en consecuencia, que nuestros estándares éticos deben encajar en su marco dinámico. En otros términos, resulta éticamente correcto apuntar hacia aquello que promueva una realización cada vez más plena de valores cada vez más elevados (Huxley 1927, 137).

## 6. Ética darwiniana

Es tiempo de seguir adelante, pero mientras lo hacemos veamos cómo las preocupaciones de los filósofos en realidad no hacen mella en estos románticos. La esencia de la filosofía romántica reside en que el mundo está impregnado de valor (Ruse 2021a). Los organismos tienen valor en sí mismos y, a medida que se desarrollan, ese valor aumenta. De bellota a roble, de oruga a mariposa, de salvaje a europeo. La falacia naturalista que insiste en que no se puede pasar de afirmaciones de hechos a afirmaciones de valor se descarta como irrelevante, ya que simplemente no existe tal división absoluta entre hecho y valor. Son gemelos siameses. Para poner las cosas en términos más filosóficos, mientras que los románticos suponen cierta metáfora de base, sus críticos suponen otra. Como señala Kuhn respecto de los paradigmas, siendo que los oponentes han hecho una suerte de compromiso de fe con su propia posición, sus puntos de vista resultan inconmensurables, irresolubles de un modo significativo: ¿demócratas o republicanos?, ¿católicos o protestantes?, ¿organicistas o mecanicistas?

La pregunta urgente ahora es, ¿el mecanicista, aquel individuo que supone la máquina como metáfora de base, puede recurrir a la evolución en busca de conocimiento o acaso debemos permanecer para siempre en el nivel de los filósofos analíticos? Si nos guiamos por G. E. Moore: "Difícilmente podríamos suponer que la evolución tendrá alguna influencia importante sobre la filosofía" (Moore 1903, 34). Si nos guiamos por Bertrand Russell:

> Lo que la biología ha vuelto probable es el hecho de que las diversas especies surgieron por la adaptación de una ascendencia menos diferenciada. Este hecho es en sí mismo sumamente interesante, pero no es el tipo de hecho del que se derivan las consecuencias filosóficas (Russell 1937).

Si nos guiamos por Ludwig Wittgenstein: "La teoría de Darwin no tiene más que ver con la filosofía que cualquier otra hipótesis de las ciencias naturales" (Wittgenstein 1922, 4.1122).

Comencemos el contraataque a partir del relato de Darwin sobre la moral en su *Descent of Man*. Recordemos que Darwin estaba escribiendo como científico, no como filósofo. Pasar del primero al segundo va a requerir cierto trabajo de nuestra parte. En una reseña de *Origin* que escribió un mes después de su publicación, Thomas Henry Huxley (1859) negó que la selección natural pudiera tener todos los efectos que suponía el naturalista. De hecho, a pesar de que era el "bulldog" de Darwin, Huxley hizo de su profesión el interpretarlo erróneamente. En un ensayo tardío, escrito una década después de la muerte de Darwin, Huxley llegó a argumentar que la moral se opone a la evolución y que debemos luchar contra nuestros impulsos animales innatos (Huxley 1893). Difícilmente podría ser esta la posición de su colega. Todavía no se había abierto camino a través de la complejidad de *Origin* y de la mitad de *Descent* que ya levantaba las manos aseverando que el mecanismo darwiniano se oponía al aspecto más importante de la humanidad. Contra Huxley, lo primero que habría argumentado Darwin es que la selección natural podría, en efecto, conducir a algún tipo de situación social armoniosa. Habría afirmado que es falso, desde una perspectiva biológica, que la lucha simplemente conduzca a la hostilidad abierta, la competencia y la guerra, y que cualquier cosa social debería imponerse desde afuera, casi por la fuerza. Darwin se había enfrentado a este problema en *Origin* al examinar los insectos sociales. Su solución residió en sugerir que dicha sociabilidad se produce por causa del parentesco, esto es, los organismos ayudan a otros individuos con los cuales están emparentados. Aunque Darwin no tenía el lenguaje de la genética, habría estado de acuerdo con los pensadores actuales que argumentan que, en la medida en que los individuos con los cuales se posee relación de parentesco se reproducen, uno mismo también se reproduce, por el hecho de que hay unidades de herencia (genes) compartidas: ¡selección de parentesco! (Hamilton 1964a, b).

En *Descent*, Darwin amplió esta discusión. Sugirió que la sociabilidad podría haber surgido incluso a través de la interacción de individuos sin relación de parentesco, a través de lo que hoy se conoce como "altruismo recíproco": tú me rascas la espalda y yo rascaré la tuya (Trivers 1971). En palabras de Darwin:

> En primer lugar, a medida que mejoraban sus facultades de razonamiento y la anticipación de los miembros de un grupo, cada hombre habría aprendido pronto que si ayudaba a sus semejantes, normalmente también recibiría ayuda a cambio. A partir de este bajo motivo habría adquirido el hábito de ayudar a sus prójimos. De hecho, este hábito de realizar acciones benévolas fortalece el sentimiento de simpatía que otorga el primer impulso a las acciones benévolas en general. Además, es probable que los hábitos continuados durante muchas generaciones tiendan a heredarse". (Darwin 1871, 163-164)

Darwin, a su vez, agregó:

> Pero hay otro estímulo mucho más poderoso para el desarrollo de las virtudes sociales, a saber, el elogio y la culpa de nuestros semejantes. La búsqueda de aprobación y el temor a la infamia, así como la atribución de elogios o de culpa, se deben principalmente, como hemos visto en el tercer capítulo, al instinto de la simpatía; y este instinto sin duda fue adquirido originalmente, como todos los demás instintos sociales, a través de la selección natural. (Darwin 1871, 164)

Y explicó: "Hacer el bien a los demás, hacer a los demás lo que tú quisieras que te hicieran a ti, es la piedra angular de la moral. Por lo tanto, es casi imposible exagerar, en tiempos de hostilidad, la importancia que posee la preferencia por los elogios y el miedo a la culpa" (1871, 165). A su vez, el naturalista elaboró:

> No se debe olvidar que, aunque un alto nivel de moral le ofrece a un individuo y a sus hijos tan solo una pequeña o nula ventaja por sobre los otros hombres de la misma tribu, un avance en el estándar moral y un aumento en el número de hombres morales dará, ciertamente, una inmensa ventaja a una tribu sobre otra. (1871, 166)

No hay ambigüedad sobre lo que esto significa:

> No cabe duda de que una tribu que incluye a muchos miembros que, por poseer en un alto grado el espíritu del patriotismo, la fidelidad, la obediencia, el coraje y la simpatía, siempre estuvieron dispuestos a ayudarse unos a otros y a sacrificarse por el bien común, serían victoriosos por sobre la mayoría de las otras tribus; y esto sería selección natural. (1871, 166)

Y de ahí la consecuencia:

> En todo momento y en todo el mundo, las tribus han suplantado a otras tribus; y como la moral es un elemento de su éxito, el estándar de moral y el número de hombres morales tenderán a elevarse y aumentar en todas partes. (1871, 166)

Vale enfatizar que Darwin no estaba rompiendo aquí con el pensamiento propio de *Origin*. Siguiendo al jurista comparativo Henry Maine (1861), el naturalista trataba a las tribus como familias interrelacionadas (o suponía que eso eran), y analizaba la familia como si fuese un individuo, una especie de superorganismo. Con respecto a la moral, los humanos seríamos como las hormigas. Somos partes de un todo en lugar de individuos que simplemente se dedican a lo suyo (Richards y Ruse 2016). Sin embargo, tengamos en cuenta que, aunque conformemos un superorganismo, cada una de las partes están favoreciendo sus propios fines y tan solo incidentalmente los del todo. Me irá mejor si soy parte de una tribu.

¿Y qué pasa con la división ética sustantiva/metaética? Aunque, como señalé más arriba, Darwin escribe *Descent* como científico, no como filósofo, no resulta difícil ver cuál es su posición. Con respecto a la ética sustantiva, debemos hacer lo que dicta nuestra biología: recuerde, "patriotismo, fidelidad, obediencia, coraje y simpatía", combinados con una disposición "para ayudarse unos a otros y sacrificarse por el bien común" (Darwin 1871, 166). No pensar y comportarnos de esta manera iría en contra de nuestra naturaleza más profunda. Esto no implica que debamos ser unos tontos. Sabemos que Darwin fue en gran medida un hijo de su época, una época en la que Gran Bretaña alcanzó la cima gracias al vigor de sus industrialistas, científicos, pensadores, políticos y demás. Los mansos no heredan la Tierra. Los hombres y mujeres valientes y decididos no son solo los ganadores, sino también, en cierto sentido, los individuos moralmente valiosos. Por ejemplo, piense (¡a pesar de todas sus fallas al interpretar a Darwin!) en Thomas Henry Huxley (Desmond 1998). Con un comienzo modesto, se convirtió en profesor de anatomía, decano de la nueva universidad de ciencias en South Kensington, miembro de la primera Junta Escolar de Londres, líder de comisiones gubernamentales, consejero privado, conferencista ininterrumpido y autor de algunos de los mejores ensayos de todos los tiempos. Al mismo tiempo, luchó contra depresiones aplastantes, negándose a dejarlas triunfar. La ética sustantiva darwiniana le debe mucho a la ética cristiana, pero también está teñida de las normas de la sociedad victoriana. Nuevamente, los mansos no heredan la Tierra, es heredada por aquellos con agallas y vigor. No confunda esto con el egoísmo brutal a la manera de von Bernhardi (es cualquier cosa menos eso). Más bien, piense en aquellos que muestran una y otra vez la verdad de lo que el filósofo John Stuart Mill (1863) nos decía a todos: "Cuando las personas que son bastante afortunadas en sus circunstancias materiales no disfrutan lo suficiente como para hacer su vida valiosa, generalmente se debe a que no se preocupan por nadie más que por ellos mismos".

La metaética darwiniana es un poco más complicada. Para empezar, Darwin no creía en el progreso biológico. Su teoría negó dicha posibilidad. El éxito, como bien expresó el paleontólogo Jack Sepkoski, es relativo:

> Veo la inteligencia como tan solo una de la variedad de adaptaciones que les permitió sobrevivir a los tetrápodos. De hecho, creo que correr rápido en manada y ser un completo imbécil es también una muy buena adaptación para garantizar la supervivencia. (Ruse 1996, 486)

Lo mismo vale para "cuatro patas está bien, pero dos es mejor". Sin embargo, hay pistas muy sugerentes sobre la postura metaética de Darwin: era un no realista moral. Creía en la ética sustantiva, pero no creía que tuviera ninguna justificación externa. Entre 1838 y 1840, Darwin leyó detenidamente la *Dissertation on the Progress of Ethical Philosophy Chiefly During the Seventeenth and Eighteenth Centuries* de Sir James Mackintosh (1836), obra en la que el autor analiza el pensamiento de David Hume, Adam Smith y otros (Darwin 1987). No es de extrañar, entonces, que Darwin estuviera en la misma escuela que la de los emotivistas y prescriptivistas de mediados del siglo XX, quienes volvían nuevamente a David Hume (Ruse 1986a). El naturalista señaló con calma que, si nuestra evolución hubiera sido diferente, nuestra comprensión de la moral sería también muy diferente. Por ejemplo, si se diera el caso de que:

> los hombres fueran criados precisamente en las mismas condiciones que las abejas de colmena, no cabe duda de que nuestras mujeres solteras, como las abejas obreras, pensarían que es un deber sagrado matar a sus hermanos, así como también las madres procurarían matar a sus hijas fértiles; y a nadie se le ocurriría interferir. (Darwin 1871, 73)

Esto va más allá del comportamiento ciego: "considero que la abeja, o cualquier otro animal social, podría llegar a obtener en este caso algún sentimiento de bien y mal, o una consciencia" (Darwin 1871, 74-75). Destaquemos más precisamente lo que esto significa o, más bien, lo que no significa. No significa que la moral sustantiva ha sido inventada, o que todo sea relativo, o que si algo se siente bien, entonces está bien. Hemos evolucionado como criaturas sociales. No fuimos nosotros quienes inventaron nuestra moral, se formó mucho antes de que naciéramos. Dentro de nuestra sociedad no existe tal nivel de relativismo. La persona que vaya en contra de la norma será castigada o expulsada. Somos humanos, no hormigas, y, en lo que a nosotros respecta, eso es todo. ¡Nuestros hermanos pueden quedarse tranquilos!

Lo mismo vale para los filósofos como yo, para quienes la falacia naturalista es tan sacrosanta como la virginidad de María. Los románticos cometen la falacia naturalista. No es que les importe, porque no creen que sea una falacia. Por lo tanto, se sienten cómodos al justificar la moral sustantiva apelando al proceso y al resultado de la evolución. Personas como Darwin y yo, que apelamos a lo que hoy se conoce como la "posición de la desacreditación" [*debunking position*] (porque desacreditamos las afirmaciones de objetividad moral o realismo) no cometen la falacia naturalista, por el hecho de que no estamos intentando justificar la ética sustantiva. Por citar una autoridad que aprecio mucho: "la moral es una ilusión puesta en marcha por nuestros genes para convertirnos en buenos cooperadores" (Ruse y Wilson 1985). Nótese que no afirmamos que la moral sustantiva es una ilusión. La violación está mal. Más bien, la afirmación consiste en que las aserciones metaéticas sobre el realismo moral son ilusorias. O, mejor dicho, lo son para mí. ¡En un momento veremos que no lo son para mi coautor! Un último punto, si son ilusorios, ¿por qué seguimos los dictados de nuestro corazón? Porque, aunque la moral es subjetiva, la "objetivamos". Es decir, nos parece real, no es solo mi decisión o mi sentimiento. La violación realmente está mal. Y eso significa que la moral general sostiene y une a los humanos. Es una adaptación eficaz que favorece nuestra sociabilidad.

### 7. Hoy: visiones gemelas

A lo que me refiero es a "visiones gemelas", no a si la evolución tiene relevancia o no para nuestro estudio de la moral. Ese argumento ya pasó: lo hace. La división de puntos de vista de la que hablo, muy viva hoy en día, es la existente entre los evolucionistas. ¿La moral sustantiva está justificada por la evolución, como afirman los románticos? ¿O la realidad de los fundamentos de la moral sustantiva está desacreditada, como afirmaron los darwinistas? He presentado ambos lados, y ahora le toca al lector tomar su decisión. Quiero concluir señalando que este debate no es solo historia. Hoy sigue sumamente vigente. Edward O. Wilson es un romántico. Michael Ruse es un darwinista. Permítame explicarme.

Así como las prescripciones de Julian Huxley reflejaban los desafíos de su época, las prescripciones de Edward O. Wilson, imperativos éticos sustantivos, reflejan los desafíos de nuestra era. Como era de esperar en alguien cuyas vocaciones naturalistas lo llevaron a lugares exóticos como las selvas tropicales brasileñas, Wilson se preocupa por el medio ambiente y, específicamente, por la biodiversidad (Wilson 1984; 1992; 2012). Le preocupa mucho la forma en que la sociedad moderna está destruyendo el hábitat natural y cómo con esto vendrá un posterior declive de los recursos naturales y de la diversidad de las especies. También considera que los humanos han evolucionado en una relación simbiótica con la naturaleza. Además de los factores utilitaristas (como, por ejemplo, que especies exóticas desconocidas podrían producir sustancias de gran beneficio social y médico), Wilson cree, de una manera casi estética, que los seres humanos necesitan del mundo viviente en crecimiento constante. Un entorno de plástico nos mataría, tanto literal como metafóricamente. En *The Future of Life*, Wilson declara:

> entre los valores que nos unen al medioambiente viviente se encuentra un sentido de unidad genética, de parentesco y de historia profunda. Estos son mecanismos de supervivencia tanto para nosotros como para nuestra especie. Conservar la diversidad biológica es una inversión en la inmortalidad (Wilson 2002, 133).

Aunque podemos considerar a Wilson como el evolucionista darwiniano más distinguido de la actualidad, los historiadores han descubierto razones para pensar que su lealtad más profunda es con Spencer y el romanticismo (Gibson 2013). La biología de Harvard siempre estuvo en el campo de Whitehead, firmes spencerianos. Wilson es un hijo suyo. Ante todo, el progreso evolutivo es para él hoy lo que la Providencia de Dios fue en su infancia cristiana. En *Sociobiology*, hay un ordenamiento de los organismos desde el más simple hasta el más complejo. Esto habría enorgullecido a Spencer e, incluso, habría ganado elogios de aquel teólogo medieval que expone las virtudes de la "Gran Cadena del Ser". Somos animales, cierto. Somos los mejores animales, aún más cierto. En palabras de Wilson:

> El hombre ha intensificado los rasgos de los vertebrados al mismo tiempo que agregó cualidades únicas propias. Al hacerlo, ha conseguido un grado extraordinario de cooperación con poco o ningún sacrificio de supervivencia y reproducción personal. (Wilson 1975, 382)

De modo que la gran pregunta no es si se produjeron avances, sino por qué se produjeron: "Exactamente cómo ha sido posible para el hombre cruzar a este cuarto pináculo, revirtiendo la tendencia descendente de la evolución social en general, es el misterio culminante de toda la biología" (Wilson 1975, 382).

En trabajos posteriores, Wilson amplía esto:

> El promedio general a lo largo de la historia de la vida se ha movido de lo simple y escaso a lo más complejo y numeroso. Durante los últimos mil millones de años, los animales en su conjunto evolucionaron aumentando en tamaño corporal, técnicas de alimentación y defensa, complejidad cerebral y conductual, organización social y precisión en el control ambiental. En cada caso se está un poco más lejos del estado no viviente de sus antecesores más simples (Wilson 1992, 187).

Y añade: "El progreso, entonces, es una propiedad de la evolución de la vida en su conjunto según casi cualquier estándar intuitivo concebible, incluida la adquisición de metas e intenciones en el comportamiento de los animales" (Wilson 1992, 187). No se puede ser más romántico que esto.

Volviendo a Michael Ruse, lo más importante que hay que aprender sobre él es que se crió en la Sociedad Religiosa de Amigos, los cuáqueros. Aunque ha sido un incrédulo durante mucho tiempo, agnóstico, no ateo, esas enseñanzas de la infancia han gobernado su (muy satisfecha) vida (Ruse 2021a; Davies y Ruse 2021). No es casualidad que se haya retirado de una carrera de cincuenta y cinco años como profesor de filosofía, enseñando. Los cuáqueros enfatizan la importancia de servir a los demás. ¡Podrían darle lecciones a John Stuart Mill! Toda mi vida ha sido moldeada por la doctrina cuáquera de la "luz interior", la creencia de que los humanos somos especiales porque de alguna manera todos somos tocados por lo divino. Como no creyente, no lo acepto literalmente, y tengo problemas para suponer que se extiende a toda persona sin excepción. Sin embargo, en general, como profesor y sin la intención de sonar remilgado, me ha guiado, inspirado y ayudado la suposición inicial de que todos y cada uno de mis alumnos, sin importar cuán difíciles o psíquicamente poco atractivos sean, son personas valiosas con quienes Yo, como prójimo, tengo obligaciones. Filosofía. Los cuáqueros no tienen dogmas. Corresponde a los individuos pensar en estas cosas por sí mismos. Sócrates dijo que una vida sin examen no vale la pena vivirla. No hay nada que pueda o quisiera agregar a eso.

¿Metaética? ¿Justificación? No soy partidario del progreso, ya sea cultural o biológico. Cualquier especie que haya producido a Adolf Hitler o se haya comprometido con la "Solución Final" no se ajusta a mis criterios de avance. No niego que haya instancias -muchas instancias- de gran mérito, intelectual y moral. Platón, Aristóteles, Kant, por nombrar tres héroes de mi disciplina. Sophie Scholl del White Rose Group, quien murió en la guillotina por su oposición al Tercer Reich, fue tan loable como Henrich Himmler fue vil. No obstante, en general, hablar de progreso cultural suena vacío, y lo mismo vale para el progreso biológico. Jack Sepkoski lo dijo todo. Tengo la fuerte sospecha de que después de que los humanos se hayan extinguido, los "completos imbéciles" gobernarán la Tierra.

Digamos que, en general, estoy desconcertado. No tengo la confianza ni del Papa, el principal cristiano, ni de Richard Dawkins, el principal nuevo ateo. Con el genetista J. B. S. Haldane (1927, 286), creo que el mundo no solo es más extraño de lo que creo que es, sino más extraño de lo que podría llegar a pensar. Estando de acuerdo con Richard Dawkins (1998) al menos por una vez, no entiendo por qué las adaptaciones para escapar del bosque e ingresar en las llanuras me podrían llevar a escudriñar el funcionamiento último del universo. Soy un pragmatista. La moral funciona, por lo general. Eso es lo que tenemos. Dejemos de anhelar más. Mi inspiración es el existencialista francés Jean-Paul Sartre. En su pequeño ensayo *Existentialism and Humanism* (1948, 5) escribió:

> El existencialismo no es tanto un ateísmo en el sentido de que llegaría hasta el agotamiento en su intento de demostrar la inexistencia de Dios. Más bien, afirma que incluso si Dios existiera, no haría ninguna diferencia, y este es nuestro punto de vista. No es que creamos que Dios existe, sino que pensamos que el problema real no es el de su existencia; lo que el hombre necesita es reencontrarse a sí mismo y comprender que nada puede salvarlo de sí mismo, ni siquiera una prueba válida de la existencia de Dios.

Luego explica lo que esto significa para la humanidad:

> Mi existencialismo ateo (…) declara que Dios no existe, pero todavía hay un ser en el que la existencia precede a la esencia, un ser que existe antes de ser definido por cualquier concepto, y este ser es el hombre o, como propuso Heidegger, la realidad humana. Eso significa que el hombre primero existe, se encuentra a sí mismo y emerge en el mundo, para luego ser definido. Por tanto, no hay naturaleza humana, ya que no hay Dios que la conciba. Es el hombre quien se concibe, quien se impulsa hacia la existencia. El hombre se convierte en nada más que lo que de hecho hace, no en lo que desea ser. (Sartre 1948, 1)

## 8. Conclusión

Esta es mi respuesta a Henry Sidgwick cuando afirma que "Es más preciso sostener que la teoría de la evolución, en términos generales, tiene poca o ninguna relación con la ética" (1876, 54). No podría haber estado más equivocado. Ahora bien, ¡he estado el tiempo suficiente en este negocio como para saber que cometer errores es la característica definitoria de los filósofos! Y lo que es más importante, es posible que se haya equivocado en la respuesta. Acertó en la pregunta. Yo lo honro.

# Selection for Oppression:
## Where Evolutionary Biology Meets Political Philosophy

### David Livingstone Smith[*]

### 1. Introduction

In my introduction to the edited volume *How Biology Shapes Philosophy: New Foundations for Naturalism*, I made a distinction between two kinds of philosophical project that are often lumped together. I differentiated philosophy of biology from what I call "biophilosophy." Philosophy of biology is a subdiscipline of philosophy of science that examines biological concepts, patterns of inference, and the relationships between biology and other disciplines (Smith 2017). In contrast, biophilosophy draws on biological science to address distinctively philosophical questions in paradigmatically philosophical ways. Unlike philosophy of biology, biophilosophy toes not have a proprietary domain. It seeks guidance and inspiration from biology to ask and answer questions pertaining to any area of philosophical endeavor.

Not every philosophical enquiry can benefit from a biophilosophical treatment, but quite a few can. Among these, Alex Rosenberg lists "the purpose of life, the meaning of human existence, free will, and personal identity" (Rosenberg 2017, 24). Daniel Dennett (2017) draws lessons about anti-essentialism from the Darwinian revolution, Philip Kitcher (2017) tells a biophilosophical about the ethical life, and Luc Faucher (2017) explores the biophilosophy of race. These are just a few examples to illustrate the diversity of biophilosophical thinking. In the present paper, I add another topic to this list by offering a biophilosophical

---

[*] David Livingstone Smith is professor of philosophy at the University of New England, in the United States. His research interests include dehumanization, race, racism, psychoanalysis, and the interface between politics and moral psychology. He has written ten books, including the award-winning *Less Than Human: Why We Demean, Enslave, and Exterminate Others* (St. Martins Press, 2011), *On Inhumanity: Dehumanization and How to Resist It* (Oxford University Press, 2020) and *Making Monsters: The Uncanny Power of Dehumanization* (Harvard University Press, 2021). Email: dsmith@une.edu

contribution to the theory of ideology. My aim is to show how a biological *form* of thinking can significantly clarify how to understand a functional conception of ideology. I do this by drawing on philosophy of biology to disambiguate the idea of function, carving it into two distinct notions of what functions are. Having done this, I argue that only one of these—the *teleological* conception of function—provides a suitable basis for a theory of ideology. Finally, drawing more deeply on evolutionary biology and its elaboration in Ruth Millikan's theory of proper functions, I provide an analysis of how ideological beliefs get their oppressive function, and proceed trace out some of the entailments of this view.

## 2. What Is Ideology?

Ideology has long occupied a central place in the theoretical apparatuses of political science, political philosophy and related fields, but there is not agreement about what ideology is. (e.g., Mannheim 1972; Mullins 1972; Larrain 1979; McCarney 1980; Geuss 1981; Thompson 1984; Mills and Goldstick 1989; Gerring 1997; Eagleton 2007). The *functional view* is one of the most popular of these conceptions of ideology. According to functionalism, ideologies consist of beliefs with the function of promoting oppression. Tommie Shelby and Sally Haslanger are two philosophers who advocate a functional account of ideology. Shelby writes that ideologies "function…to bring about or perpetuate unjust social relations" (Shelby 2014, 66) and Haslanger similarly writes that "very broadly, ideology is best understood functionally: ideology functions to stabilize or perpetuate power and domination" (Haslanger 2017, 150).

The functional approach is tied to some claims about how ideology works. Functionalists typically also claim that, as Shelby puts it, "ideologies perform their social operations by way of illusion and misrepresentation," and consequently, "were the cognitive failings of an ideology to become widely recognized and acknowledged, the relations of domination and exploitation that it serves to reinforce would, other things being equal, become less stable and perhaps even amenable to reform" (Shelby 2003, 74). Likewise, Haslanger says that ideology achieves its ends "through some form of masking or illusion" and can be undermined by exposing its "distortion, occlusion and misrepresentation of the facts" (Haslanger 2017, 150).

There are three components of the functional definition that require clarification. Two of them are straightforward and uncontroversial. To *promote* oppression is to contribute to its establishment or persistence. The condition that ideologies promote—*oppression*—is "a system of interrelated barriers and forces which reduce, immobilize and mold people who belong to a certain group, and effect their subordination to another group" (Frye 1983, 33) that is often "embedded in unquestioned norms, habits, and symbols, in the assumptions underlying institutions and rules, and the collective consequences of following those rules. It refers to the vast and deep injustices some groups suffer as a consequence of often unconscious assumptions and reactions of well-meaning people in ordinary interactions that are supported by the media and cultural stereotypes as well as by the structural features of bureaucratic hierarchies and market mechanisms" (Young 1990, 41). The third element—the notion of *function*—is more complex and contentious.

### 3. What are functions?

It is not informative to say that ideological beliefs have the function of promoting oppression unless one also specifies what functions are and how things acquire them. Functionalists about ideology typically proceed as though the concept of function does not require elucidation. This is a problem, because to have an adequate functional theory of ideology we need a suitable, explicitly articulated theory of function. Fortunately, there is an extensive literature in the philosophy of biology addressing the question of what functions are. Philosophers of biology distinguish between a *causal* conception of function and a *teleological* conception of function. In light of this, the claim that ideologies have the function of promoting oppression can be understood in two different ways, each of which has a different set of entailments.

According to causal account, the function of a thing is the causal contribution that it makes to some capacity of a system of which it is a part. The function of a thing is something that it *does*. In contrast, according to the teleological account, the function of a thing is what that thing is *for doing*—its purpose. Often, we distinguish between the two by distinguishing between the function that a thing *performs* (causal) and the function that a thing *has* (teleological), but there are exceptions. For instance, a physician might use the term "kidney function"—the noun rather than the verb—to refer to how a person's kidneys are performing.

Often, causal and teleological functions overlap, and can be distinguished only conceptually. This is the case when a thing does what it is for doing—when it performs its teleological function. This is easy see when considering artefacts. The igniter on a gas oven has the job of causing the oven to light, and if the oven is working properly that is what the igniter does. Under those circumstances, it succeeds in performing its function. However, there are also circumstances in which causal and teleological functions come apart. Sometimes an oven igniter malfunctions and does not light the oven. There are two ways that an artefact might fail to perform its function. Sometimes this happens because the igniter is broken and needs to be repaired or replaced. In that case, the failure is the "fault" of the igniter. The igniter still has its teleological function, but it has lost its causal function. Sometimes an artefact fails because it is situated in an environment to which it is not suited. If a gas oven placed in an oxygen-free chamber, or submerged in water, or not connected to an electrical outlet, or not supplied with gas, the igniter will not perform its function. In addition to cases like these, it is also possible for something to have a causal function that does not with its teleological function. Suppose that someone was to accidentally drop a lit cigarette into the oven, thereby causing the oven to ignite. The cigarette was not for lighting the oven, but it nevertheless performed that function. In this case, the cigarette performed its causal function accidentally.

## 4. The Function of Ideology

As I have indicated in the discussion of function, there are two options for how to interpret the claim that ideological beliefs are beliefs with the function of promoting oppression. One is as the claim that promoting oppression is the causal function of such beliefs, and the other is that promoting oppression is their teleological function. Which of these one chooses makes a big difference to one's theory of ideology. If ideologies are beliefs with the causal function of promoting oppression, then beliefs are ideological only insofar as they *actually* contribute to oppression. For example, misogynistic beliefs are only ideological insofar as they actually contribute to the oppression of girls and women. In a society where social and legal protections prevent such beliefs from having these effects, misogynistic beliefs would not be ideological, even though their representational content (roughly, "girls and women are inferior") would be indistinguishable from the corresponding ideological beliefs. Suppose that at one point in time misogynistic beliefs contributed to the oppression of girls and women in a certain society, but at a later time they ceased having those effects because of new legal protections and social norms being put in place. On the causal account, the misogynistic beliefs would lose their ideological status if they no longer cause girls and women to be oppressed. This seems peculiar. Even more peculiarly, misogynistic beliefs that did not spread through a population *because* they oppressed girls and women would not count as ideological beliefs, whereas beliefs about girls and women that, although not aimed at their oppression, accidentally produced oppressive consequences, would count as ideological.

The teleological conception takes us in quite a different direction. From a teleological perspective, what makes a belief ideological is that it is *for* promoting oppression. Whether or not such beliefs produce this effect has no bearing on their ideological status. Unlike its causal counterpart, the teleological account does not allow for the existence of accidentally ideological beliefs: beliefs that just happen to promote oppression, but are not aimed at promoting oppression, do not fall into the category of ideology. And unlike the causal account, the teleological conception of ideology allows for failed ideologies—beliefs that are aimed at oppressing others but which do not do so. This might happen in two ways (recall the example of the oven igniter). The beliefs might be "broken"—that is, configured in such a way that prevents them from realizing their oppressive purpose—or they might be causally impotent in virtue of being situated in a social milieu to which they are poorly adapted.

I think that most readers should and will agree that the teleological conception of ideology seems more adequate than its causal alternative. It seems right that the ideologicity of a belief is determined by its oppressive purpose, whether or not that aim gets realized, and it also seems right that beliefs can fail to have oppressive effects without losing their status as ideologies. But notwithstanding these advantages, there is a major challenge that the teleological account must surmount. The teleological account seems to imply that people embrace ideological beliefs deliberately in order to promote oppression—that ideologies are, so to speak, oppressive *projects*. But this unacceptable, for several reasons. One is that the very idea of instrumental belief is inconsistent with the nature of belief. To believe something is to regard it as true. Those who embrace ideological beliefs regard them as true, and embrace them *because* they regard them as true. Of course, our desires can influence our beliefs, and we may be attracted to beliefs that we think will benefit our group at the expense of another, which may lead to us preconsciously lowering the evidential standard for accepting such beliefs. But this is a far cry from the claim that we adopt such beliefs *in order to* reap those benefits. Second, the idea that ideological beliefs are instrumental also flies in the face of the phenomenology of ideology. People who entertain ideological beliefs often do so with great conviction. They regard their beliefs as unquestionably true, and often think of those who cast doubt on them either deluded or dishonest. Sometimes, they are willing to die for them. Finally, the instrumental conception of teleological function flies in the face of the principle that ideologies are products of impersonal social forces, by tying them too closely to the intentional psychology of individuals. I call this bundle of concerns the Problem of Instrumental Belief.

The Problem of Instrumental Belief arises when we try to explain the teleological function of ideology in the same way that we explain functions of artefacts. We explain artefacts' teleological functions by citing their designers' intentions. For instance, the engineers who design gas ovens also design a part—the igniter—for causing the gas entering the oven to ignite. The igniter has that function because that is what engineers intended it to do. However, artefacts are not the only things with teleological functions. Teleological functions are also ubiquitous in nature. Such items are what biologists call "adaptations." For example: wings are adaptations for flight, protective coloration is an adaptation for predator avoidance, and threat displays are adaptations for repelling predators or rivals. In a pre-Darwinian world, philosophers and scientists often of adaptations as artefacts fashioned by the hand of God. God intended that birds fly, so he equipped them with wings for flying. Darwin offered a better origin story—one that was further developed by generations of scientists after him. It explains how exquisitely complex functional design can arise without any intervention from a supernatural engineer. I will henceforth use the term "teleofunctions" (Millikan 1993) for these naturally arising, non-intentional teleological functions to distinguish them from the teleological functions that are derived from intentional design.

Biological items with teleofunctions acquire those functions from their evolutionary history. Their function consists in whatever effects they had—or, more accurately, that their precursors had—that accounted for the reproductive success of the organisms that are their bearers. Evolutionary explanations that cite effects that caused a trait to proliferate in ancestral *populations*. The wings of the robin sitting in the maple tree behind my house did not evolve. That robin was never subject to natural selection. However, the robin wing—the design to which properly functioning robin wings conform—did evolve. It was shaped by the reproductive trajectory of many, many birds, over many, many generations. Evolutionary explanations are *historical*. They concern the effects that ancestral traits had in the past, rather than the effects that reproductions of this trait have in the present. Evolutionary explanations are also *satisficing*. Traits may undergo selection even if they enhance fitness (reproductive success) only some of the time—which in some cases can be quite rarely. And evolutionary explanations are *ecological*, because biological items come under selection only those environments where they promote reproductive success. A trait that enhances reproductive success in one environment may not do so, or might do so in quite a different way, in a different environment. Finally, evolutionary explanations are *anti-intentional*. They do not describe evolution as striving towards some goal, or of biological items undergoing selection *in order to* enhance fitness. Instead, evolutionary explanations are entirely concerned with charting the differential reproductive consequences of random variations.

Ideological beliefs are not biological traits, so the evolutionary approach to teleofunctions cannot provide a theoretical underpinning for the theory of ideology—one that is immune to the Problem of Instrumental Belief—unless it can be uncoupled from the biological domain and applied more generally to social phenomena. Ruth Millikan's account of proper functions does (Millikan 1984). It preserves the form of Darwinian explanation while abstracting away from the biological specifics to give an account of how anything—whether paradigmatically biological or not—can have a teleofunction. Her theory is complex and layered, but its main components are easily summarized. Items acquire teleofunctions if they satisfy two conditions. They must be part of a "reproductively established family," "Reproduction" denotes a process of copying, by whatever mechanism, so for a thing to be a member of a reproductively established family is for it to be part of a lineage of copies of some prototype. The second condition is that earlier links in the chain of reproductions—the "ancestors" of the item in question—were reproduced on account of their effects in the environment where they were copied.

Ideological beliefs satisfy both of these conditions. They belong to reproductively established families, and spread through societies by a process of copying, which is achieved by means of apparatuses of reproduction: word of mouth, educational institutions, mass media, and so on. Further, they proliferate because they support, justify, stabilize, or otherwise promote relations of domination.

Consider the ideology of White supremacy that spread in the wake of European colonial expansion. Present-day White supremacist beliefs belong to a reproductively established family of beliefs that began to proliferate during the fifteenth century. The transatlantic slave trade was central to the development of notions of racial hierarchy that emerged during this period.[1] From Brazil to Virginia, slave labor was a seemingly inexhaustible source of prosperity for European colonists.

> The peoples of West Africa, as well as those of every maritime nation in western Europe and every colony in the New World, played a part in the world's first system of multinational production for what emerged as a mass market—a market for slave-produced sugar, tobacco, coffee, chocolate, dye-stuffs, rice, hemp, and cotton. For four centuries, beginning in the 1400s with Iberian plantation agriculture in the Atlantic sugar islands off the African coast, the African slave trade was an integral and indispensable part of European expansion and the settlement of the Americas (Davis 2006, 10).

Slave-based agriculture was hugely successful in the Caribbean islands and Latin America, whose exports dwarfed those of the more northerly colonies. However, slavery was also a hugely important force in North America, and grew in significance with increased cultivation of cotton, as "slaves became the main form of Southern wealth (aside from land) and slaveholding became the means to prosperity" (Davis 2006, 10). Consequently:

> Southern investment flowed mainly into the purchase of slaves, whose soaring price reflected an apparently limitless demand... The large planters soon ranked among America's richest men. Indeed, by 1860 two-thirds of the wealthiest Americans lived in the South... By 1840 the South grew more than sixty percent of the world's cotton and supplied not only Britain and New England, but also the rising industries of continental Europe, including Russia. Throughout the antebellum period, cotton accounted for over half the value of all American exports, and thus it paid for the major share of the nation's imports and capital investments. A stimulant to northern industry, cotton also contributed to the growth of New York City

---

[1] I concentrate here on the oppression of people of African descent for illustrative purposes. This does not exhaust the ideology of White supremacy.

as a distributing and exporting center that drew income from commissions, freight charges, interest, insurance, and other services connected with the marketing of America's number-one commodity (Davis 2006, 183)

Forced labor by enslaved people fueled the industrial revolution (Williams 1944) and thus technological innovations that generated even greater wealth and power on the international stage. And it is widely accepted by historians of slavery that this made belief in racial hierarchy attractive to beneficiaries of slave-driven wealth—not only the planter and industrial elites, but also the merchants, insurers, and consumers of the goods that these industries produced in such abundance. However, the enjoyment of these goods and benefits needed to be reconciled with the brutality of the economic system that produced them. As Barbara J. Fields explains:

> Racial ideology supplied the means of explaining slavery to people whose terrain was a republic founded on radical doctrines of liberty and natural rights, and, more important, a republic in which those doctrines seemed to represent accurately the world in which all but a minority live… Race explained why some people could rightly be denied what others took for granted: namely, liberty, supposedly a self-evident gift from nature's God (Fields 2014, 141).

The ideology of White supremacy reconciled the ideals of liberty and equality with the denial of liberty and equality to the enslaved. At its center was the belief that Black people are irredeemably inferior to Whites, that they are primitive and bestial, and that their proper status in the social order is as subordinate to White people. Add to this the fact that those who benefitted most directly and extravagantly from the forced labor of Black people also had an overwhelmingly powerful influence on the apparatuses whereby such representations are reproduced—publishing, legislation, the academy, and science—and the conditions were in place for a social world that was marinated in the ideology of racial hierarchy. This latter feature explains how ideologies can colonize the minds not only of the beneficiaries of oppression, but also of its victims.

This account of White supremacist ideology conforms to the four components of Darwinian explanations discussed earlier. First, it is a population-level explanation. It concerns the epidemiology of representations, rather than individual attitudes, motives, or intentions as such. The vast majority of White people in the United States did not own slaves. Even in the South, most were poor, subsistence farmers that did not acquire tangible, material benefits from the institution of slavery. And yet, the ideology of White supremacism became an entrenched feature of the European-American social order. Second, it is historical. It looks to the past. Racial slavery in the strict sense is no longer a feature of American life, so present-day beliefs about racial hierarchy no longer perform the function of reconciling chattel slavery with the Enlightenment ideals of liberty and equality. Nevertheless, they *have* that function on account of their etiology. Third, is satisficing. Most instances of White supremacist belief probably had no appreciable impact on the propagation and persistence of slavery, and later manifestations of racial oppression. But these beliefs were causally efficacious enough of the time to consolidate their oppressive function. And fourth, the account is ecological. White supremacist beliefs could promote the oppression of Black people only because they unfolded in a social-political-economic environment that was hospitable to their having this impact.

## 5. Ideology Unmasked

I have mentioned that functional theorists typically claim that ideologies accomplish their aim through some form of masking, concealment, or misdirection. On this view, oppressing some group of people is a hidden agenda that is concealed from others and perhaps even from the ideological believers themselves. If this is really what occurs, then when White supremacists claim that they believe that Black people are inferior to Whites *because this is true*, they are engaged in an act of deception.

Seen from the teleofunctional perspective, this line of reasoning rests on an erroneous assumption. It assumes that the ideological content of a belief must be represented in the believer's mind. But teleofunctionalism offers a different way of looking at ideological content: the content of an ideological belief is the teleofunction of that belief, and the teleofunction need not be represented in the believer's mind, either consciously or unconsciously. Returning to the example, White supremacists need not mentally represent the ideological content of their racial beliefs, because this content is not mental. Rather, it is constituted by the circumstances of the belief's reproduction.

The idea that ideological beliefs conceal their true purpose is bound up with another incorrect assumption: the assumption that ideological must be false. The teleofunctional approach need not insist on the falsity of ideological beliefs. Indeed, the truth value of such beliefs is orthogonal to their function. For example, White supremacists sometimes state that the murder rate for Black Americans is six times that of White Americans. According to FBI records, this is a true statement. But it is nevertheless an ideological statement because, although true, it has an ideological function. It is a reproduction of the representation of Black men as inherently violent that spread in the aftermath of abolition, and which promoted the continued oppression of Black people (Muhammad 2019).

The assumption that ideological content must be mentally represented, and its corollary that ideological beliefs must be false, is at the root of common misunderstanding of Friedrich Engels' notion of "false consciousness." Often, people interpret Engels as claiming that ideological beliefs are false. But Engels' point was that those who hold ideological beliefs have a false idea of these beliefs' ultimate origin. He set this out in an 1893 letter to Franz Mehring.

> Ideology is a process accomplished by the so-called thinker consciously, indeed, but with a false consciousness. The real driving forces (*Triebkräfte*) impelling him remain unknown to him, otherwise it would not be an ideological process at all. Hence he imagines false or apparent driving forces... He works with mere thought material which he accepts without examination as the product of thought, he does not investigate further for a more remote process independent of thought; indeed its origin seems obvious to him, because as all action is produced through the medium of thought it also appears to him to be ultimately based upon thought (Engels 1968, 434-435).

Engels does not claim that the content of ideological beliefs must be false. What is false is their view of where these beliefs come from. Although it seems to them that their beliefs are products their own thinking, they are products of social forces. As Torrance (1995) puts the point, false consciousness is false *self-consciousness*.

Engels claimed that the explanation of ideological beliefs is ultimately ("in letzter Instanz") social. The translation of "*in letzter Instanz*" as "ultimately" is fortuitous, because it resonates with the biological use of the term "ultimate," which was introduced by Ernst Mayr in 1961. Mayr used the term "ultimate cause" to describe the evolutionary explanation for a trait's proliferation. He contrasted it with the proximate causes of a trait, which are the developmental processes that give rise to it. Ultimate explanations—explanations citing ultimate causes—do not say anything about the causes of individual tokens of the trait. They address the effects that the trait produced in an ancestral environment that caused it to spread. Similarly, Engels contrasts the proximate psychological causes of ideological beliefs (those occurring in the "medium of thought") with their more "remote" ultimate social causes.

The teleofunctional theory of ideology entails that we cannot distinguish ideological beliefs from non-ideological ones by psychological means. The ideologicity of a belief is fixed historically rather than psychologically, and ideological beliefs do not have any psychological properties that set them apart from those that are not ideological. Similarly, one cannot determine that a belief is ideological on the basis of its effects, because a belief can have oppressive effects without oppression being its teleofunction. The *only* way to determine whether a belief is ideological or not is to examine its history. To discover whether any given belief is ideological, one gets nowhere if one asks, "What are the motives for adopting this belief?" Instead, one must ask, "Why, did the ancestors of this this belief spread through that population at that time?."

## 6. Conclusion

"Ideology" is an essentially contested notion. There are multiple conceptions of what ideology is, and multiple conceptions of how ideology works. There is no single "correct" account of ideology So, when discussing ideology or labelling something as "ideological," it is incumbent on the speaker to specify what phenomenon they take the word to name. But this is often just a point of departure for further analysis. This is certainly true of the functional theory of ideology. Saying that beliefs are ideological just in case they have the function of promoting oppression is ambiguous, because of the ambiguity of "function.". Once we separate the causal notion of function from the teleological one, it becomes evident that only the latter is suitable for a conception of ideology. However, settling on a clear *conception* of ideology is only half the battle such conception needs to be harnessed to a *theory* of how ideology works. In the case of the teleological view, the resources for doing this are uniquely found in evolutionary biology.

## References

Ariew, A., Cummins, R., & Perlman, M. (2002). *Functions: New Essays in the Philosophy of Psychology and Biology.* New York: Oxford University Press.

Davis, D. B. (2006). *Inhuman Bondage: The Rise and Fall of Slavery in the New World.* New York: Oxford University Press.

Dennett, D. C. (2017). Darwin and the overdue demise of essentialism. In D. L. Smith (ed.), *How Biology Shapes Philosophy: New Foundations for Naturalism* (pp. 9-22). Cambridge: Cambridge University Press.

Engels, F. (1968). Engels letter to Franz Mehring, July 14 1893. In *Marx and Engels Correspondence.* Trans. Donna Torr. New York: International Publishers.

Faucher, L. (2017). Biophilosophy of race. In D. L. Smith (ed.), *How Biology Shapes Philosophy: New Foundations for Naturalism* (pp. 247-275). Cambridge: Cambridge University Press.

Fields, B. J. (2012). Slavery, race, and ideology in the United States of America. En K. E. Fields & B. G. Fields, *Racecraft: The Soul of Inequality in American Life* (pp. 111-148). New York: Verso.

Frye, M. (1983). *The Politics of Reality: Essays in Feminist Theory.* Freedom, CA: Crossing Press.

Gerring, J. (1997). Ideology: a definitional analysis. *Political Research Quarterly*, 50(4), 957-994.

Geuss, R. (1981). *The Idea of a Critical Theory: Habermas and the Frankfurt School.* Cambridge, MA: Cambridge University Press.

Haslanger, S. (2017). Culture and critique. *Proceedings of the Aristotelian Society*

*Supplementary, 91*(1), 149-173.

Haslanger, S. (2000). Gender and race: (What) are they? (What) do we want them to be? *Nous, 34*(1), 31-55.

Kitcher, P. S. (2017). Evolution and the ethical life. In D. L. Smith (ed.), *How Biology Shapes Philosophy: New Foundations for Naturalism* (pp. 184-203). Cambridge: Cambridge University Press.

Mannheim, K. (1972). *Ideology and Utopia.* New York: Routledge and Kegan Paul.

Mayr E. (1961). Cause and Effect in Biology. *Science,* 131, 1501-1506.

McCarney, J. (1980). *The Real World of Ideology.* London: Harvester.

Millikan, R. G. (1984). *Language, Thought, and Other Biological Categories.* Cambridge, MA: MIT Press.

Millikan, R. G. (1993). *White Queen Psychology and Other Essays for Alice.* Cambridge, MA: MIT.

Mills, C. W., & Goldstick, D. (1989). A new old meaning of "ideology". *Dialogue: Canadian Philosophical Revue, 28*(3), 417-432.

Muhammad, K. G. (2019). *The Condemnation of Blackness: Race, Crime, and the Making of Modern Urban America.* Cambridge, MA: Harvard University Press.

Mullins, W. A. (1972). On the concept of ideology in political science. *American Political Science Review,* 66, 478-510.

Rosenberg, A. (2017). Darwinism as philosophy: can the universal acid be contained? In D. L. Smith (ed.), *How Biology Shapes Philosophy: New Foundations for Naturalism* (pp. 23-50). Cambridge: Cambridge University Press.

Shelby, T. (2003). Ideology, Racism, and Critical Social Theory. *The Philosophical Forum, 34*(2), 153-188.

Shelby, T. (2014). Race, Moralism, and Social Criticism. *Du Bois Revue: Social Science Research on Race, 11*(1), 66.

Smith, D. L. (2017). Biophilosophy. In D. L. Smith (ed.), *How Biology Shapes Philosophy: New Foundations for Naturalism* (pp. 1-8). Cambridge: Cambridge University Press.

Thompson, J. B. (1984). *Studies in the Theory of Ideology.* Berkeley: University of California Press.

Torrance, J. (1995). *Karl Marx's Theory of Ideas.* Cambridge: Cambridge University Press.

Young, M. I. (1990). *Justice and the Politics of Difference.* Princeton, NJ: Princeton University Press.

Traducción al español[†]

**Selección para la opresión:
donde la biología evolutiva se encuentra con la filosofía política**

## 1. Introducción

En mi introducción al volumen editado *How Biology Shapes Philosophy: New Foundations for Naturalism*, hice una distinción entre dos tipos de proyectos filosóficos que a menudo son puestos en un mismo saco. Diferencié la filosofía de la biología de lo que llamo "biofilosofía". La filosofía de la biología es una subdisciplina de la filosofía de la ciencia que examina conceptos biológicos, patrones de inferencia y relaciones entre la Biología y otras disciplinas (Smith 2017). En contraste, la Biofilosofía se funda en la ciencia biológica para abordar cuestiones distintivamente filosóficas, de modos paradigmáticamente filosóficos. A diferencia de la filosofía de la biología, los asuntos de la biofilosofía no tienen un dominio de propiedad, sino que busca la orientación e inspiración de la biología para así hacer y responder preguntas relacionadas con cualquier área de la actividad filosófica.

Si bien no todas las investigaciones filosóficas pueden beneficiarse de un tratamiento biofilosófico, hay bastantes que sí. Entre ellas, Alex Rosenberg enumera "el propósito de la vida, el significado de la existencia humana, el libre albedrío y la identidad personal" (Rosenberg 2017, 24). Daniel Dennett (2017) obtiene precisiones sobre el antiesencialismo a partir de la revolución darwiniana, Philip Kitcher (2017) realiza una indagación biofilosófica sobre la vida ética y Luc Faucher (2017) explora la biofilosofía de la raza. Estos son tan solo algunos ejemplos para ilustrar la diversidad del pensamiento biofilosófico. En el presente artículo agregaré otro tema a esta lista, ofreciendo una contribución biofilosófica a la teoría de la ideología. Mi objetivo es mostrar cómo una *forma* biológica de pensar podría aclarar significativamente cómo comprender una concepción funcional de la ideología. Basándome en la filosofía de la biología, y con el fin de eliminar la ambigüedad de dicha idea, distinguiré entre dos nociones de función. Habiendo hecho esto, sostendré que solo una de ellas —la concepción teleológica de la función— proporciona una base adecuada para una teoría de la ideología. Por último, fundándome con mayor profundidad en la biología evolutiva y su elaboración en la teoría de las funciones propias de Ruth Millikan, proporcionaré un análisis de cómo las creencias ideológicas adquieren su función opresora y señalaré algunas implicaciones de este enfoque.

---

[†] Traducción: E. Joaquín Suárez-Ruíz. Se agradece la lectura crítica del Dr. Pedro Jesús Pérez Zafrilla.

## 2. ¿Qué es la ideología?

Aunque durante mucho tiempo la ideología ha ocupado un lugar central en los aparatos teóricos de la ciencia política, la filosofía política y campos relacionados, no hay acuerdo sobre qué es (p. ej., Mannheim 1972; Mullins 1972; Larrain 1979; McCarney 1980; Geuss 1981; Thompson 1984; Mills y Goldstick 1989; Gerring 1997; Eagleton 2007). El punto de vista funcional es una de las concepciones más populares. Según el funcionalismo, las ideologías consisten en creencias que poseen la función de promover la opresión. Tommie Shelby y Sally Haslanger son dos filósofos que abogan por una explicación funcional de la ideología. Shelby afirma que las ideologías "funcionan (...) con el fin de generar o perpetuar relaciones sociales injustas" (Shelby 2014, 66) y Haslanger sostiene, en una línea similar, que "en términos muy generales, la ideología se comprende mejor funcionalmente: funciona para estabilizar o perpetuar el poder y la dominación" (Haslanger 2017, 150).

El enfoque funcional se relaciona con algunas afirmaciones sobre cómo funciona la ideología. Los funcionalistas también suelen afirmar que, como asevera Shelby, "las ideologías realizan sus operaciones sociales a través de la ilusión y la tergiversación" y, en consecuencia, "dadas las fallas cognitivas de una ideología en su fin de ser ampliamente reconocidas y admitidas, las relaciones de dominación y explotación sirven para reforzar lo que, en igualdad de condiciones, se volvería menos estable y quizás incluso susceptible de reforma" (Shelby 2003, 74). Asimismo, Haslanger sostiene que la ideología logra sus fines "a través de alguna forma de enmascaramiento o ilusión" y puede ser socavada al exponer su "distorsión, oclusión y tergiversación de los hechos" (Haslanger 2017, 150).

Hay tres componentes de la definición funcional que requieren aclaración. Dos de ellos son sencillos y no controvertidos. *Promover* la opresión es contribuir a su establecimiento o persistencia. La condición que promueven las ideologías, la *opresión*, es "un sistema de barreras y fuerzas interrelacionadas que reducen, inmovilizan y moldean a las personas que pertenecen a un determinado grupo, y se subordinan a otro grupo" (Frye 1983, 33), la cual a menudo se encuentra "imbuida en normas, hábitos y símbolos incuestionables, en los supuestos subyacentes a instituciones y reglas, y a las consecuencias colectivas de seguir dichas reglas. Se refiere a las vastas y profundas injusticias que sufren algunos grupos como consecuencia de suposiciones y reacciones a menudo inconscientes de personas bien intencionadas en interacciones ordinarias, las cuales están respaldadas por estereotipos mediáticos y culturales, así como también por las características estructurales de las jerarquías burocráticas y por los mecanismos del mercado" (Young 1990, 41). El tercer elemento, la noción de *función*, es más complejo y polémico.

## 3. ¿Qué son las funciones?

No resulta demasiado revelador afirmar que las creencias ideológicas tienen la función de promover la opresión, a menos que uno también especifique qué funciones son y cómo se adquieren. Los funcionalistas de la ideología normalmente proceden como si el concepto de función no requiriera mayor elucidación. Esto representa un problema, dado que para poseer una teoría funcional de la ideología adecuada, previamente precisamos de una teoría de la función adecuada y explícitamente articulada. Afortunadamente, existe una extensa literatura en filosofía de la biología que aborda la cuestión de qué son las funciones. Los filósofos de la biología distinguen entre una concepción causal y una concepción teleológica de la función. A la luz de dicha distinción, la afirmación de que las ideologías tienen la función de promover la opresión puede entenderse de dos maneras diferentes, cada una de las cuales posee un conjunto diferente de implicaciones.

Según la explicación causal, la función de una cosa es la contribución causal que realiza a alguna capacidad de un sistema del que forma parte. En otros términos, la función de una cosa es algo que *hace*. Por el contrario, de acuerdo con la explicación teleológica, la función de una cosa se relaciona con el *para qué* de esa cosa: su propósito. A menudo, distinguimos entre las dos diferenciando entre la función que cierta cosa *efectúa* (causal) y la función que *tiene* cierta cosa (teleológica), pero hay excepciones. Por ejemplo, un médico podría usar el término "función renal", el sustantivo en lugar del verbo, para referirse al desempeño de los riñones de una persona.

A menudo, las funciones causales y teleológicas se superponen y tan solo pueden ser distinguidas a nivel conceptual. Esto sucede cuando cierta cosa efectúa su para qué, esto es, cuando realiza su función teleológica. Se trata de algo que puede verse claramente al considerar artefactos. El encendedor de un horno de gas tiene la función de hacer que el horno se encienda, y si este último funciona correctamente, eso es lo que de hecho hace. En esas circunstancias, dicho artefacto logra cumplir su función. Sin embargo, también existen circunstancias en las que las funciones causales y teleológicas se separan. A veces, el encendedor no funciona correctamente y no enciende el horno. Hay dos formas en las que un artefacto puede no cumplir su función. Por un lado, a veces sucede porque el encendedor está roto y necesita ser reparado o reemplazado. En este caso la falla es "culpa" del encendedor. El encendedor todavía tiene su función teleológica, pero ha perdido su función causal. Por otro lado, a veces un artefacto falla porque está situado en un entorno al cual está adaptado. Si se coloca un horno de gas en una cámara libre de oxígeno, se sumerge en agua, no se conecta a un tomacorriente o no se le suministra gas, el encendedor no realizará su función. Sumado a casos como estos, también es posible que algo posea una función causal que no coincide con su función teleológica. Supongamos que alguien deja caer accidentalmente un cigarrillo encendido en el horno, provocando que el horno se encienda. La función del cigarrillo no era encender el horno, pero sin embargo lo hizo. En este caso, el cigarrillo cumplió accidentalmente su función causal.

## 4. La función de la ideología

Como indiqué en la discusión sobre la función, hay dos opciones para interpretar la afirmación de que las creencias ideológicas son creencias que poseen la función de promover la opresión. Una es la afirmación de que promover la opresión es la función causal de tales creencias, y la otra es que promover la opresión es su función teleológica. Cuál de estas elijamos hará una gran diferencia en nuestra teoría de la ideología. Si las ideologías son creencias con la función causal de promover la opresión, entonces las creencias son ideológicas solo en la medida en que realmente contribuyen a la opresión. Por ejemplo, las creencias misóginas son solo ideológicas en la medida en que efectivamente contribuyen a la opresión de niñas y mujeres. En una sociedad donde las protecciones sociales y legales impiden que tales creencias posean dichos efectos, las creencias misóginas no serían ideológicas, aunque su contenido representativo (por plantearlo toscamente, "niñas y mujeres son inferiores") sería indistinguible de las creencias ideológicas correspondientes. Supongamos que en un primer momento las creencias misóginas contribuyeron a la opresión de las niñas y mujeres en una determinada sociedad, pero luego dejaron de tener esos efectos debido a la implementación de nuevas protecciones legales y normas sociales. Desde el punto de vista causal, si ya no causan que las niñas y mujeres sean oprimidas, las creencias misóginas perderían su estatus ideológico. Esto suena bastante peculiar. Aún más peculiar resulta que las creencias misóginas que no se extendieron a través de una población *porque* oprimieron a niñas y mujeres no contarían como creencias ideológicas, mientras que sí se considerarían ideológicas las creencias sobre niñas y mujeres que, aunque no apuntaron a su opresión, produjeron accidentalmente consecuencias opresivas.

La concepción teleológica nos lleva en una dirección muy diferente. Desde una perspectiva teleológica, lo que hace que una creencia sea ideológica es que su *propósito* es promover la opresión. El que tales creencias produzcan o no este efecto no influye en su estatus ideológico. A diferencia de su contraparte causal, el relato teleológico no admite que existen creencias accidentalmente ideológicas. Es decir, creencias que simplemente promueven la opresión pero no tienen como objetivo promover la opresión, no entran en la categoría de ideología. A su vez, a diferencia de la explicación causal, la concepción teleológica de la ideología admite ideologías fallidas, esto es, creencias que tienen como objetivo oprimir a otros pero que no lo llevan a cabo. Esto puede suceder de dos formas (recuerde el ejemplo del encendedor del horno). Las creencias pueden estar "rotas", es decir, configuradas de tal manera que les impida realizar su propósito opresivo, o pueden ser causalmente impotentes en virtud de estar situadas en un medio social al que están poco adaptadas.

Creo que la mayoría de los lectores deberían estar y estarán de acuerdo en que la concepción teleológica de la ideología muestra ser más adecuada que su alternativa causal. A su vez, parece correcto afirmar que la ideologicidad de una creencia está determinada por su propósito opresivo, se cumpla o no dicho objetivo, y también parece correcto sostener que las creencias pueden fallar en sus efectos opresores sin perder su estatus ideológico. A pesar de estas ventajas, no obstante, existe un gran desafío que la explicación teleológica debe superar. El relato teleológico parece implicar que las personas adoptan creencias ideológicas deliberadamente para promover la opresión, es decir, que las ideologías son, por así decirlo, *proyectos* opresores. Pero esto es inaceptable, por varias razones. Una es que la idea misma de creencia instrumental resulta incompatible con la naturaleza de toda creencia. Creer algo es considerarlo verdadero. Aquellos que abrazan creencias ideológicas las consideran verdaderas y las abrazan *porque* las consideran verdaderas. Por supuesto, nuestros deseos pueden influir en nuestras creencias, y podemos sentirnos atraídos por creencias que consideramos que beneficiarán a nuestro grupo a expensas de otro, lo cual puede llevarnos a rebajar preconscientemente el estándar probatorio para así aceptar tales creencias. Pero aceptar esto está muy lejos de la afirmación de que adoptamos tales creencias *con el fin de* cosechar dichos beneficios. En segundo lugar, la idea de que las creencias ideológicas son instrumentales también contradice la fenomenología de la ideología. Las personas que albergan creencias ideológicas suelen hacerlo con gran convicción. Piensan que sus creencias son incuestionablemente verdaderas y a menudo ven a aquellos que las ponen en duda como ilusos o deshonestos. A veces, incluso, están dispuestos a morir por ellas. Finalmente, la concepción instrumental de la función teleológica pone en tela de juicio el principio de que las ideologías son productos de fuerzas sociales impersonales, por el hecho de que las vincula muy estrechamente con la psicología intencional de los individuos. A este conjunto de preocupaciones lo llamo el "problema de la creencia instrumental".

El problema de la creencia instrumental surge cuando intentamos explicar la función teleológica de la ideología de la misma manera que explicamos las funciones de los artefactos. Para explicar las funciones teleológicas de los artefactos apelamos a las intenciones de sus diseñadores. Por ejemplo, los ingenieros que diseñan hornos de gas también diseñan una pieza, el encendedor, para así permitir que el gas que ingresa al horno se encienda. El encendedor posee esa función porque eso es lo que los ingenieros pretendían que hiciera. Sin embargo, los artefactos no son las únicas cosas con funciones teleológicas. Las funciones teleológicas también están extendidas en la naturaleza. Consisten en esos elementos que los biólogos llaman "adaptaciones". Por ejemplo: las alas son adaptaciones para el vuelo, la coloración protectora es una adaptación para evitar a los depredadores y las exhibiciones de amenazas son adaptaciones para repeler a los depredadores o rivales. En un mundo predarwiniano, los filósofos y científicos a menudo consideraban las adaptaciones como artefactos creados por la mano de Dios. Dios tenía la intención de que los pájaros volaran, así que los equipó con alas para volar. Darwin ofreció una mejor historia sobre su origen, una que fue desarrollada por generaciones de científicos posteriores a él. Dicha historia explica cómo un diseño funcional exquisitamente complejo puede surgir sin la intervención de un ingeniero sobrenatural. Con el fin de distinguirlas de las funciones teleológicas que se derivan del diseño intencional, de ahora en adelante usaré el término "teleofunciones" (Millikan 1993) para referirme a estas funciones teleológicas no intencionales que surgen naturalmente.

Los elementos biológicos con teleofunciones adquieren dichas funciones a partir de su historia evolutiva. Su función consiste en cualesquiera sean los efectos que hayan tenido (o, más exactamente, que hayan tenido sus precursores), los cuales permiten explicar el éxito reproductivo de los organismos que son sus portadores. En primer lugar, las explicaciones evolutivas que se refieren a efectos que provocaron la proliferación de un rasgo en *poblaciones* ancestrales. Por ejemplo, las alas del petirrojo sentado en el arce detrás de mi casa no evolucionaron. Ese petirrojo nunca estuvo sujeto a la selección natural. Sin embargo, el ala del petirrojo (más precisamente, el diseño que conforma la correcta función de las alas del petirrojo), evolucionó. Esto es, fue moldeada por la trayectoria reproductiva de muchas, muchas aves, durante muchas, muchas generaciones. En segundo lugar, las explicaciones evolutivas son *históricas*. Se refieren a los efectos que poseyeron los rasgos ancestrales en el pasado, más que a los efectos que tienen las reproducciones de este rasgo en el presente. En tercer lugar, las explicaciones evolutivas también son *satisfactorias*. Los rasgos que mejoran la aptitud (el éxito reproductivo) pueden llegar a ser sometidos a selección tan solo en contadas ocasiones (lo cual en algunos casos puede ser bastante excepcional). En cuarto lugar, las explicaciones evolutivas son *ecológicas*, ya que los elementos biológicos se seleccionan solo en aquellos ambientes en los que promueven el éxito reproductivo. Un rasgo que mejora el éxito reproductivo en cierto ambiente puede no hacerlo, o puede hacerlo de una manera muy diferente, en un entorno diferente. En quinto y último lugar, las explicaciones evolutivas son *anti-intencionales*. No describen la evolución como un esfuerzo por alcanzar cierto objetivo, o como elementos biológicos que son sometidos a selección *para* mejorar la aptitud. Por el contrario, lo que atañe a las explicaciones evolutivas es el trazado de las consecuencias reproductivas diferenciales de ciertas variaciones aleatorias.

Las creencias ideológicas no son rasgos biológicos, por lo que el enfoque evolutivo de las teleofunciones no podría proporcionarle sustento teórico a la teoría de la ideología (una que sea inmune al problema de la creencia instrumental), a menos que pueda desacoplarse del dominio biológico y aplicarse de manera más general a los fenómenos sociales. La explicación de las funciones propias de Ruth

Millikan sí lo hace (Millikan 1984). Su enfoque conserva la forma de la explicación darwiniana al mismo tiempo que se abstrae de los aspectos biológicos específicos, de modo que puede dar cuenta de cómo cualquier cosa, ya sea paradigmáticamente biológica o no, podría tener una teleofunción. Su teoría es compleja y posee muchas capas, pero sus componentes principales se resumen fácilmente. Los elementos adquieren teleofunciones si cumplen con dos condiciones. En primer lugar, deben ser parte de una "familia reproductivamente establecida" por cualquier mecanismo (donde "reproducción" denota un proceso de copia), por lo que para que una cosa sea miembro de una familia reproductivamente establecida debe formar parte de un linaje de copias de algún prototipo. La segunda condición es que los eslabones anteriores de la cadena de reproducciones, los "antepasados" del elemento en cuestión, se hayan reproducido como consecuencia de sus efectos en el medio donde se copiaron.

Las creencias ideológicas satisfacen ambas condiciones. Por un lado, pertenecen a familias reproductivamente establecidas y, por otro lado, se difunden a través de las sociedades mediante un proceso de copia logrado a través de aparatos de reproducción: el boca a boca, las instituciones educativas, los medios de comunicación, etc. Además, dichas creencias proliferan porque apoyan, justifican, estabilizan o promueven de algún modo las relaciones de dominación.

Considere, por ejemplo, la ideología de la supremacía blanca que se extendió a raíz de la expansión colonial europea. Las creencias supremacistas blancas actuales pertenecen a una familia de creencias reproductivamente establecida que comenzó a proliferar durante el siglo XV. La trata transatlántica de esclavos fue fundamental para el desarrollo de las nociones de jerarquía racial que surgieron durante este período[1]. Desde Brasil hasta Virginia, el trabajo esclavo era una fuente aparentemente inagotable de prosperidad para los colonos europeos.

> Los pueblos de África occidental, así como los de todas las naciones marítimas de Europa occidental y todas las colonias del Nuevo Mundo, desempeñaron un papel en el primer sistema de producción multinacional del mundo conformándose como un mercado de masas: del azúcar, tabaco, café, chocolate, tintes, arroz, cáñamo y algodón que era producido por los esclavos. Durante cuatro siglos, comenzando en la década de 1400 con la agricultura de plantación ibérica en las islas azucareras del Atlántico frente a la costa africana, la trata de esclavos africanos fue una parte integral e indispensable de la expansión europea y del asentamiento de las Américas. (Davis 2006, 10)

---

[1] Me concentro aquí en la opresión de los afrodescendientes con fines ilustrativos. Este análisis no agota la ideología de la supremacía blanca.

La agricultura esclavista tuvo un gran éxito en las islas del Caribe y en América Latina, cuyas exportaciones eclipsaban a las de las colonias más septentrionales. Sin embargo, la esclavitud también fue una fuerza enormemente importante en América del Norte. Esta adquirió aún más importancia con el aumento del cultivo del algodón, ya que "los esclavos se volvieron la principal forma de riqueza del Sur (además de la tierra) y la esclavitud se convirtió en el medio para la prosperidad" (Davis 2006, 10). Como consecuencia:

> El flujo de inversión del Sur fluyó principalmente hacia la compra de esclavos, cuyo precio en alza reflejaba una demanda aparentemente ilimitada (...) Los grandes plantadores pronto se ubicaron entre los hombres más ricos de Estados Unidos. De hecho, en 1860, dos tercios de los estadounidenses más ricos vivían en el Sur (...) Para 1840, el Sur cultivaba más del sesenta por ciento del algodón del mundo y abastecía no solo a Gran Bretaña y Nueva Inglaterra, sino también a las industrias emergentes de Europa continental, incluida Rusia. Durante el período previo a la guerra, el algodón representaba más de la mitad del valor de todas las exportaciones estadounidenses y, por lo tanto, pagaba la mayor parte de las importaciones y las inversiones de capital del país. En cuanto un incentivo para la industria del norte, el algodón también contribuyó al crecimiento de la ciudad de Nueva York como un centro de distribución y exportación que obtenía ingresos de comisiones, tarifas de transporte, intereses, seguros y otros servicios relacionados con la comercialización del producto básico número uno de Estados Unidos (Davis 2006, 183)

El trabajo forzoso de personas esclavizadas alimentó la revolución industrial (Williams 1944) y, por lo tanto, las innovaciones tecnológicas que generaron aún más riqueza y poder en el escenario internacional. A su vez, es ampliamente aceptado por los historiadores de la esclavitud que esto hizo que la creencia en la jerarquía racial fuera atractiva para los beneficiarios de la riqueza impulsada por los esclavos. Es decir, no solo para los plantadores y las élites industriales, sino también para los comerciantes, aseguradores y consumidores de los bienes que estas industrias producían en tanta abundancia. Sin embargo, el goce de estos bienes y beneficios debía conciliarse con la brutalidad del sistema económico que los producía. Como explica Barbara J. Fields:

> La ideología racial proporcionó los medios para explicar la esclavitud a personas cuyo territorio era una república fundada en doctrinas radicales de la libertad y los derechos naturales y, lo que es más importante, una república en la que esas doctrinas parecían representar con precisión el mundo en el que vivían todos menos una minoría (...) La raza permitía explicar por qué

a algunas personas se les podía negar con razón lo que a otras se les daba por sentado, a saber, la libertad, supuesta como un obvio obsequio del Dios de la naturaleza (Fields 2014, 141).

La ideología de la supremacía blanca reconcilió los ideales de libertad e igualdad con la negación de la libertad y la igualdad a los esclavos. En su centro estaba la creencia de que los negros eran irremediablemente inferiores a los blancos, que eran primitivos y bestiales, y que su estatus adecuado en el orden social era el de estar subordinados a la población blanca. Añádase a esto el hecho de que aquellos que se beneficiaron más directa y extravagantemente del trabajo forzoso de los negros, también tuvieron una influencia abrumadoramente poderosa en los aparatos a través de los cuales se reproducían tales representaciones (publicaciones, legislación, academia y ciencia) y en las condiciones que garantizaban un mundo social marinado en la ideología de la jerarquía racial. Esta última característica explica cómo las ideologías pueden colonizar las mentes no solo de los beneficiarios de la opresión, sino también de sus víctimas.

Esta explicación de la ideología supremacista blanca se ajusta a los cuatro componentes de las explicaciones darwinianas analizadas anteriormente. En primer lugar, es una explicación a nivel poblacional. Se refiere a la epidemiología de las representaciones, más que a las actitudes, motivos o intenciones individuales como tales. Gran parte de la población blanca en los Estados Unidos no poseía esclavos. Incluso en el Sur, la mayoría eran agricultores pobres que no obtuvieron beneficios materiales tangibles de la institución de la esclavitud. Sin embargo, la ideología del supremacismo blanco se convirtió en una característica arraigada del orden social europeo-estadounidense. En segundo lugar, siendo que mira al pasado, es una explicación histórica. La esclavitud racial, en sentido estricto, ya no es una característica de la vida estadounidense, por lo que las creencias actuales sobre la jerarquía racial ya no cumplen la función de reconciliar la esclavitud con los ideales de la Ilustración de libertad e igualdad. Sin embargo, *poseen* esa función como consecuencia de su etiología. En tercer lugar, es una explicación satisfactoria. La mayoría de los casos de creencia supremacista blanca probablemente no tuvieron un impacto apreciable en la propagación y persistencia de la esclavitud, así como tampoco en las manifestaciones posteriores de opresión racial. No obstante, estas creencias fueron lo suficientemente eficaces a nivel causal como para consolidar su función opresiva. En cuarto lugar, la explicación es ecológica. Las creencias supremacistas blancas podían promover la opresión de los negros tan solo porque se desarrollaban en un entorno socio-político-económico que favorecía dicho impacto.

## 5. La ideología al descubierto

He mencionado que los teóricos funcionales usualmente afirman que las ideologías logran su objetivo a través de alguna forma de enmascaramiento, ocultamiento o desorientación. Desde este punto de vista, oprimir a un grupo de personas es una agenda oculta que se esconde a otros, tal vez incluso a los propios creyentes ideológicos. Entonces, de ser esto lo que realmente ocurre, cuando los supremacistas blancos afirman que creen que los negros son inferiores a los blancos *porque es cierto*, estarían involucrados en un acto de engaño.

Visto desde la perspectiva teleofuncional, esta línea de razonamiento se basa en una suposición errónea. A saber, supone que el contenido ideológico de una creencia debe estar representado en la mente del creyente. El teleofuncionalismo ofrece una forma diferente de ver el contenido ideológico: el contenido de una creencia ideológica es la teleofunción de esa creencia, y la teleofunción no necesita estar representada en la mente del creyente, ya sea consciente o inconscientemente. Volviendo al ejemplo, los supremacistas blancos no necesitan representar mentalmente el contenido ideológico de sus creencias raciales, porque este contenido no es mental. Más bien, está constituido por las circunstancias de la reproducción de la creencia.

La idea de que las creencias ideológicas ocultan su verdadero propósito está ligada a otro supuesto incorrecto: el de que lo ideológico debe ser falso. El enfoque teleofuncional no precisa insistir en la falsedad de las creencias ideológicas. De hecho, el valor de verdad de tales creencias es perpendicular a su función. Por ejemplo, los supremacistas blancos a veces afirman que la tasa de homicidios de los estadounidenses negros es seis veces mayor que la de los estadounidenses blancos. Según los registros del FBI, esta es una declaración verdadera. No obstante, se trata de una declaración ideológica, por el hecho de que, más allá de que sea verdadera, posee una función ideológica. Supone una reproducción de la representación de los hombres negros como intrínsecamente violentos, la cual se extendió después de la abolición y que promovió su continua opresión (Muhammad 2019).

La suposición de que el contenido ideológico debe estar representado mentalmente y su corolario de que las creencias ideológicas deben ser falsas, se encuentra en la raíz de un frecuente malentendido de la noción de "falsa conciencia" de Friedrich Engels. A menudo suele interpretarse que Engels afirma que las creencias ideológicas son falsas. No obstante, el punto que señalaba el filósofo era que aquellos que sostienen creencias ideológicas tienen una idea falsa del origen último de estas creencias. Expuso esta aclaración en una carta de 1893 a Franz Mehring:

> La ideología es un proceso realizado por el así llamado pensador consciente, en efecto, pero con una falsa conciencia. Las verdaderas fuerzas motrices (*Triebkräfte*) que lo impulsan siguen siendo desconocidas para él, de lo contrario no sería un proceso ideológico en absoluto. De ahí que imagina

fuerzas motrices falsas o aparentes (...) Trabaja con el mero material del pensamiento que acepta sin examen como producto de la reflexión, no persiste en la investigación de un proceso más remoto que sea independiente del pensamiento; de hecho, su origen le parece obvio, porque como toda acción se produce por medio del pensamiento, también le parece que en última instancia se basa en el pensamiento. (Engels 1968, 434-435)

Engels no pretendía que el contenido de las creencias ideológicas debía comprenderse como falso. Lo que es falso en el pensamiento de los individuos poseedores de una falsa consciencia, es su concepción del origen de estas creencias. Si bien les parece que sus creencias son productos de su propio pensamiento, en realidad son productos de fuerzas sociales. Como afirma Torrance (1995), la falsa conciencia es una falsa consciencia de sí mismo:

Engels afirmó que la explicación de las creencias ideológicas es, en última instancia ("in letzter Instanz"), social. La traducción de "*in letzter Instanz*" como "en última instancia" es fortuita, porque resuena con el uso biológico del término "último", que fue introducido por Ernst Mayr en 1961. Mayr usó el término "causa última" para describir la explicación evolutiva de la proliferación de cierto rasgo. La contrastó con las causas próximas de un rasgo, a saber, los procesos de desarrollo que lo originan. Las explicaciones últimas, referidas a las causas últimas de un rasgo, no dicen nada sobre las causas de ese rasgo a nivel individual. Abordan los efectos que produjo dicho rasgo en el ambiente ancestral que causó su propagación. De manera similar, Engels contrasta las causas psicológicas próximas de las creencias ideológicas (las que ocurren en el "medio del pensamiento") con sus causas sociales últimas más "remotas".

La teoría teleofuncional de la ideología conlleva que no podemos distinguir las creencias ideológicas de las no ideológicas por medios psicológicos. La ideologicidad de una creencia está fijada históricamente más que psicológicamente, y las creencias ideológicas no tienen propiedades psicológicas que las distingan de las que no son ideológicas. De modo similar, no se puede determinar que una creencia es ideológica sobre la base de sus efectos, porque una creencia puede tener efectos opresivos sin que la opresión sea su teleofunción. La única forma de determinar si una creencia es ideológica o no es examinando su historia. Para descubrir si una creencia determinada es ideológica, no se llega a ninguna parte preguntando: "¿Cuáles son los motivos para adoptar esta creencia?". En cambio, uno debe preguntarse: "¿Por qué los antepasados de esta creencia se extendieron en esa población, en ese momento?".

## 6. Conclusión

La "ideología" es una noción esencialmente controvertida. Existen múltiples concepciones de qué es la ideología y de cómo funciona. No existe una explicación "correcta" única de la ideología. Por lo tanto, cuando se habla de ideología o se etiqueta algo como "ideológico", le corresponde al hablante especificar a qué fenómeno se refiere con dicha la palabra. No obstante, frecuentemente esto es solamente un punto de partida para un análisis más detallado, y es particularmente cierto en el caso de la teoría funcional de la ideología. Afirmar que las creencias son ideológicas tan solo en el caso de que posean la función de promover la opresión es ambiguo, debido a la ambigüedad de "función". Una vez que separamos la noción causal de función de la teleológica, se hace evidente que solo esta última es adecuada para un concepto de ideología. Sin embargo, asentarse en una *concepción* clara de la ideología es solo la mitad de la batalla, dado que precisa articularse con una teoría de cómo funciona la ideología. En el caso del punto de vista teleológico, los recursos para hacer esto se encuentran únicamente en la biología evolutiva.

# Darwin filósofo

## Santiago Ginnobili[*]

> *Estamos en sus libros, y sus libros no tienen ya autor*
> Emmanuel Carrère sobre Philip Dick

## 1. Introducción

El rol que personas específicas han tenido en el correr de los acontecimientos suele exagerarse, tanto en la historia de la fundación de un país que se enseña en colegios y escuelas, como en la historia de la ciencia y de la filosofía en sus versiones de manual. Los padres de la patria o próceres, y los científicos y filósofos que forman parte de la historia oficial de la constitución de una disciplina científica, no suelen superar la decena. Como bien sostiene Thomas Kuhn, las historias oficiales no tienen la meta de ser fidedignas ni justas, sino más bien, brindar modelos de conducta. Tales historias generan por decantación, los valores necesarios para actuar adecuadamente como miembro de la comunidad en cuestión. Bajo este marco, los hombros sobre los cuales los héroes se encuentran parados se difuminan y la gran cantidad de codescubrimientos que existen en todas las disciplinas se vuelven coincidencias asombrosas. Este punto, que cualquiera que se dedique a la historia de las ideas debe tener siempre en mente, contrasta con la existencia

---

[*] Profesor en la carrera de Filosofía en la Universidad de Buenos Aires y en el Departamento de Ciencias Sociales de la Universidad Nacional de Quilmes, Argentina. Investigador del CONICET - Consejo Nacional de Investigaciones Científicas y Técnicas. Miembro del CEFHIC - Centro de Estudios sobre Ciencia y Tecnología y del Grupo ANFIBIO - Grupo de Análisis Filosófico de la Biología (www.anfibio.com.ar). El principal tema de trabajo es la filosofía de la ciencia y la filosofía de la biología. También interesado en cómo el trabajo en filosofía de la ciencia puede contribuir a su enseñanza y comunicación. Autor del libro *La teoría de la selección natural - Una exploración metacientífica*, publicado por la Universidad Nacional de Quilmes. Email: santi75@gmail.com. Página web: santi75.wordpress.com

de autores que, por una mezcla de talento, esfuerzo y circunstancias contingentes, logran expresar, cristalizar y extender nuevos modos de pensar, nuevos marcos conceptuales y nuevas formas de relacionarse con el mundo. Siendo consciente de todos estos puntos, afirmo de todos modos, que no hay filósofo ni científico que haya logrado plasmar con tanta claridad, elocuencia y efectividad el quiebre extremo que existe entre el mundo que hoy habitamos y el mundo en el que habitaban científicos y filósofos antes del siglo XIX, como ese inglés de clase acomodada encerrado en su vivero, polinizando orquideas con un viejo lápiz. Pero si tengo razón y ese efectivamente es el caso, ¿cómo se entiende que Charles Darwin, uno de los filósofos más importantes de los últimos dos siglos, no forme parte de las currículas de filosofía?

En este trabajo no pretendo argumentar a favor de la importancia de la influencia de Darwin sobre filósofos específicos. Tampoco es mi interés detenerme sobre las reflexiones filosóficas de Darwin, es decir, sobre lo que Darwin consideraba respecto a cuestiones que hoy consideraríamos filosóficas –como veremos, las ideas de Darwin son filosóficas–. Finalmente, no es mi intención argumentar a favor del darwinismo, a través de las innumerables y heterogéneas evidencias a su favor. Las disputas darwinianas ya hace tiempo que fueron saldadas. Darwin ganó, y si todavía existen voces en su contra, es porque existen grupos de poder financiando la reactivación de viejas polémicas con intereses políticos y/o religiosos. Pero los viejos paradigmas simplemente no pueden retornar. O al menos, ese es el juego que uno debe jugar si se encuentra comprometido verdaderamente con el ideal científico de que, si tiene sentido utilizar la discutida y manoseada noción de "verdad", nos encontraremos con ella en el futuro. Mi intención, entonces, no es participar de un debate inconducente, sino explicar por qué usted, el lector, ya es darwinista, y en qué sentido lo es. Si por casualidad usted fuese algún tipo de tierraplanista que considera que Darwin no es más que una conspiración de los liberales o de los nazis, si usted piensa que la verdad se encuentra en el pasado, que toda la filosofía no es más que una nota al pie de los primeros filósofos balbuceantes, o piensa que la historia del conocimiento no es más que un teléfono descompuesto en el que los primeros en transmitir un mensaje son los que más cerca de la verdad se encontraban, entonces, usted es uno de los últimos representantes de paradigmas ya abandonados, un defecto de la historia producto del poder del adoctrinamiento, un darwinista con falta de auto consciencia, o bien, un darwinista al que le gusta decir tonterías, sencillamente porque existe espacio para decirlas. Pues, el darwinismo ha pasado a formar parte constitutiva de la forma en que percibimos la realidad, como personas, científicos y filósofos, de un modo no siempre reconocido, como suele ocurrir con las influencias más profundas y ubicuas.

El cambio que hace que textos como los de Platón, Aristóteles, René Descartes, Jean-Baptiste Lamarck, Carl von Linné, y otros autores del pasado, resulten de difícil lectura, y que lleva a que los historiadores logren detectar su racionalidad interna sólo a través de un enorme esfuerzo hermenéutico de comprensión, fue forjado lentamente por el trabajo de los protagonistas de la revolución copernicana. Intentaré mostrar, sin embargo, cómo las últimas fichas del rompecabezas, las que vuelven la figura completa comprensible, fueron puestas por Darwin. Por esto último, no pretendo en tan pocas páginas hacer justicia a cada una de las personalidades que formaron parte de la elaboración de nuestro modo de pensar, sino ilustrar cómo tópicos darwinianos permiten explicitar el contraste con los viejos modos de pensar.

Como dice John Dewey en un ensayo escrito para el 50 aniversario de la publicación de *El origen de las especies*, y en el centenario del nacimiento de Darwin (una de las producciones más bellas escritas alguna vez por un filósofo):

> Las viejas cuestiones se resuelven porque desaparecen, se evaporan, al tiempo que toman su lugar los problemas que corresponden a las nuevas aspiraciones y preferencias. Es indudable que el mayor disolvente de las viejas cuestiones en el pensamiento contemporáneo, el mayor catalizador de nuevos métodos, nuevas intenciones y nuevos problemas es el originado por la revolución científica que encontró su clímax en *El origen de las especies* (Dewey 1910, 19).

En este trabajo pretendo explayar el punto señalado por Dewey. Para eso presentaré siete conceptos (filosóficos) que permiten ilustrar el contraste revolucionario del darwinismo: esencia, diseño, armonía, individualidad, necesidad, perfección y sabiduría. Como contrapunto de la novedad darwiniana propondré la visión de mundo platónico-aristotélica, visión que fue teologizada durante el medioevo. Por supuesto, no todo filósofo predarwiniano aceptó esta visión y Darwin no fue el primero en cuestionarla. Este trabajo, insisto, pretende mostrar la relevancia de Darwin en la filosofía actual, para lo cual abordaré las cuestiones de modo general. Pintaré a trazos gruesos de modo tal que la relevancia filosófica de Darwin se vuelva bien definida, sacrificando precisión y siendo injusto, como comencé excusándome, con figuras previas. Pero cada detalle de ese fondo borroso puede definirse sin que el punto central del trabajo se pierda.

Comenzaré entonces presentando la visión antigua de las cosas, poniendo en el centro a la noción de substancia aristotélica, y las nociones derivadas de causalidad que habilitan distintos tipos de explicaciones.

## 2. Mundo antiguo

El mundo aristotélico es pequeño, confortable, y, en muchos casos, intuitivo. Si preguntamos a un lego (en física) por qué es posible tomar agua a través de un sorbete, la respuesta típica es: al absorber se genera un vacío y el agua ocupa ese vacío. Esta es, ni más ni menos, la respuesta aristotélica, hoy considerada incorrecta. Coincidencias como estas llevaron a algunos a pensar que existe una analogía entre las diferentes fases en el aprendizaje de un niño y las diferentes fases de la historia de la ciencia. Tal analogía ha sido ampliamente criticada, pero casos como el señalado muestran que tiene algún sustento. Por supuesto, si preguntamos a un lego algo respecto a aquellas áreas que son tematizadas, por ejemplo, por el cine de ciencia ficción, – digamos ¿qué es una estrella?– la respuesta será completamente diferente a la aristotélica. Básicamente, lo que tienen en común esta respuesta aristotélica y la del lego es su sencillez. La respuesta que habilitó Evangelista Torricelli, que apela a diferencias entre presiones, es mucho menos intuitiva, y suele resultar incluso sorprendente la primera vez que se la escucha.

¿Cómo está compuesto el mundo según Aristóteles? Por substancias. ¿Qué son las substancias? Bueno, las cosas que vemos en nuestra vida cotidiana. Un perro, una silla, nosotros mismos. Las substancias son un combinado de una materia (aquello de lo que está compuesto) y una forma (noción que nos interesa particularmente). Un objeto puede tener una forma en acto, es decir, la forma puede manifestarse en el objeto, o puede tenerla en potencia, es decir, el objeto puede tener la posibilidad o capacidad de adquirir esa forma. Por ejemplo, el cachorro tiene la forma del perro adulto en potencia. El perro adulto, tiene la forma del perro adulto en acto. Finalmente, para Aristóteles existen dos tipos de movimientos o cambios. Los movimientos o cambios naturales (un objeto que cae o una semilla que se convierte en un árbol) y los forzados (un objeto que se lanza como un proyectil, o una semilla que se tuesta para condimentar una ensalada).

Aristóteles distingue entre cuatro tipos de causas. Las causas serían aquellas que hacen que un objeto sea lo que es o que se comporte como se comporta. El primer tipo de causa es la material. El objeto es lo que es porque está compuesto de cierta materia. El segundo tipo, es la causa formal. El objeto es lo que es, porque tiene determinada forma (volveremos inmediatamente sobre esto). El tercer tipo, la causa eficiente, es la noción más semejante al modo en que actualmente se utiliza la palabra "causa", el agente inmediato que conformó o puso en movimiento al objeto. El cuarto tipo de causa es la final, el fin del movimiento. El fin sería el resultado o el estado final al que tiene el objeto o el proceso. Como en el caso de su maestro Platón, la causa final sería la primordial.

Suele presentarse a estas causas a través del ejemplo de una obra de arte, como el David de Miguel Angel. La causa material sería la piedra que se usó para hacerla, la causa formal sería la forma geométrica que el artista esculpió en esa materia, la causa eficiente, el escultor mismo, y la causa final sería el "para qué" de la estatua, tal vez en este caso, la belleza en sí misma. Por muy didáctica que resulte, este tipo de presentación tiene un problema: vuelve confusa la noción de forma de Aristóteles, que a veces parece ser la forma geométrica del objeto, pero generalmente es la razón de ser del objeto, lo que hace que el objeto sea ese objeto y no otro. La palabra que suele usar Aristóteles, que al castellano traducimos como "forma", es eidos (gr. εἶδος). Esta palabra griega es la misma palabra que Platón utiliza para hablar de lo que traducimos al castellano como "ideas". La forma aristotélica tiene las mismas características que las ideas platónicas. Es inmutable, perfecta, es lo que se conoce, y es lo que hace que el objeto sea lo que es. Para Platón, por supuesto, las ideas estaban separadas del mundo sensible. Para Aristóteles la forma es parte constitutiva de las substancias. Son ideas encarnadas. Para Platón, los perros se parecen entre sí porque participan de la idea de perro, que se encuentra en el mundo de las ideas. Para Aristóteles, la similitud se da porque tienen la misma forma. Pero es importante entender que cuando nosotros pensamos en qué tienen en común los organismos de una misma clase, pensamos en un concepto más general. La idea platónica y la forma aristotélica apuntan a la manifestación más plena del objeto.

En los movimientos o cambios naturales, la causa final, la formal y la eficiente coinciden. Por ejemplo, en un cachorrito, el fin es volverse un macho adulto. La causa eficiente está en su padre, que través del semen impone la forma a la materia brindada por la madre a través sus fluidos internos, dando comienzo al desarrollo. Finalmente, la causa formal, es su manifestación más plena, el perro (macho) adulto. Esto es así, curiosamente, aunque el cachorrito en cuestión sea hembra. Este punto extraño, lamentablemente, todavía parece bastante cercano a la experiencia cotidiana, patriarcado mediante, por supuesto. Nótese como esta estructura se conserva en el lenguaje, cuando de manera inadecuada nos referimos a la especie *Homo sapiens*, con el término "hombre".

Con el ascenso político del cristianismo, esta concepción platónico-aristotélica del mundo se tradujo-reinterpretó-amoldó, de manera más o menos forzada, a la visión de la creación. Con el neoplatonismo, las ideas que según Platón habitaban el mundo suprasensible, se volvieron ideas en la mente de un creador. Cuando Aristóteles, que había sido "olvidado", reingreso en occidente de la mano de los filósofos árabes, los escolásticos, reinterpretaron los fines que para Aristóteles eran intrínsecos a las substancias (el mundo según Aristóteles no tenía un creador, pues era eterno) como extrínsecos, fines en el plan de la creación de este dios que conscientemente había creado el tablero, dispuesto las piezas y creado las reglas, con objetivos sólo en cierta medida comprensibles para nosotros. Los organismos vivos, incluidos nosotros, y también los objetos que los rodean, devinieron en artefactos inteligibles por su rol en el plan divino.

Repasemos entonces, de modo general, lo común a estas visiones, apelando al grano grueso sobre el cual las novedades darwinianas resaltarán. El mundo es un mundo que adquiere sentido a través de los fines de los objetos. Entender algo es entender su fin. El fin, en los movimientos naturales, es el despliegue de la versión más perfecta y plena del objeto. El fin, a su vez, es el motor del desarrollo de los objetos, si no se los fuerza a cambiar de destino. La razón por la cual cosas que caen bajo una clase se parecen, es que de algún modo "participan de", "poseen en acto o en potencia" una misma forma. Finalmente, conocer un objeto es conocer su forma, eso que hace que el objeto sea lo que es y no otra cosa, es decir, su esencia. "Eidos" se tradujo al latín como "species", y luego al español como "especie". La esencia de nuestra especie, su versión más perfecta: un humano macho adulto. No todo filósofo predarwiniano sostuvo algo como esto, pero, es el contrapunto que nos interesa.

## 3. Esencia

En la visión antigua lo que se conoce es la esencia de los objetos. Esta esencia se expresa en una definición real, a través de condiciones necesarias y suficientes. Probablemente esta idea aristótelica haya surgido de pensar lo que en la Grecia antigua era el área de conocimiento paradigmático, la geometría. Es esencial a un triángulo tener tres lados. Eso brinda condiciones necesarias y suficientes para determinar qué es un triángulo. Si algo no cumple con esas características no es un triángulo, si algo las cumple, sí lo es. Tomar como modelo la geometría debe haber generado la idea de que lo que uno conoce, la forma, es perfecta e inmutable, porque ¿qué cambios podrían acontecerle a un triángulo? También debe de haber servido de sustento a la visión platónica de que los triángulos que nos encontramos en la vida cotidiana no son más que copias imperfectas de un triángulo perfecto, de existencia independiente y separada.

Pero ¿pueden los conceptos fácticos, y en particular, los conceptos que permiten nombrar a las especies de organismos vivos, ser pensados a partir de estas nociones de la geometría? La historia de qué es lo que hace que un organismo particular pertenezca a una especie, y de qué es lo que hace que una especie pertenezca a un género, etc. es sumamente interesante y terriblemente compleja. Pueden señalarse, sin embargo, a dos figuras destacadas en esa historia, que lograron pensar adecuadamente un tema central de la sistemática (la disciplina que se dedica a clasificar los organismos vivos). Aristóteles ya sabía que no todo rasgo era igualmente relevante para realizar clasificaciones adecuadas. Por ejemplo, en *Las partes de los animales*, señala que, pese a sus parecidos con los peces, los delfines deben ser considerados mamíferos. Étienne Geoffroy Saint-Hilaire y Richard Owen fueron los historiadores naturales que lograron clarificar esta cuestión. Saint-Hilaire llamó a los rasgos relevantes para realizar clasificaciones "analogías filosóficas". Owen los llamó, como actualmente nos referimos a ellos, "homologías". Los ejemplos más claros de rasgos homólogos lo constituyen la disposición de los huesos. El parecido entre el ala del murciélago y el ala de una mariposa, o entre la aleta de un delfín y la aleta de un salmón, es superficial, tiene que ver con que realizan una función semejante, y en ese sentido, no es relevante para la clasificación. La semejanza entre la disposición de los huesos de la aleta de un delfín, el ala de un murciélago y la mano de un humano es en cambio relevante para incluirlos a todos bajo el mismo grupo.

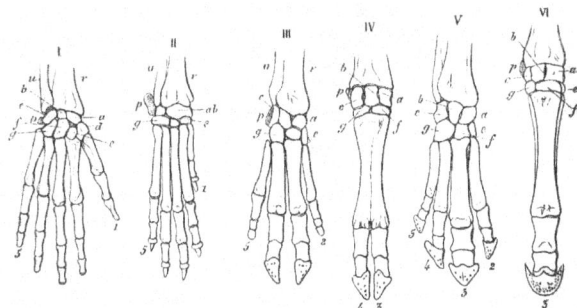

**Figura 1. Homologías entre los miembros anteriores de varios animales.** Imagen extraída de Gegenbaur, C. (1870). *Grundzüge der vergleichenden Anatomie*.

Tomemos el caso de Owen, que fue una influencia relevante, interlocutor, colaborador y finalmente, un opositor de Darwin. Owen explicaba la posesión de homologías proponiendo que los organismos habían sido creados a partir de arquetipos. Esta idea tiene algo de platónico, o más bien de neoplatónico, porque considera que los arquetipos son ideas en la mente de dios. Pero es importante señalar que los arquetipos no son las versiones más plenas y perfectas de los organismos que los comparten. Por el contrario, el arquetipo de los vertebrados es la versión más simple a partir de la cual todos los vertebrados pueden obtenerse, ya sea por agregado, pérdida, o sofisticación/modificación adaptativa de sus partes.

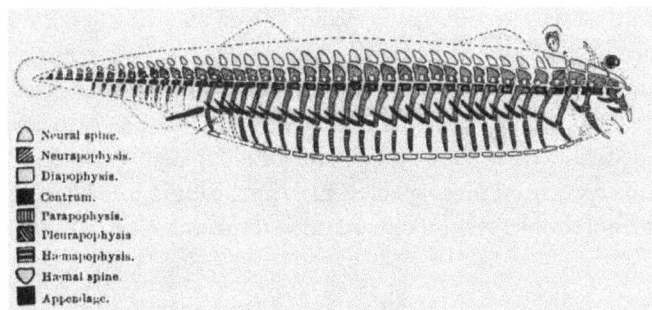

**Figura 2. Arquetipo de los vertebrados.** Imagen extraída de Owen, R. (1847). *On the archetype and homologies of the vertebrate skeleton*. London.

Los peces, por ejemplo, constituían una de las versiones más simples producidas a partir del arquetipo, porque requerirían el agregado de pocas partes. Los humanos seríamos los más perfectos, porque estarían implicadas muchas modificaciones sobre el arquetipo original.

Las ideas de Owen son las que Darwin tomará como punto de partida. Éstas, como dijimos, ya difieren sustancialmente de la idea platónico-aristotélica de perfección de la esencia. El descubrimiento más importante y revolucionario de Darwin, tiene que ver con una vuelta de tuerca sobre la noción oweniana de arquetipo. Pero para contar esta historia haré una breve digresión.

Contemporánea a Darwin es la discusión política respecto a la esclavitud (un dato curioso, Darwin nació exactamente el mismo día que Abraham Lincoln). La posición científica sobre la que se solía sustentar la esclavitud, el poligenismo, consistía en afirmar que las razas humanas habían sido creadas separadas, que el salvajismo era el estado natural de algunas razas, y que, en consecuencia, no podían desarrollarse en estado de domesticación. No es idea de este trabajo presentar la vida de Darwin, pero es interesante señalar lo siguiente. Uno de los motivos por los cuales se realizó el viaje del HMS Beagle alrededor del mundo –en el cual se embarcó Darwin–, es que Robert Fitz Roy, el capitán del Beagle, en un viaje anterior, se había llevado cuatro fueguinos del sur de Argentina, para mostrar, justamente, que el punto de vista poligenista estaba equivocado. Uno de ellos murió en el viaje, a los restantes, se les enseñó inglés, religión y "buenos modales". Uno de los objetivos del viaje, entonces, era devolverlos a Tierra del Fuego. La familia de Darwin era antiesclavista. En consecuencia, Darwin defendía el punto de vista contrario al poligenista. Pensaba que todos los humanos se encontraban emparentados. En *Darwin's Sacred Cause*, los historiadores de la ciencia Adrian Desmond y James Moore, estudiando las anotaciones de Darwin, muestran cómo comienza preguntándose por cuales serían los rasgos del "padre de los humanos", y termina preguntándose acerca de los rasgos del "padre de todos los mamíferos" (Desmond & Moore 2009). Es decir, tal vez en parte por influencia de sus posiciones políticas, Darwin comenzó a ver la vida en la Tierra como una gran familia. La novedad de Darwin no consiste tanto en proponer que unas especies surgen a partir de otras, cosa que había sido defendida por otros evolucionistas, como Lamarck, sino en la idea de que la evolución suele proceder a través de la división de una especie en más especies. El primer dibujo que hace de la evolución en uno de sus notebooks resulta elocuente al respecto.

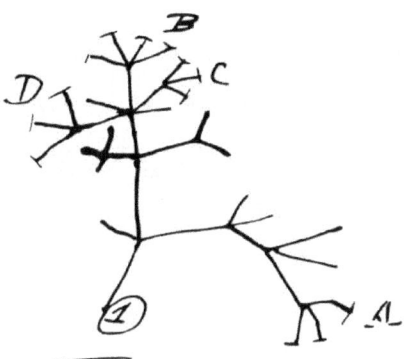

**Figura 3. Primera ilustración de la evolución realizada por Darwin en uno de sus cuadernos privados.** Imagen extraída de *First Notebook on Transmutation of Species* (1837).

Para Lamarck existían eventos de generación espontánea, seguidos de una evolución más o menos lineal (aunque al final de su vida publicaría ideas precursoras de las ideas darwinianas). Darwin consideraba que la evolución consistía en un árbol en donde las especies, cual ramas de un árbol frondoso, se dividían en otras especies, que se subdividían a su vez en otras especies.

Esto implicó una relectura de las homologías, de los arquetipos, de la sistemática, y lo que más no importa a nosotros, del significado mismo de "especie". Las homologías, propuso Darwin, no son más que los parecidos de familia. Los rasgos relevantes por los cuales podemos inferir parentescos. La razón por la que dos organismos de especies diferentes tienen semejanzas homológicas en un rasgo específico consiste en que ese rasgo se deriva en ambos casos de un mismo ancestro. El arquetipo, entonces, es en realidad un ancestro. No es una idea que actualmente existe en un mundo separado, ni en la mente de ningún dios, no es una esencia perfecta ni una forma constitutiva de las susbstancias, no es ni más pleno, ni más perfecto. Es un ancestro, que se encuentra en el pasado, tan imperfecto como los organismos presentes, a veces más simple, a veces más complejo. Ese arquetipo que Owen dibujó es sorprendentemente parecido a *Pikaia gracilens*, un organismo que habitaba en el cámbrico, y que podemos encontrar actualmente en fósiles.

**Figura 4. Fósil de Pilaia de Burgues Shale, exhibido en el Smithsonian en Washington, DC.** Extraido de https://commons.wikimedia.org/wiki/File:Pikaia_Smithsonian.JPG.

La unidad de tipo por detrás de las especies implicaba, para Owen, la existencia de una única mente creadora. El estudio de las homologías permitía conocer la mente del creador. ¡No!, niega enfáticamente Darwin, lo que conocemos al hacer sistemática son nuestros ancestros, nuestra historia.

¿Qué es lo que tienen en común los organismos que pertenecen a una misma especie? ¿O especies que pertenecen a un mismo género? ¿O géneros que pertenecen a una misma familia? Antepasados. El árbol de géneros y especies que Aristóteles consideraba parte esencial del conocimiento, y que fue llevado delante de manera magistral por Carl von Linné, era en realidad un árbol genealógico. Esto implica una diferencia a nivel epistemológico. Recuérdese que para Platón y Aristóteles lo que se conocía era la forma. La forma contenía los rasgos esenciales de una especie, por detrás de lo accidental, y se expresaba a través de una definición real, que brindaba condiciones necesarias y suficientes de pertenencia a la especie. Si al hacer sistemática estamos estudiando el pasado, y el ancestro no es ni más pleno, ni más perfecto, ni menos perfecto, ni más abstracto, ni trascendente, entonces la misma concepción del conocimiento cambia, en varios sentidos que vamos a ir tratando a lo largo del capítulo. El primero, lo que justifica en el mundo platónico-aristotélico el uso de cierto concepto universal o general es que tal concepto refiere a una idea o forma real. Frente a esta posición realista, la posición contraria, en la historia de la filosofía, ha sido la nominalista, los términos universales (los que nombran clases de cosas y no cosas) no tienen más realidad que la que tiene el término mismo. Los universales son flatus vocis (su existencia se reduce al soplo de la voz que se emite al pronunciarlos). Existe una polémica historiográfica con respecto a cuál es la posición de Darwin frente a este debate. ¿Darwin era realista o nominalista? La discusión no es sencilla, pero sí resulta sencillo señalar que lo que justifica el uso de un término universal como "chimpancé" en el mundo darwiniano es algo que ni los realistas ni los nominalistas previos podrían haber imaginado. No es una forma aristotélica, no es una idea platónica, no es una idea en la mente de ningún dios, pero tampoco es una mera convención arbitraria, como pensaban los nominalistas. Su uso no está justificado por una esencia y, sin embargo, cuando decimos que ciertos organismos son chimpancés, algo estamos diciendo acerca de ellos, algo más que nuestra conveniencia de juntarlos arbitrariamente, algo acerca de su historia evolutiva. ¿Qué es exactamente lo que se está diciendo? Todavía los biólogos no han llegado a un acuerdo al respecto, y tampoco lo han llegado los filósofos de la biología. Sin embargo, es esperable, como sostenía el mismo Darwin, que las fronteras entre especies, las temporales (cuándo una variedad se transforma en especie, y luego en género) y las sincrónicas (cuándo un organismo pertenece a una especie, y no a otra, en el presente) sean borrosas y vagas.

Si no es la mente de un dios creador lo que estudiamos, si no es un mundo de ideas perfectas e inmutables, si la realidad no se encuentra ordenada por nada trascendente, se erosiona uno de los fundamentos sobre los que se sustenta la necesidad de postular dioses, mundos suprasensibles y lo trascendente en general. Pero no es ésta la única columna sobre la que se sustenta lo trascendente, ni la única columna que Darwin erosionará. Lo que vuelve al mundo inteligible, como decía Platón, es la tenue pero transversal luz que brinda la teleología. Éste puede ser uno de los sentidos en que se puede entender que la idea de bien sea la que, como el Sol en el mundo sensible, vuelve inteligible el mundo trascendente de las ideas. ¿Por qué Platón y Aristóteles veían como privilegiadas a las explicaciones que apelaban a causas finales? Otra vez, la intuición cotidiana sustenta dicha visión, pues las cosas y seres vivos que nos rodean, las partes que nos conforman, y nosotros mismos, tenemos fines, objetivos y metas.

## 4. Diseño

"Los cielos cuentan la gloria de Dios y el firmamento anuncia la obra de sus manos" (David, Salmo 19:1), se afirma en el antiguo testamento. "Porque las cosas invisibles de él, su eterno poder y deidad, se hacen claramente visibles desde la creación del mundo, siendo entendidas por medio de las cosas hechas [...]" (San Pablo, Romanos 1:20), en el nuevo. ¿Por qué el mundo implica la existencia de un ordenador, de un relojero? Platón, por ejemplo, considera que las causas no inteligentes son origen del desorden. Que sólo el alma, único ser al que le corresponde tener inteligencia, es productora de lo bello y lo bueno (*Timeo* 46d). Esta idea subyace a lo que se terminará llamando "argumento del diseño". Tal argumento se basa justamente en que en el mundo puede encontrarse la huella del creador. De todos los argumentos que intentan mostrar la existencia de dioses en la historia de la filosofía, tal vez este sea el único no falaz. Pues se trata de una inferencia que usamos todo el tiempo todos en la vida cotidiana, por ejemplo, para distinguir entre trazos generados azarosamente por cangrejos de escrituras en la arena, o para distinguir montañas de pirámides. Es una inferencia que los mismos científicos utilizan, para distinguir piedras de fósiles o una disposición azarosa de objetos de un ritual mortuorio. Parece que hay ciertas características que podemos encontrar en un objeto que obligan a postular que el objeto fue diseñado. ¿Cuáles son estas características? Suelen citarse que son sin duda diseñados los objetos complejos, que tienen muchas partes que de manera orquestada permiten cumplir con un objetivo, propósito o fin. Por supuesto, no todo objeto diseñado tiene estas características, pero si un objeto las tiene, entonces es diseñado. Cómo funciona el argumento es discutible y discutido, aquí basta señalar que es un argumento que de hecho se utiliza, y que parece ser un tipo de inferencia, en sí misma, adecuada.

El argumento ha sido aplicado en la historia de la filosofía, a cualquier característica del mundo, o bien, al mundo en general. Por ejemplo, Isaac Newton considera que el hecho de que los planetas en el sistema solar vayan justo a la velocidad media exacta a la que no caen al Sol, ni se escapan de él, implica que el sistema solar ha sido diseñado. Los filósofos y científicos que desconfiaban de este tipo de argumentos que apuntan hacia el diseñador, conocen desde siempre un tipo de respuesta que a partir del azar podría generar un diseño aparente. Aristóteles dice, en la *Física*, que Empédocles sostenía que en el pasado las partes de los organismos estaban mezcladas. Sólo aquellas cuya configuración fue exitosa quedaron y son los organismos tal como los conocemos ahora. David Hume, en su libro *Diálogos sobre la religión natural*, señala que uno podría explicar la configuración exitosa y estable de nuestro universo, imaginando una fuerza constante que arroja materia con una fuerza no dirigida, y que solo la materia estable sería la que permanecería. Ambas explicaciones apelan a la generación azarosa de objetos diferentes, y a la desaparición de los que no poseyeran una configuración estable, para explicar el aparente diseño del objeto del cual se pretende inferir un diseñador. Ambos pecan de postular un pasado del cual no tenemos evidencia, un pasado en el que existían "bueyes con rostros humanos", o fuerzas que arrojan materias de modo no dirigido. ¿Por qué preferir estas explicaciones a las que apelan a un diseñador? ¿A qué tipo de evidencia empírica podríamos apelar para optar entre ambas explicaciones? Immanuel Kant, quien trató de rechazar todos los argumentos que se proponían mostrar la existencia de dios, sostuvo respecto al argumento del diseño que muestra la existencia de un diseñador muy habilidoso, pero de ningún modo admite que muestre la existencia de un dios trascendente, omnisciente y omnipotente.

El argumento del diseño cobró especial relevancia a comienzos del siglo XIX en Inglaterra, con la publicación de una serie de tratados de teología natural. En estos tratados, el argumento del diseño tenía un rol central, en especial, el que iba de los organismos vivos al diseñador. William Paley, por ejemplo, señala que, si la organización de un reloj, que tiene muchas partes que funcionan al unísono para que se cumpla un fin, nos lleva a postular un relojero, la configuración de cualquier organismo vivo, mucho más complejo, con muchas más partes, que funcionan de una manera orquestada para cumplir un conjunto de fines que interactúan entre ellos de manera compleja, nos lleva en mayor medida a la postulación de un diseñador. *Teología Natural*, de Paley, es un compendio de cómo los rasgos de los organismos vivos que se encuentran perfectamente, o casi perfectamente adaptados al ambiente, nos permiten inferir la existencia del creador, así como también, en cierta medida, sus planes.

La novedad de Darwin consistió en proponer una teoría que permite dar cuenta del origen de diseños aparentes sin necesidad de diseñador alguno. La teoría es semejante a la propuesta por Hume y por Empédocles, en el sentido de que presenta un mecanismo que logra configuraciones exitosas a partir de la variación (azarosa o no) no dirigida a conseguir tales configuraciones. Pero a diferencia de las propuestas de autores previos, se basa en causas actuales. Es posible, además, encontrar evidencia de que tales causas actúan en el presente. Darwin, por supuesto, no habría aceptado nunca la explicación de Hume o de Empédocles, puesto que adhería a los criterios metodológicos uniformistas propuestos por Charles Lyell. En geología, su campo de especialidad, Lyell sostenía que, para dar cuenta de los accidentes geológicos, debía apelarse a causas del tipo de las que funcionan actualmente, y además, éstas debían actuar en rangos de intensidad como aquellos en los que actualmente actúan. "El método opuesto, el de especular sobre un antiguo estado de cosas distinto, ha llevado invariablemente a una multitud de sistemas contradictorios, que han sido derribados uno tras otro." (Lyell 1830, III, p. 6). Los intentos predarwinianos de explicación del origen de las adaptaciones caían en este error metodológico (salvo, probablemente el de Lamarck, de quien hablaremos más adelante). Por supuesto, apelar a causas como la erosión hídrica, para explicar la formación de un cañón, requiere una inmensa cantidad de tiempo. Los accidentes geográficos eran producidos lentamente, a lo largo de millones de años.

La selección natural fue, justamente, el mecanismo generador de adaptación que respetaba los criterios metodológicos establecidos por Lyell y que podía explicar cómo los organismos se adaptaban al ambiente. La teoría fue codescubierta por Alfred Russell Wallace. El disparador para el descubrimiento, en ambos casos, fue la lectura de un texto de Thomas Robert Malthus, en el que se sostenía que, dado que a los humanos les gustaba el sexo y necesitaban comer, era inevitable la lucha por la existencia, pues las poblaciones crecían exponencialmente, pero la cantidad de alimentos era finita. La inevitable lucha implicaba la existencia de perdedores. Esto implicaba, para Malthus, que el Estado no debía ocuparse de intentar evitar lo inevitable con políticas intervencionistas paliativas. La clave del descubrimiento de la teoría de la selección natural lo constituyo una relectura de la lucha por la existencia malthusiana. La naturaleza no era un estado armonioso de colaboración, sino, una lucha constante. Pero el trofeo perseguido no lo constituía la existencia, sino la reproducción. El hecho de que las poblaciones de organismos vivos pudieran crecer exponencialmente, y de que tal crecimiento se encuentre acotado, implicaba que no todo organismo pudiera reproducirse. Como los organismos en cualquier población varían en cierta medida, las variaciones más favorables darían ventaja a sus portadores, estos se reproducirían, y dado que existe una tendencia a heredar rasgos a la descendencia, los descendientes portarían a su vez el rasgo en cuestión. Variación, herencia, reproducción, fenómenos que ocurren constantemente bajo nuestra mirada, podían producir organismos vivos adaptados a su medio, y podían explicar cómo las poblaciones de organismos se adaptaban a cambios en el ambiente. He aquí el sencillo mecanismo del que tal vez a Hume le hubiera gustado disponer.

Lamarck había propuesto principios que podían explicar las adaptaciones de los organismos vivos. La clave se encontraba en el uso y desuso –la tendencia a que los órganos o partes usadas se desarrollen y a que las partes que no se usan se atrofien– y en la herencia de caracteres adquiridos –el desarrollo o atrofiamiento de las partes adquiridas durante la vida del organismo se transmitían a la descendencia. Hoy no aceptamos este último principio, pero Darwin lo aceptaba. ¿Por qué razón no le parecía suficiente para dar cuenta de la adaptación? Pues sólo podía explicar modificaciones de aquellas partes que cambiaban por uso o desuso de los organismos. Pero ¿cómo podría explicarse que las flores crearan un fruto para diseminar sus semillas? ¿Qué parte usaba la planta para que esa adaptación se produjese? ¿Cómo podría explicarse el surgimiento de los patrones de coloración en la piel de los organismos que les permiten camuflarse con su ambiente a la vista de predadores? El primer caso de aplicación de la selección natural a una adaptación, brindado por Darwin en *El origen de las especies* es, justamente, el camuflaje de las perdices.

Como veremos, el mundo darwiniano de la selección natural es muy distinto, en muchos aspectos fundamentales, del mundo predarwiniano. Ahora me enfocaré en uno. Cómo decíamos en la sección anterior, conocer la forma (en su visión original aristotélica o platónica, o en su versión cristianizada) implicaba conocer lo esencial detrás de lo accidental. La evolución dirigida por la selección natural no es compatible con esta concepción. Pues, en este modo de ver la evolución, lo que evoluciona no es el individuo. La evolución consiste, en este caso, en cambios de distribuciones de rasgos en la población. Si se arroja un veneno en un campo, se sabe, la plaga que se quiere eliminar suele adquirir resistencia al veneno. Pero, ¿esto implica que un organismo individual que no era resistente al veneno se vuelve resistente cuando entra en contacto con él? No, la resistencia se genera por el hecho de que en la población había variación previa, que incluía algunos pocos individuos que eran tolerantes al veneno. Cuando se lo arroja, desaparecen los no resistentes y los tolerantes al veneno incrementan su frecuencia relativa en la población. La evolución darwiniana es poblacional. La clave de que las poblaciones puedan adaptarse radica en su variabilidad. Estudiar la evolución y la adaptación, implica estudiar esta variabilidad. El objeto del conocimiento deja ser una forma perfecta por detrás de las diferencias, y comienza a ser la diferencia misma.

## 5. Armonía

Luego de publicar el *Origen*, Darwin publicó su libro sobre la fertilización de las orquídeas, en las que no había muchas referencias a la evolución. Existe alguna controversia historiográfica respecto de la decisión de Darwin de introducirse en un tema tan específico, luego de haber escrito un libro tan osado como el *Origen*. Los objetivos señalados por los diferentes historiadores son variados, pero creo que podemos considerar que el principal es el siguiente. En la sección anterior decía que la teoría del diseño inteligente, las leyes de uso y desuso de Lamarck y la teoría de la selección natural, competían por explicar el origen de las adaptaciones. Hay que aclarar, sin embargo, que las adaptaciones específicas con las que lidiaba Darwin no eran exactamente las mismas que aquellas de los teólogos naturales. Paley, por ejemplo, no duda en atribuir a los frutos la función de alimentar a los animales, a las hojas la función de oxigenar el aire, a las flores la función de embellecer la creación. A todas estas podemos caracterizarlas como funciones "altruistas", en el sentido de que rasgos que pertenecen a una especie beneficiarían a otras especies, o al sistema general, sin ganancia alguna para el organismo que porta tales rasgos, o incluso, a expensas de su propio beneficio, puesto que le implican un gasto de energía que el organismo podría ahorrarse. En el marco de la teología natural, en donde existía un plan de creación, esto no tiene nada de raro. Paley considera que su dios hizo la noche para que los animales pudieran dormir, por ejemplo. Tampoco era raro, por ejemplo, que algunos rasgos tuvieran la función de beneficiar a los humanos, que éramos el centro de la creación. El creador había dado a los animales domésticos características útiles para los humanos. Pero ¿qué ocurre en el mundo darwiniano, en donde las adaptaciones se explicaban principalmente por selección natural? La selección natural explica el origen de rasgos funcionales sólo si estos mejoran el éxito reproductivo de los organismos que los portan. La idea de una adaptación en beneficio exclusivo de otra especie, que tiene sentido en el plan de creación, no tiene sentido en un mundo donde la "lucha por la existencia" dirige la evolución. El altruismo no sólo era una característica de la biología funcional de los teólogos naturales, sino una característica de la biología funcional pre darwiniana en general. En un mundo de adaptaciones altruistas, en el sentido señalado anteriormente, la selección natural no tendría mucho éxito explicativo. Darwin, entonces, tuvo que cambiar las atribuciones funcionales altruistas previas, por otras que beneficien (exclusivamente, o al menos, primariamente) a sus portadores. Esto implicó en algunos casos reasignar rasgos a funciones que Paley ya conocía. Por ejemplo, Paley dice que la función de los pelos de las semillas del diente de león consiste en facilitar su dispersión. Darwin sostiene entonces que los frutos también tendrían esa función, y no la de alimentar los animales. Pero, ¿Qué ocurre con las flores? ¿Para qué las plantas tienen flores? ¿Por qué invierten energía en la producción de una flor que le permite atraer insectos para fecundarse, siendo capaces en muchos casos de autofecundarse? Por supuesto, embellecer al mundo no es un fin que la selección natural pueda promover en sí misma.

Dado que la evolución, tal como Darwin la concebía, era extremadamente lenta, no era posible realizar un experimento de modificación de especies. Darwin se dio cuenta de que los criadores de palomas, perros y otras especies, al elegir las parejas reproductivas para lograr la modificación de las variedades con las que trabajaban en la dirección buscada, venían desarrollando un experimento evolutivo, sin saberlo. La elección de parejas reproductivas, por ejemplo, la elección de las palomas que tuvieran la cola más larga, para conseguir una especie de palomas de cola larga, era llamada "selección artificial". De allí sale el nombre "selección natural". Darwin propone su mecanismo en analogía con la selección artificial. La naturaleza sería como un criador que elije parejas reproductivas. Acercarse a los criadores no sólo le brindó pistas para el descubrimiento de la selección natural. Del conocimiento técnico de los criadores Darwin aprendió la clave que le permitiría entender las estructuras florales. La cruza reiterada de palomas parentalmente cercanas (la endogamia) genera razas más débiles y propensas a enfermarse. La función de las flores, entonces, era justamente evitar la autofecundación, o propiciar la fecundación cruzada. Es por eso que, por ejemplo, pistilos y estigmas de un geranio maduran a destiempo, porque es el modo en que la planta logra fecundar y ser fecundada por plantas diferentes, evitándose la endogamia. Las orquídeas son un ejemplo hermoso del modo en que las plantas evitan autofecundarse, con los artilugios más intrincados imaginables, para atraer insectos específicos y que esos insectos logren fecundar orquídeas distintas. El origen de esta función "egoísta", evitar la endogamia, sí podía ser explicado por selección natural. Gran parte de los escritos de Darwin tratan sobre ese tema específico de la función de las flores. Darwin no cambió él mismo la totalidad de la biología funcional, sería imposible la tarea para una sola persona, pero mostró el camino para hacerlo meticulosa y seriamente. Curiosamente, esta revolución en la biología funcional no siempre es tomada en cuenta en los escritos acerca de la revolución darwiniana.

El mundo predarwiniano, en donde existía una armonía general preestablecida a conservar, en donde cada organismo y cada parte del universo cumplía un rol en beneficio de todas las otras partes y del sistema en general, ese mundo confortable a nuestro servicio no era más que una ilusión panglosiana. Las armonías locales en y entre organismos vivos, que invitaba a postular relojeros omniscientes y omnipotentes, son en realidad un epifenómeno del intento egoísta de incrementar el éxito reproductivo. Desde ya, esta armonía no es necesaria, ni eterna, ni perfecta, y principalmente, no hay nadie ocupándose de su estabilidad. De ningún modo se encuentra garantizada su perdurabilidad. Volveremos sobre este punto más adelante.

Esto no implica, por supuesto, que no exista "altruismo", es decir, organismos que hacen desinteresadamente algo por otras especies. Significa que no es la regla, y que la visión de mundo predarwiniana tenía una lectura exageradamente optimista de las relaciones entre organismos vivos. Implica además tratar los casos de altruismo, desde el punto de vista de la biología, como anómalos.

## 6. Individualidad

Un ejemplo interesante de conductas altruistas que podrían salirse, en una primera mirada, del esquema darwiniano, lo ofrecen los insectos sociales que tienen una casta neutra, es decir, una casta que no se reproduce. Esto ocurre con hormigas y abejas, por ejemplo. La casa de insectos neutros tiene adaptaciones especiales, y no se entiende cómo tales adaptaciones podrían haber surgido selectivamente, si, dado que no se reproducen, su posesión no podría haber incrementado su éxito reproductivo. Los insectos neutros, las abejas obreras, por ejemplo, trabajan para mejorar el éxito reproductivo de la abeja reina. Limpian y alimentan a crías ajenas. Finalmente, no dudan en defender la colmena con el precio de su vida. ¿Cómo se entiende esto?

¿Este altruismo no va contra el egoísmo propiciado por la selección natural? Efectivamente, la selección natural funcionando a nivel individual no parece poder explicar este tipo de fenómenos. Una de las explicaciones más lindas del origen de estas conductas la dio el mismo Darwin. Su solución consistió en pensar que la selección natural, en este caso, funcionaba a nivel del grupo. Las colmenas de abejas egoístas (que buscan incrementar su éxito reproductivo individual) habrían tenido menos éxito reproductivo que las colmenas de abejas altruistas (que buscan incrementar el éxito reproductivo de la reina a expensas de su propio éxito reproductivo). Darwin aplica la selección de grupo también a rasgos humanos que parecen ir contra el éxito reproductivo individual, como la valentía. ¿Por qué existe en los humanos la valentía, si el valiente ofrece su vida para conservar la de otros, sacrificando su éxito reproductivo a expensas del de otros? Otra vez, los grupos humanos con individuos valientes tuvieron éxito sobre aquellos en donde la valentía no existía.

La selección de grupo ha sido fuertemente discutida en el marco de la biología. Existen defensores y detractores. El punto para señalar aquí es doble. Por un lado, suele relacionarse las ideas de Darwin con el liberalismo económico. Esta relación no es del todo equivocada, pues existen semejanzas interesantes entre los equilibrios logrados por la mano invisible en economía y en biología. Sin embargo, el vínculo que suele trazarse (la biología darwiniana como el capitalismo en la naturaleza, o el capitalismo, como la selección natural actuando en el mercado) no es adecuado, sencillamente, porque Darwin no considera que la búsqueda del beneficio individual lleve al mejor estado posible del colectivo. Cómo veíamos, las colmenas con abejas egoístas tuvieron menos éxito que las columnas con abejas altruistas.

Por otro lado, y esto nos interesa más en este caso, la noción misma de individuo entra en conflicto. Las células se agrupan para formar una abeja, las abejas se juntan para formar colmenas. ¿Cuál es la entidad individual privilegiada en la que debemos enfocarnos? Hoy sabemos que las células eucariotas mismas surgieron de la simbiosis de organismos preexistentes. Además, existen organismos, como la carabela portuguesa, que bajo criterios intuitivos parece un organismo, y sin embargo se trata de una colonia, en las que diferentes organismos se han especializado.

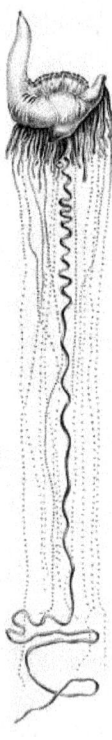

**Figura 5. Physalia physalis. Organismo que pese a su apariencia de "individual" se trata de una colonia de organismos diferentes.** Imagen extraída de *Voyage de découvertes aux terres australes: exécuté par ordre de Sa Majesté l'empereur et roi, sur les corvettes le Géographe, le Naturaliste, et la goëlette le Casuarina, pendent les années 1800, 1801, 1802, 1803 et 1804.* https://commons.wikimedia.org/wiki/File:Physalia_physalis1.jpg

Otra vez, como ocurría en el caso de la sistemática, el mundo darwiniano es confuso, desordenado, intrincado, y a menudo las categorías que utilizamos para pensarlo no tienen límites precisos. Sin embargo, la idea platónica de que el desorden del objeto de estudio es aparente, porque detrás persisten ideas, formas, arquetipos claros y ordenados que justifican nuestras categorías, como venimos viendo, resulta equivocada bajo la nueva perspectiva. El conocimiento debe lidiar con el desorden, sin ningún tipo de justificación trascendente.

## 7. Necesidad

El modo en que Platón y Aristóteles lidiaron con el aparente desorden del mundo frente a la perfección estática de la matemática y la geometría, y la idea de conocimiento que surgía de tomarlas como ejemplos paradigmáticos de lo que debía esperarse del conocimiento, consistió en postular que lo que uno conoce es estático, eterno y perfecto. El mismo universo platónico-aristotélico reflejaba el contraste entre lo perfecto e imperfecto, lo mutable y lo inmutable. La Tierra se encontraba fija en el centro de un universo pequeño y esférico. Las esferas celestes, las estrellas errantes (la Luna, Mercurio, Venus, el Sol, Marte, Júpiter, Saturno) giraban alrededor de ella. El mundo sublunar, cambiante e imperfecto, contrastaba con el mundo supralunar, formado por esferas perfectas e incorruptibles de éter. Cuando la Luna mostró sus cicatrices al telescopio de Galileo, los planetas, esos espejos de las formas y las ideas, adquirieron historia. Sin embargo, Newton, en el centro de la revolución copernicana, todavía no podía imaginar o aceptar la explicación más sencilla a la cuestión que presentamos antes: ¿cómo puede ser que los planetas, satélites, cometas, asteroides, que conforman el Sistema Solar, justo vayan a la velocidad media exacta en la que vuelven al sistema estable –es decir, a la velocidad a la que no caen ni superan la velocidad de escape–? Ensayen en presentar el problema a un lego, a alguien que no sepa la respuesta, y luego de un par de intentos fallidos realizará el sencillo descubrimiento (darwiniano) que implica notar que los objetos que iban a esa velocidad son los que quedaron, y los que iban a otra, o bien cayeron al Sol, o bien se alejaron de éste. Porque hay lo que queda, y lo que queda tiene características sobre las que se sustenta esa capacidad, la de quedar. ¿Cómo puede ser que Newton no pensara una respuesta tan sencilla? Entre el lego en cuestión y Newton está, justamente, Darwin (y también Wallace).

La explicación darwiniana de la estabilidad del sistema solar tiene dos consecuencias difíciles de digerir, con las que hoy convivimos sin mucho problema. Por un lado, la estabilidad no está garantizada, lo cual implica que el futuro tampoco lo está. Estamos acostumbrados a esta idea por el cine catástrofe, aunque, por supuesto, no es algo en lo que estemos pensando todo el tiempo, porque es un poco deprimente. Otra consecuencia, un poco más difícil de explicar, es que podríamos no haber existido, podría no haber habido humanos, podría no haber habido mamíferos, podría no haber surgido la vida en la Tierra. ¿Qué significa esto? Básicamente, que lo que somos depende más de nuestra historia que del presente, y la historia esta plagada de eventos contingentes. Stephen Jay Gould ilustra la idea en su libro *La vida maravillosa*, diciendo que, si se pasara de nuevo la cinta de la vida, los organismos vivos (si es que en esta nueva pasada no se extinguen) serían completamente diferentes (Gould 1989). Si no hubiera caído el meteorito que extinguió gran parte de la vida en la Tierra, entonces, los mamíferos podrían no haberse vuelto tan exitosos, y hoy, sencillamente, no habría humanos. Nuestra existencia, depende de la concertación de numerosos eventos que bien podrían no haber sucedido.

Esta idea es un poco extraña. Cómo decidir si el contrafáctico "si no hubiera caído un meteorito no habría humanos" es verdadero o falso. ¿Qué significa exactamente la metáfora "pasar la cinta de la vida de nuevo"? La pregunta "¿podría no haber caído un meteorito?" lleva a la discusión filosófica y metafísica acerca del determinismo. Y esa es una de esas discusiones que parecen no tener resolución, como suele ocurrir en el terreno de la metafísica. Pero en el marco de la biología evolutiva lo que significa la afirmación de que la evolución es contingente es que, por depender del azar y la selección natural, no tiene ninguna dirección, ni ninguna meta preestablecida. No existe ninguna tendencia general hacia ningún tipo de perfección (ahora volveremos sobre el punto de la perfección) ni hacia la complejidad, ni ningún otro objetivo que pudiera ocurrírsenos. La selección natural es cortoplacista y miope, sólo se ocupa del éxito en los ambientes en los que los organismos viven, y específicamente en el éxito en dejar más descendencia, el cuál puede lograrse por las vías heterogéneas: siendo el más liviano, el más inteligente, el más atractivo, el más fuerte, el que mejor conserva la energía, el que mejor dispersa las simientes, el que cuida de sus hijos, el que tiene muchos hijos, el que pasa desapercibido a ojos de predadores, el que los atrae lejos del nido, etc.

La contingencia de la historia también va en contra de una idea enraizada en el pensamiento de muchos autores, la idea de que el tiempo es cíclico. Lyell mismo pensaba que la historia de la Tierra era semejante a "un gran año" en el que se sucedían estaciones. Lo cual parecía implicar que organismos extintos podrían volver a aparecer. Podrían volver a reaparecer los extintos ictiosaurios, como lo ilustra esta caricatura en referencia a las ideas de Lyell en donde un ictiosaurio examina una calavera humana.

**Figura 6. Caricatura anti lyelliana del geólogo de la Beche.** Extraida de https://commons.wikimedia.org/wiki/File:Awfulchanges.jpg.

Podríamos no haber surgido, nuestra existencia no estaba garantizada y nuestra subsistencia tampoco lo está. Esas son las consecuencias de la sencilla idea de la selección natural y la historicidad contingente que implica. Consecuencias con las que hoy convivimos, y que no sorprende que haya horrorizado a los que estuvieran acostumbrados al confortable mundo antiguo. Tampoco sorprende que todavía hoy asuste a los que sustentan su poder sobre la supuesta necesidad de la historia o en base a reglas trascendentes que deben cumplirse. El horror ontológico que puede generar el extraño contrafáctico que tiene como consecuente la no existencia y la certidumbre de la extinción futura, resultan nimios, sin embargo, frente a la apabullante libertad de elegir el destino y la responsabilidad que viene adosada a ella. La contingencia de la historia es una de las razones por la que Darwin sigue siendo rechazado (o aceptado sólo de la boca hacia afuera, disculpas mediante) en ciertos círculos que basan el poder en la tradición, la naturalización y el adoctrinamiento.

## 8. Perfección

Thomas Kuhn utiliza la noción de inconmensurabilidad para explicar la imposibilidad de comprender desde paradigmas actuales a los viejos paradigmas. Si se comete el error de pensar que los miembros de un paradigma previo utilizan el lenguaje del mismo modo que nosotros, entonces, parecen irracionales, parecen sólo simular jugar el juego de la ciencia, y parecen responder, en consecuencia, a agendas ocultas. No hay término que genere más incomunicación con los filósofos y científicos del pasado que "perfección". ¿Por qué Platón, Aristóteles, Ptolomeo, pensaban que el movimiento circular era más perfecto que otros? ¿Por qué una figura geométrica sería más perfecta que otra? ¿Por qué Platón ordena las entidades del mundo en grados de perfección, y piensa que la sombra o el reflejo es menos perfecta que el objeto que la proyecta? ¿Por qué Descartes piensa que un efecto no puede ser más perfecto que su causa? El ordenamiento en entes según su perfección, realizado bajo paradigmas abandonados, nos resulta incomprensible. La substancia aristotélica, las ideas de Platón, los objetos del mundo supralunar, recuérdense, son incorruptibles y perfectos.

En la historia natural, esta idea se plasma en la noción de cadena del ser, o de escala natural. Esta es una idea recurrente en la historia de la biología, según la cual todos los organismos pueden ser ordenados de manera lineal desde el más simple al más complejo y perfecto: el ser humano. ¿Por qué Darwin no da mucho crédito a Lamarck en sus escritos? Básicamente, la teoría de la evolución de Lamarck implica una temporalización de la escala natural. Luego de un evento de generación espontánea de una forma muy simple, la evolución lamarckiana habría recorrido un camino progresivo hasta el surgimiento de lo más perfecto, el ser humano. De hecho, Lamarck utiliza las leyes de uso y desuso, y de herencia de caracteres adquiridos, no para explicar la adaptación, como habíamos afirmado anteriormente, sino para explicar que en la línea progresiva evolutiva haya huecos, cambios y excepciones. ¿Por qué, por ejemplo, las serpientes muestran el retroceso respecto al plan de los reptiles, de carecer de patas? Deberían tenerlas, pero no las tienen. La explicación es que dejaron de usarlas y fueron desapareciendo.

La idea de perfección, como dijimos, también se encuentra en Owen, quien propone la idea de arquetipo para los vertebrados que "sólo" requiere de una reconceptualización para convertirse en la idea de ancestro común darwiniana. El arquetipo en realidad es un ancestro común, dice Darwin. Que sencillo parece, y, sin embargo, con este pequeño gesto muere una concepción de mundo. Cómo decíamos, Owen ya no es platónico genuino, en el sentido de que el arquetipo es la versión más simple, el plano o el bosquejo general, a partir del cual se obtienen organismos cada vez más perfectos. Si bien el organismo del cual todos los vertebrados evolucionaron parece más simple que muchos de los vertebrados actuales no hay ningún sentido en el que se pueda afirmar que los peces sean menos perfectos que los primates, pues no existe ninguna medida objetiva razonable de comparación interespecífica, ninguna base neutra, ningún valor privilegiado para compararlos (por supuesto, siempre podemos decir que la carne de salmón es más adecuada para el sushi que la de ratón, pero eso obviamente es una comparación relativa a nuestros intereses y no a un estándar objetivo biológicamente significativo). Además, tampoco es cierto que los peces actuales sean ancestros de los humanos. Peces actuales y humanos tenemos un ancestro común. Finalmente, no hay ninguna razón para pensar que los ancestros sean más simples que los organismos actuales. Pues, a veces, la evolución recorre el camino hacia la simplicidad. Algunos organismos mejoran su éxito reproductivo con respecto a otros organismos de la misma población, esa es la única medida de comparación que el darwinismo ofrece. Una medida relativa a una población y a un ambiente en un tiempo dado. ¿Dónde se encuentra la perfección en este panorama? Por supuesto, es posible determinar comparativamente lo efectivos que son ciertos rasgos en la consecución de un objetivo específico. Podemos determinar cuan efectivo es un pelaje a la hora de desorientar predadores, o a la hora de atraer parejas. Los biólogos darwinianos hacen esto todo el tiempo en sus estudios de optimalidad, y esto resulta biológicamente significativo para determinar las causas de las diferencias en el éxito reproductivo. Sin embargo, esto no es equivalente en ningún sentido a la idea de perfección objetiva y supuestamente neutra presente en la idea de cadena del ser predarwiniana.

Resulta sorprendente examinar el modo en que las diferentes piezas que conforman el darwinismo se encontraban mezcladas en autores previos. Esta sensación de que los autores preparadigmáticos (respecto a un paradigma específico) no saben lo que están haciendo es lo que llevo a Arthur Koestler a caracterizarlos (hablando de la revolución copernicana) como "sonámbulos" (Koestler 1959). Owen, con sus arquetipos, Lamarck, con la evolución, ambos se movían cual sonámbulos, sin tener consciencia de lo que en realidad estaban haciendo. Habitaban el mundo antiguo, en donde por hipostasia de prejuicios y valores intraespecíficos y culturales todo tenía un grado de perfección. A la vez, construían inconsciente e involuntariamente las herramientas que iban a permitir abandonar ese mundo. Owen no estuvo dispuesto a dar ese paso, y lucho contra la revolución darwiniana, y sin embargo, fue una pieza clave fundamental para que la revolución se produjera.

## 9. Natural

Los humanos no somos el centro de la creación, ni la cima de la perfección, las cosas no están más que aparentemente a nuestro servicio, nuestra existencia no estaba garantizada ni tampoco nuestro futuro lo está. Este es el resultado final de la lenta erosión sobre la noción de substancia aristotélica, su versión previa platónica, y las nociones posteriores neoplatónicas y escolásticas. Nos queda, sin embargo, un componente fundamental, tal vez el que más confusión ha generado posteriormente acerca del modo en que el mundo de la vida era categorizado antiguamente: la idea misma de lo natural, que en el mundo aristotélico se contraponía a lo forzado, dentro de cuya categoría caía lo modificado por la voluntad. En el reino escolástico lo natural se vuelve extrínseco, adquiriendo su estatus por legislación divina en el marco del plan de creación.

Kuhn previene contra el error historiográfico de pensar que la permanencia de ciertos términos a través de revoluciones pueda implicar la permanencia de los conceptos que estos términos expresan. El ejemplo más claro de los que brinda es "planeta" a través de la revolución copernicana. Si se piensa que la diferencia entre geocentristas y heliocentristas sólo radica en qué gira alrededor de qué, se pierde lo fundamental. La noción misma de planeta cambia. No sólo porque la Tierra se vuelve un planeta, y la Luna y el Sol dejan de serlo, sino porque ahora los planetas son piedras sobre las que uno se puede parar. No son esferas perfectas de éter que tienen reglas diferentes al mundo sublunar que habitamos. Tal vez por eso Kepler proponga un viaje a la Luna, porque la Luna se vuelve, bajo esta nueva perspectiva, un objeto pisable. Algo semejante, veíamos, ocurre con "especie" y "perfección" en la revolución darwiniana. Términos que continúan usándose, pero expresando conceptos diferentes. También ocurre esto con "natural". El modo en que "natural" es usado por el escolástico o el aristotélico, es básicamente ininteligible desde el darwinismo (y en general desde el presente). Pues la novedad evolutiva, justamente, suele surgir de organismos que tuercen la normalidad, que comienzan a utilizar sus partes de un modo novedoso. Nadando con sus alas cual pingüinos, volando con sus brazos cual murciélagos, se alejan de la media, encuentran un nuevo nicho evolutivo, un nuevo lugar en donde desarrollarse. Según Darwin, esa es la clave para entender el origen de las especies, el que diverge, el que se aleja de la media, tiene el beneficio de evitar la competencia. Pero entonces, ¿qué ocurre con la idea de "lo natural", con los planes que supuestamente deben desplegarse, con el lugar que uno ocupa en el plan de la creación? ¿Y qué sería, en este marco, lo forzado, o todavía más extraño, lo antinatural?

Sin embargo, la palabra "natural" aparece en la expresión con la que se nombra al mecanismo darwiniano que permite explicar el cambio adaptativo. En este caso en oposición, no a lo forzado o antinatural, sino a "artificial". Cómo veíamos, la selección artificial es la modificación de especies realizada por humanos por medio de la selección de parejas reproductivas. Pero ¿qué tienen de especial los humanos para que su acción sobre la naturaleza deba ser categorizada de un modo específico? ¿La contraposición naturaleza / ciudad (esas colmenas en las que vivimos muchos humanos) no implica acaso un resabio de la idea antigua de que somos el centro de la creación? Darwin mismo borroneó la diferencia entre la selección artificial y la selección natural, al señalar que la selección artificial podía ser inconsciente. El origen de las razas domésticas de perros, supone Darwin, debe haberse producido simplemente por que los organismos más útiles eran cuidados, alimentados, acariciados. Como sea, la noción actual de "natural" es usada para hablar de aquello que no ha sido modificado por los humanos. La noción es difusa y vaga, y tiene cierta inspiración en la aristotélica, pero de ningún modo implica un estado de reglas fijas e inmutables, ni un conjunto de esencias sólo variables en cierto rango en rasgos accidentales. No existe en el mundo darwiniano la idea de que existen ciertas formas naturales de comportarse que expresan ciertas esencias inmodificables.

La noción de "naturalización", y su asociada "desnaturalización", ha tenido una historia compleja, posterior a la revolución darwiniana, que no podemos repasar en este capítulo. La biología fue en muchos casos utilizada, quebrando el muro que debiera separar el ser del deber ser, para justificar las más variadas normas éticas, acciones políticas, etc. Las ideas darwinianas han sido utilizadas para justificar desde el nazismo hasta políticas neoliberales. También ha ocurrido lo inverso, se ha criticado las ideas darwinianas por haber sido utilizadas en estas justificaciones. Puede afirmarse, sin embargo, que toda esta compleja historia, incluyendo sus momentos lúgubres y felices, se da en el marco del abandono de la noción de naturalidad antigua. Cuando todavía hoy, extemporáneamente, alguien señala que el matrimonio igualitario, o la interrupción del embarazo, son antinaturales, los miramos extrañados, como si no supieran jugar el juego del lenguaje asociado a "natural". Natural es lo que ocurre en la naturaleza, y la naturaleza ofrece un menú variado de conductas para elegir. Es que, justamente, se utiliza la noción antigua, no la que se opone a "artificial", la que se opone a "forzado" que, en la versión escolástica presupuesta en estos casos, no significa otra cosa que aquello que va en contra de los planes del creador. Es importante entonces, distinguir entre las opiniones de Darwin respecto a ciertas cuestiones, como las mujeres o los fueguinos, citadas constantemente para constatar lo obvio (que Darwin no es un agente encubierto progresista del siglo XXI que viajó al pasado para cambiar nuestro presente) de los cambios que la revolución darwiniana posibilitó al horadar conceptos como el de naturalidad, perfección, esencia. Resulta vital entonces, separar los intentos de justificación falaces y poco sofisticados de políticas específicas, de la influencia real, profunda y transversal que el darwinismo tuvo sobre nuestra visión de mundo, sobre nuestra visión de la familia, del sexo, del género, de la raza, etc. Recién allí estaremos siendo justos con nuestra historia y con los fundamentos de nuestra cosmovisión. Recién entonces entenderemos por qué aquellos que intentan retornar al pasado se encuentran obsesionados con temas darwinianos. Porque conocen, mejor que nosotros, las raíces sobre las que nuestra cosmovisión actual se sustenta.

## 10. Sabiduría

Comencé diciendo que no iba a hablar de las influencias de Darwin sobre la filosofía (como si las ideas de Darwin fuesen externas a la filosofía y pudieran influir en ésta), si no que iba a intentar mostrar, por una parte, que las ideas de

Darwin son filosóficas, y por otra, que Darwin es uno de los filósofos más importantes de los últimos tiempos. A estas alturas, alguien podría objetar que la revolución darwiniana es provincial, que es importante, pero sólo en el marco de la biología –o incluso, en algunas partes de la biología–, y podría pensar que mi exageración con respecto a la importancia de este cambio podría tener que ver con la tendencia equivocada de algunos que consideran que todo es biología o que, si no lo es, debería serlo.

No es esta mi intención. Cómo decía, las características que he ido señalando como centrales al darwinismo y que implican el abandono de la visión de mundo antigua (tal como la he caracterizado de un modo ligeramente caricaturizado) no ocurrieron únicamente en la biología. De hecho, uno puede considerar que la revolución darwiniana, respecto a la revisión de estas cuestiones, es una continuación y culminación de la revolución copernicana. El enfrentamiento entre las visiones antiguas y nuevas, por decirles de algún modo, ocurrieron en todas las disciplinas. Posteriormente a la revolución copernicana, las ideas antiguas se habían refugiado en la biología. La teleología antigua, que había sido expulsada de la física y de la química, seguía en el siglo XIX permitiendo pensar el mundo de la vida. Es por eso que el enfrentamiento más violento, explicito y claro se dio en el marco de la biología, y sólo en ese sentido puede ser considerado un ejemplo paradigmático de dicho enfrentamiento. Al punto de que aquellos que siguen intentando resucitar viejas posiciones, siguen intentando dar la batalla en el marco de la biología evolutiva (no en el ámbito académico, donde no existe la batalla, sino en el educativo, en donde lo que ocurre en el aula en las materias biológicas se ha vuelto un terreno en disputa para los que tienen como objetivo terminar con la educación laica).

Concediendo la importancia de la revolución darwiniana, alguien podría pensar, todavía, que por importantes que fuesen tales cambios, ocurrieron sólo en el marco de la ciencia. Pero de ningún modo, tales cambios, serían cambios en la filosofía por sí mismos. En todo caso, filósofos como Spencer, Nietzsche, Bergson, Dewey, James, etc. serían los que sacaron consecuencias filosóficas del darwinismo. Ellos sí serían filósofos "darwinianos". Mi diagnóstico de que en las carreras de filosofía no se lee a uno de los filósofos más importantes de los últimos tiempos, sería desmedido.

Quisiera destejer los supuestos detrás de este punto, y de paso intentar responder a la pregunta presentada en la introducción de este capítulo ¿por qué, si las cosas son tal como las describo, usualmente no se ve a Darwin en las carreras de filosofía *qua* filósofo? Esto me obliga a enfocarme en la última de las cuestiones que quiero tratar: el choque entre cosmovisiones antiguas y actuales se dio respecto a la misma idea de lo que es el conocimiento. He pedido disculpas por el esquematismo con el que he presentado posiciones, ahora las disculpas deben incrementarse, porque daré un salto todavía más grande en cuanto al grano con el que discutiré lo que nos compete.

Una de las discusiones desde las cuales se puede contar toda la historia de la filosofía, es la que existe entre racionalistas y empiristas. La discusión no es fácil de resumir ni esquematizar sin sacrificar profundidad y sin incurrir en injusticias con la riqueza y diversidad de posiciones al respecto. En los polos opuestos, raramente habitados por algún filósofo (que en general asumen posiciones intermedias o que se salen de los términos de la disputa), se encuentra el racionalista, que piensa que el conocimiento se funda en "la razón" –entendiendo por esto, algún tipo de acceso a través de alguna capacidad, diferente a la de los sentidos, a principios generales de los cuales el conocimiento se deriva–, y el empirista, que considera que el conocimiento se justifica a partir del acceso a datos singulares que aparecen en la experiencia sensible. En la revolución copernicana se enfrentaron en términos muy semejantes a los expuestos dos formas de hacer física. La de Descartes, en donde los principios físicos se derivaban de principios más generales *a priori*, y en particular, de la acción de Dios sobre el mundo, y la de Newton, en donde el juego consistía más bien, en proponer principios intentando dar cuenta de los datos empíricos. La física racionalista de Descartes implicaba introducir la física en un sistema en el cuál todo quedaba justificado a partir del acceso a los principios generales, de los cuales se seguían toda una serie de conocimientos de otra índole (de otras disciplinas, preceptos éticos, políticos, etc.). La física "empirista" de Newton, no sólo no pretendía lograr este tipo de justificación y de necesidad, sino que se enfocaba únicamente en su campo de aplicaciones pretendidas, el modo en que las partículas se movían, renunciando a dar cuenta de otro tipo de fenómenos en juego. Suele decirse que la teoría de Newton triunfó por su capacidad unificadora. Esto por supuesto, se refiere a que las mismas leyes se aplican al mundo sublunar y supralunar. Pero tal capacidad unificadora resulta difícil definir, si se compara con el sistema aristotélico, que podía dar cuenta de, por ejemplo, el crecimiento y desarrollo de los organismos vivos con los mismos principios con los que se explicaba que los objetos cayeran hacia la Tierra. El talante empirista de Newton, entonces, lo obliga a ocuparse sólo de cierto dominio específico y detallado de fenómenos, olvidando el resto, dejando la tarea para otros que deberían afrontarlos con el mismo nivel de detalle. Este talante también se muestra en no intentar decir más que lo necesario para dar cuenta de este conjunto de fenómenos. Compárese la insaciable sed explicativa de Aristóteles o Descartes, que los llevan hasta las primeras causas no causadas, con la actitud reservada de Newton frente a la pregunta de ¿qué son las fuerzas? Lo único que sabe es cuáles son sus efectos, las postula porque son necesarias, pero no va más allá. Como dirá un filósofo posterior, acerca de lo que no se puede hablar, mejor callar.

Podemos entonces trasladar nuestra pregunta acerca de la omisión de Darwin en la historia de la filosofía a la siguiente pregunta ¿Por qué Descartes se encuentra en el panteón de los filósofos mientras que Galileo y Newton no? Supongo que no es demasiado controvertido afirmar lo siguiente, no es que Newton y Galileo se encontraban inspirados por el empirismo, Newton y Galileo, eran los empiristas, y los más exitosos. Mi punto no es únicamente señalar que llevar la distinción actual entre filosofía y ciencia al pasado implica un anacronismo peligroso (porque esas distinciones no se hacían en ese momento) sino que, además, la distinción en el presente sólo es clara porque institucionalmente lo es. Porque las carreras, las revistas y las comunidades se encuentran claramente delimitadas. Pero Hume es tan filósofo y tan científico como Newton. Él mismo no pretende estar haciendo nada distinto a Newton —recuérdese que su objetivo es llevar a cabo la tarea que Newton realizó con el mundo físico, pero con la mente humana. Sin embargo, cuando listamos filósofos empiristas, Hume aparece y Newton no. La disputa entre racionalistas y empiristas, entre Descartes y Newton, fue ganada por los empiristas, por Newton. Lo que llamamos ciencia, actualmente, es el programa empirista. Pero hay que hacer una salvedad importante: este triunfo no implica que la visión que los empiristas tenían de lo que era la ciencia, el conocimiento metacientífico que proponían, fuese adecuado. De hecho, la filosofía de la ciencia del siglo XX ha mostrado que no ofrecían buenas herramientas metacientíficas para pensar su propia tarea (y tampoco lo hacían los racionalistas). Lo que afirmo, y creo que no es controvertido, es que el modo en que de hecho hacían ciencia (y filosofía) triunfó frente al modo de hacer ciencia (y filosofía) de los racionalistas, al menos respecto al conocimiento fáctico. ¿En qué consistía esta forma empirista de hacer ciencia? Dicho de manera no técnica e intuitiva, no buscar sistemas completos, ocuparse del detalle, no tentarse, en la medida de lo posible, a la hora de extrapolar a otros ámbitos, y por supuesto, intentar darle preminencia al dato empírico frente a los prejuicios heredados.

El enfrentamiento entre el modo cartesiano y el newtoniano de hacer ciencia ocurrió en la biología, dos siglos después, y en el lugar de Galileo y Newton, se encontraban Darwin, Wallace, Huxley, etc. Teniendo esto en mente, podemos ensayar una respuesta a por qué consideramos que Spencer es un filósofo, mientras que Darwin no. Darwin escribió una autobiografía intelectual breve y preciosa. Emma, su mujer y Francis, uno de sus hijos, posteriormente a su muerte, quitaron algunas de las partes en donde Darwin podría haber ofendido a otros. Entre ellas, lo que Darwin opinaba de la religión y los apartados en donde hace comentarios desagradables de personas que había conocido. Entre los últimos se encuentra su apreciación de Spencer y su obra. El párrafo acerca de Spencer permite introducir la respuesta buscada, y me permito citarlo in extenso:

> Tras leer alguno de sus libros sentía en general una admiración entusiástica por su talento trascendente, y me he preguntado a menudo si en un futuro distante no ocupará un lugar junto con hombres tan grandes como Descartes, Leibniz, etc., acerca de los cuales sé, sin embargo, muy poco. No obstante, no soy consciente de haberme beneficiado de los escritos de Spencer

en mi propio trabajo. Su manera deductiva de tratar cualquier asunto es totalmente contraria a mi forma de pensar. Sus conclusiones nunca me convencieron, y tras leer alguno de sus análisis, me he dicho siempre una y otra vez: "Aquí habría un estupendo tema para media docena de años de trabajo". Sus generalizaciones fundamentales (¡que algunos comparan en importancia con las leyes de Newton!)–y quizá sean muy valiosas desde un punto de vista filosófico, me atrevería a decir– son de tal naturaleza que no me parecen tener una utilidad científica estricta. Comparte más el carácter de las definiciones que el de leyes de la naturaleza. No ayudan a nadie a predecir lo que ocurrirá en algún caso particular. Sea modo que fuere, a mí no me han servido de nada. (Darwin 1958, 108-109)

He aquí el talante empirista en su máxima expresión. Darwin cambió la biología funcional e inventó la biología evolutiva, dio batalla con la visión antigua en uno de los espacios en donde ésta era más fuerte, cambió nuestra posición en el mundo y el modo en que lo vemos, desde su vivero, tratando de entender por qué, o mejor dicho, para qué, las plantas tenían flores. La clave se encuentra en el detalle, la maduración a destiempo de pistilos y estigmas de un geranio. Varias de las obras que escribió Darwin están dedicadas al tema de la relación de las flores y la endogamia. ¿Esto implica que Darwin desdeñaba la filosofía, o que no era un filósofo? La cita es clara al respecto. Era un filósofo que pertenecía a la tradición de Galileo, Newton y Hume. Parcelando la realidad, estudiando el detalle, dando un paso pequeño pero seguro. Un filósofo que sospechaba del adoctrinamiento e intentaba acercarse a la experiencia desprejuiciadamente (en la medida de lo posible, por supuesto, pues como todos sabemos, la experiencia es muda para quien se acerca a ella con la mente vacía).

Compárese ahora el ideal de conocimiento supuesto por Darwin con la idea de sabiduría de Platón, de Aristóteles, de los neoplatónicos, de los escolásticos, de Descartes, de Owen. Este conjunto es heterogéneo, pero tienen en común pensar que el más alto grado de conocimiento lo es del objeto más perfecto, de las ideas, de las formas, de la mente divina. Compárese el ideal de la filosofía primera, de la metafísica, de la sabiduría, con el intento de Darwin de entender las estructuras florales. Excúseme de nuevo por la simplificación con la que estoy discutiendo el tema. No es mi intención que Leibniz, Kant o Descartes se vuelvan los villanos de una película mala, por su supuesto "talento trascendente" (por usar la expresión ofensivamente elogiosa de Darwin). Eso sería simplificar la historia en un mal sentido. La historia es compleja, y desborda a los intentos de simplificación maniqueísta. La contraposición entre Descartes y Newton, o entre Spencer y Darwin, es exagerada, y sólo la llevo adelante en espejo con la exageración actual de considerar sólo a los primeros de cada uno de los pares como filósofos.

Una aclaración resulta inevitable. Lo que estoy diciendo puede resultar peligroso, porque parece sugerir que la ciencia es el sistema filosófico empirista que resultó exitoso, y lo que de hecho se hace en las carreras de filosofía, es lo que no pudo volverse ciencia. Esto, lamentablemente, coincide con la imagen que muchos tienen del asunto. En una situación en que las carreras de filosofía, y las humanidades en general, están siendo desfinanciadas, y en la que hay que luchar ya no por la apertura de nuevos cursos de filosofía en los diferentes grados, sino por el mantenimiento de los que existen, este apartado podría ser visto como contrario a mis propios intereses como filósofo y al tipo de reflexión que pretendo realizar en este mismo capítulo. Entonces, debo desmarcarme con claridad de esta idea, aunque implique salirme apenas de tema. La separación institucional que hoy existe entre la carrera y los centros de investigación de filosofía, y los de ciencias (sociales o naturales) fue forjada en la historia del siglo XX. Permite que los científicos brinden a los grupos poderosos aquello que necesitan para incrementar sus ganancias, siendo absolutamente estériles para los objetivos que debieran ser centrales en la ciencia, pero que son peligrosos para estos mismos grupos: la formación científica de la sociedad. La incapacidad general de pensar y reflexionar sobre los propios intereses afecta al proletariado, a filósofos y a científicos por igual. La reflexión respecto del origen de nuestra cosmovisión, la posesión de un metalenguaje apropiado para describir las prácticas que uno lleva adelante, la reflexión respecto a sus consecuencias éticas, hoy sólo se discuten en el marco de las carreras de filosofía. La disminución de la importancia de la filosofía equivale a la disminución de la importancia de la discusión de tales problemáticas. El sistema académico actual lleva a que, para el científico, la incursión en esos temas vaya en contra de su carrera (filosofar, en el sentido recién sostenido, es un lujo que sólo se pueden dar los científicos ya reconocidos, con una carrera ya casi terminada, y lo suelen hacer desde la ingenuidad absoluta, como si fuese posible hacerlo de manera espontánea). En consecuencia, nada de lo que digo debe ser considerado un argumento en contra de lo que lo que los filósofos hacemos. Aunque sí podría implicar revisar nuestro canon, nuestros modelos a seguir, los libros y tesis que pretendemos escribir *qua* filósofos, repensando también cómo superar el ostracismo en el cual actualmente nos encontramos. Esto puede implicar también que dediquemos parte de nuestro esfuerzo a investigar cómo explicar a la sociedad la importancia de la clarificación conceptual, de las historias de las ideas, de la reflexión metateórica, y las otras cosas que hacemos. Si seguimos pensando que la filosofía es inútil por definición, si seguimos enseñando como valiosa la concepción de filosofía primera aristotélica (que no coincide necesariamente con lo que el mismo Aristóteles en su práctica biológica hacía), y seguimos pensando que toda la filosofía es una nota al pie de la concepción antigua, entonces, los cursos de filosofía seguirán cayendo, los subsidios seguirán disminuyendo, de modo inversamente proporcional con el sometimiento, el individualismo y la opresión.

## 11. Conclusiones

He intentado, siguiendo el modelo de Dewey, mostrar la importancia filosófica de las ideas darwinianas. He intentado mostrar cómo actualmente tales ideas forman parte de nuestra cosmovisión general. En este sentido, no he hablado de las consecuencias filosóficas del darwinismo, en el modo usual en que los artículos con esta temática suelen tratar la cuestión, tratando temas como: las consecuencias sobre las posiciones epistemológicas actuales; los intentos de aplicación de ideas darwinianas por fuera de la biología, por ejemplo, al modo en que el conocimiento científico evoluciona; las consecuencias éticas del darwinismo sobre qué es una persona jurídica (relevantes en problemáticas como el aborto, el derecho de los animales, la eutanasia); relaciones entre el darwinismo y la eugenesia; consecuencias del darwinismo sobre la medicina; etc. El cambio operado en la revolución darwiniana es tan profundo que sus consecuencias son heterogéneas y numerosas. Mi intención ha consistido, en cambio, en mostrar que la historia interna de la filosofía es parcial e incorrecta, si no se incluye en ella como elemento fundamental la revolución darwiniana. De modo general, esto es producto, como intenté desarrollar en la última sección, del corte arbitrario, anacrónico y forzado que se realiza actualmente entre lo que es filosofía y lo que es ciencia. Este recorte lleva a que se pase por alto, en autores como Aristóteles y Descartes, partes fundamentales para la historia de la filosofía (la parte "científica" de sus obras). Y lleva a que autores como Arquímedes, Ptolomeo, Galileo, Newton o Darwin, desaparezcan absolutamente, por no haber hecho lo que sesgada y usualmente llamamos "filosofía".

Espero que mi admiración por Darwin no me haya llevado a exagerar su importancia, en definitiva, mi sensación de que se trata del filósofo contemporáneo más importante puede entrar en negociación con la sensación de otros de que eso ni siquiera es filosofía. Si llegáramos a una solución de compromiso que permitiera reconocerlo como uno de nosotros, mi objetivo estaría parcialmente cumplido.

Por otro lado, el hecho de haber tomado como representantes de la visión antigua a autores como Descartes, Aristóteles, Owen, etc. implica reconocerlos como miembros de paradigmas antiguos, pero de ningún modo, considerar que han jugado un rol negativo en esta historia. Los paradigmas actuales no existirían sin los paradigmas previos. Como todo buen darwiniano debe saber, la organización actual de cualquier entidad se explica, más que nada, por el modo en que la organización pasada fue modificada. El esfuerzo conceptual darwiniano se realiza sobre la reorganización de los esfuerzos conceptuales previos.

La metáfora del sonambulismo, mencionada anteriormente, esconde una falsa analogía, que puede llevarnos a pensar que es posible un estado de vigilia. Que el mundo de los antiguos es un mundo construido, frente a nuestro mundo de "los hechos". Sugiere que es posible abandonar cuevas conceptuales y mirar las cosas tal como son. Esto es una quimera peligrosa. Impide reconocer la racionalidad de discursos diferentes e incompatibles con el nuestro, pero además impide conceder racionalidad a los discursos de nuestros ancestros conceptuales, de aquellos sobre cuyos hombros nos encontramos parados. Esto, no sólo implica únicamente ser injustos con el otorgamiento de reconocimiento, sino que lleva a que no conozcamos de manera adecuada nuestros propios puntos de vista, generando falsa consciencia y una separación tajante entre lo que hacemos y lo que creemos que hacemos. Lo que nos vuelve débiles y manipulables. Nos lleva a generar alianzas espurias, separándonos de aquellos con quienes deberíamos estar defendiendo intereses comunes. En el ámbito de conocimiento, lleva a que no se genere un estamento fuerte que permita defender y profundizar lo conseguido. Es imposible evadir los embates de fuerzas opuestas si se considera que el único modo correcto de hacer ciencia es el propio, y la única disciplina que toca los "hechos" es aquella en la que nos formamos. Eso es una consecuencia indeseable de la especialización, que vuelve al adoctrinamiento una herramienta fundamental en un área que debiera constitutivamente estar libre de él.

La valerosa duda radical cartesiana, desarrollo del "sólo sé que no sé nada" de uno de los padres de la filosofía, se volvió con el tiempo el ejemplo paradigmático de la actitud filosófica. Descartes, sin embargo, inevitablemente subestimó la tarea. Pues su guadaña sólo segó la parte más débil y superficial del conocimiento: las creencias, los juicios que uno acepta, o que cree aceptar. La filosofía del siglo XX nos ha mostrado que las creencias tienen raíces más profundas, pues suponen marcos conceptuales que no son fijos ni necesarios, como podrían pensar Platón, Aristóteles o Kant. Las revoluciones científicas se caracterizan no sólo por revisar creencias, sino por revisar los conceptos mismos de los que las creencias se encuentran constituidas. Es fácil suspender creencias, al modo de Descartes, pero ¿es posible suspender el marco conceptual? Los conceptos que poseemos son constitutivos del mundo que habitamos. Revisar conceptos implica renunciar a la categorización que con ellos se realiza. Supone, además, que uno es consciente de los conceptos que posee. El marco conceptual tiende a invisibilizarse, al modo de Kant, uno puede conocerlo sólo indirectamente. Cómo dice Dewey,

> Las viejas ideas ceden terreno lentamente, pues son algo más que formas lógicas abstractas y categorías: son hábitos, predisposiciones, actitudes profundamente arraigadas de aversión y preferencia (Dewey 1910, 19).

La duda radical no implica, en este marco, la decisión de suspender el juicio. Implica la desnaturalización, el desadoctrinamiento, la explicitación de lo implícito. El marco conceptual que constituye el mundo que habitamos no puede ser suspendido, sólo puede ser reemplazado. El reemplazo no se realiza con nuevos materiales, el pensamiento es el ámbito del reciclaje. Pensamos ideas nuevas con conceptos viejos. Lo cual implica elucidar e indagar en la historia de nuestros conceptos. Implica torcer significados, utilizar metáforas. Implica enseñarse a pensar mientras se enseña a pensar a otros. Si esto es la duda radical, y si la aplicación de la duda radical es lo único que los que nos dedicamos a la filosofía tenemos en común, entonces, no conozco a nadie que haya realizado este esfuerzo de manera más radical y exitosa que Darwin. Estudiar sus escritos, en este sentido, no sólo permitiría conocer nuestras verdaderas influencias y nuestro propio modo de pensar, sino que brindaría uno de los ejemplos más bellos y efectivos del filosofar.

## Agradecimientos

Agradezco los comentarios de Ezequiel Acevedo, Daniel Blanco, Patricia Marechal, Andrea Melamed y Ariel Roffé a versiones previas de este trabajo (aclaro que no todos estuvieron de acuerdo con todo el contenido del capítulo).

## Referencias bibliográficas

Darwin, C. (1958). The autobiography of Charles Darwin 1809-1882. With the original omissions restored. Edited and with appendix and notes by his grand-daughter Nora Barlow. (N. Barlow, Ed.). New York: W.W. Norton.

Desmond, A., & Moore, J. (2009). Darwin's Sacred Cause - Race, Slavery and the Quest for Human Origins. Chicago: University of Chicago Press.

Dewey, J. (1910). The Influence of Darwin on Philosophy. In The Influence of Darwin on Philosophy and Other Essays in Contemporary Thought. New York: Henry Holt and Company.

Gould, S. J. (1989). Wonderful Life. New York: Norton & Company.

Koestler, A. (1959). The Sleepwalkers: A History of Man's Changing Vision of the Universe. New York: The Macmillan Company.

Lyell, C. (1830). Principles of Geology. London: John Murray.

## Bibliografía temática

Para amenizar la lectura, no abundé en citas a lo largo del cuerpo del escrito. Sin embargo, existe una extensísima bibliografía respecto de los temas de este capítulo. Me limitaré a mencionar algunas obras sobre los diferentes temas tratados, dispuestos a continuación según el orden de tópicos tematizados.

## Esencia

Estos son algunos trabajos influyentes sobre el esencialismo y el darwinismo:

Hull, D. (1965). *The effect of essentialism on taxonomy: two thousand years of stasis. The Units of Evolution*. Cambridge: MIT Press, Cambridge.

Mayr, E. (1982). Population Thinking versus Essentialism. En *The Growth of Biological Thought* (pp. 45-47). Cambridge, MA: Harvard University Press.

Sober, E. (1980). Evolution, Population Thinking, and Essentialism. *Philosophy of Science*, 47, 350-383.

Sobre la teoría del origen común:

Blanco, D. (2012). Primera aproximación estructuralista a la Teoría del Origen en Común. *Ágora*, *31*(2), 171-194.

Sober, E. (2011). Did Darwin Write the Origin Backwards?. En *Did Darwin Write the Origin Backwards? Philosophical Essays on Darwin's Theory* (pp. 15-44). New York: Prometheus Books.

Sobre el concepto de especie de Darwin:

Stamos, D. N. (2007). *Darwin and the Nature of Species*. New York: State University of New York Press.

**Diseño**

Sobre la extensísima influencia que Lyell tuvo sobre Darwin, puede leerse:

Blanco, D. (2008). El "Alfabeto" y la "Gramática" de la Geología: Analogías y metáforas en la estrategia persuasiva de Lyell. *Enfoques*, *20*(1), 5-29.

Rudwick, M. (2005) *Lyell and Darwin, Geologists*. Burlington: Variorum.

Sobre la naturaleza metateórica de la teoría de la selección natural:

Ginnobili, S. (2010). La teoría de la selección natural darwiniana. *Theoria*, *25*(1), 37-58.

Ginnobili, S. (2018). *La teoría de la selección natural. Una exploración metacientífica*. Bernal: Universidad Nacional de Quilmes.

Ginnobili, S., Blanco, D. (2017). Wallace's and Darwin's natural selection theories. *Synthese*, 196, 991-1017. https://doi.org/10.1007/s11229-017-1491-z

Sobre sobre el diseño:

Dawkins, R. (1996). *Climbing Mount Improbable*. London: Viking Penguin. (Hay traducción castellana).

Monod, J. (1970). *Le Hasard et la Nécessité*. Paris: Editions du Seuil. (Hay traducción castellana).

Ruse, M. (2003). *Darwin and Design*. Harvard: Harvard University Press.

Sobre Darwin y la religión:

Sober, E. (2011). Darwin and Naturalism. En *Did Darwin Write the Origin Backwards? Philosophical Essays on Darwin's Theory* (pp. 121-152). New York: Prometheus Books.

### Armonía

Algunos trabajos sobre diferencias y coincidencias en el tratamiento de la biología funcional entre enfoques darwinianos y predarwinianos son los siguientes:

Blanco, D. (2008). La naturaleza de las adaptaciones en la teología natural británica: análisis historiográfico y consecuencias metateóricas. *Ludus Vitalis*, *XVI*(30), 3-26.

Caponi, G. (2011). *La segunda agenda darwiniana. Contribución preliminar a una historia del programa adaptacionista*. México: Centro de estudios filosóficos, políticos y sociales Vicente Lombardo Toledano.

Ginnobili, S. (2014). La inconmensurabilidad empírica entre la teoría de la selección natural darwiniana y el diseño inteligente de la teología natural. *Theoria*, *29*(3), 375-394.

Ginnobili, S. (2013). La utilidad de las flores: el movimiento del diseño inteligente y la biología contemporánea. *Filosofia e História Da Biologia*, *8*(2), 341-359.

Limoges, C. (1972). Introduction. En *Linné. L'equilibre de la nature* (pp. 7-22). Paris: Vrin.

### Necesidad

Sobre el tema de la contingencia:

Gould, S. J. (1989). *Wonderful Life*. New York: Norton & Company. (Hay traducción castellana).

Gould, S. J. (2002). What Does the Dreaded "E" Word Mean Anyway? En *I have Landed* (pp. 241-255). New York: Harmony Books. (Hay traducción castellana).

### Individualidad

Un texto interesante sobre la elusiva noción de individuo:

Gould, S. J. (1985). A Most Ingenious Paradox. En *The Flamingo's Smile* (pp. 78-95). New York: W.W. Norton. (Hay traducción castellana).

Algunos autores han defendido que las especies deben ser consideradas individuos:

Ghiselin, M. T. (1974). A Radical Solution to the Species Problem. *Systematic Zoology*, *23*(4), 536-544.

Hull, D. (1980). Individuality and Selection. *Annual Review of Ecology and Systematics*, 11, 311-332.

Ghiselin, M. (1997). *Metaphysics and the Origin of Species*. Nueva York: State University of Nueva York Press.

Hull, D. (1980). Individuality and Selection. *Annual Review of Ecology and Systematics*, 11, 311-332.

Hull, D. (1989). *The Metaphysics of Evolution*. New York: State University of New York Press.

Sobre la selección de grupo en Darwin:

Sober, E. (2011). Darwin and Group Selection. En *Did Darwin Write the Origin Backwards? Philosophical Essays on Darwin's Theory* (pp. 45-86). New York: Prometheus Books.

**Perfección**

Sobre la cadena del ser en Lamarck:

Burkhadt, R. (1977). *The Spirit of the System. Lamarck and Evolutionary Biology*. Harvard: Harvard University Press.

Caponi, G. (2006). Retorno a Limoges – La adaptación en Lamarck. *Asclepio*, *LVIII*(1), 7-12.

Lamarck. (1809). *Philosophie zoologique*. Bruxelles: Culture et Civilisation. (Hay traducción castellana).

Gould, S. J. (2000). A Tree Grows in Paris: Lamarck's Division of Worms and Revision of Nature. En *The Lying Stones of Marrakech* (pp. 115-143). New York: Harmony Books. (Hay traducción castellana).

**Naturalidad**

Sobre las relaciones entre la selección artificial y la selección natural:

Álvarez, J. R. (2010). La selección natural: lenguaje, método y filosofía. *Endoxa*, 24, 91-122.

Ginnobili, S. (2011). Selección Artificial, Selección Sexual, Selección Natural. *Metatheoria*, *2*(1), 61-78.

Sobre la noción de "natural":

Saborido, C. (2013). ¿Lo natural es más sano? La alimentación ecológica y la falacia naturalista. *Investigación & Ciencia*, 446, 38-40.

## Obras generales

Las siguientes son las obras más accesibles de Darwin:

Darwin, C. (1859). *On the Origin of Species by Means of Natural Selection*. London: John Murray.

Darwin, C. (1871). *The Descent of Man, and Selection in Relation to Sex*. London: John Murray. (Hay traducción castellana).

Darwin, C. (1872). *On the Origin of Species by Means of Natural Selection*. (6th ed.). London: John Murray. (Las primeras 6 ediciones del Origen incluyen revisiones que el mismo Darwin hizo sobre el libro. Es interesante leer diferencias y agregados respecto a la primera edición. De esta edición hay traducción castellana).

Darwin, C. (1958). *The autobiography of Charles Darwin 1809-1882*. With the original omissions restored. Edited and with appendix and notes by his grand-daughter Nora Barlow. (N. Barlow, Ed.). New York: W.W. Norton. (Hay traducción castellana).

El texto que Wallace le envía a Darwin, en el que también se encuentra la selección natural, y que precipitaría la publicación de El Origen es:

Wallace, A. (1858). On the Tendency of Varieties to Depart Indefinitely From the Original Type. *Journal of the Proceedings of the Linnean Society of London*, 3, 53-62. (Hay traducción castellana).

Sobre el contexto de publicación de *El origen de las especies*:

Browne, J. (2008). *Darwin's Origin of Species - A Biography*. New York: Atlantic Monthly Press. (Hay traducción castellana).

A lo largo del capítulo he hecho referencia constante a Thomas Kuhn, referencia obligada para pensar respecto a revoluciones científicas:

Kuhn, T. S. (1970). *The Structure of Scientific Revolutions*. International Encyclopedia of Unified Science. Foundations of the Unity of Science ; Vol. 2. No. 2. (2nd ed.). Chicago, London: University of Chicago Press. (Hay traducción castellana).

Algunos textos que tratan las influencias de Darwin sobre la filosofía:

Dennett, D. (1995). *Darwin's Dangerous Idea*. New York: Simon and Schuster. (Hay traducción castellana).

Dewey, J. (1910). The Influence of Darwin on Philosophy. In *The Influence of Darwin on Philosophy and Other Essays in Contemporary Thought*. New York: Henry Holt and Company. (Hay traducción castellana).

Hösle, V. y Illies, C. (eds.) (2005). *Darwinism & Philosophy*. Indiana: University of Notre Dame Press.

Kitcher, P. (1993). *The Advancement of Science: Science Without Legend, Objectivity Without Illusions*. New York; Oxford: Oxford University Press. (Hay traducción castellana).

Martínez, M. (2017). Implicaciones de la teoría de la evolución en la filosofía. *Metatheoria*, 8(1), 13-29.

Martínez, S. y Olivé, L. (eds.) (1997). *Epistemología Evolucionista*. México: Paidós UNAM.

Mayr, E. (1988). *Toward a New Philosophy of Biology. Observations of an Evolutionist*. Harvard: The Belknap Press of Harvard University Press.

Rosas, A. (ed.) (2007). *Filosofía, Darwinismo y Evolución*. Bogotá: Universidad Nacional de Colombia.

Ruse, M. (2009). Darwin y la filosofía. *Teorema, XXVIII*(2), 15-33.

# El naturalismo gradualista y continuista de John Dewey

## Ana Cuevas Badallo[*]

### 1. Introducción

Durante el siglo XX se produjo una situación paradójica con relación al conocimiento científico. Si bien existía una percepción triunfalista, según la cual la ciencia era el motor del cambio, el primer impulsor de los desarrollos tecnológicos que, posteriormente nos proporcionarían los medios para alcanzar el desarrollo económico, la ciencia también comenzó a sufrir un profundo descrédito desde la filosofía. Esto no solo se debió al anuncio hecho por los filósofos posmodernos, como Jean-François Lyotard, Gilles Deleuze o Jacques Derrida, sobre las supuestas imposturas de la ciencia y del posible conocimiento que podemos tener acerca de una realidad que estuviera más allá de nuestra intervención. De manera casi coetánea, filósofos más próximos a la filosofía de la ciencia clásica como Thomas S. Kuhn o Richard Rorty, también señalaron cosas parecidas, cuando mostraron que la supuesta neutralidad del trabajo científico no era tal: las teorías científicas, como cualquier otro conocimiento humano, están mediadas por factores sociales, culturales, históricos, políticos, de género, etc. De manera que, desde diferentes frentes, a lo largo del siglo XX se evidenciaba un hecho que, a pesar de su obviedad, no se había tenido en cuenta: que la ciencia está hecha por seres humanos, en instituciones sociales, y en momentos históricos concretos, circunstancias que no pueden pasarse por alto. Más bien, por el contrario, eran factores que debían tenerse presentes si se quiere comprender el trabajo y el resultado científico.

---

[*] Ana Cuevas Badallo es profesora titular de la Universidad de Salamanca en el departamento de Filosofía, Lógica y Estética. Actualmente es directora del Departamento, del Máster Interuniversitario en Estudios de Ciencia, Tecnología e Innovación y de la Revista Iberoamericana de Ciencia, Tecnología y Sociedad – CTS. Autora de diversos artículos que versan sobre epistemología, ontología y axiología de la tecnología y del libro *Estructura y organización del conocimiento científico* (2016). Email: acuevas@usal.es

Por otro lado, si la ciencia dejaba de ser un conocimiento neutral, su objeto de estudio, es decir, la realidad sobre la que trata, también pasaba a ser un constructo, dejando fuera la posibilidad de llevar a cabo una reflexión acerca de algo que pudiera merecer el nombre de "naturaleza". La elección del objeto de estudio, su conceptualización, el lugar que ocupa en una clasificación o cómo se manipula, todo ello nos alejaba de una posible naturaleza que estuviera más allá de nuestra relación con ella.

Desde una filosofía de la ciencia más realista y menos constructivista se ha continuado defendiendo el valor del conocimiento científico, caracterizando sus virtudes y defectos, sin perder de vista que el trabajo científico es el mejor método del que nos hemos dotado los seres humanos para comprender el mundo que habitamos, dónde se sitúa este dentro de la historia del cosmos, o las características de un fenómeno de momento extraordinario como es la existencia de vida en este planeta.

En este artículo se quiere abordar una estrategia filosófica que no sea ajena a estas tensiones, una concepción que tenga en cuenta el papel de los seres humanos como conocedores pero que, al mismo tiempo, permita escapar del antropocentrismo que se destila desde las criticas posmodernas y constructivistas. Para ello se va a acudir a una concepción filosófica que ha ido recobrando fuerzas y defensores en las últimas décadas: el pragmatismo. El propósito último será responder a la siguiente pregunta: ¿qué forma y qué lenguaje filosófico debería adoptar actualmente una nueva filosofía naturalista?

A lo largo de los siguientes apartados se va a analizar brevemente en primer lugar, cómo surgieron las críticas contra la visión tradicional del conocimiento científico, lo que podía poner en riesgo su naturalismo implícito. Se analizarán muy brevemente las críticas que llevaron a cabo Kuhn y Rorty a las concepciones realistas y empiristas.

En segundo lugar, se mostrarán los principales elementos del naturalismo de John Dewey que, como se verá, partiendo de una visión biologicista y no fisicalista, pueden ayudarnos a comprender nuestra situación como conocedores en el mundo, sin caer por ello en una visión relativista, respondiendo así a la pregunta antes formulada con respecto a cómo se podría entender actualmente el naturalismo. Para concluir, se mostrarán algunas de las propuestas que se han hecho desde la biología contemporánea y que pueden considerarse en la estela de la concepción naturalista de Dewey.

## 2. ¿La disolución de la naturaleza?

Hasta la década de los años 60 del siglo XX en la filosofía de la ciencia, como en la ciencia misma, si bien todo se podía poner en cuestión, había un supuesto indiscutible: la existencia de una naturaleza en la que nos encontrábamos insertos. Esta naturaleza, entendida como el soporte material del que está compuesto todo, era el escenario ontológico de la ciencia. Nada más allá existía fuera de ella. Si la ciencia trataba con algo, solo podía ser con fenómenos naturales, y su objetivo era representarlos y explicarlos. De hecho, las ciencias sociales, que tratan acerca de fenómenos sociales y culturales, se consideraban a lo sumo como ciencias de segunda clase, ya que, si bien los seres humanos son sujetos también naturales, en tanto que son creadores de cultura y habitantes de sociedades, desarrollan un comportamiento ajeno a leyes estrictas como las que manifiestan los otros fenómenos naturales.

De manera que, tanto desde el punto de vista de los propios científicos como de los filósofos de la ciencia, la concepción epistémica y ontológica dominante era el naturalismo, y generalmente en su versión fisicalista. Con respecto a la relación que guarda el lenguaje científico y sus teorías con ese mundo natural, han existido dos grandes tipos de respuestas (aunque, obviamente, dentro de ellas se produzcan variaciones con diversos y sutiles matices). Estas son las proporcionadas desde los empirismos y los realismos[1]. Ambas corrientes han estado en pugna dentro de la filosofía de la ciencia y siguen estando en el presente, a pesar de que comparen mucho más de lo que dan a entender sus, en ocasiones, agrias discusiones.

Las tesis principales del realismo científico (Boyd 1983) serían: (i) "los términos teóricos" (i.e. los términos no-observacionales) en las teorías científicas se deben entender como expresiones que se refieren a algo que existe, aunque por definición, sean entidades "no observables"[2]. (ii) Las teorías científicas, interpretadas de manera realista, son confirmables gracias a la evidencia científica. (iii) Las ciencias maduras son el resultado de un proceso de aproximaciones cada vez más precisas a la verdad acerca de fenómenos observables y no observables. Las teorías se construyen gracias a la incorporación acumulativa de conocimiento aportado por teorías previas. (iv) Las teorías científicas representan la realidad, una realidad que es en gran medida independiente de nuestros pensamientos o de nuestros compromisos teóricos.

Con ligeras variaciones, estas tesis forman parte de las diferentes formas de realismo, pero, salvo por la primera, podrían también haberla sostenido los miembros de la Concepción heredada, partidarios declarados de una perspectiva empirista. Para estos, los términos teóricos deberían tener auténtico contenido empírico, por lo que habrían de poder ser traducidos a términos observacionales (Carnap 1956). En todos los demás aspectos estarían de acuerdo con la visión estándar del realismo. Por ello, las críticas que se produjeron con respecto a esta visión triunfalista y aséptica del conocimiento científico afectarían por igual tanto

---

[1] Se emplea el plural para dejar claro que dentro de cada una de estas consideraciones, ambas con una larguísima historia filosófica, existen muy diversos matices. Sin embargo, y teniendo en cuenta que no es este el propósito del artículo, aquí se acudirá a una versión muy simplificada y casi caricaturizada de ellas.

[2] Lo que no es sinónimo de inobservable.

a los empiristas como a los realistas. Sería sobre todo a partir de la década de los 60 cuando las críticas dieron paso a concepciones alternativas y opuestas a las que habían dominado hasta ese momento. Una de las críticas más famosas sería la realizada por Thomas S. Kuhn en su *The Structure of Scientific Revolutions* (1962), a la que seguirían trabajos como los de Paul Feyerabend *Against Method: Outline of an Anarchist Theory of Knowledge* de 1970 y ya un poco más adelante la que haría Richard Rorty en 1979 en *Philosophy and the Mirror of Nature*.

No se va a entrar aquí en un análisis de estas obras, aunque sí quisiera resumir muy brevemente algunas de las consideraciones que se manifestaron a partir de ellas y las consecuencias que tuvieron para el naturalismo y la naturalización de la filosofía.

Kuhn en la *Estructura* incorpora dentro de la caracterización de la historia de la ciencia elementos que hasta ese momento se habían considerado exógenos a la misma. Porque no debemos olvidar que tanto su trabajo previo sobre *La revolución copernicana*, de 1957 como la propia *Estructura* tratan principalmente de cómo se produce el cambio en la ciencia. Para ello introduce varias nociones: la primera, y quizá más importante es la de paradigma. Los paradigmas hacen referencia a períodos históricos de dominancia de una concepción científica, pero no se caracterizan únicamente por su contenido teórico, sino que incorporan también elementos metodológicos, institucionales, de aprendizaje e instrucción de los nuevos científicos, entre otras cosas. Los paradigmas gozan de períodos más o menos largos en los que se lleva a cabo lo que Kuhn denomina la "ciencia normal", en los que se amplían los conocimientos, se mejoran los métodos, florecen las instituciones, etc. Sin embargo, todo paradigma se ve acosado, en algún momento de su existencia, por un conjunto de anomalías de las que no puede dar cuenta. Es habitual que estas vayan surgiendo a lo largo de los períodos de ciencia normal, y se van solucionando paulatinamente. Pero cuando las anomalías adquieren un carácter irresoluble, entonces se produce una *revolución científica*. Surge un paradigma alternativo en el que las anomalías del anterior no son tales, desaparecen porque la explicación parte de supuestos diferentes. Por ser procesos revolucionarios, Kuhn introdujo la noción de inconmensurabilidad, para hacer frente a lo que sucedía con los términos de los paradigmas alternativos. Si hasta ese momento se había considerado en la historia de la ciencia que los términos de diferentes teorías pasaban de unas a otras con cambios en el significado, Kuhn se suma a la teoría holista del significado, y propone que entre los términos de dos teorías se da una inconmensurabilidad, término que incorpora desde la geometría, para explicar que no hay una traducibilidad real entre esos conceptos, porque para comprender su significado necesitamos del resto de términos que forman parte del paradigma. Sin embargo, esta inconmensurabilidad no solo tiene consecuencias semánticas, también las tiene desde el punto de vista de la explicación histórica. Si dos paradigmas son inconmensurables, entonces son incomparables, y por lo tanto la elección de los científicos entre uno u otro no se produce porque tengan elementos comparativos y puedan considerar que uno es mejor que otro porque resuelve los problemas que el otro no podía (recordemos que los problemas no son los mismos), ni porque explique más fenómenos (recordemos que no tiene porque referirse a los mismos fenómenos, ya que los términos nuevos se referirán a cosas diferentes). ¿Por qué, entonces los científicos deciden abandonar un paradigma para sumarse a otro que todavía está en una fase muy inicial de su desarrollo? Aquí Kuhn apela a razones irracionales. Es decir, los científicos no actúan como agentes puramente racionales, sino que pueden "convertirse" al nuevo paradigma por los motivos más diversos.

Kuhn conseguía así atacar a tres de los pilares fundamentales de la consideración realista: primero, la consideración semántica acerca de los términos teóricos, que en su propuesta deberían entenderse desde una perspectiva holista; segundo, a la idea de verdad, que pasaba a ser autorrefencial dentro de un paradigma; y, por último, a la versión acumulativa y progresiva de la historia del conocimiento científico, que se sustituía por una concepción revolucionaria.

Quedaba, todavía sin embargo un pilar de la concepción tradicional de la ciencia que podía ser puesto en entredicho. Esta tarea vendría de la mano de la restauración de pragmatismo que hiciera Richard Rorty en 1979. En *La filosofía y el espejo de la naturaleza* Rorty critica la idea filosófica del conocimiento como representación, de la mente como espejo de un mundo externo a ella. En un movimiento muy arriesgado en aquel momento en la filosofía anglosajona, Rorty integra aspectos de la filosofía de Dewey (el que sería su pragmatista clásico de referencia), de Hegel y de la concepción darwiniana. De esta manera, proponía una síntesis entre el pragmatismo, el historicismo y el naturalismo.

Con respecto a su ataque a la epistemología representacionalista, Rorty señala que la elección del vocabulario científico es opcional y mutable. La epistemología tradicional, según Rorty, mantiene una descripción de la estructura mental trabajando sobre contenido empírico, que produce pensamientos y representaciones que, cuando funciona bien, representa la realidad correctamente. En su lugar, Rorty sostiene que el conocimiento es una cuestión de conversación y de práctica social, más que un intento de reflejar la naturaleza (Rorty 1979, 171). Rorty desarrollaba así la crítica hecha por Dewey sobre la "teoría del espectador", según la cual no somos meros espectadores observando la realidad, sino que somos parte de la propia obra, actuando cuando conocemos.

Ahora bien, interpretar la propuesta de Rorty como una forma de relativismo no es correcto. De hecho, tal y como él mismo señala "I tend to view natural science as in the business of controlling and predicting things, and as largely useless for philosophical purposes." (Rorty 1995, 32). Rorty dedicaría un gran esfuerzo a señalar las virtudes intelectuales que la buena ciencia incorpora. Esta descripción también se basaría en la concepción deweyniana del trabajo científico: la ciencia tiene éxito, y cuando lo hace, lo hace en virtud de estar en contacto con la realidad de una manera especial. Para Rorty, como para Dewey, la buena ciencia puede ser un modelo de racionalidad, y lo demuestra precisamente en el modo en que establece instituciones en donde se respetan principios democráticos en el intercambio de opiniones.

Aunque ni Kuhn ni Rorty se alejaron de la ciencia y continuaron defendiendo la relevancia especial que tiene el conocimiento científico, sus respectivas críticas asestaron un golpe a la forma tradicional de reflexionar filosóficamente sobre el conocimiento científico. Kuhn había infringido un fuerte impacto en los tres primeros pilares del realismo, el semántico, el referente a la verdad y el relativo al carácter progresivo de la ciencia, mientras que Rorty se enfrentaba con el último y su noción de la ciencia como imagen del mundo, lo que también ponía en entredicho la cuestión relativa a la verdad. Ambos ayudaron a ver (i) que la ciencia está hecha por seres humanos, en situaciones históricas, sociales, económicas y políticas específicas y relevantes; y, (ii) que el lenguaje de la ciencia no representa la realidad, en el sentido de una verdad como correspondencia, porque nosotros somos también parte de esa realidad, una realidad que está en constante cambio y transformación debido, entre otras cosas, a nuestra agencia[3].

¿Nos conducen estas conclusiones a pensar que ya no es posible tratar con la naturaleza? En lo que sigue se defenderá que no necesariamente. Se puede seguir sosteniendo un naturalismo que requiere también de una extensión del mismo a nociones de corte epistémico y no solo ontológico.

### 3. ¿Qué es el naturalismo?

Si bien el naturalismo puede tener muchas expresiones (Clark 2016), parece que todas ellas tienen en común dos tesis fundamentales: una tesis ontológica y otra epistémica. La tesis ontológica es una tesis anti-transcendentalista, según la cual, todo lo que existe es natural. Los objetos y las propiedades de estos, son reales porque son objetos o propiedades naturales. No existe nada fuera o más allá de esta realidad natural, nada trascendente ni sobrenatural. La tesis epistemológica, a su vez, mantendría que los objetos y propiedades que existen son explicados y se emplean en las teorías científicas. El mundo natural es auto-explicativo.

Dentro del naturalismo existen diferentes maneras de entender estas dos tesis. Actualmente, la forma más extendida es aquella comprendida dentro del "fisicalismo", según la cual, todo lo que existe en el mundo son objetos y propiedades físicas (materiales sería la denominación más clásica en filosofía) y, por ello, la mejor manera de explicar y caracterizar esos objetos y propiedades sería empleando los conocimientos proporcionados por la física. Entre los objetos y propiedades a estudiar también se encontrarían las propiedades distintivamente humanas,

---

[3] De hecho, para Kuhn "la característica esencial de las revoluciones científicas es su alteración del conocimiento de la naturaleza intrínseco al lenguaje mismo" (Kuhn 1987[1989], 92).

que se explicarían reduciéndolas a propiedades estrictamente físicas del sistema nervioso central. Esta concepción del naturalismo suele ser puesta en duda por aquellos que consideran que existen objetos y propiedades de los mismos que no pueden ser explicados únicamente desde la física. Se suele señalar, por ejemplo, que la consciencia es un fenómeno inexplicable si se emplean solo las propiedades físicas de los cerebros que manifiestan comportamientos conscientes. Es imposible comprender lo que es la consciencia únicamente apelando a la configuración y estructura del cerebro. Y, siguiendo a la consciencia, muchas otras propiedades derivadas de ella también entrarían dentro de ese conjunto de fenómenos no reducibles físicamente.

Sin embargo, no todo naturalismo tiene que ser fisicalista. Existen otras posibilidades, quizá de menos actualidad, pero no por ello menos dignas de ser tenidas en cuenta. En lo que sigue se quiere mostrar cómo es posible defender un naturalismo que emplea otras ciencias además de la física, como será la biología o la psicología. Este naturalismo, denominado por Dallas Willard (2000, 24) *naturalismo generoso*, sería aquel que sostuvieron ya en las primeras décadas del siglo XX George Santayana, John Dewey o Sidney Hook, que sin abandonar ninguna de las dos tesis fundamentales del naturalismo (su anti-transcendentalismo y su cientificismo), no derivaron por ello en el fisicalismo.

Este naturalismo, al suponer un acercamiento diferente a rasgos y capacidades que hemos considerado propia y característicamente humanas, tiene consecuencias más allá de las puramente epistémicas. Cuestiones tales como la moralidad, la noción de cultura o la diferencia entre natural y artificial, adquieren una dimensión diferente si se analizan dentro de esta visión de la realidad, una visión en la que las diferencias radicales, los hiatos profundos entre distintos organismos, dejan de ser tales para convertirse en propiedades de ciertos sujetos naturales, resultado, como cualquier otra propiedad biológica, de las circunstancias evolutivas.

## 4. El naturalismo evolucionista de John Dewey

En 1944 aparecía un volumen de ensayos editado por Yervant H. Krikorian y escrito colectivamente por quince filósofos americanos bajo el título *Naturalism and the Human Spirit*. Entre los autores estaban Sidney Hook, Ernest Nagel y John Dewey. Allí defendían los logros que se habían alcanzado gracias a la investigación científica, y señalaban que el naturalismo consistiría en emplear los métodos desarrollados por la ciencia, o al menos ciertas estrategias que se considerarían en continuidad con la metodología científica, para comprender los distintos aspectos y dimensiones del espíritu humano. Se quería, de esta manera, superar el método filosófico tradicional que aspiraba a transcender a aquel empleado por la ciencia. Los métodos introspectivos, subjetivos, que privilegian el punto de vista de un sujeto no serían aceptables. Sin embargo, ello no era equivalente a suponer un reduccionismo fisicalista. Desde el naturalismo, defienden estos autores, se puede dar cuenta de los comportamientos humanos, siempre y cuando el conocimiento sobre estos eventos sea un conocimiento público y verificable de alguna manera.

En el caso de Dewey, tal y como explican Elizabeth Ramsden Eames y S. Morris Eames (1962), su naturalismo se basaba en tres principios: (i) la inmediación, según la cual las experiencias se pueden "tener" y se pueden "saber". En el primer caso, las experiencias se "tienen" de manera *no cognitiva* cuando, por ejemplo, la experiencia se siente de manera inmediata, o lo que es lo mismo, cuando se tiene percatación perceptiva inmediata. Cuando estas experiencias inmediatas se conectan o se relacionan es cuando emerge la sensación, el pensamiento, la emoción o el deseo. (ii) La conexión, o el aspecto relacional de los fenómenos. Dewey utiliza el termino "transacción" para aplicarlo como principio de conexión o relación cuando describe a un organismo funcionando en un medio. Lo que es inmediatamente sentido tiene que ser conectado con causas o consecuencias, o con ambos, de manera que emerja su significado. (iii) Por último estaría la continuidad o postulado naturalista, un principio postulado expresamente por Dewey en el contexto de su teoría de la indagación (*inquiry*). En su *Logic*, pretende desarrollar una explicación naturalista de las materias lógicas. La continuidad se considera en ese trabajo como un postulado naturalista, y se deja claro que no es un postulado arbitrario, sino uno que está justificado experiencialmente. La continuidad tiene dos aspectos en este contexto: significa que no hay una brecha entre las operaciones de investigación y las operaciones biológicas y físicas, aunque no sea idéntica con esas actividades a partir de las que ha emergido. La comprensión de Dewey acerca del "espíritu humano", siguiendo el criterio epistémico naturalista, se desarrollaría desde la teoría evolucionista biológica, que proporcionaría desde la ciencia, la mejor manera de comprender a los seres vivos. Tal y como Jerome A. Popp (2012, xi) ha señalado, Dewey fue el primer filósofo en reconocer las implicaciones de la teoría darwiniana, no solo como una nueva forma de pensar acerca de la vida y de la situación de los seres humanos dentro de la naturaleza, sino también como una aproximación diferente desde el punto de vista filosófico. Desde esta perspectiva, los seres humanos, sus experiencias, sus capacidades, o sus disposiciones deberían entenderse en continuidad con el resto de los seres vivos: "la idea de especies fijas eternas se sustituyó por la idea de organismos temporales atrapados en cambios continuos, los cuales son requeridos para poder estar a la altura de sus respectivos (y continuamente cambiantes) medios" (Hickman 1990, 31-32).

Esta idea de continuidad con otros seres biológicos abre la puerta a una nueva interpretación del significado de "experiencia". Una experiencia, para Dewey, es la manera de tratar con las cosas: antes de saber acerca de ellas es preciso tener experiencias de las mismas, i.e. *saber cómo* es previo a *saber qué* (Kalpokas 2010, 182).

En "The Need for a Recovery of Philosophy" un artículo de 1917, Dewey resume sus principales críticas a la concepción tradicional de la experiencia, presentado al mismo tiempo su propia perspectiva. Para Dewey, la experiencia se produce en el intercambio de un ser vivo con su medio físico y social. Las experiencias no son subjetivas, sino que se producen en el mundo objetivo en donde los seres humanos llevan a cabo sus acciones, en donde sufren, y que a su vez es modificado por las acciones humanas. Las experiencias son experimentales, son esfuerzos por cambiar lo que es dado, y se caracterizan por ser proyecciones, por un intentar alcanzar lo desconocido, por conectar con el futuro. Estas experiencias se producen en un medio que los agentes pretenden controlar, aunque las posibilidades de control se puedan realizar de muy diferentes maneras. Y, además, cuando las experiencias son conscientes, contienen inferencias, es decir, posibilitan nuevas formas de acción (Dewey 1917, 61). Para Dewey, la mejor manera de dar cuenta de lo que es una experiencia la ha proporcionado la biología:

> Any account of experience must now fit into the consideration that experiencing means living; and that living goes on in and because of an environing medium, not in a vacuum. Where there is experience, there is a living being. Where there is life, there is a double connection maintained with the environment. In art, environmental energies constitute organic functions; they enter into them. (...) Growth and decay, health and disease, are alike continuous with activities of the natural surroundings. The difference lies in the bearing of what happens upon future life activity. From the standpoint of this future reference environmental incidents fall into groups: those favorable-to-life activities and those hostile (Dewey 1917, 61-62).

Dewey pone así de relieve las dos tesis fundamentales en su noción de experiencia: el naturalismo y el evolucionismo. El organismo es activo en un medio, actuando en este medio circundante, cambiándolo y cambiándose a sí mismo en el proceso, porque ajustarse al medio no significa aceptar pasivamente lo que este nos proporciona, sino actuar de manera que también acontezcan cambios en el medio. La experiencia, para Dewey, es una cuestión de acción y sufrimiento, un proceso de continuo ajuste. De manera que, otra vez desde una posición darwiniana, la experiencia activa es una estrategia para la supervivencia, y los seres humanos no son otra cosa más que seres vivos que resuelven problemas. En palabras de Dewey: "The first great consideration is that life goes on in an environment, not merely in it, but because of it, *through interaction with it*" (Dewey 1934/2005, 12, resaltado propio).

La experiencia conecta percepción y acción. No hay un espectador que percibe el mundo exterior y se forma una concepción interna y subjetiva del mismo. Debido a que los seres humanos han evolucionado en un medio cambiante, son agentes dentro del mundo, un mundo del que son parte. La teoría del conocimiento del espectador es sustituida por una concepción del conocimiento operacional: "In the orthodox view, experience is regarded primarily as a knowledge affair. But to eyes not looking through ancient spectacles, it assuredly appears as an affair of the intercourse of a living being with its physical and social environment" (Dewey 1917, 6).

Por otro lado, los agentes -y con este término no se está refiriendo solo a los seres humanos, sino a todos los seres vivos- experimentan el mundo como posibilidades de acción, siendo el conocimiento el resultado de dos situaciones experimentadas: "the present situation here and now and the future situation that is an outcome of some way of acting" (Määttänen 2015, 12). Es preciso remarcar que las situaciones y el medio no son equivalentes. Las *situaciones* están constituidas por el organismo y el medio, de manera que algo es una situación para un agente, pero puede no serlo para otro. El medio, el mundo real, no es equivalente a la situación: para que una experiencia en un medio se convierta en una situación es preciso que el agente la experimente como tal. Por otro lado, estar en una situación generalmente implica varias posibilidades de acción: y aquí es cuando las nociones de "situación problemática" y de "indagación" (*inquiry*) aparecen en escena. Cuando los agentes se enfrentan a situaciones problemáticas, en un primer momento son solo situaciones de percepción y acción, pero un poco más adelante se convierten en situaciones para la indagación. El agente comienza a indagar, y cuando hace esto la experiencia cambia y se convierte en parte del conocimiento del agente, disponible para posibles situaciones problemáticas futuras. El agente transforma una situación problemática en otra más comprensiva. Aquí se puede apreciar la influencia que la filosofía de Peirce ejerció sobre Dewey, cuando aquel enfatiza el papel de la resistencia ante los hechos como condiciones objetivas de acción, de manera que los agentes, para poder solventar una situación problemática, emplean herramientas físicas, pero también cognitivas.

La acumulación de experiencias y de maneras de tratar con situaciones problemáticas generan "hábitos": "Habits are modes or forms of action performed by biological organisms. Action requires necessarily an environment, and as habits are modes of interaction between organisms and their environment, they cannot be literally internal. The classical dichotomy of internal and external is hereby questioned" (Määttänen 2015, 29). Los hábitos no se fijan de una vez para siempre, cambian y se actualizan a través de la percepción de nuevas situaciones problemáticas y de las acciones que desarrollan los agentes. Estos pueden usar sus hábitos en situaciones que consideren similares, en forma de secuencias de actos esquemáticamente estructurados (Määttänen 2015, 33). Estas estructuras esquemáticas no tienen porque ser proposicionales, no es necesario que se expresen a través de un lenguaje. Y, en tanto que garanticen cierto éxito para el agente, los hábitos se ven reforzados. La formación de hábitos, tanto para Dewey como para Peirce, es una forma de razonamiento, la forma más básica quizá, pero que ayuda al agente a anticipar y enfrentarse con situaciones futuras.

Algunos hábitos son "outgrowths of unlearned activities which are part of man's endowment at birth" (Dewey 1917, 65), es decir, son hábitos no aprendidos, innatos, lo que no significa que simplemente aparezcan. Es necesario que exista un medio que estimule su aparición. En el caso de los agentes sociales, como los propios seres humanos (aunque no solo estos), es necesario que se genere un ambiente social: "They are habits formed under the influence of association with others who have habits already and who show their habits in the treatment which converts a blind physical discharge into a significant anger" (Dewey 1917, 66). Popp sugiere que el mecanismo que Dewey hubiera empleado para explicar este tipo de hábitos innatos habría sido el genoma, en caso de que tal explicación hubiera estado disponible entonces (Popp 2012, 42).

Pero los agentes también tienen cierto control sobre las situaciones problemáticas. Algunos agentes pueden aprender, de manera que adquieren habilidades en el presente que pueden emplear en el futuro. Esto se consigue gracias a la "inteligencia reflexiva".

> A being which can use given and finished facts as signs of things to come; which can take given things as evidences of absent things, can, in that degree, forecast the future; it can form reasonable expectation. It is capable of achieving ideas; it is possessed of intelligence. For use of the given or finished to anticipate the consequence of processes going on is precisely what is meant by 'ideas', by 'intelligence'. (…) In the degree in which it can read future results in present on-goings, its responsive choice, its partiality to this condition or that, become intelligent. Its bias grows reasonable. It can deliberately, intentionally, participate in the direction of the course of affairs (Dewey 1917, 69).

La explicación que Dewey proporciona acerca de la indagación está basada en el método genético y evolutivo. Los seres humanos son agentes naturales, y "the development of intelligence with respect to the control of human environments in order to effect increased meaning and significance within those environments is for Dewey emergent within nature" (Hickman 1990, 10). En tanto que los seres humanos son otra especie animal más, la capacidad de razonar, así como el resto de capacidades cognitivas, no son más que procesos naturales. O, en términos de Dewey, los seres humanos no tienen nada "out of the *a priori* blue".

Pero eso significa también que las capacidades para controlar el medio, para enfrentarse con situaciones problemáticas, son parte de las capacidades de otras especies, aunque, eso sí, en cada una de ellas, con diferentes grados. De hecho, de aquí infiere Dewey el principio de continuidad: cualidades, emociones y necesidades son solo hechos naturales, que constituyen el pensamiento cualitativo, diferente del modo discursivo de pensar. Sin embargo, el modo discursivo es imposible sin el cualitativo: "A quality, and emotion, a need, and discursiveness, all these are equally natural phenomena, which go together in every process of experience; they are constituted in relation to each other, and are directed towards reaching new meaningful senses or meanings" (Stankiewicz 2011, 109).

La conexión entre percepción y acción a la hora de conformar hábitos no es exclusiva de los agentes humanos. De hecho, si la noción de hábito también incluye aquellas acciones que son parte del comportamiento innato, entonces todos los seres vivos experimentan el ambiente, forman parte de él. No existe un organismo vivo que no se encuentre en un ambiente en el que desarrolle sus actividades. Y, precisamente, en ese intercambio con el ambiente, el ser vivo cambia, pero también lo hace el ambiente. El principio de continuidad, aplicado a todos los seres vivos proporciona un marco explicativo de gradualidad en las capacidades y clases de acciones y hábitos de los organismos vivos. Tal y como Hickman ha señalado:

> A habit is something that has a certain generality of application. It is something that has been tried out and found to be capable of serving certain purposes. Viewed from this perspective, as habits of a sort, hammers and saws become continuous with the other habits developed over millennia by higher order primates, for example, in their attempts to adjust to changing environmental conditions. Viewed in this perspective, to say that human beings are uniquely technological animals is not to place them outside and above nature, but within nature and a part of it. Our activities differ from those of our non-human relatives and ancestors not in kind, but only in level of complexity (Hickman 2009, 52).

La interpretación deweniana de la cognición debe mucho a la noción de Peirce de externalismo artefactual. Si nos centramos solo en el cerebro, entonces tendremos una comprensión estrecha de las capacidades cognitivas: el cuerpo, así como los artefactos e instrumentos de todo tipo también están implicados en la cognición, según Peirce. "Agents are inclined to use whatever is available to solve survival problems, and this extends to 'apparatus and appliances of all kinds'" (Gallagher 2017, 53). Por supuesto, todos los seres vivos habitamos el mismo mundo, pero experimentamos de manera diferente el ambiente, para cada uno toda *situación* es diferente.

En esta línea, en 1949, Dewey publicaba junto con Arthur Bentley el libro *Knowing and the Known*. En él señalaban que "Organisms do not live without the air and water, nor without food ingestion and radiation. They live, that is, as much in processes across and "through" skins as in processes "within" skins" (Dewey y Bentley 1949, 128). Siguiendo con el argumento contrario a la "teoría del espectador", el medio no es aquello que simplemente rodea al organismo, sino que es preciso imaginarlo como un canal a través del cual los organismos se mueven y los lleva hacia adelante, esto es, los organismos no viven *en* un medio, viven *con* o a *través* del medio. Desde esta perspectiva, es mejor situar al medio de la vida, el ambiente en el que los procesos vitales tienen lugar sea esto el oxígeno que respiran, los nutrientes con los que se alimentan, los vehículos con los que se transportan, o las instituciones sociales en las que viven, directamente dentro del proceso vital en sí mismo. Para Dewey la frase "el organismo está en un medio", es igual que la afirmación "el fuego está en la madera o en el oxígeno".

> Life-activity is not anything going on between one thing, the organism, and another thing, the environment, but as life-activity, it is simple event over and across that distinction (not to say separation). Anything that can be entitled to either of these names has first to be located and identified as it is incorporated, engrossed, in life activity (Dewey y Bentley 1949, 323).

Esta postura ya había sido expresada por Dewey décadas antes. De hecho en 1891 señalaba que las capacidades dependen de los medios en los que tienen lugar, pero esos medios también dependen de las capacidades: "In other words, we see that each in itself is an abstraction, and that the real thing is the individual who is constituted by capacity and environment in their relation to one another" (Dewey 1891, vii). El ajuste se produce tanto en el organismo como en el medio. El ajuste "is not outer conformity; it is living realization of certain relations in and through the will of the agent". (Dewey 1891, 117). Los organismos y el medio son separables solo como resultado del análisis.

Así, el naturalismo de Dewey proporciona una explicación continuista y gradualista de las capacidades de los seres vivos como agentes en sus respectivos medios. Al introducir la noción de situación, Dewey proporciona una ampliación de las explicaciones habituales sobre los seres vivos y su entorno. Ya no solo son estos agentes de cambio, sino que también son a su vez alterados en su composición y estructura por el medio en el que habitan. Por otro lado, la noción de indagación (*inquiry*), interpretada también en este sentido continuista y gradualista, permite dar cuenta no solo de los cambios de hábito más básicos, sino también de los procesos cognitivos complejos. Para Dewey la diferencia es de grado y no sustancial. Y por ello, dar cuenta del conocimiento debe hacerse siempre desde esa perspectiva situada (en el sentido de situación), relativa al agente que actúa y conoce. ¿Supone eso una concepción relativista? No necesariamente, ya que los agentes sociales desarrollan mecanismos de indagación similares, que han probado su éxito adaptativo y, por lo tanto, muestran que la transformación de una situación problemática en una situación no problemática ha sido exitosa. La ciencia se puede explicar empleando también este razonamiento: como una estrategia que los seres humanos han desarrollado para resolver situaciones problemáticas, un proceso de gran complejidad, pero que difiere de otras estrategias fundamentalmente por la sofisticación de su método.

Este naturalismo también tiene consecuencias con respecto a otra diferencia que suele darse por válida, incluso entre aquellos que defienden posturas radicalmente naturalizadas: la diferencia entre lo natural y lo artificial. Porque, ¿qué sería lo artificial? En general, se suele entender por artificial lo que ha sido producido de manera intencional, pero también accidental, por los seres humanos. Sin embargo, si los seres humanos son seres naturales, y lo que manipulan son también fenómenos naturales, entonces como mucho generan provisionalmente objetos que no hubieran surgido sin la presencia humana y a eso lo denominamos artificial. Ahora bien, esta concepción antropocéntrica no se sostiene si realmente se defiende una concepción naturalizada, ya que los seres vivos en general modifican su entorno y son a su vez modificados por este. La diferencia entre, por ejemplo, el plástico y el nido hecho por una golondrina, es una diferencia basada en una perspectiva puramente antropocéntrica. Los otros seres vivos también precisan de modificar su entorno para seguir vivos, y pensar que solo los seres humanos son los grandes transformadores del mundo es una visión reducida y egotista de la naturaleza.

De manera que un naturalismo así entendido permitiría reinterpretar un gran número de fenómenos que tradicionalmente se han tratado desde una visión dualista del mundo. La idea de que la ciencia no es más que una construcción humana, y que por ello, pierde su valor como medio de indagación privilegiado, no es la conclusión necesaria resultado de reinterpretar nuestro lugar en el mundo como agentes indagadores. Más bien al contrario.

Como también señala, Dewey el ideal de la ciencia "es una cuestión completamente moral, un asunto de honestidad, imparcialidad y generosidad tanto en la investigación como en la comunicación". Lo opuesto a "(...) un interés particular sesgado y prejuicioso, a enfocar hacia un único lado, a la vanidad, la arrogancia y el autoritarismo, al desprecio o a la indiferencia con respecto a los problemas humanos en el uso de la ciencia" (Dewey, 1927, 175-176). La moral científica supone un entrenamiento en la participación en una forma de vida educada, que transforma los deseos e intereses: "(...) la libertad de comunicación es un medio para desarrollar una mente libre, así como una manifestación de ese tipo de mente" (Dewey [1942-48] 2008, 182).

El naturalismo deweyniano nos sitúa como conocedores en el mundo, en continuidad con el resto de los seres vivos, aunque dotados de cualidades que nos han permitido desarrollar una forma compleja de entender el mundo, y nada mejor para comprender el mundo de lo vivo que la biología. Su naturalismo, tanto desde el punto de vista ontológico como epistémico, nos permite superar el círculo aparentemente vicioso que criticaba a la ciencia por no ser objetiva. Que la construcción del conocimiento científico depende de un sujeto que conoce, y que además conoce desde sus limitaciones como organismo en el mundo deja de ser un problema para convertirse precisamente en el punto de partida de la indagación.

## 5. La plasticidad comportamental y la construcción de nicho

En las últimas décadas desde el ámbito de la biología evolucionista se han desarrollado dos concepciones que, a pesar de que no pueda rastrearse una clara influencia del filósofo americano en ellas, pudieran considerarse continuadoras de las tesis deweynianas. También podría decirse que Dewey, partiendo de su concepción naturalista y continuista, las intuyó desde la distancia de la primera mitad del siglo XX. Estas concepciones son la "plasticidad comportamental" y la "construcción de nicho". A continuación, se esbozarán de manera muy sucinta algunas de las tesis que en ellas se sostienen para que puedan apreciarse las muchas coincidencias con las nociones de Dewey.

La noción de plasticidad y su vinculación con el aprendizaje como un factor que impulsa la evolución no es una idea nueva: tiene precedentes desde finales del siglo XIX (Baldwin 1896; Morgan 1896). Sin embargo, actualmente cobra una especial relevancia al comprenderse mejor los mecanismos que pueden hacer variar un fenotipo. Según esta concepción los seres vivos ajustan su comportamiento en respuesta a condiciones ambientales complejas: "Although behavioural plasticity is usually associated with neuronal plasticity, it may also include other changes. In fact, each occurrence of behavioural modification induced by environmental factors through integration of sensory input could be associated with behavioural plasticity" (Merry y Burns 2010, 571-572). Se suele distinguir entre dos tipos de plasticidad comportamental: las respuestas innatas y las aprendidas. Las primeras ocurren cuando la modificación del comportamiento en respuesta a los factores ambientales es el resultado de la evolución de la población a lo largo de varias generaciones, es decir, un determinado rasgo fenotípico se produce en respuesta a un estímulo ambiental predeterminado. El aprendizaje sucede cuando la modificación del comportamiento se produce por la experiencia del individuo dentro de su período vital (Dukas 1998).

La plasticidad fenotípica permite que un genotipo se exprese y se desarrolle de formas diferentes en función del ambiente en el que se desenvuelve (Snell-Rood 2013, 1004). De manera que las experiencias a las que son expuestos algunos seres vivos pueden dar lugar cambios en su sistema nervioso. Los contextos externos dan lugar a expresiones de comportamientos particulares, que en ocasiones se fijan para futuras ocasiones en las que surjan circunstancias ambientales similares.

Mientras que la plasticidad innata se produce de manera ubicua, la plasticidad aprendida está más restringida taxonómicamente. El aprendizaje requiere, según los proponentes de esta noción, de la capacidad de tener representaciones internas de nueva información obtenida a partir tanto del medio externo (el ambiente) como del interno (la cenestesia). Este tipo de plasticidad basada en el aprendizaje permite a los organismos emplear de mejor manera las características del ambiente en momentos y lugares concretos, responder a una gran variedad de posibles características del entorno e incrementar su repertorio comportamental

(Dukas 2013, 1023). Así, según la concepción de la plasticidad comportamental, el aprendizaje permite a los organismos que tienen disposición para desarrollarlo, poseer una ventaja adaptativa frente a características ambientales novedosas, lo que también influye potencialmente en la evolución de las especies. Mediante el aprendizaje, los individuos exploran formas de maximizar su supervivencia y su capacidad de reproducción, pudiendo responder a cambios en el entorno basándose en información y retroalimentación adquiridas.

En aquellos entornos que varían a lo largo de la vida de los individuos, la plasticidad fenotípica se considera una ventaja adaptativa, ya que les permite explorar nuevas posibilidades comportamentales. Si la especie no es migratoria o no hiberna, aquellos organismos que tengan la capacidad de explorar nuevas estrategias de alimentación, de protección, de reproducción o de cuidado de su descendencia tendrán más probabilidad de sobrevivir y reproducirse, y sobre todo si a ello se añade la capacidad de aprender a partir de esa exploración y de almacenar esa información para situaciones futuras. Para ello, han de tener también la capacidad de discriminar entre la información relevante y la que no lo es para sus propósitos, es decir, tienen que ser capaces de extraer y seleccionar indicios en el ambiente que les permitan predecir las consecuencias de una acción (Mery y Burns 2010, 577). En comparación con las respuestas comportamentales innatas, el proceso de aprendizaje induce reorganizaciones neurobiológicas y morfológicas significativas (Mery y Burns 2010, 576).

Como puede apreciarse, esta comprensión del aprendizaje y de la modificación del comportamiento de los seres vivos gracias a sus vivencias en ambientes cambiantes guarda una gran similitud con las nociones de experiencia, indagación y situación que proponía Dewey a comienzos del siglo pasado. Los medios cambiantes (situaciones en términos de Dewey) inducen a su vez la necesidad de que los organismos modifiquen sus estrategias (hábitos), mediante el aprendizaje.

La otra concepción propuesta en las últimas décadas desde el evolucionismo que también pudiera haberse inspirado en el desarrollo de la noción de experiencia de Dewey es la conocida como "construcción de nicho". Esta nueva forma de comprender el proceso de adaptación de los organismos fue propuesta en los 80 del siglo pasado por Richard Lewontin (1982; 1983). Allí sugería la metáfora de la construcción mutua: los organismos y sus nichos ecológicos se co-construyen y se co-definen. Los organismos dan forma al medio y determinan qué factores del medio externo son relevantes para su evolución, ensamblando esos factores en lo que se denomina su "nicho". Los organismos y su entorno están hechos el uno por y para el otro. Por ejemplo, los castores están bien adaptados a vivir en estanques que ellos mismos han creado.

Esta propuesta se explicó de manera más desarrollada en el texto de 2003 de John Odling-Smee, Kevin Laland y Marcus Feldman *Niche construction. The neglected process in evolution*. Desde la introducción ya afirman el principio básico de esta teoría, según la cual, los organismos juegan dos papeles en la evolución:

> The first consist of carrying genes; organisms survive and reproduce according to chance and natural selection pressures in their environments. This role is the basis for most evolutionary theory, it has been subject to intense qualitative and quantitative investigation, and it is reasonably well understood. However, organisms also interact with environments, take energy and resources from environment, make micro and macrohabitat choices with respect to environment, construct artifacts, emit detritus and die in environments, and by doing all these things, modify at least some of the natural selection pressures present in their own, and in each other's local environments. This second role for phenotypes in evolution is not well described or well understood by evolutionary biologist and has not been subject to a great deal of investigation. We call it "niche construction" (Odling-Smee, Laland y Feldman 2003, 1).

A través de la construcción de nicho los seres vivos: (i) controlan el flujo de energía y materia en los ecosistemas (*ecosystem engineering*); (ii) transforman el medio ambiente en donde se produce la selección generando una forma de retroalimentación que puede tener consecuencias evolutivas importantes; (iii) crean una herencia ecológica con presiones selectivas modificadas para las poblaciones descendientes; (iv) generan un segundo proceso capaz de contribuir al encaje dinámico adaptativo entre los organismos y el entorno (Odling-Smee, Laland y Feldman 2003, 3).

La noción de construcción de nicho aporta un punto de vista diferente del que se sostiene desde la concepción tradicional de la selección natural acerca de la interacción entre los organismos y los medios. Desde esta se entendía que el ambiente ejerce una presión selectiva sobre los organismos: algunos de ellos tienen ciertas características que hacen que "encajen" mejor en ese medio, y ese encaje haría que tuvieran mayor éxito reproductivo y, por lo tanto, permitiría la supervivencia de ciertos rasgos en comparación con otros. Las transformaciones que el ambiente sufre por la intervención de los seres vivos no son tenidas en cuenta. Desde la perspectiva de la construcción de nicho se señala que las esas transformaciones provocadas por los organismos también son importantes en el proceso evolutivo, ya que a su vez acabarían ejerciendo una presión sobre la propia especie y el resto de las especies con las que se cohabita. El medio transforma a los organismos y los organismos transforman al medio. La novedad es que, además de la herencia genética, también hay una herencia ambiental o ecológica, no solo se heredan los genes, también se heredan los ambientes en los que se nace. Los defensores de esta teoría no estarían en desacuerdo con la teoría de la evolución, sino que consideran que debe completarse con la introducción de una relación bidireccional entre la herencia genética y la herencia ambiental.

Esta nueva manera de entender el proceso adaptativo también guarda una gran similitud con las ideas de Dewey cuando incidía en que no hay una frontera definitiva que aísla a los organismos de los medios en los que habitan, es decir, no hay un dentro y un fuera. Además, insistía en que los organismos son activos en su medio, actuando en él, cambiándolo y cambiándose a sí mismos en esta interacción, porque ajustarse al medio no era equivalente para Dewey a aceptar pasivamente lo que este facilita, sino actuar cambiando cuando es preciso al propio medio.

## 6. Conclusiones

Respondiendo a la pregunta que se formulaba al comienzo del artículo sobre qué forma y qué lenguaje filosófico debería adoptar actualmente una nueva filosofía de la naturaleza, podría defenderse una recuperación de la concepción deweniana, en la que se incorporen los nuevos descubrimientos hechos por la psicología y por la biología. Estas ciencias pueden ayudarnos a ponernos en contacto con las capacidades de otros organismos, abundando en las tesis continuistas de Dewey. Las nuevas teorías de la plasticidad fenotípica o la construcción de nicho parecen abundar, con apoyo y evidencia empírica, en las consideraciones de Dewey sobre los organismos y su medio, sobre el aprendizaje y el ajuste de los organismos a aquellas experiencias que se convierten en su situación gracias a procesos de indagación. Porque finalmente, si somos algo, es agentes dentro de un ambiente, resolviendo dificultades a través de los mecanismos que evolutivamente nos han aportado un éxito adaptativo, al menos en las situaciones a las que se han visto enfrentados los antecesores de las especies que actualmente habitan este planeta. Por supuesto, los seres humanos poseen capacidades que los hacen distintos de otras especies, pero lo mismo cabría decir de aquellas. Cada agente se enfrenta a sus situaciones particulares y las solventa en función de sus capacidades. El conocimiento de la naturaleza se hace desde la propia naturaleza, porque como agentes naturales conocemos el mundo en el que estamos y no el mundo que nos rodea. No somos espectadores de una naturaleza más allá de nuestra piel. El conocimiento, siendo este del nivel más básico o simple hasta el más complejo y sofisticado que nos proporcionan las ciencias, surge de esa interrelación de los agentes y su mundo; no es una representación a modo de plasmación estática de un aspecto del mundo, sino siempre el resultado de la indagación de un organismo que debe resolver aquellos problemas con los que se va encontrando. Y en esto no nos distinguimos de otros organismos. Si acaso, la diferencia pueda deberse a nuestra capacidad social y de comunicación lingüística. Esta cura de humildad quizá nos ayude también a comprender que las pretensiones posmodernas, queriendo ser transgresoras, lo único que hacen es abundar en un viejo antropocentrismo. Un naturalismo pragmatista puede servirnos de antídoto contra estas visiones derrotistas.

### Referencias bibliográficas

Darwin, C. (1958). *The autobiography of Charles Darwin 1809-1882*. With the original omissions restored. Edited and with appendix and notes by his grand-daughter Nora Barlow. (N. Barlow, Ed.). New York: W.W. Norton.

Baldwin, J. M. (1896). A new factor in evolution. En R. Belew and M. Mitchell (eds.), *Adaptive individuals in evolving populations: Models and algorithms* (vol. 26, pp. 59-80). Reading, Massachusetts: Addison Wesley Longman.

Boyd, R. (1983). On the current status of the issue of scientific realism. *Erkenntnis*, 19, 45-90.

Carnap, R. (1956). The Methodological Character of Theoretical Concepts. En H. Feigl y M. Scriven (eds.), *Minnesota Studies in the Philosophy of Science I*, (pp. 38-76). Minneapolis: University of Minnesota Press.

Clark, K. J. (ed.) (2016). *The Blackwell Companion to Naturalism*. Chichester: John Wiley & Sons, Inc.

Dewey, J. (1891). *Outlines of a critical theory of ethics*. Register Publishing Company.

Dewey. J. (1917). The Need for A Recovery of Philosophy. En *Creative Intelligence: Essays in the Pragmatic Attitude* (pp. 3-69). New York: Holt.

Dewey, J. (1927). *La opinión pública y sus problemas*. Madrid: Morata, 2004.

Dewey, J. (1942-48). Religion and Morality in a Free Society. En *The Collected Works of John Dewey. Later Works, Essays, Reviews, and Miscellany* (vol. 15, pp. 170-183). Carbondale, Southern Illinois University Press, 2008.

Dewey, J., & Bentley, A. F. (1949). *Knowing and the Known*. Boston, MA: Beacon.

Dukas, R. (1998). *Cognitive ecology*. University of Chicago Press, Chicago.

Dukas, R. (2013). Effects of learning on evolution: robustness, innovation and speciation. *Animal Behaviour*, 85(5), 1023-1030.

Eames, E. R., & Eames, S. M. (1962). The leading principles of pragmatic naturalism. *The Personalist*, 43(3), 322-337.

Feyerabend, P. (1970). *Against Method: Outline of an Anarchistic Theory of Knowledge*. En M. Radner & S. Winokur (eds.), *Analyses of Theories and Methods of Physics and Psychology*. Minneapolis: University of Minnesota Press.

Gallagher, S. (2017). *Enactivist interventions: Rethinking the mind*. Oxford University Press.

Hickman, L. A. (1990). *John Dewey's pragmatic technology*. Indiana University Press.

Kalpokas, D. (2010). Dewey y el mito de lo dado. *ENDOXA*, *1*(26), 157-186.

Krikorian, Y. H. (ed.) (1944). *Naturalism and the Human Spirit*, New York, Columbia University Press.

Kuhn, T. S. (1957). *The Copernican revolution: Planetary astronomy in the development of western thought* (Vol. 16). Harvard University Press.

Kuhn, T. S. (1962). *The Structure of Scientific Revolutions*. Chicago: University of Chicago Press.

Kuhn, T. S. (1987). What are Scientific Revolutions? En L. Krüger, L. Daston, & M. Heidelberger (eds.), *The Probabilistic Revolution* (pp. 7-22). Cambridge: Cambridge University Press. Publicado en español en Kuhn, T. S. (1989). *¿Qué son las revoluciones científicas y otros ensayos*. Barcelona, Paidós.

Lewontin, R. C. (1982). Organism & environment. En Henry Plotkin (ed.), *Learning, Development, Culture* (pp. 151-170). New York: John Wiley.

Lewontin, R. C. (1983) Gene, organism & environment. En Bendall D.S. (ed.), *Evolution: From Molecules to Man* (pp. 273-285). Cambridge University Press, Cambridge.

Määttänen, P. (2015). *Mind in action: Experience and embodied cognition in pragmatism* (Vol. 18). Springer.

Mery, F., Burns, J. G. (2010). Behavioural plasticity: an interaction between evolution and experience. *Evolutionary Ecology*, *24*(3), 571-583.

Morgan, C. L. (1896). On modification and variation. *Science*, *4*(99), 733-740.

Odling-Smee, F. J., Laland, K. N., Feldman, M. W. (2013). *Niche construction: the neglected process in evolution*. Princeton university press.

Popp, J. A. (2012). *Evolution's first philosopher: John Dewey and the continuity of nature*. SUNY Press.

Rorty, R. (1979). *Philosophy and the mirror of nature*. Princeton, NJ: Princeton University Press.

Rorty, R. (1995). *Rorty & pragmatism: The philosopher responds to his critics*. Vanderbilt University Press.

Snell-Rood. E. C. (2013). An overview of the evolutionary causes and consequences of behavioural plasticity. *Animal Behaviour*, *85*(5), 1004-1011.

Stankiewicz, S. (2011). Qualitative thought, thinking through the body, and embodied thinking: Dewey and his successors. En L. Hickman (ed.), *Continuing relevance of John Dewey: Reflections on aesthetics, morality, science, and society* (pp. 101-118). Brill Rodopi.

Willard, D. (2002). Knowledge and naturalism. En W. L. Craig y J. P. Moreland (eds.), *Naturalism: A critical analysis* (pp. 24-48). London: Routledge.

## Lo material, lo ideal y la historia: algunas reflexiones en torno al "materialismo" darwiniano

### Maurizio Esposito[*]

### 1. Introducción

En un célebre ensayo publicado en 1910, "The influence of Darwinism on philosophy", el filósofo pragmatista John Dewey esbozó algunos de los elementos que, según él, caracterizaban la influencia de Darwin sobre la filosofía. En menos de vente páginas, Dewey argumentó que *El origen de las especies* había introducido una nueva forma de pensar, un nuevo enfoque hacia la naturaleza y una nueva mirada del ser humano. Por más de dos mil años, la filosofía de la naturaleza —respaldada por una epistemología condescendiente— había privilegiado lo fijo (lo estático, lo definitivo) por sobre la transformación, la mudanza y la transitoriedad: solo podemos conocer científicamente (*episteme*) lo universal, lo necesario y lo que, por definición, no cambia. El mundo era, aristotélicamente, el conjunto de esencias y sus accidentes, y la tarea del filósofo —y luego, del naturalista— era describir, ordenar y trazar los nexos causales necesarios que unen estas esencias en un todo racional, eterno y, por tanto, inteligible gracias a una teleología inmanente. Sin embargo, el εἶδος platónico y aristotélico se topaba con nuestra experiencia de la naturaleza, la cual sigue confirmado una realidad mutable y efímera. Para Dewey, la contradicción entre un mundo ideal y un material solo pudo resolverse en el periodo moderno, cuando los naturalistas modernos lograron emancipar el pensamiento antiguo de su fijismo claustrofóbico para reorientarlo hacia fenómenos dinámicos y variables. Darwin hizo para la biología lo que Galileo, Descartes y Newton realizaron con la física: "The Influence of Darwin upon philosophy

---

[*] Departamento de História e Filosofia das Ciências/Centro Interuniversitário de História das Ciências e Tecnologia (CIUHCT), Universidade de Lisboa, Portugal.
Email: mauriespo@gmail.com

resides in his having conquered the phenomena of life for the principle of transition, and thereby freed the new logic for application to mind and morals and life" (Dewey 1910, 8-9).

Dewey creía que la filosofía moderna de la naturaleza había eliminado gradualmente la necesidad de la teleología como principio inmanente de la realidad. Por ello, Darwin —como uno de los herederos más ilustres de la revolución científica— dio un golpe mortal a la teleología en el último lugar donde ella se anidaba: el mundo orgánico. En efecto, en el curso de la transmutación de las especies no hay fines ni intencionalidad, hay solo una interminable serie de circunstancias locales que, en conjunción con el mecanismo de la selección natural, producen ciertos tipos de órdenes y formas. La eliminación de los principios trascendentes, ideas o causas finales afectó también la metodología de investigación. Si ya no hay fines ni principios (o por lo menos estos son incognoscibles), entonces nos quedan solo dominios circunscritos de objetos con sus causas y efectos específicos: "Philosophy forswears inquiry after absolute origins and absolute finalities in order to explore specific values and specific c onditions that generate them" (Dewey 1910, 13). Este principio de parsimonia epistémica podía (y debía) ser aplicado a toda empresa cognoscitiva, incluso la empresa filosófica. Esta última, a partir del ejemplo darwiniano, no tenía que ofrecer especulaciones sobre los principios o los fines de los fenómenos, los cuales inevitablemente trascienden nuestras posibilidades de conocimiento, sino que tenía que identificar un dominio restricto de realidad, comprenderlo y, eventualmente, mejorarlo. El filósofo posdarwiniano tenía que renunciar a todo tipo de absoluto en favor de un enfoque más humilde orientado hacia la comprensión de las circunstancias que lo rodeaban. En otras palabras, el filósofo nuevo —contemplado— por Dewey ya no podía limitarse a especular sobre los fundamentos y principios últimos de la existencia, sino que tenía la responsabilidad de entender su entorno para transformarlo:

> (…) a philosophy that humbles its pretentions to the work or projecting hypotheses for education and conduct of mind, individual and social, is thereby subjected to test by the way in which the ideas it propounds work out in practice. In having modesty forced upon it, philosophy also acquires responsibility (Dewey 1910, 18).

En el curso de este capítulo argumentaremos que la perspectiva de Dewey es, en gran parte, errónea y obsoleta, sobre todo con respecto a sus premisas históricas. Sin embargo, el ensayo de Dewey merece atención por dos motivos principales: en primer lugar, la tesis deweyana respecto a la excepcionalidad histórica y filosófica de Darwin ha tenido mucho éxito y secuaces en el siglo XX y sigue teniéndolos. Mi intención es mostrar que esta presumida excepcionalidad requiere una reconsideración cuidadosa que inevitablemente impactará en nuestra visión contemporánea de Darwin. En segundo lugar, después de más de cien años, la pregunta que motivó el ensayo de Dewey está lejos de ser superada y no deja de ser interesante. Es decir, cómo —y en qué sentido— Darwin influenció al pensamiento filosófico y, desde una perspectiva más amplia, a las ciencias humanas. Se mostrará que estos dos elementos —excepcionalidad e influencia— están estrechamente relacionados.

Al contrario de Dewey, exploramos la posibilidad de que Darwin no haya provocado una transformación paradigmática o una revolución conceptual (sea el pasaje de un mundo estático a uno histórico, la eliminación de la teleología o la aceptación de una epistemología humilde). En otras palabras, nunca ha habido una revolución darwiniana en un sentido filosófico. No cabe duda de que, desde un punto de vista científico, Darwin introdujo novedades sustanciales: la idea de ancestro común y de la selección natural, la importancia de las extinciones en el curso creativo de la evolución, las intuiciones relativas a la distribución geográfica de las especies, la hipótesis de la selección sexual, la naturalización del *homo sapiens* y muchas otras cosas. Empero, ninguna de ellas, por sí sola (y por importante que sea), puede dar cuenta de la envergadura, la amplitud de la fuerza del darwinismo sobre el pensamiento filosófico y humanístico (con esto me refiero a la antropología, sociología y ciencias afines). Si queremos comprender cómo Darwin pudo influenciar el pensamiento filosófico y, mas en general, las ciencias humanas, tenemos que enfocar nuestra atención sobre algo mucho más amplio, algo que no puede reducirse a una o más ideas brillantes del científico inglés.

El argumento que intentaré fundamentar en este escrito es el siguiente: la verdadera novedad de la propuesta darwiniana debe situarse en la confluencia productiva y exitosa de dos tradiciones filosóficas: el materialismo y el historicismo. Aunque hoy en día esta confluencia se da por sentada, ignorada o poco considerada, creo que, en todo caso, no ha recibido la atención merecida. En términos todavía muy aproximativos, podemos resumir el argumento como sigue: Darwin logró generar una síntesis extraordinariamente eficaz entre la tradición milenaria del materialismo antiguo, que desde Epicuro, por medio de Lucrecio, llegó hasta Gassendi y Hobbes, y las concepciones historicistas modernas de la naturaleza y sociedades humanas. Los materialistas antiguos, como es bien sabido, entendían el universo como un conjunto dinámico de materia, un universo que no conocía y no precisaba ni causas finales ni inteligencias supremas. El orden observable en la naturaleza se constituía espontáneamente a partir de eventos azarosos y necesarios (esto es, conforme a leyes universales). Los seres inorgánicos, y luego orgánicos, eran simplemente el resultado de choques accidentales de materia (átomos) en conformidad con las leyes naturales[1]. Tanto en Epicuro como en Lucrecio, la naturaleza no conocía finalidad, sino solo necesidad y azar. Sin embargo, como se verá a continuación, los materialistas antiguos —así como muchos modernos— no entendían la naturaleza en términos históricos, sino cíclicos. Para que

---

[1] Con el término accidentales me refiero a fenómenos que no poseen finalidad.

hubiese una reconceptualización de la naturaleza en términos *historicistas*, hubo que esperar hasta el siglo XVIII, cuando naturalistas como Benoît de Maillet, Georges-Louis Leclerc de Buffon y Jean-Baptiste Lamarck comenzaron a concebir la historia como una herramienta epistémica privilegiada para entender los fenómenos naturales. Con el desarrollo de lo que aquí llamamos "materialismo historicista", las leyes naturales y el azar ya no operaron en una espacio y tiempo absoluto y cíclico, sino que se revelaron en un tiempo histórico no-uniforme, lineal y relativo. La historia ya no era una mera sucesión de acontecimientos desconectados y uniformes, sino un laboratorio en el cual se producían formas más o menos organizadas e interrelacionadas. En este sentido, consideramos el evolucionismo darwiniano como la culminación de este "materialismo historicista"[2].

Sin embargo, la conclusión de que el evolucionismo darwiniano era una forma de materialismo historicista es solo una premisa que introduce un argumento que es, en mi opinión, más interesante. A saber, una vez que entendemos mejor la combinación entre materialismo e historicismo, no solamente podemos situar mejor el aporte de Darwin en un contexto histórico más amplio y menos provinciano que el de la historiografía anglosajona (la cual comparte, mayoritariamente, el perjuicio "excepcionalista" de Dewey), sino que podemos desconectar el darwinismo de Darwin de otras formas empobrecidas del "materialismo historicista" (por ejemplo, el darwinismo social, neodarwinismo, sociobiología y la eugenesia). En otras palabras, si resituamos el pensamiento darwiniano en el contexto del materialismo historicista europeo, podemos despojar al naturalista inglés de muchas de las responsabilidades que la tesis de la excepcionalidad le ha atribuido, indirecta o directamente. A continuación, explicaremos lo que entendemos como materialismo historicista y sus relaciones con el enfoque darwiniano. Luego, nos concentraremos en el concepto de *historicismo*, siempre en relación con el darwinismo y su conexión con lo que, normalmente, denominamos *ciencias humanas*. Finalmente, mostraremos en qué sentido una reconsideración histórica y filosófica sobre el materialismo historicista puede liberar al darwinismo (y a Darwin) de varios malentendidos que habitualmente lo han distorsionado.

## 2. Lo material

Es una lástima que John Dewey no haya considerado seriamente la *Historia del Materialismo* de Friedrich Albert Lang. En el año en el que Dewey publicó su ensayo sobre Darwin, la obra monumental de Lang, *Geschichte des Materialismus und Kritik seiner Bedeutung in der Gegenwart* (1866) ya contaba con dos ediciones en inglés (1877; 1881). El texto de Lang consideraba la larga trayectoria que separa el atomismo griego y las posturas materialistas de su contemporaneidad. Probablemente, con una mayor familiaridad con la historia del materialismo,

---

[2] No confundir con "materialismo histórico", como se explicará en las siguientes secciones.

Dewey hubiera percibido que el argumento de la excepcionalidad filosófica de Darwin era más un constructo del siglo XIX que una realidad históricamente fundamentada. Es también una lástima que Dewey no haya considerado el texto de su compatriota Henry Fairfield Osborn, *From the Greeks to Darwin: An Outline of the Development of Evolution Idea* (1905). Allí, Dewey hubiera podido reconocer que Darwin debía mucho a los filósofos griegos, los cuales no eran necesariamente esencialistas y "fijistas":

> When the truths and absurdities of Greek, Medieval, and sixteenth to nineteenth century speculation and observations are brought together, it becomes clear that they form a continuous whole, that the influences of early upon later thought are greater than has been believed, that Darwin owes more even to the Greeks than we ever recognized (Dewey 1905, 1).

Los trabajos de Lang y Osborn hubieran podido convencer a Dewey de que muchos de los elementos filosóficos revolucionarios que atribuyó a Darwin y al Darwinismo eran, en realidad, elementos que tenían una larga trayectoria histórica. No era una novedad en el tiempo de Dewey (y, por tanto, no puede serlo hoy en día) que el esencialismo aristotélico y la visión teleológica que encontramos en la teología natural anglosajona de William Paley —y que Darwin, en la lectura de Dewey, logró superar— habían sido repetidamente cuestionados hacía siglos, con éxitos variables. La filosofía epicúrea, divulgada por medio del tratado de Tito Lucrecio Caro, el *De Rerum Natura*, ya expresaba una visión claramente dinámica y anti-teológica del cosmos y del desarrollo de los seres vivos. Con respecto a estos últimos, Lucrecio, sobre la base de la cosmogonía empédoclea, especuló que todos los seres orgánicos se originaron espontáneamente. La naturaleza producía innombrables monstruos. Algunos de ellos eran más aptos que otros para sobrevivir. Algunas configuraciones orgánicas, por contingencia o circunstancias particulares, sobrevivían, aunque su aniquilación era, tarde o temprano, inevitable. Lucrecio conjeturó sobre la existencia de dos procesos adaptativos: el primero, más básico y fundamental, concernía a la viabilidad morfológica del organismo, es decir, a la simple capacidad de subsistir y reproducirse. El segundo, como derivación del primero, se refería a la sobrevivencia del organismo en un contexto de competencia intraespecífica e interespecífica (Campbell 2003). En Lucrecio la generación de los organismos era equivalente a sus viabilidad, reproducción y sobrevivencia. La complejidad orgánica dependía de la formación azarosa de entidades que podían, al mismo tiempo, subsistir, replicarse y prosperar en detrimento de otras entidades menos aptas. Ahora, no obstante las aparentes similitudes con una perspectiva darwiniana, no debemos concluir que la visión lucreciana era, en realidad, darwiniana (o, mejor dicho, su opuesto). Entre el materialismo de Lucrecio y el de Darwin hay algunas diferencias infranqueables, aunque instructivas en la medida que nos ayudan a entender algunos supuestos conceptuales que informaron el evolucionismo del siglo XIX.

En la visión materialista epicúreo-lucreciana, todos los compuestos de átomos eran configuraciones efímeras[3]. Asimismo, todos los organismos —como compuestos transitorios de átomos— se formaban por generación espontánea o por reproducción sexual. En consecuencia, la subsistencia de estas composiciones orgánicas no podia resultar de un proceso históricamente determinado. En el materialismo lucreciano, no hay un árbol genealógico. Los insectos no preceden a los reptiles y estos últimos no preceden a los mamíferos. Todas las especies son, en principio, contemporáneas, con la diferencia de que algunas se reproducen espontáneamente y otras sexualmente. El único aspecto histórico atribuido a la naturaleza era que, en la tierra originaria, los procesos creativos espontáneos eran más frecuentes en la medida en que las condiciones para la formación de nuevos seres eran comparativamente más adecuadas. En definitiva, para Lucrecio, los seres orgánicos no trasmutan, sino que nacen, sobreviven y mueren. En el mundo natural lucreciano no hay historia, esto es, una sucesión causal de eventos que se acumulan en un tiempo lineal[4]. Hay puros acontecimientos físicos que no producen efectos sustanciales en la posteridad. Podríamos decir que, para Lucrecio, la naturaleza es un eterno presente donde creación y destrucción se turnan cíclicamente, y donde rige una pura "selección natural" universal. Una selección ciega, mecánica y, sobre todo, no gradual y acumulativa. En este universo, la única excepción considerable a este ciclo eterno de vida y muerte era el mundo humano. Lucrecio concedió al *Homo sapiens* el privilegio del desarrollo histórico. Como lo explicó Gordon Campbell, Lucrecio puede ser interpretado como fijista, cuando habla de mundo natural, y evolucionista, cuando se refiere al mundo humano:

> (…) we may class Lucretius both as an anti-evolutionist, since he insists on the fixity of species, and as an evolutionist, since he does account for the clear differentiation of the human race from animals by an evolutionary process" (Campbell 2003, 8).

Lucrecio era antievolucionista en el sentido de que nunca postuló un proceso evolutivo de las especies. Los organismos nacían y morían, sobrevivían o perecían, no trasmutaban. Sin embargo, Lucrecio puede ser considerado también como un evolucionista en relación con su perspectiva ante del desarrollo del primate humano. De hecho, para Lucrecio, este último es el único ser orgánico que se desenvuelve en un espacio históricamente dado. Es decir, la morfología y psicología humana (alma) eran el producto de una historia única y acumulativa.

Como es ampliamente sabido, en el libro V de *De Rerum Natura* encontramos una de las representaciones más dramáticas de la "evolución" humana del mundo

---

[3] En el cosmos lucreciano, los únicos elementos indestructibles y eternos son los átomos.

[4] En términos etimológicos tampoco podía haber "historia", considerando que el sentido contemporáneo que utilizamos hoy en día fue adquirido en el curso del medioevo. El concepto de ἱστορία, así como su traducción latina de "historia", significaba literalmente investigación, juicio, escrutinio.

antiguo[5]. En el origen, los hombres no tenían tecnología; eran morfológicamente más grandes, resistentes y no poseían fuego, ni vestidos, ni hogares. El primate humano era un cazador-recolector fácilmente víctima de otros animales. En el curso del tiempo, los seres humanos comenzaron a familiarizarse con la tecnología del fuego, a vestirse con pieles de animales y a construir cabañas. Alrededor del fuego se constituyeron las primeras comunidades y con estas la necesidad de comunicarse. Los lazos sociales, antes limitados a las relaciones familiares, se extendieron a la comunidad y, con el tiempo, a otras comunidades. Con el fuego y la socialización, los cuerpos y las mentes se suavizaron y sofisticaron. Empezó, por tanto, un proceso de civilización. Con la formación del lenguaje se extendieron los asentamientos y, con ellos, se introdujo la institución de la propiedad, se desarrollaron tecnologías metalúrgicas, agrícolas y se formaron los primeros ejércitos profesionales. La invención de la propiedad despertó instintos egoístas que hicieron necesaria la invención de leyes y códigos para limitar acciones extremadamente violentas y destructivas. En el curso del proceso civilizatorio, se establecieron cultos religiosos y, con ellos, formas distorsionadas de percepción del mundo material y social (lo que hoy en día llamaríamos *ideologías*). La religión era para Lucrecio la fuente de violencia ulterior; una violencia que nacía del miedo hacia los fenómenos naturales y de la ignorancia respecto de sus causas. En resumen, la historia de Lucrecio correspondía a un verdadero proceso evolutivo de "humanización". Y, aunque el poeta romano, como Rousseau muchos siglos después, creía que la civilización era sinónimo de decadencia moral, no cabe duda de que el ser humano era considerado, morfológica y mentalmente, como el producto de una historia evolutiva.

Antes de volver a Darwin y su filosofía materialista, es importante detener nuestra atención sobre la oposición entre mundo humano, esencialmente histórico, y el mundo físico, lugar de creación y destrucción incesante. Lucrecio concebía el cosmos como algo dinámico, pero este dinamismo era algo cíclico, uniforme, monótono. Todas las entidades del universo, desde las más simples hasta los organismos, eran compuestos atómicos que se constituían y se deshacían perpetuamente sin dejar trazas en la posteridad. Podríamos resumir esta postura diciendo que, en Lucrecio, había dos tipos de tiempo: un tiempo cíclico (mundo natural) y un tiempo lineal-acumulativo (mundo humano). El primate humano era, sin duda, el producto del azar y de la necesidad, pero era, sobre todo, el fruto de un conjunto de experiencias acumuladas en el curso de un proceso material e histórico. La oposición entre tiempo cíclico y lineal nos ayuda a revelar uno de los presupuestos fundamentales del discurso verdaderamente histórico, un presupuesto tan obvio que frecuentemente pasa desapercibido; a saber, en el tiempo lineal-acumulativo, los acontecimientos del pasado tienen sentido en la medida que explican acontecimientos de tiempos posteriores. La historia genera com-

---

[5] Ver Lucrecio 2016.

prensión de fenómenos y eventos solo si se supone la existencia de relaciones de causas y efectos entre eventos pasados y presentes. Si la historia fuese solo una cronología de acontecimientos desconectados de generación y destrucción —como en el cosmos lucreciano—, entonces las reconstrucciones históricas no tendrían ningún poder explicativo.

Ahora bien, antes de investigar cómo el materialismo antiguo se transformó, gradualmente, en lo que llamo "materialismo historicista", necesitamos convenir sobre un punto fundamental: la visión materialista antigua tuvo un impacto enorme sobre el desarrollo de la ciencia moderna. Como hemos visto, Dewey asumió que los naturalistas modernos habían desafiado el universo claustrofóbico aristotélico con una visión alternativa más abierta y dinámica, y no se le ocurrió que, en realidad, este desafío había consistido en un redescubrimiento fortuito del materialismo antiguo. En el 1416, el célebre cazador de manuscritos, Poggio Bracciolini, localizó el *De Rereum Natura* en un monasterio alemán (Greenblatt 2011) y hoy en día sabemos con muchos más detalles el impacto histórico de este acontecimiento. Como lo recuerda Catherine Wilson (2008, 2):

> Until the early fifteenth century the doctrines of the ancient atomists, Democritus, Epicurus, and Lucretius, were known chiefly through the disparaging presentations of their critics. The discovery of perhaps the last surviving manuscript of Titus Carus Lucretius' *De rerum natura* (...) was a chance event of considerable consequence.

En el curso de la modernidad temprana, los contenidos radicales del materialismo antiguo fueron filtrados, sintetizados, propagandeados y asimilados, entre otros, por Bernardo Telesio, Tommaso Campanella, Giordano Bruno, Lorenzo Valla, Thomas More y Francis Bacon. El impacto del materialismo antiguo, transformado en diferentes trayectorias filosóficas —fueran estas el corpuscolarismo, el experimentalismo o el mecanicismo— llegó hasta Boyle, Newton, Galileo y Descartes, los cuales asimilaron distintos aspectos de la tradición lucreciana y los pusieron en la base de la visión científica moderna. La desconfianza hacia las causas finales y formales, la sospecha para con las sustancias y esencias, el énfasis sobre el movimiento como estado natural en detrimento de la quietud, la suspicacia hacia la distinción absoluta entre natural y artificial, y la concepción atomista de la materia son todos elementos que pueden ser fácilmente reconducidos a Demócrito, Epicuro y la exposición poética de Lucrecio.

El materialismo antiguo también contaminó profundamente también las reflexiones modernas sobre los seres orgánicos. A este respecto, cabe señalar el breve y brillante diálogo leibniziano, *Conversation du Marquis de Pianese et du Pere Emery Eremite*, compuesto en 1680. En el diálogo, Leibniz confrontó la postura de un libertino epicureo/lucreciano con la opinión de un sabio ermitaño. Mientras que este último suponía que un organismo, una maquina animal, por su complejidad y perfección, debía ser el resultado de un diseño racional (orden *de supra*), el libertino defendía la idea de que el orden es efecto de la necesidad. En un mundo lucreciano, "(…) feet are not made for walking, but humans walk because they have feet (…) necessity determines that badly made objects perish, and that well-made ones are preserved (…)" (Wilson 2008, 102). El ermitaño, poco convencido del argumento, contestó que no conocemos objetos más o menos funcionales y que todo ya existe (y se genera) de una forma perfecta. ¿Cómo podríamos imaginar que entidades complejas y perfectamente funcionales pudiesen ser constituidas a partir del azar y de la pura selección de entidades menos imperfectas? "If I found myself transported into a new region of the universe where I saw clocks, furniture, books, ramparts, I would venture everything I possessed that this was the work of a rational creature…" (Wilson 2008, 103). El argumento del ermitaño no era muy distinto del argumento que el teólogo y filósofo inglés William Paley defendió algunas décadas después. Si hay un reloj, debe haber un relojero. La posibilidad de que un reloj se forme por necesidad, y no por alguna intención, es casi nula. Por supuesto, el marqués de Leibniz y Paley, como Aristóteles en la antigüedad, tocaban un nervio sensible de la explicación materialista; es decir, la enorme improbabilidad de la emergencia de orden a partir de la espontaneidad organizadora de una materia supuestamente inerte (orden *ab infra*). La respuesta de Aristóteles y de todos sus partidarios fue asumir que solo algo más complejo podía dar cuenta de algo menos complejo, y que esto debía ser una forma, un alma o un ser inteligente. Un ser organizado presupone la existencia de un fin o una intención, y la existencia de una intención señala, a su vez, la presencia de un ser aún más complejo que posee esta intención y la implementa. Cabía al detractor de este argumento explicar cómo algo simple podría generar algo complejo, sin la presencia de fines e intencionalidad.

El argumento de la improbabilidad de orden, por cuanto plausible, no detuvo otros intentos materialistas muy ingeniosos. Pierre Gassendi en Francia y Thomas Hobbes en Inglaterra fueron probablemente los propagandistas más exitosos del materialismo en el periodo moderno (sin olvidar, por supuesto, La Mettrie, Meslier, D'Holbach, Diderot)[6]. Entre el siglo XVIII y XIX, muchos naturalis-

---

[6] Este último, por ejemplo, en su *Sueño de d'Alembert*, ofrece una visión enteramente lucreciana, aunque con sensibilidad más histórica: "Et vous parlez d'essences, pauvres philosophes! laissez là vos essences. Voyez la masse générale, ou si, pour l'embrasser, vous avez l'imagination trop étroite, voyez votre première origine et votre fin dernière… Les espèces ne sont que des tendances à un terme commun qui leur est propre…Et la vie?… La vie, une suite d'actions et de réactions… Vivant, j'agis et je réagis en masse… mort, j'agis et je réagis en molécules… Je ne meurs donc point ?… Non, sans doute, je ne meurs point en ce sens, ni moi, ni quoi que ce soit… Naître, vivre et passer, c'est changer de formes… Et qu'importe une forme ou une autre? Chaque forme a le bonheur et le malheur qui lui es propre. Depuis l'éléphant jusqu'au puceron… depuis le puceron jusqu'à la molécule sensible et vivante, l'origine de tout, pas un point dans la nature entière qui ne souffre ou qui ne jouisse" (Diderot 1875, p. 21)

tas interesados en los fenómenos orgánicos tenían una clara inclinación hacia alguna forma de materialismo. Benoît de Maillet fue, sin duda, un materialista poco ortodoxo, así como Georges Leclerc de Buffon y Jean-Baptiste Lamarck. Sin embargo, hay que subrayar que con el materialismo moderno ocurre algo extremadamente importante que lo diferencia del materialismo antiguo. La diferencia era que, en el materialismo moderno, la categoría de la historia se había vuelto algo imprescindible para lograr explicar la formación y naturaleza de las entidades organizadas. En otras palabras, entre el siglo XVIII y XIX, los materialistas (o los simpatizantes del materialismo) comenzaron a aplicar las categorías históricas, en precedencia atribuidas al mundo humano, a la naturaleza. El mundo natural ya no se concebía como el espacio donde regía solo el azar y la necesidad, sino también, y sobre todo, como un conjunto de procesos en constante transformación histórica. La naturaleza, como la historia humana, ahora tenía épocas, periodos, edades, revoluciones, cursos y se desenvolvía en un tiempo lineal y no cíclico[7]. Lo que estamos sugiriendo es que, con de Maillet, Buffon, Lamarck y los primeros transformistas, asistimos al nacimiento de un enfoque que definimos como "materialismo historicista".

Aclaramos que, con materialismo historicista, no nos referimos a lo que los marxistas llaman *materialismo histórico*, sino a algo bastante más ambiguo y amplio, es decir, a la combinación constitutiva entre materialismo e historicismo, donde la última categoría adquiere una función ontológica y epistémica fundamental. En otras palabras, la naturaleza se concibe como un conjunto de entidades materiales en constante transformación histórica, entendiendo dicha transformación en términos lineales-acumulativos y no cíclicos. Una explicación materialista del origen y generación de los seres organizados se fundamenta sobre un proceso diacrónico y no sobre un mecanismo exclusivamente sincrónico. Como hemos visto, para que la síntesis entre materia e historia sea efectiva, la historia ya no puede concebirse como una colección de acontecimientos y ocurrencias desconectadas y temporalmente distribuidas, sino como un proceso que produce novedades y, finalmente, complejidad. Este tiempo histórico aplicado a la naturaleza ya no puede pensarse como "el número del movimiento según lo anterior y lo posterior" (*Fis*. IV, 219b, 14), como afirmaba Aristóteles, y tampoco como algo formal, matemático y absoluto, como se entiende en la física moderna. El tiempo histórico no es algo monótono, uniforme o abstracto, sino algo "denso" (*thick*) en el sentido en que Gilbert Ryle y Clifford Geertz utilizaron este concepto, esto es, algo cualitativo que posee múltiples dimensiones, determinaciones y contextos. Con esto entendemos que, en un tiempo lineal-acumulativo, los acontecimientos del futuro pueden ser determinados por muchos eventos sucedidos en tiempo y espacios históricos distintos. Por ejemplo. la evolución de los primates - y luego el proceso de hominización - fue posible gracias a una extinción masiva en el paleó-

---

[7] Sobre el pensamiento evolutivo pre-Darwiniano, ver Sloan 2019.

geno, la cual permitió la difusión y evolución de los mamíferos. Pero la evolución de estos últimos, así como la evolución humana, se debe a muchos otros factores y eventos ocurridos en tiempos y contextos muy diferentes. En un tiempo cíclico, por lo contrario, los eventos ocurridos en un ciclo no pueden determinar eventos que acontecen en otros ciclos porque si así fuese, ya estaríamos hablando de un tiempo lineal-histórico.

Ahora bien, sin la intención de adentrarnos en los enredos metafísicos del tiempo, pretendemos enfrentar la siguiente pregunta: ¿por qué, en el periodo moderno, la historia (en este sentido cualitativo) se vuelve una categoría indispensable para las explicaciones materialistas? La pregunta no es simple y solo podemos solo proporcionar una respuesta tentativa y parcial. Una dirección prometedora, y al mismo tiempo abordable en el espacio limitado de este texto, podría ser enfocarnos en la función estratégica que la historia adquirió en el contexto de las explicaciones materialistas. De hecho, en términos filosóficos, no sería difícil observar que el enfoque historicista permitió resguardar el materialismo de muchas de las críticas que lo habían profundamente limitado por lo menos desde los tiempos de Aristóteles. Mientras que el materialismo antiguo, es decir, un materialismo sin historia reducía al puro azar y necesidad la razón y causa del surgimiento de fenómenos complejos, el materialismo historicista podía esparcir, en los inescrutables tiempos geológicos la enorme improbabilidad de los seres orgánicos. La complejidad y adaptación orgánica podían ser comprendidas como el resultado de incalculables, pequeños y grandes eventos improbables acumulados en el curso de las eras geológicas.

Darwin fue probablemente uno de los más importantes beneficiarios de esta revolución conceptual dentro de la tradición materialista. Como lector e intérprete de Paley, Darwin era consciente del desafío extraordinario que suponía explicar cómo entidades complejas se podían generar a partir de la interacción azarosa de elementos materiales. Como pocos otros materialistas antes que él, Darwin entendió que la orden y la complejidad no podían ser simplemente el producto del azar y necesidad, sino el fruto de un numero indefinido de procesos contingentes, diluidos y acumulados a lo largo de millones y millones de años. Su árbol genealógico de las especies no fue otra cosa que una representación de estos procesos producidos en el curso de la historia. En este sentido, lo novedad de Darwin no fue postular y demostrar la existencia de uno o más mecanismos de especiación. Después de todo, el mundo orgánico de Lucrecio se producía a partir de una selección natural pura, inmediata y que funcionaba en el contexto de un tiempo cíclico (y, por tanto, no acumulativo). No queremos restar ni subestimar la originalidad de Darwin, pero, cuando sostenemos que el naturalista inglés descubrió el mecanismo de la selección natural, debemos especificar lo que este descubrimiento estaba presuponiendo. El concepto de selección natural darwiniano es, de hecho, un concepto que supone, como fundamento primordial, una visión histórica de la naturaleza. Esto por las siguientes razones: Darwin imaginó que 1) la selección natural actuaba sobre variantes pequeñas y 2) la retención de estas variantes producía, en tiempos presumiblemente geológicos, transformaciones cualitativamente significativas. La diferencia entre Lucrecio y Darwin es aquí enorme y, al mismo tiempo, como ya mencionamos, muy instructiva: en el primero, las formaciones orgánicas espontáneas sobrevivían o perecían dentro de un eterno presente, es decir, en un tiempo cíclico. En la visión de Darwin, las formas orgánicas no solamente sobrevivían o perecían, sino que se trasmutaban en un tiempo lineal-acumulativo en el curso de un proceso selectivo. En síntesis, la concepción gradualista darwiniana suponía una visión historicista de la naturaleza.

Si el análisis anterior es cierto, entonces la interpretación excepcionalista de Dewey pierde mucha fuerza persuasiva. La teoría evolutiva darwiniana no fue desafiante para sus contemporáneos porque cuestionaba un paradigma teológico o filosófico asentando que privilegiaba lo eterno, esencial, absoluto por sobre de lo mutable y transitorio. Este paradigma, en realidad, había sido cuestionado muchas veces en el curso de la historia. La teoría darwinana fue desafiante porque representaba una forma de materialismo muy convincente, un materialismo que atribuía a un proceso histórico la enorme improbabilidad de la orden e identificaba, al mismo tiempo, algunos mecanismos simples que podían generar orden y fenómenos complejos. Después de más de dos mil años, se pudo finalmente desactivar, con un nivel de confianza nunca alcanzado antes, el argumento de la improbabilidad del orden en un universo puramente material. Si contextualizamos la visión darwiniana en un espacio más amplio, y quizás menos provinciano de su entorno victoriano, podríamos entender mejor cómo el desafío real del transformismo no fue el cuestionamiento a la teología natural inglesa. El problema nunca fue Paley, Wilberforce y todo el panteón de los dogmáticos y conservadores de ascendencia platónica o aristotélica que los sucedieron: el problema fue que Darwin, sobre las espaldas de los gigantes que lo precedieron, ofreció unas herramientas conceptuales muy potentes para emancipar el materialismo de sus debilidades más evidentes. No cabe duda de que Epicuro, Lucrecio y muchos otros materialistas después de ellos ya lo habían intentado. Empero, el énfasis exagerado sobre el azar y la necesidad sin un trasfondo histórico no podía proporcionar explicaciones tan convincentes como las que provenían de un paradigma aristotélico muy bien asentado. En resumen, al materialismo antiguo le faltó un ingrediente fundamental: el proceso histórico.

### 3. Lo ideal y la historia

Es bien sabido que el historiador de la ciencia australiano, Alistair Crombie, delimitó seis estilos de pensamiento científico en su Opus Magnum, *Styles of Scientific Thinking in the European Tradition*. Entre ellos, Crombie identificó el estilo de "derivación histórica del desarrollo genético". Para Crombie, este estilo se aplicaba al mundo natural y humano, y ejemplificaba, en términos generales, lo que mencionamos en la sección anterior: el surgimiento de la categoría de lo histórico como elemento epistémico constitutivo para explicar y entender fenómenos particulares. En las palabras de Crombie: "Historical derivation, the analysis and synthesis of genetic development, was introduced by the Greeks in their search for the origins of human civilization and within it of language" (Crombie 1995 236-237). Ahora bien, hemos visto que, con el adjetivo *histórico* debemos entender algo muy distinto de lo que se pensaba antiguamente con "historia", a saber, una investigación descriptiva respecto de algún asunto específico. Con *histórico* nos referimos a aquel proceso dinámico y creativo que produce, gradual o repentinamente, formas particulares de orden y complejidad. El estilo histórico es, como Crombie reconoce, antiguo (después de todo, como hemos visto, Lucrecio lo utiliza para describir el desarrollo humano), pero su mayor difusión se encuentra en el siglo XVIII y XIX, antes en Giambattista Vico y luego en Herder, Hegel, Michelet, Marx y muchos otros. También hemos visto que este estilo, antes de concretarse en lo que hemos llamado *materialismo historicista*, era caracterizado por una tensión profunda derivada de la oposición entre historia humana y los tiempos cíclicos de la naturaleza. Nuestra próxima tarea será, entonces, responder a las siguientes preguntas: ¿cómo se realizó en el siglo XIX la integración entre estos tiempos tan diferentes? ¿Y cuáles fueron las implicancias filosóficas y conceptuales de esta integración?

En primer lugar, defendemos la hipótesis de que la realización de una verdadera síntesis entre historia natural y humana fue posible solo cuando se alcanzaron dos objetivos: 1) como ya hemos visto, hubo que aplicar un tiempo histórico/lineal al mundo natural. Luego, 2) hubo que "naturalizar" al ser humano contextualizándolo dentro de un proceso filogenético referido a todo el mundo orgánico. Estos objetivos se consiguieron, lenta y progresivamente, en el periodo moderno. La historización de la naturaleza y la naturalización de lo humano es lo que caracteriza al surgimiento del pensamiento evolutivo, desde de Maillet hasta Lamarck. A partir de la mitad del siglo XIX, el darwinismo representó la culminación más sofisticada y exitosa de esta misma trayectoria intelectual. Consideremos, como ejemplo, dos de los libros más célebres de Darwin: *El origen de las especies* y *El origen del hombre*. El primero se puede leer como un manifiesto dedicado a la historización de la naturaleza orgánica y el segundo como un intento persuasivo de naturalización del ser humano. En resumen, con el surgimiento del evolucionismo moderno, lo "histórico" y lo "natural" se vuelven dos categorías inescindibles y mutuamente explicativas. Darwin fue la figura que mejor aprovechó esta novedad conceptual, aunque, probablemente, nunca fue totalmente consciente de ella.

El gran contemporáneo de Darwin que tuvo registro pleno respecto de la relevancia de esta integracion fue Karl Marx y esto por una razón sencilla: el filósofo alemán se encontraba en una posición ideal para entender la relación virtuosa entre historia y materialismo. Ya familiarizado con el materialismo antiguo desde su tesis de doctorado e instruido por el historicismo moderno, Marx percibió claramente que Darwin era el eje de articulación ideal entre las dos tradiciones. La relación entre Marx y Darwin ha sido ampliamente explorada y, por tanto, no necesitamos reconsiderarla aquí en todos sus aspectos (Barzun 1981). Para el fin de este escrito, cabe recordar que Marx no solamente fue un lector entusiasta de Darwin, sino que también asistió a las famosas conferencias que Thomas Huxley dio sobre la teoría darwiniana a los trabajadores ingleses (Foster 2000, 197). En suma, sabemos por distintas fuentes que la publicación del *Origen de las especies* fue un evento trascendental en la vida intelectual de Marx[8]. Ahora bien, para entender como Marx vio la conexión entre materialismo e historia, podemos empezar con su crítica al materialismo antiguo. Marx pensaba que el problema principal de Epicuro (y luego de Feuerbach) era su concepción contemplativa del mundo material. Una concepción que privilegiaba la existencia independiente de un mundo material sin considerar la relación dialéctica e históricamente determinada entre organismo (ser humano) y el medio material que lo rodea (Foster 2000, 15-16). Lo que le preocupaba Marx era precisamente la oposición entre mundo natural y mundo humano; entre necesidad e historia (Schmidt 1971). Marx creía que no se podía considerar la naturaleza como algo totalmente independiente del mundo histórico humano porque la historia humana era también historia natural. Por ello, no nos debe sorprender que Marx prefiriera el enfoque de los investigadores de la prehistoria por sobre el de las reconstrucciones históricas tradicionales: en las representaciones prehistóricas se enfatizan los elementos materiales que determinan ciertas formaciones sociales específicas. En palabras de Marx:

> La misma importancia que posee la estructura de los huesos fósiles para conocer la organización de las especies animales extinguidas, la tienen los vestigios de los medios de trabajo para formarse un juicio acerca de formaciones económico-sociales perimidas. Lo que diferencia unas épocas de otras no es lo que se hace, sino cómo, con qué medios de trabajo se hace (Marx 2006, 218).

Luego Marx añade en una nota muy significativa en *El capital*:

> Por poco que se haya ocupado la historiografía, hasta el presente, del desarrollo de la producción material, o sea, de la base de toda vida social y por tanto de toda historia real, por lo menos se han dividido los tiempos pre-

---

[8] La correspondencia entre Marx y Engels sobre Darwin y *El origen de las especies* es bien conocida, así como la carta que Marx envió a Ferdinand Lassalle en el 1860. Como Wilhem Liebknecht, un amigo de Marx, recordó: "When Darwin drew the conclusions from his research work and brought them to the knowledge of the public, we [Marx and Liebknecht] spoke of nothing else for months but Darwin and the enormous significance of his scientific discoveries" (Citado en Foster 2000, 197).

históricos en edad de Piedra, Edad de Bronce y Edad del Hierro, conforma al material de las herramientas y armas y fundándose en investigaciones científico-naturales, no en investigaciones presuntamente históricas (Marx 2006, 219).

La historia humana, como la historia de cualquier otro organismo, es parte de la historia natural. Por tanto, lo que hay que buscar no es la unicidad o superioridad del ser humano y su historia, sino los diferentes tipos de relaciones que los organismos —humanos o no humanos— tienen con su propio medio para la reproducción de sus existencias. Un proceso evolutivo es, en este sentido, un proceso de historia material que, en términos muy generales, se focaliza en los procesos de reproducción y sobrevivencia. En los *Manuscritos Filosóficos de 1844*, Marx subrayó de una forma muy clara la importancia de la relación entre el organismo (humano) y lo que él llamaba *cuerpo inorgánico*:

> (...) La naturaleza es el cuerpo inorgánico del hombre, es decir, la naturaleza en cuanto no es ella misma el cuerpo humano. El hombre vive de la naturaleza; esto quiere decir que la naturaleza es su cuerpo, con el que debe permanecer en un proceso continuo, a fin de no perecer. El hecho de que la vida física y espiritual del hombre depende de la naturaleza no significa otra cosa sino que la naturaleza se relaciona consigo misma, ya que el hombre es una parte de la naturaleza (Marx 2004, 112).

Hay un proceso histórico continúo caracterizado por un intercambio *metabólico* entre el organismo y el medioambiente. Y es a partir de este intercambio constitutivo que debemos entender la vida física e intelectual del ser humano. Marx complementó su perspectiva evolutiva y materialista en la célebre nota 89 de *El Capital*, donde al autor alemán destacó la generación de tecnologías naturales para la adaptación de los organismos a sus medios.

> Darwin ha despertado el interés por la historia de la tecnología natural, esto es, por la formación de los órganos vegetales y animales como instrumentos de producción para la vida de plantas y animales. ¿No merece la misma atención la historia concerniente a la formación de los órganos productivos del hombre en la sociedad, a la base material de toda organización particular de la sociedad? ¿Y esa historia no sería mucho más fácil de exponer, ya que, como dice Vico, la historia de la humanidad se diferencia de la historia natural en que la primera la hemos hecho nosotros y la otra no? La tecnología pone al descubierto el comportamiento activo del hombre con respecto a la naturaleza, el proceso de producción inmediato de su existencia, y con esto, asimismo, sus relaciones sociales de vida y las representaciones intelectuales que surgen de ellas (Marx 2006, Vol. 2, 452)

La historia humana e intelectual no es más que la continuación de la historia natural y material de los organismos. La interpenetración entre mundo material e ideal; entre tecnologías orgánicas y humanas; entre mundo animal y social, y entre Vico y Darwin, es total. Hay un único proceso evolutivo y material, aunque este se manifieste de diferentes formas en diferentes tiempos y organismos.

Ahora, queremos finalizar lo anterior con una pequeña aclaración: cuando hablamos de *proceso histórico*, no debemos confundirlo con un proceso contingente. En la filosofía de la evolución contemporánea, se ha destacado frecuentemente la importancia de la contingencia (Gould 1989; Betty 1995). Si bien el materialismo de Marx, como el materialismo epicureo-lucreciano, era un materialismo no determinista, esto no significa que la historia sea, en general, un conjunto de ocurrencias contingentes. Lo que podemos aprender del materialismo historicista es que la historia natural, como la historia humana, es inteligible en la medida que existen relaciones de causas y efectos que pueden ser identificadas y, en cierta medida, clasificadas, ordenadas y subsumidas bajo ciertos mecanismos específicos. Si bien el historiador, como el biólogo evolucionista, no puede formular predicciones muy precisas, esto no implica que no haya tendencias y patrones explicables en función de algunos factores causales. Darwin supuso que la selección natural —así como la herencia de los caracteres adquiridos y otros mecanismos— funcionaban como aquellos factores que podían hacer de la historia algo inteligible y no un conjunto desordenado de acontecimientos contingentes. En la historia natural (y humana), hay azar, hay necesidad y hay tendencias que puede ser reconducidas a factores materiales específicos. En síntesis, un proceso totalmente contingente no podría ser llamado *evolución* y tampoco historia, sino una crónica de acontecimientos más o menos relacionados. Lo que queremos decir es que no estamos obligados a elegir entre una visión teleológica (providencial) y una perspectiva puramente contingentista de la historia. Desde una perspectiva materialista (historicista), dicha dicotomía es innecesariamente restrictiva. Si la evolución no posee *telos*, esto no implica que no haya patrones evolutivos explicables por medio de ciertos principios materiales.

Para que la discusión no parezca demasiado abstracta, podemos aclarar lo anterior con un ejemplo instructivo tomado de *El origen del hombre*. En la primera parte del libro, Darwin no se sustrae de la tarea de identificar los factores causales que pueden orientar la historia natural humana. Para empezar, Darwin estaba muy consciente de que el mecanismo de la selección natural tenía un dominio de aplicación limitado:

> I now admit… that in the earlier editions of my "Origin of Species" I probably attributed too much to the action of natural selection or the survival of the fittest. I have altered the fifth edition of the Origin so as to confine my remarks to adaptive changes of structure. —Luego sigue—: If I have erred in giving to natural selection great power, which I am far from admi-

tting, or in having exaggerated its powers, which is itself probable, I have at least, as I hope, done good service in aiding to overthrow the dogma of separate creations (Darwin 2009, 152-153).

Lo que Darwin nos está comunicando es que, al fin y al cabo, no es tan importante defender el mecanismo de la selección natural. Podríamos fácilmente conceder que otros mecanismos de especiación fuesen igualmente relevantes. Lo que deberíamos cuestionar es la idea de que el orden y la complejidad sean el resultado de una creación trascendente y caprichosa. Debemos cuestionar la idea que haya una orden *de supra* que explique la orden *ab infra* y debemos dudar de aquellos que pretenden explicar fenómenos complejos recurriendo a fenómenos más complejos. Podemos, sin duda, equivocarnos sobrevalorando un mecanismo por sobre otro, pero este error sería menos importante que formular explicaciones que suponen agencias no materiales. En otras palabras, si aceptamos un enfoque materialista, debemos también convenir con la tarea de identificar mecanismos materiales que producen ciertos tipos de orden y fenómenos, incluso si el margen de error en privilegiar un factor causal por sobre otros es muy alto.

Ahora bien, la metodología materialista ejemplificada en el *Origen del hombre* es, al mismo tiempo, pluralista, historicista y no determinista. Darwin nos muestra cómo conductas y fenómenos muy complejos pueden estar relacionados con ciertas circunstancias materiales. ¿Cuál es el lugar del *Homo sapiens* en este universo material e histórico? ¿Y de dónde vienen nuestras ideas, emociones, conductas y pensamientos? En primer lugar, Darwin niega la posibilidad de encontrar una diferencia esencial entre los seres humanos y otros organismos. Todos son parte de un único proceso histórico. Evidencias morfológicas, fisiológicas y psicológicas muestran que los seres humanos comparten muchas características con otras especies. Esto significa que el *Homo sapiens* no tiene un lugar especial y único en el contexto evolutivo. *Homo sapiens* no es la culminación de la creación divina y tampoco un logro especial de una naturaleza providencial. Además, los rasgos psicológicos que tradicionalmente se atribuyen al primate humano están distribuidos, en diferentes grados y niveles, en el mundo animal. Imaginación, curiosidad, inteligencia, felicidad, miedo, coraje, memoria, razón y sentido moral, entre otros, no son una prerrogativa exclusivamente humana. Existe una historia natural de estas facultades y esta historia está relacionada con condiciones materiales específicas. Darwin identifica distintos factores que pueden explicar y, por tanto, hacer inteligible la historia natural del *Homo sapiens*. El mecanismo de la selección natural, sin duda, tiene un papel importante; sin embargo, Darwin considera también el uso y desuso de los órganos, las condiciones del medioambiente, los efectos de presiones mecánicas entre y sobre las partes, distintos ritmos de crecimiento (y reducción de crecimiento, es decir, fenómenos neoténicos) y, por supuesto, la selección sexual. Por ello, la historia humana, así como la historia evolutiva de las especies en general, no corresponde a un conjunto de acontecimientos independientes, sino de acontecimientos que responden a ciertos mecanismos causales.

Consideremos cómo Darwin enfrenta uno de los fenómenos humanos más complejos: el origen del sentido moral. Antes que nada, Darwin relacionó el sentido moral con un instinto social: todos los animales que poseen algún tipo de instinto social pueden desarrollar, dada ciertas circunstancias, un sentido moral. Por tanto, la precondición para la existencia de la moralidad es la socialidad: los organismos que tienen placer de vivir en comunidad sienten una "simpatía" recíproca. Darwin también se preguntaba cómo se pudo haber originado ese sentimiento de simpatía. Puede ser que la selección natural haya contribuido, pero no es suficiente. Lo único que se puede afirmar con un cierto grado de probabilidad es que la selección natural podría haberlo reforzado:

> In however complex a manner this feeling may have originated, as it is one of high importance to all those animals which aid and defend each other, it will have been increased, through natural selection; for those communities, which included the greatest number of the most sympathetic members, would flourish best and rear the greatest number of offspring… In many cases it is impossible to decide whether certain social instincts have been acquired through natural selection, or are the indirect result of other instincts and faculties, such as sympathy, reason, experience, and a tendency to imitation; or again, whether they are simply the result of long-continued habit (Darwin 2009, 82)

La explicación de Darwin sigue una trayectoria articulada y ciertamente no reduccionista. Mientras que el instinto social es una precondición que puede haberse originado de diferentes formas, el sentido moral no puede ser vinculado a una sola adaptación. De hecho, la moralidad requiere, junto con la "simpatía", el desarrollo de poderes intelectivos, mnemónicos, lingüísticos y el desenvolvimiento de hábitos sociales específicos. Resumiendo: en primer lugar, tenemos un sentimiento de simpatía que puede haber sido reforzado por medio de la selección natural. En segundo lugar, con el desarrollo de las facultades mentales y mnemónicas, los individuos pudieron comparar acciones pasadas con consideraciones presentes generando sentimientos de desafección con respecto a sus propias conductas pasadas. Como Darwin lo explica: "A moral being is one who is capable of comparing his past and future actions and motives, and of approving or disapproving them" (Darwin 2009, 88). En tercer lugar, con el desenvolvimiento del lenguaje, los deseos y las voluntades individuales se pudieron comunicar públicamente y así se produjeron las condiciones para la formación de la opinión común. Finalmente, lo anterior se complementa con el establecimiento gradual de una costumbre social que influye sobre la misma evaluación individual de la conducta moral. Es evidente que la metodología darwiniana es muy diferente de muchas simplificaciones sociobiológicas. Sin duda, Darwin creía que el sentido moral tenía una historia evolutiva y que esta historia podía ser reconducida a ciertos instintos y condiciones materiales, no necesariamente adaptativas. Concebía así distintos niveles con una dignidad ontológica irreductible; y es gracias al conjunto de todos los instintos, poderes intelectivos, memoria, lenguaje y hábitos sociales que se producía el fenómeno de la moralidad. Las condiciones materiales y los aspectos biológicos son necesarios y fundamentales, pero todavía no suficientes para dar cuenta de un fenómeno individual y colectivo tan complejo. En resumen, para Darwin, la moralidad no podía reducirse ni a una adaptación y tampoco a una lógica finalmente egoísta (como hicieron algunos sociobiólogos en el siglo XX).

El análisis que Darwin formuló sobre la evolución de la conducta moral nos demuestra cómo se puede abordar un fenómeno complejo con un enfoque, al mismo tiempo, materialista, pluralista y antideterminista que no acepta ni una visión teológica ni una perspectiva contigentista. Una explicación materialista en el ámbito evolutivo no es una explicación necesariamente adaptacionista y tampoco reduccionista. Es más bien una explicación que pretende identificar algunos factores que puedan dar cuenta de fenómenos complejos. Especificar las condiciones materiales que rodean conductas específicas no implica reducirlas o disimularlas como epifenómenos. En este sentido, la sociobiología, por ejemplo, ha sido solo una vertiente pobre y limitada del evolucionismo reciente; una vertiente que Darwin hubiera rechazado. Darwin, como Marx, pertenecía a una generación de investigadores que se tomaban el tiempo de leer y metabolizar todo tipo de literatura científica, antropológica e histórica. Con las debidas excepciones (como por ejemplo Ronald Fisher, ver Esposito 2018), los darwinistas que en el siglo XX quisieron aplicar el pensamiento evolutivo al primate humano faltaban de la misma erudición, creatividad y profundidad de sus maestros (ver discusión de Tim Ingold 2007)[9]. Muchos creyeron que las ciencias humanas podían reducirse a un darwinismo precocinado, cojo y empobrecido, ideal para el mundo académico extremadamente especializado del siglo XX y XXI, pero poco apto para comprender la complejidad de los procesos histórico-evolutivos, que son, en su mayoría, "densos" y multidimensionales.

Hoy en día, si queremos emanciparnos de las limitaciones de este darwinismo empobrecido, tenemos que resituar y reinterpretar la empresa intelectual de Darwin dentro de un contexto histórico mucho más amplio que el mundo anglosajón. Esto significa considerar al naturalista inglés como una parte de la historia del evolucionismo y no el evolucionismo como una extensión del darwinismo. En el 2005 el historiador Pietro Corsi hacía un llamado para extender el espacio histórico en el cual las ideas darwinianas debían situarse:

---

[9] Como notaba Tim Ingold (2007) algunos años atrás, el desconocimiento e ignorancia (y probablemente desinterés) de los nuevos biólogos evolutivos por las ciencias sociales es sin duda una limitación importante para que se desarrolle un debate genuinamente interdisciplinario.

Lack of consideration of the complex European scientific scene from the late 18th century to the mid decades of the 19th century has produced partial and often biased reconstructions of priorities, worries, implicit and explicit philosophical and at times political agendas characterizing the early debates on species (Corsi 2005).

Esta falta de consideración historiográfica mencionada por Corsi es la consecuencia de lo que he llamado "excepcionalísimo darwiniano", a saber, la idea que el 1859 sea el año cero a partir del cual todo cambia. Esta visión *cristiana* (y deweyana) de ver la historia, donde hay un antes obscuro/dogmático y un después luminoso/racional, no concuerda con todos los conocimientos que los historiadores han ido acumulando en las últimas décadas. Siguiendo Corsi, hacemos un llamado aún más ambicioso: no solo debemos resituar Darwin en las discusiones europeas del siglo XVIII y XIX, sino que precisamos recontextualizarlo dentro de la gran tradición materialista europea. Esto nos llevaría a liberar a Darwin de toda la responsabilidad que filósofos como Dewey le han atribuido: la responsabilidad de ser una especie de mesías ateo vaticinador de un aparente nuevo pensamiento dinámico en contraste con un supuesto medioevo intelectual. Darwin, como Marx, fue heredero de Epicuro y de Lucrecio, de Maillet y de Lamarck, no un hereje de la iglesia anglicana. Asimismo, si resituamos el darwinismo dentro de la gran tradición del materialismo europeo, podemos también rescatar al naturalista inglés de la responsabilidad de ser el precursor de ideologías científicas autoritarias, genocidas o ideológicamente sospechosas, sean estas el darwinismo social, neodarwinismo, eugenismo racial o sociobiología (Weikart 2004). Finalmente, nuestra operación historiográfica nos podría ayudar a purificar Darwin y el darwinismo de las imágenes distorsionadas que nos han proporcionado las más recientes "biologías populares" (o populistas), desde Dawkins hasta Dennett.

Una vez que hemos rechazado la tesis del "excepcionalismo" darwiniano, podemos finalmente volver a la gran pregunta de Dewey, a saber, cuál fue y es la influencia de Darwin sobre la filosofía, nuestra breve respuesta es haber demostrado que el materialismo, en conjunción con a una inclinación historicista, no solamente era (y es) un programa de investigación viable, sino que era (y es) heurísticamente fructuoso para generar explicaciones extremadamente convincentes en ambos dominios de las ciencias naturales y humanas.

## 4. Conclusiones

Hemos argumentado que la tesis de la excepcionalidad filosófica de Darwin formulada por Dewey es históricamente insostenible, ya que es el resultado de una historiografía demasiado concentrada en el contexto anglosajón. Darwin no fue el inventor de una nueva filosofía dinámica en contraste con un esencialismo dogmático y tampoco fue el primero en cuestionar ciertas perspectivas teleológicas y teológicas. Si queremos rastrear el éxito del darwinismo, tenemos que mirar en otra dirección. Hemos defendido la hipótesis de que, en realidad, el evolucionismo darwiniano es la culminación más exitosa de la tradición que hemos llamado *materialismo historicista* y que se caracteriza por los siguientes elementos: 1) la integración (y, eventualmente, remplazo) de un tiempo cíclico, normalmente, atribuido a los procesos naturales, con un tiempo lineal y acumulativo, tradicionalmente atribuido a la historia humana, y 2) la idea de que la historia sea una herramienta epistémica esencial para explicar los fenómenos naturales y que corresponde a un proceso lineal, denso, creativo y dinámico al mismo tiempo constreñido y orientado por factores causales (selección natural, uso y desuso, selección sexual, etc.) que operan en circunstancias y espacios determinados. El programa materialista de historizar la naturaleza y naturalizar lo humano no solamente resultó viable, sino que podía finalmente neutralizar muchas de las críticas tradicionales que habían atormentado (legítimamente) al materialismo antiguo y moderno. La enorme improbabilidad de la organización que caracteriza a los seres orgánicos podía ser diluida y distribuida en millones de años, y justificada a partir de la operación constante de mecanismos específicos relativamente simples en comparación con la complejidad de los fenómenos que estos producen. En resumen, por citar un célebre libro, en Darwin no hay una idea peligrosa que lleve a cuestionar un universo providencial y que lleve a negar un diseño inteligente en la naturaleza; más bien, nos permite articular, de una forma muy exitosa, a Lucrecio y a Lamarck: el azar, la necesidad y la historia.

Precisamente porque la obra de Darwin pertenece a la escuela del materialismo europeo, sería un craso error historiográfico atribuir al naturalista inglés la responsabilidad de haber originado tradiciones autoritarias, genocidas o de pensamiento reduccionista, sean estas el darwinismo social, eugenesia nazista, o la sociobiología (Weikart 2004). Estas últimas son formas muy empobrecidas de materialismo historicista y representan versiones desteñidas del pensamiento Darwiniano. El materialismo darwiniano, como el materialismo antiguo de Epicuro y Lucrecio, no es determinista y tampoco reduccionista, sino que es pluralista y sistémico. Lucrecio, Johnson observaba, "… has a fondness for positing multiple hypotheses (this practice helps guard against too easily converting raw sense impressions into inaccurate conceptions, it exercises the learner's powers of imagining and refining images into thoughts…) (Johnson 2000). Lo mismo podríamos decir de Darwin y de muchos materialistas modernos. Además, "desprovincializando" nuestra imagen histórica de Darwin —demasiado entrelazada con su entorno inmediato anglosajón— no solamente lograremos liberar el naturalista inglés de acusaciones indebidas con respecto a las consecuencias políticas de sus teorías, sino que conseguiremos emancipar su pensamiento de interpretaciones que han desfigurado un programa de investigación heurísticamente productivo y todavía vigente para las ciencias naturales y humanas.

**Referencias bibliográficas**

Barzun, J. (1981). *Darwin, Marx, Wagner: Critique of a Heritage*. Chicago: Chicago University Press.

Beatty, J. (1995). The evolutionary contingency thesis. En G. Wolters y J. G. Lennox (Eds.), *Concepts, theories, and rationality in the biological sciences* (pp. 45–81). Konstanz: Universitätsverlag.

Campbell, G. (2003). *Lucretius on Creation and Evolution*. Oxford: Oxford University Press.

Corsi, P. (2005). Before Darwin: Transformist Concepts in European Natural History. *Journal of the History of Biology*, 38, 67-83.

Crombie, A. (1995). Commitments and Styles of European Scientific Thinking, *History of Science, XXXIII*, 225-238.

Darwin, C. (2009). *The Descent of Man and Selection in Relation to Sex*. Cambridge: Cambridge University Press.

Dewey, J. (1910). The Influence of Darwin on Philosophy. En *The Influence of Darwin on Philosophy and Other Essays*. New York: Henry Holt and Company.

Diderot, D. (1875). *Oeuvres complètes de Diderot*. Paris: Garnier Frères.

Esposito, M. (2016). From human science to biology: The second synthesis of Ronald Fisher. *History of the Human Sciences*, 29(3), 44-62.

Foster, J. B. (2000). *Marx's Ecology: Materialism and Nature*. New York: Monthly Review Press.

Gould, S. J. (1989). *Wonderful Life: The Burgess Shale and the Nature of History*. New York: W. W. Norton & Co.

Ingold, T. (2007). The Trouble with "Evolutionary Biology". *Anthropology Today*, 23(2), 13-17.

Johnson, W. R. (2000). *Lucretius and the Modern World*. New York: Bloomsbury Academic.

Lucrecio, T (2016). *La naturaleza de las cosas*. Madrid: Alianza editorial.

Marx, K. (2004). *Manuscritos económico-filosóficos de 1844*. Buenos Aires: Colihue.

Marx, K. (2006). *El capital. Crítica de la Economía Política*, Volumen 1-2. Madrid: Siglo XXI.

Schrijvers, P. H. (1998). *Lucréce et les sciences de la vie*. Leiden: Brill.

Sloan, P. (2019). Evolutionary Thought Before Darwin, *Stanford Encyclopedia of Philosophy*. https://plato.stanford.edu/entries/evolution-before-darwin/

Schmidt, A. (1971). *The Concept of Nature in Marx*. New York: New Left Books.

Weikart, R. (2004). *From Darwin to Hitler: evolutionary ethics, eugenics, and racism in Germany*. London: Palgrave Macmillan.

Wilson, C. (2008). *Epicureanism at the Origins of Modernity*. Oxford: Oxford University Press.

# El retorno del determinismo genético[†]

## Antonio Diéguez Lucena[*]

### 1. Introducción

Hay genes para todo. O eso parece concluirse de lo que nos vienen diciendo algunos científicos y divulgadores en los últimos años, y sobre todo de lo que suele leerse en la prensa cuando ésta recoge noticias científicas relacionadas con la genética humana. Casi todos los atributos significativos del ser humano han sido relacionados causalmente con la posesión de un gen o un conjunto de genes. La inteligencia, la salud, la estatura, la felicidad, el alcoholismo, el ser una buena o mala persona, la orientación política y hasta el gusto por viajar o cambiar de ciudad, todo dependería de los genes de una forma decisiva. El genoma sería nuestro retrato más fiel. En él está en lo esencial todo lo que somos y hacemos. Y, siendo así, se abre entonces la puerta, cuando la tecnología lo permita, de una reforma radical de toda nuestra personalidad y una potenciación de las cualidades de nuestra descendencia mediante la manipulación de dicho genoma.

Los que así piensan, es decir, los deterministas genéticos, consideran que la posesión de ciertos genes implica el desarrollo (casi) inevitable de rasgos importantes que nos caracterizan como personas. Han sido proclives en especial a explicar la inteligencia o las conductas sociales problemáticas o desviadas en función de los genes que portan los individuos. Entre los más convencidos no ha sido infrecuente saltar de ahí a supuestas diferencias genéticas entre razas humanas que serían responsables de talentos y habilidades desiguales. A mediados de los noventa, el libro de Richard J. Hernstein y Charles Murray *The Bell Curve* (Hernstein y Murray 1994) generó una intensa polémica al defender que había una perceptible

---

[†] Este trabajo es una síntesis y adaptación con modificaciones de dos trabajos del autor previamente publicados: "La genética me hizo así. El retorno del determinismo biológico", *Claves de Razón Práctica*, 2019, 266, pp. 94-103 y "De genes, planos, adivinos y psicología", *Revista de Libros*, 2019, (edición digital).

[*] Universidad de Málaga. Email: dieguez@uma.es

disparidad en inteligencia entre las diferentes razas. El libro sostenía también que, dado que estas diferencias en inteligencia son hereditarias y están correlacionadas con el éxito económico, resultan completamente inútiles todas las políticas sociales enfocadas a la disminución de las desigualdades socioeconómicas entre grupos raciales (para diversas réplicas que muestran la intensidad que adquirió el debate, véase Fraser 1995). Más recientemente, el muy difundido y comentado libro del columnista científico del New York Times Nicholas Wade, titulado *Una herencia incómoda. Genes, raza e historia humana*, de una forma más sutil, ha contado una historia similar: hay razas humanas genéticamente objetivables y a cada una de ellas le ha ido a lo largo de la historia de maneras bastante dispares debido a comportamientos (particularmente inclinaciones al desarrollo de instituciones y relaciones sociales) que están inscritos en sus genes.

Sin embargo, en los libros de biología lo que se nos explica es que un gen es un trozo de una molécula de ADN que codifica la síntesis de un polipéptido (una parte de una proteína) o que realiza una función reguladora sobre otros genes. ¿Cómo se produce entonces esta pirueta? ¿Cómo se transita desde un polipéptido a las instituciones sociales y políticas, a los supuestos talentos de una raza, o de una población, o de un individuo? ¿Está científicamente justificado ese salto? Ciertamente, es un salto arriesgado y encierra en ocasiones no pocos malentendidos. El propósito de este trabajo es señalar algunos de esos malentendidos. En primer lugar, caracterizaremos el determinismo genético, en segundo lugar, aclararemos la noción de heredabilidad y señalaremos el papel del ambiente en el desarrollo de los organismos y en la aparición de los rasgos fenotípicos, en tercer lugar explicaremos por qué ha resurgido con fuerza en los últimos años el determinismo genético, y finalmente analizaremos una manifestación de este resurgimiento: el libro de Robert Plomin *Blueprint: How DNA Makes Us Who We Are*, publicado en 2018.

## 2. Caracterización del determinismo genético

No vamos a negar que la noción de determinismo genético es ella misma problemática y requiere una cierta clarificación. Hagamos, pues, algunas distinciones previas para despejar algo el asunto. Tal como se entiende habitualmente en el contexto de la filosofía de la ciencia, el *determinismo causal o físico* es la tesis según la cual todos los acontecimientos están sometidos a leyes naturales inmutables que fijan la sucesión en que esos acontecimientos se producen. Como consecuencia de ello, una vez fijado el estado que las cosas tienen en un momento dado del tiempo, sólo puede haber un estado posible de cosas en cualquier otro momento del futuro; o dicho de otro modo, sólo hay un estado de cosas en un momento futuro compatible con el estado de cosas presente. Y lo mismo puede decirse con respecto al pasado. Sólo hay un estado de cosas en cualquier momento del pasado compatible con el estado de cosas presente. Por tanto, al fijar un estado de cosas en el mundo, todos los demás estados están fijados igualmente conforme a las leyes naturales. Éste es básicamente el sentido que cobra el término determinismo a partir del *Ensayo filosófico sobre las probabilidades* de Laplace.

Aplicado esto a la genética, el determinismo vendría entonces a sostener que todos los estados fisicoquímicos que dan lugar a la formación, constitución y acción de los genes (incluyendo los factores ambientales intra y extracelulares), así como todos los estados fisicoquímicos en cuya generación los genes tienen alguna participación, en conjunción con muchos otros factores (incluyendo factores ambientales) están sometidos a leyes que los encadenan de una forma precisa e invariable. Es obvio, sin embargo, que no es este el sentido que tiene el término en el debate que nos ocupa, aunque solo sea por el hecho de que puede aceptarse el determinismo causal sin aceptar el determinismo genético, concediéndole, por ejemplo, un papel fundamental a los factores ambientales, y puede aceptarse el determinismo genético sin aceptar el determinismo causal, por ejemplo, sosteniendo que la acción de los genes es la única relevante para explicar la mayor parte de los rasgos fenotípicos pero admitiendo al mismo tiempo que tiene un carácter probabilístico y que solo marca una propensión.

Descartemos también, por obviamente insostenible, la idea de que el determinismo genético exige que *la totalidad* de los rasgos fenotípicos sean el producto *exclusivo* (con la mera ayuda de los mecanismos bioquímicos celulares) de los genes. Nadie relevante ha sostenido nunca algo así de radical. Del mismo modo, tal como argumentó hace tiempo el filósofo de la biología Philip Kitcher (2003, 284), tampoco parece útil en el desarrollo de este debate entender el determinismo genético como la tesis según la cual siempre que un organismo posee una cierta forma de un gen o de un determinado conjunto de genes, desarrollará un cierto rasgo fenotípico sean cuales sean las circunstancias acompañantes. Como Kitcher afirma, por lo que sabemos, los rasgos que más cerca están de una determinación semejante serían ciertas enfermedades monogénicas, pero incluso en tales casos cabe imaginar cambios en el ambiente que podrían modificar el resultado de la acción del gen, tal como hoy sucede con una dieta sin fenilalanina para tratar los casos de fenilcenoturia. Volveremos a continuación sobre esto. Pero entonces, si nada de lo anterior nos vale, ¿cómo entender el determinismo genético?

Para empezar, el determinismo genético, si ha de ser interesante, no puede ser una cuestión de todo o nada, sino que debería poder modularse en formas más radicales o menos radicales, más fuertes o más débiles, más extensas o más acotadas (en el sentido de ser determinista con respecto a unos rasgos y no a otros). El determinismo genético pertinente en el clásico debate entre naturaleza frente a crianza (o genes frente a ambiente) es un determinismo gradual que acepta que los genes por sí solos no causan nada y que su acción se produce siempre en interacción con el ambiente. En este contexto, es además una tesis referida al ser humano, y particularmente a sus rasgos mentales y conductuales.

Asumido esto y entendiendo que nos referimos a esta clase de rasgos, podríamos caracterizar el *determinismo genético* como la tesis que sostiene que, *excepto en condiciones ambientales extremas o raras, la norma de reacción de un genotipo, es decir, el rango de fenotipos que un mismo genotipo puede generar dependiendo de las diferencias ambientales, es muy estrecha o se mantiene siempre comparativamente en la misma relación con la norma de reacción de otros genotipos*. Esto implica, entre otras cosas, que los cambios en el ambiente pueden hacer muy poco o nada por variar el modo en que el rasgo se manifiesta en un individuo en comparación con otros. No hace falta, pues, creer que todo está determinado por los genes y que el ambiente no contribuya en nada para caer en el determinismo. Dicho de otro modo, no hace falta ser un fatalista, basta con considerar que en los rasgos que más nos caracterizan como personas la acción de los genes es la decisiva y el ambiente apenas explica nada porque su acción viene dada, usando palabras de Robert Plomin (2018, 80), por "eventos asistemáticos, idiosincráticos, fortuitos, sin efectos duraderos".

Alguien podrá objetar que esto no es un determinismo genuino, puesto que admite excepciones, habla de propensiones, de efectos externos adicionales, o asume en algunos casos resultados fenotípicos diferentes aun partiendo de los mismos genes. Quizás podría hablarse en su lugar de reduccionismo genético, aunque sabiendo que hay quien no identificaría ambas cosas, o de esencialismo genético (Sarkar 1998; Rosoff y Rosenberg 2006; Zimmer 2018). Aquí, sin embargo, mantendremos el término, entendido de la forma ya explicada, porque una vez caracterizado como hemos hecho no tiene por qué inducir a ninguna confusión y porque es el modo en que habitualmente se entiende en el debate actual.

## 3. Heredabilidad y ambiente

La causalidad genética directa está muy bien establecida en algunas enfermedades monogénicas, como la fenilcetonuria, antes mencionada. Las enfermedades monogénicas están producidas por la mutación de un solo gen. En el caso de la fenilcetonuria, la mutación en homocigosis hace que el portador carezca de la enzima fenilalanina hidroxilasa, lo cual impide el metabolismo correcto del aminoácido fenilalanina. Esto a su vez provoca que se acumulen en el organismo metabolitos, como el fenilpiruvato, y que se produzcan daños cerebrales durante el crecimiento. Los niños que la padecen sin recibir tratamiento experimentan un retraso mental severo. Es una enfermedad autosómica recesiva, lo que quiere decir que los dos progenitores deben haber aportado el alelo mutante. Estamos, pues, ante una conexión bien conocida en todos los detalles relevantes. Ahora bien, ¿está igualmente legitimado el tránsito desde la función de una proteína o varias a rasgos como la inteligencia, la homosexualidad, el conservadurismo o cualquier característica conductual o social de una persona? ¿Ha descubierto la ciencia en cada caso toda la cadena causal que lleva desde una molécula a un rasgo complejo o a una conducta? Pues lo cierto es que no, que pasar de lo uno a lo otro implica casi siempre un ascenso bastante especulativo, por mucho que los estudios con hermanos gemelos o con ratones nos muestren correlaciones significativas entre ciertos alelos y ciertas conductas. Los mecanismos detallados que enlazan las proteínas con la conducta permanecen, con algunas contadas excepciones, en el terreno de lo desconocido.

Una confusión muy frecuente, y que quizás sea la que da mayor pábulo al determinismo genético, consiste en pensar que si un rasgo tiene una alta heredabilidad, entonces el ambiente no puede apenas cambiarlo y, por tanto, que es en la práctica un rasgo inmutable. Técnicamente la heredabilidad se define como la proporción de la variedad fenotípica *dentro de una población* que se debe a diferencias genéticas entre individuos. Un sencillo ejemplo puede mostrar por qué es un error identificar una alta heredabilidad con inmutabilidad a través del ambiente. La estatura es un rasgo poligénico y complejo, y se sabe que tiene una alta heredabilidad (en torno al 0.8). A mitad del siglo XIX, los hombres holandeses eran unos 9 centímetros más bajos de media que los hombres blancos norteamericanos. Pero la situación se ha invertido desde finales del siglo XX. Ahora, los hombres holandeses son unos 5 centímetros más altos de media que los hombres blancos norteamericanos, aun cuando la estatura de estos últimos también ha aumentado algo durante ese tiempo. Pese a la alta heredabilidad de la estatura, resulta obvio que estos cambios se debieron a modificaciones medioambientales, sobre todo en la dieta, y no a una variación en los genes (Visscher et al. 2008). Los genes no cambian tan rápidamente en poblaciones tan extensas.

El ambiente, de hecho, puede condicionar de forma radical fenotipos que tienen una base genética muy similar, como sucede en el caso de los indios Pima.[1] Estos indios habitan una zona que comprende parte de la frontera entre los Estados Unidos y México, repartiéndose su población entre los estados de Arizona en el norte y Sonora y Chihuahua en el sur. Es una tribu que presenta una gran homogeneidad genética entre las dos poblaciones, aunque no una identidad genética total. Pero la diferencia más notable es que la población asentada en Arizona ha asumido el modo de vida norteamericano, incluyendo su alimentación, y se da en ella una mayor incidencia de obesidad que en la población asentada en México, así como de diabetes tipo 2 (con uno de los índices más altos del planeta). La parte de la población asentada en México, por su parte, al conservar muchas de sus costumbres ancestrales, realiza mucha más actividad física y tiene una dieta tradicional con alto contenido en fibras vegetales y carbohidratos complejos y bajo contenido en grasas saturadas. Los autores que realizaron uno de los estudios más detallados sobre esa tribu concluyeron que su caso es un buen ejemplo de

---

[1] Debo a Federico Soriguer, prestigioso endocrinólogo y buen amigo, algunos datos sobre esta etnia.

cómo la prevalencia de la diabetes tipo 2 es consecuencia de la interacción entre predisposiciones genéticas y el estilo de vida asociado con un ambiente desfavorable, y cómo la modificación del ambiente puede hacer que la enfermedad no se manifieste. Según sus palabras, los resultados "sugieren que el estilo de vida de los indios Pima mexicanos puede tener como efecto una protección vitalicia contra la diabetes tipo 2, incluso entre la mayor parte de aquellos que son genéticamente susceptibles. [...] Este hallazgo indica que, incluso en la población con una alta susceptibilidad genética, la diabetes tipo 2 no es inevitable y puede ser prevenida en un ambiente que promueva niveles bajos de obesidad y niveles altos de actividad física." (Schulz et al. 2006).

El aumento de la estatura de los holandeses y de la alta tasa de diabetes solo en ciertas poblaciones de indios Pima muestran algo muy importante: el que un rasgo tenga una alta heredabilidad en una población no significa que dicho rasgo esté determinado genéticamente, es decir, que los genes produzcan necesariamente el mismo fenotipo, puesto que el ambiente puede ser decisivo en el modo en que ese rasgo se manifiesta. De igual manera, el que un rasgo tenga una baja heredabilidad en una población no significa que el ambiente lo sea todo en la aparición de ese rasgo y que los genes no desempeñen una función destacada en el proceso. Añádase a esto que la heredabilidad de un rasgo puede cambiar de una población a otra, de un ambiente a otro, o que puede variar también con el tiempo, y se verá entonces el modo insalvable en el que el determinismo simplifica las cosas.

Los genes no son, pues, un destino. Esto lo saben bien muchas personas obesas. Aunque su obesidad tenga un componente genético heredado, que no tiene por qué estar presente en otros obesos, es bien conocido que una dieta adecuada puede hacer que su peso se mantenga en límites normales y saludables, y sería absurdo que pensaran que, puesto que portan alelos que propician la obesidad, es inútil hacer nada para evitarla. Incluso en casos como los de la fuerte determinación genética en las enfermedades monogénicas, el ambiente puede tener una influencia fundamental. Un niño que porte los alelos mutantes que provocan la fenilcetonuria puede evitar los efectos de esta enfermedad y tener un desarrollo cognitivo normal si, como hemos dicho, elimina de su dieta alimentos que contengan proteínas con el aminoácido fenilalanina. Es cierto que no sucede lo mismo con otras enfermedades genéticas, como la enfermedad de Huntington, causada también por una mutación de un gen que produce una proteína alterada. Si se tiene los alelos responsables de la misma, y dado el escaso conocimiento que tenemos acerca del control de sus mecanismos fisiológicos, se padecerá la enfermedad con todos sus efectos. Pero cabe la posibilidad de que, de forma análoga a lo que sucede con la fenilcetonuria, en el futuro encontremos una forma de cambio en el ambiente que pueda paliar o eliminar esos efectos. Philip Kitcher (1997, 242) sostiene con razón que lo que nos lleva a considerar la enfermedad de Huntington como un ejemplo claro de determinismo genético es que nuestro desconocimiento de los mecanismos subyacentes solo nos deja establecer una conexión ineludible entre genotipo y fenotipo, algo que podría cambiar si algún día conocemos bien esos mecanismos.

Mucho más comunes, sin embargo, son los rasgos en los que un mismo genotipo puede tener una *norma de reacción* amplia según las variaciones del ambiente. Por ejemplo, diversos clones de la misma planta pueden dar fenotipos distintos en función del tipo de suelo en el que crecen, o de la altitud. Este fenómeno se conoce como '*plasticidad fenotípica*'. Por otro lado, las modificaciones epigenéticas, heredadas o adquiridas, que son causadas por circunstancias ambientales, modifican la expresión de los genes, lo que puede provocar que los mismos alelos portados por dos individuos no lleven a los mismos fenotipos. Y finalmente deben tenerse en cuenta los múltiples mecanismos, como el empalme alternativo, las modificaciones del ARN maduro, o las modificaciones postranscripcionales de las proteínas, que hacen que los factores ambientales, tanto internos como externos a la célula, terminen generando productos muy variados a partir de un mismo gen.

Todo lo anterior subraya algo que es moneda común en la biología actual: cualquier rasgo fenotípico es el resultado de la interacción compleja del genotipo con el ambiente. La asunción de este interaccionismo lleva en ocasiones a algunos investigadores a querer averiguar con precisión cuánto ha contribuido el genotipo a la formación de un rasgo en un organismo y cuánto ha contribuido el ambiente. Una pretensión, sin embargo, que a mediados de los setenta el genetista y biólogo evolutivo Richard Lewontin consideró sin sentido, dada precisamente la estrecha conexión entre genotipo y ambiente en el desarrollo de un individuo, y más aún si se entiende que lo genético compite de algún modo con lo ambiental en la formación del rasgo. Preguntarse si en el desarrollo de un rasgo presente en un organismo ha contribuido más lo genético o lo ambiental es como preguntarse qué ha tenido un efecto más decisivo en el funcionamiento de un candil, si el combustible o la llama de la cerilla. Genes y ambiente, según Lewontin, no son dos factores causales separados que se mezclan circunstancialmente para producir un efecto fenotípico, sino que son partes necesarias de un mismo proceso de desarrollo que no pueden ser consideradas por separado a la hora de explicar un rasgo. Se admita o no esta tesis tan estricta (para una crítica, véase Kitcher 2003; para una defensa, Keller 2010), lo cierto es que no impide que podamos medir cuánto de la varianza de un rasgo entre individuos de una población es atribuible a diferencias entre genotipos, una magnitud que se interpreta como la heredabilidad de dicho rasgo. Por seguir con la analogía, podemos comparar candiles y establecer que algunos dan mejor llama que otros debido al tipo de combustible que queman, sabiendo que un mismo combustible puede funcionar de forma más o menos eficiente en función de otras circunstancias acompañantes. Lo importante es saber interpretar correctamente los resultados obtenidos.

## 4. El retorno del determinismo genético

Pese a que, a la luz del consenso entre los biólogos acerca de la interacción entre el genotipo y el ambiente a la hora de explicar el fenotipo este debate debería ya estar cerrado, lo cierto es que en los últimos años el determinismo genético ha cobrado una fuerza renovada debido a los avances en Inteligencia Artificial (IA). Los sistemas artificiales capaces de aprendizaje automático (*machine learning*) mediante el análisis de datos masivos (*big data*) están revolucionando el campo de la IA, y una de las principales aplicaciones que han encontrado es el análisis de una gran cantidad de información genética almacenada en las bases de datos de laboratorios y de hospitales con vistas a la realización de predicciones acerca de la probabilidad que los individuos portadores de determinados alelos tienen de padecer enfermedades o de poseer ciertos rasgos fenotípicos, entre ellos, cómo no, determinado Cociente Intelectual (CI). De hecho, la aplicación de técnicas de análisis masivos de datos a las bases de datos con las que ya contamos, que contienen en conjunto más de un millón de genomas humanos, está significando un gran avance el campo de la diagnosis genética. Lo que se pretende, en suma, es utilizar la información obtenida en los llamados "estudios genéticos masivos de asociación del genoma completo" (*genome-wide association studies* (GWAS)) para establecer correlaciones entre diferentes rasgos fenotípicos –habitualmente enfermedades, pero no solo– y cientos de miles de marcadores genéticos, denominados 'polimorfismos de nucleótidos únicos (SNP). Mediante esos estudios se pueden analizar de forma rápida y eficaz genomas completos de individuos, identificando los SNP asociados en algún grado con el padecimiento de enfermedades, de este modo se puede asignar a cada persona determinadas "puntuaciones poligénicas", que serían porcentajes de riesgo de llegar a sufrir enfermedades debidas a la acción combinada de múltiples genes.

Todo esto ha hecho pensar a algunos que si las enfermedades o el CI pueden ser predichos a partir de los genes con ayuda de algoritmos es porque los genes son determinantes en la aparición de dichas enfermedades o en la formación de la inteligencia. Lo que no parece conocerse de igual modo es que si algunos de estos sistemas de IA son tan buenos prediciendo la propensión a padecer una enfermedad es porque se incluye en ellos en muchas ocasiones una amplia información, imposible de manejar para un ser humano, sobre el ambiente y el estilo de vida de los sujetos. Es decir, estos sistemas no presuponen que el ADN sea la única información relevante para la aparición de dicha enfermedad, como sostendría un determinista.

No es así, sin embargo, en la utilización de estudios masivos de ADN para la predicción del CI, al menos en los ensayos más relevantes realizados hasta la fecha (Plomin y von Stumm 2018; Lee et al. 2018; ver también Plomin 2018). Estos se han centrado en los genes relacionados con la inteligencia, a pesar de que la mayoría son desconocidos y de que se supone que puede haber miles de ellos, cada uno con un efecto pequeño sobre la inteligencia general de un individuo. Pero precisamente estas técnicas de minería de datos han posibilitado que un determinismo basado en miles de genes, en lugar de en uno o pocos, suene plausible.

Los GWAS usados para la predicción del CI suscitan de nuevo viejas cuestiones espinosas, como qué mide realmente el CI, cuál es su relación con muchos aspectos de lo que consideramos como inteligencia, cuál es su heredabilidad (ha sido estimada en una gama amplia que va desde el 35% al 80%) y qué legitimidad tienen las extrapolaciones de la heredabilidad del CI, o de cualquier rasgo, en una población a la hora de sacar conclusiones acerca del desarrollo de ese rasgo en los individuos concretos. Es conveniente saber, por ejemplo, que si la heredabilidad de la inteligencia fuera de un 80%, sería incorrecto interpretar esto como que en un individuo cualquiera el 80% de su inteligencia se debe a causas genéticas y el 20% a factores ambientales, puesto que la heredabilidad es un concepto poblacional y no puede ser extrapolado al desarrollo de un rasgo en un individuo particular. Por otra parte, los factores ambientales, anteriores y posteriores al nacimiento, son siempre de gran relevancia para explicar la variación en el CI entre individuos. Así, está bien establecido que los años de educación recibida aumentan el CI, que la mejora socioeconómica en niños adoptados aumenta su CI, que las infecciones en la niñez lo disminuye, o que en muchos países el CI medio de la población ha venido aumentando desde los años 30 del siglo XX debido fundamentalmente a las mejoras médicas, educativas y en alimentación. En España lo ha hecho en 0.3 puntos por año. Este fenómeno, que al parecer se está frenando, se conoce como 'Efecto Flynn'.

No es sorprendente que la fiabilidad de esta aplicación ambientalmente descontextualizada de la predicción genética al CI haya sido cuestionada por algunos especialistas y que haya sido calificada incluso de "videncia genética". El valor más alto en la capacidad predictiva ha sido muy modesto. Solo se ha podido predecir en torno al 10% de la variación en inteligencia entre los individuos del grupo estudiado. Es decir, suponiendo que la heredabilidad de la inteligencia fuera, poniéndonos en la cifra más alta postulada, de un 80%, las herramientas predictivas actuales basadas en resultados de GWAS solo permitirían predecir un 10% de ese 80%.

Sería sumamente preocupante por todo ello que análisis genéticos de este tipo pudieran utilizarse alguna vez para la selección preimplantacional de embriones, o, tratándose de la predisposición a enfermedades, que puedan caer en manos de compañías aseguradoras. No es muy probable que dichas compañías se detengan a considerar los matices de las posibles influencias del ambiente (Alexander 2017, cap. 8; Regalado 2018).

## 5. Análisis de las tesis de Robert Plomin

Aparentemente, nadie con los suficientes conocimientos de biología cree que, al menos en lo que se refiere a los rasgos complejos del ser humano o de otros primates, particularmente los que tienen que ver con la conducta social, con la inteligencia y con aspectos psicológicos y de la personalidad, los genes lo sean todo y el ambiente no importe nada. Hoy todos los investigadores se adhieren al consenso científico acerca de la interacción entre genes y ambiente para explicar cualquier rasgo fenotípico en cualquier organismo. Eso sí, una vez aceptado este consenso científico, se supone que a nadie debería escandalizarle que la ciencia descubra mediante rigurosa investigación empírica que para unos rasgos los genes importan más que para otros.

Por esta razón, podemos sospechar que el psicólogo norteamericano Robert Plomin, autor del libro *Blueprint: How DNA Makes Us Who We Are*, no se considera a sí mismo un determinista genético, a pesar de que buena parte de las críticas que su libro ha recibido le acusan de serlo, como, por ejemplo, la crítica publicada por *Nature* con el título "El determinismo genético restaurado" (Comfort 2018). Plomin es un psicólogo experimentado, que lleva tres décadas trabajando con gemelos idénticos y mellizos, primero en la *Pennsylvania State University*, hasta el año 1994, y después en el *King's College* de Londres, donde trabaja en la actualidad. Sus investigaciones le han convertido en una de las figuras principales en el campo conocido como Genética del Comportamiento. Presidió desde 1989 hasta 1993 la *Behavior Genetics Association*, cuyo primer presidente fue nada menos que Theodosius Dobzhansky y ha recibido algunas de los más prestigiosos premios a la investigación, como el premio de la Asociación Americana de Psicología (APA) a la mejor contribución científica en 2017. Así que ciertamente sabía a lo que se enfrentaba cuando publicó su libro. Él mismo nos confiesa que no se atrevió a escribirlo durante esos treinta años de carrera profesional, y no solo porque quería encontrar un mejor apoyo empírico para sus tesis, sino sobre todo porque temía las reacciones de los colegas y del público en general. Quizás por ello, como queriendo conjurar las reacciones acusándole de determinismo genético, nos asegura en las primeras páginas que, en realidad, "la investigación genética nos proporciona la mejor evidencia que tenemos de la importancia del ambiente, porque la genética explica solo la mitad de las diferencias psicológicas entre nosotros" (Plomin 2018, ix); y lo repite más adelante, por si al lector le había pasado desapercibido:

> En su nivel más básico, la genética proporciona la mejor evidencia que tenemos de la importancia del ambiente independiente de la genética. Esto es, la heredabilidad [de los rasgos] no es nunca cercana siquiera al 100 por cien, lo que prueba que el ambiente es importante. (Plomin 2018, 32)

De hecho, entre sus logros anteriores está el haber mostrado la importancia que tiene en las diferencias de los rasgos psicológicos el "ambiente no compartido" (*non-shared environment*), asunto al que dedica un capítulo entero de este libro. En él explica cómo ese ambiente no compartido puede marcar diferencias entre los hermanos que no son explicables por la influencia del ambiente que sí comparten en la familia. Aclaremos que el ambiente no compartido es todo factor ambiental que afecta únicamente a un hermano sin afectar a otros, esto es, se trata de aquellas influencias ambientales "que hacen que los niños que crecen en una misma familia sean diferentes unos de otros" (Plomin 2018, 80). Puede tratarse de acontecimientos puramente casuales, como accidentes o enfermedades, o el trato diferente dado a cada hermano por los padres o por otros miembros de la familia, incluidos los demás hermanos, o la influencia de diferentes profesores, o diferentes amistades, etc. Por otro lado, Plomin reconoce explícitamente que "las influencias genéticas son propensiones probabilísticas, no programaciones predeterminadas" (Plomin 2018, 43). ¿Están entonces equivocados los críticos que le consideran un defensor del determinismo genético? ¿Obedecen estas críticas a simples prejuicios ideológicos?

Vayamos a los detalles. Plomin declara que su propósito en el libro es "demostrar [que] las diferencias en el ADN heredadas de nuestros padres en el momento de la concepción son la fuente consistente y vitalicia de nuestra individualidad psicológica, el plano (*blueprint*) que nos hace lo que somos" (Plomin 2018, ix). En la práctica, en efecto, lo que el libro nos viene a decir es que los genes son el único factor verdaderamente relevante para hacernos lo que somos en lo que se refiere a los aspectos psicológicos y conductuales, y que el ambiente –pese a las declaraciones que acabamos de citar– no importa casi nada, entre otras razones porque una buena parte de las diferencias atribuidas a factores ambientales pueden también ser explicadas genéticamente, dado que los individuos reaccionarán y procesarán esas influencias ambientales de formas muy diferentes en función de sus genes. Por ejemplo, según Plomin, un tercio de las diferencias en el tiempo que los niños emplean viendo la tele tiene causas genéticas, y para otros rasgos psicológicos la mitad de la correlación que presentan con factores ambientales es explicable genéticamente. Él llama a esto "la naturaleza de la crianza" (*nature of nurture*). La idea es que:

> El ambiente no es algo que está 'ahí fuera' y que nos sucede de forma pasiva. Al contrario, activamente percibimos, interpretamos, seleccionamos e incluso creamos el ambiente, en parte sobre la base de nuestras propensiones genéticas. (Plomin 2018, 71)

La tesis de Plomin, por tanto, es que podemos separar en cada caso de forma clara qué han puesto los genes y qué ha puesto el ambiente en la constitución de un rasgo fenotípico y que, en particular, en el caso de las diferencias que muestran los individuos en los rasgos psicológicos, "la contribución genética no solo es significativa, sino masiva" (Plomin 2018, viii). Hasta tal punto sería así que el ADN de una persona "puede decirle su fortuna desde el momento de su nacimiento, [de una forma] completamente fiable e imparcial" (Plomin 2018, vii). Una vez que descontamos todos los factores genéticos, las influencias ambientales más importantes –familia y escuela– solo pueden dar cuenta del 5% de las diferencias en la salud mental de los seres humanos o en sus rendimientos escolares (Plomin 2018, viii).

Cierto es que Plomin recuerda en repetidas ocasiones que algunas influencias ambientales, como la ejercida por los padres importan, pero a continuación añade que "no marcan diferencia alguna" (Plomin 2018, 82). Una apreciación un tanto extraña, todo sea dicho, porque, en tal caso, si no son lo suficientemente poderosas como para marcar ninguna diferencia, cabe preguntarse para qué importan (más allá, claro está, de que se reconozca que su completa ausencia o sus disfunciones graves podrían evitar un desarrollo normal del individuo). Con ello, lo que Plomin está diciendo es que los padres y el sistema educativo entero deben limitarse a permitir que los niños puedan manifestar lo que sus genes dictan, y cualquier cualificación adicional, cualquier diferencia en la calidad de la educación paterna o de la recibida en la escuela apenas tiene efecto sobre el resultado final.

> Los niños –escribe– difieren mucho en lo bien que lo hacen en la escuela. ¿Cuánto de estas diferencias en los logros escolares de los niños depende de la escuela a la que vayan? La respuesta es que no mucho. […] Esto no significa que la calidad de la enseñanza ofrecida por las escuelas no sea importante. Importa mucho para la calidad de vida de los estudiantes, pero no establece ninguna diferencia en sus logros educativos. (Plomin 2018, 87).

¿Qué significa esto? Muchos informes educativos afirman que los colegios en los que se concentran niños con un nivel socioeconómico bajo suelen presentar peor rendimiento académico, ¿se deduce de aquí que este peor rendimiento nada o poco tiene que ver con su situación ambiental? ¿Hemos de atribuirlo a los genes? Pues básicamente sí, de acuerdo con lo que piensa Plomin. Ante el dato de la correlación entre nivel socioeconómico y los resultados escolares, interpretado como una clara influencia ambiental, Plomin nos explica que "la genética vuelve del revés esa correlación. El estatus socioeconómico de los padres es una medida de sus resultados educativos y ocupacionales, los cuales son ambos sustancialmente heredables" (Plomin 2018, 95). Por otro lado, si algunos colegios privados británicos (y algunos públicos) muy selectivos consiguen que sus alumnos alcancen puntuaciones altas en los índices académicos, ello se debe a que han seleccionado previamente a los mejores alumnos, lo cual significa que han admitido a aquellos que por sus genes son más inteligentes. Y si el 7% de los alumnos que asisten a escuelas privadas están años más tarde ocupando en una proporción mucho más alta los puestos directivos y técnicamente más cualificados del país (Gran Bretaña), es sencillamente porque esas escuelas supieron elegir a los mejores. Así que cabe esperar que en el futuro los procedimientos de selección escolares y laborales puedan hacerse mucho más precisos, una vez que estén disponibles los análisis de ADN que permitan predecir el rendimiento escolar desde el nacimiento (Plomin 2018, 97-102).

Sin embargo, después de afirmar esto, Plomin nos aclara que las diferencias genéticas explican solo alrededor del 60% de las diferencias de los niños en sus logros escolares. ¿No queda mucho espacio, nada menos que un 40%, para las influencias ambientales? Sí que queda, pero, según Plomin, ese espacio no importa demasiado porque solo el 20% sería explicable por el ambiente compartido por los niños en las escuelas, teniendo en cuenta además que, por lo que acabamos de decir acerca de la "naturaleza de la crianza", esas influencias ambientales son reflejo de diferencias genéticas. El otro 20% serían las influencias del ambiente no compartido, que son volubles y no duraderas. Por eso, sostiene sin ambages que "en relación con la educación, lo que vemos como efectos ambientales de la escuela sobre los logros de los niños son en realidad efectos genéticos." (Plomin 2018, 88).

El mismo mensaje se nos ofrece en el libro con respecto a la acción educativa de los padres: "los padres amables (*nice*) tienen hijos amables porque todos son amables genéticamente" (Plomin 2018, 83). Al parecer, también la amabilidad es genética, puesto que nada debe a la crianza (Plomin 2018, 74). En suma, lo queramos o no, "la revelación impactante y profunda de estos descubrimientos genéticos acerca de la crianza de los hijos es que los padres tienen poco efecto sistemático sobre los resultados de sus hijos, si se hace abstracción de la acción de los genes" (Plomin 2018, 85). Lo realmente decisivo por parte de los padres en la conformación de la personalidad de sus hijos es haberles dado los genes que les han dado; esa es la influencia que ejercen sobre ellos, una influencia a través de la biología. Es ahí, pues, donde está el plano con el que se construye todo el edificio de nuestra mente y nuestro cuerpo. Por eso, lo mejor que los padres pueden hacer por sus hijos es relajarse y disfrutar de su compañía, sin tratar de moldear de ningún modo sus cualidades personales, y mucho menos gastar dinero en colegios exclusivos, que tampoco servirán para cambiar nada sustancial en su educación, sino que en el mejor de los casos solo les proporcionarán una vida más agradable (Plomin 2018, 86-87).

Ahora bien, si hemos de aceptar todo esto, ¿en qué sentido debemos entender entonces que los genes no son un destino, como también nos dice Plomin (Plomin 2018, 92)? ¿Solo porque podemos cambiar si nos lo proponemos? ¿Cambiar qué, cuando nuestros rasgos psicológicos fundamentales vienen ya genéticamente establecidos y fuera de la influencia genética solo queda un resto marginal que no actúa sistemáticamente? Estas afirmaciones de Plomin son más que suficientes, en mi opinión, para mostrar que la atribución de determinismo genético no es un mero invento por parte de algunos de sus críticos.

Plomin nos presenta en su libro un determinismo que pretende ser de más fácil digestión que otros anteriores, puesto que tiene la precaución de no mezclarlo con cuestiones raciales, como hicieron otros deterministas genéticos, como Herrnstein y Murray (1994), y sin demasiada apariencia de tal, puesto que no niega que el ambiente tenga su papel causal. Y no solo eso, sino que introduce una importante novedad en su defensa. Como en décadas anteriores fracasó todo intento de encontrar uno o pocos genes capaces de explicar por sí solos buena parte de las diferencias dentro de diferentes poblaciones en inteligencia o en rasgos psicológicos, la inteligencia artificial ha venido en ayuda con los GWAS arriba citados. Estas técnicas ponen de manifiesto, según Plomin, que fue un error pensar que los genes que marcan nuestros rasgos fundamentales eran pocos. En la inteligencia, por ejemplo, serían centenares, quizá miles. Cada uno de ellos con un efecto pequeño, que normalmente no va más allá del 0.01% de las diferencias entre individuos. Pero la suma de todos esos pequeños efectos es, según este determinismo de nuevo cuño, la que marca lo que somos. Plomin sugiere que estas puntuaciones poligénicas podrán servir en el futuro para predecir, aunque sea de forma probabilística, las características futuras que presentará un niño en la edad adulta (Plomin 2018, 134).

Sin embargo, el recurso a las técnicas de los GWAS no cambia, según creo, el fondo del asunto. En primer lugar, estas técnicas no están tan desarrolladas como para hacer las predicciones que Plomin aventura, ni siquiera sobre la probabilidad de un individuo de padecer enfermedades, no digamos ya acerca de la inteligencia y de los rendimientos escolares.

En segundo lugar, nada de lo que estas técnicas permiten hacer justifica el uso de un lenguaje determinista en el que lo que somos esencialmente, todo lo que importa de verdad en nuestras cualidades personales, está escrito en nuestros genes. Las puntuaciones poligénicas pueden variar entre poblaciones distintas y sus resultados pueden ser modificados por influencias externas. Plomin parece pensar que queda exento de la acusación de determinismo porque, como señala en varios pasajes, excepto para las enfermedades monogénicas, considera erróneo hablar de "un gen para" un rasgo determinado, es decir, porque niega que la conexión entre un gen y un rasgo sea una conexión directa (*hard-wired*) y porque subraya que la influencia causal sobre un rasgo viene dada por un gran número de genes que alimentan solo una propensión a generar un cierto resultado. Mientras tanto, sus conclusiones conducen a la idea de que poco pueden hacer los padres o el sistema educativo por cambiar la conducta de los hijos o su nivel de inteligencia (excepto fracasar estrepitosamente).

En tercer lugar, Plomin afirma que los genes nos hacen lo que somos y que la medida en que lo hacen viene indicada por la heredabilidad de un rasgo (Plomin 2018, 26). No obstante, como los genetistas recuerdan a menudo (y Plomin sabe), una baja heredabilidad no implica que deba atribuirse el rasgo principalmente a la acción de factores ambientales, puesto que si hay poca variabilidad del rasgo en una población, entonces su heredabilidad será baja, con independencia del papel de los genes en su formación. Tener dos manos es un rasgo con baja heredabilidad en cualquier población, dado que muy pocos seres humanos nacen con una mano (o con más de dos), y, sin embargo, es evidente que los genes tienen mucho que ver en que nazcamos con ese número de manos y no otro. Del mismo modo, una alta heredabilidad de un rasgo no implica necesariamente que los genes tengan una gran influencia en él. En una población genéticamente heterogénea pero sometida a un ambiente muy homogéneo, la heredabilidad de un rasgo fuertemente influido por el ambiente puede ser muy alta (Sarkar 1998, 82-90 y 179; Alexander 2018, cap. 6). Esta es la razón probablemente de que la relativamente alta heredabilidad de la inteligencia y de los logros escolares encontrada en los países desarrollados no se repita en la misma proporción en los países pobres. Ello se debería a que en los primeros el ambiente en el que se encuentran los niños es mucho más homogéneo y, por tanto, genera por sí mismo menos diferencias, quedando entonces un mayor espacio para las diferencias causadas por la herencia genética; y recordemos que los estudios que Plomin utiliza están realizados en países como Gran Bretaña y los Estados Unidos (Plomin 2018, 97). Esto mismo pasa dentro de cada país entre los niños de alto nivel socioeconómico y los de bajo nivel. En las familias más pobres, la heredabilidad de la inteligencia es cercana a cero.

Por último, pero no menos importante, no solo es heredable lo que tiene una base genética, sino también en muchas ocasiones lo causado mediante modificaciones epigenéticas; y si hay algo difícil de negar en la biología actual es el papel fundamental que las modificaciones epigenéticas tienen en los procesos de desarrollo ontogenético e incluso en la explicación de la conducta. Se ha llegado a decir que "la genética propone y la epigenética dispone". Es muy sintomático que Plomin solo haga en todo el libro una mención a la epigenética (Plomin 2018, 113) y como pasando sobre ascuas, aunque nos diga al final del prólogo que esa omisión ha sido a regañadientes. Precisamente si en la actualidad hay una disciplina cuyos hallazgos están poniendo en cuestión la interpretación que hace Plomin del papel de los genes en la conducta es la epigenética del comportamiento. Esto no significa que el alcance de las modificaciones epigenéticas sea general y que sirva para dejar de lado el papel de los genes. Dichas modificaciones afectan solo a algunos rasgos y, hasta donde se sabe, se heredan solo durante unas pocas generaciones, pero al menos muestran que el ambiente tiene mecanismos efectivos para modular la expresión de los genes. El lector interesado puede obtener excelente información sobre ella en el libro del psicólogo David S. More *The Developing Genome*, publicado en 2015 (Moore 2015).

A nadie se le oculta que las tesis que Plomin sobre el carácter decisivo de los factores genéticos en la constitución de nuestros rasgos psicológicos y mentales se oponen a los resultados de investigaciones realizadas desde hace décadas, que han mostrado la importancia de factores ambientales como el estatus socioeconómico, la dieta, las enfermedades infecciosas, las sustancias tóxicas (como el plomo) o los estímulos sociales y culturales, en el desempeño escolar o incluso en el Cociente Intelectual alcanzado. Un ejemplo de la influencia de estos factores viene produciéndose desde finales de los años treinta del siglo XX es el ya mencionado 'Efecto Flynn', esto es, el aumento significativo experimentado por la población de muchos países en su Cociente Intelectual, a razón de dos o tres puntos por década. El propio título recurre a una metáfora muy criticada por los propios genetistas y por los filósofos de la biología (Pigliucci 2010), como es la del plano o plan de acción (*blueprint*). Las metáforas en la ciencia rara vez son neutrales. La visión del gen como un plano a partir del cual se construye todo lo demás concede a los genes un papel excesivamente protagonista en el desarrollo y funcionamiento del organismo y descuida el hecho de que, a diferencia de lo que sucede con un plano y el objeto construido con él, la relación entre el genotipo y el fenotipo no es una relación de correspondencia biunívoca.

No quiero terminar sin decir algo sobre un asunto que considero ineludible en este debate. Plomin insiste en que nada de lo que él sostiene conduce necesariamente a ningún tipo de política con respecto a los más desaventajados socialmente ni con respecto a los menos afortunados en la lotería genética. En esto se diferencia de nuevo de otros deterministas genéticos anteriores. Herrnstein y Murray (1994) proclamaban sin tapujos que cualquier política encaminada a prestar apoyo social a los más desfavorecidos, si estos pertenecen a razas que puntúan más bajo en los tests de inteligencia, es inútil y está condenada al fracaso. Plomin tiene el buen sentido de no decir nada parecido, pero el lector no puede escapar a la conclusión derrotista a la que su libro nos conduce: si poco podemos hacer para modificar lo que los genes dictan que somos, ninguna política igualitarista conseguirá vencer lo que la biología establece. Aunque lo pretenda, Plomin no puede eludir la responsabilidad de fomentar este tipo de actitudes.

## 6. Conclusiones

Nos guste o no, el tema del determinismo genético ha adquirido una importancia creciente, y debería dedicarse más tiempo a él en los programas educativos, de modo que los estudiantes fueran capaces de valorar con suficientes elementos de juicio las cada vez más habituales proclamas en su favor. En un libro reciente titulado *Genes, Determinism and God*, el biólogo molecular Denis Alexander describe los resultados de un estudio realizado en el 2013 con estudiantes franceses y estonios que genera bastante inquietud:

> El 32% de los estudiantes estonios, pero solo el 10% de los franceses, está de acuerdo o bastante de acuerdo con la afirmación de que 'Los grupos étnicos son genéticamente diferentes y que eso hace que unos sean superiores a otros'. El 40% de los estudiantes estonios está de acuerdo o bastante

de acuerdo con la afirmación de que 'Hay razones biológicas para que las mujeres se ocupen más a menudo que los hombres del cuidado de la casa'; en cambio, solo lo creen el 10% de los estudiantes franceses. En general, los investigadores encontraron una correlación entre la creencia en el determinismo genético y rasgos como el sexismo y el racismo, y especulan sobre la posibilidad que la más baja correlación encontrada en Francia pueda explicarse parcialmente por el hecho de que la filosofía es una materia obligatoria en el último curso de la secundaria, un curso en el que se trata el tema del determinismo. (Alexander 2017, 8).

Aunque alguna investigación reciente ha puesto en cuestión que el determinismo genético esté correlacionado con actitudes políticas conservadoras o con creencias racistas (Schneider et al. 2018), es merecedora de atención en esta cita la sugerencia de que la mejor educación en filosofía de los estudiantes franceses, y el tratamiento explícito de esta cuestión en las clases de filosofía, les hace menos proclives a aceptar el determinismo genético, que sea cual sea su prevalencia actual entre los racistas o los conservadores es en todo caso una creencia que ha conducido a lo largo de la historia a políticas nefastas. Creo que es una sugerencia que deberíamos tomarnos en serio.

**Referencias bibliográficas**

Alexander, D. (2017). *Genes, Determinism and God*. Cambridge: Cambridge University Press.

Comfort, N. (2018). Genetic determinism redux. *Nature, 561*(27), 461-463.

Fraser, S. (ed.) (1995). *The Bell Curve Wars. Race, Intelligence, and the Future of America*. New York: Basic Books.

Herrnstein, R.J., Murray, Ch. (1994). *The Bell Curve: Intelligence and Class Structure in American Life*. New York: The Free Press.

Keller, E.F. (2010). *The Mirage of a Space between Nature and Nurture*. Cambridge, MA: Harvard University Press.

Kitcher, P. (1997). *The Lives to Come. The Genetic Revolution and Human Possibilities*. New York: Touchstone.

Kitcher, P. (2003). Battling the Undead. How (and How Not) to Resist Genetic Determinism. En Ph. Kitcher, *In Mendel's Mirror* (pp. 283-300). Oxford: Oxford University Press.

Lee, J.J., et al. (2018). Gene Discovery and Polygenic Prediction from a Genome-wide Association Study of Educational Attainment in 1.1 Million Individuals. *Nature Genetics*, 50, 1112-1121.

Lewontin, R.C. (2000). *Genes, organismo y ambiente*. Barcelona: Gedisa.

Moore, D.S. (2015). *The developing genome. An introduction to behavioural epigenetics*. Oxford: Oxford University Press.

Plomin, R. (2018). *Blueprint: How DNA Makes Us Who We Are*. Cambridge: The MIT Press.

Plomin, R., von Stumm, S. (2018). The new genetics of intelligence. *Nature Reviews Genetics*, 19, 148-159.

Pigliucci, M. (2010). Genotype–phenotype mapping and the end of the 'genes as blueprint' metaphor. *Philos Trans R Soc Lond B Biol Sci.*, 365(1540), 557-566.

Regalado, A. (2018). ¿Cómo será el futuro en el que el ADN permita predecir la inteligencia?. *The MIT Technology Review*. https://www.technologyreview.es/s/10122/como-sera-el-futuro-en-el-que-el-adn-permita-predecir-la-inteligencia (consultado el 10/10/18).

Rosoff, P.M., Rosenberg, A. (2006). How Darwinian reductionism refutes genetic determinism. *Stud. Hist. Phil. Biol. & Biomed. Sci.*, 37, 122-135.

Sarkar, S. (1998). *Genetics and reductionism*. Cambridge: Cambridge University Press.

Schneider, S.P., Smith, K.B., Hibbing, J.R. (2018). Genetic Attributions: Sign of Intolerance or Acceptance? *The Journal of Politics*, 80(3), 1023-1027.

Schulz, L.O., *et al.* (2006). Effects of traditional and western environments on prevalence of type 2 diabetes in Pima Indians in Mexico and the U.S. *Diabetes Care*, 29(8), 1866-71.

Visscher, P.M., Hill, W.G., Wray, N.R. (2008). Heritability in the Genomics Era — Concepts and Misconceptions. *Nature Review Genetics*, 9, 255-266.

Wade, N. (2015). *Una herencia incómoda. Genes, raza e historia humana*. Barcelona: Ariel.

Zimmer, C. (2018). *She has her mother's laugh. The powers, perversions, and potential of heredity*. New York: Dutton.

# II

*El difuso límite entre análisis epistemológico
y naturalismo filosófico*

## La « société » entre nature et artifice. Esquisse d'un naturalisme social modéré

### Laurence Kaufmann[*]; Fabrice Clément[**]

> S'il n'est plus guère de penseurs qui osent mettre ouvertement les faits sociaux en dehors de la nature, beaucoup croient encore qu'il suffit, pour les fonder, de leur donner comme assise la conscience de l'individu ; certains même vont jusqu'à les réduire aux propriétés générales de la matière organisée. […] Pourtant il y a place pour un naturalisme sociologique qui voit dans les phénomènes sociaux des faits spécifiques et qui entreprenne d'en rendre compte en respectant religieusement leur spécificité.
>
> Emile Durkheim
> « Représentations individuelles et collectives », 1898

---

[*] Laurence Kaufmann est Professeure de sociologie de la communication à l'Université de Lausanne et chercheuse associée à l'Ecole des Hautes Etudes en Sciences Sociales à Paris. En recourant aussi bien à la sociologie qu'à l'histoire, la philosophie et la linguistique, ses recherches explorent l'autorité de la première personne, la constitution des collectifs, le rôle des émotions, la nature des normes morales et le poids des discours publics. Elle a publié entre autres, en 2005, *Le monde selon John Searle* (avec F.Clément), édité en 2011 *La sociologie cognitive*, MSH (avec F.Clément) et en 2020 *Les émotions collectives* (avec L.Quéré), *Raisons pratiques*, EHESS. Email: Laurence.Kaufmann@unil.ch

[**] Après une formation en anthropologie et sociologie, Fabrice Clément s'est tourné vers la philosophie de l'esprit avant de s'intéresser à la psychologie du développement. Il est actuellement professeur à l'Université de Neuchâtel, Suisse, où il co-dirige le centre de sciences cognitives. A part de nombreux articles rédigé en anglais, il a également publié *Les Mécanismes de la Crédulité*, Paris/Genève, Droz, 2006, et *Foundations of Affective Social Learning. Conceptualizing the Social Transmission of Value* (avec D. Dukes), Cambridge University Press, 2019. Email: fabrice.clement@unine.ch

## 1. Introduction. La « constitution » naturelle du social

Les sciences sociales le savent bien, le « détour » par des sociétés éloignées, que ce soit dans le temps (grâce à l'histoire) ou dans l'espace (grâce à l'ethnologie), nous rend attentifs aux caractéristiques du monde social par trop familier dans lequel nos existences se déroulent « depuis toujours » (Balandier 1985). L'immersion dans des cultures différentes permet de redonner une forme d'étrangeté à nos formes de vie, devenues tellement habituelles qu'elles en sont devenues invisibles. Une telle perspective « de l'extérieur » peut également être utilisée de manière stratégique : le regard faussement surpris qui l'accompagne sert alors à mettre en évidence l'arbitraire qui caractérise nombre d'institutions culturelles. Ainsi, Montesquieu, dans ses *Lettres Persanes*, met en scène deux « visiteurs » au royaume de France, Usbek et Rica. En adoptant, dans leur correspondance avec leurs amis restés en Perse, une posture soi-disant naïve sur la société française, Usbek et Rica critiquent les modes vestimentaires, la restriction des libertés et le pouvoir absolu du souverain. Grâce au détour fictif que lui fournissent ses personnages, Montesquieu se livre à une critique acérée de la société de son époque tout en mettant en évidence la relativité culturelle des formes de vie humaines.

Aussi éloigné soit-il, ce regard n'est pas assez distant, cependant, pour souligner ce qui est commun à l'ensemble des sociétés humaines et relève donc de leur nature. Pour effectuer un renversement « gestaltique » qui soit à même d'éclairer la forme de vie naturelle des êtres en société plutôt que leurs déclinaisons culturelles hétérogènes, rien ne vaut le détachement radical d'un extra-terrestre. C'est bien cette perspective radicalement exogène que Daniel Dennett suggère dans *La Stratégie de l'interprète* (1987). Cette fois-ci, les visiteurs ne sont pas les membres de cultures exotiques mais des Martiens qui nous forcent à rompre avec le privilège que nous accordons spontanément à nos semblables. Pour des extraterrestres, en effet, les comportements humains sont *a priori* aussi étranges que ceux des chevaux, des grenouilles ou des chèvres. Ainsi promus interprètes, les Martiens vont tenter de comprendre et de prédire les comportements des êtres vivants qu'ils observent. Parmi ces êtres, un groupe partage certaines caractéristiques qui font d'eux des humains. Pour comprendre ces derniers, dit Dennett, les Martiens vont adopter une posture ou une « stratégie intentionnelle » (*intentional stance*). Une telle posture consiste à présupposer que les humains possèdent des états mentaux, par définition invisibles, et que c'est de leur combinaison intérieure que naissent différentes actions qui sont, elles, observables.

Reste à savoir si une telle stratégie, par définition mentaliste, conférerait vraiment au malheureux Martien les capacités de prédiction et d'anticipation que suggère Dennett. En effet, confronté à des situations complexes où les Terriens agissent et interagissent à toute vitesse, le Martien n'a ni le temps, ni les connaissances nécessaires pour décrypter leurs états mentaux particuliers. Il doit parer au plus pressé en adoptant une posture sociale (*social stance*) qui consiste à observer le type de situation en jeu et à identifier le genre de relation qui y prend place : un café entre amis dans un restaurant, une dispute dans une rue passante, une consultation médicale entre un médecin et son patient, un échange de salutations au terme d'une conversation, etc. C'est bien à cette tâche ardue d'identification situationnelle et relationnelle que se livre le héros malchanceux de la série télévisée *Resident Alien* (2021), un extraterrestre qui, échoué par mégarde sur la planète Terre, se retrouve condamné à vivre parmi les Terriens. Après avoir tué un médecin pour lui voler son identité et son apparence physique, il tente de passer inaperçu en apprenant les manières de parler, de bouger et d'interagir des membres ordinaires de la communauté. Dénué d'émotions, tout au moins dans un premier temps, il adopte une perspective distante et froide sur les étranges conduites des humains, qui lui paraissent agités et irrationnels. Mais ce qui frappe en premier notre (anti-)héros, ce sont moins les stratégies intentionnelles et les attributions mentales mises en place par les Terriens que leur étrange besoin d'être en relation. Il est notamment fasciné par un événement historique qui a marqué la petite ville où il doit vivre malgré lui. Lors d'une explosion dans une mine, un ouvrier n'avait pas pu fuir à temps et était resté coincé au fond de la galerie. Décidés à sauver leur infortuné compagnon, les 59 autres mineurs étaient retournés sur leurs pas. Tous moururent lors de la seconde explosion qui s'ensuivit, laissant derrière eux la mémoire d'un geste de solidarité que notre « alien resident » ne parvient pas à saisir : *59 for 1*.

Ces expériences de pensée sont très utiles pour poser les bases de la perspective que nous allons défendre dans les pages qui suivent. L'extraterrestre peut en effet être qualifié de « naturaliste » au sens où il appréhende les humains comme une espèce parmi d'autres ; son regard ne diffère pas de celui qu'il porte sur les autres êtres « naturels » que sont les plantes ou les autres animaux. Ce type de naturalisme est clairement en porte-à-faux par rapport à la tendance, propre aux sciences humaines, à considérer que les êtres humains sont une « espèce à part » et que leur étude nécessite des méthodes et concepts autres que ceux qui sont utilisés dans les sciences naturelles (Dilthey [1883]1989). Adopter le point de vue hypothétique d'un extraterrestre est une bonne manière de contourner cette fierté anthropocentriste – une fierté qui nous empêche d'admettre, qu'on le veuille ou non, que nous ne sommes qu'une espèce animale parmi tant d'autres.

Pour être hypothétique, ce point de vue ne nous engage pas moins dans une certaine conception de la vie sociale et des capacités qu'elle requière. Ainsi, le Martien de Dennett, fidèle à la posture intentionnelle dont son maître l'a doté, tente coûte que coûte d'inférer, à partir des comportements qu'il observe, les états mentaux opaques qui sont susceptibles de les avoir engendrés. En revanche, notre « alien resident », conformément à la posture sociale qui est la sienne, observe, *entre* les êtres sociaux, des « patterns » relationnels, des structures interactionnelles qui, une fois identifiés, lui permettront de prédire les comportements d'autres individus dans des contextes analogues. C'est dans cette voie relationnelle que s'inscrit le naturalisme social que nous proposons : il existe dans la nature des « faits sociaux », tels la hiérarchie, l'échange, la compétition ou le care, qui relient les êtres sociaux les uns aux autres. Bien entendu, la naturalité et l'objectivité dont bénéficient ces fils relationnels ne sont possibles que parce qu'il existe des esprits capables de les reconnaître et de les subir. L'ontologie relationnelle du social que nous défendons s'accompagne donc tout naturellement d'un équipement cognitif et affectif dont il s'agira ici de préciser les grandes lignes.

## 2. Ce que le naturalisme social n'est pas

Associer le naturalisme à l'étude des phénomènes sociaux comporte un certain nombre d'écueils qu'il est important de signaler pour éviter qu'elle ne soit d'emblée jugée inappropriée ou scandaleuse. Dans un premier temps, il est donc crucial de préciser ce que le naturalisme social que nous proposons *n'est pas*.

S'il vise à rapprocher les sciences sociales d'une vision du monde inspirée par le darwinisme, le naturalisme social se distingue radicalement de l'évolutionnisme social tel qu'il était défendu à la fin du XIXème siècle par les fondateurs de l'anthropologie, notamment Lewis Henry Morgan, Edward Tylor et Herber Spencer. En effet, ce ne sont pas les sociétés humaines qui sont prises dans les lois de l'évolution, avec des retardataires et des « premiers de cordée ». Chaque groupement humain – à partir d'un certain nombre de formes sociales universelles que nous décrirons plus loin – se développe en fonction d'histoires spécifiques, avec des équilibres approximatifs, des périodes de reproduction des formes culturelles instituées et des bouleversements plus ou moins importants de l'ordre politique. On voit mal comment, dans ce kaléidoscope des formes de vie humaines, il serait possible d'établir une hiérarchie parmi les systèmes culturels (Lévi-Strauss 1952).

Par ailleurs, si le naturalisme social vise à rapprocher les sciences biologiques des sciences sociales, il n'est en rien comparable à la sociobiologie. Selon cette dernière, les comportements sociaux ont une base biologique et ont été sélectionnés parce qu'ils représentaient un avantage adaptatif (Wilson 1975). Dans une telle perspective, les inégalités entre les hommes et les femmes, par exemple, sont déterminées génétiquement : il est « avantageux » pour les hommes d'être agressifs et volages alors que les femmes ont « intérêt » à être timides (Wilson 1978). La perspective relationnelle que nous allons défendre s'éloigne très fortement d'un tel déterminisme biologique. Ce qui a été sélectionné par « Mère Nature », ce sont des formes sociales élémentaires qui sont objectivement repérables et qui permettent aussi bien à ceux qui y participent qu'à ceux qui les observent d'anticiper le déroulement probable des inter-actions.

Enfin, le naturalisme social n'entraîne en rien ce que les sociologues appellent la *naturalisation* du social, c'est-à-dire le processus qui cherche à fonder « en nature » les institutions sociales et à diminuer la part d'arbitraire des représentations culturelles. « Naturalisées », les inégalités sociales ne sont plus rapportées à des processus idéologiques ou à des mécanismes de reproduction structurels; elles sont justifiées par des compétences ou des mérites hérités de la biologie: si les élites occupent une position dominante, ce serait simplement en raison de leurs qualités « supérieures » (Bourdieu et Passeron 1968). La naturalisation renvoie donc à une entreprise idéologique et politique qui cherche à rendre inévitables les principes de vision et de division du monde social et à les soustraire du débat public. En revanche, le *naturalisme* est une enquête scientifique, une entreprise de connaissance qui, en rapprochant les sciences de la vie des sciences sociales, vise à mettre en évidence les capacités qui permettent de « faire société ». Bien entendu, ces capacités ne sont pas des causes ; elles sont les prérequis cognitifs, communicationnels et comportementaux qui rendent la société possible. De plus, ces capacités sont « plastiques » : elles peuvent être soutenues par des mises en saillance culturelles et des discours politiques ou, au contraire, combattues ou inhibées. C'est dire si le naturalisme n'est pas un fatalisme ; au contraire, connaître les pentes naturelles de notre esprit permet de les réimporter dans notre champ d'action et d'adopter, le cas échéant, les contre-mesures culturelles ou politiques susceptibles d'aboutir à un système social plus juste.

### 3. L'anti-naturalisme des sciences sociales

La sociologie est née d'un coup de force épistémologique ; afin de se créer en tant que discipline scientifique autonome, il a fallu qu'elle s'éloigne aussi bien de la biologie (la science des organismes vivants) que de la psychologie (la science de la vie psychique). Pour ce faire, deux grandes stratégies ont été menées à bien par les pères fondateurs de la discipline. Ainsi, pour l'école française de sociologie, fondée par Durkheim, la vie en société se caractérise par des institutions (la justice, la morale, le droit, etc.) qui sont autant de créations humaines irréductibles aux lois de la nature, notamment parce qu'elles se caractérisent par une forme d'arbitraire propre aux systèmes symboliques – pensons par exemple aux mots utilisés par les différentes langues humaines (Durkheim 1987). Selon un livre devenu fameux en sociologie (Berger et Luckmann 1966), le monde social est « construit » de sorte que sa réalité n'est pas réductible au monde de la biologie. Mais il n'est pas non plus réductible au monde de la psychologie puisque les phénomènes sociaux « consistent en des manières d'agir, de penser et de sentir, extérieures à l'individu et douées d'un pouvoir de coercition en vertu duquel ils s'imposent à lui » (Durkheim 1987, 5).

Cette « extériorité » des faits sociaux, qui imposerait des comportements « à l'insu » des individus, est remise en question par un autre grand courant de la sociologie, initié par Max Weber. Pour cette sociologie dite compréhensive, les comportements humains sont plutôt à expliquer « de l'intérieur » : ce sont les représentations subjectives que les acteurs se font de leur réalité qui leur permettent de raisonner sur les meilleurs moyens de parvenir à leurs fins (Weber 1917). Mais là encore, il n'est pas question de laisser le champ libre à la psychologie car il serait absurde, dit Weber, de prétendre rendre compte des phénomènes sociaux en identifiant les fondements psychiques de la vie sociale. Ramener la vie sociale à une combinaison de processus psychiques reviendrait à réduire l'univers de la flore et de la faune à des lois propres à la chimie organique (Weber 1904, 174). La sociologie compréhensive s'éloigne donc aussi bien de la biologie que de la psychologie ; elle explique les actions humaines en reconstruisant les états intentionnels – croyance, désir, intention, motif, volonté etc. – que n'importe quel individu, interchangeable en tant qu'être rationnel, aurait eu dans les mêmes conditions.

En conclusion, si les sociologues restent profondément divisés quant à la manière, holiste ou individualiste, d'aborder leurs objets d'étude, tous s'accordent sur le fait que leur discipline s'éloigne aussi bien de la biologie que de la psychologie. Pourquoi s'obstiner, dans ces conditions, à vouloir développer une forme de naturalisme social ? La première raison réside dans le fait que, justement, les sociologues restent divisés quant à la manière d'aborder le monde social, aussi bien du point de vue *ontologique* (quelles sont les « entités » de base qui composent le monde social?) que du point de vue *épistémique* (quel type de capacités les agents sociaux ont-ils besoin pour participer au monde social ? [1]Ces désaccords reposent en partie sur des visions opposées de l'esprit humain et de la manière dont il est influencé par son environnement social et culturel. Ainsi, pour les tenants de l'individualisme méthodologique, l'esprit est le lieu des volontés et des raisons individuelles que même les ressorts inconscients de la pensée ne peuvent menacer. Au contraire, la conscience est indispensable car elle doit ramener à la raison les objets mentaux qui prétendraient échapper à « l'empire du vouloir » (Bronner 2006 ; Boudon 1995). Pour les tenants du holisme structural, tel Pierre Bourdieu (1992), l'esprit se caractérise à l'inverse par les schèmes dispositionnels, largement inconscients, de perception, d'appréciation et d'action que constituent « l'habitus ». Ces derniers traduisent, au niveau des structures mentales, les nécessités du monde social (Bourdieu 1980). Aussi opposés soient-ils, ces deux paradigmes, celui de « l'esprit transparent » et celui de « l'esprit aveuglé » (Clément 2011) s'accordent, malgré leurs divergences, sur un même dualisme : celui qui oppose la logique de haut-niveau des raisons individuelles ou sociales et la logique de bas-niveau des instincts biologiques, considérés comme étant

---

[1] Selon les courants sociologiques, en effet, les entités de base du monde social peuvent être des structures institutionnelles, des classes socio-économiques, des pratiques réglées, des représentations collectives, des acteurs stratégiques ou encore des systèmes de bonnes raisons. L'identification de ces primitifs ontologiques a bien entendu une incidence directe sur le cadre épistémologique et le type de méthode nécessaires pour les saisir. Si les entités de base sont des structures sociales, il ne fait pas grand sens d'interroger les acteurs sur leur expérience; une méthode statistique et une description fine de ces structures seraient suffisantes.

sociologiquement non pertinents. Pourtant, comme le dit Jean-Marie Schaeffer (2007), postuler une dualité des modalités d'être, celle du matériel et du spirituel, de la rationalité et de l'affectivité, de la nécessité et de la liberté, de la nature et de la culture, de l'instinct et de la moralité, empêche le développement d'un « modèle intégré de l'étude de l'humain ». Or, c'est précisément le dépassement de la discontinuité entre l'humain et l'animal, entre l'histoire culturelle et l'histoire biologique, qui est l'objectif du naturalisme social.

Précisons toutefois que le naturalisme social que nous avons à cœur de défendre est *modéré* : il défend l'autonomie des faits sociaux tout en leur aménageant une place dans le monde naturel. Un tel naturalisme comporte trois traits principaux. Premièrement, il vise à harmoniser, dans le sens de « rendre compatible », les hypothèses et les résultats des sciences sociales avec ceux des sciences naturelles. Une telle entreprise d'harmonisation est bénéfique pour les sciences sociales : elle les incite à expliciter et probablement à réviser les modèles cognitifs et anthropologiques auxquels elles font implicitement appel sans pour autant « payer leurs traites ». L'explicitation de ces modèles sous-jacents, trop souvent implicites, est centrale car elle permet de modifier radicalement leur statut : de postulats métathéoriques, ils se transforment en des affirmations empiriques qui peuvent être, en tant que telles, mises à l'épreuve des faits (di Maggio 1997). Un des apports des sciences cognitives et, plus généralement, du naturalisme est donc d'améliorer, de remplacer ou de falsifier, au sens poppérien du terme, les modèles cognitifs et les conceptions anthropologiques sur lesquels se basent les sciences de la société. Deuxièmement, ce naturalisme modéré n'implique ni un *réductionnisme épistémologique*, selon lequel les modes de justification et d'explication propres aux sciences naturelles auraient une priorité absolue sur celles des sciences sociales, ni un *réductionnisme ontologique*, qui affirmerait que les seules choses qui existent réellement sont les constituants primitifs de l'univers, en l'occurrences les forces et les particules physiques. Comme Mayr (2004) l'a suggéré, le fait d'adopter une méthode analytique pour identifier les éléments fondamentaux d'un système n'implique pas l'affirmation réductionniste selon laquelle ces unités élémentaires sont à même d'expliquer le système dans sa totalité. Troisièmement, ce naturalisme modéré nie la pertinence de ce que nous pourrions appeler, par analogie avec le *mind/body* problem, le *mind/society* problem qui hante à la fois le naturalisme et le culturalisme : est-ce l'esprit qui détermine la société ou la société qui détermine l'esprit ? (Kaufmann et Clément 2007 ; Kaufmann 2011) Un tel dualisme est trompeur : il suppose que la causalité efficiente serait le seul lien capable d'empêcher l'autonomisation ontologique d'un phénomène, en l'occurrence celle des phénomènes sociaux dont la réalité mystérieuse se situerait « au-delà de la physique », dans une « méta-physique » artificielle et immatérielle. Le modèle paradigmatique d'une telle causalité efficiente est celui de la causalité physique. Tout comme comme une boule de billard déclenche le mouvement d'une autre boule de billard en la heurtant de plein fouet, influant ainsi directement sur sa trajectoire, la relation causale est une relation externe, contingente et *a posteriori*, entre deux entités séparées. Appliqué au rapport entre l'esprit et la société, ce « push-pull paradigm » (Searle 2001, 59) a des implications peu souhaitables : il fait de l'esprit et de la société deux entités empiriques, *a priori* disjointes par un fossé qui doit être comblé par une sorte de « ciment » ontologique, à savoir la causalité physique.

Or, d'un point de vue phylogénétique et ontogénétique, un tel dualisme n'a guère de sens : l'esprit et la société ont « co-évolués » au sein de la « niche écologique » dont ils font partie (Henrich 2017). En d'autres termes, ils sont liés par une relation de constitution interne ou de dépendance générique. En effet, les forces de l'évolution ne se sont pas exercées uniquement sur les *corps* des individus sociaux mais également sur leurs *cerveaux* : ces derniers sont le fruit d'une longue adaptation aux traits stables de l'environnement physique et social auquel ils ont été régulièrement confrontés. Les êtres humains ont dû ainsi développer un certain nombre de capacités, attentionnelles, cognitives, affectives et communicationnelles pour s'adapter à un milieu qui est composé en grande partie de leurs semblables.

C'est bien une telle adaptation qui permet de répondre à la question du sociologue Georg Simmel (1910) : « *Comment la société est-elle possible ?* ». Pour lui, en effet, la société consiste d'une part en des formes d'interactions réciproques, récurrentes et universelles, dans lesquelles les individus s'associent et interagissent les uns avec les autres, tels les relations de subordination-domination, les rapports d'antagonisme ou de coopération, et les relations en-groupe et hors-groupe que l'on retrouve aussi bien, dit-il, dans une « bande maffieuse que dans une communauté religieuse ». D'autre part, continue Simmel, la société repose sur un « savoir psychologique », notamment des attentes mutuelles et des typifications réciproques, qui permet aux individus de percevoir la « généralité sociale » de leur conduite et de se percevoir par là même comme les membres d'un même *Nous*. C'est ce couplage simmélien, auquel nous conférons une tournure naturaliste, qui sous-tend le « naturalisme social » que nous tentons de développer depuis plusieurs années (Kaufmann et Clément 2003 ; 2007 ; 2014). Ce dernier vise à mettre en évidence, côté *sujet*, les capacités cognitives et émotionnelles qui permettent de « faire société » et, côté *objet*, les formes sociales qui meublent le monde qui nous entoure. Mais avant d'aborder ces deux facettes constitutives du monde social, il faut encore préciser ce que « société veut dire ».

## 4. La « société » : entre nature et artifice

Du point de vue classique des sciences humaines et sociales, le concept de « société » renvoie à l'ensemble artificiel des conventions qui ont été stabilisées par le travail au long cours des traditions, des systèmes symboliques, des structures sociales et des instances de socialisation et d'enculturation qui font des êtres humains des êtres essentiellement *cultivés*. Ainsi inscrite dans l'ordre artificiel des inventions humaines plus ou moins solides, plus ou moins pesantes, la société se distingue, par définition, de l'ordre naturel des entités matérielles qui sont, quant à elles, indifférentes au travail de l'action, de l'esprit et du langage.

Une telle définition a toutefois des effets malencontreux. D'une part, elle éloigne d'emblée les sociétés humaines des sociétés animales, ces dernières étant rejetées dans le domaine non humain, sinon inhumain, de la biologie et de l'éthologie. D'autre part, cette définition assimile les notions de « société » et de « culture » : toutes deux renvoient aux institutions sociopolitiques, aux représentations collectives, aux normes morales et aux usages établis façonnés par les êtres humains pour soutenir, enrichir et hiérarchiser le vivre ensemble. C'est cette discontinuité de principe, qui tend à opposer terme à terme état de nature et état de société et de culture, que les travaux récents en sciences cognitives et en éthologie permettent de remettre en question. A l'encontre de l'anthropologie *artificialiste* et constructiviste qui fait de la société un artefact, l'anthropologie *naturaliste* qui les sous-tend appréhende la société comme un fait de nature qui a exercé, à l'échelle de la phylogénèse comme de l'ontogenèse, des pressions adaptatives sur le développement du cerveau humain. Afin d'être en mesure d'adopter une telle anthropologie naturaliste, il faut impérativement dissocier *le social et le culturel*. Cette dissociation a été proposée, sans grand succès, par Alfred Kroeber et Talcott Parsons il y a déjà fort longtemps (Kroeber et Parsons 1958). Contrairement aux usages extensifs que l'anthropologie réserve au concept de culture, il serait utile, disaient-ils, de restreindre ce dernier aux valeurs, systèmes symboliques et artefacts créés et transmis de manière non génétique. Quant au terme société, il gagnerait à être utilisé pour désigner le « système relationnel spécifique d'interaction entre les individus et les collectivités » (Kroeber et Parsons 1958, 582). Selon eux, cette dissociation est pertinente parce que la culture présuppose l'existence d'un mode d'être social mais non l'inverse : une culture consiste en des équipements artificiels, culturels, moraux et politiques, qui soutiennent et enrichissent le vivre-ensemble. Mais ces équipements ne peuvent se développer de manière efficace que s'il existe des relations sociales réglées entre les individus qui rendent possibles leur constitution et leur maintenance. Une telle affirmation est parfaitement sensée du point de vue phylogénétique. Après tout, il y a eu des sociétés bien avant que n'émergent des esprits sophistiqués capables de s'en détacher et de les prendre comme objet de pensée. L'extraordinaire division du travail des hyènes, l'architecture sophistiquée des castors ou les stratégies pacificatrices des primates (i.e. chimpanzés, bonobos, gorilles et orangoutans) témoignent chacune à leur manière de la contribution que l'action collective et la coopération sociale ont apportée à la sélection des organismes évolués. La vie en société procure à ses membres de nombreux avantages en termes de survie, notamment dans le cas de la recherche de nourriture, de la lutte contre les prédateurs et de la protection de la progéniture. La société, loin d'être l'organisation nébuleuse, lointaine et artificielle, que les esprits humains se seraient mis à inventer une fois libérés des exigences immédiates de la survie, est bel et bien un produit naturel, permanent et archaïque, de l'évolution. En termes plus contemporains, la dissociation conceptuelle entre la société et la culture souligne les invariants sociaux qui caractérisent l'histoire naturelle des êtres humains plutôt que les contenus symboliques et institutionnels qui caractérisent l'histoire culturelle des multiples communautés humaines. Autrement dit, une telle réflexion permet d'éclairer les formes sociales élémentaires d'appartenance, d'affiliation, d'échange, de compétition et de hiérarchie que sont susceptibles de revêtir les comportements collectifs.

Ce sont bien ces formes élémentaires que le détour par les primates non humains permet de saisir. Charles Darwin notait déjà dans son cahier de notes (1838) que l'étude des babouins serait bien plus à même de contribuer à la métaphysique que les réflexions d'un philosophe comme John Locke. C'est également une « sociologie simiesque » que propose Bruno Latour (1994) en comparant la « société compliquée » des babouins à « la société complexe » des êtres humains. Les babouins, dit Latour, seraient condamnés à une « intersubjectivité » frénétique, éphémère et contingente ; ils seraient perdus dans des relations aléatoires et imprédictibles qui les laisseraient constamment à l'affût du moindre signe interactionnel. Par chance, les humains disposeraient, eux, de « l'interobjectivité » des assemblages, appuis et dispositifs socio-techniques qui simplifieraient et clôtureraient les possibles interactionnels dans un cadre préalablement défini (Latour 1994).

Aussi stimulante soit-elle, la sociologie simiesque que propose Latour ne rend guère compte de l'univers hiérarchisé des primates que dépeignent les grands primatologues, tels Dorothy L. Cheney et Robert M. Seyfarth (2007). Loin d'être aux aguets dans un monde social instable et chaotique, les babouins sont immergés dans des relations sociales stables – suffisamment stables, même, pour pouvoir prétendre à *un statut ontologique*. En effet, les relations sociales élémentaires que les espèces évoluées partageraient en commun satisfont deux des critères qui permettent à certains phénomènes de faire partie de « l'ameublement du monde » : celui de l'extériorité et celui de la contrainte[2]. C'est du moins l'hypothèse que nous allons développer à présent.

---

[2] C'est bien l'hypothèse fondatrice de Durkheim: dans *Les règles de la méthode sociologique*, il dit que l'on peut « considérer les faits sociaux comme des choses » car ils renvoient à un ordre de phénomènes irréductibles et munis d'un pouvoir causal propre. Par « chose », Durkheim entend «

## 5. Vers une sociologie « simiesque » : les formes sociales élémentaires

Une des formes sociales les plus primitives consiste sans doute dans la relation d'attachement et d'attraction réciproques qui conduit les animaux sociaux à rechercher le contact mutuel. C'est ce dont témoigne la souffrance que génère l'isolement social ou l'ostracisme; plongés dans un état de besoin comparable à celui de l'animal assoiffé ou affamé, l'animal isolé produit des «cris d'isolement» qui cessent quand il décèle la présence de ses congénères (Cacioppo et Williams 2008). Cette inclination pro-sociale fondamentale se manifeste tout particulièrement dans les résonances sensori-motrices, la synchronisation des corps et les « accordages » affectifs qui dessinent ce que certains appellent un « Nous neuronal » (*neural We*) (Becchio et Bertone 2004)[3]. En effet, l'alignement des comportements, présent dès la naissance chez les primates humains et non humains, permet de faire l'expérience d'autrui comme un *semblable*, c'est-à-dire comme un être avec lequel il est possible de ressentir ou d'agir en commun. Les ajustements sensori-moteurs, kinesthésiques et proprioceptifs manifestent, et renforcent en retour, l'appartenance à un même groupe social, les réponses similaires à des stimuli similaires étant l'origine absolue de toute activité concertée [4].

Le fait d'appréhender la société sous l'angle de la synchronicité modifie la vision sociologique et anthropologique de l'être humain, généralement centrée sur les traits spécifiquement culturels que constituent les systèmes symboliques et les normes institutionnelles. Il souligne les patterns d'interactions propres aux dynamiques de groupe : la préférence spontanée pour le « même », la peur de l'isolement social, l'imitation mutuelle (*mimicry*), la conformité des conduites (*herding*) ou le contraste *ingroup/outgroup* sont autant de comportements affiliatifs que l'anthropologie et la sociologie ont largement abandonnés à la psychologie sociale. Pourtant, Durkheim (1991[1912]) lui-même insistait sur l'universalité de ces dynamiques d'interactions, ainsi que sur leur dimension quasi-perceptive. La société, disait-il, n'est pas une « réalité supra-individuelle » qui est postulée sans pouvoir être observée : grâce à l'effervescence collective que produit le

---

tout ce qui s'offre ou, plutôt, s'impose à l'observation ». Selon lui, les faits sociaux disposent donc bien d'une certaine objectivité : il s'agit de « quelque chose qui ne dépend pas de nous ».

[3] Ces mises en phase comportementales entraînent également des effets fascinants du point de vue de la coordination des actions, avec la formation d'une sorte de pensée en *nous* ("GROOP effect") (Tsai et al. 2011).

[4] Cela étant, la similarité n'est pas l'identité : les ajustements en miroir se caractérisent inévitablement par une «synchronicité imparfaite» (*imperfect contingency*) et une imprédictibilité partielle qui témoignent de la présence captivante mais incontrôlable d'un autrui «presque-identique», d'un autrui presque comme moi (not «like-me» but «almost like-me») (Gergely et Watson 1999).

rassemblement des corps et des énergies, elle peut devenir une réalité sensible et « donnée dans l'expérience » (Durkheim 1991[1912], 739-740)[5].

Bien entendu, les relations sociales élémentaires ne s'épuisent pas dans les *Nous* primitifs que constituent les alignements pratiques et les synchronies corporelles ; elles englobent également les relations de compétition, de coopération, de hiérarchie, de protection ou d'appartenance qui permettent de s'orienter dans le monde social. Déclinées en situation, ces relations élémentaires sont des *inter-actions* qui comportent une dimension sensible et perceptible : la direction du regard, les expressions faciales, la gestuelle corporelle, la posture émotionnelle et l'orientation attentionnelle sont autant d'indices qui indiquent la conduite à venir et de signaux qui appellent une réaction spécifique. Comme le rappelle Véronique Servais (2007) à partir des travaux de Bateson, les signaux interactionnels sont des entités à deux faces (*two-sided entities*): ils sont à la fois des compte-rendus (*report*) informationnels sur l'action qui se prépare et une incitation à réagir (*command*) d'une certaine façon. Ces signaux, accessibles par les différents sens que sont la vue, le toucher, l'ouïe, le goût et l'odorat, peuvent être appréhendés comme des *affordances*. En effet, dans le cadre de la psychologie écologique proposée par James J. Gibson (1979), les affordances sont des saillances de l'environnement que les animaux perçoivent directement comme des « potentialités d'action ». Ce sont des informations qu'ils utilisent pour *faciliter leurs propres actions* (une branche qui se transforme aisément en levier, une expression d'invite qui encourage l'interaction) ou pour *prédire les actions d'autrui* (fuir devant un prédateur, coopérer après un partage de nourriture). Les affordances reposent sur deux principes. Le premier principe est la dépendance entre la perception et l'action : la perception est organisée par l'anticipation de l'action à accomplir, de sorte que localiser un objet dans l'espace revient à simuler les mouvements nécessaires pour l'atteindre (Gibson 1979). Le deuxième principe est le « couplage » au long cours propre à l'évolution qui inscrit l'animal et son environnement dans un seul et même système – un système dans lequel des affordances se dégagent, facilitant ainsi la sélection des informations pertinentes pour la survie de telle ou telle espèce : les vers de terre sont perçus comme « mangeables » par les oiseaux mais pas par les chevaux ; un arbre offre un abri à des oiseaux mais de la nourriture pour un éléphant, etc. Mais les saillances et les prises pour l'action que constituent les affordances résultent aussi de l'ajustement à court terme entre les besoins situés d'un organisme et les propriétés de la situation : une branche peut devenir une arme dans une interaction conflictuelle (Schmidt 2007).

On le voit, les affordances sont des opportunités d'action et des prises tangibles qui émergent de la relation dynamique entre les capacités motrices et

---

[5] Comme le dit Durkheim (1991[1912] , 403), «C'est en poussant un même cri, en prononçant une même parole, en exécutant un même geste concernant un même objet qu'ils se mettent et se sentent d'accord».

cognitives d'un organisme et les traits de son environnement, physique ou social. En effet, pour Gibson, ce n'est pas seulement le monde physique qui offre à un organisme des possibilités d'action (e.g., ce tronc d'arbre invite à s'asseoir et est donc « sitable »). Le monde social présente également un potentiel d'action et surtout d'inter-action : « Sexual behavior, nurturing behavior, fighting behavior, cooperative behavior, economic behavior, political behavior — all depend on the perceiving of what another person or other persons afford, or sometimes on the misperceiving of it » (Gibson 1979, 135). L'environnement social procure un ensemble d'affordances, en particulier les affordances tout à la fois relationnelles et émotionnelles que les animaux sociaux représentent les uns pour les autres : un comportement agressif invite à une réponse défensive, un cadeau invite à la coopération, et un parent en détresse invite à un comportement d'aide (Kaufmann et Clément 2007). La reconnaissance des affordances sociales est « gestaltique »[6] : le bras tendu du chimpanzé est vu comme un signe d'invitation, les oreilles baissées du chien comme une invitation au jeu, la posture dressée du dominant comme une remise à l'ordre, etc.

La détection des affordances interactionnelles demande un traitement cognitif minimal, quasi-gestaltique ; elle permet à un individu de percevoir et de réagir adéquatement à une interaction sociale. Mais par delà les propriétés tangibles de telle ou telle interaction, les animaux sociaux sont capables de les *voir comme* des exemplaires d'un rapport social donné, transposable dans une infinité de situations empiriques : une interaction est immédiatement reconnue comme relevant d'un rapport de domination, d'une attitude de protection ou d'un échange symétrique. Ainsi, l'identification rapide de la posture de jeu permet de réagir en conséquence et de prédire la chaîne d'événements qui en constitue le déroulement logique. À la place, le jeu implique un pacte de non-agression auquel tous les participants doivent se tenir, sinon ils ne jouent plus mais se battent (Bateson 2000).

---

[6] La perceptibilité ou l'observabilité des affordances sociales reste toutefois partielle car, contrairement au rejet total des inférences cognitives auquel pourrait mener un usage radical de cette notion, elles requièrent bel et bien un travail inférentiel. Un tel travail cognitif permet d'aller derrière les pures séquences physiques pour repérer des patterns de comportement dont la généralité n'a pu être inférée d'une expérience personnelle ou d'un apprentissage conditionnel aveugle. Par définition, en effet, les inférences sont cognitives et non pas associatives : comme le souligne Zentall (1999), la cognition implique une organisation interne et active des stimulus. Elle impose une structure abstraite entre les *inputs* et les *outputs*, notamment en posant des relations d'équivalence ou d'identité entre des occurrences empiriques distinctes. Ces attentes et prédictions formelles vont au-delà des indices comportementaux pour évaluer ce qui est possible ou impossible, probable ou improbable étant donnée la situation sociale. Nous nous distinguons donc ici de l'éliminativisme cognitif qui caractérise à bien des égards les réflexions de Gibson.

## 6. La norme est-elle naturelle ? Les affordances déontiques

Les affordances sociales n'ont pas seulement une dimension perceptuelle ou quasi-perceptuelle, qui en font des excellents outils de prédiction et de coordination ; elles diffèrent des affordances physiques car elles renferment également une dimension *déontique*. Les affordances sociales peuvent être qualifiées de déontiques car elles indiquent, *in situ*, l'action que tel ou tel individu est censé accomplir (Dokic 2010 ; Kaufmann et Clément 2014)[7]. Autrement dit, leur sélection et leur identification n'offrent pas seulement des possibilités d'agir (*affording*) qui facilitent l'accomplissement de certaines actions (e.g., une expression d'invite qui encourage l'interaction) (Gibson 1979). Les affordances déontiques *contraignent* également l'éventail approprié de réponses comportementales ; elles permettent non seulement de voir "ce qui *peut* être fait", mais aussi " ce qui *doit* être fait" : obéir à un subordonné, soutenir un allié, empêcher un adulte de maltraiter un jeune, etc. La composante déontique de ces affordances est manifeste dans les fortes réactions que suscite leur violation. Ainsi les chimpanzés crient, frappent le sol, bref protestent lorsqu'ils ne reçoivent pas de soutien de la part de leurs alliés dans des interactions agonistiques, lorsqu'ils n'ont pas accès à leur partenaire d'épouillage préféré, lorsqu'ils sont victimes d'une agression gratuite ou encore lorsqu'un jeune se fait maltraiter par un adulte (Rudolf von Rohr et al. 2011 ; de Waal 1991).

Cette dimension normative est présente dans les relations sociales relativement stables, telles les relations de compétition, de coopération, de dominance, d'affiliation, de réciprocité, de protection ou d'appartenance, dont la caractéristique principale est, nous semble-t-il, d'être *mutuellement obligeantes*. Elles définissent en effet *qui* a des obligations vis-à-vis de *qui*, *qui* a le droit d'imposer des obligations sur *qui*, *qui* a le droit de réclamer des droits sur quel type de biens et quelles sont les mesures de rétorsion appropriées aux violations de tel ou tel type d'obligation (Jackendoff 1992 ; 1999). Ainsi, les singes épouillent plus longtemps ceux qui les ont épouillés dans le passé, délaissent les femelles lorsque le mâle dominant s'approche ou encore redirigent systématiquement l'agression dont ils ont été victimes sur un proche parent de l'agresseur (Cheney et Seyfarth 1990). Par ailleurs, les animaux sociaux maîtrisent suffisamment ces principes déontiques pour les ajuster aux contraintes contextuelles. Parmi les chimpanzés de la Taï Forest, les mâles dominants obéissent aux règles qui régissent le partage équitable de viande entre les différents chasseurs, même si ces règles sont en conflit avec l'ordre hiérarchique du groupe (Boesch 1994). Même les jeunes chimpanzés semblent maîtriser les règles sociales de base : lorsqu'ils jouent entre eux, ils ajustent leurs cris d'excitation afin d'éviter que des adultes ne les interprètent comme des hurlements de combats et n'interviennent pour y

---

[7] Nous adaptons ici à un cadre plus élémentaire la notion d'affordance déontique qui a été proposée, dans le cadre d'une théorie du langage, par Carassa et Colombetti (2009).

mettre fin. Les jeunes sont donc déjà en mesure d'appliquer des règles différentes en fonction des types d'activités dans lesquelles ils sont impliqués, jouant sur l'intensité et le bruit des cris pour différencier le jeu de « bagarre » par rapport à des combats réels (Flack et al. 2004).

## 7. La piste grammaticale

Il est important de souligner que le registre relationnel, essentiel à toute vie sociale, mis en exergue par la sociologie des primates non-humains n'est pas de l'ordre d'une *relation intersubjective* de reconnaissance mutuelle entre des sujets de pensée et de parole dont les vies intérieures perdraient peu à peu de leur opacité grâce au travail interprétatif et au « mindreading » dont elles font l'objet[8]. Le registre relationnel dont il s'agit ici n'est pas non plus de l'ordre des *rapports institutionnels* préconstitués et réglés par des symboles, des règles et des lois que mettent en évidence les approches qui insistent sur le travail structurant de la culture (Descombes 1996). L'« entre-deux relationnel » auquel les primates non-humains nous rendent attentifs ne renvoie ni à des « relations intersubjectives sans structure », ni à des « relations structurales sans sujets » (Kaufmann 2016). Il renvoie aux *formes sociales* et aux attentes relationnelles qui leur sont intrinsèquement liées – des attentes qui ne sont pas réductibles à des associations à court terme ; elles relèvent d'une véritable « syntaxe » sociale, composée de règles conditionnelles du type « si-alors » (de Waal 2003). La politique de coalition ou la réconciliation post-conflit reposent ainsi sur des transactions conditionnelles : elles dépendent non seulement des états émotionnels de l'adversaire et de la nature de la relation entre les anciens opposants mais également des relations avec des tiers, comme par exemple les femelles plus âgées (de Waal 2003; Judge 1991). Même la dominance se révèle conditionnelle : c'est moins le rang absolu que la différence relative de rang entre les individus impliqués qui permet aux primates d'évaluer le cours d'une interaction ; ainsi, deux jeunes chimpanzés agissent différemment si leur mère est à proximité ou non (Kawai 1958). De même, les chimpanzés s'attendent à ce que les signaux vocaux soient appropriés aux relations de dominance existantes. Ils sont par exemple très surpris lorsque les primatologues leur font entendre des cris d'agression produit par un subordonné à l'encontre d'un dominant (Slocombe et al. 2010) : ce n'est pas ce qui est *censé* se produire.

Par bien des aspects, ces enchaînements interactionnels propres aux relations sociales de base relèvent de ce que Jackendoff (1992) propose d'appeler une

---

[8] Pour gérer une telle relation, il faut être capable d'adopter une posture intentionnelle (intentional stance) qui permet de dépasser l'opacité qui caractérise, pour un individu donné, les autres esprits dont le vécu, les désirs et les croyances lui restent fondamentalement inaccessibles, sinon mystérieux. C'est donc une théorie de l'esprit, une psychologie naïve qui soutient, en principe, les relations intersubjectives.

« grammaire sociale » universelle. Celle-ci relie, de manière constitutive, des activités à un ensemble de droits et d'obligations. Tout comme la grammaire linguistique permet de créer et de comprendre un nombre illimité de phrases, y compris des phrases qui n'ont jamais été entendues, la « grammaire sociale » fournit un système de principes relationnels qui génèrent des attentes et des inférences implicites. Ces grammaires relationnelles, qui permettent d'attendre d'un subordonné un comportement d'obéissance, d'un compagnon de jeu une attitude non agressive ou d'un semblable un comportement de coopération, rendent les comportements et plus généralement le monde social relativement prédictible. Par ailleurs, les droits et les obligations mutuels qui sont inhérents aux relations sociales sont restreints aux membres d'un même groupe social : ils s'appliquent uniquement à l'intérieur du groupe d'appartenance. Ainsi, les singes capucins attendent l'appel de nourriture uniquement de la part de leurs congénères, punissant d'ailleurs les membres de leur groupe qui ne le font pas. Comme cette attente ne se manifeste pas pour les membres d'autres groupes, on peut inférer la présence d'une attente normative du type « si tu es membre de mon groupe, alors tu dois agir de manière coopérative » (Hauser et Marler 1993 ; Jackendoff 1992, 1999). Relevons également que le lien entre appartenance sociale et obligations mutuelles comporte un côté " sombre " : les relations avec des non-appartenants étant dépourvues d'obligations, elles laissent libre cours à l'expression brute de la violence, comme le montre le grand nombre d'attaques mortelles qui opposent les unes contre les autres les « communautés de chimpanzés » (Wilson et al. 2014).

Ces grammaires relationnelles sont aussi contraintes que les grammaires linguistiques qui régissent l'usage d'un mot dans une phrase : tout comme on ne peut pas dire en français « je chien promène », un singe ne peut demander à un congénère de partager de la nourriture si lui-même ne lui a rien donné dans le passé (De Waal 2003). De même, la relation de parenté définit un système relatif de positions qui contraint les conduites de ses « occupants ». En effet, quand le cri d'un jeune singe vervet est transmis par haut-parleur à des femelles adultes, ces dernières se tournent vers sa mère, montrant par là même qu'elles reconnaissent la relation qui relie la mère à son petit et qu'elles attendent le comportement de protection qui lui est corrélatif (Cheney et Seyfarth 2007). Autrement dit, la relation parentale implique des droits et des obligations que les primates sont capables de saisir[9].

---

[9] Bien entendu, l'éventail de ces grammaires interactionnelles de base reste encore largement à déterminer, même si, pour des auteurs tels qu'Alan Fiske (1992) ou Nick Haslam (1994), l'on peut d'ores et déjà fonder empiriquement l'existence de quatre structures relationnelles universelles. Il s'agit, d'après eux, des relations de partage communautaire, basées sur des liens de parenté et d'appartenance, des rapports hiérarchiques, basés sur l'asymétrie, la déférence et la domination, des relations d'échange réciproque, basées sur des liens égalitaires et symétriques, et enfin des relations instrumentales, basées sur des intérêts matériels. L'hypothèse d'une grammaire sociale est d'autant plus intéressante qu'elle conforte l'hypothèse que les origines du langage sont moins à rechercher

## 8. Saisir la logique du social

Si on accepte ce qui précède, alors on peut considérer que certaines organisations comportementales et relationnelles sont suffisamment stables pour mériter de faire partie de l'« ameublement du monde ». Durkheim avait donc raison de parler de « choses sociales », même s'il les envisageait d'une manière quelque peu différente. La question qui se pose alors porte sur la contrepartie mentale qui permet aux individus sociaux de faire sens de cette réalité sociale si essentielle à leur survie.

Dans la littérature contemporaine, l'étude des processus cognitifs nécessaires à la compréhension du monde social est généralement regroupée sous l'appellation de « cognition sociale », c'est-à-dire les processus cognitifs, conscients et inconscients, par lesquels les êtres sociaux déchiffrent et prédisent le comportement de leurs semblables. Bien que ce terme souffre d'une certaine polysémie (Clément 2016), il tend, en psychologie comparée et en psychologie du développement, à réduire « ce que social veut dire » à des interactions *intersubjectives*, c'est-à-dire à des « interactions entre esprits »[10]. Cette version inter-personnelle du social et la version mentaliste de la cognition sociale qui l'accompagne (Wellman 1992) sont dues en partie au succès expérimental de la « tâche de fausse croyance » : celle-ci a permis de montrer que les enfants de moins de 4 ans ne sont pas capables d'attribuer à autrui des croyances qui diffèrent des leurs ; ce n'est que vers l'âge de 4 ou 5 ans qu'ils parviennent à imaginer que les autres ne partagent pas forcément leur propres représentations (Wimmer et Perner 1983). Les individus qui connaissent un développement ontogénétique « normal » sont ainsi en mesure d'élaborer des *méta-représentations*, c'est-à-dire des représentations mentales qui portent sur d'autres représentations mentales. Grâce à cette capacité méta-représentationnelle, ils peuvent aller au-delà des comportements observables pour identifier les états mentaux opaques, notamment les désirs et les croyances, qui sont susceptibles de les avoir engendrés. L'identification de ces états mentaux permet de prédire le

---

dans la fabrication d'outils que dans l'intelligence sociale. Comme l'ont suggéré Seyfarth, Cheney et Bergman (2005), les mécanismes cognitifs qui sous-tendent l'usage de la langue pourraient avoir évolué à partir de la connaissance sociale de nos « ancêtres pré-linguistiques ». Les babouins, disent Seyfarth et al., analysent les appels de leurs congénères comme un « récit » (narrative) qui implique un agent, une action, et un destinataire, du type « Sylvia est en train de menacer Hannah et c'est cette menace qui fait crier Hannah ».

[10] Deux citations permettent de mettre en evidence ce "biais mentaliste": « social interactions» tend to be assimilated to «interaction of minds» and can be « properly understood only when one takes into account what people think about other people's thoughts » (Heinz Wimmer et Josef Perner, « Beliefs about beliefs […] ». )

«The claim behind research on 'theory of mind' is that certain core understandings organize and enable this array of developing social perceptions, conceptions and beliefs. In particular, the claim is that our everyday understanding of persons is fundamentally mentalistic» (Wellman et Lagattuta 2000).

comportement d'autrui en activant une « théorie de l'esprit » : les agents sont mus par des désirs et ceux-ci vont motiver leur comportement en fonction de ce qu'ils considèrent comme vrais. Pour reprendre un exemple classique, si Sam *désire* boire une bière et *croit* qu'il y a des bières dans le frigo, alors il *va ouvrir* la porte du frigidaire pour étancher sa soif. Ce type de description et de prédiction, qui fait un « détour » par l'esprit d'autrui, est parfaitement en phase avec la conception de l'action telle qu'elle a été défendue par la philosophie analytique anglo-saxonne, notamment par le très influent Donald Davidson (Davidson 1980).

Cette conception « intellectualiste » de la cognition sociale est bien entendu difficile à concilier avec la vision de la naturalisation du social que nous proposons. Nous avons vu que les grammaires relationnelles de base que met en évidence le naturalisme social s'accompagnent nécessairement d'un ensemble de capacités déontiques qui permettent d'identifier les permissions, obligations, prohibitions, menaces et avertissements qui quadrillent l'espace social. De plus, cette grammaire est maîtrisée par des êtres qui, selon toute vraisemblance, ne disposent pas des compétences méta-représentationnelles suffisante pour permettre à la théorie de l'esprit de se déployer : les primates non-humains (Krupenye et Call 2019). Le naturalisme social conduit ainsi à une forme de « déflationnisme » cognitif : il n'est pas nécessaire d'entretenir des méta-représentations sophistiquées pour évaluer les relations sociales sous l'angle des attentes, sinon des obligations, qu'elles font peser sur chacun des termes qu'elles relient. Il suffit de disposer d'un système de perception, d'attentes et d'inférences, d'une « sociologie naïve » qui permette de situer les êtres dans le monde social en les répartissant entre "supérieurs" et "inférieurs", "semblables" et "différents", "eux" et "nous", "appartenants" et "non-appartenants" (Kaufmann et Clément 2014). Le fait que les primates non-humains mènent une vie sociale extrêmement complexe, alors même qu'ils ne disposent pas d'une stratégie intentionnelle ou d'une théorie de l'esprit, plaide donc pour une forme de cognition sociale non mentaliste. Délaissant le niveau méta-représentationnel des états mentaux partiellement opaques et intangibles que les individus humains sont susceptibles de s'attribuer, les « sociologues naïfs » mettent en oeuvre des capacités holistiques qui leur permettent de saisir les formes interactionnelles, observables et publiques, qui se déploient *entre* eux.

Si l'on admet, avec François Jacob, que l'évolution biologique peut être comparée à une forme de bricolage (Jacob 1977) qui utilise et recycle des « matériaux » déjà-là pour complexifier le fonctionnement du monde vivant, il n'y a aucun raison de penser que les capacités sociales qui ont permis la survie de nos ancêtres ne seraient pas présentes chez les humains. Le détour par les sociétés de primates permet ainsi de repérer les capacités fondamentales, ou comme le dit Bernard Conein (1998), le « sens social » nécessaire à la saisie et au maintien de la trame relationnelle que constitue l'environnement de base de tout être en société[11]. Un tel détour comporte un autre avantage : il met en exergue un des principes élémentaires de la sélection naturelle, le *principe d'économie*. Ce dernier consiste à court-circuiter les procédures cognitives complexes, coûteuses en temps et en énergie, lorsque celles-ci ne sont pas indispensables pour la survie de l'organisme (anticipation des dangers potentiels, inférence des conséquences de l'action, etc.). Du point de vue épistémologique, ce principe d'économie a une double conséquence: d'une part, les comportements observés dans une espèce donnée doivent être expliqués par des capacités cognitives aussi rudimentaires que possible ; d'autre part, les comportements similaires qui surviennent dans des espèces biologiquement apparentées doivent être expliqués par des processus cognitifs similaires (de Waal 2012). Ce principe d'économie rappelle ainsi aux interprétations mentalistes trop riches le principe analytique de parcimonie – le fameux « rasoir d'Occam »: il ne faut pas recourir à des concepts abstraits ou à des structures complexes pour expliquer un phénomène lorsque des entités observables ou des mécanismes plus simples suffisent.

La nature exacte des processus élémentaires de « lecture » des formes sociales élémentaires est encore sujette à débat. Pour certains, il s'agit de *mécanismes cognitifs spécifiques* hérités biologiquement, des « connaissances centrales », qui expliquent pourquoi de très jeunes bébés sont déjà sensibles aux appartenances de groupe ou à la hiérarchie (Kinzler et al. 2007; Thomsen 2019). Mais on pourrait imaginer que les capacités d'apprentissage non spécifiques du cerveau humain lui permettent de saisir rapidement ces patterns relationnels (Gopnik et al. 2004) et de générer une grammaire susceptible de généralisations ultérieures. Quoiqu'il en soit, la résistance des phénomènes sociaux que nous avons mis en évidence leur donne le statut d'un « domaine » propre, comme peut l'être celui des objets physiques ou des agents biologiques animés, susceptible d'être saisi par une forme de sociologie naïve.

## 9. La société comme construction culturelle : de la sociologie naïve à la sociologie « savante »

Pour établir en termes naturalistes l'ontologie relationnelle propre au monde social et l'équipement cognitif qu'elle requiert, nous nous sommes appuyés sur le fonctionnement social de groupes non-humains. Pour compléter le naturalisme social, il nous faut encore esquisser les liens entre, d'une part, les grammaires relationnelles que les animaux sociaux évolués sont naturellement prédisposés à repérer et à utiliser comme base d'inférence et d'action et, d'autre part, les grammaires et les déontiques culturelles spécifiquement humaines qui indiquent à leurs « usagers » ce qu'ils *peuvent* et *doivent* faire étant donné les types d'activité

---

[11] Ce « sens social » chez les primates comme chez les humains, serait développé notamment par le biais de l'attention conjointe. Cf. Conein (1998).

(e.g., enseigner, acheter, converser, etc.) et les « systèmes actanciels » (e.g., enseignant-apprenti, vendeur-acheteur, énonciateur-destinataire, etc.) dans lesquels ils se trouvent pris.

Ce lien entre les formes sociales élémentaires et les formes culturelles plus complexes est à la fois continu et discontinu. Il est *continu* car une part importante des institutions culturelles peut être envisagée sous l'angle de la reconfiguration, de la transformation et de la complexification de relations sociales préexistantes. Les relations de domination en constituent une bonne illustration. Dans une société humaine, elles revêtent la forme plus sophistiquée de signes de supériorité et de symboles de valeur ; elles consistent en la monstration de « *signes de richesse* destinés à être évalués, appréciés et de *signes d'autorité*, destinés à être crus et obéis » (Bourdieu 1982, 60). Mais finalement les relations de dominance sociale et les relations hiérarchiques culturelles instaurent le même type de partition : celui qui, en séparant l'accessible et l'inaccessible, le «pour nous» et le «pas pour nous», prédispose l'agent à vivre «conformément à sa condition» et à adopter un «rapport réaliste aux possibles» (Bourdieu 1980, 107-109). Ce que les capacités proprement humains apportent à ces relations de base, c'est la dimension symbolique : ceux qui occupent les positions de domination sont en mesure d'établir ce qui *compte comme* important, ce qui est digne de valeur et qu'ils auront tendance à monopoliser (Bourdieu et Delsaut 1975). Dans le cas des rapports de pouvoir, les repères de «haut niveau» s'articulent ainsi avec les postes de la «grammaire sociale» que déploient, pour ainsi dire en creux, les rudiments de la sociologie naïve.

Mais le lien entre les formes sociales et les formes culturelles est également *discontinu*. En effet, l'ontologie naturelle des formes élémentaires de la vie sociale diffère de l'ontologie artificielle des fictions culturelles que seul le recours collectif à un langage commun est à même de faire advenir à l'existence, que ce soit les fictions partagées (Sherlock Holmes, Mickey Mouse), les êtres institutionnels (le Real Madrid, la Constitution, Dieu) ou les collectifs abstraits (la France, la communauté évangélique). Si la continuité partielle des formes sociales et des formes culturelles éclaire les capacités relationnelles et le sens déontique plus ou moins sophistiqué des êtres humains, leur discontinuité en révèle une autre facette : celle de la capacité spécifiquement humaine à s'émanciper de la situation *hic et nunc* et à entretenir des représentations *détachées* des saillances perceptuelles et des impératifs pratiques immédiats.

Une telle capacité de distanciation est indispensable à la vie culturelle. Alors que les relations sociales élémentaires sont données dans l'expérience directe, les « entités » culturelles ne sont souvent accessibles que par le biais des chaînes de communication et de transmission qui indiquent aux agents ordinaires ce que leur communauté d'appartenance ou/et ses porte-parole autorisés tiennent pour réel ou imaginaire, possible ou impossible, juste ou injuste. Pour référer de manière oblique et *in absentia* à des entités culturelles qui leur sont matériellement et cognitivement inaccessibles, les individus doivent renoncer à leur propre capacité de jugement et s'en remettre aux instances qui en constituent implicitement l'autorité de validation. L'apprentissage et la reconduction de la culture impliquent donc « une déférence par défaut » : les agents ordinaires doivent renoncer à mener une enquête ontologique ou épistémique de leur propre chef et valider à crédit les entités, fussent-elles « inexistantes », dont le *Nous* ou le *On* de leur communauté linguistique et culturelle se porte garant (Kaufmann 2016). C'est notamment à cette instance de validation ultime et impersonnelle et/ou à ses représentants (les dieux, les ancêtres, les prêtres, les maîtres, etc.) qu'est déféré le sens des actions et des discours rituels dont l'origine ou la raison d'être ont disparu de la mémoire collective (Bloch 2004).

D'un point de vue cognitif, les prémisses d'une telle déférence culturelle se retrouvent dans la tendance à « la surimitation » (*overimitation*) que manifestent les jeunes enfants – et non les chimpanzés – lorsqu'ils reprennent aveuglément les gestes, pourtant clairement inutiles, qu'un expérimentateur effectue devant eux (Nielsen et al. 2014). Cette surimitation permet de se conformer à la manière dont *Nous* faisons les choses, d'apprendre les « manières de » faire conventionnelles et normatives qui caractérisent l'arbitraire culturel propre à notre communauté d'appartenance (Gruber et al. 2015). Cette déférence de principe est par ailleurs en mesure de saisir des différences subtiles quant à la nature des « êtres culturels ». Ainsi, même si l'existence des existants inobservables à l'œil nu, tels les microbes, et les « inexistants » invisibles tels les dieux, ne peut être apprise que par le biais d'une chaîne de communication et de témoignages (*testimony*), ni les enfants ni les adultes ne les endossent de la même manière (Clément 2010; Harris et al. 2006). Non seulement la déférence par défaut qu'implique l'enculturation n'annule pas toute faculté de discernement ontologique, mais elle n'exclut pas la mise à distance des représentations collectives et des entités culturelles que les instances autorisées endossent publiquement. Au contraire, un *décrochage*, un écart entre l'ordre de l'expérience et l'ordre des représentations culturelles est toujours possible. C'est cet écart qui permet le déploiement d'une autre compétence propre à l'espèce humaine : celle du relâchement et de la distraction (Piette 2009). Grâce à cette compétence, l'humain est à même de varier son mode de présence, oscillant entre le littéral et le métaphorique, l'engagement et la distanciation, le mode mineur et le mode majeur.

La manière dont les sociétés complexes humaines ont pu émerger au fil de l'histoire naturelle de notre espèce est assez mystérieuse. Là encore, il s'agit très vraisemblablement d'une coévolution entre des *capacités cognitives*, telle la capacité symbolique d'entretenir des représentations d'entités non directement perceptibles, et des *dispositifs culturels*, qui constituent à leur tour un environnement adaptatif d'un type nouveau. Ces dispositifs impliquent de nouvelles adaptations cognitives, telles que la surimitation, assurant ainsi la reconduction conforme des fictions d'ores et déjà été consacrées par la collectivité. Ces capacités symboliques ne nous condamnent toutefois pas à la conservation et à la reproduction infinie des formes culturelles propres à notre groupe d'appartenance. Elles rendent également possible une forme d'*imagination* proprement constituante qui permet de percevoir le monde non pas comme il *est*, mais comme il *devrait* être. Dans certaines conditions socio-historiques, cette imagination éminemment politique conduit les êtres humains à remettre en question les institutions établies, à déterminer des orientations nouvelles, à transformer des mondes impossibles en mondes possibles et des êtres inexistants en des entités de référence effectives.

## 10. Conclusion. Le « saut » de l'imagination

Le but de ce chapitre était d'explorer une des voies possibles de réconciliation entre les sciences sociales et les sciences de la nature. Pour ce faire, nous nous sommes concentrés sur la nature même du social, non seulement pour les humains mais également pour les espèces qui partagent une forme de vie proche de la nôtre : les primates non-humains. Une fois contourné le biais anthropocentrique qui attire notre attention sur les seuls faits de culture, il devient plus aisé d'identifier les « primitifs ontologiques » du monde social que constituent les *inter-actions réciproques*. Il en résulte différents types de configurations relationnelles, que ce soit de domination, de coopération, de conflit, d'appartenance ou de protection, qui sont chacune associée à des types de comportement spécifiques. Afin de pouvoir s'adapter à ces interactions et « jouer » le jeu d'offres et de réponses qui les caractérisent, les êtres sociaux doivent disposer des capacités leur permettant de les saisir sous leur angle « affordantique », mi-perceptuel, mi-déontique.

Sur ce socle social, commun à toutes les sociétés, les formes de vie proprement humaines ont rajouté une *strate* culturelle, peuplée de langage, d'institutions, de rituels, de traditions et d'œuvres d'art. A certains égards, cette strate culturelle se contente de crystalliser et de complexifier des inter-actions sociales plus « primitives ». Ainsi, les signaux vocaux et gestuels de salutation dans le monde des primates non-humains ont incontestablement un air de famille avec les signes utilisés par les humains (Clay et Genty 2017). Mais cette continuité n'est que partielle ; les signes humains ajoutent aux « conversations de gestes » animales des codes ou des symboles conventionnels dont la maîtrise est nécessaire pour devenir un membre à part entière de la communauté. Tendre son bras droit dans un groupe néo-nazi est bien plus qu'une simple salutation ; c'est un geste *qui compte comme* un indice d'appartenance, un signe d'adhésion idéologique. Autrement dit, le *voir comme* des relations et des actions sociales de base se prolonge et se transforme en un *compte comme* qui exige le recours à une armature symbolique et à des capacités représentationnelles, spécifiquement humaines, qui permettent d'assigner de nouvelles propriétés déontiques à des faits naturels ou sociaux qui en sont intrinsèquement dépourvus : cette rivière compte comme une frontière, cette position soumise compte comme un salut militaire, etc. (Searle 1995 ; Clément et Kaufmann 2005). Au fil du temps, les structures symboliques et les répertoires culturels perdent la trace de leur origine artificielle : ils se présentent comme une « seconde nature ». C'est bien un tel processus de naturalisation qui caractérise le travail de l'idéologie : en transformant les constructions culturelles en vérités naturelles, elle les rend imperméables à l'action individuelle et collective.

Cela étant, la réification idéologique des constructions culturelles n'est jamais définitive. Elle peut toujours se heurter à un sursaut de *l'imagination*, qui permet de se distancer de la réalité sociale et culturelle et d'« imaginer le monde autre qu'il n'est » (Arendt 1972[1954]). Sans cette imagination fondamentalement *politique*, les êtres humains seraient des êtres essentiellement enseignés, des êtres obéissant à l'évidence de l'autorité et croulant sous la naturalité apparente des moeurs et des traditions. La faculté imaginative permet de refuser l'ordre établi, de rouvrir l'éventail des possibles et de redonner à la collectivité le pouvoir de transformer les règles de la vie en commun. Elle permet aussi de désenclaver le sentiment d'appartenance, de l'extraire des frontières étroites du groupe et de repousser sans cesse les limites de l'empathie. L'imagination a donc des conséquences non seulement politiques mais également *morales*. Détachée de la saisie immédiate des affordances déontiques qui indiquent la manière dont tel type d'être social devrait être traité dans telle ou telle situation, elle permet d'étendre indéfiniment le cercle des personnes avec lesquelles nous nous sentons en mesure de « faire société ».

Ce travail d'extension, qui peut mener à l'idée universaliste de commune humanité, est une conquête qui n'est jamais achevée. Le *Nous* élargi que dessine le concept d'humanité est toujours susceptible de se contracter, de se restreindre à des appartenances sociales de proximité, montrant ainsi l'importance du travail moral et politique « contre-nature » qui permet d'étendre « ce que semblable veut dire ». Étant donné l'enjeu que constitue ce *Nous* élargi, précaire et fragile, les sciences de la société et les sciences de l'esprit auraient tout intérêt à oublier leurs divergences et tenter d'éclairer, conjointement, les relais politiques et les ressorts cognitifs qui sont nécessaires à son maintien.

**Références**

Arendt, H. (1972[1954]). *La crise de la culture.* Paris: Gallimard.

Balandier, G. (1985). *Le détour: pouvoir et modernité.* Paris: Fayard.

Bateson, G. (2000). A theory of play and fantasy. In *Steps to an Ecology of Mind. Collected Essays in Anthropology, Psychiatry, Evolution, and Epistomology* (pp. 177-194). Chicago: The University of Chicago Press.

Becchio, C., & Bertone, C. (2004). Wittgenstein running: Neural mechanisms of collective intentionality and we-mode. *Consciousness and Cognition*, 13, 123-133.

Berger, P.L., & Luckmann, T. (1966). *The social construction of reality: A treatise in the sociology of knowledge*. New York: Anchor Books.

Bloch, M. (2004). Ritual and Deference. In H. Whitehouse & J. Laidlaw (eds.), *Ritual and Memory* (pp. 65-88). Oxford: Altamira Press.

Boesch, C. (1994). Cooperative hunting in wild chimpanzees. *Animal Behavior*, 48, 653-667.

Boudon R. (1995). *Le juste et le vrai*. Paris: Fayard.

Bourdieu, P., & Delsaut, Y. (1975). Le couturier et sa griffe: contribution à une théorie de la magie. *Actes de la Recherche en Sciences Sociales*, 1, 7-36.

Bourdieu, P., & Passeron, J.-C. (2021). *Le métier de sociologue*. Paris: EHESS.

Bronner, G. (2006). L'acteur social est-il déjà soluble dans les neurosciences? *L'Année Sociologique*, 1(56), 331-351.

Cacioppo, J. T., & William P. (2008). *Loneliness: Human Nature and the Need for Social Connection*. New York: Norton.

Carassa, A. Colombetti, M. (2009). Joint Meaning. Journal of Pragmatics, 41(9), 1837-1854. https://doi.org/10.1016/j.pragma.2009.03.005

Cheney, D. L., & Seyfarth, R. M. (1990). *How Monkeys See the World*. Chicago: The University of Chicago Press.

Cheney, D. L., & Seyfarth, R. M. S. (2007). *Baboon Metaphysics. The Evolution of a Social Mind*. Chicago: The University of Chicago Press.

Clay Z., & Genty, E. (2017). Natural communication in bonobos: insights into social awareness and the evolution of language. In B. Hare & S. Yamamoto (Eds.), *Bonobos. Unique in Mind, Brain and Behaviour* (pp. 105-126). Oxford: Oxford University Press.

Clément, F. (2010). To Trust or not to Trust? Children's Social Epistemology. *Rev. Philos. Psychol.*, 1, 531-549. https://doi.org/10.1007/s13164-010-0022-3

Clément, F. (2011). L'esprit de la sociologie. Les sociologues et le fonctionnement de l'esprit humain. In Clément Fabrice, Laurence Kaufmann (Eds.), *La sociologie cognitive* (pp. 101-133). Paris: La maison des sciences de l'homme.

Clément, F. (2016). The multiple meanings of social cognition In J.A. Green, W.A. Sandoval, & I. Bråten (Eds.), *Handbook of Epistemic Cognition* (86-99). Oxford: Routledge.

Clément, F., & Kaufman, L. (2005). *Le Monde selon John Searle*. Paris: Éditions du Cerf.

Conein, B. (1998). Les sens sociaux : coordination de l'attention et interaction sociale. *Intellectica*, *1-2*(26-27), 181-202.

Cosmides, L., Tooby, J., Fiddick, L., & Bryant, G.A. (2005). Detecting cheaters. *Trends in Cognitive Sciences*, *9*(11), 505-551.

Davidson, D. (1980). *Essays on Actions and Events*. New York: Oxford University Press.

de Waal, F. B. (1991). The chimpanzee's sense of social regularity and its relation to the human sense of justice. *American Behavioral Scientist*, 34, 335-349.

De Waal, F. B. (2012). The antiquity of empathy. *Science*, 336, 874-876.

De Waal, F.B. (2003). Social syntax: the if-then structure of social problem solving. In F.B. De Waal & P. Tyack (Eds.), *Animal social complexity: intelligence, culture and individualised societies* (pp. 230-248). Cambridge, MA, Harvard University Press.

De Waal, F.B., & Ferrari, P.F. (2010). Towards a bottom-up perspective on animal and human cognition. *Trends in Cognitive Sciences*, *14*(5), 201-207.

Dennett, D. (1987). *The Intentional Stance*. Cambridge, MA: Bradford Book.

Descombes, Vincent (1996). *Les institutions du sens*. Paris: Éditions de Minuit.

Di Maggio, P. (1997). Culture and cognition. *Annual Review of Sociology*, 23, 263-287.

Dilthey, W. (1989). *Introduction to the Human Sciences: Selected Works*. Princeton: Princeton University Press.

Dokic, J. (2010). Affordances and the Sense of Joint Agency. In M. Balconi (ed.), *Neuropsychology of the Sense of Agency* (pp. 23-43). Milan: Springer.

Durkheim, Emile (1898). Représentations individuelles et collectives. *Revue de Métaphysique et de Morale*, VI, 273-302.

Durkheim, E. (1987). *Les règles de la méthode sociologique*. Paris: PUF.

Durkheim, E. (1992[1912]). *Les formes élémentaires de la vie religieuse. Le système totémique en Australie*. Paris: Libraire Générale Française.

Fiske, A. P. (1992). The four elementary forms of sociality: framework for a unified theory of social relations. *Psychological review*, *99*(4), 689.

Flack, J. C., Jeannotte, L. A., & de Waal, F. B. M. (2004). Play Signaling and the Perception of Social Rules by Juvenile Chimpanzees (Pan troglodytes). *Journal of Comparative Psychology*, *118*(2), 149-159. https://doi.org/10.1037/0735-7036.118.2.149

Gergely, G., & Watson, J. S. (1999). Early Socio-Emotional Development: Contingency Perception and the Social-Biofeedback Model. In Philippe Rochat (dir.), *Early Social Cognition: Understanding Others in the First Months of Life* (pp.101- 136). Mahwah, New Jersey, London: Lawrence Erlbaum Associates.

Gibson, J. (1979). *The Ecological Approach to Visual Perception*. Boston: Houghton Mifflin Company.

Gibson, J.J. (1979). *The Ecological Approach to Perception*. Boston: Haughton Mifflin.

Gopnik, A., Glymour, C., Sobel, D.M., Schulz, L.E., Kushnir, T., & Danks, D. (2004). A Theory of Causal Learning in Children: Causal Maps and Bayes Nets. *Psychol. Rev.*, 111, 3-32. https://doi.org/10.1037/0033-295X.111.1.3

Gruber, T., Zuberbühler, K., Clément, F., & van Schaik, C. (2015). Apes have culture but may not know that they do. *Front. Psychol.*, 6, 91. https://doi.org/10.3389/fpsyg.2015.00091

Harris, P.L., Pasquini, E.S., Duke, S., Asscher, J.J., & Pons, F. (2006). Germs and angels: The role of testimony in young children's ontology. *Dev. Sci.*, 9, 76-96.

Haslam, N. (1994). Categories of social relationship. *Cognition*, 53, 59-90.

Hauser, M D, & Marler, P. (1993). Food-associated calls in rhesus macaques (Macaca mulatta): II. Costs and benefits of call production and suppression. *Behavioral Ecology*, 4, 206-212.

Henrich, J. (2017). *The Secret of Our Success: How Culture Is Driving Human Evolution, Domesticating Our Species, and Making Us Smarter*. Princeton: Princeton University Press.

Jackendoff, R. (1992). *Languages of the Mind: Essays on Mental Representation*. Cambridge: MIT.

Jackendoff, R. (1999). The Natural Logic of Rights and Obligations. In R. Jackendoff & P. Bloom (Eds.), *Language, Logic, and Concepts: Essays in Memory of John Macnamara* (pp. 67-95). Cambridge, MA: The MIT Press.

Jacob, F. (1977). Evolution and tinkering. *Science*, 196, 1161-1166. https://doi.org/10.1126/science.860134

Judge, P. G. (1991). Dyadic and triadic reconciliation in pigtail macaques (Macaca nemestrina). *American Journal of Primatology*, 23, 225–237.

Kaufmann, L. (2011). Social Minds. In I. Jarvie & J. Zamora (Eds.), *The Sage Handbook of the Philosophy of Social Sciences* (pp. 153-180). London: Sage.

Kaufmann, L. (2016). La ligne brisée : ontologie relationnelle, réalisme social et imagination morale. *Revue du Mauss*, 1(47), 105-128.

Kaufmann, L., & Clément, F. (2003). La sociologie est-elle un savoir infus ? De la nature sociale de l'architecture cognitive. *Intellectica*, 36/37, 421-457.

Kaufmann, L., & Clément, F. (2007). How Culture comes to Mind: From Social affordances to Cultural analogies. *Intellectica*, 46/47, 221-250.

Kaufmann, L., & Clément, F. (2014). Wired for Society: Cognizing Pathways to Society and Culture. *Topoi: An International Review of Philosophy*, 33(2), 459-475.

Kaufmann, L., Fabrice, L. (2014). Wired for Society: Cognizing Pathways to Society and Culture. *Topoi: An International Review of Philosophy*, 33, 459-475. https://doi.org/10.1007/s11245-014-9236-9

Kawai, M. (1958). On the rank system in a natural group of Japanese monkeys. (I) Basic rank and dependent rank (II), in what pattern does the ranking order appear on and near the test box. *Primates*, *1*(2), 111-148.

Kinzler, K.D., Dupoux, E., & Spelke, E.S. (2007). The native language of social cognition. *Proc Natl Acad Sci USA*, 104, 12577-12580. https://doi.org/10.1073/pnas.0705345104

Kroeber, A., & Parsons, T. (1958). The concepts of culture and of social system. *The American Sociological Review*, 23, 582-583.

Kroeber, A.L., & Parsons, T. (1958). The concept of culture and social system. *Am. Sociol. Rev.*, 23, 582–590.

Krupenye, C., & Call, J. (2019). Theory of mind in animals: Current and future directions. *WIREs Cogn. Sci.*, 10, e1503. https://doi.org/10.1002/wcs.1503

Latour, B. (1994). Une sociologie sans objet ? Remarques sur l'interobjectivité. *Sociologie du travail*, *36*(4), 587-607.

Lévi-Strauss, C. (2002). *Race et histoire*. Paris: Gallimard.

Mayr, E. (2004). *What makes Biology unique?* Cambridge: Cambridge University Press.

Nielsen, M., Mushin, I., Tomaselli, K., & Whiten, A. (2014). Where Culture Takes Hold: "Overimitation" and Its Flexible Deployment in Western, Aboriginal, and Bushmen Children. *Child Development*, 85, 2169-2184. https://doi.org/10.1111/cdev.12265

Piette A. (2009). *L'Acte d'exister. Une phénoménographie de la présence*. Marchienne-au-Pont: Socrate Editions Promarex.

Quine, W. V. (1977[1960]). *Le mot et la chose*. Paris: Flammarion.

Rudolf von Rohr, C., Burkart, J M, & van Schaik, C.P. (2011). Evolutionary precursors of social norms in chimpanzees: a new approach. *Biology and Philosophy*, *26*(1), 1-30.

Schaeffer, J-M. (2007). *La fin de l'exception humaine*. Paris: Gallimard.

Schmidt, R.C. (2007). Scaffolds for Social Meaning. *Ecological Psychology*, *19*(2), 137-151.

Searle, J. (2001). *Rationality in Action*. Cambridge, Mass.: MIT Press.

Searle, J. R. (1995). *The Construction of Social Reality*. Allen Lane: The Penguin Press.

Servais, V. (2007). The report and the command: the case for a relational view in the study of communication. *Intellectica*, 46-47, 85-104.

Seyfarth, R., Cheney, D.L., & Bergman, T.J. (2005). Primate social cognition and the origins of language. *Trends in Cognitive Sciences, 9*(6), 264-266.

Simmel, G. (1910). How is Society Possible? *American Journal of Sociology*, 16, 372-391.

Slocombe, K.E., Kaller, T., Call, J., & Zuberbühler, K. (2010). Chimpanzees Extract Social Information from Agonistic Screams. *PLoS ONE, 5*(7), e11473.

Thomsen, L. (2020). The Developmental Origins of Social Hierarchy: How infants and young children mentally represent and respond to power and status. *Current Opinion in Psychology*, 33, 201-208. https://doi.org/10.1016/j.copsyc.2019.07.044

Tsai, J. C.-C., Sebanz, N., & Knoblich, G. (2011). The GROOP effect: Groups mimic group actions. *Cognition, 118*(1), 138-143. https://doi.org/10.1016/j.cognition.2010.10.007

Weber, M. (1917[1965]). Essai sur le sens de la "neutralité axiologique" dans les sciences sociologiques et économiques. Dans M. Weber, *Essais sur la théorie de la science* (trad. J. Freund, pp. 475-526). Paris: Librairie Plon.

Wellman, H. (1992). *The Child's Theory of Mind*. Cambridge, MA: Bradford Books.

Wellman, H.M., & Lagattuta, K.H. (2000). Developing understandings of mind. In S. Baron-Cohen, H. Tager- Flusberg, & D. Cohen (Eds.), *Understanding other minds: Perspectives from developmental cognitive neuroscience* (2nd ed., pp. 21-49). New York: Oxford University Press.

Wilson, E.O. (1975). *Sociobiology: The New Synthesis*. Cambridge, MA: Harvard University Press.

Wilson, E.O. (1978). *On Human Nature*. Cambridge, MA: Harvard University Press.

Wimmer, H., Perner, J. (1983). Beliefs about beliefs: Representation and constraining function of wrong beliefs in young children's understanding of deception. *Cognition, 13*(1), 103-128. https://doi.org/10.1016/0010-0277(83)90004-5

Zentall, T. R. (1999). Support for a theory of memory for event duration must distinguish between test-trial ambiguity and actual memory loss. Journal of the experimental analysis of behavior, 72(3), 467-472.

Traducción al español[†]

**La "sociedad" entre naturaleza y artificio.
Esbozo de un naturalismo social moderado**

> Si bien apenas hay pensadores que se atreven a situar los hechos sociales abiertamente fuera de la naturaleza, todavía hay muchos que creen que para fundarlos resulta suficiente la consciencia del individuo; algunos incluso los reducen a las propiedades generales de la materia organizada. [...] Sin embargo, hay lugar para un naturalismo sociológico que ve hechos específicos en los fenómenos sociales, comprometido en dar cuenta de ellos respetando religiosamente su especificidad.
>
> Emile Durkheim
> « Représentations individuelles et collectives », 1898

### 1. Introducción. La "constitución" natural de lo social

En las ciencias sociales está muy claro: el "desvío" por sociedades lejanas, ya sea en el tiempo (gracias a la historia) o en el espacio (gracias a la etnología), nos hace estar atentos a las características de un mundo social demasiado familiar, en el que nuestras existencias se han desarrollado "desde siempre" (Balandier 1985). La inmersión en diferentes culturas nos permite devolver cierta extrañeza a nuestras formas de vida, las cuales se han vuelto tan habituales que ya son invisibles. Esta perspectiva "desde el exterior" también se puede utilizar estratégicamente: la mirada falsamente sorprendida que la acompaña resulta útil para resaltar la arbitrariedad que caracteriza a muchas instituciones culturales. Así, Montesquieu, en sus *Cartas persas*, escenifica dos "visitantes" del reino de Francia, Usbek y Rica. Adoptando una postura supuestamente ingenua sobre la sociedad francesa, Usbek y Rica, en su correspondencia con sus amigos que han permanecido en Persia, critican los estilos de vestimenta, la restricción de libertades y el poder absoluto del soberano. Gracias al desvío ficticio que brindan sus personajes, Montesquieu puede embarcarse en una aguda crítica a la sociedad de su tiempo, al mismo tiempo que resalta la relatividad cultural de las formas de vida humanas.

Sin embargo, por distante que sea, esta mirada no está lo suficientemente alejada como para resaltar lo que es común a todas las sociedades humanas y, por lo tanto, que pueda considerarse como propio de su naturaleza. Con el fin de efectuar una inversión "gestáltica" que sea capaz de arrojar luz sobre la forma de vida natural de los individuos en sociedad en lugar de sus heterogéneas varia-

---

[†] Traducción: E. Joaquín Suárez-Ruíz. Se agradece la lectura crítica de la Dra. Vera Waksman.

ciones culturales, nada supera al desapego radical de un extraterrestre. Esta perspectiva completamente exógena es la que sugiere Daniel Dennett en *La Stratégie de l'interprète* (1987). En esta ocasión, los visitantes no son miembros de culturas exóticas sino marcianos que nos obligan a romper con el privilegio que espontáneamente les otorgamos a nuestros semejantes. Para los extraterrestres, de hecho, los comportamientos humanos son *a priori* tan extraños como los de los caballos, las ranas o las cabras. En cuanto intérpretes, los marcianos intentarán comprender y predecir los comportamientos de los seres vivos que observen. Desde su punto de vista, existe un cierto grupo que comparte características que hacen de ellos humanos. Para entender esto, dice Dennett, los marcianos adoptarán una "estrategia intencional" (*intentional stance*). Tal postura consiste en presuponer que los seres humanos poseen estados mentales, por definición invisibles, y que es de su combinación interna de donde surgen diferentes acciones observables.

Queda por ver si tal estrategia, por definición mentalista, dotaría realmente al desventurado marciano de las capacidades de predicción y anticipación que sugiere Dennett. De hecho, ante situaciones complejas en las que los terrícolas actúen e interactúen a toda velocidad, el marciano no tendría ni el tiempo ni los conocimientos necesarios para descifrar sus estados mentales particulares. Deberá atender lo más urgente adoptando una postura (*social stance*) que consiste en observar el tipo de situación en juego e identificar el tipo de relación que allí se desarrolla: un café con amigos en un restaurante, una discusión en la calle, una consulta entre un médico y su paciente, un intercambio de saludos al final de una conversación, etc. De hecho, es esta ardua tarea de identificación situacional y relacional la que emprende el desafortunado héroe de la serie de televisión *Resident Alien* (2021), un extraterrestre que, accidentalmente varado en el planeta Tierra, está condenado a vivir entre terrícolas. Después de matar a un médico para robarle su identidad y su apariencia física, intenta pasar desapercibido aprendiendo las formas de hablar, moverse e interactuar de los miembros ordinarios de la comunidad. Desprovisto de emociones, al menos inicialmente, adopta una perspectiva distante y fría sobre los extraños comportamientos de los humanos, los cuales le parecen inestables e irracionales. Sin embargo, lo que en primera instancia le choca a nuestro (anti)héroe no son tanto las estrategias intencionales y las atribuciones mentales adoptadas por los terrícolas, sino su extraña necesidad de relacionarse. Está particularmente fascinado por un hecho histórico que marcó el pequeño pueblo donde le toco vivir. En la explosión de una mina, un trabajador no pudo huir a tiempo y quedó varado en la parte posterior del túnel. Decididos a salvar a su desafortunado compañero, los otros 59 mineros volvieron sobre sus pasos. Todos murieron en una segunda explosión, dejando tras ellos el recuerdo de un gesto de solidaridad que nuestro "alien resident" no logra captar: *59 for 1*.

Estos experimentos mentales son herramientas útiles para sentar las bases de la perspectiva que defenderemos en las páginas siguientes. De hecho, el extraterrestre podría calificarse de "naturalista" en el sentido de que incluye a los humanos como una especie entre otras; la relación de su mirada con ellos no es diferente a la que posee con otros seres "naturales", como las plantas u otros animales. Este tipo de naturalismo está claramente en contradicción con la tendencia, propia de las ciencias humanas, de considerar que los seres humanos son una "especie aparte" y que su estudio requiere métodos y conceptos distintos de los que se utilizan en las ciencias naturales (Dilthey [1883] 1989). De modo que adoptar el punto de vista hipotético de un extraterrestre es una buena forma de sortear este orgullo antropocéntrico, un orgullo que nos impide admitir que, nos guste o no, somos tan solo una especie animal entre tantas otras.

Por más hipotético que sea, este punto de vista no deja de involucrarnos en una cierta concepción de la vida social y de las capacidades que requiere. Así, el marciano de Dennett, fiel a la postura intencional que le ha dotado su maestro, intenta a toda costa inferir, a partir de los comportamientos que observa, aquellos estados mentales opacos que probablemente los hayan engendrado. Por otro lado, nuestro "alien resident", en conformidad con su propio lugar en la sociedad, observa que *entre* los seres sociales existen ciertos "patrones" relacionales, estructuras interaccionales que, una vez identificadas, le permitirán predecir el comportamiento de otros individuos en contextos análogos. Es en este camino relacional donde se inscribe el naturalismo social que proponemos: en la naturaleza hay "hechos sociales", como por ejemplo la jerarquía, el intercambio, la competencia o el cuidado, que existen entre los organismos. Por supuesto, la naturalidad y objetividad de las cuales se benefician los complejos hilos relacionales que unen a los seres sociales solo son posibles porque hay mentes capaces de reconocerlas y experimentarlas. Es por ello que la ontología relacional de lo social que defendemos supone un equipamiento cognitivo y afectivo, cuyas líneas principales habrá que definir aquí.

## 2. ¿Qué no es el naturalismo social?

Asociar el naturalismo al estudio de los fenómenos sociales posee una serie de trampas que es importante señalar para evitar que esta empresa se considere inapropiada o escandalosa desde el principio. Por tanto, en primer lugar, es fundamental aclarar qué *no es* el naturalismo social que proponemos.

Si el objetivo es acercar las ciencias sociales a una visión del mundo inspirada en el darwinismo, resulta importante resaltar que el naturalismo social es radicalmente diferente del evolucionismo social tal como fue defendido a finales del siglo XIX por los fundadores de la antropología, particularmente Lewis Henry Morgan, Edward Tylor y Herbert Spencer. De hecho, las sociedades humanas no están atrapadas en las leyes de la evolución, junto con los rezagados y los "primeros de la fila". Cada grupo humano –a partir de un cierto número de formas sociales universales que describiremos más adelante- se desarrolla en función de historias específicas, con equilibrios aproximados, períodos de reproducción de las formas culturales instituidas y convulsiones más o menos importantes del orden político. Es difícil ver cómo, en este caleidoscopio de formas que posee la vida humana, sería posible establecer una jerarquía entre los sistemas culturales (Lévi-Strauss 1952).

Por otro lado, si el naturalismo social apunta a acercar las ciencias biológicas a las ciencias sociales, dicha aproximación no puede ser de ninguna manera comparable con la de la sociobiología. Según esta última, los comportamientos sociales poseen una base biológica y han sido seleccionados porque representaron una ventaja adaptativa (Wilson 1975). Desde esta perspectiva, las desigualdades entre hombres y mujeres, por ejemplo, están determinadas genéticamente: es "ventajoso" que los hombres sean agresivos e inestables, mientras que para las mujeres es más "provechoso" ser tímidas (Wilson 1978). La perspectiva relacional que defenderemos se aleja por mucho de ese determinismo biológico. Lo que ha sido seleccionado por la "Madre Naturaleza" son formas sociales elementales, objetivamente identificables, que permiten anticipar, tanto a quienes participan en ellas como a quienes las observan, el curso probable de las inter-acciones.

Finalmente, el naturalismo social no implica en modo alguno lo que los sociólogos denominan *naturalización* de lo social, es decir, el proceso que busca fundar instituciones sociales "en la naturaleza" y reducir la arbitrariedad de las representaciones culturales. Así "naturalizadas", las desigualdades sociales ya no estarían relacionadas con procesos ideológicos o mecanismos de reproducción estructural, dado que se justificarían por las habilidades o los méritos heredados de la biología: si las élites ocupan una posición dominante, es simplemente por sus cualidades "superiores" (Bourdieu y Passeron 1968). La naturalización remite, por tanto, a una empresa ideológica y política que intenta hacer inevitables los principios de visión y división del mundo social, para así sacarlos del debate público. Por otro lado, el *naturalismo* es una investigación científica, una empresa de conocimiento que, al acercar las ciencias de la vida a las ciencias sociales, busca evidenciar las capacidades que permiten "hacer sociedad". Vale resaltar que estas habilidades no son las causas, sino los prerrequisitos cognitivos, comunicacionales y conductuales que hacen posible la sociedad. A su vez, dichas capacidades son "plásticas": pueden ser apoyadas por manifestaciones culturales destacadas y discursos políticos o, por el contrario, combatidas o inhibidas. Es decir, el naturalismo no es un fatalismo. Por el contrario, conocer las inclinaciones naturales de nuestra mente nos permitiría reimportarlas a nuestro campo de acción pasa así adoptar, de ser necesario, contramedidas culturales o políticas que lleven a un sistema social más justo.

## 3. El anti-naturalismo en las ciencias sociales

La sociología nació de un *coup de force* epistemológico: con el fin de constituirse como una disciplina científica autónoma, tuvo que alejarse tanto de la biología (la ciencia de los organismos vivos) como de la psicología (la ciencia de la vida psíquica). Para ello, los padres fundadores de la disciplina llevaron a cabo dos grandes estrategias. Según la escuela sociológica francesa, fundada por Durkheim, la vida en sociedad está compuesta por instituciones (justicia, moralidad, derecho, etc.) que son creaciones humanas irreductibles a las leyes de la naturaleza, particularmente porque se caracterizan por una forma de arbitrariedad específica de los sistemas simbólicos (pensemos, por ejemplo, en las palabras utilizadas por los diferentes lenguajes humanos) (Durkheim 1987). Según un libro que se ha hecho famoso en sociología (Berger y Luckmann 1966), el mundo social está "construido" de tal modo que su realidad no se puede reducir al mundo de la biología. Al mismo tiempo, tampoco es reducible al mundo de la psicología, ya que los fenómenos sociales "consisten en modos de actuar, pensar y sentir, externos al individuo y dotados de un poder de coerción en virtud del cual se le imponen" (Durkheim 1987, 5).

Esta "exterioridad" de los hechos sociales, la cual impondría comportamientos "a espaldas" de los individuos, es cuestionada por otra gran corriente de la sociología, iniciada por Max Weber. Para esta sociología "comprensiva", el comportamiento humano debe explicarse más bien "desde el interior": son las representaciones subjetivas que los actores poseen de su realidad las que les permiten razonar sobre los mejores medios para lograr sus fines (Weber 1917). Ahora bien, nuevamente, esto no implica dejar el campo libre a la psicología porque sería absurdo, sostiene Weber, pretender dar cuenta de los fenómenos sociales identificando los fundamentos psíquicos de la vida social. Reducir la vida social a una combinación de procesos psíquicos equivaldría a reducir el universo de la flora y fauna a leyes propias de la química orgánica (Weber 1904, 174). Por tanto, la sociología comprensiva se aleja tanto de la biología como de la psicología, y explica las acciones humanas mediante la reconstrucción de estados intencionales (creencia, deseo, intención, motivo, voluntad, etc.) que cualquier individuo, intercambiable en cuanto ser racional, habría tenido en las mismas condiciones.

En conclusión, si bien los sociólogos siguen profundamente divididos respecto de la manera, holística o individualista, de abordar sus objetos de estudio, todos coinciden en que su disciplina se encuentra alejada tanto de la biología como de la psicología. Pero entonces, teniendo en cuenta estas condiciones, ¿por qué obstinarse en querer desarrollar una forma de naturalismo social? La primera razón radica en el hecho de que, precisamente, los sociólogos siguen divididos en cuanto a cómo abordar el mundo social, tanto desde un punto de vista *ontológico* (¿cuáles son las "entidades" básicas que componen el mundo social?) como también *epistémico* (¿de qué tipo son las capacidades que necesitan los agentes sociales para participar en el mundo social?[1]). Al menos en parte, estos desacuerdos se basan en puntos de vista opuestos de la mente humana y de cómo está influenciada por su entorno social y cultural. Así, para los defensores del individualismo metodológico, la mente es el lugar de voluntades y razones individuales que ni siquiera los resortes inconscientes del pensamiento pueden amenazar. La consciencia es indispensable porque debe traer de vuelta a la razón aquellos objetos mentales que aspirarían a escapar del "imperio del querer" (Bronner 2006; Boudon 1995). Por el contrario, para defensores del holismo estructural como Pierre Bourdieu (1992), la mente está constituida por patrones disposicionales de percepción, apreciación y acción, en gran parte inconscientes, que constituyen el "habitus". Estos traducen, a nivel de las estructuras mentales, las necesidades del mundo social (Bourdieu 1980). Por opuestos que sean estos dos paradigmas, el de la "mente transparente" y el de la "mente ciega" (Clément 2011), ambos coinciden, a pesar de sus diferencias, en un mismo dualismo: aquel que opone la lógica de alto nivel de las razones individuales o sociales a la lógica de bajo nivel de los instintos biológicos, considerados como sociológicamente irrelevantes. Sin embargo, siguiendo a Jean-Marie Schaeffer (2007), postular una dualidad de modalidades de ser, como sucede con la de lo material y lo mental, de la racionalidad y la afectividad, de la necesidad y la libertad, de la naturaleza y la cultura, del instinto y la moral, impide el desarrollo de un "modelo integral del estudio de lo humano". Pues bien, es precisamente la superación de la discontinuidad entre lo humano y lo animal, entre la historia cultural y la historia biológica, el objetivo del naturalismo social.

Cabe precisar, no obstante, que el naturalismo social que nos interesa defender es *moderado*: defiende la autonomía de los hechos sociales al tiempo que les da un lugar en el mundo natural. Dicho naturalismo posee tres características principales. En primer lugar, pretende armonizar, en el sentido de "hacer compatibles", los supuestos y resultados de las ciencias sociales con los de las ciencias naturales. Tal empresa de armonización es beneficiosa para las ciencias sociales: las anima a hacer explícitos y probablemente a revisar los modelos cognitivos y antropológicos a los que apelan implícitamente sin "pagar sus cuentas". La explicitación de estos modelos subyacentes, demasiado a menudo implícitos, es central porque permite modificar radicalmente su estatus: de postulados metateóricos se transforman en afirmaciones empíricas que, como tales, pueden ser puestas a prueba (di Maggio 1997). Por tanto, uno de los aportes de las ciencias cognitivas y, más en general,

---

[1] Según las corrientes sociológicas, de hecho, las entidades básicas del mundo social pueden ser estructuras institucionales, clases socioeconómicas, prácticas reguladas, representaciones colectivas, actores estratégicos o incluso sistemas de buenas razones. La identificación de estos primitivos ontológicos tiene, por supuesto, una relación directa con el marco epistemológico y el tipo de método necesario para comprenderlos. Si las entidades básicas son estructuras sociales, no tiene mucho sentido interrogar a los actores sobre su experiencia; un método estadístico y una descripción detallada de estas estructuras serían suficientes.

del naturalismo es mejorar, sustituir o falsar, en el sentido popperiano del término, los modelos cognitivos y las concepciones antropológicas en las que se basan las ciencias de la sociedad. En segundo lugar, este naturalismo moderado no implica ni un *reduccionismo epistemológico*, según el cual los modos de justificación y explicación propios de las ciencias naturales tienen absoluta prioridad por sobre los de las ciencias sociales, ni un *reduccionismo ontológico*, que afirma que lo único que existe realmente son los constituyentes primigenios del universo, en este caso las fuerzas físicas y las partículas. Como ha sugerido Mayr (2004), el hecho de adoptar un método analítico con el fin de identificar los elementos fundamentales de un sistema, no implica la afirmación reduccionista de que dichas unidades elementales son capaces de explicar el sistema en su totalidad. En tercer lugar, el naturalismo moderado niega la relevancia de lo que podríamos llamar, por analogía con el problema *mente/cuerpo*, el problema *mente/sociedad* que acecha tanto al naturalismo como al culturalismo, a saber, ¿es el espíritu el que determina la sociedad o es la sociedad la que determina la mente? (Kaufmann y Clément 2007; Kaufmann 2011). Se trata de un dualismo engañoso: supone que la causalidad eficiente es el único vínculo capaz de impedir la autonomización ontológica de un fenómeno, en este caso el de fenómenos sociales cuya misteriosa realidad estaría situada "más allá de la física", en una "metafísica" artificial e inmaterial. El modelo paradigmático de tal causalidad eficiente es el de la causalidad física. Así como una bola de billar desencadena el movimiento de otra al golpearla de frente, influyendo así directamente en su trayectoria, la relación causal es una relación externa, contingente y *a posteriori*, entre dos entidades separadas. Aplicado a la relación entre mente y sociedad, este "push-pull paradigm" (Searle 2001) tiene implicaciones poco deseables: hace de la mente y la sociedad dos entidades empíricas, *a priori* desunidas por un vacío que debe ser llenado por una suerte de "pegamento" ontológico, a saber, la causalidad física.

Ahora bien, desde un punto de vista filogenético y ontogenético, un dualismo como el recién descrito tiene poco sentido: mente y sociedad han "coevolucionado" dentro del "nicho ecológico" del que forman parte (Henrich 2017). En otros términos, se encuentran vinculados por una relación de constitución interna o de dependencia genérica. De hecho, las fuerzas de la evolución no se han ejercido solo sobre los *cuerpos* de los individuos sociales, sino también sobre sus *cerebros*: estos últimos son el resultado de una larga adaptación a las características estables del ambiente físico y social al cual han sido confrontados regularmente. Así, el ser humano ha tenido que desarrollar un cierto número de capacidades, atencionales, cognitivas, afectivas y comunicativas, para adaptarse a un medio conformado en gran parte por sus semejantes.

De hecho, es una adaptación de este tipo la que permite responder a la pregunta del sociólogo Georg Simmel (1910): "*¿Cómo es posible la sociedad?*". Según Simmel, la sociedad consiste, por un lado, en formas de interacción recíprocas, recurrentes y universales, en las que los individuos se asocian e interactúan entre sí a través de relaciones de subordinación-dominación, de antagonismo o cooperación y las intra y extragrupales, las cuales también pueden encontrarse, afirma el sociólogo, tanto en una "banda mafiosa como en una comunidad religiosa". Por otro lado, continúa Simmel, la sociedad se basa en el "saber psicológico", particularmente en las expectativas mutuas y las tipificaciones recíprocas, las cuales permiten a los individuos percibir la "generalidad social" de su comportamiento y percibirse a sí mismos como miembros de un mismo *Nosotros*. Es este acoplamiento simmeliano, al que le aplicamos un giro naturalista, el que subyace al "naturalismo social" que venimos intentando desarrollar desde hace ya varios años (Kaufmann y Clément 2003; 2007; 2014). Este pretende evidenciar, respecto del *sujeto*, las capacidades cognitivas y emocionales que permiten "crear sociedad" y, respecto del *objeto*, las formas sociales que pueblan el mundo que nos rodea. No obstante, antes de abordar estas dos facetas constitutivas del mundo social, todavía resta precisar qué significa "sociedad".

## 4. La "sociedad": entre la naturaleza y el artificio

Desde el punto de vista clásico de las ciencias humanas y sociales, el concepto de "sociedad" refiere al conjunto artificial de convenciones que han sido estabilizadas por el trabajo a lo largo de las tradiciones, los sistemas simbólicos, las estructuras sociales y las instancias de socialización y enculturación que constituyen a los humanos en seres esencialmente *cultivados*. Así inscrita en el orden artificial de las invenciones humanas más o menos sólidas, más o menos importantes, la sociedad se distingue, por definición, del orden natural de las entidades materiales porque estas últimas son indiferentes al trabajo de la acción, de la mente y del lenguaje.

Sin embargo, esta definición tiene efectos desafortunados. Por un lado, aleja inmediatamente a las sociedades humanas de las sociedades animales, por lo que estas últimas terminan siendo arrojadas al dominio no humano, si no inhumano, de la biología y la etología. Por otro lado, dicha definición asimila las nociones de "sociedad" y "cultura": ambas remiten a instituciones sociopolíticas, a representaciones colectivas, a normas morales y a usos establecidos moldeados por los seres humanos para sostener, enriquecer y jerarquizar la convivencia. Es esta discontinuidad de principio, aquella que tiende a oponer término por término el estado de naturaleza y el estado de sociedad y de cultura, la que la investigación reciente en ciencia cognitiva y etología ha hecho posible cuestionar. Contrariamente a la antropología *artificialista* y constructivista que hace de la sociedad un artefacto, la antropología *naturalista* que les subyace comprende a la sociedad como un hecho natural que ha ejercido, tanto a nivel de la filogénesis como de la ontogenesis, presiones adaptativas en el desarrollo del cerebro humano. Para poder adoptar una antropología naturalista de este tipo, resulta imperativo disociar *lo social y lo cultural*. Dicha disociación fue propuesta hace ya mucho tiempo, y sin mucho éxito, por Alfred Kroeber y Talcott Parsons (Kroeber y Parsons 1958). Estos autores sostuvieron que a diferencia de los usos extensivos que la antropología reserva para el concepto de cultura, sería útil restringirlo a valores, sistemas simbólicos y artefactos creados y transmitidos de manera no genética. En cuanto al término sociedad, sería beneficioso utilizarlo para designar el "sistema relacional específico de interacción entre individuos y comunidades" (Kroeber y Parsons 1958, 582). Según ellos, esta disociación es relevante porque la cultura presupone la existencia de un modo social de ser, pero no al revés: una cultura está formada por un equipamiento artificial, cultural, moral y político, que sustenta y enriquece la convivencia. Pero estos equipamientos solo pueden desarrollarse de manera efectiva si existen relaciones sociales reguladas entre los individuos que hagan posible su constitución y mantenimiento. Evidentemente, esta afirmación posee sentido desde un punto de vista filogenético. Después de todo, han existido sociedades mucho antes de que surgieran mentes sofisticadas capaces de distanciarse de ellas mismas con el fin de tomarse como objetos del pensamiento. La extraordinaria división del trabajo de las hienas, la sofisticada arquitectura de los castores o las estrategias pacificadoras de los primates (es decir, chimpancés, bonobos, gorilas y orangutanes) atestiguan, cada una a su manera, la contribución de la acción colectiva y la cooperación social a la selección de los organismos evolucionados. La vida en sociedad ofrece a sus miembros muchas ventajas en términos de supervivencia, especialmente en el caso de buscar comida, controlar a los depredadores y proteger a la descendencia. La sociedad, lejos de ser la organización nebulosa, lejana y artificial que las mentes humanas habrían inventado una vez liberadas de las exigencias inmediatas de la supervivencia, es en verdad un producto natural, permanente y arcaico de la evolución. En términos más contemporáneos, la disociación conceptual entre sociedad y cultura resalta las invariantes sociales que caracterizan a la historia natural de los seres humanos, más que los contenidos simbólicos e institucionales que caracterizan a la historia cultural de las múltiples comunidades humanas. En otras palabras, tal reflexión permite arrojar luz sobre las formas sociales elementales de pertenencia, afiliación, intercambio, competencia y jerarquía que son susceptibles de adoptar los comportamientos colectivos.

Un desvío a través de los primates no humanos nos permitirá captar mejor estas formar elementales. Charles Darwin ya había señalado en sus notas (1838) que el estudio de los babuinos contribuiría mucho más a la metafísica que las reflexiones de un filósofo como John Locke. Por su parte, Bruno Latour (1994) propuso una "sociología simiesca", comparando la "sociedad complicada" de los babuinos con la "sociedad compleja" de los seres humanos. Los mandriles, afirma Latour, estarían condenados a una "intersubjetividad" frenética, efímera y contingente; se perderían en relaciones aleatorias e impredecibles que los dejarían constantemente al acecho de cualquier signo de interacción. Afortunadamente, los humanos poseerían una "interobjetividad" de ensamblajes, soportes y dispositivos socio-técnicos que simplificarían y encuadrarían las posibles interacciones dentro de un marco previamente definido (Latour 1994).

Por estimulante que sea, la sociología simiesca propuesta por Latour difícilmente da cuenta del universo jerarquizado de los primates que es representado por grandes primatólogos como Dorothy L. Cheney y Robert M. Seyfarth (2007). Lejos de estar al acecho en un mundo social inestable y caótico, los babuinos se encuentran inmersos en relaciones sociales estables, lo suficientemente estables, incluso, como para pretender un *estatus ontológico*. En efecto, las relaciones sociales elementales que parecen compartir las especies evolucionadas satisfacen dos de los criterios que permiten que ciertos fenómenos formen parte del "mobiliario del mundo": el de la exterioridad y el de la restricción[2]. Al menos esa es la hipótesis que desarrollaremos ahora.

## 5. Hacia una sociología "simiesca": las formas sociales elementales

Una de las formas sociales más primitivas es sin duda la relación de apego y de atracción recíproca que lleva a los animales sociales a buscar el contacto mutuo. Esto se evidencia en el sufrimiento generado por el aislamiento social o el ostracismo. Sumido en un estado de necesidad comparable al de un animal sediento o hambriento, el animal aislado produce "gritos de aislamiento" que cesan recién cuando detecta la presencia de sus congéneres (Cacioppo y Williams 2008). Esta inclinación prosocial fundamental se manifiesta particularmente en las resonancias sensoriomotoras, la sincronización de los cuerpos y las "sintonizaciones" afectivas que forman lo que algunos denominan un "Nosotros neuronal" (*neural We*) (Becchio y Bertone 2004)[3]. En efecto, la alineación de comportamientos, presente desde el nacimiento en primates humanos y no humanos, permite experimentar al otro como *semejante*, es decir, como un ser con el que es posible sentir o actuar en común. Los ajustes sensorio-motores, cinestésicos y propioceptivos manifiestan, y a su vez refuerzan, la pertenencia a un mismo grupo social, las respuestas similares a estímulos similares están en el origen absoluto de toda actividad concertada[4].

---

[2] Ésta es, de hecho, la hipótesis fundacional de Durkheim: en *Les règles de la méthode sociologique*, afirma que podemos "considerar los hechos sociales como cosas" porque se refieren a un orden de fenómenos irreductibles y dotados de un poder causal propio. Por "cosa", Durkheim entiende "todo lo que se ofrece o, más bien, se impone a la observación". Según él, los hechos sociales tienen, por tanto, una cierta objetividad: es "algo que no depende de nosotros".

[3] Estas combinaciones comportamentales también tienen efectos fascinantes desde el punto de vista de la coordinación de acciones, con la formación de una especie de pensamiento en *nosotros* ("efecto GROOP") (Tsai et al. 2011).

[4] Sin embargo, la *similitud* no es *identidad*: los ajustes en espejo se caracterizan inevitablemente por una "*sincronicidad imperfecta*" (imperfect contingency) y una imprevisibilidad parcial que atesti-

Acercarse a la sociedad desde el ángulo de la sincronicidad modifica la visión sociológica y antropológica de los seres humanos, generalmente centrada en los rasgos específicamente culturales de los sistemas simbólicos y las normas institucionales. Dicho enfoque subraya los patrones de interacción específicos de la dinámica de grupo: la preferencia espontánea por lo "mismo", el temor al aislamiento social, la imitación mutua (*mimicry*), la conformidad de las conductas (*herding*) o el contraste *ingroup/outgroup* son todos comportamientos afiliativos que la antropología y la sociología han relegado en gran parte a la psicología social. Sin embargo, el propio Durkheim (1991 [1912]) insistió en la universalidad de estas dinámicas de interacción, así como también en su dimensión cuasi perceptual. La sociedad, afirmó, no es una "realidad supraindividual" que se postula sin poder ser observada: gracias a la efervescencia colectiva que produce la unión de cuerpos y energías, puede convertirse en una realidad sensible y "dada en la experiencia". (Durkheim 1991 [1912], 739-740)[5].

Por supuesto, las relaciones sociales elementales no se agotan en el *Nosotros* primitivo que constituyen los alineamientos prácticos y las sincronías corporales; también engloban las relaciones de competencia, cooperación, jerarquía, protección o pertenencia que permiten orientarse en el mundo social. Disponibles en una determinada situación, estas relaciones elementales son *inter*-acciones que incluyen una dimensión sensible y perceptible: la dirección de la mirada, las expresiones faciales, los gestos corporales, la situación emocional y la orientación de la atención son todos indicios que revelan el comportamiento que seguirá, así como también señales que requieren una reacción específica. Como recuerda Véronique Servais (2007) a partir de los trabajos de Bateson, las señales interaccionales son entidades de dos caras (*two-sided entities*): ambos son informes (*report*) sobre la acción que se prepara como también una incitación a reaccionar (*command*) de cierta manera. Estas señales, accesibles por los diferentes sentidos de la vista, el tacto, el oído, el gusto y el olfato, pueden entenderse como *affordances*[6]. De hecho, dentro del marco de la psicología ecológica propuesto por James J. Gibson (1979), las *affordances* son estímulos del ambiente que los animales perciben directamente como "potencialidades de acción". Consisten en informaciones que utilizan para *facilitar sus propias acciones* (una rama que fácilmente se convierte en palanca, un gesto que fomenta la interacción) o para *predecir las acciones de otros*

---

guan la presencia fascinante pero incontrolable de un otro "casi idêntico", de alguien casi como yo (not «like-me» but «almost like-me») (Gergely y Watson 1999).

[5] Como afirma Durkheim (1991[1912], 403), "es emitiendo un mismo grito, pronunciando una misma palabra, realizando un mismo gesto en relación con un mismo objeto que se ponen y se sienten de acuerdo".

[6] N. del T.: en español, este término podría ser traducido como "ofrecimiento", "prestación", "asequibilidad", "habilitación", "accesibilidad" o "disponibilidad". No obstante, dada la dificultad que posee su interpretación, también suele utilizarse el término original del inglés.

(huir de un depredador, cooperar después de obtener un alimento compartido). Las *affordances* se basan en dos principios. El primer principio es la dependencia entre percepción y acción: la percepción está organizada por la anticipación de la acción a realizar, de modo que localizar un objeto en el espacio equivale a simular los movimientos necesarios para alcanzarlo (Gibson 1979). El segundo principio es el "acoplamiento" evolutivo a largo plazo que sitúa al animal y su ambiente en un mismo sistema, uno en el que se destacan las *affordances*, facilitando así la selección de información relevante para la supervivencia de una especie en particular: las lombrices de tierra son percibidas como "comestibles" por los pájaros pero no por los caballos; un árbol proporciona refugio a las aves, pero alimento para un elefante, etc. No obstante, los estímulos e incentivos para la acción que constituyen las *affordances* también resultan del ajuste a corto plazo entre las necesidades situadas de un organismo y las propiedades de la situación. Por ejemplo, en una interacción conflictiva una rama puede convertirse en un arma (Schmidt 2007).

Como podemos ver, las *affordances* son oportunidades de acción y ocasiones tangibles que surgen de la relación dinámica entre las capacidades motoras y cognitivas de un organismo y las características de su ambiente, físico o social. De hecho, para Gibson, el mundo físico no es el único que proporciona a un organismo posibilidades de acción (p. ej., este tronco de árbol invita a sentarse y, por lo tanto, es "sentable"). El mundo social también presenta un potencial para la acción y, sobre todo, para la interacción: "Comportamiento sexual, de crianza, de lucha, cooperativo, económico, político; todo depende de la percepción de lo que otra persona u otras personas ofrecen (*afford*) o, en algunas ocasiones, sobre la percepción errónea de ello"(Gibson 1979, 135). El entorno social proporciona un conjunto de *affordances*, particularmente las *affordances* tanto relacionales como emocionales que los animales sociales representan los unos para los otros: la conducta agresiva invita a una respuesta defensiva, un regalo invita a la cooperación y un pariente en peligro invita a la conducta de ayuda (Kaufmann y Clément 2007). El reconocimiento de las *affordances* sociales es "gestáltico"[7]: el

---

[7] Sin embargo, la perceptibilidad u observabilidad de las posibilidades sociales sigue siendo parcial porque, a diferencia del rechazo total de las inferencias cognitivas a las que podría conducir el uso radical de esta noción, estas requieren, efectivamente, un trabajo *inferencial*. Dicho trabajo cognitivo permite ir más allá de las puras secuencias físicas para identificar patrones de comportamiento, cuya generalidad no se puede inferir de la experiencia personal o del aprendizaje condicional ciego. Por definición, de hecho, las inferencias son cognitivas y no asociativas: como subraya Zentall (1999), la cognición implica una organización interna y activa de los estímulos. Impone una estructura abstracta entre los *inputs* y los *outputs*, especialmente al plantear relaciones de equivalencia o identidad entre sucesos empíricos distintos. Estas expectativas y predicciones formales van más allá de las señales comportamentales para evaluar lo que es posible o imposible, probable o improbable, según sea la situación social. Por lo tanto, nos diferenciamos aquí del eliminativismo cognitivo que en muchos aspectos caracteriza a las reflexiones de Gibson.

brazo extendido del chimpancé se ve como un signo de invitación, las orejas bajas del perro como una invitación a jugar, la postura erguida del dominante como una llamada al orden, etc.

La detección de las *affordances* interaccionales requiere un procesamiento cognitivo mínimo, cuasi-gestáltico, lo cual permite que un individuo perciba y reaccione adecuadamente a una interacción social. No obstante, más allá de las propiedades tangibles de esta o aquella interacción, los animales sociales son capaces de *verlos como* ejemplos de una determinada relación social, trasladable a una infinidad de situaciones empíricas: una interacción se reconoce inmediatamente como perteneciente a una relación de dominación, a una actitud de protección o a un intercambio simétrico. Así, la rápida identificación de la postura de juego permite reaccionar en consecuencia y predecir la cadena de eventos que constituye su secuencia lógica. Ahora bien, el juego implica un pacto de no agresión al que todos los participantes deben adherirse, de lo contrario ya no juegan sino que luchan (Bateson 2000).

## 6. ¿La norma es natural? Las *affordances* deónticas

Las *affordances* sociales no solo tienen una dimensión perceptiva o cuasi perceptiva, lo que las convierte en excelentes herramientas de predicción y coordinación, sino que se diferencian de las *affordances* físicas porque también incluyen una dimensión *deóntica*. Las *affordances* sociales pueden calificarse de deónticas porque indican, *in situ*, la acción que se supone que debe realizar un individuo en particular (Dokic 2010; Kaufmann y Clément 2014)[8]. En otras palabras, su selección e identificación no solo ofrecen posibilidades de acción (*affording*) que facilitan la realización de ciertas acciones (p. ej., un gesto que fomenta la interacción) (Gibson 1979). Las posibilidades deónticas también *restringen* el rango apropiado de respuestas conductuales, esto es, permiten ver no solo "lo que *se puede* hacer", sino también "lo que *se debe* hacer": obedecer para un subordinado, apoyar a un aliado, evitar que un adulto maltrate a un joven, etc. El componente deóntico de estas *affordances* es evidente en las fuertes reacciones que suscita su violación. Los chimpancés gritan, golpean el suelo, protestan cuando no reciben apoyo de sus aliados en interacciones agonísticas, cuando no tienen acceso a su compañero preferido de acicalamiento social, cuando son víctimas de agresión gratuita o cuando un joven es maltratado por un adulto (Rudolf von Rohr et al. 2011; de Waal 1991).

Esta dimensión normativa está presente en relaciones sociales relativamente estables, como las relaciones de competencia, cooperación, dominio, afiliación, reciprocidad, protección o pertenencia, y cuya principal característica es, consi-

---

[8] Adaptamos aquí a un marco más elemental la noción de *affordance* deóntica que ha sido propuesta, en el marco de una teoría del lenguaje, por Carassa y Colombetti (2009).

deramos nosotros, la de ser *mutuamente considerado*. Definen *quién* tiene obligaciones frente a *quién*, *quién* tiene derecho a imponer obligaciones a *quién*, *quién* tiene derecho a reclamar derechos sobre qué tipo de bienes y qué medidas de represalia son apropiadas para violaciones de un tipo particular de obligación (Jackendoff 1992; 1999). Así, los monos acicalan por más tiempo a quienes los han acicalado en el pasado, se alejan de las hembras cuando el macho dominante se acerca o redirigen sistemáticamente la agresión de la que han sido víctimas sobre un familiar cercano del agresor (Cheney y Seyfarth 1990). Además, los animales sociales dominan estos principios deónticos lo suficiente como para ajustarlos a las restricciones contextuales. Entre los chimpancés de la *Taï Forest*, los machos dominantes obedecen las reglas que gobiernan la división equitativa de la carne entre los diferentes cazadores, incluso si estas reglas entran en conflicto con el orden jerárquico del grupo (Boesch 1994). De hecho, los chimpancés jóvenes también parecen dominar las reglas sociales básicas: cuando juegan entre ellos, ajustan sus gritos de excitación para que los adultos no los interpreten como aullidos de pelea e intervengan. Por lo tanto, los jóvenes ya son capaces de aplicar diferentes reglas según el tipo de actividades en las que se involucren, jugando con la intensidad y el sonido de los gritos para diferenciar el juego de "pelea" de las luchas reales (Flack et al. 2004).

### 7. La pista gramatical

Resulta importante enfatizar que el registro relacional, esencial para toda la vida social, resaltado por la sociología de los primates no humanos, no se corresponde con una *relación intersubjetiva* de reconocimiento mutuo entre sujetos de pensamiento y de habla cuyas vidas interiores irían perdiendo gradualmente su opacidad gracias al trabajo interpretativo y la "lectura mental" de la que son objeto[9]. El registro relacional aquí desarrollado tampoco es del orden de las *relaciones institucionales* preconstituidas y reguladas por símbolos, reglas y leyes que destacan los enfoques que insisten en el trabajo estructurador de la cultura (Descombes 1996). El "entre-dos relacional" al que nos remiten los primates no humanos no consiste ni en "relaciones intersubjetivas sin estructura", ni en "relaciones estructurales sin sujetos" (Kaufmann 2016). Más bien, hace referencia a las *formas sociales* y a las expectativas relacionales que están intrínsecamente ligadas a ellas, expectativas que no pueden reducirse a asociaciones de corto plazo, dado que forman parte de una "sintaxis" social genuina, formada por reglas condicionales del tipo "si-entonces" (de Waal 2003). La política de coalición o la de reconcilia-

---

[9] Para gestionar tal relación, es necesario ser capaz de adoptar una postura intencional (*intentional stance*) que permita superar la *opacidad* que caracteriza, para un determinado individuo, a otras mentes cuyas vivencias, deseos y creencias siguen siendo fundamentalmente inaccesibles, si no misteriosas. Entonces, se trata de una teoría de la mente, una psicología ingenua que sostiene, en principio, las relaciones intersubjetivas.

ción posconflicto se basan, por tanto, en transacciones condicionales: dependen no solo de los estados emocionales del adversario y de la naturaleza de la relación entre antiguos oponentes, sino también de las relaciones con terceros, como por ejemplo, las hembras mayores (de Waal 2003; Judge 1991). Incluso la dominancia resulta ser condicional: lo que permite a los primates evaluar el curso de una interacción es menos el rango absoluto que la diferencia relativa de rango entre los individuos involucrados. De allí que dos chimpancés jóvenes actúen de forma diferente si su madre está cerca o no (Kawai 1958). Asimismo, los chimpancés esperan que las señales de voz sean apropiadas para con las relaciones de dominación existentes. Se sorprenden mucho, por ejemplo, cuando los primatólogos les hacen escuchar gritos de agresión de un subordinado hacia un dominante (Slocombe et al. 2010): esto no es lo que se *supone* que debe suceder.

En varios aspectos, estas cadenas de interacción específicas de las relaciones sociales básicas caen dentro de lo que Jackendoff (1992) propone denominar "gramática social" universal, la cual vincula, de manera constitutiva, las actividades a un conjunto de derechos y obligaciones. Así como la gramática lingüística permite crear y comprender un número ilimitado de oraciones, incluidas oraciones que nunca se han escuchado, la "gramática social" proporciona un sistema de principios relacionales que generan expectativas e inferencias implícitas. Estas gramáticas relacionales, que permiten esperar un comportamiento obediente de un subordinado, una actitud no agresiva o un comportamiento cooperativo similar de un compañero de juegos, hacen que el comportamiento y, en general, el mundo social sean relativamente predecibles. Además, los derechos y obligaciones mutuos inherentes a las relaciones sociales se encuentran restringidos a los miembros del mismo grupo social: se aplican solo dentro del grupo de pertenencia. Por lo tanto, los monos capuchinos esperan el aviso de comida tan solo de sus congéneres, castigando a los miembros del grupo que no lo hacen. Como esta expectativa no se manifiesta para los miembros de otros grupos, se puede inferir la presencia de una expectativa normativa del tipo "si eres miembro de mi grupo, entonces debes actuar de manera cooperativa" (Hauser y Marler 1993; Jackendoff 1992, 1999). Señalemos también que el vínculo entre pertenencia social y obligaciones mutuas también tiene un lado "oscuro": las relaciones con aquellos que no son miembros del grupo, al estar desprovistas de obligaciones, dan rienda suelta a la expresión cruda de la violencia, como lo demuestra la gran cantidad de ataques letales entre las "comunidades de chimpancés" (Wilson et al. 2014).

Estas gramáticas relacionales están tan restringidas como las gramáticas lingüísticas que gobiernan el uso de una palabra en una oración: así como en español no se puede decir "yo perro paseo", un mono no puede pedirle a un congénere que comparta comida si él no le ha dado nada en el pasado (De Waal 2003). A su vez, la relación de parentesco define un sistema relativo de posiciones que restringe el comportamiento de sus "ocupantes". De hecho, cuando el grito de un mono verde joven se transmite por un altavoz a las hembras adultas, estas últimas se vuelven hacia su madre, evidenciando así que reconocen la relación entre la madre y su cría, y que esperan la conducta protectora que es correlativa a ella (Cheney y Seyfarth 2007). En otras palabras, la relación de los padres implica derechos y obligaciones que los primates son capaces de captar[10].

## 8. Captar la lógica de lo social

Si se acepta lo anterior, entonces podemos considerar que algunas organizaciones conductuales y relacionales son lo suficientemente estables como para merecer ser parte del "mobiliario del mundo". Por lo tanto, Durkheim tenía razón al hablar de "cosas sociales", incluso si las veía de una manera algo diferente. La pregunta que surge entonces se relaciona con la contraparte mental que permite a los individuos sociales dar sentido a esta realidad social tan esencial para su supervivencia.

En la literatura contemporánea, el estudio de los procesos cognitivos necesarios para comprender el mundo social se agrupa generalmente bajo el nombre de "*cognición social*", es decir, los procesos cognitivos, conscientes e inconscientes, mediante los cuales los seres sociales descifran y predicen el comportamiento de sus semejantes. Aunque este término adolece de una cierta polisemia (Clément 2016), tiende, en psicología comparada y psicología del desarrollo, a reducir el sentido de lo social a interacciones *intersubjetivas*, esto es, a "interacciones entre mentes"[11]. Esta versión interpersonal de lo social y la versión mentalista de la cognición social que la acompaña (Wellman 1992) se deben en parte al éxito ex-

---

[10] Por supuesto, aún queda por determinar gran parte del espectro de estas gramáticas interaccionales básicas, incluso si, para autores como Alan Fiske (1992) o Nick Haslam (1994), ya se puede fundar empíricamente la existencia de cuatro estructuras relacionales universales. Se trata, según ellos, de relaciones de un *compartir comunitario*, basadas en lazos de parentesco y pertenencia, relaciones *jerárquicas*, basadas en la asimetría, la deferencia y la dominación, relaciones de *intercambio recíproco*, basadas en vínculos igualitarios y simétricos, y finalmente en relaciones *instrumentales*, basadas en intereses materiales. La hipótesis de una gramática social es tanto más interesante cuanto que apoya la hipótesis de que los orígenes del lenguaje se encuentran menos en la fabricación de herramientas que en la inteligencia social. Como han sugerido Seyfarth, Cheney y Bergman (2005), los mecanismos cognitivos que subyacen al uso del lenguaje pueden haber evolucionado a partir del conocimiento social de nuestros "ancestros prelingüísticos". Los babuinos, afirman Seyfarth et al., analizan las llamadas de sus compañeros como un "relato" (narrative) que involucra a un agente, una acción y un destinatario. Por ejemplo, "Sylvia está amenazando a Hannah y es esta amenaza la que hace que Hannah grite".

[11] Dos citas permiten evidenciar este "sesgo mentalista": "(…) *interacción de mentes*, que solo puede entenderse correctamente cuando se tiene en cuenta lo que la gente piensa sobre los pensamientos de los otros" (Wimmer y Perner 1983).
"La afirmación detrás de la investigación sobre la 'teoría de la mente' es que ciertas comprensiones centrales organizan y permiten esta variedad de percepciones, concepciones y creencias sociales en desarrollo. Particularmente, la afirmación consiste en que nuestra comprensión cotidiana de las personas es fundamentalmente mentalista" (Wellman y Lagattuta 2000).

perimental de la "prueba de la falsa creencia", la cual permitió demostrar que los niños menores de 4 años son incapaces de atribuir a otros creencias que difieren de las suyas. Recién alrededor de los 4 o 5 años pueden imaginar que los demás no necesariamente comparten sus propias representaciones (Wimmer y Perner 1983). Los individuos que experimentan un desarrollo ontogenético "normal" pueden desarrollar *meta-representaciones*, es decir, representaciones mentales que se refieren a otras representaciones mentales. Con esta capacidad de meta-representación pueden ir más allá de los comportamientos observables para identificar los estados mentales opacos, incluidos deseos y creencias, que probablemente los hayan engendrado. La identificación de estos estados mentales permite predecir el comportamiento de los demás activando una "teoría de la mente": los agentes están impulsados por deseos y son estos últimos los que motivarán su comportamiento en función de lo que consideren verdadero. Para usar un ejemplo clásico, si Sam *quiere* tomar una cerveza y *cree* que hay cervezas en el frigorífico, entonces *abrirá* la puerta del frigorífico para saciar su sed. Este tipo de descripción y predicción que hace un "desvío" por la mente de los demás, está en perfecta sintonía con la concepción de acción que ha sido defendida por la filosofía analítica anglo-sajona, en particular por el muy influyente Donald Davidson (Davidson 1980).

Esta concepción "intelectualista" de la cognición social es, por supuesto, difícil de reconciliar con la visión de la naturalización de lo social que estamos proponiendo. Hemos visto que las gramáticas relacionales básicas que evidencia el naturalismo social están necesariamente acompañadas de un conjunto de capacidades deónticas que permiten identificar los permisos, obligaciones, prohibiciones, amenazas y advertencias que atraviesan el espacio social. Además, esta gramática es dominada por seres que, con toda probabilidad, no poseen competencias meta-representacionales suficientes como para permitir que se desarrolle una teoría de la mente: los primates no humanos (Krupenye y Call 2019). Así, el naturalismo social conduce a una forma de "deflacionismo" cognitivo: no es necesario mantener metarrepresentaciones sofisticadas para evaluar las relaciones sociales en términos de las expectativas, si no de las obligaciones, que imponen a cada uno de los términos que vinculan. Basta con tener un sistema de percepción, de expectativas y de inferencias, de una "sociología ingenua" que permita ubicar a los seres en el mundo social dividiéndolos entre "superiores" e "inferiores", "similares" y "diferentes", "ellos" y "nosotros", "miembros" y "no miembros" (Kaufmann y Clément 2014). El hecho de que los primates no humanos lleven vidas sociales extremadamente complejas, incluso sin tener una estrategia intencional o una teoría de la mente, justifica una forma no mentalista de cognición social. Abandonando el nivel meta-representacional de los estados mentales parcialmente opacos e intangibles que los individuos humanos probablemente son suscetibles de atribuirse, los "sociólogos ingenuos" implementan capacidades holísticas que les permiten captar las formas interaccionales, observables y públicas que surgen *entre* ellos.

Si admitimos, con François Jacob, que la evolución biológica se puede comparar con una forma de *bricolage* (Jacob 1977) que utiliza y recicla "materiales" ya existentes para hacer más complejo el funcionamiento del mundo viviente, no hay razón para creer que las habilidades sociales que permitieron sobrevivir a nuestros antepasados no están también presentes en los humanos. Así, el desvío por las sociedades de primates permite identificar las capacidades fundamentales, o como dice Bernard Conein (1998), el "sentido social" necesario para captar y mantener la trama relacional que constituye el entorno básico de todo estar en sociedad[12]. Dicho desvío posee otra ventaja: destaca uno de los principios elementales de la selección natural, el *principio de economía*. Este consiste en eludir procedimientos cognitivos complejos, costosos en tiempo y energía, cuando no son esenciales para la supervivencia del organismo (anticipación de peligros potenciales, inferencia de las consecuencias de la acción, etc.). Desde un punto de vista epistemológico, el principio de economía tiene una doble consecuencia: por un lado, los comportamientos observados en una determinada especie deben ser explicados por capacidades cognitivas lo más rudimentarias posibles; por otro lado, comportamientos similares que ocurren en especies biológicamente emparentadas deben explicarse por procesos cognitivos similares (de Waal 2012). Al mismo tiempo, este principio de economía les recuerda a las interpretaciones mentalistas demasiado ricas el principio analítico de la parsimonia, la famosa "navaja de Occam": no se debe recurrir a conceptos abstractos ni a estructuras complejas para explicar un fenómeno, cuando bastan las entidades observables o los mecanismos más simples.

La naturaleza exacta de los procesos elementales de "lectura" de las formas sociales elementales todavía está abierta a debate. Para algunos, se trata de *mecanismos cognitivos* específicos heredados biológicamente, los "conocimientos centrales", que explican por qué los bebés muy pequeños ya son sensibles a la pertenencia a un grupo o a la jerarquía (Kinzler et al. 2007; Thomsen 2020). No obstante, uno podría imaginar que las capacidades de aprendizaje no específicas del cerebro humano le permiten captar rápidamente estos patrones relacionales (Gopnik et al., 2004) y generar una gramática susceptible de generalizaciones posteriores. Sea como fuere, la resistencia de los fenómenos sociales que hemos expuesto les otorga el estatus de "dominio" propio, como sucede con el de los objectos físicos o el de los agentes biológicos animados, susceptibles de ser captados por cierta forma de sociología ingenua.

---

[12] Este "sentido social" presente tanto en primates como en humanos, se desarrollaría especialmente a través de la atención conjunta. Ver Conein (1998). Para un análisis pragmático interesante de la estrategia intencional, ver también Conein (1990).

## 9. La sociedad como construcción cultural: de la sociología ingenua a la sociología "culta"

Para establecer en términos naturalistas la ontología relacional específica del mundo social y el equipamiento cognitivo que requiere, nos hemos basado en el funcionamiento social de los grupos no humanos. Ahora bien, para completar el naturalismo social, todavía necesitamos esbozar los vínculos entre, por un lado, las gramáticas relacionales que los animales sociales evolucionados están naturalmente predispuestos a identificar y utilizar como base para la inferencia y la acción y, por otro lado, las gramáticas específicamente humanas y deónticas culturales que les indican a sus "usuarios" lo que *pueden* y *deben* hacer según sea el tipo de actividad (p. ej., enseñar, comprar, conversar, etc.) y los "sistemas actanciales" (p. ej., maestro-aprendiz, vendedor-comprador, enunciador-receptor, etc.) en los cuales se encuentran circunscriptos.

Este vínculo entre formas sociales elementales y formas culturales más complejas es tanto continuo como discontinuo. Es *continuo* porque una gran parte de las instituciones culturales puede ser considerada desde el ángulo de la reconfiguración, transformación y complejización de las relaciones sociales preexistentes. Las relaciones de dominación son un buen ejemplo de ello. En la sociedad humana adoptan la forma más sofisticada de signos de superioridad y símbolos de valor, consisten en la exhibición de "*signos de riqueza*, destinados a ser evaluados y apreciados, y *signos de autoridad*, destinados a ser creídos y obedecidos" (Bourdieu 1982, 60). Finalmente, no obstante, las relaciones de dominio social y las relaciones jerárquicas culturales establecen el mismo tipo de partición: aquella que, al separar lo accesible de lo inaccesible, el "para nosotros" y el "para nosotros no", predispone al agente a vivir "de acuerdo con su condición" y a adoptar una "relación realista con lo posible" (Bourdieu 1980, 107-109). Lo que las capacidades propiamente humanas aportan a estas relaciones básicas es la dimensión simbólica: quienes ocupan las posiciones de dominación son capaces de establecer lo que *cuenta como* importante, lo que es digno de valor y lo que tendrán tendencia a monopolizar (Bourdieu y Delsaut 1975). Así, en el caso de las relaciones de poder, los puntos de referencia de "alto nivel" se articulan con las posiciones de la "gramática social" que despliegan, por debajo, los rudimentos de la sociología ingenua.

Ahora bien, el vínculo entre las formas sociales y culturales también es *discontinuo*. De hecho, la ontología natural de las formas elementales de la vida social se diferencia de la ontología artificial de las ficciones culturales en que solo el uso colectivo de un lenguaje común es capaz de hacer que exista, ya sean ficciones compartidas (Sherlock Holmes, Mickey Mouse), seres institucionales (Real Madrid, Constitución, Dios) o colectivos abstractos (Francia, comunidad evangélica). Si la continuidad parcial de las formas sociales y culturales arroja luz sobre las capacidades relacionales y el sentido deóntico más o menos sofisticado del ser humano, su discontinuidad revela otra faceta: la de la capacidad específicamente humana de emanciparse de la situación *hic et nunc* y de mantener las representaciones *desprendidas* de los estímulos perceptivos y de los imperativos prácticos inmediatos.

Esta capacidad de distanciamiento es fundamental para la vida cultural. Si bien las relaciones sociales básicas se dan en la experiencia directa, las "entidades" culturales a menudo solo son accesibles a través de cadenas de comunicación y transmisión que les dicen a los agentes comunes lo que su comunidad de origen o sus portavoces autorizados consideran real o imaginado, posible o imposible, justo o injusto. Para referirse de manera oblicua e *in absentia* a entidades culturales que son material y cognitivamente inaccesibles para ellos, los individuos deben renunciar a su propia capacidad de juicio y apoyarse en las instancias que implícitamente constituyen la autoridad de validación. Por tanto, el aprendizaje y la renovación de la cultura implican "una deferencia por defecto": los agentes ordinarios deben dejar de realizar una investigación ontológica o epistémica por sí mismos y validar entidades, aunque sean "inexistentes", que el *Nosotros* y el *Se* de su comunidad lingüística y cultural avalan (Kaufmann 2016). El sentido de las acciones y los discursos rituales cuyo origen o razón de ser han desaparecido de la memoria colectiva (Bloch 2004), es confrontado con esa instancia de validación última e impersonal y/o con sus representantes (los dioses, los antepasados, los sacerdotes, los maestros, etc.).

Desde un punto de vista cognitivo, las premisas de tal deferencia cultural se encuentran en la tendencia a la "sobreimitación" (*overimitation*) que manifiestan los niños pequeños -pero no los chimpancés- cuando retoman ciegamente los gestos, claramente innecesarios, que un experimentador realiza en frente a ellos (Nielsen et al. 2014). Esta sobreimitación nos permite adaptarnos a la forma en que *Nosotros* hacemos las cosas, aprender las "formas" convencionales y normativas de hacer que caracterizan la arbitrariedad cultural específica de nuestra comunidad de origen (Gruber et al. 2015). En principio, esta deferencia también es capaz de captar diferencias sutiles en la naturaleza de los "seres culturales". Por lo tanto, incluso si la existencia de existentes inobservables a simple vista, como los microbios, e "inexistentes" invisibles, como los dioses, solo pueden aprenderse a través de una cadena de comunicación y testimonios (*testimony*), ni los niños ni los adultos los asumen de la misma manera (Clément 2010; Harris et al. 2006). La deferencia por defecto que implica la enculturación no solo no anula la facultad de discernimiento ontológico, sino que no excluye el distanciamiento de las representaciones colectivas y entidades culturales que los organismos autorizados asumen públicamente. Por el contrario, siempre es posible una *deserción*, una desviación entre el orden de la experiencia y el orden de las representaciones culturales. Es esta desviación la que permite el despliegue de otra habilidad propia de la especie humana: la de la relajación y de la distracción (Piette 2009). Con esta habilidad, los humanos son capaces de variar su modo de presencia, oscilando entre lo literal y lo metafórico, el compromiso y el distanciamiento, el modo menor y el modo mayor.

Cómo pudieron haber surgido sociedades humanas complejas a lo largo de la historia natural de nuestra especie es una cuestión bastante misteriosa. Nuevamente, es muy probable que se trate de una coevolución entre *capacidades cognitivas*, como la capacidad simbólica de mantener representaciones de entidades que no son directamente perceptibles, y *dispositivos culturales*, que a su vez constituyen un ambiente adaptativo de un nuevo tipo. Estos dispositivos involucran nuevas adaptaciones cognitivas, como la sobreimitación, asegurando así la renovación estable de ficciones que ya han sido consagradas por la comunidad. Sin embargo, estas capacidades simbólicas no nos condenan a la conservación y reproducción infinita de las formas culturales propias de nuestro grupo de origen. También hacen posible una forma de *imaginación* propiamente constituyente que permite percibir el mundo no como *es*, sino como *debería* ser. En determinadas condiciones sociohistóricas, esta imaginación eminentemente política lleva al ser humano a cuestionar las instituciones establecidas, a determinar nuevas orientaciones, a transformar mundos imposibles en mundos posibles y seres inexistentes en entidades de referencia efectiva.

## 10. Conclusión. El "salto" de la imaginación

El objetivo de este capítulo fue explorar una de las posibles formas de conciliar las ciencias sociales con las ciencias naturales. Para ello, nos centramos en la naturaleza misma de lo social, no solo de los humanos sino también de las especies que comparten una forma de vida cercana a la nuestra: los primates no humanos. Una vez que eludimos el sesgo antropocéntrico que atrae nuestra atención únicamente a los hechos de la cultura, resulta más fácil identificar los "primitivos ontológicos" del mundo social que constituyen las *inter-acciones recíprocas*. De allí resultan diferentes tipos de configuraciones relacionales, ya sea dominación, cooperación, conflicto, pertenencia o protección, cada una de las cuales está asociada con tipos específicos de comportamiento. Para poder adaptarse a estas interacciones y "jugar" el juego de ofertas y respuestas que las caracterizan, los seres sociales deben disponer de capacidades que les permitan captarlas desde su ángulo "affordántico", mitad perceptual, mitad deóntico.

Sobre esta base social, común a todas las sociedades, las formas de vida propiamente humanas han añadido una *estrato* cultural, poblado por el lenguaje, instituciones, rituales, tradiciones y obras de arte. En ciertos aspectos, este estrato cultural se limita a cristalizar y hacer más complejas las interacciones sociales más "primitivas". Así, las señales vocales y gestuales del saludo en el mundo de los primates no humanos tienen sin duda un parecido con los signos utilizados por los humanos (Clay y Genty 2017). No obstante, esta continuidad es solo parcial;

los signos humanos añaden códigos o símbolos convencionales a las "conversaciones gestuales" de los animales, cuyo dominio es necesario para convertirse en un miembro pleno de la comunidad. Estirar el brazo derecho en un grupo neonazi es más que un simple saludo, es un gesto *que cuenta como* un signo de pertenencia, un signo de apoyo ideológico. Es decir, el *ver como* de las relaciones y acciones sociales básicas se prolonga y se transforma en un *cuenta como* que requiere la apelación a un marco simbólico y a capacidades representacionales, específicamente humanas, que permiten asignar nuevas propiedades deónticas a hechos naturales o sociales que están intrínsecamente desprovisto de ellas: este río cuenta como una frontera, esta posición sumisa cuenta como un saludo militar, etc. (Searle 1995; Clément y Kaufmann 2005). Con el tiempo, las estructuras simbólicas y los repertorios culturales pierden todo rastro de su origen artificial: se presentan como una "segunda naturaleza". De hecho, es este proceso de naturalización el que caracteriza al trabajo de la ideología: transformar las construcciones culturales en verdades naturales las hace impermeables a la acción individual y colectiva.

Sin embargo, la cosificación ideológica de las construcciones culturales nunca es definitiva. Siempre puede ser enfrentada a través de un impulso de *imaginación* que permita distanciarse de la realidad social y cultural e "imaginar el mundo diferente de lo que es" (Arendt 1972[1954]). Sin esta imaginación fundamentalmente *política*, los seres humanos serían esencialmente seres enseñados, seres que obedecen ante la evidencia de la autoridad y que se inclinan frente a la aparente naturalidad de las costumbres y las tradiciones. La facultad imaginativa permite rechazar el orden establecido, reabrir el abanico de posibilidades y devolver a la comunidad el poder de transformar las reglas de la vida en común. También permite destrabar el sentimiento de pertenencia, extraerlo de los estrechos límites del grupo y empujar constantemente los límites de la empatía. Por tanto, la imaginación tiene consecuencias no solo políticas sino también *morales*. Desatada de la captación inmediata de las *affordances* deónticas que indican la forma en que determinado tipo de ser social debe ser tratado en tal o cual situación, la imaginación permite extender indefinidamente el círculo de personas con las que nos sentimos capaces de "formar sociedad".

Este trabajo de extensión, que puede conducir a la idea universalista de una humanidad común, es una conquista que nunca se completa. Siempre es probable que ese *Nosotros* ampliado que delinea el concepto de humanidad se contraiga, se limite a la pertenencia social más próxima, mostrando así la importancia del trabajo moral y político "contra natura" que permite ensanchar lo que significa 'semejante'. Teniendo en cuenta el reto que representa este *Nosotros* ampliado, precario y frágil, las ciencias de la sociedad y las ciencias de la mente tendrían todo el interés en olvidar sus diferencias e intentar arrojar luz conjuntamente sobre las medidas políticas y los resortes cognitivos necesarios para su mantenimiento.

Estrategias naturalistas en teoría social

Félix Ovejero*

## 1. Introducción

En teoría social hay una larga tradición de búsqueda de avales en las ciencias de la naturaleza, en especial en la biología. Unas veces aparecía bajo la forma de avales teóricos, como sucedía cuando se intentaban explicar los comportamientos sociales a partir de conceptos biológicos más o menos refinados (ecosistemas, razas, instintos, genes). En otras ocasiones se trataba de avales metodológicos, como era el caso de las defensas de una unidad de la ciencia sostenidas en la convicción de que hacer buena ciencia consiste fundamentalmente en extender el método de las ciencias naturales a las ciencias sociales. Se pueden entender como dos variantes (teórica y metodológica) del naturalismo. Las dos estrategias, aunque solo sea por el afán de claridad, han producido interesantes resultados, por más que, por lo general, no dejaban de pecar de ingenuidad: las reducciones teóricas, en sentido estricto, completas, han sido escasas, incluso entre las ciencias de la naturaleza y no hay nada parecido a un método (a un algoritmo) que aplicado a diversos ámbitos de la realidad produzca conocimiento, entre otras razones, porque, la ciencia está lejos de consistir en "aplicar" el método científico.

Pero, aunque la convicción resulta injustificada, sí tiene un trasfondo pertinente: la aspiración a unificar el conocimiento. El afán de extender teorías a distintos dominios de la realidad, está en la propia razón de existir de la ciencia, en Newton, Maxwell, Einstein y, contemporáneamente, en los diversos físicos teóricos a vueltas con teorías del todo, de cuerdas o teorías del campo unificado,

---

* Profesor de Metodología de las ciencias sociales de la Universidad de Barcelona. Ha realizado estancias prolongadas en la University of Chicago (Center for Ethics, Rationality and Society) y la University of Wisconsin. Entre sus obras destacan: *De la naturaleza a la sociedad, La unidad de método en el origen de la teoría social,* Barcelona, Península, 1987; *La Quimera fértil, Sobre la teoría de la historia,* Barcelona, Icaria, 1994; *El compromiso del método,* Montesinos, 2004; *El compromiso del creador. Ética de la estética.* Barcelona, Galaxia Gutenberg/Círculo de Lectores, 2014; *La deriva reaccionaria de la izquierda,* Página Indómita, 2018. Email: felix.ovejero@gmail.com

por tirar a lo seguro. Y, por supuesto, no podemos olvidarnos de la mejor filosofía de la ciencia, la del Círculo de Viena y su *International Encyclopedia of Unified Science*, aquel magnífico proyecto traducido en congresos y publicaciones, aunque nunca completado[1]. Su nombre describía impecablemente la naturaleza del empeño y, también, el confiado entusiasmo de aquellos años tan optimistas para la teoría de la ciencia, ya que no, ciertamente, para la vida social y política. Previsiblemente, el proyecto unitario se extendió a las ciencias sociales.[2]

Sin embargo, la aspiración a la naturalización de las ciencias sociales se ha encontrado con diversas críticas que destacan "singularidades" que harían imposible la empresa. Cuando se examinan atentamente, pocas de las objeciones resultan insalvables. O se trata de problemas mal planteados o no hay tales singularidades, pues se dan también en las disciplinas de la naturaleza. Pero hay una particularidad que parece resistirse a los empeños naturalistas: la hipótesis de racionalidad, la explicación de los procesos sociales a partir de las interacciones entre agentes que actúan a partir de sus creencias y sus deseos. El individualismo metodológico, si se quiere decir con menos palabras. En las páginas que siguen se recorrerán los intentos de naturalizar (y/o unificar) la teoría social, se abordará esa "singularidad" y se inventariarán las respuestas naturalistas al reto de la racionalidad.

## 2. De la biología para la sociedad

La permeabilidad de la teoría social a los resultados de la biología tiene una larga historia (Ovejero 1987). En un inventario apresurado se pueden reconocer al menos cinco ámbitos de influencia. En primer lugar, teóricos, como sucedió famosamente con lo que se llamó "darwinismo social" o, en el otro lado de espectro político, la teoría del apoyo mutuo de Kropotkin (1902), clásico del anarquismo. Otras veces se trataba de la utilización de modelos-isomórficos, desprendidos de un soporte material concreto, como ha sucedido con la selección natural (variación/competencia/selección/extensión), presente tanto en el liberalismo

---

[1] La Enciclopedia aspiraba a resumir todo el conocimiento científico en doscientos volúmenes. La ambición desbordaba con mucho la teoría de la ciencia, según se recoge en su manifiesto de 1929, en el que se podían reconocer resonancias marxistas: una organización científica del mundo, la unificación de la humanidad sobre la base de una nueva organización de las relaciones económicas y sociales, basada en una concepción científica del mundo. Con todo, esas consideraciones, importantes para Otto Neurath —activista revolucionario, además de exquisito filósofo (Cartwright, Cat Fleck y Uebel 1996)— no eran compartidas por otros miembros, en particular por Moritz Schlick (Stadler 2011, 509-ss).

[2] De la mano de propio Neurath (1944). Con todo, resulta significativo que Neurath, que no hubiera dudado en calificarse como "marxista", no apele a la veta del marxismo que también se comprometerá con la idea de una única ciencia social: el materialismo histórico. Algo explicable si se tiene en cuenta que, por lo general, esa idea se concibe en un sentido muy especial, deudor de la vieja aspiración hegeliana según la cual "la verdad es el todo": como ciencia totalizadora que encontraría, en el mejor de los casos, su concreción en la historia (Cerroni 1978).

de Hayek como en el neoinstitucionalismo de Geoffrey M. *Hodgson* y Nelson y Sidney Winter (Dosi y Nelson 2018), sin olvidarnos de la teoría de los memes como explicación de los cambios culturales (Blackmore 1999). En tercer lugar, la apropiación de teorías matemáticas, formales, originariamente desarrolladas en los entornos de la biología y más tarde popularizadas en las ciencias sociales, como fue el caso de la teoría de sistemas (Von Bertalanffy) o la teoría de catástrofes (Thom), relacionadas, respectivamente, con el tratamiento de los organismos como sistemas abiertos y de la morfogénesis. En cuarto lugar, el uso de estrategias explicativas, destacadamente la explicación funcional, tan característica de los modelos evolutivos (respaldada en mecanismos causales, la selección natural) y que tan popular –y problemática—ha resultado en sociología (funcionalismo) o antropología (materialismo cultural). Finalmente, la biología ha servido durante mucho tiempo (hasta el descubrimiento del ADN, por abreviar), como fuente fundamental de tesis ontológicas para justificar la autonomía de las distintas disciplinas: la biología nos mostraría la existencia de propiedades emergentes —que no resultan reconocibles en los componentes, que son resultado de su interacción— que darían pie a diversos planos irreductibles entre sí, cada uno con sus propio ámbito de leyes (O'Connor 1994).

En un sentido general, el inventario anterior —que está lejos de resultar exhaustivo[3] o excluyente[4]— es un elemental muestrario de influencias naturalistas. Una cartografía básica —sobre la que volveré más abajo— nos permitirá ordenar mejor el terreno. Muy en general cabe pensar en dos estrategias que, combinadas, ofrecen cuatro posibilidades: defender la unidad de la naturaleza (unidad ontológica de la realidad) y/o defender la unidad en la aproximación, en las estrategias explicativas (unidad metodológica). A partir de ahí se pueden reconocer cuatro variantes, tres de las cuales se podrían calificar —con distinta intensidad— como naturalistas, en tanto se comprometen con la unidad de la naturaleza y/o la del método. Cabría, primero (dualismo onto-metodológico)**,** una dualidad metodológica acompañada de —no necesariamente justificada en— una dualidad ontológica. Se trataría del antinaturalismo más clásico, según el cual diferentes dominios de la realidad se acompañarían de distintas tipos estrategias explicativas: mientras las ciencias sociales, que pueden acceder a un conocimiento de comportamiento humano "desde dentro", reclamarían de las explicaciones intencionales, a las ciencias naturales solo les quedarían las explicaciones causales, externas al objeto (por decirlo al modo clásico). Otra posibilidad (politeísmo metodológico)

---

[3] Pensemos, por ejemplo, en los enfoques de Georgescu-Roegen (1971) y Odum (1971), centrados respectivamente en la termodinámica (Bioeconomía) y la ecología (Ecotecnología), tan contrapuestos que polemizarían y darían pie a dos asociaciones científicas diferentes (EABS y ISEE).

[4] Las fronteras resultas difusas. Basta con pensar en la teoría de sistemas, entendida unas veces como teoría matemática, otros como teoría sustantiva, asociada a la explicación funcional, y hasta como teoría ontológica.

es una defensa de la dualidad metodológica compatible con la unidad ontológica: una única realidad se abordaría en ocasiones con estrategias metodológicas narrativas y otras con estrategias "deductivas", mediante leyes. Se podría dar cuenta de un eclipse con las leyes de Newton o contando "como llega a ser", al modo de las narraciones infantiles: "y ahora poco a poco se oscurecerá...". O para ceñirnos a la biología: la etología utilizaría métodos tradicionales asociados a las ciencias sociales cuando acude a procedimientos narrativos (hábitat, modos de vida de las especies) y, también, cuando hace uso de esquemas intencionales, interpretativos y atribuye creencias y deseos a las especies ("cuando la presa se da cuenta de la presencia de depredador se esconde, etc...."). Sin ir más lejos, *El origen de las especies* es, antes que otra cosa, una suerte de eficaz relato que busca persuadirnos, algo para lo que Darwin necesita cientos de páginas (que nada tiene que ver, por ejemplo, con los cinco artículos de Einstein de 1905, breves y demostrativos)[5]. No es que no se parezca a los *Principia* de Newton, es que tampoco se parece a los trabajos de Mendel. Está más cerca, si se quiere, de la gran historiografía del XIX, en la que las observaciones asoman en el momento oportuno para apuntalar una tesis general, con efectos más persuasivos que demostrativos. Otra posibilidad (monismo metodológico) es la de una unidad de método, identificada con la obtención de "leyes" (el ideal nomológico-deductivo), a la vez que se defiende una discontinuidad entre los diversos órdenes de la naturaleza (propiedades emergentes) sostenida en una de ontología general de la naturaleza: el antirreduccionismo que se resume en la fórmula "el todo es más que la suma de las partes". Por esa vía se justificaría la autonomía de las diversas disciplinas: una discontinuidad, dicho sea de paso, que busca sus avales en la propia naturaleza, en particular en la biología, que, durante mucho tiempo, ni remotamente contemplaba la posibilidad de explicar el funcionamiento celular a partir de mecanismos bioquímicos). Finalmente, la estrategia reductiva clásica, la más rotundamente naturalista, el monismo ontológico: una unidad de la naturaleza que aspira a (o mejor, conlleva) una unidad de explicaciones[6]. Allí se reconocerían desde las clásicas metáforas del hombre máquina hasta los diversos desarrollos herederos de la sociobiología que,

---

[5] Apuntado a esa distintas maneras de proceder, Kuhn (1977, 52) distinguía entre ciencias clásicas y ciencias baconianas, Distinción que ha cosechado fortuna entre algún historiador de la ciencia, (Cohen 1985).

[6] En realidad, la unidad ontológica tal y como aparece aquí acoge dos ideas diferentes: unidad teórica y unidad ontológica propiamente dicha. La presentación ontológica de la reducción, que apela a los componentes, no equivale a la reducción de teorías, semántica, instalada en el plano lingüístico, que no presume la reducción ontológica. Reducir equivaldría a deducir las leyes de una teoría a partir de las leyes de otra teoría perteneciente a otra disciplina más básica. En el extremo, todo lo que decía la teoría original se podría decir desde la más básica. Por completar el cuadro, no está de más recordar que Nagel (1961) distinguía entre reducciones homogéneas y heterogéneas: en las primeras los términos de la teoría reducida están plenamente contenidos en la teoría reductora; en las heterogéneas, hay términos en la teoría reducida que no está contenidos en la teoría más básica y, para conectar unos con otros se requieren algún tipo de operación intelectual, como las leyes puente.

por detrás –por debajo, si se quiere— de los comportamientos sociales siempre encuentran a la selección natural. Volveré con más detalle sobre estas estrategias al abordar el reto de la racionalidad. Pero ahora vayamos a la historia reciente del naturalismo en teoría social.

## 3. Dos variantes de unidad de la ciencia

Si se trata de entender el debate actual en teoría social, conviene volver la mirada a dos líneas de investigación que, de distinta forma, han recuperado la vocación unitaria o naturalista: a) el uso (extensión) de los modelos económicos, en particular de los procedentes de la microeconomía, en la explicación de procesos sociales que tradicionalmente ocuparon a disciplinas como la sociología o la ciencia política; b) la aspiración a fundamentar en la biología el conjunto de la teoría social. Las dos líneas han desencadenado unos cuantos debates interesantes y no pocas reacciones desaforadas. A pesar de su diferente inspiración, participaban de dos características comunes. La primera, las dos líneas eran originalmente teóricas y, solo por derivación, metodológicas. No se limitaban a hacer declaraciones de principio, proclamas de teoría de la ciencia acerca de las bondades de la unidad de la ciencia, como podían hacer los miembros del Círculo de Viena, sino que encaraban investigaciones, retos específicos de la teoría social. Y además venían avaladas por resultados en sus respectivas disciplinas de origen, economía y teoría de la evolución. Otra cosa es que en la primera línea, la extensión de los modelos económicos —de la teoría— viniera acompañada de elecciones metodológicas, en particular, del compromiso con el individualismo metodológico, con la explicación a partir de las interacciones entre agentes sociales. La segunda característica compartida era su afán reduccionista, en un sentido general. Eso sí, de distinto modo: la primera apostaba por la subsunción de una teoría a otra de alcance más general, la extensión a nuevos sistemas reales, al modo como sucedió con la física relativista cuando explica la mecánica clásica como un caso particular o con la extensión de la selección natural a nuevos órdenes de realidad; la segunda, era reducción en sentido más genuino, clásico, el que se utilizaba para referirse a las relaciones entre la química y la biología o la biología y la química: dar cuenta de propiedades y relaciones sociales a partir de propiedades y relaciones biológicas.

La primera línea de recuperación reciente del ideal de unidad de la ciencia tiene su origen en la extensión de los modelos económicos al conjunto de los procesos sociales. Si queremos dar una referencia de partida, es obligado acordarse del ensayo de Anthony Downs, aparecido en 1957, *Una teoría económica de la democracia*. Aquella obra inauguraba una línea de investigación —con argumentos ya reconocibles en Max Weber y Joseph Schumpeter— que acabaría por llamarse (para descalificarla, casi siempre) "imperialismo de la economía" y que, con los años, se traduciría en una disciplina consolidada, el *Rational Choice*, y en abundantes trabajos sobre el "enfoque económico", encabezados inicialmente por el premio Nobel de economía Gary Becker (1976a)[7]. Se buscaba aplicar modelos, tipos de explicación (intencional) y, sobre todo, patrones de razonamiento de la teoría económica, a problemas tradicionalmente abordados por otras disciplinas sociales: sistemas políticos, familias, comportamientos criminales, urbanismo, etc. Muy en general, la explicación de los procesos sociales se aborda a partir de la interacción entre agentes sociales racionales en contextos institucionales que operan como constricciones o como incentivos para sus acciones. Metodológicamente la renovación consistió en el uso de modelos formales (matemáticos) y de técnicas cuantitativas, la introducción jerarquizada y explícita de los conceptos, mediante definiciones, y la realización de predicciones susceptibles de control empírico (Frank 2007; Dubner y Levitt 2005). No está de más advertir que con los años los modelos han ido ganando en realismo, abandonando sus compromisos con el *homo economicus*, egoísta e hiperracional, y ampliando sus ámbitos de aplicación, alcanzado incluso al reino vegetal, al mundo microbiano (hongos y bacterias) (Popkin 2019). De hecho, la pretensión de la única teoría general (de la naturaleza) se potenciaría cuando se vincule al imperialismo de la economía con la teoría de juegos, entendida como una teoría que permite abordar los escenarios de interacción entre agentes. Una interpretación errada, que la presenta como una teoría social, empírica, —y no como una teoría matemática—, pero bastante común no solo entre científicos sociales (Ovejero 1993; Gintis 2009).

El otro gran proyecto unificador se formó inicialmente en torno a lo que se llamó "tercera cultura". El rótulo era un modo de presentarse como alternativa al abismo entre las "dos culturas", la humanística y la científico-natural, según la clásica distinción establecida en 1958 por C. P. Snow. No se trataba, obviamente, de ninguna equidistancia, porque la prioridad explicativa recaía en las convencionalmente llamadas "ciencias naturales" y abarcaba disciplinas bien diferentes, desde la psicología evolutiva hasta las ciencias cognitivas. Muchas de estas investigaciones empezaron por mostrar el escaso realismo de mucha teoría social, levantada bajo supuestos incompatibles con lo que sabemos sobre la naturaleza humana, bien porque se asumían hipótesis ingenuas (el buen salvaje) o sencillamente falsas, de tabula rasa (Pinker 2003): los seres humanos no éramos nada, un libro en blanco al nacer, a la espera de la socialización, o, si éramos algo, éramos santos. Seguramente la psicología evolucionista y, en general, la teoría de las normas basada en la biología desarrollada por economistas (Bowles y Gintis 2011), con solvencia empírica y formal, han sido las áreas en donde se han cosechado los resultados más interesantes. Y más recientemente, en ética experimental (Aguiar, Gaitán y Viciana 2020). En otros casos, la euforia inicial no parece haberse visto avalada por los resultados, como fue el caso de no pocas de las diversas "disciplinas" aparecidas a la sombra de la neurología (neuroeconomía, neuroestética, neuroética, hasta neouromarketing y neuroperiodismo) (Tallis 2012; Ovejero 2005).

---

[7] En sociología la tarea tendrá su cumbre en (Coleman 1998).

No es cosa de valorar aquí los dos programas. En todo caso, siempre es de apreciar que, como ha sucedido tradicionalmente con las estrategias naturalistas o de unidad de la ciencia, se comprometan con procedimientos que asociamos convencionalmente a la buena ciencia: control empírico, realismo, compatibilidad con el conocimiento disponible, precisión conceptual[8]. Por supuesto, en el detalle, no se pueden ignorar algunos problemas. En el caso del "imperialismo de la economía", la extensión de los modelos, sobre todo en los primeros momentos, pecó de dificultades discutidas mil veces en los debates metodológicos de los economistas: falta de realismo; supuestos antropológicos hiperracionalistas y toscos, psicológica y emocionalmente (Sen 1977; Ovejero 2013); utilización forzada de modelos matemáticos que conllevaban –exigían— arriesgados compromisos empíricos (Green y Shapiro 1994).

Por su parte, la "aproximación naturalista" de la tercera cultura estaba lejos de tener un perfil reconocible. Ni siquiera se podía, en rigor, hablar de una teoría. La etiqueta se aplicaba a maneras de hacer muy diversas. Sucedía ya en el clásico trabajo de Cosmides y Tobby (1992), en el que criticaban "el modelo estándar de las ciencia social": antes que con una teoría, nos encontrábamos como una estrategia de investigación, bajo cuya cobertura se cobijaban teorías bien dispares, en ocasiones en discusión entre ellas, y, no pocas veces, con resultados provisionales o con simples promesas de resultados (Buller 2005, 1-ss)[9]. Eso no quiere decir que, por detrás de las diversas líneas, no se pudiera reconocer una vaga aspiración reduccionista, según la cual, los procesos, estados y sucesos tradicionalmente calificados como sociales se explicarían, finalmente, a partir de teorías biológicas, por vía directa, genética, o, por vía indirecta, mediante alguna conjetura evolucionista, que presume algún mecanismo finalmente materializado en un sustrato genético que rara vez se está en condiciones de detallar. En rigor, muchas de tales conjeturas naturalistas no cabe considerarlas explicaciones en sentido estricto, sostenidas como están en tramas de teorías y supuestos, más o menos encubiertos, que pocas veces se precisan. Sin ir más lejos, en la versión clásica, muy deudora de la psicología cognitiva de la época y de la tesis de la mente como un ordenador, la teoría modular, se daban los suficientes "saltos" (entre genes, módulos, comportamientos, experimentos, escenarios sociales) como para que resulte difícil hablar de genuinas explicaciones (Fodor 2000); antes que explicación completa, disponíamos —para decirlo en los términos de la clásica filosofía de la ciencia— de "ex-

---

[8] Creo que no es arriesgado destacar entre esos resultados, en tanto ha ayudado a limpiar el campo, la crisis de replicación de la ciencia, especialmente en psicología (Fidler y Wilcox 2018).

[9] Cada investigador pare tener tiene su propia versión de psicología evolucionista. Para algunos los elementos centrales son la modularidad masiva o la adaptación a la sabana del Pleistoceno; para otros, *la inclusive fitness*, la evolución desde el punto de vista del gen, la selección sexual, la inversión parental, etc.

plicaciones puente", de explicaciones potenciales, que operan bajo la presunción de que deben existir" mecanismos que llevan de unas cosas a otras, pero que no especificamos ni estamos en condiciones de hacerlo).

En todo caso, sí interesa destacar una circunstancia: en teoría social la primera línea prepara el terreno para la segunda, para el naturalismo más estricto. Como antes se dijo, la extensión de las teorías económicas suponía, a la vez, una estrategia metodológica: procesos sociales, abordados tradicionalmente con conceptualizaciones holistas, se explicaban a partir de interacciones entre agentes (individualismo metodológico). Se trataba de mostrar los mecanismos que operaban dentro de la caja negra, la secuencia de acciones de los agentes que, por ejemplo, relacionan el tipo de interés con la caída de la inversión o la incorporación de la mujer al trabajo con la disminución del rendimiento escolar. En ese sentido, estaríamos ante una reducción metodológica o, por mejor decir, teórica con implicaciones metodológicas [10]. La otra línea, en buena medida, se amparaba en esa operación. Será, según algunos, el inevitable siguiente paso: después de recalar en los individuos resultaría obligado compatibilizar esas explicaciones con lo que conocemos sobre la naturaleza humana, con la psicología y la biología. La unidad del método llevaba a la unidad de la naturaleza, a la genuina reducción, al naturalismo en el sentido más estricto[11].

## 4. Críticas a la unidad de la ciencia

Los programas de unidad de la ciencia han sido objeto de críticas desde bien temprano. La estrategia más común consistía en subrayar la existencia de singularidades metodológicas de las teorías sociales, casi siempre justificadas por razones de la distinta naturaleza del objeto de investigación: dificultades para la predicción; imposibilidad de utilizar modelos formales o cuantitativos; escasa relevancia de las leyes generales; presencia de valoraciones morales, etc. No es cosa de discutir ahora el alcance de tales argumentos (Ovejero 2003, apéndice). Muy en general, se puede decir que, en el detalle, la mayor parte de las "singularidades" no eran tales. Primero, porque cuando se analizan se confirma que casi siempre se trata de falsos problemas, de asuntos mal planteados. Así, por ejemplo, sucedía con la contraposición entre lo cualitativo, vinculado supuestamente a las disci-

---

[10] Era el caso clásico de la búsqueda de microfundamentos a las teorías macroeconómicas. Lo que se llamó síntesis neoclásica: reducir la macroeconomía keynesiana a la microeconomía neoclásica. Los principales protagonistas fueron John Hicks (modelos IS-LM) y Paul Samuelson (Janssen 2008).

[11] Cf. en ese sentido, van den Bergh y Gowdy (2003). Desde otra perspectiva, G. Becker había avanzado esta posibilidad: "El enfoque de los sociobiólogos tiene mucho que ver con el de los economistas (…) Sin embargo, los sociobiólogos ya no hacen uso de modelos que incorporen actores racionales que maximicen funciones de utilidad sujetas a recursos limitados. En su lugar, han recurrido únicamente a la "racionalidad" vinculada a la selección genética operada por un entorno físico y social que desalienta la conducta improcedente y favorece la procedente" (Becker 1976b, 819).

plinas sociales, y lo cuantitativo, propio de las naturales: la contraposición ignora que los conceptos métricos son tan solo un ahondamiento de los conceptos clasificatorios, que toda medición requiere de una clasificación. Y segundo, porque las singularidades, cuando estaban bien planteadas, no son exclusivas de la teoría social, porque —salvo en unas pocas áreas, sobre todo de la física— aparecen en todas las áreas de investigación: la geología o la teoría evolutiva —que tanto uso hacen de conceptos clasificatorios, dicho sea de paso— tienen menos vigor predictivo que la economía.

Pero sí había una particularidad —ya mencionada al referirnos al imperialismo de la economía— que no se podía zanjar como un simple caso de error de planteamiento: el individualismo metodológico. Para reparar en su importancia, vale la pena volver uno de los debates más interesantes acerca de la unidad de la ciencia que ocupó inicialmente a los economistas (*Methodenstreit*), aunque, al final, contó con participación de filósofos, historiadores y sociólogos. Destacadamente, enfrentó en Alemania a la naciente economía neoclásica con la escuela histórica, a Karl Menger con Gustav Schmöller, los protagonistas principales. En principio, los primeros aparecían comprometidos con el idea de unidad de la ciencia —pensado, en todo caso, sobre el horizonte de la física clásica (Ovejero 1987)— mientras que los segundos apostaban por el dualismo. En lo esencial, los historicistas descalificaban a la teoría neoclásica por sus irreales modelos explicativos, que asumían en los agentes comportamientos hiperracionalistas, ahistóricos, y por el uso de leyes y de procedimientos formales, que, a su parecer, resultaban inútiles para abordar la compleja diversidad de las sociedades. Más exactamente, la crítica historicista: a) establecía una contraposición entre las ciencias de leyes, con pretensión de universalidad, las de la naturaleza, y ciencias narrativas, que se limitaban a detectar tendencias o secuencias causales entre acontecimientos, las ciencias sociales (entre ciencias nomotéticas y ciencias idiográficas, en el léxico de los neokantianos, de Wilhelm *Windelband* y la Escuela de Baden) b) rechazaba la utilización de modelos humanos ahistóricos —en particular, el *homo oeconomicus*—, a los que contraponían estrategias "comprensivas", empáticas (*Verstehen*), que reclaman al investigador situarse en la mente de los sujetos cuyas conductas se quiere entender.

Aunque estas tesis sirvieron a los historicistas para cuestionar la unidad metodológica de la ciencia, defendida por los neoclásicos (Schumpeter 1954), lo cierto es que hoy costaría sostener la contraposición, al menos en los términos descritos. Y es que, pensadas en serio, las dos líneas de demarcación resultan menos claras de lo que parece porque: a) todas las disciplinas, incluidas las llamadas "ciencias de la naturaleza", hacen uso de explicaciones tendenciales o de mecanismos causales y, en ese sentido, resulta irreal la contraposición entre las ciencias de leyes, las ciencias de la naturaleza, y las ciencias narrativas, las ciencias sociales (Cartwright 2002); b) los modelos intencionales, comprensivos, no difieren en lo esencial de la explicación utilizada por los economistas cuando hacen uso de la hipótesis de racionalidad, una explicación a partir de creencias y deseos (Ovejero 2004)[12]. Para verlo, convendrá volver por un momento a la extensión de los modelos económicos y analizar su entramado metodológico.

## 5. ¿Singularidades?

Como se dijo, la primera de las operaciones de unidad de la ciencia descritas más arriba, el imperialismo de la economía (Ovejero 1997), se puede interpretar como una apuesta por la reducción no solo en el sentido mencionado, como el intento de explicar desde un único núcleo teórico convencionalmente asociado a la economía, procesos, estados y acontecimientos sociales que normalmente formaban parte del negociado habitual de diversas ciencias sociales, sino también en otro que apunta a los compromisos metodológicos internos de la teoría económica: la explicación de los agregados sociales a partir de los átomos sociales, de las interacciones entre individuos (o unidades de decisión: sindicatos, gobiernos, comités, etc.). Nada sorprendente. La teoría económica, en particular la microeconomía, ha aparecido como una disciplina que ha hecho bandera de la explicación de propiedades sociales a partir de los comportamientos individuales, de las interacciones entre los agentes. Eso sucedía ejemplarmente con la teoría del equilibrio general que, en principio, explicaría los precios a partir de la interacción entre consumidores que buscan maximizar su satisfacción y empresarios que procuran su beneficio (Walsh y Gram 1982). Una estrategia que se extenderá al conjunto de la teoría económica o, mejor, dicho, que forma parte de todas las tradiciones de teoría económica.[13]

---

[12] La historia no estaría completa si no mencionáramos otro tipo de reacciones más recientes que no resultaría exagerado calificar como oscurantistas, situadas fuera de los terrenos normales de la discusión académica. Se trata descalificaciones del clásico programa de unidad de conocimiento de nuevo cuño: antes que mediante críticas metodológicas o teóricas, proceden mediante valoraciones políticas y morales. Los resultados de las investigaciones se desprecian con "argumentos" morales, emocionales o políticos, en lo que es una variante de falacia moralista: los resultados me parecen mal (me indignan, me ofenden, etc.) y, por tanto, son falsos. No solo eso, la crítica se ha traducido en prescripciones: las investigaciones se deben prohibir. Estas críticas, que no han hecho otra cosa que reciclar tesis y estrategias posmodernistas, han tenido como protagonistas fundamentales a activistas políticos que, por lo general, ni se molestaban en cuestionar los resultados: optaban por apelar a sus consideraciones normativas ("los resultados ofenden a un colectivo social") y a penalizar la investigación (Ovejero 2020).

[13] Ya se mencionó el caso de la síntesis neoclásica, el programa de obtener los microfundamentos (microeconomía) de la macroeconomía (Keynesiana). Y no está de más recordar que ese guion también estaba en los economistas clásicos, incluido Marx. Basta con pensar en la teoría marxista de la caída tendencial de la tasa de ganancias: la competencia entre los capitalistas para aumentar beneficios les conducía a sustituir trabajo por máquinas lo que, asumido que el trabajo es la única fuente de valor, tenía como efecto indeseado la disminución de los beneficios. No importa ahora que la teoría se sostenía en supuestos improbables (entre ellos la teoría del valor trabajo), sino su sustrato metodológico: agentes (los burgueses) en interacción que, con su comportamiento, desencadenan

En ese sentido, la opción reduccionista del imperialismo de la economía exigía abrir la caja negra de los mecanismos que explican fenómenos sociales. Con más precisión: el objetivo final de la investigación es contar la historia causal que realmente sucede. Eso lo que se ha dado en llamar –explicar mediante—"mecanismos": la constelación de entidades y actividades organizadas de manera tal que regularmente producen determinado tipo de resultado (Hedstrom 2005). Desde esa perspectiva, explicar consistiría en reducir los procesos, fenómenos o estados sociales a teorías cuyo andamio conceptual último sean acciones de agentes que, en un sentido general, se comportan racionalmente, esto es, que realizan acciones inteligibles a partir de deseos, creencias y oportunidades. Ese sería el sustrato último de las explicaciones sociales, el sustrato compartido por las distintas disciplinas sociales y que "el imperialismo de la economía" había ayudado a hacer explícito. Dos científicos sociales discreparán al explicar en el qué pero no en el cómo. Uno atribuirá cierta acción (donación) a genuina generosidad y otro, a búsqueda de reputación: discrepan acerca de cómo rellenan las casillas «creencias», «deseos» y «oportunidades», pero los dos hacen uso del mismo guion metodológico (intencional), en el mismo sentido en el que dos médicos que comparten el procedimiento de explicar causalmente una enfermedad pueden discrepar acerca de la causa en particular (virus, bacteria, etc.) que explica la enfermedad.

Por ahí ya nos encontramos, trabados, los dos argumentos clásicos mencionados por los historicistas cuando defendían la singularidad de las ciencias sociales: los mecanismos, las narraciones (opuestas a las leyes) y la explicación intencional, el supuesto de racionalidad, el método de la compresión (*Verstehen*), para decirlo con distintos registros. De las dos, a mí parecer, solo una está en condiciones de sobrevivir (dado el estado actual de la teoría social). Y es que la primera, la imposibilidad de establecer leyes, lleva camino de resolverse —o mejor, de disolverse— de una manera, si se quiere, imprevista, en tanto la incompatibilidad entre leyes y «narraciones causales», explicaciones mediante mecanismos debe ser matizada en el mejor de los casos: las leyes, en la práctica, son bastante menos limpias de lo que nos contaban los positivistas lógicos y sus herederos. Siempre hay distorsiones, interferencias que hacen imposible que las leyes se manifiesten en forma de regularidades observables. Las leyes se cumplirían, ...siempre que «todo lo demás» permanezca igual. O lo que es lo mismo, son falsas. Salvo unas poquitas, todas son interferibles, esto es, no hay ninguna incondicional. Y si no son incondicionales es que no son universales, sometidas como están a ruidos circunstanciales. Por eso las leyes se sazonan con cláusulas *ceteris paribus* en las que rara vez se precisa que es exactamente lo que "se mantiene igual". Y cuando

---

un proceso social que es el contrario al deseado. Buena parte de la obra del economista polaco, formado en la tradición marxista, Kalecki, que desarrolló el keynesianismo antes que Keynes, es un inventario de procesos paradójicos en ese sentido: la paradoja (agregada) de la disminución del ahorro cuando cada uno de los agentes intentan aumentar el ahorro (Feiwel 1975, 78).

se hace, cuando se precisan las «reservas» a la ley, y se dice que A siempre que B, salvo que suceda a, b, c ... z, entonces la ley empieza a parecerse a la descripción o a la narración, a la historia. Por ese camino, todas las ciencias, en la práctica, en sus explicaciones, se acercarían a la historia. La unidad de la ciencia, sí, pero por los caminos más insospechados.

En cambio sí que habría singularidad en el otro caso. Como se dijo, a través de retorcidos caminos, y sin reconocerlo, los contendientes de la clásica disputa del método coincidían en la presencia (ubicua) del patrón intencional/racional en la teoría social: la explicación de las acciones que apela a las razones de los agentes. Por así decir, el *homo oeconomicus* de los economistas que busca maximizar su utilidad entendida como su interés, no sería sino una especificación del modelo de la "comprensión" (*Verstehen*), la estrategia explicativa propia de las "ciencias de la cultura" de los historicistas: el individuo tiene ciertos fines o deseos (maximizar su beneficio o su utilidad) y ciertas creencias sobre su entorno (sobre su presupuesto, sobre sus dotaciones, sobre las alternativas disponibles, sobre los precios, sobre las creencias de los demás), y a partir de unos y otras, esto es, desde sus razones, se explican sus acciones (invertir en a, trabajar en c, consumir d). No hay diferencia metódica entre esa explicación y la del antropólogo que explica la danza de los miembros de una tribu a partir de las creencias "bailando se produce la lluvia" y "la lluvia es buena para las cosechas", entre otras, y su deseo "quiero mejorar mis cosechas". El economista y el antropólogo asumen en los sujetos una elemental racionalidad: un comportamiento consistente con (y entre) sus creencias y sus deseos[14]. Por supuesto hay discrepancias en las razones atribuidas a los sujetos, en las metas y en las creencias invocadas, pero tales discrepancias no son de método, sino teóricas, como las que existían entre los dos médicos que atribuían la enfermedad a dos causas distintas.

## 6. Las interpretaciones de la racionalidad

Como se ve, el supuesto racionalidad (el individualismo metodológico, la explicación intencional) parece inseparable de la práctica de las ciencias sociales. Con algo más de detalle, los científicos sociales están de acuerdo en la ubicuidad en las ciencias sociales de explicaciones/esquemas del tipo R: *Para todo X (si X desea D y X cree que, teniendo en cuenta todas las circunstancias, la acción A es la mejor para obtener el objetivo D, entonces X hace A)* (Rosenberg 2000). A partir de ahí las discrepancias apuntan al estatuto de tales explicaciones, su naturaleza (teórica, metodológica o, incluso, lógica) y a su relevancia (¿constituyen el núcleo

---

[14] Obviamente esa racionalidad no requiere ni que las creencias o lo deseos sean racionales (estén bien formados). Alguien que quiere volar como un superhéroe y cree que basta con llevar una capa roja para volar, será racional si se tira de su balcón con una capa ropa, aunque se abra la cabeza, por más que ni su objetivo (volar sin ayudas especiales: mecánicas, biológicas, etc) ni su creencia (la capa basta para volar) sean racionales.

de la teoría social o se puede hacer teoría social sin ellas?). Las discusiones se han desarrollado en diversas direcciones[15], pero aquí me interesa centrarme en cómo se aborda R desde la perspectiva de la unidad de la ciencia y el naturalismo: ¿Estamos realmente ante una singularidad de las ciencias sociales? ¿Se puede hacer teoría social sin supuestos de racionalidad? ¿Las explicaciones que hacen uso de creencias y deseos, de razones, son en algún sentido reducibles a teorías naturalistas o, al menos, a conceptos —o compatibles con— de la neurobiología, las ciencias cognitivas, etc.?

Obviamente, no aspiro aquí a responder a tales cuestiones, sino tan solo a cartografiar la compatibilidad de los naturalismos con la singularidad metodológica más genuina de la teoría social, la racionalidad. Con ese propósito comenzaré por recuperar la distinción entre los planos ontológicos y los epistemológicos, entre las tesis acerca de cuál es la naturaleza de lo que queremos conocer y las tesis acerca de cómo debemos conocerlo. La distinción nos ayudará a deslindar diferentes interpretaciones de R hasta recalar en lo que nos interesa: el naturalismo. Después, y con eso terminaré, examinaré las posibles respuestas naturalistas al reto de la racionalidad.

En un cuadro de doble entrada (Ovejero 2004):

|  | Pluralidad metodológica | Unidad metodológica |
|---|---|---|
| Pluralidad ontológica | Dualismo onto-metodológico | Monismo metodológico |
| Unidad Ontológica | Politeísmo metodológico (dualismo metodológico) | Monismo ontológico (Reduccionismo/ eliminacionismo) |

La primera interpretación de R, el dualismo onto-metodológico, se corresponde con la versión tradicional de la dualidad metodológica, la que calificábamos como antinaturalista: una realidad especial justificaría métodos especiales. Si queremos encontrar una filiación filosófica clásica, aquí se incluirían las diversas herencias del cartesianismo, del dualismo mente cuerpo. En una descripción más ajustada a los problemas de la teoría social, esta interpretación arrancaría con la tesis de que los estados mentales (creencias y deseos) que explican las acciones humanas no tienen la misma naturaleza que los estados, sucesos o procesos

---

[15] Entre filósofos los debates se centraban en si el mundo de las razones escapa al mundo de la causalidad, si supone compromisos ontológicos incompatibles con el mundo "natural" de las causas y los efectos. Aunque, de pasada, me referiré a ese debate, importante para los antinaturalistas, no está de más recordar que, en la práctica, despertó escaso interés entre los científicos sociales realmente existentes.

utilizados en la explicación (causal) de los procesos físicos. Mientras las causas (las cervezas de ayer) y los efectos (el dolor de cabeza de hoy) son lógicamente independientes (se trata de eventos distintos e independientes) y no hay ninguna necesidad lógica de que beber varias cervezas tenga como consecuencia una jaqueca —pues muy bien pudiera suceder que no se hubiera producido tal resultado—, no sucede lo mismo con los procesos intencionales: la explicación de mi acción de beber agua a partir de mi deseo de saciar la sed y de mi creencia en que beber agua elimina la sed se parece bastante a una deducción. La acción de beber agua vendría a ser la conclusión de las premisas-razones: la *creencia* "beber aplaca la sed" y el *deseo* "quiero mitigar mi sed". En ese sentido, la relación entre creencias y los deseos se parecería más a una relación lógica que a una relación causal[16]: a partir de tus deseos (saciar tú sed) y tus creencias (hay bebida en la nevera), infiero –anticipo— tus acciones (abrir la nevera); a partir de tus acciones (abrir la nevera) y tus creencias (hay bebida en la nevera), infiero tus deseos (saciar tú sed); y a partir de tus acciones (abrir la nevera) y tus deseos (saciar tú sed) infiero tus creencias (hay agua en la nevera). No puede ser que, deseando mitigar mi sed y sabiendo que hay agua en la nevera, no vaya a la nevera. Si las premisas son verdaderas, la conclusión lo será. Para este punto de vista, resultan equivocadas las estrategias naturalistas que entienden las relaciones de las creencias y los deseos con las acciones como causales, como relaciones empíricamente regulares que, a través de un progresivo refinamiento, darían pie a leyes.[17] Y si las cosas son así, no cabe reducción posible, no cabe conexión con la neurobiología.

Una segunda interpretación de R, el politeísmo metodológico (o dualismo de base metodológica), asumiría que la singularidad las ciencias sociales nada tiene que ver con la naturaleza de los asuntos, sino con la perspectiva con la que se abordan. En ocasiones una estrategia intencional (creencias y deseos) resulta especialmente útil; en otras, un esquema funcional (o uno causal). La elección de una u otra estrategia responde a circunstancias pragmáticas, en función del objetivo perseguido o de la eficacia explicativa. En filosofía de la mente, sería el caso del funcionalismo: los estados mentales se definen por sus causas y sus efectos, o, desde otro punto de vista, por sus roles, sin que importe el soporte (orgánico o no) en que se realicen, sin que importe su naturaleza material. Del mismo modo que un veneno es "una sustancia que ingerida provoca la muerte", con independencia de su particular composición química, lo que convierte en algo en mente (o en creencia, o en dolor, o en temor) no es su composición, sino aquello que es capaz de hacer (Dennett, 1996, 68). No habría problemas en interpretar un sistema desde un punto de vista intencional mientras nos ayude, aunque solo sea para explicarnos entre nosotros. Lo hacemos, de hecho, cuando decimos: "al virus no le

---

[16] Si digo "se parecería" es porque, en rigor, no se puede hablar de relaciones lógicas entre "hechos". Pero aquí se está reproduciendo una argumentación bastante extendida.

[17] Versiones clásicas de este punto (Winch 1958; Taylor 1964; Von Wright 1971).

interesa ser muy agresivo". En esos casos, para cierto nivel de exigencia, nos sirve el esquema de creencias y deseos. En otros, quizá mejor echar mano del esquema causal. En este caso, R se entiende como una estrategia metodológica que solo se justifica por su utilidad. Como el principio causal. Utilizamos los esquemas mientras sirven, pero no son ni verdaderos ni falsos.

La tercera interpretación, el monismo metodológico, sostiene que solo hay una estrategia, un único método científico. Según este punto de vista las leyes sociales, serían metodológicamente idénticas a las de la naturaleza. En ese mundo no caben razones y acciones. Se corresponde con tesis tradicionalmente calificadas como holísticas. Hay leyes sociales, como las de la naturaleza, pero que no se anclan en R ni en ninguna forma de conexión reductiva con la biología. Durkheim es un clásico de este punto de vista: "para que los hechos sociales devengan objeto de una ciencia nueva (...) no basta con establecer que los hechos sociales están sometidos a leyes; hay que añadir que tienen sus leyes propias, específicas, comparables a las físicas o biológicas, pero no reducibles inmediatamente a estas últimas"( 1885, 373). Desde esta perspectiva, la apelación a razones y acciones en el mejor de los casos resulta poco relevante para las ciencias sociales. Nos sirve, si acaso, para ir por la vida, como nos sirven las explicaciones comunes que podemos leer en los periódicos, acerca, por ejemplo, de por qué se convocan elecciones. Interesantes, pero ajenas a la genuina teoría social. Las ciencias sociales, sobre todo, se ocuparían de explicar procesos o estados: las estructuras del parentesco, la pirámide demográfica, el crecimiento económico, el progreso técnico, el sistema feudal. No se niega que, finalmente, estos procesos se materialicen en conductas individuales, pero eso resulta irrelevante para entenderlos, como resulta irrelevante el hecho de que, finalmente, todos "seamos química", de que estemos compuestos de átomos[18]. Podemos explicar las condiciones de equilibrio de un ecosistema sin acudir a los comportamientos de sus habitantes, a los organismos individuales, y podemos hablar de "anticuerpos" y establecer teorías sobre ellos sin importar que tengan millones de diferentes realizaciones físicas[19].

Nuestro interés se concentrará en la cuarta interpretación, el monismo ontológico, que deriva la unidad explicativa de la ciencia de la unidad de la naturaleza. El naturalismo más genuino. Según esta interpretación, puesto que no hay más que un tipo de propiedades relevantes, las naturales, la explicación final de los procesos sociales tiene que recalar en esas propiedades. Se correspondería, clási-

---

[18] Para distintas defensas de puntos de vista holistas o, al menos, críticos del individualimo metodológico: (Ruben 1985; Gilbert 1992; Bhargava 1992; Kindcaid 1997).

[19] En este sentido, al hacer uso de la tesis de la "múltiples realizaciones", se hecha mano de argumentos "funcionalistas" propios del dualismo (politeísmo) metodológico. De hecho, buena parte de discusión se ha desarrollado a partir de —diversas versiones— la idea de superveniencia. Dos personas pueden ser psicológicamente iguales y no ser físicamente iguales: las propiedades psicológicas tienen distintos modos de materializase físicamente. (Kim 1993).

camente, con estrategias mecanicistas presentes en Hobbes, por ejemplo, y con las versiones más optimistas del modelo de cobertura legal del periodo clásico de la filosofía de la ciencia: la explicación nomológico-deductiva más la reducción (Hempel/Nagel). En lo que atañe a la manera de abordar la especificidad de la teoría social, R, caben varios tipos de respuestas, según el grado de compatibilidad con los resultados de las teorías (naturales) a las que se pretende reducir la teoría (psicológica, en principio) que sostendría a la teoría social. Todas ellas se enfrentan al reto de qué hacer con el "átomo" de los procesos sociales, con los agentes racionales y el individualismo metodológico. Todas ellas interpretan **R** como una genuina teoría sometida a la posibilidad del control empírico, siquiera sea para mostrar su insuficiencia, su falsedad, relativa o absoluta, o su subordinación a teorías más básicas.

### 7. Una teoría mejorable

La primera respuesta naturalista asume que R es una genuina teoría, solo que insuficiente y debe completarse a la luz de las disciplinas más básicas. R no sería un simple esquema interpretativo, una red que lanzamos al mundo para entenderlo, como el principio causal, ni tampoco un modelo de explicación, como la explicación funcional. Se trataría de una teoría, con contenido empírico, susceptible de ser comprobada. Y mejorada. Aquí se encontrarían los intentos de renovar la teoría de la utilidad (o de la racionalidad) de los economistas de tal modo que resulte compatible con los resultados de la psicología económica. Por lo que hoy sabemos, el tradicional *homo oeconomicus*, hiperacional, egoísta, desprovisto de emociones, se parece poco a los seres humanos reales. Los experimentos refutarían cada uno de los supuestos de la teoría económica(Kagel y Roth 1995; Kagel y Roth 2015). Algunos ejemplos: el consumidor no se comporta igual ante un producto con la etiqueta de 95% libre de materia grasa que con la de 5% de grasa: el dinero que estamos dispuestos a pagar por una medicación que nos evite el desarrollo de una enfermedad a la que hemos estado expuestos con cierta probabilidad no es el que pedimos por participar en una investigación de una vacuna en la que existe la misma probabilidad de que desarrollemos la enfermedad; no aceptamos que nos compren nuestros puesto en la cola del cine, aunque nos ofrezcan el doble del precio, pero si, de pronto, duplican el precio de la entrada, nos vamos a casa (Kahneman 2011).

En su día, los economistas, encabezados por Friedman (1953) defendieron la clásica hipótesis apelando a teorías de la ciencia instrumentalistas: los supuestos de todas las teorías (físicas, para empezar) son irrealistas, pero lo que tenemos que evaluar es si las predicciones realizadas a partir de ellos se corresponden con las observaciones. El debate nunca se ha acabado por acallar (Lawson 1997; Mäki 1998; Hodge 2007), pero sí que se ha reorientado, especialmente a partir de los intentos de ofrecer otras teorías de la utilidad o la racionalidad, como la teoría de la racionalidad limitada (Simon 1982) o la teoría prospectiva, según la cual, los individuos están más atentos a los cambios en la riqueza que a los niveles (Khaneman y Tvesky 1979). Tales investigaciones muestran que los "desvíos" observables de la racionalidad no son excepciones, sino habituales, regulares, lo suficientemente sistemáticos como para dar pie a tales teorías. En otros casos, buscando avales en los resultados de la antropología y en lo que nos cuenta la teoría de la evolución sobre normas y emociones, desde una defensa explícita de la unidad de la ciencia social centrada en la economía y sus métodos (Bowles y Gintis 2002), se han defendido otros modelos, como el *Homo reciprocans* (Bowles, Boyd, Fehr y Gintis 2003), entre otras razones porque una sociedad de *homines oeconomici*, sin vínculos emocionales o normativos, sustentada sólo en el cálculo egoísta, resulta imposible (las interacciones sociales –incluidos los intercambios de mercado– requieren confianza, lealtad, sentido del compromiso). En ese sentido, las emociones –que tienen un sustrato biológico cuyo origen se explica, básicamente, por razones evolutivas– operan de modo coordinado (mi culpa con tu enfado, tu venganza con mi miedo) y, de ese modo, se resolverían importantes problemas sociales al evitar que los conflictos resulten destructivos (Ovejero 1998). Finalmente, la neuroeconomía que, en principio, intenta dar un salto hacia «arriba» y relacionar los resultados de la psicología o la economía con los de las ciencias cognitivas o la neurobiología. Se trataría de desentrañar los mecanismos cerebrales comprometidos en la toma de decisiones. Por lo general, también coinciden en que los individuos andan bien lejos de ser maximizadores racionales de su utilidad[20].

## 8. Una teoría falsa

La segunda respuesta entiende también R con una teoría empírica, pero falsa sin remedio, sin que se pueda salvar, mejorar o hacer compatible con lo que nos dicen las disciplinas más básicas, a las que por tanto no cabe "reducir" R. Sencillamente no hay manera de hacer buena ciencia, de explicar, con una trama conceptual sostenida en intenciones, creencias y deseos, estados mentales, etc. Sería como intentar hacer compatible el impulso vital o el "concepto" vida con el ADN. La ciencia realmente existente se ocupa de los estados neuronales y no hay modo de relacionar los estados mentales con los estados neuronales[21]. No se

---

[20] Bechara y Damasio (2005), neurobiólogos, han destacado que «aunque la perspectiva de la toma de decisiones basada en la maximización de utilidad resulta persuasiva, las decisiones humanas rara vez se conforman a ella». Otros optan por el camino de vuelta, por encontrar a la propia economía en el fondo de las neuronas: «La teoría económica puede servir como un excelente modelo computacional de cómo el cerebro solventa algunos problemas de decisión» (Glimcher 2003; Ovejero 2005).

[21] No se trata de la respuesta de Durkheim, que apelaba a "propiedades emergentes" no presentes en los componentes, sino de desconexión absoluta, de falsedad esencial de la ontología del mundo social.

trataría de que el marco conceptual de los estados mentales sea vacío y oscuro. Resulta perfectamente comprensible e incluso nos ayuda a entendernos y a anticipar la conducta de los demás; pero lo hace al modo de una superstición compartida o de nuestras teorías "espontaneas" (*folk sciences*) sobre el mundo. Sucede como con los conceptos morales en la interpretación de Mackie (1977): tenemos un control intersubjetivo que nos permite justificarlos respecto a cierto estándar, y reconocer que "la acción X es buena". Para nosotros es "objetivo" o, al menos, nos entendemos con él, pero ello no implica que el estándar como tal sea objetivo o esté justificado. Resultan inteligibles, pero carece de fundamento. Algo así como lo que sucede entre los astrólogos: se entienden, están en condiciones de dilucidar sus discrepancias, pero el conjunto del edificio no se sostiene. Se trata de teorías falsas o estériles, incapaces de proporcionar líneas de avance a la investigación científica. Esta estrategia diría que términos como "deseo", "creencia" o "acción" se parecen más a términos como "enfermedad" o "pez" que a "bacteria", "oro" o "electrón", esto es, no se corresponden con clases naturales, con conjuntos de objetos que comparten propiedades lo bastante importantes como para cimentar teorías poderosas, sino con grupos arbitrarios, irrelevantes para el conocimiento (como lo pueden ser el conjunto de los individuos cuyo número de pasaporte termina en seis) o para la práctica (como lo puede ser una teoría sobre la "enfermedad", así, en general) (Churchland 1991)[22].

La pregunta en este caso es si se puede —y cómo— hacer una teoría social sin R, sin compromisos con las interacciones de los agentes (Ovejero 1994, 260-ss). Así, un modo de clásico de obviar a los agentes, un naturalismo, que prescinde de los agentes y sus razones, es el de Marvis Harris, quien con rótulos prestados de la lingüística, distingue entre el plano de la explicación (el plano *etic*) y el plano de la conducta (el plano *emic*). Esta distinción permite que «en lugar de utilizar conceptos que sean necesariamente reales, significativos o apropiados para la óptica nativa, el observador puede recurrir a categorías y reglas ajenas a la situación, procedentes del lenguaje científico» (Harris 1982, 47). De esta forma se podría dar cuenta de rituales o de costumbres a partir de variables económicas, demográficas o ecológicas que, obviamente, no aparecen en el horizonte intencional de individuos que no regulan su comportamiento por criterios económicos, ecológicos o demográficos, sino por creencias morales o religiosas[23]. La explicación de la guerra, por ejemplo, como un procedimiento para mantener bajas tasas de

---

[22] Rosenberg (1994) atribuye buena parte del estancamiento de las ciencias sociales a su subordinación a la *folk psychology*.

[23] Durkheim, que se enfrentaba a problemas parecidos, introducía la noción de inconsciente colectivo, obligado, además, por su visión realista de las leyes y por la imposibilidad de invocar propósitos e intenciones que, en su opinión, habrían obligado a desembocar en explicaciones psicológicas o intencionales, esto es, a renunciar al holismo, a esa sociedad como realidad natural en la que fundamentaba la autonomía ontológica y metodológica de la sociología: la conducta conjunta presentaba regularidades ilocalizables en los individuos.

población, poco tiene que ver con los motivos que llevan a las tribus a combatir entre sí[24]. El plano *etic*, el del observador y la teoría, explica el plano *emic*, el plano de los protagonistas de la historia. Con este artificio, Harris está en condiciones de llevar a cabo su programa y «formular y contrastar teorías en la que los factores causales primarios son las variables infraestructurales» (Harris 1982, 72). Harris pretende precisamente explicar tales conductas y creencias —los comportamientos— por medio de variables infraestructurales e inevitablemente se enfrenta al reto de todas las teorías que intentan explicar mediante «leyes generales»: cómo es que los sujetos —de los que se predican unas propiedades que responden a la ley— obedecen —actúan según— la ley en cuestión, aún sin reconocerla y convencidos, las más de las veces, de que su comportamiento responde a causas distintas de las mencionadas en la teoría[25]. Por otra parte, ciertas interpretaciones de los resultados del Big data (macrodatos) prefieren una opción todavía más fuerte[26]: no solo se abandona R sino hasta los modelos, en la aspiración a un conocimiento, con fuerza predictiva, sin conjeturas. De conseguirse se haría bueno el viejo sueño baconiano: los datos hablarían por sí mismos[27].

---

[24] En el fondo, Harris está atascado con las dificultades de las explicaciones funcionales. Explica los acontecimientos por su carácter benéfico para la reproducción del sistema (social, en este caso): la prohibición religiosa de comer cerdo garantiza, en determinados nichos ecológicos con pocos recursos, la reproducción de la comunidad. Pero, claro es, que un acontecimiento sirva para algo, no lo explica: el individuo A se puede beneficiar en su trabajo de los problemas familiares del individuo B, pero éstos no se explican por las ventajas que aquél pueda obtener.

[25] Por supuesto, hay muchos procesos que rigen nuestra vida (digestión) y conducta (coger una moneda que me lanzan) sin que nosotros tengamos conciencia personal de cómo funcionan. Pero ahora se trata de otra cosa: de conductas a las que sí atribuimos razones. En un interesante ensayo, David Rindos abordaba el importante problema implícito en estas cuestiones. Llamaba «paradigmas de la consciencia» a los diversos modelos (evolucionismo cultural, determinismo ambiental, ecología cultural, adaptacionismo, materialismo cultural, etc.) que presuponen una respuesta adecuada («adaptada») de las sociedades a sus necesidades, a las restricciones ambientales («selección natural»), modelos que juzga lamarckianos, por creer que la evolución —social— es una respuesta de los organismos a sus necesidades. Frente a éstos, propone otro, el suyo propio, aplicado a la explicación de los orígenes de la agricultura, que entiende como extensión del modelo darwiniano de dos pasos (variación y selección), que no exige de respuestas «conscientes», con percepción de fines/necesidades (Rindos 1984). Sin embargo, el modelo de selección natural, que tiene un cuidado pedigrí entre economistas (Day y Groves 1975; Chiappori 1984) y entre antropólogos con notable autoconsciencia epistémica (Boyd y Richerson 2005), no está exento de problemas: qué es lo que selecciona y qué se selecciona, esto es, cuáles son los equivalentes de los diferenciales reproductivos y de los genes; y del carácter intencional de la conducta humana, capaz de hacer lo que no pueden hacer unas mutaciones genéticas azarosas e irreversibles: esperar, dar marcha atrás, querer, buscar y escoger según propósito (Elster 1979; Van Parijs 1981).

[26] También algunas interpretaciones del teorema general del límite: aunque no podemos predecir la trayectoria de cada una de las bolas, la trayectoria de mil bolas es perfectamente predecible.

[27] Para una exposición y crítica de ese ideal (Pearl y Mackenzie 2018, cap. 10).

## 9. Una teoría provisional

En esta perspectiva cabría agrupar un conjunto de teorías que coinciden en la falsedad de nuestras (auto) explicaciones intencionales, pero que creen que, por una vía indirecta, sí que cabe la reducción, la explicación de R. Se pueden abordar los procesos sociales con explicaciones intencionales, pero siempre que también se expliquen las intenciones y sus distorsiones. Se trataría, por así decir, de explicar la falsedad[28]. Si queremos utilizar un léxico tradicional, estas perspectivas se podrían calificar como teorías de la falsa conciencia. Después de todo, en más de un sentido, la teoría del capitalismo y de las ideologías de Marx sería un ejemplo de esta estrategia, como se muestra en distintas líneas de argumentación del autor de *El Capital*: teoría de las ideologías, de la alineación, de la falsa conciencia, fetichismo de la mercancía. Seguramente, la versión más depurada es en su explicación del capitalismo a partir de la teoría del valor trabajo. Esta teoría mostraría que, por debajo de los intercambios de salario por trabajo (fenomenológicos e iguales), se producen trasferencias (reales y desiguales) de valor, lo que los trabajadores reciben (como salario) es inferior al valor que aportan (como trabajo). La misma teoría que da cuenta de los procesos económicos daría cuenta de por qué no se perciben los flujos reales. La realidad capitalista sería una ilusión, en la que los intercambios reales de valor aparecen distorsionados. Algo así como mirar un espejismo con unas gafas de colores (Cohen 2000, 115-134; 396-344)[29].

Una estrategia parecida, desde una perspectiva más estrictamente naturalista, la adoptan las teorías que apelan —de distintas maneras— a la selección natural (sociobiología, psicología evolutiva). Nuestros comportamientos no se explican por nuestras razones, sino por "la razones de los genes", si se permite la expresión. Lo que importa es la capacidad de estos de extenderse, su (conexión con características que maximizan la) eficacia reproductiva. Nosotros podemos tener la ilusión de que guiamos nuestra vida por nobles principios (altruismo) o por comportamientos insensatos (suicidios), ilusionarnos con el amor o la comida, o de que nos gustan ciertos cuerpos o sabores, pero, al fin, todo eso son espejismos: si se dan es porque están asociados a la extensión de los genes[30]. Sin ir más lejos,

---

[28] Distintos investigadores han abordado el reto de explicar los desajustes entre como son las cosas (el conocimiento científico) y nuestras intuiciones, que tan poco se parecen a lo que nos cuenta la ciencia (Shtulman 2017).

[29] Todo eso acabaría con la revolución: las ficciones sociales desaparecerían, y las relaciones humanas, y el conjunto de los procesos sociales, se mostrarían trasparentes, sin separación entre "esencia" y "apariencia") Los habitantes de la caverna de Platón abandonarían el mundo irreal de las sombras y se encontrarían en una realidad inmediatamente inteligible. Tan transparentes como pueden serlo las transacciones que se dan en el seno de una familia.

[30] Cabría incluir a todas aquellas perspectivas que, desde bases naturalistas, proponen abandonar el esquema explicativo de razones y acciones, desde las explicaciones de la sociobiología, para las que la unidad de explicación serían los genes (Wilson 1998), hasta las explicaciones de la psicología evolutiva a partir de módulos cerebrales (Barakow, Cosmides y Tooby 1992). Una formulación

el sexo nos resultada divertido (Diamon 1997) porque aquel que se aburría practicándolo (mejor, aquel portador de genes que propiciaban pocos afanes sexuales) no se reprodujo. Incluso comportamientos que reprobamos (violaciones, racismo, sexismo, violencia, etc.) encontrarían ahí su fundamento: aseguran (o aseguraron) la eficacia biológica, la adaptación. Estaríamos instalados en un mundo de fantasías categoriales (amor, religión, etc.) que utilizamos para "explicarnos", para dar cuenta de nuestras conductas. Incluso esa necesidad de entendernos (de dotar de sentido a nuestras acciones) elaborando categorías ilusorias se explicaría desde la selección natural[31]. Nuestras ideas acerca de cómo debemos comportarnos no tendrían otro valor que nuestras consideraciones sobre el amor o nuestras conjeturas físicas "intuitivas" (nuestro "arriba" y "abajo", "el Sol sale"), simples fabulaciones, explicables ellas mismas —su aparición— por necesidades adaptativas, útiles, si acaso, pero que no sirven para conocer cómo son realmente las cosas. Seguimos en la caverna de Platón. En el fondo, nada distinto de lo que sabemos a cuenta de los colores y nuestra percepción: conocemos que las cosas no "son" del color que las percibimos, o que tenemos ilusiones ópticas, y también conocemos (tenemos) una teoría que explica las distorsiones y los desajustes (Rubia 2000).

Una tercera línea en la misma perspectiva hace una apuesta aún más básica y, por lo directo, busca desactivar las apelaciones a las intenciones mediante los resultados de neurología. Aquí se podrían encuadrar, para empezar, los clásicos trabajos de Libet de 1979 (hoy discutidos) sobre el libre albedrío, que mostraban como, antes de tomar decisiones, nuestros cerebros ya se han puesto en marcha. Por así decir, el cerebro toma las decisiones y, más tarde, nosotros nos damos por enterados. Creemos pilotar la nave libremente, pero es una simple ilusión. También habría que contar con los muchos experimentos sobre cerebros divididos. Cuando a las personas a las que se aísla la comunicación entre los dos hemisferios se les suministra una información o se le da una orden de la que no es informada más que su hemisferio derecho ("golpéate la cara") se les pregunta por qué hacen lo que hacen se les dispara la necesidad —en realidad, a su otro hemisferio, el dominante, el que, por lo general, se ocupa de interpretar y dar cuenta de nuestros comportamientos— de darse una explicación ("tenía un mosquito"). El hemisferio cerebral izquierdo se sentiría obligado a interpretar nuestros propios comportamientos y, para ello, elaborarían "teorías" de por qué hemos actuado de determinada manera (Gazzaniga 1985, 80). Esa necesidad de coherencia, de inventarnos teorías para explicarnos, ya anticipada por diversas teorías psicológicas (las preferencias adaptativas el *wishful thinking* o las disonancias cognitivas),

---

diferente de este punto de vista sería la teoría económica que busca reducir los flujos económicos a flujos energéticos.

[31] Más exactamente, tenemos ciertos rasgos que nos hacen propicios a la creencia religiosa, al modo como tenemos órganos respiratorios —ventajosos adaptativamente— que nos hacen propicios a los resfriados (Boyer 2001, 4).

explicaría —ahora a partir de resultados neurológicos— la racionalidad como una suerte de ilusión de coherencia, de impostura. Finalmente, en lo que, con un exceso de generosidad, se puede interpretar como una precisión del psicoanálisis, habría que mencionar la extensión al autoconocimiento de las teorías de la mente que normalmente utilizamos para entender a los demás: cuando enciendes un intermitente interpreto tu acción atribuyéndote una creencia ("de este modo se dará por informado") y a un deseo ("quiero girar"). Según esto, también a la hora de pensarnos a nosotros mismos, los humanos hacemos uso de una teoría de la mente, de la disposición a interpretar las acciones asumiendo unas creencias y unos deseos aplicada esta vez a nosotros mismos. Así, para Carruthers (2011), a la hora de "entendernos" hacemos uso de un subsistema mental —destinado normalmente a comprender las mentes de otras personas— que maneja creencias rápidas e inconscientemente sobre lo que otros piensan y sienten, a partir de sus acciones. Desde diversa perspectiva, estas teorías, que no son las únicas, tratarían de desmontar R, de fundamentarla desmontándola, por así decir.

## 10. Para terminar

El naturalismo ha resultado un programa provechoso para la teoría social, tanto interpretado en su sentido más austero, como una apuesta por la unidad de método, por la extensión de los "métodos" de las ciencias de la naturaleza, como en su sentido más fuerte, como unidad de la naturaleza, cuando aspira a compatibilizar los resultados de la teoría social con –y hasta a reducir a— los resultados de las teorías "de la naturaleza". En los años recientes los programas de la unidad de la ciencia (los inspirados en la economía o la biología (en sentido amplio), han resultado fecundos, desde luego más fecundos que los encastillamientos herederos del posmodernismo tan recurrentes en ciertos ámbitos de la teoría social, en permanente coqueteo con puntos de vista anticientificistas por no decir directamente irracionalistas. (Sin que quepa descartar al entender esos encastillamientos la presencia de motivaciones burdamente gremiales, reacciones proteccionistas que buscan blindar los negociados propios).

La constatación de lo anterior no quiere decir que podamos esperar una reducción de la teoría social a disciplinas más básicas, pero sí que no se puede hacer una teoría social ajena –y aún menos incompatible—con los resultados de las ciencias de la naturaleza. En todo caso, sobre el naturalismo entendido en sentido más limitado, como unidad metodológica, caben pocas dudas. No hay "singularidades" del mundo que social que justifiquen métodos especiales, aunque solo sea porque las normalmente destacadas (problemas de predicción, uso de estrategias narrativas, etc.) también aparecen en muchas investigaciones de las ciencias naturales. Sin embargo, sí hay una singularidad, de la que difícilmente puede prescindir la teoría social: el supuesto de racionalidad (las explicaciones intencionales, el individualismo metodológico). Se ha visto su importancia incluso para enfoques contrapuestos de la teoría social. Sin duda, un reto para el naturalismo.

Este texto se ha limitado a mostrar los diversos intentos de hacer frente a ese reto desde las perspectivas naturalistas, sin valorarlos, entre otras razones porque la valoración se deberá realizar en cada ámbito específico, en cada investigación. Las taxonomías utilizadas, como tales, no son teorías, sino, en el mejor de los casos, conceptualizaciones metateóricas que, en tanto que tales, no tienen ni pueden tener otro interés que clarificar el campo. Pero no son teorías sociales, sino teorías de teorías sociales, reflexión metodológica. En todo caso, no parece arriesgado sostener que, hoy por hoy, prescindir de las teorías comprometidas con el supuesto de racionalidad supondría, *de facto*, arrumbar con la teoría social tal y como hoy la entendemos. Seguramente, un precio excesivo.

## Referencias bibliográficas

Aguiar, F., Gaitán, A., Viciana, H. (2020). *Una introducción a la ética experimental.* Madrid: Cátedra.

Barkow, J., Cosmides, L., Tooby, J. (eds) (1992). *The Adapted Mind: Evolutionary Psychology and the Generation of Culture.* New York: Oxford University Press.

Bechara, A., Damasio, A. (2005). The somatic marker hypothesis: A neural theory of economic decision. *Games and Economic Behavior*, 52, 2.

Becker, G. (1976a). *The Economic Approach to Human Behavior.* Chicago: Chicago University Press.

Becker, G. (1976b). Altruism, Egoism, and Genetic Fitness: Economics and Sociobiology. *Journal of Economic Literature*, 14, 3.

Bhargava, R. (1992). *Individualism in Social Science.* Oxford: Clarendon Press.

Blackmore, S. (1999). *The Meme Machine.* Oxford: Oxford University Press.

Bowles, S., Boyd, R., Fehr, E., Gintis, H. (2003). Explaining Altruistic Behavior in Human. *Evolution & Human Behavior*, 24(3), 153-172.

Bowles, S., Gintis, H. (2002). *Homo Reciprocans, Nature*, 405, 125-127.

Bowles, S., Gintis, H. (2011). *A Cooperative Species: Human Reciprocity and Its Evolution.* Princeton: Princeton University Press.

Boyd, R., Richerson, P. (2005). *The Origin and Evolution of Cultures.* Oxford University Press.

Boyer, P. (2001). *Religion Explained.* New York: Basic Books.

Buller, D. (2006). *Adapting Minds*, Harvard, Mass: The MIT Press.

Carruthers, P. (2011). *The opacity of mind. Oxford: Oxford University Press.*

Cartwright, N. (2002). The Limits of Causal Order, from Economics to Physics. En U. Mäki (ed.), *Fact and Fiction in Economics*. Cambridge: Cambridge University Press.

Cartwright, N., Cat, J., Fleck, L., Uebel, T. (1996). *Otto Neurath. Philosophy between science and politics*. Cambridge: Cambridge University Press.

Cerroni, U. (1978). *Introducción a la Ciencia de la sociedad*. Barcelona: Crítica.

Chiappori P.-A. (1984). Sélection naturelle et rationalité absolue des entreprises. *Revue économique*, 35, 1.

Churchland, P. (1991). Folk Psychology and the Explanation of Human Behavior. En J. Greenwood (edt.), *The Future of Folk Psychology*. Cambridge: Cambridge University Press.

Cohen, G. (2000). *Karl Marx's Theory of History*. Oxford: Oxford University Press.

Cohen, I. B. (1985). *Revolution in Science*. Cambridge (Mass.): Harvard, U. P.

Coleman, J. (1998). *Foundations of Social Theory*. Cambridge, Mass: Harvard University Press.

Cosmides, L., Tooby, J., (1992). The psychological foundations of culture. En Barkow, J. Cosmides, L., Tooby, J. (eds.), *The adapted mind: evolutionary psychology and the generation of culture*. Oxford: Oxford University Press.

Day, R., Groves, T. (eds.) (1975). *Adaptive Economic Models*. New York: Academic Press.

Dennett, D. (1996). *Kinds of Minds*. Cambridge, New York: Basic Books.

Diamond, J. (1997). ¿Por qué es divertido el sexo? Barcelona: Debate.

Dosi, G., Nelson, R. (2018). *Modern Evolutionary Economics: An Overview*. Cambridge: Cambridge University Press.

Dubner, S., Levitt, S. (2005). *Freakonomics*. New York: William Morrow.

Durkheim, E. (1885/1975). Organisation et vie du corps social selon Schaeffle. *Textes* (vol. 1). París: Les Éditions de Minuit.

Elster, J. (1979). *Ulysses ad the Sirens*. Cambridge: Cambridge University Press.

Feiwel, G. (1975). *Michael Kalecki: Contribuciones a la política económica*. México: Fondo de cultura económica.

Fidler, F., Wilcox, J. (2018). Reproducibility of Scientific Results. *The Stanford Encyclopedia of Philosophy*.

Fodor, J. (2000). *The Mind Doesn't Work That Way*. Cambridge, Mass: The MIT Press.

Frank, R. (2007). *The Economic Naturalist: In Search of Solutions to Everyday Enigmas*. New York: Basic Books.

Friedman, M. (1953). Methodology of Positive Economics. En *Essays in Positive Economics*. Chicago: The University of Chicago Press.

Gazzaniga, M. (1985). *The Social Brain*. New York: Basic Books.

Georgescu-Roegen, N. (1971). *La ley de la entropía y el proceso económico*. Madrid: Argentaria-Visor, Madrid.

Gilbert, M. (1992). *On Social Facts*, Princeton: Princeton University Press.

Gintis, H. (2009). *The Bounds of Reason: Game Theory and the Unification of the Behavioral Sciences*. Princeton: Princeton University Press.

Glimcher. P. (2003). *Decisions, Uncertainty, and the Brain The Science of Neuroeconomics*. Cambridge, Mass: The *MIT Press*.

Green, D., Shapiro, I. (1994). *Pathologies of Rational Choice*. New Haven: Yale University Press.

Harris, M. (1982). *El materialismo cultural*. Madrid: Siglo XXI.

Hedstrom, P., (2005). *Dissecting the Social Paperback: On the Principles of Analytical Sociology*. Cambridge: Cambridge University Press.

Hodge, D. (2007). Economics, realism and reality: a comparison of Mäki and Lawson. *Cambridge Journal of Economics*, 32, 2.

Janssen, M. (2008). Microfoundations. En S. N. Durlauf and L.E. Blume (eds.), *The New Palgrave Dictionary of Economics*. Londres: Palgrave Macmillan.

Kagel, J. Roth, A. (eds.) (2015). *The Handbook of Experimental Economics, Vol. 2*. Princeton: Princeton University Press.

Kagel, J., Roth, A. (eds.) (1995). *The Handbook of Experimental Economics, Vol. I*. Princeton: Princeton University Press.

Kahneman, D., Tversky, A. (1979). Prospect Theory: An Analysis of Decision under Risk. *Econometrica*, 47, 2.

Kahnenman, D. (2011). *Pensar rápido, pensar despacio*. Barcelona: Debate.

Kim, J. (1993). *Supervenience and Mind: Selected Philosophical Essays*. Cambridge: Cambridge Universty Press.

Kindcaid, H. (1997). *Individualism and the Unity of Science: Essays on Reduction, Explanation and Special Sciences*. Lanham: Rowman.

Kropotkin, P. (1902/2016). *El apoyo mutuo*. Barcelona: Pepitas de Calabaza.

Kuhn, T.S. (1977). *The Essential Tension*. Chicago: The University of Chicago Press.

Lawson, T. (1997). *Economics and Reality*. Londres: Roudledge.

Mackie (1977). *Ethics: Inventing Right and Wrong*. New York: Penguin.

Mäki, U. (1998). Realism. En U. Mäki, J.B. Davis, D.W. Hands (eds.), *The Handbook of Economic Methodology*. Cheltenham: Edward Elgar.

Nagel, E. (1961). *The Structure of Science: Problems in the Logic of Scientific Explanation*. Harcourt, N. York: Brace & World.

Neurath, O. (1944/1973). *Fundamentos de las ciencias sociales*. Madrid: Taller Ediciones.

O'Connor, T. (1994)., Emergent Properties. *American Philosophical Quarterly*, 31.

Odum, H.T., (1971). *Environment, Power and Society*. New York: H. T. Wiley-Interscience.

Ovejero F. (1997). El imperio de la economía. *Cuadernos de Economía*, XVI, 27.

Ovejero, F. (2005). ¿La mente de la economía o la economía de la mente?. *Revista de Libros*, 108.

Ovejero, F, (2018). *La deriva reaccionaria de la izquierda*. Barcelona: Página Indómita.

Ovejero, F. (1987). *De la naturaleza a la sociedad*. Barcelona: Península.

Ovejero, F. (1993). Teoría, juegos y método. *Revista Internacional de Sociología*, 5.

Ovejero, F. (1994). *La quimera fértil*. Barcelona: Icaria.

Ovejero, F. (1998). Del mercado al instinto. *Isegoría*, 18, 181-203.

Ovejero, F. (2003). *El compromiso del método*. Barcelona: Montesinos.

Ovejero, F. (2004). Economía y psicología. *Revista Internacional de Sociología*, 62(38), 9-34.

Ovejero, F. (2013). El limitado fracaso del homo oeconomicus. *Teoría y derecho: revista de pensamiento jurídico*, 14, 34-61.

Ovejero, F. (2020). *Sobrevivir al naufragio*. Barcelona: Página Indómita.

Pearl, J. , Mackenzie, D. (2018). *The Book of Why: The New Science of Cause and Effect*. New York: Basic Books.

Pinker, S. (2003). *La tabla rasa*. Barcelona: Paídos.

Popkin, G. (2019). Soil's Microbial Market Shows the Ruthless Side of Forests. *Quanta Magazine*. https://www.quantamagazine.org/soils-microbial-market-shows-the-ruthless-side-of-forests-20190827/

Rindos, D. (1984). *The Origins of Agriculture*, New York: Academic Press.

Rosenberg A. (1994). What is the Cognitive Status of Economic Theory. En R. Backhouse (ed.), *New Directions in Economic Methodology*. Londres: Roudledge.

Rosenberg, A. (2000). Philosophy of Social Science. En W. Newton-Smith (ed.), *A Companion to the Philosophy of Science*. Oxford: B. Blackwell.

Ruben, D-H. (1985). *The Metaphysics of the Social World*. London: Roudledge.

Rubia, F. (2000). *El cerebro nos engaña*. Madrid: Temas de Hoy.

Schumpeter, J. (1954). *Economic Doctrine and Method: An Historical Sketch*. London: Allen and Unwin.

Sen, A. (1977). Rational fools: A critique of the behavioral foundations of economic theory. *Philosophy and public affairs*, 6(4), 317-344.

Shtulman, A. (2017). *Scienceblind*. Hardback: Basic Books.

Simon, H. (1982). *Models of Bounded Rationality*. Cambridge: Cambridge University Press.

Stadler, F. (2011). *El Círculo de Viena*. México: Fondo de Cultura Económica

Tallis, R. (2011). *Aping Mankind*. Durham: Acumen.

Taylor, Ch. (1964). *The Explanation of Behaviour*. London: Roudledge.

Van den Bergh, J., Gowdy, J. (2003). The Microfoundations of Macroeconomics: An Evolutionary Perspective. *Cambridge Journal of Economics*, 27.

Van Parijs, Ph. (1981). *Evolutionary Explanation in the Social Sciences*. Londres: Tavistock Publications.

Von Wright, G. (1971). *Explanation and Understanding*. Ithaca: Cornell University Press.

Walsh, V., Gram, H., (1982). *Classical and Neoclassical Theories of General Equilibrium*. Oxford: Oxford University Press.

Wilson, E.O. (1998). *Consilience: The Unity of Knowledge*. N. York: Random House.

Winch, P. (1958). *The Idea of a Social Science and its Relation to Philosophy*. Londres: Roudledge.

Bases biológicas y culturales de la creatividad humana

Alfredo Marcos[*]

## 1. Introducción

La cuestión de la creatividad se cruza con la cuestión de la naturaleza humana de una manera intrigante. El ser humano es creativo. En todas sus actividades da muestra de ello. En el arte especialmente, pero también en la ciencia, en el trabajo, en el deporte, en sus tradiciones, rituales y creencias, en sus juegos de lenguaje, en la vida cotidiana... Da origen con ello a toda una esfera nueva que denominamos cultura. Ahora bien, estos procesos creativos son también *autopoiéticos*. Mediante la creación de artefactos técnicos, de obras de arte, de leyes e instituciones, de bienes y servicios, etc., el ser humano se crea también a sí mismo, se auto-produce. Cada persona se realiza a medida que desarrolla su creatividad. Y esta observación vale no solo para una supuesta élite de genios creativos, sino también para todos nosotros, en nuestras vidas cotidianas.

Son muchos los pensadores que han enfatizado, en clave nihilista, vitalista o existencialista, esta condición del ser humano: ha de hacerse a sí mismo, es para sí tarea, proyecto, está condenado a ser libre, ha de elegirse, ha de realizarse. Pero, ¿desde dónde podría realizarse un ser que previamente no es nada, que es solo un lugar vacío, un *médium*, un claro en el bosque?, ¿desde qué voluntad, instinto o tendencia, con qué herramientas, sobre qué bases, con qué orientación? De la nada, nada viene. Luego, la creatividad del ser humano no puede ser absolutizada, ha de darse a partir de algo. O dicho de otro modo: cada uno de nosotros cuenta

---

[*] Aldredo Marcos es Catedrático de Filosofía de la Ciencia en la Universidad de Valladolid (UVa), España. Su docencia e investigación se centran en historia de la ciencia, ética ambiental, bioética, filosofía de la biología y estudios aristotélicos. Es coordinador en la UVa del Doctorado Interuniversitario en Lógica y Filosofía de la Ciencia. Algunos de sus libros son: *Ciencia y acción* (Fondo de Cultura Económica, colección Breviarios, México, 2010). *Postmodern Aristotle* (Cambridge Scholars Publishing, Newcastle, UK, 2012). *Meditación de la naturaleza humana* (BAC, Madrid, 2018, en coautoría con Moisés Pérez). Puede encontrarse información curricular detallada en: www.fyl.uva.es/~wfilosof/webMarcos/. Email: amarcos@fyl.uva.es

ya de antemano, desde que llega al ser, con una cierta naturaleza que recibe como un don no elegido, como una gracia no merecida; antes de echar a andar y a hablar somos ya algo y no un mero lugar vacío. Es más, andamos y hablamos gracias a unas bases físicas, biológicas, sociales y espirituales, que no hemos producido, sino recibido.

Podríamos preguntarnos ahora por la naturaleza humana, por aquello que cada cual recibe desde su nacimiento al ser. Hay quien ha concluido, desde Pico della Mirandola en adelante, que nuestra naturaleza consiste paradójicamente en la ausencia de naturaleza, en el mero arbitrio para auto-realizarnos. Pero –insistamos- de la ausencia, del vacío, de la nada, nada viene, en lugar huero nada ocurre. Y desde esta observación, más bien obvia, se pasa, a veces, a enfatizar el polo contrario. Resulta entonces que el ser humano es pura naturaleza, pura determinación, que incluso su cultura viene a ser un subproducto de la lucha genética por la supervivencia. Corremos ahora el riesgo de reducir el ser humano a pura naturaleza física o biológica, ahogando así su indudable libertad creativa. Es como si ya cada uno estuviese pre-configurado por completo en sus genes y neuronas, dado por entero en su biología. Es como si todo el mundo social y cultural que durante generaciones hemos ido creando no fuese sino la emanación de una evolución biológica ciega.

Se requiere, en mi opinión, una posición filosófica que haga justicia a nuestra innegable experiencia conjunta de naturaleza y de libertad creativa, de don y de proyecto. Somos lo uno y lo otro. Negar cualquiera de los dos polos es negar la más elemental experiencia cotidiana. Noto mi peso, como objeto físico que soy, mi sed, como ser vivo, del mismo modo que experimento la fuerza de mi voluntad y mi libertad creativa, limitada pero real, de la que surge mi acción. Se requiere también una posición filosófica no dualista, una posición filosófica que no escinda, que no separe, estos dos aspectos, pues ambos se dan de manera integrada y no yuxtapuesta en cada uno de nosotros.

En lo que sigue trataré de esbozar una posición filosófica que respete nuestra experiencia de naturaleza y nuestra experiencia de libertad, y, además, que las integre, que no las separe al modo dualista. Hablo de una filosofía que reconozca e integre los aspectos biológicos y culturales de la vida humana, que acepte que lo biológico está en la base de lo cultural, que asuma, asimismo, que lo cultural resulta también de la acción libre de las personas. Esta posición filosófica constará de una antropología (Marcos 2020) y de una ontología (Marcos 2018). En lo antropológico, trataremos de perfilar una imagen integrada del ser humano. En lo ontológico, trataremos de esbozar la imagen de una realidad habitable y hospitalaria para un ser humano de tales características.

## 2. Aspectos antropológicos: el animal-social-espiritual

Cada ser humano es una persona, es decir, una sustancia única, irrepetible, individual e indivisible y que, además, posee las características de un sujeto con sentido biográfico, que puede ser consciente de su entorno y de sí. La unidad de la persona no impide que podamos identificar por abstracción varios aspectos diferenciadores y relacionales de la misma, del mismo modo que la unidad real de una melodía no impide que podamos separar por abstracción cada una de sus notas.

La tradición filosófica y el sentido común han aprendido a ver en cada persona aspectos *animales*, que la relacionan con el mundo físico y biológico, así como aspectos *sociales*, que la ponen en relación con las demás personas, y aspectos *espirituales*, que la relacionan consigo misma y con lo real. En concreto, la tradición aristotélica ha definido al ser humano como animal social y racional (*zoon politikon logikon*) (Marcos y Pérez 2018).

Opto aquí por usar el término "espiritual", en lugar del término "racional", que resulta más común como traducción del *logikon* griego. Lo hago porque la noción de racionalidad se ha empleado con demasiada frecuencia en un sentido muy estrecho, a veces meramente algorítmico, a veces simplemente instrumental, que no es el que resulta apropiado aquí. Lo espiritual, en cambio, alude a toda la amplitud de la autoconciencia humana, a la perspectiva biográfica, a la voluntad libre de la persona, a la educación inteligente y libre de sus emociones e intuiciones, al mundo del lenguaje y de la cultura, del arte y de la ciencia, a la intencionalidad y a los valores, así como a la proyección intencional de cada persona hacia lo trascendente, sea ello "Dios, el Ser, o la Realidad Básica" (Feyerabend 2001). No espero que dicha opción terminológica despierte recelos ni siquiera entre los más acendrados naturalistas, ya que los aspectos espirituales del ser humano a los que me refiero poco tienen que ver con una supuesta sustancia pensante distinta de lo corporal, y mucho con la actividad consciente y libre de cada persona, tomada esta como un todo, como una sustancia única e integral.

Hecha la aclaración terminológica, podemos volver al fondo de la cuestión. ¿Cómo nos ayuda una antropología del tipo descrito a pensar la creatividad humana? Permite dimensionar adecuadamente las fronteras de la persona. Y nos habilita, después, para establecer lo que viene de fuera y lo que pone la persona en cada acto creativo. Por ejemplo, lo que aportan las emociones a la creatividad humana, que es mucho (Ransanz 2011; Rodríguez Valls 2015), no procede de fuera, sino de la propia persona, que en gran medida ha podido educarlas libremente. También procede de la propia persona lo que aportan sus genes o sus neuronas, pues todo lo corporal está integrado en la persona, no le es ajeno, y solo mediante la abstracción podemos contemplarlo por separado.

Lo que viene de fuera procede, como se puede esperar, del entorno natural, físico y biológico, que compartimos con el resto de los animales. El ser humano actualiza una gama de *posibilidades naturales* que la propia naturaleza no actualiza por sí misma, pero que están en ella como tales posibilidades. Podemos entender buena parte de la técnica y del arte en esta clave. Además, de la naturaleza hemos obtenido siempre *modelos* e *inspiración*. Y ella nos plantea buena parte de los *problemas* que disparan nuestra creatividad. Sus dinámicas están debajo de toda nuestra acción e incluso de nuestra propia constitución y desarrollo como seres vivos que somos. En este sentido, la creación, limitadamente libre, que cada ser humano hace de sí mismo puede ser vista como una prolongación de la ontogénesis biológica. Y, al igual que la ontogénesis, esta prolongación procede por diferenciación.

También la sociedad en la que vivimos nos plantea problemas propios, nos ofrece inspiración y modelos, nos educa y forma, nos conduce al lenguaje. De la conversación con los demás obtenemos buena parte de los resortes necesarios para impulsar nuestra creatividad.

Y probablemente de Dios, del Ser, o de la Realidad Básica —por seguir usando la fórmula de Feyerabend- nos llegan también elementos con los que alimentar nuestra creatividad, como muchos científicos, artistas y personas del común han referido a lo largo de la historia. Desde estos ámbitos, externos a la propia persona e intensamente relacionados con ella, se nos abren todas las posibilidad de crear y de auto-crearnos.

Hay que insistir en que cada persona es una sola y única sustancia y que solo por abstracción accedemos a los aspectos que hemos distinguido. Del mismo modo, la persona no vive esquizofrénicamente en tres mundos dispares (natural, social, espiritual). El mundo de la vida es único, lo cual no impide que podamos distinguir, como hemos hecho, diversos aspectos de él y distintos modos de relación con el mismo.

Por último, la persona no es solo *médium*, vehículo o cauce de la creatividad de lo externo. Lo que crea es propiamente obra suya, fruto de su acción personal. En otros textos he defendido la tesis aristotélica de que cada ser vivo posee una forma individual (Marcos 2012, cap. 4). Es individual en lo cuantitativo -una por individuo-, pero también en lo cualitativo, al menos de modo gradual. Es decir, en las poblaciones de especies más sencillas las diferencias cualitativas entre un individuo y otro son menores que en las poblaciones de especies más complejas. Esto depende, en parte, de que la información resida principalmente en el nivel genético o en el neuronal. Cuando aprendemos sobre los tipos de abejas sabemos ya casi todo sobre cada una de ellas; cuando aprendemos sobre los delfines en general, nos queda mucho por aprender todavía sobre cada uno de ellos en particular, pues hay entre ellos más diferencias de las que puede haber entre abejas de un mismo tipo, debido, entre otras cosas, al peso que tiene en cada especie la información neuronal respecto de la genética. El caso de las personas es extremo. Por mucho que sepamos sobre los humanos en general, todavía nos queda mucho más que aprender sobre cada persona en concreto.

Desde esta base antropológica podemos decir que cada persona *conforma* lo que le viene de fuera, le da forma, lo trata como materia y lo diferencia; le da su propia forma, la de la persona en cuestión. Por ello, lo creado es genuinamente obra suya, es obra de su autoría. Por diferenciación, cada persona actualiza posibilidades que estaban presentes solo como tales en lo externo. Aquí los conceptos clave son los de materia (o espacio de posibilidades), por un lado, y forma (o acto), por el otro. La acción creativa del ser humano actualiza posibilidades, las formaliza, gracias a su propia forma (la de cada persona). El proceso por el cual lo hace es un proceso de diferenciación. Se entiende mejor esta idea considerando lo que dice Aristóteles en su tratado biológico *De Partibus Animalium*: "La diferencia es la forma en la materia" (643a 24). Y, en la misma línea, afirma en *De Generatione Animalium* que "el fin del proceso de formación es lo particular de cada uno" (736b 5).

Lo cierto es que, al crear, el ser humano también se va creando a sí mismo. "Cada uno es hijo de sus obras", escribió Miguel de Cervantes (capítulos 4 y 47 de la parte I de *El Quijote*). Porque la acción creativa es, en realidad, interacción, como sostiene John Dewey (1934). Y en la interacción, al mismo tiempo que la persona actualiza posibilidades reales, se actualiza a sí misma; al tiempo que diferencia, se diferencia, es decir, se constituye, se forma. En este sentido, se puede decir que cada persona es obra de sí misma, cada persona crea su propia vida. No lo hace en términos absolutos y desde nada, como afirmaría una teoría internalista radical, sino que lo hace bajo condicionamientos y orientaciones que le vienen dados por la propia naturaleza humana, influjos e inspiraciones que limitan y habilitan a un tiempo la acción personal, y entre los cuales la persona puede hallar un cierto margen de libertad para imprimir su forma a lo real y para formarse a sí misma. Por ello, entre otras cosas, la creatividad –y coincido aquí de nuevo con Dewey (1934)- no es patrimonio exclusivo de ciertas élites geniales, sino un bien que compete a todos y cada uno de los seres humanos, quienes pueden crear nada menos que su propia vida si las circunstancias acompañan. Por supuesto, toda acción social que dé más poder a cada persona sobre su propia vida sirve para impulsar la creatividad humana, mientras que cualquier forma de esclavitud o servidumbre la entorpece.

## 3. Aspectos ontológicos: sustancias, diferencias y semejanzas
### 3.1. Sustancias

A partir de aquí, podemos esbozar una ontología concorde con estas características y, en general, amistosa para con la creatividad humana. La creatividad humana resulta refractaria a una ontología atomista, mecanicista o determinista. La creación en estas condiciones no es posible, se reduce a mera (re)combinación. Descartada esta perspectiva, propongo explorar una alternativa *sustancialista* y *pluralista*. Supongamos que el mundo está compuesto por una pluralidad de sustancias interrelacionadas, cuyo paradigma es el ser vivo concreto, un animal, una planta, una persona. Otras sustancias lo son de modo analógico o derivado, como sucede con los conceptos universales (por ejemplo, las especies), con los elementos físico-químicos, con otras entidades naturales (ecosistemas, configuraciones geológicas, paisajes, galaxias...), y con los artefactos, que serán sustancias en sentido accidental. Las entidades antecedentes para nuestra creatividad habrá que buscarlas, pues, en todas estas sustancias que nos rodean.

La sustancia es lo que existe en sí (por ejemplo, un ser vivo concreto), no lo que subyace. Para esto último reservamos el término "materia". Pongamos la materia como un término relativo a las sustancias. Es decir, no hay materia, en términos absolutos, sino siempre *materia-de* esta o aquella sustancia.

Todo ello apunta hacia una ontología pluralista, no reduccionista. Por ejemplo, cada planta, cada animal, cada persona es una sustancia. Nuestros tejidos y órganos son materia en relación con tal sustancia. Las células lo son en relación con los órganos, y las moléculas en relación con las células. Los llamados átomos son materia para las moléculas, pero tomado cada uno de ellos como sustancia resulta que tiene, a su vez, una composición material. Señalar algo como sustrato material supone identificar previamente una sustancia de la cual es sustrato.

De manera más específica, las sustancias pueden ser vistas como lo que son o como lo que pueden ser, es decir, como acto o como potencia. Digamos que la realidad está constituida por lo que existe de modo efectivo, actual, y por lo que está en potencia. Lo posible es real, es parte de lo real. Me refiero a las posibilidades físicas, no meramente lógicas. El mundo está constituido no solo por lo que de hecho acaece, sino también por lo que puede acaecer. El punto de partida de nuestra creatividad está precisamente en esos espacios de posibilidad que rodean a cada sustancia, en cada una de las sustancias vista desde el lado de la potencia, y no en unos supuestos componentes atómicos. Esto afecta también a la realidad sustancial que es cada persona. Por ello tiene perfecto sentido la clásica recomendación de Píndaro, "llega a ser quien eres". Cada persona es ya actualmente algo, desde el comienzo, ese algo actual entraña un espacio de posibilidades dentro de las cuales cada uno puede realizarse libremente y siendo fiel a sí mismo.

En consecuencia, el proceso creativo no será principalmente un proceso de (re)combinación, sino de actualización. No es que no se dé una cierta combinatoria en algunos procesos, pero, en relación con el asunto que nos ocupa, el de la creatividad, la combinatoria es un fenómeno más bien secundario.

El crear humano, por tanto, consiste en actualizar posibilidades. Para dar cuenta de la creatividad humana habrá que pasar de una ontología de la materia absoluta a una ontología de las sustancias, habrá que pasar de la combinación de unidades atómicas, a la actualización de posibilidades reales.

Supongamos, además, que las sustancias no están cerradas sobre sí mismas. Son entidades dinámicas e interactivas, abiertas las unas a las otras. Dentro de cada una de ellas, y también entre ellas, se dan relaciones de muy diversos tipos, relaciones a su vez interconectadas en múltiples formas. Por ejemplo, unas sustancias son capaces de generar otras. El paradigma de este proceso lo tenemos en la generación de los vivientes. Dicho proceso de génesis no se da por combinación de partes preexistentes, sino por *diferenciación*, desde lo homogéneo hacia lo heterogéneo. Es muy probable que la génesis por diferenciación, como modalidad de la actualización de potencias, tenga también una importancia central para la comprensión de la creatividad humana. Veámoslo.

### 3.2. Diferencias

Parece sensato suponer que, al menos en parte, la creatividad humana procede de la creatividad natural, dado que el ser humano participa de lo natural. Dicho de otro modo, nuestra creatividad cabalga a lomos de la capacidad creativa de la naturaleza. Además, acabamos de enfatizar la importancia de los procesos de diferenciación en la creatividad natural. Gracias a ellos llegan a actualizarse, por ejemplo, las potencialidades que albergan los embriones y las semillas. Luego, es muy posible que, al menos en parte, la creatividad humana se ejerza mediante procesos de diferenciación.

El crear humano consiste en actualizar diferencias. Crear es diferenciar. Los textos biológicos de Aristóteles denominan *diferencia* (*diaphorá*) a cada rasgo de un ser vivo. El viviparismo, la condición de herbívoro, la posesión de alas o de vesícula biliar son diferencias. Pero la noción de diferencia tiene, en Aristóteles, al menos dos significados que conviene distinguir. La diferencia puede ser entendida en un *sentido lógico*, como rasgo que distingue, que separa una clase de otras, o bien en su *sentido físico*. En este segundo sentido se trata del rasgo en tanto que constitutivo de un ser vivo concreto. Según la primera acepción, decimos que dos entidades son diferentes en tal o cual característica. Aquí la diferencia compara. Conforme a la segunda, hablamos del proceso de diferenciación de un viviente, que es tanto como su ontogénesis, la génesis de lo heterogéneo a partir de lo homogéneo y, con ello, la constitución de la propia entidad. Aquí la diferencia constituye, crea. De hecho, cada sustancia se constituye por diferenciación. Una ontología sustancialista no tiene por qué olvidar la diferencia, más bien hace énfasis en ella *junto con* la identidad.

Volviendo a la cuestión de la creatividad, podemos decir que una buena parte de la creatividad humana consiste en procesos de diferenciación que actualizan posibilidades implícitas en las sustancias. Se trata de creatividad propiamente humana, que se apoya en dinamismos naturales pero que va más allá de la acción de la naturaleza: resultaría muy improbable que la naturaleza por sí sola llegase a actualizar ciertas posibilidades. Por ejemplo, no le compete a la naturaleza, sino a Michelangelo Buonarroti, extraer *La Pietà* de un bloque de mármol. Nuestra creatividad depende de las posibilidades que en efecto la naturaleza ofrece, cabalgamos a lomos de ellas, pero el actualizarlas o no depende de los procesos de diferenciación que libremente emprendamos.

Esta interpretación de la creatividad humana, de ser cierta, explicaría cómo y en qué medida el ser humano crea novedades a partir de entidades preexistentes. Daría cuenta también de la intuición, propia del sentido común, según la cual nuestra creatividad colabora con la creatividad natural.

Permítaseme, por último, recordar que uno de los productos más conspicuos de la creatividad humana es el propio ser humano. Cada uno de nosotros se produce a sí mismo, y lo hace, no desde cero, sino por diferenciación de algo dado. Parte de este proceso suele ser conducido por la propia naturaleza durante la ontogénesis, pero otra parte es obra de la propia persona y de su entorno social, que mediante diversas acciones y siempre dentro de ciertos límites, actualizan algunas posibilidades y otras no. Se trata, de nuevo, de un proceso de diferenciación, en continuidad con la ontogénesis, que atañe a muchas dimensiones de la persona, como por ejemplo a la educación. Estamos ante un proceso que es a la vez de realización y de descubrimiento, uno se auto-descubre en la medida en que se auto-realiza (Marcos 2017).

### 3.3. Semejanzas

La creatividad diferenciadora contribuye a la pluralidad, complejidad, riqueza, diversidad del mundo y al mismo tiempo depende de que el mundo sea como es, diverso, complejo, proteico... Digamos que nuestra creatividad parece pedir lo que Paul Feyerabend llama una metafísica de la abundancia (Feyerabend 2001). Quizá, para incluir connotaciones más dinámicas o productivas, habría que hablar de una metafísica de la exuberancia. No sólo es que el mundo contenga muchas cosas (abundancia), sino que además produce muchas y muy diferentes (exuberancia). Gracias a ese aspecto propio de una realidad de la que formamos parte podemos también nosotros ser creativos.

Esta forma de ver la realidad remite a las filosofías y teologías de la voluntad, como las de Ockham o Schopenhauer, en las cuales la abundancia, la exuberancia, la diversidad, la diferencia en suma, tienen su encaje. Pero Feyerabend titula su libro *La conquista de la abundancia*. Reparemos ahora en el término "conquista". ¿A qué se refiere? Pues en cierto modo, paradójicamente, a la reducción o unificación de la diversidad de lo real en el conocimiento humano.

Cuando vemos lo diverso lo vemos en una única visión. Ver es unificar. Cuando entendemos hacemos algo análogo, reunimos lo diverso, lo diferente, en un concepto, en una ley, en un golpe de conciencia. De hecho, el Dios omnipotente de Ockham tiene su contrapunto y complemento en el Dios omnisciente de Tomás de Aquino, y la voluntad es en Schopenhauer inseparable de la representación.

Feyerabend es perfectamente consciente de la inevitable distancia que hay entre nuestros conceptos y la realidad, que siempre los desborda. En términos clásicos hablaríamos de la ineludible separación que se da entre *physis* y *logos*. Así es, la abundancia de la realidad nunca será plenamente conquistada por nuestro conocimiento, pero la empresa es irrenunciable. Y el hecho es que buena parte de nuestro impulso creativo lo dedicamos a esta labor, a la conquista de la abundancia. O bien, dicho de otro modo, a la búsqueda de semejanzas a través de las diferencias. Como sorprendente resultado, este intento de conquista de la abundancia genera más abundancia, pues las ideas que creamos pasan a formar parte de la realidad como tales ideas. Siguiendo a Feyerabend, diríamos que gran parte de la abundancia que nos rodea surgió del intento por conquistar la propia abundancia (Feyerabend 2001).

Con todo, nuestra intención epistémica era conquistar la abundancia. Lo hacemos mediante el descubrimiento creativo de la semejanza que reside en lo diferente. Pero, ¿qué es la semejanza? Una relación que se establece entre dos cosas a través de un sujeto cognoscente. La relación de semejanza no está de modo actual en las cosas. En las cosas está en forma potencial, como capacidad para aparecer como semejantes a un sujeto cognoscente. El descubrimiento de la semejanza no siempre es fácil y no se impone sin más a un sujeto pasivo. El descubrimiento de la semejanza requiere sujetos cognoscentes activos, creativos. Pero, por otra parte, no es pura creación subjetiva, sino que tiene una base real, ya que esta relación triádica, entre dos objetos y un sujeto, sólo se establece correctamente si los objetos *pueden* ser vistos como semejantes, si existe en ellos una base potencial para establecer la relación (Marcos 2012, cap. 6).

O sea, la relación de semejanza tiene una base real, según la cual no todas las conexiones pensables son adecuadas. Esta articulación es factible gracias a la distinción entre lo potencial y lo actual. La realidad está formada por lo actual y también por ciertos espacios de posibilidad. De este modo, las semejanzas están en la realidad como posibilidades, y pasan a ser actuales solo gracias a la creatividad de un sujeto. El crear humano consiste también en actualizar semejanzas.

La posibilidad real de que dos entidades sean vistas como semejantes ofrece un punto de partida para nuestra creatividad. El hecho de que dicha posibilidad, como tal posibilidad, sea real, resida en las cosas, y sea actualizada por el ser humano, da cuenta asimismo de la conexión intencional, siempre imperfecta pero innegable, entre nuestras ideas y las cosas. Y el hecho de que a partir de la semejanza descubierta creativamente se puedan elaborar metáforas, conceptos, clasificaciones, leyes o teorías se ajusta también al elenco de algunos de los productos culturales más conspicuos de nuestra creatividad.

## 4. Conclusión

Una visión radicalmente naturalista o biologicista del ser humano no da cuenta armónicamente de la libertad que tiene el mismo para hacer y para hacerse, para construirse y para construir un mundo social y cultural. Si el ser humano y su cultura fuesen meros productos naturales, nuestra experiencia de libertad quedaría inexplicada y extrañada, quedaría fuera de lo natural. Este extrañamiento de la libertad humana ha conducido a muchos hacia posiciones existencialistas o dualistas, que colocan lo propiamente humano justo fuera de lo natural. Dicho de otro modo, un estudio puramente naturalista del ser humano y de su cultura resulta inexorablemente insatisfactorio e incompatible con nuestra experiencia de libertad. Y de la insatisfacción proceden las filosofías del extrañamiento y de la dualidad, que ven el ser humano como pura libertad, como un ser ajeno a la naturaleza o circunstancialmente caído en ella.

Hace falta un abordaje filosófico del ser humano en el cual los aspectos naturales puedan ser integrados y la libertad humana no resulte negada. En camino hacia estos objetivos he propuesto una antropología de inspiración aristotélica, según la cual el ser humano es un animal-social-espiritual. Todos estos aspectos han de ser tomados en serio y ninguno de ellos puede ser obviado, pero no se dan por separado, sino todos integrados en la unidad de cada persona.

Junto a ello, he abogado por una ontología sustancialista y pluralista. La libre creación consiste, en este marco, en un proceso de actualización por diferenciación. La fase libre de este proceso da continuidad a la fase natural del mismo, ejecutada durante la ontogénesis y el desarrollo. Por otra parte, el proceso creativo y auto-creativo continúa en el plano intelectual y cultural mediante el trazado de redes de semejanzas a través de las diferencias.

Lo dicho permite extraer conclusiones útiles para el debate natura/cultura. Cada ser humano es fruto de la evolución biológica y del desarrollo ontogenético, tanto como de la evolución cultural propia de su sociedad y de su propio desarrollo personal libre. Cada uno de nosotros (y cada sociedad humana) somos el fruto de lo dado y de lo producido, somos don y proyecto. Lo que nos viene dado configura los espacios de posibilidad, los problemas y los modelos a partir de los cuales brota nuestra acción creativa y libre. A partir de ahí producimos (y nos producimos) actualizando libremente algunas de las posibilidades reales mediante procesos de diferenciación y de asemejación. Sobre estas bases antropológicas y ontológicas podemos ofrecer una visión integradora de la evolución biológica y de la evolución cultural, sin necesidad de negar ni los aspectos naturales ni la condición libre de la acción humana.

## Referencias bibliográficas

Aristóteles (2018). Sobre las partes de los animales. En *Aristóteles: Obra biológica* (pp.125-472). Oviedo: KRK.

Aristóteles (1994). *Reproducción de los animales*. Madrid: Gredos.

Dewey, John (1934). *Art as Experience*. New York: Capricorn Books.

Feyerabend, Paul (2001). *Conquest of Abundance: A Tale of Abstraction versus the Richness of Being*. Chicago: University of Chicago Press.

Marcos, Alfredo (2012). *Postmodern Aristotle*. Newcastle: CSP.

Marcos, Alfredo (2017). Sentido y diferencia. Una reflexión sobre el sentido de la vida humana en la era tecnocientífica. *Pensamiento. Revista de investigación e Información filosófica*, *73*(276), 425-444.

Marcos, Alfredo (2018). La creatividad humana: una indagación metafísica. En A. R. Pérez Ransanz y A. Ponce (eds.), *Creatividad e innovación en ciencia y tecnología* (pp. 37-52). Ciudad de México: UNAM.

Marcos, Alfredo (2020). La creatividad humana: una indagación antropológica. *Revista Portuguesa de Filosofía*, *75*(4), 2137-2154.

Marcos, Alfredo y Pérez, Moisés (2018). *Meditación de la naturaleza humana*. Madrid: BAC.

Pérez Ransanz, Ana Rosa (2011). El papel de las emociones en la producción del conocimiento. *Estudios Filosóficos*, *60*(173), 51-64.

Rodríguez Valls, Francisco (2015). *El sujeto emocional. El papel de las emociones en la vida humana*. Sevilla: Thémata.

## Juicios sociales y conceptos en primates no humanos

### Laura Danón[*]

### 1. Introducción

¿Poseen conceptos los animales no-humanos? ¿O somos los animales humanos las únicas criaturas conceptuales? La pregunta ha sido abordada desde distintas aristas en los debates filosóficos recientes, incluyendo cuestiones como: ¿cuáles son las condiciones que un animal debe satisfacer para poseer conceptos?, ¿cuán dependientes o independientes son estas respecto del dominio de un lenguaje?, ¿bajo qué condiciones epistémicas podemos atribuir conceptos a animales sin lenguaje?, etc. Si nos focalizamos en el primero de estos debates – la discusión en torno a los requisitos para la posesión de conceptos— a menudo se menciona entre los mismos a la capacidad de juzgar. Veamos brevemente por qué cabe considerar a este un requisito relevante que los animales no-humanos han de satisfacer si hemos de considerarlos, también a ellos, como criaturas conceptuales.

Por lo general, los filósofos que se ocupan del problema de los conceptos en animales se han centrado en un tipo específico de conceptos: los conceptos predicativos como "verde", "alto" o "dominante". Ahora bien, en la literatura se suele sostener que, en los casos más simples, este tipo de conceptos se atribuye a entidades particulares con el fin de predicar de ellas ciertas propiedades. De modo esquemático, atribuimos el concepto predicativo $F$ al particular $b$ y logramos representar a *b como siendo F*, lo cual se considera equivalente a clasificar a $b$ como cayendo bajo el concepto $F$. Una extensa y prestigiosa tradición filosófica sostie-

---

[*] Laura Danón es Doctora en Filosofía por la Facultad de Filosofía y Humanidades de la Universidad Nacional de Córdoba, Argentina. Se desempeña como profesora adjunta regular de la Facultad de Filosofía y Humanidades de la Universidad Nacional de Córdoba y como investigadora asistente del Consejo Nacional de Investigaciones Científicas y Técnicas. Se especializa en filosofía de la mente y filosofía de psicología. Ha co-editado (junto a la Dra. Carolina Scotto y la Dra. Mariela Aguilera) el libro *Conceptos, Lenguaje y Cognición* (Editorial UNC, 2015) y es autora de numerosos artículos en revistas especializadas como *Synthese, Philosophia, Análisis Filosófico, Crítica, Principia* y *Teorema*, entre otras. Email: ldanon@unc.edu.ar

ne, sin embargo, que para poder aplicar de este modo un concepto predicativo se requiere formar un juicio con un contenido proposicional, con la forma *b es F*, compuesto por dicho concepto predicativo y el concepto de un individuo particular. En pocas palabras, para la tradición, la posesión de conceptos predicativos y la capacidad de emplearlos para pensar en diversos objetos particulares requiere de la formación de juicios clasificatorios mediante los cuales se juzga proposicionalmente que algo es de cierta manera[1].

En este trabajo asumiré sin mayor discusión que el empleo de conceptos predicativos requiere de algún tipo de capacidad judicativa. Partiendo de este supuesto, mi interés a largo plazo es responder a las preguntas: ¿podemos atribuir, siquiera a algunos animales no-humanos, la capacidad para llevar a cabo juicios clasificatorios? ¿Y qué conclusiones hemos de extraer de allí con respecto a la posesión de conceptos predicativos por parte de estos animales? Dado que la respuesta a tales interrogantes excede los límites de este trabajo, me centraré aquí exclusivamente en examinar qué capacidades podemos atribuir a los primates para llevar a cabo un tipo específico de juicios – los juicios sociales – y en indagar, de modo muy preliminar, qué se sigue de ello a la hora de atribuir conceptos a estos animales. Es de esperar que esta estrategia nos brinde, sin embargo, herramientas posteriormente extrapolables *mutatis mutandis* a otros animales y a otros tipos de juicios.

Una mirada rápida a la bibliografía empírica podría llevarnos a pensar, prematuramente, que el problema es de solución sencilla. Después de todo, es posible encontrar que en numerosas investigaciones se hace referencia explícita a juicios sociales que llevarían a cabo distintas especies de primates. No se suele hallar en estos trabajos empíricos, sin embargo, mayores especificaciones con respecto a cómo se está entendiendo la noción de juicio, ni a qué tipo de capacidades y estados cognitivos se asocian a la misma. El problema se agudiza si reparamos en que la noción de juicio no es homogénea al interior de la filosofía, sino que, en sentido estricto, distintos filósofos la emplean de modos diversos. Con lo cual, si nos interesa poner en diálogo las investigaciones empíricas y filosóficas con el fin de abordar las potenciales capacidades judicativas de los primates, nos enfrentamos a una doble tarea: la de comprender mejor las distintas nociones de juicio que emplean los filósofos y la de dirimir, teniendo en cuenta tanto las aseveraciones de los primatólogos y etólogos como la evidencia en la que se asientan, si cuando ellos atribuyen a los primates capacidades para realizar juicios sociales están empleando una noción emparentada con algunas de las que ponen en juego los filósofos o si, en sentido estricto, están hablando de otra cosa.

Con el fin de abordar esta doble tarea, después de realizar una breve síntesis de la bibliografía empírica relevante, me focalizaré en deslindar algunas de las principales nociones de juicio que podemos hallar en la literatura filosófica. A tal fin

---

[1] A su vez, también se suele sostener la tesis inversa, según la cual para efectuar juicios predicativos es preciso dominar los conceptos que figuran como componentes de los mismos.

partiré, siquiera inicialmente, de la distinción propuesta por Reiland (2019) entre juicios semánticos y epistémicos. Luego sugeriré que, siguiendo los desarrollos de Glock (2010), tenemos espacio conceptual para introducir una noción intermedia que hace referencia a un tipo de juicios cognitivamente menos demandantes que los epistémicos, pero más exigentes que los semánticos: los *juicios deliberados*. Habiendo distinguido estas tres variedades de juicio, examinaré cuáles de ellas logran capturar, siquiera parcialmente, el tipo de capacidad al que hacen referencia etólogos cognitivos, primatólogos y psicólogos que trabajan en cognición animal cuando afirman que los primates no-humanos efectúan juicios sociales. Este análisis inicial nos ayudará a esclarecer, siquiera tentativa y parcialmente, qué tipos de juicios resulta plausible atribuir a estos parientes no-humanos evolutivamente cercanos a la luz de la evidencia empírica disponible. Adicionalmente, nuestro examen debería ayudarnos a desentrañar qué variantes o subtipos de juicios hicieron su aparición en momentos más tempranos de la historia evolutiva. Finalmente, al esclarecer qué tipos de juicios cabe atribuir a los primates, también podremos comprender mejor si tenemos o no buenas razones para atribuirles conceptos predicativos y de qué índole serían estos.

## 2. Juicios y evaluaciones sociales en primates no-humanos

Numerosos estudios hacen referencia a las capacidades de diversos primates para llevar a cabo juicios de distinta índole. De modo muy general, estás investigaciones nos brindan evidencia de que múltiples especies de primates son capaces recopilar información relevante sobre rasgos, propiedades y relaciones sociales de otros miembros de su grupo. Según se presume, apoyándose en esta información los primates realizan evaluaciones, o juicios, sobre distintos rasgos sociales de otros individuos, como, por ejemplo, su estatus o lugar en la jerarquía de poder, con quiénes están emparentados, si son cooperativos o agresivos, etc. Esto les permite formarse expectativas con respecto a los comportamientos que van a mostrar estos individuos en distintas ocasiones y ajustar su propia conducta de modo apropiado. Detengámonos a examinar algunos ejemplos concretos de estas aseveraciones.

Cheney y Seyfarth afirman que los babuinos realizan juicios "rápidos y precisos" sobre las relaciones sociales que mantienen entre sí otros miembros de su grupo (Cheney y Seyfarth 2007, 117). Su tesis nodal parece ser que estos juicios permiten a los babuinos clasificar a los otros miembros del grupo por su rango social, sus vínculos de parentesco (por vía materna), sus alianzas y enemistades, etc. Parece tratarse, pues, de juicios clasificatorios, del tipo que nos interesa examinar en este trabajo, en los cuales ciertos conceptos, o categorías, que refieren a propiedades relacionales como *madre, subordinado, aliado,* o *enemigo,* se aplican a distintos individuos del propio grupo. Cheney y Seyfarth conjeturan explícitamente que los babuinos posiblemente cuenten con una tendencia innata a realizar tales juicios sociales. Sin embargo, también señalan que los contenidos específicos de estos juicios cambian en virtud de lo que estos animales aprenden a través de sus experiencias y observaciones, dado que están constantemente monitoreando a los otros miembros de su grupo y acumulando información relevante sobre quien está interactuando con quien y de qué modo, quiénes ascienden o descienden en el orden social, qué familias están enemistadas, quiénes se comportan como aliados, etc. (Cheney y Seyfarth 2007, 274). Múltiples estudios indican que otros primates también cuentan, como los babuinos, con capacidades semejantes para reconocer, por ejemplo, el lugar de los diversos miembros del grupo en la jerarquía social[2], sus vínculos familiares[3] o sus relaciones de amistad, entre otros rasgos sociales[4].

Un subconjunto destacado de estas investigaciones se focaliza en la tendencia de distintos primates a interactuar con otros individuos cuando estos se han comportado previamente de modo pro-social – término que abarca las respuestas cooperativas y de ayuda— y a evitar, en cambio, a quienes se han comportado de modo antisocial. Esto nos lleva a suponer que dichas especies cuentan con alguna capacidad para reconocer qué individuos son sociales o antisociales, así como para formarse expectativas sobre su comportamiento futuro a partir de ello.

---

[2] Así, cuando han de solicitar a otro primate del grupo que sea su aliado, los macacos coronados machos tienden a seleccionar individuos que son de rango más alto que su contrincante y que ellos mismos (Silk 1999); los macacos japoneses, por su parte, tienden a pedir ayuda a individuos que superan a su oponente en rango jerárquico y no son familiares de este (Schino et al. 2006). De modo similar, los monos capuchinos piden ayuda a algún individuo de rango más alto y que tenga un vínculo más próximo con ellos que con su oponente (Perry et al. 2004). Finalmente, las hembras babuino responden con mayor interés cuando escuchan reproducciones de vocalizaciones comunicativas entre pares en las cuales un dominante expresa sumisión hacia un subordinado, que cuando escuchan vocalizaciones que expresan la relación inversa. Esto sugiere que reconocen las relaciones jerárquicas entre otros y que su comportamiento de mayor atención a la situación anómala descansa en que en ella se quiebran sus expectativas previas (Cheney y Seyfarth 2007; Seyfarth y Cheney 2013).

[3] En experimentos en los que se hace escuchar a las hembras de mono vervet y a las hembras babuino vocalizaciones de infantes del grupo, se ha encontrado que estas tienden a mirar a la madre del infante que produce las vocalizaciones, lo cual sugiere que reconocen el vínculo entre ambos (Cheney y Seyfarth 2007). Los macacos cangrejeros, por su parte, pueden emparejar correctamente pares de madres e infantes en estudios de clasificación de imágenes (Dasser 1988). Otros estudios muestran que los macacos cola de cerdo, los macacos japoneses y los monos vervet que han sido víctimas de una agresión suelen re-dirigir, a su vez, sus propias respuestas agresivas a los familiares de su victimario (Judge 1982; Aureli et al. 1992; Cheney y Seyfarth 1986, 1989). Para los experimentadores, estos comportamientos indican la capacidad de estos primates para reconocer las relaciones familiares entre terceros.

[4] Se pueden mencionar aquí los experimentos de Whitehouse y Meunier (2020) con macacos de Tongian y, nuevamente, los de Perry y colegas (2004) con monos capuchinos, como estudios que sugieren que estos primates cuentan con alguna capacidad para evaluar los vínculos afiliativos positivos entre miembros del grupo.

En estos estudios, se da a los primates la posibilidad de adquirir información sobre el comportamiento de otros dos miembros de su grupo, o sobre el comportamiento de dos humanos, mediante interacciones cara-a-cara con ellos o mediante la observación externa de interacciones que estos pares de individuos mantienen con un tercero. Lo que ocurre en estas interacciones es que, mientras uno de los individuos se comporta de modo cooperativo, el otro da respuestas no cooperativas, egoístas o antisociales. Luego, por lo general, se enfrenta a los animales a una situación en la cual los dos individuos, el que ha sido cooperativo y el que no, les ofrecen alimentos y se les da la opción de elegir qué oferta aceptarán. Este tipo de testeos se aplicaron a distintos primates no-humanos incluyendo grandes simios, monos capuchinos, monos ardilla y monos tití. Aunque no todos los resultados son concordantes, la mayor parte de los estudios concluyen que los sujetos del experimento distinguen entre los actores cooperativos y los no-cooperativos, mostrándose menos proclives a aceptar comida de quienes no colaboraron en el pasado o más propensos a aceptar alimento, o interactuar de modo general, con quienes sí lo hicieron.

Russell et al. (2008) encontraron, por su parte, que los chimpancés y bonobos (pero no los otros grandes simios) mostraban una inclinación por pasar tiempo cerca de la persona a la cual habían observado interactuar de manera generosa o colaborativa con otros[5]. Las investigaciones de Herrmann et al. (2013), en cambio, indican que no sólo los chimpancés, sino también los orangutanes, buscan interactuar más con los humanos que se han mostrado cooperativos que con aquellos que han sido no-cooperativos. Estos resultados refuerzan los hallazgos previos de Subiaul et al. (2008), quienes habrían mostrado que, una vez que han recibido entrenamiento previo y reforzamiento directo, los chimpancés tienden a pedirle comida al humano que ha sido generoso en el pasado[6]. Una propensión similar a aceptar con menor frecuencia alimentos de aquellos individuos que se han negado a cooperar con otros se ha observado también en primates cognitivamente menos sofisticados que los grandes simios, como los monos capuchinos (Anderson et al. 2013) y los monos tití (Kawai et al. 2014).

Un estudio reciente de Brügger y colegas (2021), que presenta algunas innovaciones metodológicas relevantes respecto de sus antecesores, concluye que los monos titíes escuchan los intercambios comunicativos de otros miembros de su grupo y evalúan, a partir de las mismas, cuán cooperativos o no son sus participantes[7]. En la primera fase de su experimento, Brügger y colegas hicieron

---

[5] Krupenye y Hare (2018), en cambio, detectaron en los bonobos la tendencia inversa a interactuar más con los individuos no colaborativos que con los colaborativos.
[6] Por otra parte, los resultados de Herrmann et al. (2013) contradicen los de Russell et al. (2008). En estos último, no se encontró en los orangutanes una preferencia por el experimentador que se había comportado cooperativamente en interacciones pasadas.
[7] En primer lugar, se diseñó un paradigma en el cual no se emplearon actores humanos, sino miembros de la propia especie, disipando así la legítima duda de si los monos reaccionan ante los

escuchar a los monos titíes grabaciones de audio de seis interacciones comunicativas diferentes entre monos que no pertenecían al grupo de los oyentes. Estas interacciones estaban compuestas por vocalizaciones de monos infantes pidiendo comida seguidas de los llamados de los adultos a comer (en el caso de las interacciones cooperativas), o por vocalizaciones de los infantes solicitando comida seguidos por respuestas no relacionadas con la comida por parte de los adultos (en los casos de no cooperación). Al mismo tiempo que los monos escuchaban estos intercambios, los investigadores los observaban a ellos a través de una cámara de calor infrarrojo. Esto les permitió registrar las variaciones que sufría la temperatura corporal de los monos, indicando mayores o menores niveles de excitación en función de las vocalizaciones escuchadas. Lo que los cambios de temperatura hallados sugieren es que los monos responden a cada interacción comunicativa en su conjunto, tomándolas como un todo holista y extrayendo más información de ellas que si hubieran escuchado cada vocalización aislada del resto (Brügger et al. 2021, 3).

En una segunda fase del experimento, los investigadores procuraron medir si los primates se mostraban más dispuestos a interactuar con el mono que había respondido cooperativamente en las vocalizaciones escuchadas previamente, antes que con aquel que no se había mostrado cooperativo. A tal fin, permitieron a los sujetos del experimento acceder al área de la cual provenían las grabaciones de vocalizaciones que habían escuchado. Colocaron en ella un espejo ubicado de tal modo que cuando cada mono tití sujeto al experimento se acercaba al área, su propio reflejo aparecía sugiriendo la presencia de otro mono. El supuesto que da sentido a esta artimaña es que el sujeto del experimento identificaría al mono del espejo con el animal adulto que había escuchado en las vocalizaciones[8]. Los resultados mostraron que los monos tendían a entrar en el área con mayor frecuencia después de escuchar interacciones cooperativas, lo cual sugiere una mayor inclinación de su parte a actuar con aquellos monos que habían sido identificados como cooperativos a partir de las escuchas previas, aunque fueran desconocidos. Los estudios, pues, indicarían tanto que los monos titíes pueden entender las vocalizaciones de otros monos, como que son capaces de evaluar a los mismos como cooperativos, o no, en virtud de las mismas.

Apoyándose en resultados como los mencionados hasta aquí, se ha conjeturado que distintos primates pueden formar categorías específicas, como la de "cooperativo" o "no-cooperativo", que aplican a los individuos en virtud de sus

---

humanos de modo semejante a cómo lo harían ante miembros de su especie. En segundo lugar, no se utilizó comida en los experimentos, siendo este un factor que había dado lugar a interpretaciones alternativas. Por último, se diseñó un estudio que tuviera en cuenta no sólo las respuestas externas explícitas de los monos, sino también ciertas respuestas corporales internas.

[8] Es importante tener en cuenta, en este punto, que los monos titíes no reconocen su propia imagen en el espejo, sino que reaccionan a su propia imagen con comportamientos sociales.

experiencias y observaciones previas (Abdai y Miklósi 2016). En otras palabras: los estudios sugieren que distintos primates pueden realizar juicios clasificatorios a partir de la información adquirida en el pasado. En aparente consonancia con esta idea, algunos experimentadores han denominado a estos últimos como "juicios de reputación" (Subiaul et al. 2008; Herrmann et al. 2013). Se suele enfatizar, además, que la capacidad para llevar a cabo tales juicios, identificando de este modo rasgos de carácter y disposiciones comportamentales relativamente estables en distintos individuos, permite realizar predicciones adecuadas sobre la conducta de estos últimos en distintos contextos. Algo que resulta de obvia relevancia evolutiva para animales de naturaleza social, que dependen de poder establecer vínculos e interacciones exitosas con otros para sobrevivir.

Estos son sólo algunos ejemplos del tipo de evidencia empírica relevante a la hora de evaluar las capacidades de los primates para hacer juicios sociales. Queda aún mucho por indagar con respecto a qué tipo de rasgos sociales pueden detectar y atribuir a otros, cuáles son exactamente los mecanismos cognitivos que subyacen a estas evaluaciones o juicios sociales, qué clase de representaciones se encuentran involucradas en las mismas, de qué modo varían estos juicios en distintas especies y contextos, etc. Un conocimiento más acabado de cada una de estas cuestiones será de suma importancia a la hora de alcanzar una mejor comprensión de qué tipo de capacidades judicativas poseen, en efecto, los primates no-humanos. De hecho, dado el estado incipiente de las investigaciones empíricas sobre el tema, el breve mapeo de la evidencia empírica que he ofrecido aquí probablemente resulte demasiado escueto para dar una respuesta precisa y bien fundada a los interrogantes que dieron su punto de partida a este trabajo con respecto a qué tipos de juicios podemos atribuir a los primates no- humanos, y cómo se relacionan estos con la posesión de conceptos predicativos. Esta limitación en relación con la evidencia empírica no debería, sin embargo, desalentar toda indagación sobre estos temas. Sólo tendría, pienso, que servirnos para reconocer el carácter altamente especulativo y tentativo de todo lo que afirmemos al respecto. Dicho esto, como un primer paso en el intento por esbozar algunas conjeturas iniciales en torno a los problemas que nos ocupan, dedicaré el próximo apartado a esclarecer algunos modos posibles en que los filósofos han entendido la noción de juicio.

### 3. Clases de juicios: epistémicos, semánticos y deliberados

Muchos filósofos piensan que la atribución de conceptos predicativos requiere de la capacidad para formar juicios clasificatorios. Podemos encontrar esta idea en la obra de reconocidos representantes de la tradición analítica que vinculan la capacidad para hacer juicios y la posesión de conceptos al dominio lingüístico, tales como Geach (1957), Davidson (1982), McDowell (1994), Cassam (2010) y Brandom (1994; 2009). Dado el vínculo conceptual que trazan entre la capacidad de juzgar y la posesión de un lenguaje, todos ellos rechazan *a priori* la posibilidad de que los animales no-humanos puedan realizar juicios clasificatorios y dominar conceptos. En contra de tal tradición, Glock (2010) argumenta explícitamente que, si entendemos adecuadamente la noción de juicio, podemos preservar su estrecho vínculo con la posesión de capacidades conceptuales y, a su vez, atribuir capacidades para juzgar a algunas especies no humanas.

Un punto clave que subyace a esta controversia con respecto a si los animales no-humanos son capaces de realizar juicios radica, precisamente, en la falta de acuerdo filosófico con respecto a cómo ha de entenderse tal noción. Parece relevante, por lo tanto, reconstruir algunos de los principales modos de entender el término "juicio" en la literatura filosófica para, posteriormente, examinar con mayor claridad cuál de ellos se ajusta mejor al uso de los etólogos, primatólogos, etc., en sus discusiones sobre las capacidades de los primates para efectuar juicios sociales y cuál da cuenta de modo más adecuado de la evidencia empírica sobre lo que los primates hacen en contextos sociales.

Con este fin en mente, adoptaré aquí, como punto de partida, la distinción de Indrek Reiland (2019) entre "juicios semánticos" y "juicios epistémicos". En su artículo "Predication and two concepts of judgement", Reiland defiende que los filósofos emplean la noción de juicio al menos en dos sentidos: uno semántico y otro epistémico. Los juicios-s, o juicios semánticos, son los más sencillos y primitivos en términos cognitivos. Se los puede caracterizar como actos con contenidos proposicionales mediante los cuales alguien se representa las cosas como siendo de cierta manera. Sin embargo, son efectuados de modo inmediato y automático, y no requieren de mayor esfuerzo cognitivo. A esto se suma que estos juicios pueden ser enteramente inconscientes y el sujeto que los realiza no tiene que basarse para ello en evidencia o en razones.

Reiland da como ejemplo paradigmático de este tipo de juicios a los llamados "juicios perceptuales". Estos suelen ser caracterizados como juicios no inferenciales, dotados de contenido proposicional, que forman parte de la percepción o, de lo contrario, se constituyen de modo inmediatamente posterior a la misma. Como el resto de los juicios semánticos, son de carácter automático, involuntario y su realización no involucra mayor esfuerzo. No son, sin embargo, inmodificables. Por el contrario, cuando aparecen discrepancias entre el conocimiento de trasfondo de la criatura y el modo en que la percepción presenta las cosas, estos juicios pueden verse suspendidos, modificados o abandonados.

Los juicios-e, o juicios epistémicos, poseen contenidos proposicionales, igual que los juicios semánticos, pero presentan una serie de rasgos que los distinguen de estos últimos. En primer lugar, son el producto de una actividad consciente y racional mediante la cual un agente epistémico busca dirimir cómo son las cosas a la luz de la evidencia disponible (McHugh 2011). Se encuentran guiados, pues, por el objetivo explícito de desentrañar adecuada o correctamente cómo son las cosas (o, de modo alternativo: con el objetivo de alcanzar la verdad) (Sha y Velleman 2005; McHugh 2011). A esto se suma que, en tanto producto de un proceso de indagación sobre cómo son las cosas, cada juicio epistémico es un evento consciente; es la aceptación consciente, por parte del sujeto que juzga, de un contenido proposicional que es tomado por verdadero (Velleman y Shah 2005; Cassam 2010; McHugh 2011). Por otra parte, los sujetos que realizan este tipo de juicios se apoyan en razones (Cassam 2010; McHugh 2011). Más aún, estas son razones *para* el sujeto que juzga, razones que este debe registrar de modo consciente y a las cuales está respondiendo con su juicio (McHugh 2011).

Reiland añade a esta caracterización inicial algunas diferencias ulteriores entre los juicios semánticos y los epistémicos. Como ya mencioné anteriormente, los juicios semánticos son, para él, los actos cognitivos más básicos mediante los cuales representamos proposicionalmente las cosas. Con lo cual se encuentran implicados en cada acto cognitivo o actitud psicológica dotada de contenido proposicional. Los juicios epistémicos, en cambio, constituyen un tipo específico de acto cognitivo entre otros, como el conjeturar, adivinar, dudar, etc.

Otra diferencia relevante radica en que estos dos tipos de juicios son gobernados por dos clases de normas. Los juicios semánticos están gobernados por la norma objetiva de la verdad. Esto implica que pueden ser evaluados como correctos o incorrectos, en virtud de si son verdaderos o falsos. En el caso de los juicios epistémicos, en cambio, se añade una segunda norma, la norma subjetiva de la evidencia suficiente, de acuerdo con la cual quien realiza un juicio ha de hacerlo en base a evidencia adecuada. Más aún, para algunos, quien realiza el juicio ha de considerar que posee, efectivamente, evidencia adecuada para ello (McHugh 2011). Solo si este es el caso, diremos que quien juzga lo hace de modo racional, en tanto se basa para ello en evidencia que el mismo encuentra adecuada y suficiente. Por esta razón, nos dice Reiland, los juicios epistémicos pertenecen a la esfera de la agencia epistémica y de la racionalidad.

Finalmente, Reiland señala que, con frecuencia, los procesos que llevan a la formación de nuestros juicios semánticos tienen lugar enteramente a nivel subpersonal, con lo cual el agente no cumple un rol activo en su formación. No hay aquí un proceso previo de deliberación consciente. Antes bien, parece más adecuado decir que, en estos casos, el agente se encuentra pasivamente juzgando que las cosas son de cierto modo como resultado de la operación de mecanismos de categorización y predicación. Por contraposición, en el caso de los juicios epistémicos, tanto el proceso de su formación como el producto resultante se sitúan a nivel personal; son actos que lleva a cabo un agente y de los cuales este se hace responsable.

Si seguimos al pie de la letra el planteo de Reiland, parece posible distinguir de modo nítido dos tipos de juicios. Uno de ellos, mínimamente demandante, tiene lugar cada vez que un sujeto se encuentra teniendo algún tipo de actitud proposicional que representa las cosas como siendo de cierta manera. Los contenidos de estos juicios pueden ser correctos o incorrectos, en virtud de si representan adecuadamente cómo son las cosas o no. Sin embargo, en la medida en que el sujeto no es un agente responsable del proceso llevado a cabo para arribar a tales juicios, no puede ser juzgado como racional o irracional por su resultado. Los juicios epistémicos, en cambio, son el producto de la acción de un agente racional que sopesa consciente e intencionalmente la evidencia o razones que tiene para juzgar que P y concluye, como consecuencia de ello, que es cierto, o verdadero, que P.

Ahora bien, ¿son estas realmente las únicas alternativas disponibles? Si seguimos a Glock (2010), podemos cuestionar esta idea y delinear una noción de juicio que ocupe un espacio intermedio entre las anteriores. La tesis central de este filósofo es que la noción de juicio que resulta relevante para la posesión de conceptos ha de ser entendida como el producto de la capacidad para abordar de modo deliberado una pregunta o un problema. Lo que la criatura que juzga debe poder hacer es elegir de modo deliberado entre ciertas opciones – decidir, por ejemplo, si un particular es un F o un G— como resultado de lo cual juzga que las cosas son de cierto modo – juzga, por ejemplo, que *a es F*. Pero esto es algo que puede ocurrir aun cuando ella carezca de capacidades reflexivas y epistémicas para tomar cierto contenido proposicional como verdadero, como suficientemente justificado por la evidencia disponible, etc.

Estos juicios – a los que propongo llamar *juicios deliberados*— siguen emparentados en algunos aspectos claves con los juicios epistémicos. Como ellos, son el resultado de un proceso de decisión que lleva a cabo el propio sujeto y que se realiza en base a razones, las cuales son entendidas, en este caso, como una serie de hechos que la criatura conoce o registra y que la llevan a decidir que las cosas son de un modo u otro. En consecuencia, también estos juicios siguen sujetos a una doble evaluación normativa. Pueden ser evaluados en términos objetivos, por su verdad o falsedad, pero también cabe evaluar al sujeto que los realiza por su racionalidad al tomar en consideración las razones apropiadas. En este caso, a su vez, la capacidad para considerar las razones apropiadas puede entenderse, de modo poco demandante, como equivalente a la capacidad para ser sensible a los hechos que son relevantes para juzgar de cierto modo.

Por todo esto, podemos añadir, la formación de juicios deliberados no puede ser sólo el resultado de procesos sub-personales, sino que ha de situarse en el nivel personal de lo que una criatura *hace* al juzgar. Tampoco cabe entenderlos como juicios que tienen lugar de modo inmediato, automático y carente de esfuerzo. Aunque pueda haber aquí diferencias de grado, parece más apropiado pensar que en tanto involucra algún tipo de decisión y deliberación, la formación de juicios deliberados también requiere de algún monto de atención, control y esfuerzo cognitivo. Sin embargo, como ya señalamos anteriormente, a diferencia de lo que ocurre con los juicios epistémicos, en el caso de los juicios deliberados los sujetos no necesitan tomar ciertos contenidos proposicionales como verdaderos, ni basarse para ello en que la evidencia a favor de tales juicios les resulta suficiente. Lo que estos sujetos buscan es dirimir cómo son las cosas y lo que logran, eventualmente, es concluir que son de cierto modo. Pero esto no requiere ni de competencias meta-representacionales, ni del dominio de conceptos epistémicos complejos como los de "evidencia" o "verdad".

A mi parecer, este tercer tipo de juicios ocupa un genuino espacio intermedio entre los juicios semánticos y los epistémicos. De ser así, contamos, al menos, con tres modos alternativos de entender la noción de juicio que pueden brindarnos las herramientas iniciales para aproximarnos a la cognición de los primates no-humanos y dirimir qué tipos de juicios podemos atribuirles en contextos sociales.

## 4. ¿Qué tipos de juicios son los juicios sociales de los primates?

Este apartado busca abordar, de modo tentativo, nuestra pregunta inicial: ¿qué tipos de juicios serían los que, según se sigue de las atribuciones de distintos investigadores, llevan a cabo los primates cuando evalúan a otros en contextos sociales? Un primer punto que querría defender, en respuesta parcial a este interrogante, es que resultaría altamente controvertido atribuir a estas criaturas la capacidad para efectuar "juicios epistémicos". He aquí las razones que dan sustento a esta posición.

Por una parte, para llevar a cabo juicios epistémicos es preciso contar con un conjunto de capacidades cognitivas tan sofisticadas que no parece plausible pensar que siquiera los grandes simios, y menos aún el resto de los primates no-humanos, cuenten con todas ellas. Si recuperamos lo expuesto en las páginas anteriores, realizar un juicio epistémico no consiste meramente en representar proposicionalmente que las cosas son de cierta manera. Quien realiza este tipo de juicio ha de estar, además, animado por la intención explícita de juzgar correctamente cómo son las cosas, ha de representarse conscientemente al contenido proposicional tomándolo como verdadero, y ha de realizar dicho juicio en base a evidencia que considera adecuada y suficiente. Ahora bien, parece que para satisfacer estos requerimientos es preciso poner en juego una serie de capacidades cognitivas sofisticadas. Por un lado, el sujeto que lleva a cabo un juicio epistémico debe contar con conceptos de alto nivel de complejidad y abstracción como los de "verdadero" y "evidencia". Por otra parte, ha ser capaz de formar pensamientos de segundo orden, que no versen de modo directo acerca del mundo, sino que tomen por objeto a otros pensamientos – en este caso los juicios — para poder representárselos como verdaderos, bien justificados en base a la evidencia, etc.

Un primer punto a señalar es que existe un fuerte debate con respecto a si los primates no-humanos cuentan, o no, con algún tipo de cognición de segundo orden que les permita representar estados mentales propios o ajenos. Hay quienes rechazan de plano tal posibilidad (Povinelli y Vonk 2003, 2004; Penn y Povinelli 2007). En una posición intermedia, encontramos a filósofos y científicos dispuestos a atribuir a algunos primates ciertas capacidades primitivas para identificar y representar un puñado de estados mentales ajenos, como las percepciones y las intenciones (Call y Tomasello 1998, 2008; Hare et al. 2000; Call et al. 2004; Flombaum y Santos 2005; Seyfarth y Cheney 2007, 2013; Bermúdez 2009; Burkart et al. 2012; MacLean y Hare 2012). Estos investigadores suelen enfatizar, sin embargo, que las competencias de los primates no-humanos para representar estados mentales son limitadas y no incluyen la posibilidad de pensar acerca de estados mentales complejos, como las creencias. Finalmente, también se encuentran quienes, a la luz de la evidencia reciente, consideran que hay tres especies de grandes simios – chimpancés, bonobos y orangutanes— que cuentan, incluso, con la capacidad compleja de atribuir creencias falsas a otros (Krupenye et al. 2016).

Con independencia de qué posición se adopte con respecto a las capacidades meta-representacionales y a la cognición de segundo orden en primates, parece que hay una razón adicional para ser cautos con respecto a la tesis de que los primates no humanos podrían llevar a cabo juicios epistemológicos. Realizar tales juicios requiere no solo poder volverse reflexivamente sobre ellos, tomándolos como objeto de pensamientos ulteriores, sino también ser capaces de evaluarlos como verdaderos o falsos, bien justificados a partir de la evidencia o no, etc. ¿Pero qué razones tenemos para atribuir a los primates el dominio de conceptos epistémicos abstractos tan sofisticados como los de verdad, evidencia o justificación?

Lo primero a señalar aquí es que, con frecuencia, aún entre quienes se muestran proclives a atribuir conceptos a los primates nos encontramos con la idea de que su repertorio conceptual es más limitado y menos sofisticado que el de los humanos. Para algunos, estos animales solo pueden dominar conceptos de entidades, procesos, propiedades, etc., que resultan observables, pero carecen enteramente de conceptos acerca de entidades inobservables o teóricas (Vonk y Povinelli 2012). Otros se inclinan, en cambio, por atribuir a estos animales algunos conceptos adicionales, que no serían plenamente perceptuales, como aquellos que refieren a las propiedades funcionales de algunos objetos o a ciertas propiedades sociales de otros animales (Hauser 1997; Seyfarth y Cheney 2013, 2015). Pero nadie sugiere que podamos atribuirles, además, una comprensión explícita de conceptos epistémicos o semánticos como los de verdad o falsedad. Si atendemos, por otra parte, a discusiones de corte epistemológico, nos encontramos con filósofos externistas que defienden que algunos animales no- humanos poseen conocimiento, entendiendo a este último como creencias verdaderas generadas de modo fiable (Sosa 1985; Kornblith 1999). Otros, de modo más generoso, han defendido que al menos algunos animales, como los chimpancés, son genuinos sujetos epistémicos que buscan evidencia y modifican sus creencias en virtud de la misma (Fenton 2012), o que forman creencias que se encuentran justificadas por razones (Burge 1999; Graham 2020). Sin embargo, todos estos enfoques acuerdan en que la realización de tales proezas cognitivas no requiere de competencias metacognitivas y ninguno de ellos sugiere que los animales no humanos estén evaluando epistémicamente sus estados mentales mediante el empleo de conceptos como los de verdad o falsedad, el de evidencia, etc.

A la luz de estas consideraciones, parece sensato examinar la posibilidad de que los presuntos juicios primates sean de otra índole. Podemos preguntarnos, por ejemplo, si son meros juicios semánticos. De ser este el caso, afirmar que los primates no humanos realizan distintos tipos de juicios sociales equivaldría a sostener que estos animales se encuentran representándose, de modo pasivo, inmediato y automático, a otros miembros de sus grupos como teniendo ciertos rasgos sociales, tales como el de ser cooperativos, ser pariente de algunos otros individuos, ser el alfa del grupo, etc.

Esta no parece, en principio, una opción a descartar. De hecho, ciertas expresiones que encontramos desperdigadas en los escritos de algunos primatólogos pueden ser interpretadas como dando apoyo a esta lectura. Así, por ejemplo, Seyfarth y Cheney (2015) nos dicen que cuando los babuinos escuchan las vocalizaciones de otro miembro de su grupo, codifican de modo inmediato y automático información sobre su rango y pertenencia familiar. A lo cual añaden que:

> (…) del mismo modo en que no podemos escuchar una palabra sin pensar en su significado, un babuino no puede escuchar una vocalización sin pensar en el animal que está llamando, en cómo se ve, cuál es su rango y su familia de pertenencia. Estos rasgos son una parte inextricable de la identidad de quien llama y están vinculados entre sí de modo semejante a cómo las pistas auditivas y perceptuales están ligadas en un percepto cognitivo transmodal. ( Seyfarth y Cheney 2015, 61).

Lo que esta cita sugiere es que al escuchar ciertas vocalizaciones ajenas los babuinos se ven llevados de modo inmediato, automático, compulsivo, e incluso no optativo, a representar a los emisores como teniendo cierto rango social y pertenencia familiar. Ahora, según vimos arriba, los juicios semánticos parecen consistir, precisamente, en que nos parezca, de modo inmediato y automático, que las cosas son de cierto modo. Luego, estas afirmaciones de Cheney y Seyfarth nos dan razones para pensar que lo que están atribuyendo a los babuinos es la capacidad para llevar a cabo juicios de este tipo[9].

A esto se puede añadir que, según señalan estos investigadores, las recciones de los babuinos que nos llevan a pensar que están atribuyendo ciertas propiedades sociales a otros suelen ser sumamente veloces o incluso instantáneas (Seyfarth y Cheney 2013). Esta velocidad en las respuestas se explica bien si las mismas

---

[9] Los señalamientos de Benítez y Brosnan (2019, 463) sugieren, en la misma línea, que cuando estas investigadoras atribuyen capacidades judicativas a los primates también están pensando en capacidades automáticas y que no involucran mayor esfuerzo cognitivo. Esto es, están pensando en el tipo de capacidades que Reiland considera involucradas en los juicios semánticos.

están guiadas por juicios semánticos, inmediatos y automáticos, pero sería difícil de explicar si los animales, en cambio, estuvieran realizando juicios epistémicos o juicios deliberados, ya que estos involucran procesos deliberativos o reflexivos presuntamente más lentos y laboriosos.

Lo que no parece tan sencillo es ubicar los juicios sociales que realizan los babuinos bajo aquella sub-categoría de juicios semánticos a los que Reiland llama juicios perceptuales. ¿Por qué? Porque, como señalan más adelante Seyfarth y Cheney, el tipo de categorías sociales que emplean los babuinos: "no parecen reducirse a ningún atributo perceptual específico, o siquiera a algún puñado de ellos" (Seyfarth y Cheney 2015, 62). Los miembros de una misma familia no siempre se ven parecidos, ni suenan de manera similar, ni se alimentan en las mismas áreas, ni se tratan del mismo modo. Tampoco hay un único rasgo perceptual fácilmente discernible que indique el lugar que ocupa un babuino en la jerarquía social. Sin embargo, nada de esto parece afectar las clasificaciones de los primates, que parecen estar siendo llevadas a cabo no solo en base a la información perceptualmente accesible en un momento dado, sino al aprendizaje adquirido sobre distintos individuos a lo largo de sus observaciones, experiencias e interacciones previas con ellos.

Aun dejando esta discusión más fina de lado, todavía podemos preguntarnos si *todos* los juicios sociales que realizan los primates se ajustan a la categoría general de juicios semánticos o si, antes bien, podemos encontrar que algunos primates son capaces de llevar a cabo otro tipo de juicios, al menos en ciertos contextos específicos. He aquí algunas razones en favor de la segunda alternativa. Como hemos visto, la evidencia indica que las clasificaciones sociales de los primates no son rígidas e inflexibles, sino que se modifican en virtud del aprendizaje, la experiencia y la información social que estos animales adquieren a lo largo de sus interacciones cotidianas con otros. Ahora, una lectura atenta de la evidencia etológica sugiere que, ocasionalmente, algunos primates se encuentran ante situaciones sociales sorprendentes o desconcertantes, en las que la información disponible resulta fragmentaria, insuficiente, discordante o contradictoria con sus expectativas previas. Cabe pensar que, en tales casos, ya no van a resultar adecuadas algunas de las viejas categorizaciones sociales que los primates venían aplicando de modo habitual, poco esforzado y automático, en virtud de sus disposiciones innatas o de su historia de aprendizajes y experiencias previas. Lo que querría sugerir aquí es que, ante casos como estos, al menos ciertos primates no-humanos pueden implementar una estrategia alternativa: la de formar juicios deliberados. Para ello han de ser capaces, frente al quiebre de sus expectativas previas, de lidiar con el problema epistémico que se les presenta buscando de modo atento y activo la información que necesitan, sopesándola e integrándola hasta llegar, de un modo relativamente lento, controlado y deliberado, a una conclusión sobre cómo son las cosas. En lo que sigue me centraré exclusivamente en discutir si los chimpancés pueden, eventualmente, desplegar capacidades de este tipo. Queda pendiente examinar, a futuro, en qué medida estas consideraciones pueden extenderse a otros primates.

Distintos filósofos y científicos nos han dado ya elementos para pensar que los chimpancés cuentan con las capacidades cognitivas que aquí hemos asociado a la realización de juicios deliberados. Fenton (2012) ha defendido, por ejemplo, que estos primates son capaces de involucrarse epistémicamente con su entorno buscando evidencia de modo activo, mediante exploraciones, manipulaciones y observaciones cuidadosas. Esto les permite enfrentar exitosamente tareas complejas de construcción y empleo de herramientas, como la pesca de termitas con ramas especialmente preparadas a tal fin, o el cascado de nueces con "martillos" construidos con piedras o ramas. De modo aún más audaz, Andrews (2012) sugiere, siquiera como hipótesis que merece mayor testeo, que los chimpancés pueden ser criaturas capaces de "buscar explicaciones" de los fenómenos anómalos, poco transparentes o novedosos[10]. De Waal (1982), por su parte, señala que la particular flexibilidad comportamental de los chimpancés se explica por su capacidad para llevar a cabo procesos de razonamiento en los que combinan distinta información adquirida en el pasado, sopesando las posibles consecuencias de sus comportamientos antes de actuar. Apoyándose en los resultados de numerosos estudios experimentales, Völter y Call (2017) arriban a conclusiones semejantes sobre la capacidad de estos animales para realizar razonamientos inferenciales, seleccionando, comparando y recombinando información relevante. Esto les permite responder a una variedad de desafíos, incluso cuando enfrentan información novedosa, contradictoria o incompleta, o cuando se encuentran en situaciones inestables.

Estas consideraciones bastan para mostrar que la idea de que los chimpancés poseen las capacidades cognitivas que aquí hemos considerado necesarias para realizar juicios deliberados no es enteramente nueva y cuenta con cierto apoyo empírico. Al menos en algunos contextos, los chimpancés parecen contar con la capacidad para buscar evidencia de forma activa, integrar y evaluar información diversa, y realizar distintos procesos inferenciales antes de lograr dirimir cómo son las cosas. Tampoco es nueva la idea de que estas capacidades resultan especialmente adaptativas y tienden a ponerse en juego cuando estos animales enfrentan situaciones novedosas o anómalas, que quiebran sus expectativas previas, o en las que la información es ambigua, pobre o incompleta (Andrews 2012; Völter y Call 2017).

---

[10] A favor de esta hipótesis, Andrews (2012) argumenta que tenemos evidencia tanto de que los chimpancés realizan conductas exploratorias, como de que pasan por estados afectivos de curiosidad (que podrían dar inicio a la búsqueda de explicaciones) y de satisfacción (que podrían tener lugar cuando el animal ha obtenido las explicaciones que buscaba). Lo que nos falta son estudios sistemáticos que nos permitan establecer si estos tres elementos se presentan integrados en patrones que sugieran que los chimpancés están efectivamente buscando explicaciones.

Lo que querría indagar en lo que sigue es la posibilidad de que los chimpancés logren, en ciertos contextos sociales específicos, realizar juicios deliberados mediante la puesta en juego de estas sofisticadas capacidades epistémicas e inferenciales. A tal fin, comenzaré por examinar un tipo de situación social ambigua o confusa, en la cual no resulta claro para los chimpancés cómo son las cosas. La situación que tengo en mente tiene lugar cuando en un grupo social se produce un cambio de jerarquías y un viejo macho alfa es reemplazado por un nuevo chimpancé que pasa a ocupar su lugar. Según argumentaré, este es un caso en el cual, por un período extenso de tiempo, deja de ser claro para los miembros del grupo – incluyendo aquí a los rivales que se disputan el poder— quien es el macho alfa. Ante tal incertidumbre, pienso, se torna especialmente relevante para estos animales dirimir quién ocupa efectivamente el pináculo de la jerarquía, a fin de poder efectuar buenas predicciones sobre el comportamiento de los demás y ajustar sus propias respuestas a ellos.

Como ya he mencionado previamente, en contextos ordinarios los primates se muestran capaces de juzgar adecuadamente el rango jerárquico de otros miembros de su grupo, incluyendo al macho alfa. Ahora bien, las jerarquías sociales de las sociedades primates no son inmutables, sino que, ocasionalmente, sufren modificaciones. Entre ellas se destacan los casos en los que un viejo macho alfa es desplazado por un mono rival que pasa a ocupar su lugar. En las comunidades de chimpancés estos cambios de jerarquía no son inmediatos, sino que involucran un período de confusión e inestabilidad social de varios meses, a lo largo del cual se producen distintos tipos de modificaciones comportamentales en los miembros del grupo. Algo que se observa durante estas transiciones es que un chimpancé comienza a confrontar y a desafiar al macho alfa en distintas ocasiones. Con frecuencia, cuál sea el resultado de estas situaciones conflictivas va a depender, al menos en cierta medida, de cuánto apoyo reciba cada rival por parte de otros miembros del grupo. En muchas ocasiones, especialmente al inicio del proceso, será el macho alfa actual el que reciba mayor apoyo, con lo cual el retador perderá peleas o resultará herido. En los casos en los cuales se produce una reversión de rangos, sin embargo, esta tendencia se termina modificando, con lo cual el chimpancé que desafía al alfa va recibiendo paulatinamente mayor apoyo de otros miembros del grupo y estableciéndose como el ganador de las interacciones agonísticas. A medida que esto ocurre, los otros miembros del grupo van alterando paulatinamente sus comportamientos. Uno de los cambios más conspicuos radica en que dejan de dirigir ciertos saludos y vocalizaciones indicadoras de sumisión al antiguo alfa, para pasar a saludar de este modo a su potencial reemplazante. Por su parte, el antiguo alfa y su rival también van cambiando sus patrones comportamentales de modos que resultaban impensables bajo el viejo orden jerárquico. El nuevo candidato a macho alfa puede, por ejemplo, acercarse cada vez más a las hembras sexualmente receptivas, pese a la agitación o a las respuestas agresivas del viejo alfa, puede atacar a este último o a sus aliados, etc. El viejo alfa, a su vez, se mostrará especialmente estresado y dubitativo a la hora de poner fin a aquellos comportamientos de su rival que desafían su posición jerárquica. Incluso, puede que realice rabietas al verse desafiado o busque consuelo después de perder una pelea (De Waal 1982).

Lo que es interesante remarcar en el contexto de la discusión que nos ocupa es que, durante el período de tiempo en el cual el macho alfa está siendo desafiado y las viejas jerarquías se han vuelto inestables, los primates se enfrentan con una situación ambigua y problemática: la de dirimir a quién han de tratar como alfa. Aplicando a este caso las categorías que hemos venido discutiendo a lo largo de este trabajo, podemos pensar que, en tiempos de normalidad, los chimpancés juzgaban de modo automático y sin esfuerzo quién era el macho alfa. Sin embargo, en el período de cambio de poder reciben cotidianamente indicadores que contradicen sus viejas expectativas con respecto a quién es el alfa, pero que no resultan suficientes para dirimir de modo rápido, claro y seguro cuál es la situación actual. Dicho de otro modo: parece que nuestros chimpancés no pueden apelar a sus viejos juicios semánticos pues son capaces de registrar información de peso que va en contra de los mismos y, para agravar la situación, carecen de indicadores claros que les permitan formar de modo inmediato, automático y sin esfuerzo un nuevo juicio semántico sobre quién es el macho alfa.

Según sugerí anteriormente, para resolver este tipo de situaciones parece preciso recopilar información relevante que solo estará disponible a lo largo del tiempo (información, por ejemplo, sobre a quién saludan con sumisión los otros miembros del grupo, quién gana las interacciones agonísticas, quiénes se alían con qué rivales, etc.), sopesarla, integrarla con la previamente disponible y tomar en consideración una amplia variedad de factores que pueden combinarse de modos diversos[11]. La evidencia etológica con respecto al modo en que los chimpancés se muestran atentos y emocionalmente comprometidos con las distintas situaciones agonísticas y de desafío al macho alfa durante los períodos de transición, así como la manera en que van modificando paulatinamente sus respuestas ante la situación cambiante en la que están insertos, sugiere que están llevando a cabo un proceso de este tipo.

Podemos conjeturar, entonces, que cuando tras uno de estos períodos de inestabilidad los chimpancés logran establecer quién es el alfa del grupo, lo hacen poniendo en juego su capacidad para llevar a cabo lo que anteriormente he llamado "juicios deliberados." Estos juicios son el resultado de un proceso que tiene su inicio cuando los animales enfrentan una situación problemática, en la que debían dirimir entre dos opciones alternativas: si *a* (el viejo líder) o *b* (el rival) es el macho alfa actual. Para resolver esta situación, llevan a cabo un proceso activo, flexible,

---

[11] Sobre este último punto ver Schulz (2018, 108).

atento y controlado de recolección e integración de evidencia, como resultado del cual llegan, eventualmente, a un nuevo juicio estable sobre quién es el alfa.

Un dato concordante con esta lectura es que, para explicar este tipo de procesos, los etólogos se sitúan en un nivel "personal" – o "animal"- haciendo referencia al modo en que los chimpancés interactúan entre sí, a lo que perciben, anticipan, recuerdan, saben, etc. Aparecen también, dispersas en sus observaciones, referencias al modo racional en que se comportan. Por otra parte, nada en las descripciones de los etólogos sugiere que para dirimir quién es el alfa los primates deban pensar en sus propios juicios como verdaderos, correctos o bien justificados por la evidencia. Todas estas razones dan apoyo a la idea de que la noción de juicio deliberado es la más adecuada para capturar el tipo de juicios al cual llegan los primates tras el largo proceso descripto.

## 5. Juicios y conceptos

A lo largo del último apartado he defendido, de modo tentativo, una serie de conjeturas con respecto a las capacidades para efectuar juicios sociales de los primates. Por una parte, sostuve que, aun cuando no haya en sus trabajos precisiones explícitas con respecto a cómo entienden la noción de juicio, las observaciones dispersas de algunos etólogos y primatólogos parecen comprometerlos con la idea de que muchos de los juicios sociales que llevan a cabo diversos primates merecen ser calificados como juicios semánticos de carácter automático, irreflexivo e inmediato. Adicionalmente, he sugerido que en algunas situaciones específicas – como los procesos de cambios en la cúspide jerárquica en las comunidades de chimpancés— hay primates que parecen poner en juego capacidades cognitivas más sofisticadas que conducen a la formación de juicios deliberados. Cuánto se extienda entre los primates esta capacidad judicativa y en qué contextos sea puesta en uso es algo que merece mayor investigación. He señalado también, finalmente, que no parece haber buenas razones para pensar, a partir de la evidencia disponible, que los primates llevan a cabo el tipo de juicios cognitivamente más demandantes que hemos identificado aquí: los juicios epistémicos.

Retomemos ahora la pregunta que dio origen a este trabajo. Según vimos, para muchos filósofos la capacidad de hacer juicios es un requisito clave para considerar que una criatura posee conceptos. Ante lo cual podemos preguntarnos: ¿estamos mejor posicionados para atribuir conceptos a los primates no humanos una vez que tenemos razones para pensar que realizan juicios semánticos o, incluso, juicios deliberados?

No hay una respuesta directa y simple a estos interrogantes. Tradicionalmente, quienes piensan que para poseer conceptos predicativos es preciso ser capaz de realizar juicios clasificatorios adhieren a una noción que se asemeja, en puntos nodales, a lo que aquí he denominado juicios epistémicos. Davidson (1982), por ejemplo, no sólo piensa que la criatura que posee conceptos ha de ser capaz de emplearlos para clasificar a distintos particulares, sino que ha de hacerlo de un modo que involucre entendimiento. Esto, a su vez, supone que es capaz de comprender que la aplicación de dichos conceptos puede ser correcta o incorrecta y que los juicios resultantes pueden resultar verdaderos o falsos. De allí que, para este filósofo, quien aplica conceptos en juicios clasificatorios ha de poder volverse reflexivamente sobre los propios pensamientos, albergando estados mentales de segundo orden acerca del estatus epistémico – verdadero o falso- de los de primeros. McDowell, por su parte, parece pensar que cuando realizamos un juicio clasificatorio, como *b es F*, debemos ser capaces de "dar un paso atrás" y preguntarnos si estamos justificados para tratar a *b* como *F*. De hecho, es esta capacidad para volverse reflexivamente sobre las credenciales epistémicas de los propios juicios y conceptos, lo que nos vuelve genuinos propietarios de unos y otros (McDowell 2009). En ambos casos, parece que una criatura que posee conceptos ha de contar con el tipo de capacidades reflexivas para pensar acerca de la verdad o justificación de los propios estados mentales que aquí hemos asociado a los juicios epistémicos. Pero, según vimos, ni la evidencia disponible, ni en las afirmaciones de los primatólogos, etólogos y psicólogos comparados nos dan razones para atribuir este tipo de capacidades sofisticadas a los primates no-humanos. Luego, si seguimos a estos filósofos, debemos concluir que la evidencia empírica que hemos presentado carece de relevancia para el debate sobre las habilidades conceptuales de estos animales.

Ahora bien, dado que contamos con otros modos de entender la noción de juicio, podemos preguntarnos: ¿por qué no bastaría con poder llevar a cabo estos otros tipos de juicios, que involucran capacidades cognitivas más modestas, para hacer un uso clasificatorio de los conceptos? Uno podría admitir, siguiendo a la tradición, que quien poseen un concepto predicativo *F* debe poder aplicarlo a distintas entidades particulares y que esto supone, a su vez, la capacidad para formar juicios en los que se predica *F* de dichos particulares, formando contenidos proposicionales con la forma *a es F*. Sin embargo, de acuerdo con las nociones de juicios semánticos y deliberados arriba presentadas también quienes realizan tales juicios se forman contenidos proposicionales con la forma *a es F*. La diferencia entre los tres tipos de juicios no parece radicar en la clase de contenidos (proposicionales) que involucran, sino, en todo caso, en los procesos que llevan a su formación y en lo que el agente puede hacer posteriormente con ellos. Con lo cual podríamos preguntar: ¿por qué sería relevante que, además de formar y aceptar estos contenidos, un agente sea capaz de reflexionar sobre ellos y realizar consideraciones explícitas sobre su verdad o su justificación?

La respuesta va a depender, pienso, de cuál sea la función que otorguemos a los conceptos predicativos y de cómo entendamos la clasificación. Con frecuencia se ha pensado que estos conceptos han de servir para captar lo general y lo común, los rasgos o notas compartidos por los distintos particulares que subsumimos bajo una misma clase (Martínez-Manrique 2019; Ginsborg 2021; Camp 2015). Con frecuencia se añade, como un segundo requerimiento, que los conceptos han de desempeñarse como unidades mínimas, semánticamente estables, que pueden recombinarse al menos de algunas formas entre sí para formar los contenidos proposicionales de nuestros estados mentales (Camp 2015; Carruthers 2009). Un tercer requisito que suele imponerse es que los conceptos han de permitirnos ir más allá de los estímulos que nos impactan de modo inmediato, ya sea para formar representaciones perceptuales holistas que integren distintos estímulos sensoriales como, en versiones más exigentes, para formar pensamientos sobre lo que usualmente es el caso, anticipar lo que será el caso, imaginar situaciones contra-fácticas, recordar el pasado, etc. (Martinez-Manrique 2019; Camp 2009; Weiskopf 2014; Allen 1999).

Es interesante advertir, sin embargo, que todos estos requerimientos pueden ser satisfechos por los componentes representacionales de los juicios semánticos que, según hemos argumentado previamente, podemos atribuir a distintos primates no humanos. Según vimos, mediante estos juicios los primates representan a otros individuos de su grupo como teniendo distintas propiedades sociales. A esto se puede añadir que, según muestra la evidencia, los primates que realizan estos juicios son capaces de atribuir un mismo rasgo social a distintos individuos (pueden, por ejemplo, juzgar que *a es cooperativo*, que *b es cooperativo*, etc.). Del mismo modo, pueden atribuir distintos rasgos sociales a un individuo (clasificando, por ejemplo, a *b* como *miembro de cierta familia*, como *un superior jerárquico*, etc.)[12]. Esto sugiere que no sólo registran las propiedades sociales de distintos individuos, sino que cuentan con la posibilidad de recombinar sus representaciones de estas propiedades con sus representaciones de dichos individuos para formar contenidos diversos. Finalmente, como señalamos anteriormente, primatólogos como Cheney Seyfarth sostienen explícitamente que las representaciones que algunos primates se forman sobre, por ejemplo, el rango jerárquico, o la pertenencia familiar, no son de carácter meramente perceptual, sino que integran información adquirida en interacciones pasadas con distintos estímulos actuales. Luego, al menos en algunos casos, los primates que realizan juicios sociales logran cierta distancia de los estímulos inmediatos que les ofrece su entorno. Si todo esto es correcto, los primates que realizan juicios "semánticos" sobre los rasgos sociales de otros individuos ponen en juego representaciones de su entorno que, para muchos filósofos, cabe calificar como conceptuales.

Aún se podría objetar, sin embargo, que el empleo de representaciones conceptuales para clasificar objetos del entorno no puede ser, como ocurre en el caso de los juicios semánticos, el resultado de procesos enteramente sub-personales,

---

[12] Obviamente, no pretendo que las expresiones en bastardillas capturen exactamente el tipo de conceptos que los primates emplean en sus juicios. Sólo estoy apelando a nuestro lenguaje para sugerir, de modo tosco, que los primates podrían tener conceptos que sean semejantes en algunos puntos relevantes a los que aquí empleo.

automáticos, inmediatos e involuntarios. La idea básica que subyace a esta crítica es que la genuina clasificación conceptual es un proceso que una criatura lleva a cabo de modo activo y controlado, y no meramente un suceso que le acontece pasivamente.

Una primera manera de responder a esta crítica consistiría en señalar que, en sentido estricto, una criatura ya muestra que no es meramente pasiva con respecto a sus juicios clasificatorios si resulta capaz de revisarlos, corregirlos o modificarlos a partir de nueva evidencia disponible. Pero, si esto es todo lo que pedimos de las criaturas conceptuales, los primates que realizan juicios sociales satisfacen este requerimiento, en la medida en que, como vimos, sus juicios son dinámicos y se modifican a la luz de lo que van aprendiendo por vía de la observación de la interacción directa.

Alguien podría responder, sin embargo, que es necesario ser aún más exigentes con respecto al tipo de autonomía, actividad y control que se requiere de la criatura que posee conceptos y los emplea para efectuar juicios clasificatorios. Así, se podría insistir en que cuando una criatura efectúa juicios semánticos no está poniendo en juego capacidades conceptuales, pues tanto el proceso de formación como el de revisión de los mismos es de carácter enteramente sub-personal. En este sentido, no es la criatura misma la que está llevando a cabo tales juicios, o corrigiéndolos, sino sus subsistemas. Algo que revela un grado de pasividad que, proseguiría el hipotético objetor, no parece compatible con la posesión y empleo de habilidades conceptuales.

Ahora bien, aún si aceptamos esta línea argumentativa, estas consideraciones críticas no se aplican a la noción de juicios deliberados. Esto se debe a que, como vimos, estos son juicios que ocurren como resultado de procesos personales de indagación que una criatura inicia cuando está ante una situación problemática en la que se vuelve necesario dirimir cómo son las cosas. Más aún, al juzgar esta criatura está decidiendo de un modo flexible que las cosas son de cierto modo y no te otro (esto es, está decidiendo que *a es F*, y no *G* o *H*). Por otra parte, como hemos visto, contamos con evidencia que sugiere que al menos algunos primates – los chimpancés — pueden llevar a cabo este tipo de juicios deliberados. Luego, quienes no se encuentren cómodos atribuyendo conceptos a los primates que realizan juicios semánticos, en virtud del carácter sub-personal y pasivo que lleva a su formación, cuentan aún con la posibilidad de atribuir conceptos a los simios que sean capaces de efectuar, además, juicios deliberados de modo activo, flexible y controlado.

A modo de síntesis final: aunque no parece haber buenas razones para pensar que los primates cuentan con la capacidad para elaborar sofisticados juicios epistémicos, hay alguna evidencia empírica y algunas razones teóricas para sostener que no carecen enteramente de capacidades judicativas. Por el contrario, en estas páginas he sugerido que hay primates no-humanos capaces de llevar a cabo juicios más modestos, como los semánticos, o, incluso, los deliberados. A su vez, estas capacidades judicativas vendrían acompañadas y posibilitadas, en cada caso, por habilidades para representar entidades y rasgos del entorno que muchos filósofos caracterizarían como conceptuales. Si estas conjeturas se sostienen, habría formas tempranas de juicios y conceptos que compartiríamos con nuestros parientes primates. No obstante, dado el carácter aun altamente especulativo e inicial de las mismas, queda mucho trabajo conceptual y empírico por hacer a fin de intentar apuntalarlas y refinarlas.

**Referencias bibliográficas**

Abdai, J., Miklósi, A. (2016). The origin of social evaluation, social eavesdropping, reputation formation, image scoring, or what you will. *Frontiers in Psychology*, *7*(1772), 1-13.

Allen, C. (1999). Animal concepts revisited: the use of self-monitoring as an empirical approach. *Erkenntnis*, *51*(1), 537-544.

Anderson, J.R., Kuroshima, H., Takimoto, A., Fujita, K. (2013). Third-party social evaluation of humans by monkeys. *Nature Communication*, *4*(1561), 1-5 https://doi.org/10.1038/ncomms2495

Andrews, K. (2012). *Do apes read minds? Toward a new folk psychology*. Cambridge MA: MIT Press.

Aureli, F., Cozzolino, R., Cordischi, C., Scucchini, S. (1992). Kin-oriented redirection among japanese macaques: an expression of a revenge system? *Animal Behaviour*, *44*(2), 283-291.

Benítez, M. E., Brosnan, S. (2019). The evolutionary roots of social comparison. En J. Suls, L.R. Collins, L. Wheeler (Eds.), *Social comparison, judgment and behavior* (pp. 462-490). New York: Oxford University Press.

Bermúdez, J. L. (2009). Mindreading in the animal kingdom. En R. Lurz (Ed.), *The philosophy of animal minds* (pp. 145-164). New York: Cambridge University Press.

Brandom, R. (1994). *Making it explicit: reasoning, representing and discursive commitment*. Cambridge, MA: Harvard University Press.

Brandom, R. (2009). *Reasons in philosophy: animating ideas*. Cambridge, MA: Harvard University Press.

Brügger, R. K., Willems, E.P, Burkart, J.M. (2021). Do marmoset understand others' conversations? A termography approach. *Science Advances*, *7*(6), eabc8790.

Burge, T. (1999). A century of deflation and a moment of self-knowledge. *Proceedings and Addresses of the American Philosophical Association*, *73*(2), 25-46.

Burkart, J., Kupferberg, A., Glasauer, S., van Schaik, C. (2012). Even simple forms of social learning rely on intention attribution in marmoset monkeys (*Callithrix jacchus*). *Journal of Comparative Psychology, 126*(2), 129-138.

Call, J., Hare, B., Carpenter, M., Tomasello, M. (2004). Unwilling or unable? Chimpanzees' understanding of intentional action. *Developmental Science, 7*(4), 488-498.

Call, J., Tomasello, M. (1998). Distinguishing intentional from accidental actions in orangutans (Pongo pygmaeus), chimpanzees (Pan troglodytes) and human children (Homo sapiens). *Journal of Comparative Psychology, 112*(2), 192-206.

Call, J., Tomasello, M. (2008). Does the chimpanzee have a theory of mind? 30 years later. *Trends in Cognitive Science, 12*(5), 187-92.

Camp, E. (2009). Putting concepts to work: concepts, systematicity, and stimulus-independence. *Philosophy and Phenomenological Research, 78*(2), 275-311.

Camp, E. (2015). Logical concepts and associative characterizations. En E. Margolis, y S. Laurence (Eds.), *The conceptual mind: new directions in the study of concepts* (pp.57-75). Cambridge, MA: MIT Press.

Carruthers, P. (2009). Invertebrate concepts confront the generality constraint (and win). En R. Lurz (Ed.). *The Philosophy of animal minds* (pp. 89-107). Cambridge: Cambridge University Press.

Cassam, Q. (2010). Judging, believing and thinking. *Philosophical Issues, 20*(1), 80-95.

Cheney, D., Seyfarth, R. (1986). The recognition of social alliances by vervet monkeys. *Animal Behaviour*, 34, 1722-1731

Cheney, D., Seyfarth, R. (1989). Reconciliation and redirected aggression in vervet monkeys. *Behaviour*, 110, 258–275.

Cheney, D., Seyfarth, R. (2007). *Baboon metaphysics: the evolution of a social mind*. Chicago: Chicago University Press.

Davidson, D. (1982/2003). Animales racionales. *Subjetivo, intersubjetivo, objetivo* (pp. 141-155) Madrid: Cátedra.

Dasser, V. (1988). A social concept in Java monkeys. *Animal Behaviour, 36*(1), 225-230.

De Waal. F. 1982. *Chimpanzee politics: power and sex among apes*. New York: Harper and Row.

Fenton, A. (2012). Re-conceiving nonhuman animal knowledge through contemporary primate cognitive studies. En K.S. Plaisance y T.A.C. Reydon (Eds.), *Philosophy of behavioral biology* (pp. 125-146). New York: Springer.

Flombaum, J.I., Santos, L. (2005). Rhesus monkeys attribute perceptions to others. *Current Biology, 15*(5), 447-52.

Geach, P. (1957). *Mental acts: their contents and their objects*. London: Routledge and Keagan.

Ginsborg, H. (2021). Conceptualism and the notion of a concept. En C. Demmerling y D. Schröder (Eds.), *Concepts in thought, action and emotion* (pp. 42-59). New York y Oxford: Routledge.

Graham, P. (2020). What is epistemic entitlement? Reliable competence, reasons, inference, access. En J. Greco y C. Kelp (Eds.), *Virtue-Theoretic Epistemology: New Methods and Approaches* (pp. 93-123). New York: Cambridge University Press.

Glock H-J. (2010). Can animals judge? *Dialectica, 64*(1), 11-33.

Hare, B., Call, J., Agnetta, B., Tomasello, M. (2000). Chimpanzees know what conspecifics do and do not see. *Animal Behaviour, 59*(4), 771-785.

Hauser, M. D. (1997). Artifactual kinds and functional design features: what a primate understands without language. *Cognition, 64*(3), 285-308.

Herrmann, E., Keupp, S., Hare, B., Vaish, A., Tomasello, M. (2013). Direct and indirect reputation formation in nonhuman great apes (Panpaniscus, Pantroglodytes, Gorillagorilla, Pongo pygmaeus) and human children (Homo sapiens). *Journal of Comparative Psychology, 127*(1), 63-75.

Kawai, N., Yasue, M., Banno, T., Ichinohe, N. (2014). Marmoset monkeys evaluate third-party reciprocity. *Biology Letters, 10*(5), 1-4. https://royalsocietypublishing.org/doi/10.1098/rsbl.2014.0058

Kornblith, Hilary (1999). *Knowledge in humans and other animals. Philosophical Perspectives*, 13, 327-46.

Krupenye, C., Hare, B. (2018). Bonobos prefer individuals that hinder others over those that help. *Current Biology, 28*(2), 280-286.

Krupenye, C., Kano, F., Hirata, S., Call, J., Tomasello, M. (2016). Great apes anticipate that other will act according to false beliefs. *Science, 354*(6308), 110-114.

MacLean, E. L., Hare, B. (2012). Bonobos and chimpanzees infer the target of another's attention. *Animal Behaviour, 83*(2), 345-353

Martínez-Manrique, F. (2019). Conceptos. *Enciclopedia de la Sociedad Española de Filosofía Analítica*. http://www.sefaweb.es/conceptos/

McDowell, J. (1994). *Mind and world*. Cambridge: Harvard University Press.

McHugh, C. (2011). Judging as a non-voluntary action. *Philosophical Studies, 152*(2), 245-269.

Judge, P. (1982). Redirection of aggression based on kinship in a captive group of pigtail macaques. *International Journal of Primatology*, 3, 301.

Penn, D.C., Povinelli, D. (2007). On the lack of evidence that non-human animals have anything remotely resembling a "theory of mind". *Philosophical Transactions of The Royal Society B Biological Sciences, 362*(1480), 731-744.

Perry, S., Barrett, H.C., Manson, J. (2004). White-faced capuchin monkeys show triadic awareness in their choice of allies. *Animal Behaviour, 67*, 165-170.

Povinelli, D. J., Vonk, J. (2004). We don't need a microscope to explore the chimpanzee's mind. *Mind & Language, 19*(1), 1-28.

Povinelli, D. J., Vonk, J. (2003). Chimpanzee minds: suspiciously human? *Trends in Cognitive Sciences, 7*(4), 157-160.

Reiland, I. (2019). Predication and two concepts of judgment. En B. Ball y C. Shuringa (Eds.), *The act and object of judgment: philosophical and historical perspectives* (pp. 217-233). New York: Routledge.

Russell, Y. I., Call, J., Dunbar, R.I. (2008). Image scoring in great apes. *Behavioural Processes, 78*(1), 108-111.

Schino, G., Tiddi, B. y Di Sorrentino, E. P. 2006. Simultaneous classification by rank and kinship in Japanese macaques. *Animal Behaviour.* 71, 1069–1074.

Seyfarth, R., Cheney, D. (2013). The primate mind before tools, language and culture. En G. Hatfield y H. Pittman (Eds.), *Evolution of mind, brain and culture.* Philadelphia: University of Pennsylvania Press.

Seyfarth, R., Cheney, D. (2015). The evolution of concepts about agents: or, what do animals recognize when they recognize an individual? En E. Margolis y S. Laurence (Eds.), *The conceptual mind: new directions in the study of concepts* (pp. 57-76). Cambridge, MA: MIT Press.

Silk, J.B. (1999). Male bonnet macaques use information about third-party rank relationships to recruit allies. *Animal Behaviour,* 58, 45-51.

Shulz, A. (2018). *Efficient cognition: the evolution of representational decision making.* Cambridge MA: MIT Press.

Sosa, E. (1985). Knowledge and intellectual virtue. *The monist, 68*(2), 226-245.

Subiaul, F., Vonk, J., Okamoto-Barth, S., y Barth, J. (2008). Do chimpanzees learn reputation by observation? Evidence from direct and indirect experience with generous and selfish strangers. *Animal Cognition, 11*(4), 611-623.

Velleman, D., Shah, N. (2005). Doxastic deliberation, *Philosophical Review, 114*(4), 497-534.

Völter, C. J., Call, J. (2017). Causal and inferential reasoning in animals. En J. Call, G.M. Burghardt, I.M. Pepperberg, C.T. Snowdon y T. Zentall (Eds.), *APA handbook of comparative psychology: perception, learning, and cognition* (pp. 643-671). Washington, DC: America Psychological Association.

Vonk, J., Povinelli, D. J. (2012). Similarity and difference in the conceptual systems of primates: the unobservability hypothesis. En T.R. Zentall y E.A.

Wasserman (Eds.), *The Oxford handbook of comparative cognition* (pp. 552-575). New York: Oxford University Press.

Weiskopf, D. (2014). The architecture of higher thought. En M. Sprevak y J. Kallestrup (Eds.). *New Waves in Philosophy of Mind* (pp. 242-261). London: Palgrave Macmilan.

Whitehouse, J., Meunier, H. (2020). An understanding of third-party friendships in a tolerant macaque. *Scientific Reports, 10*(1), 9777.

# Tomando la continuidad en serio: cultura animal en el marco de la discusión sobre el gradualismo evolutivo

## Leonardo González-Galli[*]; E. Joaquín Suárez-Ruíz[**]

### 1. Introducción

En este trabajo pondremos en relación dos debates actuales del mundo académico, uno perteneciente al ámbito de la etología, y otro del campo de la biología evolutiva. Con respecto a la etología, en los últimos años ha cobrado gran importancia la cuestión de si existe en animales no humanos algo que merezca ser llamado "cultura". En relación con la biología evolutiva, por su parte, nos referiremos al debate sobre la gradualidad de los procesos evolutivos. Relacionando ambas cuestiones argumentaremos que el fenómeno de la cultura en animales no humanos constituye un caso más en favor de la postura gradualista sobre la evolución. En primer lugar, esbozaremos el debate sobre el gradualismo, luego comentaremos la discusión sobre la cultura y, finalmente, pondremos en diálogo ambas cuestiones en un alegato a favor de una perspectiva gradualista, en sentido amplio, sobre la evolución. Desde ya, una reseña exhaustiva de ambos temas demandaría mucho más espacio del que aquí disponemos. Esto nos obliga a tomar decisiones acerca de qué ideas, temas y enfoques tomar en cuenta y cuáles dejar de lado. Inevitablemente, en esas decisiones se juegan nuestros propios sesgos y preferencias. Así, renunciamos desde el principio a cualquier pretensión de exhaustividad y neutralidad. Sí aspiramos a que las ideas aquí compartidas sirvan para promover el debate y la reflexión sobre estos temas que, según creemos, son de gran interés e importancia.

[*] Leonardo González Galli es Dr. en Ciencias Biológicas y Profesor de Enseñanza Media y Superior en Biología por la Universidad de Buenos Aires. Es Investigador Adjunto del CONICET y Profesor Regular en el Profesorado de Biología de la Facultad de Ciencias Exactas y Naturales de la Universidad de Buenos Aires, Argentina. Dirige el Grupo de investigación en Didáctica de la Biología Evolutiva, Genética y Ecología del Instituto de Investigaciones CeFIEC (FCEN, UBA). Email: leomgalli@gmail.com

[**] Universidad Nacional de La Plata (UNLP), Argentina.

Hay un tercer problema que se relaciona con las cuestiones planteadas en los párrafos precedentes y es el de en qué medida el ser humano es como los demás animales o, para plantearlo de otro modo, en qué medida somos unos animales excepcionales. Como parte de este trabajo argumentaremos que los hallazgos en relación con la cultura en animales no humanos abonan la idea de que una perspectiva continuista sobre nuestra especie es cada vez más inevitable. Este enfoque continuista tiene una doble cara: supone abandonar lo que De Waal (2016, 35) ha denominado "antroponegación", para permitirnos cierto antropomorfismo, crítico y moderado, en el estudio de la conducta de los otros animales y, recíprocamente, supone abandonar lo que Schaeffer (2009) ha denominado la "tesis de la excepción humana", para permitirnos aplicar a los humanos modelos explicativos que han mostrado ser reveladores para animales no humanos. Así, en la sección final defenderemos que los avances en la ciencia de la cultura animal apoyan una perspectiva gradualista en general en relación con la evolución y, más en particular, una perspectiva continuista en relación con la comprensión del animal humano.

## 2. El debate sobre el gradualismo en evolución

### 2.1 ¿Qué sería, exactamente, la evolución no gradual?

Como sucede con respecto a otros debates en biología evolutiva, en el caso del debate sobre el gradualismo no es sencillo caracterizar las diversas posturas en diálogo y, de hecho, como veremos, no es claro qué significa exactamente "gradualismo". Si abordamos la discusión a partir de una noción vaga y amplia de gradualidad, y de una noción igualmente vaga y amplia de evolución, resulta evidente que al menos algunos fenómenos evolutivos son abruptos, no graduales. Por ejemplo, la extinción de algunas especies debida a fenómenos tales como el impacto de un asteroide, es claramente no gradual. Pero estos ejemplos son tan evidentes como triviales. La cuestión verdaderamente importante, según entendemos, es si pueden surgir nuevas formas de vida, es decir, tipos de organismos radicalmente diferentes de los preexistentes o rasgos novedosos complejos y adaptativos, de un modo no gradual. A continuación, argumentaremos que, en cualquier caso y dado lo que hoy sabemos, la respuesta debería ser negativa.

Para evitar la trivialidad necesitamos una noción "fuerte" de gradualidad (y, por tanto, de no-gradualidad). A tal fin seguiremos a Dawkins (2015, cap. 9), según la cual el gradualismo supone que en la evolución no se pasa de una forma a otra significativamente diferente en un solo paso. Otro modo de decir lo mismo es afirmar que entre cualesquiera dos estados fenotípicos que difieren significativamente siempre encontraremos numerosas formas intermedias. Como vemos, esta idea de gradualismo no dice nada acerca de la velocidad del cambio. La tesis gradualista es entonces una tesis sobre la existencia de formas intermedias, y no sobre la velocidad o aceleración (variaciones en la velocidad) del cambio. Esta definición, que pretendemos sea representativa de lo que el propio Darwin sostuvo y de lo que la Teoría Sintética de la Evolución (TSE)[1] también defendió, nos permitirá aclarar algunos malentendidos, sobre todo en relación con el modelo de equilibrios puntuados (EP) de Eldredge y Gould y la noción de simbiogénesis (SG) defendida por Margulis.

Entendido entonces el no-gradualismo como la ausencia de formas intermedias, podemos decir que existen algunos procesos evolutivos no graduales, además del caso de extinción abrupta ya mencionado. Tal vez, los casos más claros los constituyen la especiación simpátrica por poliploidía y la especiación simpátrica por hibridación y poliploidía (Perfectti 2002). Estos procesos constituirían casos de evolución, más específicamente, de especiación no gradual. Debemos señalar, sin embargo, que la nueva especie será en principio muy semejante a la parental, por lo que, aunque técnicamente (si adoptamos el llamado "concepto biológico de especie", basado en al noción de aislamiento reproductivo) se trate de una nueva especie, no estaríamos ante un caso de surgimiento de un tipo de organismo, o de rasgo complejo, muy diferente del que ya teníamos.

Dada la definición adoptada, la alternativa al gradualismo es lo que se llama saltacionismo, es decir, la idea según la cual en la evolución se puede pasar de un estado fenotípico a otro radicalmente distinto en un único paso. Para decirlo de un modo algo pintoresco, el saltacionismo supone que un australopiteco hembra podría haber dado a luz a un humano moderno y, y esto es más complicado aún, que este primer humano podría, de algún modo, haber fundado el linaje (reproductivamente aislado del linaje parental) que lleva hasta nosotros. Este sería el caso de saltacionismo más interesante y requeriría una "macromutación", es decir, una mutación con efectos fenotípicos drásticos. El resultado sería un individuo muy diferente de sus progenitores, capaz de fundar un nuevo linaje. En palabras del genetista Richard Goldshmith, esta macromutación implicaría el nacimiento de un "monstruo prometedor" (Dawkins 2015). Pues bien, no existe, al día de hoy, ninguna evidencia de que esto suceda en la naturaleza. Es cierto que en el laboratorio nacen individuos monstruosos (en general, como consecuencia de una mutación de un gen homeótico o "gen Hox") (Futuyma y Kirkpatrick 2018), pero su fenotipo es tan disruptivo que nunca se ve este tipo de individuos en la naturaleza. Presumiblemente, cuando surge un individuo así en la naturaleza sus probabilidades de supervivencia son ínfimas, y menores aún sus probabilidades de aparearse exitosamente con algún otro individuo. Cuesta imaginar que estos monstruos sean realmente "prometedores".

---

[1] La TSE se refiere a un consenso alcanzado en la biología evolutiva en las primeras décadas del siglo XX a partir de la conciliación de la teoría de la evolución por selección natural de Charles Darwin y las demás disciplinas de la biología, muy especialmente la genética mendeliana. Parte de ese consenso consistía en la aceptación de la selección natural como el principal mecanismo de cambio evolutivo y en el carácter gradual de dicho cambio.

A pesar de estas consideraciones, hay dos modelos de la biología evolutiva que con frecuencia se dan por aceptados y que, además, se asume que suponen alguna forma de evolución no gradual. En la siguiente sección nos ocuparemos de estos modelos.

## 2.2 Equilibrios puntuados y simbiogénesis

En este apartado discutiremos brevemente dos modelos de la biología evolutiva que, de acuerdo con ciertas interpretaciones al menos, supondrían procesos de evolución no gradual. Nos referimos al modelo de equilibrios puntuados (EP) de Eldredge y Gould (1973) y al de simbiogénesis (SG) de Margulis (Margulis y Sagan 2002). En ambos casos, sostendremos que, aún en caso de aceptar que la evolución procede en ocasiones como estos modelos lo sugieren, ello no implica procesos de evolución no gradual en el sentido fuerte antes definido.

En el caso del modelo de EP, desarrollado por los paleontólogos Niles Eldredge y Stephen Gould, la controversia se ha visto complicada por el hecho de que los propios autores (especialmente Gould) han sido ambiguos en sus formulaciones o han ofrecido distintas interpretaciones de su propio modelo en distintos momentos. En principio, este modelo busca explicar la ausencia de formas transicionales en el registro fósil, algo que la TSE – y el mismo Darwin – explicó apelando a la imperfección de dicho registro.

De acuerdo con la interpretación más aceptada, el modelo de Eldredge y Gould propone que en la evolución casi todo el cambio fenotípico tiene lugar en el momento de la especiación y que, tras dicha divergencia, las nuevas especies entran en largos períodos de "estasis" o "equilibrio", esto es, períodos de poco o nulo cambio fenotípico. Así, los largos períodos de equilibrio se verían "puntuados" por episodios rápidos de especiación y cambio fenotípico. Además, se sugiere que la especiación sería de tipo peripátrico. En este subtipo de especiación alopátrica un pequeño grupo de individuos se separa de la gran población madre y funda una nueva población en otro sitio. El hecho de que la nueva población se forme a partir de un bajo número de fundadores hace que la deriva genética tenga un gran impacto en la composición genética de la población, lo que, a su vez, acelera la divergencia (Perfectti 2002). Este modo de especiación, rápido y en localidades geográficas diferentes, explicaría también por qué es frecuente la ausencia de formas transicionales entre especies. Esto es especialmente cierto si la nueva especie, surgida en la periferia de la población madre, se expande y termina reemplazando a esta última (Salgado y Arcucci 2016).

En ocasiones, tanto los autores de este modelo como (y principalmente) algunos de sus seguidores interpretaron dicho modelo como no gradualista y, en ese sentido, contrario a la TSE. El tono "anti-TSE" se vio reforzado por el hecho de que al destacar la importancia de la deriva pareciera reducirse la importancia relativa de la selección. Sin embargo, el modelo solo afirma que el cambio fenotípico se concentra en el momento de la especiación y que es *relativamente* rápido, y no que no existen formas intermedias. De hecho, en una entrevista (Morando y Ávila 2009), Niles Eldredge declaró que "Nosotros (Gould y él) fuimos gradualistas, en el sentido de que nunca vimos cambios repentinos. No estábamos adoptando una posición saltacionista cuando conjeturamos que la selección, bajo ciertas circunstancias, podía cambiar poblaciones en cincuenta o sesenta mil años".

El debate en torno al modelo de equilibrios puntuados fue perdiendo vigor y actualmente parece claro que hay ejemplos de evolución que se ajustan a este modelo y otros que se ajustan a un modelo de velocidad más constante, lo que Gould ha denominado el "cono de diversidad creciente" (Gould 1994b). Así, la discusión parece reducirse a qué patrón es más frecuente de acuerdo con el registro fósil. Más interesante es el debate sobre cómo explicar los períodos de estasis (cuando lo hay). Desde la TSE el no cambio se explica principalmente por la acción de la selección estabilizadora, esto es, la selección que "castiga" el apartamiento de la media actual de un rasgo. Para Eldredge y Gould, en cambio, tanto la estasis como las "puntuaciones" se relacionarían con factores estructurales, internos a las especies (Salgado y Arcucci 2016). En relación con esta cuestión, debemos decir, además, que concluir a partir del registro fósil que una especie no ha cambiado durante millones de años siempre nos parece, al menos, osado, dado que la anatomía blanda, la fisiología y la conducta no dejan improntas fósiles: ¿realmente podemos afirmar que el celacanto[2] es un "fósil viviente"? ¿o deberíamos limitarnos a afirmar que su esqueleto no ha cambiado desde hace millones de años? Como sea, de acuerdo con nuestra interpretación, el modelo de EP afirma la variación de la velocidad del cambio evolutivo, no su discontinuidad (Dawkins 2015, cap. 9).

Pasemos ahora al segundo modelo a analizar en esta sección, el de SG. La idea de SG, esto es, una relación simbiótica estable a largo plazo que resulta en un cambio evolutivo, fue postulada originalmente en 1909 por el científico ruso Konstantin Merezhkovsky y retomada luego en 1927 por el estadounidense Ivan Wallin. Sin embargo, ninguno de estos autores logró que dicha idea fuera tomada en serio. Fue la microbióloga estadounidense Lynn Margulis quien tiene ese mérito (Salgado y Arcucci 2016). Margulis es bien conocida por haber reivindicado y establecido sólidamente la hipótesis del origen endosimbiótico de la célula eucariota. Pero Margulis fue más allá de la defensa de esa hipótesis para desarrollar una perspectiva fuertemente crítica de la TSE, basada en el énfasis en la importancia de los procesos de SG en la evolución y, más en general, de los procesos de transferencia lateral de genes (Margulis y Sagan 2002). Esto la llevó a

---

[2] "Pez" sarcopterigio (del género Latimeria) que se consideraba extinguido y se conocía a partir de fósiles de más de 60 millones de años de antigüedad, y que se halló vivo en 1938 en aguas cercanas a las Islas Comores. La forma actual no presenta cambios aparentes en comparación con los fósiles (Helfman et al. 2009).

sostener que el devenir de la vida es captado mejor por la metáfora de la red que por la clásica del árbol. Además, y en relación con el tema que nos ocupa, sostuvo que la simbiogénesis constituye un mecanismo de evolución no gradual. Así, de acuerdo con esta autora, cuando una célula procariota se instaló en el interior de otra célula procariota, dio origen, en un solo paso (que no involucró la selección natural) a la célula eucariota.

Sin embargo, esta interpretación no gradualista de la simbiogénesis tiene algunos problemas. Lo más importante es señalar que una célula eucariota no es lo mismo que una célula procariota dentro de otra. Es decir, desde esa relación original hasta la célula eucariota hay numerosos pasos intermedios cuyo resultado final es la integración totalmente interdependiente de ambas células. Este tránsito puede haber implicado el paso de una relación parasítica a una mutualista, cuyo refinamiento mediante el habitual proceso de mutación y selección habría dado como resultado final la célula eucariota. En este sentido, Mayr (2002, 15) señala que "En realidad, la incorporación de un nuevo genoma puede muy bien constituir un proceso muy lento, que se extienda a lo largo de numerosas generaciones". Es decir, el ingreso y el establecimiento de una célula dentro de otra es un evento abrupto. Eso es correcto, pero el resultado no es un nuevo organismo individual que pueda ser seleccionado, dado origen a un cambio evolutivo, sino – como ya mencionamos – un individuo dentro de otro. Para que ese ensamble pueda considerase un individuo ambos participantes deberán ser gradualmente modificados en la dirección de una integración que borre los límites entre uno y otro. Un modo de evitar esta objeción es rechazar la noción tradicional de individuo, algo que Margulis y Sagan (2003) están bien dispuestos a hacer. Pero si nos aferramos a alguna noción de individuo, algo que parece inevitable a pesar de las limitaciones de dicha noción, entonces, debemos concluir que, aunque la asociación inicial entre dos organismos pueda ser abrupta, dicho evento no supone en sí mismo el origen inmediato de un nuevo tipo de organismo susceptible de ser seleccionado como para dar origen a un proceso evolutivo.

Por otro lado, es difícil ver, como pretende Margulis en algunos de sus escritos, en la simbiogénesis un mecanismo evolutivo. Más adecuado parece considerar que se trata de un proceso de generación de variantes heredables (Lane 2016, 228 y ss.). Es decir, la simbiogénesis de por sí no cambia la composición genética de las poblaciones: el nuevo organismo compuesto deberá luego imponerse frente a las versiones ancestrales (no compuestas) mediante los conocidos procesos de deriva o selección, siendo estos últimos los mecanismos de cambio evolutivo propiamente dichos.

Así, a pesar de las pretensiones de Margulis, los procesos de simbiogénesis (cuya existencia está ampliamente aceptada) no constituyen procesos de cambio evolutivo y, menos aún, procesos de cambio no gradual. También debemos señalar que, aunque la hipótesis del origen endosimbiótico de Margulis está ampliamente aceptada, la postura de esta autora en relación con las presuntas implicancias de gran alcance de dicha hipótesis para la biología evolucionista toda son claramente minoritarias, como queda claro al revisar cualquier libro de texto universitario de biología evolutiva (Salgado y Arcucci 2016). Una conclusión similar cabe para el caso del modelo de EP de Eldredge y Gould.

## 2.3 ¿Son las facultades mentales propias del humano producto de la evolución no gradual?

Acercándonos al tema central de este capítulo, varios autores han sostenido que la evolución humana muestra un patrón compatible con el modelo de equilibrios puntuados (Lockwood et al. 2000; Wood et al. 1994). Aunque, por las razones que argumentamos (y como reconocen otros autores como Dawkins 2015 y Wood 2011) esto no supone saltacionismo, sí podría suponer que el incremento del tamaño del cerebro ha sido (relativamente) rápido. Tal vez sea esto lo que motivó a algunos autores a especular sobre el origen súbito de las facultades mentales humanas.

Así, por ejemplo, se discute si el lenguaje es una adaptación (producto de la selección natural) o si es un subproducto (no adaptativo en sí mismo) de otros rasgos (Bloom 2002). En esta línea, las hipótesis evolucionistas del lingüista estadounidense Noam Chomsky sobre el origen de la facultad del lenguaje o, en sus propios términos, el "órgano del lenguaje", constituyen un caso curioso que merece la pena ser examinado aquí (Pinker 2007; Sampedro 2004).

De acuerdo con Chomsky, la facultad del lenguaje es un rasgo exclusivo de la especie humana y se debe a un "órgano del lenguaje" que forma parte del cerebro. El desarrollo de la capacidad lingüística tendría un fuerte componente innato, lo que explicaría por qué los niños aprenden con rapidez y eficacia el lenguaje, así como el hecho de que todas las lenguas compartan una estructura profunda (la "gramática universal" de Chomsky). Desde ya, el desarrollo normal de la capacidad lingüística requiere cierta experiencia (escuchar hablar, participar gradualmente en diálogos, etc.), pero dicha experiencia (que determinaría qué lengua específica terminará hablando el niño) no alcanzaría a explicar el desarrollo del habla, ya que no aportaría la calidad y cantidad de información necesaria. Esa "pobreza del estímulo" sería compensada por el aporte innato. La cuestión es cómo se explica el origen de este "órgano del lenguaje".

Todo lo dicho hasta aquí sobre las ideas de Chomsky sugiere que, tal como señaló Pinker "(…) cabría suponer que su controvertida teoría del órgano del lenguaje saldría muy beneficiada si estuviera asentada en los sólidos cimientos de la teoría evolucionista" (Pinker 2007, 389). Muy por el contrario, Chomsky ha preferido explicaciones reñidas con la versión más aceptada de la teoría de la evolución (Calvin y Bickerton 2001; Dennett 1995a, 633 y ss.). Desde el darwinismo ortodoxo, Steven Pinker (2007) asume que la facultad del lenguaje es un caso paradigmático de rasgo adaptativo complejo[3] y, por lo tanto, concluye que debe haberse originado mediante selección natural, ya que este constituye el único mecanismo evolutivo conocido capaz de producir adaptaciones complejas (Dennett 1995a; Futuyma y Kirkpatrick 2018; Mayr 1988; Ridley 2004; Sterelny y Griffiths 1999). En coherencia, Pinker, sostiene que el lenguaje es un instinto.

Chomsky, en cambio, ha sugerido que el origen del órgano del lenguaje fue abrupto y no adaptativo. Chomsky parece creer que durante el proceso de agrandamiento del cerebro que tuvo lugar en nuestro linaje, en algún momento la complejidad de dicho órgano sobrepasó cierto umbral a partir del cual surgió, como una propiedad emergente, la capacidad lingüística. La evolución de la facultad del lenguaje sería un caso de lo que Konrad Lorenz (1974, 56) llamó "fulguración". Una vez surgida, esta capacidad debe haber conferido una ventaja a sus poseedores. Dicha ventaja, según Chomsky, no estaría relacionada con la comunicación sino con el pensamiento. Así, la selección debe haber favorecido a los individuos con capacidad lingüística, pero no habría tenido papel alguno en su origen. He aquí una incongruencia importante en la hipótesis de Chomsky: afirma que el lenguaje es complejo y funcional, pero no atribuye su origen a la selección sino al puro azar o "las leyes de la física". Esta idea es contraria al supuesto, ampliamente aceptado y que mencionamos en el párrafo precedente, de acuerdo con el cual solo la selección puede producir complejidad adaptativa.

Chomsky recurrió a las ideas Gould y Margulis, pero sin articular una explicación clara, solo menciona esas ideas para esbozar una defensa de una vaga perspectiva no gradualista. Este autor parece creer que es la física (de las complejas redes neuronales), más que la biología, la que puede explicar el surgimiento de la capacidad lingüística (Sampedro 2004). Más recientemente (Berwick y Chomsky 2016), reelaboró estas ideas junto con Robert Berwick, pero el panorama sigue siendo poco claro y consistente con la teoría de la evolución más aceptada. De hecho, estos autores comienzan argumentando la necesidad de una nueva teoría de la evolución, y sobre las explicaciones del origen del lenguaje propuestas por aquellos que se enmarcan en la TSE, señalan que "(…) ninguna parece haber comprendido del todo el paso del darwinismo convencional a la versión plenamente estocástica moderna (…)" (Berwick y Chomsky 2016, 28). Confesamos no comprender en qué consiste exactamente esa presunta nueva versión del darwinismo[4].

---

[3] Mientras para Pinker la función del lenguaje es la comunicación, Pagel (2018) propone una hipótesis más específica de acuerdo con la cual la principal ventaja del lenguaje habría sido permitir las formas más sofisticadas de cooperación.

[4] El escepticismo de Chomsky en relación con la TSE parece ir más allá de lo razonable, como lo evidencia su afirmación de que es tan difícil imaginar la evolución mediante selección natural del lenguaje como la de las alas (citado en Dennett 1995a, 634), siendo que este último caso no ofrece mayores dificultades para una típica explicación darwiniana.

Gould (1994a) también ha especulado, sin aportar mayores argumentos, que el lenguaje podría haber surgido de un modo no gradual. En sus propias palabras: "(...) las proposiciones universales del lenguaje son tan distintas a cualquier otro elemento de la naturaleza, y tan peculiares en su estructura, que parece más indicado pensar en el origen del habla como consecuencia colateral de la capacidad acrecentada del cerebro que como un simple paso más en la secuencia continua iniciada con los gruñidos y los gestos" (Gould 1994a, 305). Así, como Chomsky, Gould parece creer que un "órgano mental" tan sofisticado desde el punto de vista funcional puede haber surgido por un mero golpe de suerte[5].

En todas estas especulaciones, tanto Chomsky como Gould, asumen que en los primates no humanos no hay nada comparable al lenguaje. Es importante señalar que, aunque esta observación fuera cierta, de ahí no se sigue que el origen del lenguaje no haya sido gradual. Esto se debe a que no es esperable que las especies vivientes exhiban estadios análogos a aquellos estadios intermedios en la evolución del lenguaje desde un ancestro sin lenguaje (como sí es el caso, pero podría no serlo, de la evolución de los ojos complejos). En efecto, podría suceder que los demás primates vivientes solo fueran buenos modelos de la condición ancestral a partir de la cual nuestro linaje - ¡y solo nuestro linaje! – inició la senda que terminaría en la evolución de la capacidad lingüística.

En síntesis, aunque debemos reconocer que sigue habiendo cierta discusión sobre la cuestión de la gradualidad, hasta donde alcanzamos a ver, no hay ningún caso bien documentado de evolución saltacional. Los únicos casos en los que se sostienen interpretaciones saltacionistas son casos en los que, básicamente, no sabemos cómo ocurrieron las cosas. En el mejor de los casos, se trata de ejemplos en los que hay alguna evidencia de un patrón evolutivo como el postulado por el modelo de equilibrios puntuados, algo que, como hemos argumentado, no implica no-gradualidad. Pareciera que, como los "creacionistas científicos" (Dawkins 200, 137 y ss.), los saltacionistas dependen de ciertos "vacíos" en el conocimiento disponible para insinuar que en esos casos residen sus ejemplos positivos. Como fuere, sigue habiendo autores que defienden la posibilidad de la evolución no gradual. Y algunos de estos autores, como Chomsky, ven en la evolución de las facultades mentales humanas buenos candidatos a ejemplos de ese tipo de evolución. No es extraño, entonces, que la facultad de producir cultura (muy ligada de hecho a la del lenguaje) se haya postulado también como una diferencia cualitativa entre humanos y no humanos. Es necesario insistir, sin embargo, en que el hecho de que hoy haya una diferencia cualitativa en algún rasgo entre dos especies

---

[5] Es interesante señalar que este tipo de afirmaciones fomentan las críticas infundadas de los autodenominados "creacionistas científicos" quienes, tergiversando la teoría de la evolución, sostienen que, de acuerdo con los evolucionistas, la evolución es un proceso puramente aleatorio y que sería posible que al pasar sobre un depósito de chatarra un tornado montara un Boeing 747 (Dawkins 2009, 123 y ss.).

no supone que dicho rasgo haya evolucionado de un modo saltacional, sino solo que no existen especies actualmente vivas que exhiban estados del rasgo análogos a los estadios evolutivos intermedios.

Tras presentar algunas nociones básicas sobre cultura animal abordaremos la cuestión de si las diferencias entre la cultura humana y la de los animales no humanos pueden considerase como solo de grado. Defenderemos que algunos de los rasgos cognitivos (imitación y enseñanza) particulares asociados a la cultura, que durante mucho tiempo se han citado como diferencias cualitativas entre los seres humanos y el resto de los animales, cada vez se entienden más como diferencias de grado. Tal como señalamos, una diferencia cualitativa entre las especies actuales no implica necesariamente un origen no gradual de esos rasgos. Sin embargo, el hecho de que esas diferencias sean graduales sí implica, al menos, la factibilidad de un origen gradual.

## 3. El debate sobre la cultura animal
### 3.1 Introducción a la cuestión de la cultura animal

La capacidad para producir cultura ha sido, desde hace siglos, parte de una lista de rasgos que, presuntamente, serían exclusivos de nuestra especie, *Homo sapiens*. Sin embargo, la lista en cuestión se ha ido reduciendo a medida que la investigación sobre la conducta de animales no humanos avanzaba. Muchos prejuicios en relación con la mente y la conducta de los otros animales se desvanecieron como resultado de dos avances en la investigación etológica: el estudio de animales sociales en libertad y el surgimiento de la etología cognitiva. En cuanto a la primera cuestión, la etología clásica europea había defendido la necesidad de estudiar a los animales en su medio natural, en contraposición con el enfoque del conductismo (dominante en el mundo anglosajón hasta mediados del siglo XX) basado en experimentos de laboratorio. Sin embargo, acercándonos al tema específico que nos ocupa, fueron pioneros los trabajos de campo de las primatólogas Dian Fossey, Jane Goodall y Viruté Galdikas (ver, por ejemplo, Fossey 1994; Galdikas 2013; Goodall 1994, 1986), con gorilas de montaña, chimpancés y orangutanes, respectivamente. También debemos destacar la larga tradición de la primatología japonesa, que guiada por el particular (desde la perspectiva occidental) enfoque de Kinji Imanishi documentó *in extenso* la existencia de tradiciones en poblaciones de macacos japoneses (de Waal 2002; Laland y Galef 2009). En relación con la segunda cuestión, la "revolución cognitiva", que tuvo lugar a mediados de la década de 1950 a partir de los trabajos de Jerry Fodor y Noam Chomsky entre muchos otros (véase, Gardner 1988), aceleró la caída del dominio asfixiante del conductismo en las ciencias de la mente y la conducta. Así, desde fines de la década de 1960, la reacción contra el conductismo resultó en un crecimiento exponencial de los estudios experimentales sobre la mente animal y de los estudios de la conducta de animales en libertad. Fueron estos estudios los que llevaron a poner en duda la exclusividad de muchos rasgos cognitivos y conductuales humanos: la capacidad de producir cultura es uno de esos rasgos.

Por supuesto, la cuestión de si algún animal no humano tiene o no la capacidad de producir *verdadera* cultura depende de cómo definamos dicho término. En la literatura encontramos numerosas definiciones de "cultura": hacia 1952 existían unas ciento cincuenta definiciones de cultura en la literatura en antropología (Kroeber y Kluckhohn 1952). En este sentido, encontramos en la bibliografía algunas definiciones (por ejemplo, las que tienen como un componente central la capacidad de producir y manipular símbolos) que, por estar hechas a medida de nuestra especie, no resultan aplicables a ninguna otra. En cualquier caso, y más allá de si utilizamos el término "cultura" o algún otro ("protocultura", "precultura", "tradiciones"), no caben dudas sobre el hecho de que muchos animales humanos exhiben formas de conducta y cognición mucho más complejas de lo que jamás sospechamos, y que dichas complejidades reducen, inevitablemente, la brecha entre ellos y nosotros.

La consideración de la posibilidad de que hubiera patrones de comportamiento socialmente transmitidos en otros animales se remonta a Aristóteles. Luego, numerosos naturalistas (entre ellos Charles Darwin y Alfred Russell Wallace) hicieron referencia a la capacidad de algunos animales no humanos, sobre todo grandes simios, para el aprendizaje social. A pesar de estos antecedentes, los prejuicios teóricos retrasaron el estudio sistemático de estos fenómenos. Así, recién en 1978 McGrew y Tutin utilizaron por primera vez el término cultura para referirse al *grooming handsclap*[6] de una población de chimpancés. Lo que este caso tenía de particular, en comparación con otros previamente registrados, es que parecía tener un componente de arbitrariedad que, en general, se considera uno de los requisitos para hablar de cultura.

Tal como señalamos, el debate sobre si alguna otra especie, además de *Homo sapiens*, exhibe cultura tiene poco sentido sin un acuerdo previo sobre qué entendemos por cultura. En un extremo, biólogos como Charles Lumsden y Edward Wilson definen cultura como cualquier sistema de transmisión de información no genético, y en base a una definición tan amplia atribuyen "cultura" a unas diez mil especies, incluyendo algunas bacterias. En el otro extremo, suelen ser psicólogos y científicos sociales quienes adhieren a definiciones muy restrictivas que tienden a excluir a cualquier especie no humana del dominio cultural. Así, por ejemplo, Bennett Galef y Michael Tomasello sostienen que la cultura supone la transmisión de conocimientos mediante *verdadera* imitación y enseñanza.

---

[6] El "grooming" son conductas de acicalamiento propias de cada especie que muestran poca variabilidad interindividual. El grooming handsclap es una forma particular de grooming en chimpancés que consiste en que dos individuos se sientan enfrentados y ambos extienden un brazo por encima de la cabeza tomándose las manos. Esta particular conducta solo se encuentra en dos poblaciones de chimpancés (Colell Miró y Segarra Castells 1997, 171 y ss.).

Esta definición no excluye por principio la posibilidad de que animales como los chimpancés tengan verdaderas conductas culturales, pero dificulta mucho afirmarlo, ya que constatar la ocurrencia de ambas condiciones es extremadamente difícil por cuestiones metodológicas (Laland y Galef 2009).

Es probable que un concepto de cultura que se halle entre estos dos extremos sea lo más útil, en el sentido de que al "poner alta la vara" estimulará la investigación rigurosa en busca de las formas más complejas de transmisión social de conocimientos, pero, al no poner la vara *tan* alta, permitirá identificar semejanzas reveladoras entre el caso humano y el de otras especies. Tal como señalan Laland y Janik (2006), una definición excesivamente antropocéntrica dificultará la indagación de las raíces evolutivas de la cultura humana y la identificación de fenómenos relacionados en diversas especies. Estos autores proponen entonces una definición según la cual es cultura *cualquier patrón de comportamiento específico de un grupo de animales que es compartido por todos los miembros de la comunidad y que, al menos en cierto grado, se basa en información socialmente transmitida y aprendida.* En este texto adoptaremos esta definición. En coherencia con este enfoque, Dugatkin (2009, 162) define "transmisión cultural" como *un sistema de transferencia de información que afecta el fenotipo de un individuo por medio de la enseñanza o de alguna forma de aprendizaje social.*

A continuación, reseñaremos la cuestión de los mecanismos de aprendizaje social, porque se trata de un asunto central para cualquier discusión sobre la cultura animal.

### 3.2 Modos de aprendizaje social

Dada la definición adoptada, toda forma de cultura supone la transmisión social de información. Por tal razón, debemos comenzar reseñando los diversos modos de aprendizaje social (para esta sección seguiremos principalmente a Dugatkin 2009). En general, el aprendizaje social es todo proceso de aprendizaje basado en la observación de un individuo (modelo) por parte de otro individuo (observador), tal que el observador aprende una conducta específica a partir de dicha observación.

Conviene comenzar advirtiendo que hay situaciones de interacción entre modelos y observadores que no constituyen casos de aprendizaje social propiamente dicho. Los más comunes de estos procesos son la *focalización de la atención* (*local enhancement*) y la *facilitación social*. En la *focalización*, un observador aprende algo (en general por ensayo y error o "condicionamiento operante") como consecuencia de que la actividad de otro individuo (modelo) llama su atención hacia cierto elemento del entorno. Por ejemplo, podría suceder que un pez se dirigiera hacia el fondo del lago en el que vive como consecuencia de haber observado a otro individuo hurgando en el sedimento. Luego, el observador aprende por ensayo y error que al hurgar en el sedimento descubre pequeños crustáceos que le sirven de alimento. El observador aprendió a buscar alimento en el fondo gracias a haber observado al modelo buscando alimento en el fondo, lo que dirigió su atención a ese sitio particular. En el caso de la *facilitación* no es la acción del modelo lo que llama la atención del observador sino su mera presencia en cierto lugar. En síntesis, en el caso de la *focalización* de la atención el observador aprende por dirigirse a cierto sitio por haber visto al modelo *haciendo algo* allí, mientras que en la *facilitación social* aprende por dirigirse a un lugar por haber visto que el modelo *estaba allí*. Lo importante es que en ninguno de estos casos el observador aprende a hacer algo por haber observado *cómo* lo hace el modelo: en ambos casos el observador aprenderá la nueva conducta mediante algún proceso de aprendizaje individual (no social). Así, solo hablaremos de aprendizaje social cuando el observador aprenda una nueva conducta gracias a haber observado *cómo* el modelo ejecuta dicha conducta.

Dentro del aprendizaje social propiamente dicho podemos distinguir, al menos, dos procesos: *copia* e *imitación*. En el caso de la copia, el observador hace algo a partir de observar al modelo, pero esa conducta no necesita ser novedosa: el observador ya sabía hacerlo, pero el hecho de observar a otro haciéndolo aumenta la probabilidad de hacerlo. Un ejemplo de copia lo encontramos en lo que se llama "copia de elección de pareja" (*mate choice copy*). En estos casos un individuo, por lo general una hembra, copia la elección de pareja de otro individuo, es decir, elige como pareja a un macho particular como consecuencia de observar que otra hembra lo eligió previamente. En otro caso, investigado experimentalmente, un ratón aprende a protegerse (cubriéndose con el aserrín de su recinto) de un tipo de mosca hematófaga a partir de observar a otros individuos siendo picados por el insecto y cubriéndose después.

El término "imitación" ha sido utilizado de diversos modos y no existe una definición única consensuada. La versión sofisticada del concepto de imitación supone que el modelo adquiera una conducta topológicamente novedosa que lleve a la consecución de una meta a partir de la observación de cómo el modelo ejecuta dicha conducta (Heyes 1994). Un ejemplo de imitación proviene de una investigación con pequeños loros. A unos se los entrenaba para utilizar sus patas para retirar la cubierta de un recipiente que contenía comida. A otros se los entrenaba para hacerlo utilizando sus picos. Puestos en la misma situación, aquellos observadores que tuvieron como modelo al ave que utilizaba las patas utilizaron sus patas, mientras que aquellos cuyos modelos utilizaban sus picos, utilizaron sus picos. Hubo en este caso, un aprendizaje "topológico", el modelo proveyó información sobre qué movimientos realizar con qué partes del cuerpo para acceder al alimento (la meta).

Sin embargo, es frecuente que este tipo de resultados experimentales sean muy discutidos, por lo que, como veremos más adelante, es objeto de debate si hay animales no humanos que tengan capacidad de imitación propiamente dicha.

## 4. Evolución de la cultura y gradualismo

A continuación, reseñaremos dos aspectos de la cultura humana que en su momento han sido postulados como diferencias cualitativas entre humanos y no humanos y que, posteriormente, han sido reinterpretados como diferencias de grado. Estos aspectos son la capacidad de imitar, a la que ya hicimos referencia, y de enseñar. Ambas cuestiones tienen que ver con los procesos de aprendizaje social que permiten la cultura.

### 4.1 ¿Imitan los animales no humanos?

La mayoría de los autores (ver, por ejemplo, Tomasello 1994) acuerda en que una diferencia clave entre la cultura humana y la de otros animales es que solo la primera tendría un carácter acumulativo (aunque algunos, como McGrew 2009, rechazan esta afirmación). Los intentos de explicar esta diferencia llevan en general a volver la mirada hacia los procesos específicos de aprendizaje social que pueden permitir el desarrollo de culturas, y entre dichos procesos la atención se ha centrado con frecuencia en la imitación (Boyd 2018). Tal como ya mencionamos, la imitación suele entenderse como un proceso de aprendizaje que supone que el modelo adquiere una conducta topológicamente novedosa que lleva a la consecución de una meta a partir de la observación de cómo el modelo ejecuta dicha conducta. Ahora bien, dada esta definición ¿son capaces de imitar los animales no humanos? Durante muchos años primó la idea de que esta era una capacidad exclusivamente humana y muchos relacionaron dicha capacidad con los rasgos distintivos de la cultura humana.

Así, Tomasello (1994) afirmó que el carácter acumulativo distintivo de la cultura humana se debía a algunas diferencias cualitativas en los mecanismos de aprendizaje social subyacentes y, más específicamente, esa diferencia cualitativa radicaba en que solo humanos éramos capaces de verdadera imitación. Este autor rechazaba los reportes de imitación en chimpancés, señalando, por ejemplo, que en general se trataba de chimpancés con un extenso e intensivo contacto con humanos ("simios enculturados"). Tomasello hipotetizó que el desarrollo de las capacidades imitativas requiere de un entorno de tipo humano ausente en las poblaciones naturales de chimpancés, por lo que su cultura no podría estar basada en la imitación. Esto se debe a que el desarrollo de la capacidad de comprender las intenciones de los otros solo se desarrolla a partir de cierto tipo de interacciones sociales (Tomasello 2009, 208). La capacidad para comprender las intenciones del modelo (un componente de la definición más restringida y exigente de imitación) estaría presente en los humanos, pero no en los chimpancés.

Otros autores, como de Waal (2002, 193), rechazaron los análisis de Tomasello señalando, por ejemplo, que sería extraño que un animal tuviera una capacidad cognitiva que solo se utilizara en contextos artificiales. Notablemente, años después, y a partir de nuevas evidencias experimentales, Tomasello (2009) revisó su posición en relación con esta cuestión. En un ejemplo destacable de honestidad intelectual, Tomasello (2009, 215, traducción propia) señala que "Significativamente, mi hipótesis particular de 1994 – que los chimpancés no participan de aprendizaje verdaderamente imitativo porque no analizan el comportamiento en términos de sus propósitos por contraste con los medios comportamentales- se ha demostrado falsa". En efecto, investigaciones recientes apoyan fuertemente la idea de que los chimpancés comprenden las acciones de los otros en términos de propósitos. Concluye este autor que "Mientras previamente yo pensaba que había una diferencia cualitativa distintiva en el aprendizaje imitativo de los humanos comparado con el aprendizaje por emulación de los chimpancés, ahora lo veo más como una cuestión de grados" (Tomasello 2009, 218-219, traducción propia). Como en tantos otros casos, las diferencias entre humanos y no humanos dejaron de ser cualitativas para ser cuantitativas.

### 4.2 ¿Enseñan los animales no humanos?

Imaginemos que Rocío aprende a conducir automóviles a partir de observar cuidadosamente, y durante mucho tiempo, a los conductores de los taxis que diariamente la lleven de su casa a su trabajo. ¿Diríamos en ese caso que esos conductores enseñaron a Rocío a conducir? La mayoría respondería negativamente a esta pregunta porque, si bien es cierto que las acciones de los conductores facilitaron el aprendizaje de Rocío, sin embargo, estos no tenían ninguna intención de hacer eso. Este ejemplo pone en evidencia que en el concepto intuitivo de enseñanza hay un componente de intencionalidad. Y es este, justamente, el aspecto de la enseñanza que complica su aplicación a animales no humanos, para los cuales siempre es muy incierto hacer afirmaciones acerca de sus intenciones. La cuestión es, entones, cómo reformular el concepto de enseñanza para que resulte aplicable a todas las especies.

Podría proponerse que hay enseñanza siempre que un modelo facilite el aprendizaje de otro individuo. Sin embargo, con una definición tan laxa todos los casos de aprendizaje social implicarían enseñanza. No hay nada intrínsecamente malo con semejante definición, el problema es, más bien, que no capta eso que intuitivamente nos parece específico de la enseñanza en humanos. Ese concepto intuitivo implica que el *instructor*, el individuo que enseña, hace algo más que simplemente servir de modelo al aprendiz. Implica que el instructor hace algo en algún sentido *orientado a* que el aprendiz aprenda. Una definición que tiene la virtud de no suponer intencionalidad y que, al mismo tiempo, capta en cierta medida nuestra idea intuitiva de enseñanza es la propuesta por Caro y Hauser (1992).

> Se puede decir que un actor individual A enseña si modifica su conducta solo en presencia de un observador ingenuo B, con algún costo o, al menos, sin obtener un beneficio inmediato para sí mismo. De este modo,

la conducta de A estimula o desalienta la conducta de B, o provee a B alguna experiencia, o sirve de ejemplo a B. Como resultado, B adquiere un conocimiento, o aprende una destreza antes o de un modo más rápido o eficiente de lo que lo hubiera hecho de otro modo, pudiendo no haber adquirido esa destreza o conocimiento en absoluto en caso de no contar con la interacción con A (Caro y Hauser 1992, traducción propia).

Como siempre en Biología, el componente de intencionalidad puede ser operativamente reemplazado por un concepto de función basado en la selección natural. Así, podríamos decir que en la definición de Caro y Hauser está implícito que en una especie hay enseñanza cuando hay una conducta cuya *razón de ser*, es decir, la razón por la cual dicha conducta fue seleccionada durante la evolución, es facilitar el aprendizaje de otros individuos (usualmente, la propia descendencia u otros jóvenes de la misma especie y grupo social). Esto supone que la conducta de enseñar es una adaptación (un rasgo producto de la selección), lo que parece estar en contradicción con la condición de que la conducta no debe implicar un beneficio inmediato para el instructor. Más en general, si la conducta de enseñanza supone un beneficio inmediato para el aprendiz y un costo para el instructor entonces constituiría un caso de conducta altruista, en cuyo caso la explicación de su evolución residiría en algún proceso de inversión parental, selección por parentesco, reciprocidad o selección de grupos (Dugatkin 2009; Rubenstein y Alcock 2019; Sober y Wilson 2000).

Entre los ejemplos potenciales de enseñanza popularmente conocidos se encuentra el caso de los felinos que llevan a sus cachorros alguna presa aún viva. Este caso ha sido estudiado para la cheetah o guepardo (Caro 1994). La hembra lleva presas vivas a su guarida y las libera en presencia de sus crías, al tiempo que emite las vocalizaciones que normalmente utiliza para llamarlas. Además, en las partidas de caza en las que llevan a las crías consigo las hembras corren más lentamente que lo habitual, permitiendo que sus crías las sobrepasen. Para poder afirmar con más certeza que estamos frente a un caso de enseñanza en el sentido de Caro y Hauser habría que demostrar, además, que las crías aprenden más rápidamente gracias a estas acciones maternas. En un estudio con suricatas (Thorton y McAuliffe 2006) se hallaron evidencias de todos los componentes de la definición de enseñanza de Caro y Hauser. Caro y Hauser (1992) distinguen dos formas de instrucción: enseñanza oportunista (*opportunity teaching*) y entrenamiento (*coaching*). En el primer caso, el instructor activamente ubica al aprendiz en una situación que conduce al aprendizaje de una nueva destreza o a la adquisición de una nueva información. En el segundo caso, en cambio, el instructor directamente modifica la conducta del aprendiz mediante premios o castigos. La mayoría de los casos conocidos corresponden al primer tipo de instrucción, pero, notablemente, el caso de las suricatas incluye ambos tipos de instrucción.

Lo importante es que cualquier especie cuyos individuos sean capaces de aprender a partir de la imitación o la copia y/o, mejor aún, sean capaces de enseñar, pueden, en principio, desarrollar alguna forma, aunque sea rudimentaria, de cultura. En general, los casos de transmisión social de información se dan entre padres e hijos (transmisión vertical). Sin embargo, este proceso también puede tener lugar entre pares (transmisión horizontal) o entre un adulto y un joven no descendiente (transmisión oblicua). En principio, el hecho de que el aprendizaje social en general, y la enseñanza en particular, no se limite a interacciones padres/hijos potenciaría el desarrollo de culturas.

Por supuesto, no debemos ignorar las diferencias entre la enseñanza en humanos y en otros animales. Sin embargo, el único componente que la definición de Caro y Hauser parecen dejar afuera es la intencionalidad. Y con respecto a esa cuestión no debemos olvidar que esa exclusión se lleva a cabo por razones más metodológicas que conceptuales: no tenemos elementos de juicio para negar que animales como las suricatas tengan conciencia e intencionalidad[7], pero sí para afirmar que en caso de tenerla sería casi imposible verificarlo empíricamente (al menos actualmente). Por eso, la constatación de que estos animales son capaces de enseñar (en el sentido de Caro y Hauser) deja totalmente abierta la posibilidad de que dichas conductas sean, en cierto grado al menos, acompañadas de estados intencionales.

### 4.3 Sin embargo, hay diferencias

A pesar de lo dicho, es evidente que la cultura humana tiene alguna particularidad que se expresa, al menos, en dos rasgos: su carácter acumulativo y el grado de variación (Pozo 2014, 206 y ss.). Peery (2009) menciona los siguientes rasgos diferenciales de la cultura humana: (a) mayor repertorio de variación cultural, (b) fuertes vínculos emocionales que ligan símbolos, artefactos y conductas a la identidad grupal, y presión moral para adecuarse a un conjunto de rasgos, (c) gran importancia de "marcadores étnicos" (rasgos arbitrarios que marcan la pertenencia al grupo). El mismo Tomasello enfatiza las diferencias y persiste en su intento de explicarlas. Así, Tomasello (2009; 2019) insiste en que la principal diferencia entre la cultura de los chimpancés y la de los humanos radica en que en este segundo caso la cultura es acumulativa y que, en muchos casos, se observa una complejidad acumulativa asociada al "efecto trinquete" (*ratchet effect*)[8].

---

[7] Dicho sea de paso, hay destacados autores que consideran que la conciencia también es una cuestión de grados, y que gradual fue su evolución (ver, por ejemplo, Dennett 1995b).

[8] El "efecto trinquete" se refiere a que se retienen innovaciones progresivas en relación con una misma conducta. La idea se basa en la analogía con el dispositivo mecánico que permite a un engranaje girar en un sentido, pero no en el contrario.

¿Cómo se explican estas diferencias? De acuerdo con Tomasello, las diferencias radican en los procesos de aprendizaje social, pero, tal como mencionamos, se trata de diferencias de grado. Para el caso específico de los chimpancés, este autor menciona cuatro diferencias: (1) en comparación con los humanos, los chimpancés se centran más en los resultados y propósitos que en las acciones, (2) la enseñanza tiene una importancia mucho mayor en el caso humano, (3) los humanos – a diferencia de los chimpancés – no solo imitan para adquirir mejores destrezas en situaciones instrumentales sino que también lo hacen por razones puramente sociales (esto asociado a una fuerte tendencia a ser como los otros), (4) las culturas humanas son persistentes, y no solo porque los niños tiendan a imitar sino también porque los adultos esperan y demandan que los niños se comporten de cierto modo (esta sería una dimensión normativa de la cultura humana ausente en el caso de los chimpancés). En trabajos posteriores Tomasello (2011; 2019) ha destacado el carácter cooperativo de la cultura humana (esto se relaciona con la cuestión de la enseñanza). La cultura de los chimpancés, en cambio, sería "explotadora" en el sentido de que los individuos aprenden de otros individuos que, tal vez, ni siquiera saben que están siendo observados. Notablemente – en relación con la cuestión del gradualismo – Tomasello sugiere una secuencia evolutiva según la cual sería la evolución de nuestra gran capacidad de cooperación la que habría convertido el aprendizaje social del estilo de los simios en cultura de tipo humano.

En relación con estas ideas de Tomasello, es posible que haya un creciente consenso sobre el hecho de que nuestra gran capacidad cooperativa sea una de las claves de las diferencias entre humanos y no humanos (Boyd 2018; De Waal 2014; Pagel 2013; Styx 2014; Tomasello 2011, 2019). Pero, nuevamente, la diferencia sería de grado, ya que las conductas cooperativas están ampliamente documentadas en animales no humanos (Dugatkin 2009). Una de las principales diferencias entre humanos y otros animales es que en el segundo caso la cooperación rara vez tiene lugar entre no parientes.

## 5. A modo de conclusión

En este trabajo reseñamos el debate sobre el gradualismo en evolución para concluir que no existen casos bien documentados de evolución auténticamente no gradual, esto es, saltacional. Tampoco existen, hasta donde alcanzamos a ver, razones teóricas inapelables para asumir la existencia de casos de saltación aún no identificados. La extinción de una especie puede ser no gradual, al igual que el origen de una nueva especie mediante ciertos procesos de especiación (principalmente, especiación simpátrica por poliploidía o por hibridación y poliploidía). El origen de una nueva especie también puede ser relativamente rápido (especiación peripátrica), aunque aún gradual. También el establecimiento de una relación mutualista puede no ser gradual, pero un nuevo organismo compuesto (por lo que antes eran los dos simbiontes) es otra cosa. Así, ni los equilibrios puntuados, ni la simbiogénesis, constituyen casos de evolución no gradual en un sentido no trivial.

En síntesis, las novedades biológicas, nuevos rasgos complejos y adaptativos o tipos de organismos muy diferentes de los ya existentes, hasta donde sabemos, solo surgen por la acumulación de numerosas variaciones, en gran medida conservadas por la selección natural. Sin embargo, las pretensiones de cuestionar el gradualismo persisten. En esa línea se han propuesto hipótesis no gradualistas para explicar el origen de algunas facultades mentales humanas. Ilustramos y discutimos esa línea de pensamiento a partir de las hipótesis chomskyanas sobre el origen del lenguaje. Luego presentamos algunas ideas centrales en relación con el estudio de la cultura en animales no humanos para mostrar cómo en ese terreno se pretendió ver un caso de discontinuidad insalvable entre humanos y no humanos, una diferencia cualitativa, una ausencia de formas intermedias en las especies actuales que sería compatible con una visión no gradualista de la evolución (ya comentamos que, en rigor, la ausencia de formas intermedias en el estado de un carácter en especies actuales y el eventual no gradualismo en la evolución de dicho rasgo no se implican mutuamente). Así, en algún momento, destacados investigadores sostuvieron que solo los humanos eran capaces de "verdadera" imitación y de enseñanza. Ambas pretensiones resultaron insostenibles y, según intentamos mostrar, y a pesar de que persisten arduos debates, el avance de la investigación empírica sobre la cultura animal fue llevando a reconocer que las diferencias entre la cultura animal y la específicamente humana son más cuantitativas que cualitativas. Este giro en el clima de opinión sobre este tema favorecería la recuperación de una mirada gradualista sobre la evolución de las facultades mentales humanas, de la cultura y, más en general, de la evolución toda.

Desde ya, no podemos afirmar – ni pretendemos hacerlo - la imposibilidad absoluta de la evolución auténticamente no gradual. Pero el peso de la prueba recae sobre quienes sostienen esa posibilidad y, por el momento, no han hecho la tarea.

Antes concluimos que, si reconocemos que el lenguaje parece diseñado en sus detalles para cumplir cierta función, entonces, estamos obligados a asumir que surgió gradualmente por selección natural. Y ese parece ser el caso. Concluimos este ensayo planteando una pregunta que, desde ya, no estamos en condiciones de responder ¿Es ese también el caso de la cultura? ¿Es la cultura un rasgo complejo y adaptativo? ¿Parece diseñado, en sus detalles, para cumplir una función específica? En tal caso, ¿cuál sería dicha función?

Numerosos autores (Boyd 2018) han señalado que la cultura sería la clave del éxito ecológico de *Homo sapiens*. En efecto, nuestra especie ha aumentado notablemente su población y ha ocupado prácticamente todo el planeta. En palabras de Boyd (2018, 20) "La clave de esta transformación es que los humanos nos adaptamos culturalmente, acumulando gradualmente información crucial para sobrevivir". Para que quede clara esta idea piense el/la lector/a qué probabilidades tendría de sobrevivir en la zona de los canales fueguinos, en el extremo sur de la Patagonia argentina, si hoy fuera dejado/a allí solo con lo puesto. Las temperaturas son bajísimas, casi no hay vegetación, y fuertes vientos castigan continuamente las costas. Si en vez de dejar sola a una persona, la dejáramos allí con diez amigos/as no cambiarían mucho sus probabilidades de sobrevivir. Sin embargo, allí prosperaron humanos, hasta que los colonos europeos les hicieron la vida imposible. Pues bien, ¿qué diferencia a aquellos humanos de nosotros? La respuesta es, por supuesto, la cultura. No la capacidad de producir cultura (en eso nos parecemos) sino la particular cultura que ellos/a tenían y nosotros/as no. Ellos/as, y no nosotros/as, tenían un bagaje de saberes compartidos que les permitirían sobrevivir en tan inhóspitos parajes. Boyd cuenta el caso del fatídico destino de una expedición lanzada en 1860 desde Melbourne hacia el interior de Australia: los expedicionarios, colonos ingleses, terminaron muy mal, pero en el camino se encontraron con saludables aborígenes australianos. Tal vez el lector/a esté pensando que, sin embargo, muchos/as de nosotros/as sí podríamos sobrevivir a esas experiencias si las abordáramos con el equipo adecuado (grandes vehículos con depósitos de agua, comida enlatada, etc.). Es cierto, y ese equipo también sería un regalo de nuestra cultura.

Sin embargo, para afirmar que la cultura es un rasgo adaptativo es necesario hilar más fino: ¿cuál sería la ventaja adaptativa específica derivada de la capacidad de crear cultura? No debería sorprendernos que, si no hay consenso al respecto sobre el lenguaje (para Pinker su función es la comunicación, para Chomsky el pensamiento), que *a priori* parece algo más específico, la cuestión sea muy poco evidente en el caso de la cultura. Creemos que, mientras no se muestre claramente que la cultura constituye una adaptación en el sentido ya mencionado, no podemos descartar la posibilidad de que sea una propiedad emergente, producto de un evento de "fulguración"[9].

Tomasello sugiere que primero fue la capacidad de aprendizaje social, luego la de cooperación, y luego el lenguaje ¿Será que la capacidad de producir cultura emerge inevitablemente cuando todas estas facultades específicas convergen en el cerebro de una criatura como nosotros? No lo sabemos. Pero, en tal caso ¿estaríamos ante un caso de evolución no gradual? En tal caso, no habría genes "para la cultura" (como sí parece haberlos en relación con el lenguaje, ver, por ejemplo, Bishop 2002 y Grahamn y Fisher 2015), no habría mutaciones específicas responsables de dicho rasgo, por lo que, de acuerdo con la definición habitual de evolución de la TSE (cambio transgeneracional en las proporciones de ciertos

---

[9] Hay que advertir, sin embargo, que tal posibilidad traería aparejados numerosos problemas conceptuales, ya que la noción de emergencia (y otras relacionadas como la de superveniencia) son objeto de arduos debates (ver, por ejemplo, McLaughlin y Bennett 2018; O'Connor 2020).

alelos), ni siquiera estaríamos ante un caso de evolución propiamente dicha. Con un concepto más amplio de evolución, como el defendido por Jablonka y Lamb (2013), sin embargo, sí estaríamos ante un caso de evolución, y hay que reconocer sería difícil calificarla de "gradual". Numerosas facultades habrían evolucionado gradual y darwinianamente, pero al converger habría emergido, de un modo súbito y no darwiniano, la capacidad de producir cultura. Desde ya, todo esto es muy especulativo, pero no es una posibilidad que podamos descartar.

Creemos que hasta que no comprendamos mejor los procesos psicológicos (especialmente lo que subyacen a los mecanismos de aprendizaje social) implicados en la innovación y transmisión cultural, así como los fundamentos genéticos y neurológicos de dichos procesos, será difícil evaluar en qué medida la cultura constituye un rasgo biológico por derecho propio, y no un mero emergente de otros rasgos (lenguaje, cooperación, teoría de la mente, etc.). Recién entonces, estaremos en condiciones de reevaluar todas las posibilidades aquí esbozadas en relación con su evolución y, más específicamente, si constituye, eventualmente, un caso de evolución gradual o no gradual.

También consideramos que será importante tener presente la noción de coevolución genético-cultural: es probable que las propiedades de la capacidad cultural humana actual sean en gran medida producto de un proceso de interacción entre versiones previas y más rudimentarias de la propia cultura y la evolución de base genética (Castro, López-Fanjul y Toro 2003; Laland 2018; Lumsden y Wilson 1985; Richerson y Boyd 2005; Richerson, Boyd y Henrich 2010; Wilson 1999). En este sentido, la idea de "efecto Baldwin" constituye un marco interesante para analizar esas posibles interacciones. Más específicamente, el efecto Baldwin podría haber acelerado notablemente la evolución de las facultades mentales que subyacen a la capacidad de producir cultura tal como hoy la conocemos (Pinker 2007, Pinker y Bloom 2013 y Sampedro 2004 sugieren que este efecto puede haber jugado un rol importante en la evolución del lenguaje). En relación con lo que nos ocupa en este texto, dicho efecto podría acelerar significativamente la evolución de la capacidad cultural sin convertirla en un proceso no gradual. La consideración de esta interacción permitirá, además, relacionar los modos en que evoluciona el sustrato biológico (selección natural) con los modos en que evoluciona la cultura (memética, epidemiología de las representaciones, etc.) (Blackmore 2000; Sperber 2005). En este sentido, se desdibuja la relación entre la evolución de la cultura en el sentido del origen de la capacidad de producirla con la evolución de la cultura en el sentido de cómo cambia el acervo cultural.

En cualquier caso, y por el momento, creemos que, metodológicamente, asumir hipótesis continuistas sobre los rasgos actuales (las diferencias entre humanos y no humanos son de grado) e hipótesis gradualistas sobre su evolución (dichos rasgos surgieron por la acumulación de gradual de variaciones menores y a través de numerosos estadios intermedios) es teóricamente más sólido y heurísticamente más fructífero.

## Referencias bibliográficas

Berwick, R. y Chomsky, N. (2016). *¿Por qué solo nosotros? Evolución y lenguaje*. Barcelona: Kairós.

Bishop, D. (2002). Putting language in perspective. *Trends in Genetics, 18*(2), 57-59.

Blackmore, S. (2000). *La máquina de los memes*. Barcelona: Paidós.

Bloom, P. (2002). Evolución del lenguaje. En R. Wilson y F. Keil (Eds.), *Enciclopedia MIT de ciencias cognitivas* (Vol. 1, pp. 518-519). Madrid: Editorial Síntesis.

Boyd, R. (2018). *Un animal diferente. Cómo la cultura transformó nuestra especie*. Madrid: Oberon.

Calvin, W., Bickerton, D. (2001). *Lingua ex Machina. La conciliación de las teorías de Darwin y Chomsky sobre el cerebro humano*. Barcelona: Gedisa.

Caro, T. (1994). *Cheetahs of the Serengeti Plains*. Chicago: Chicago University Press.

Caro, T., Hauser, M. (1992). Is there teaching in nonhuman animals? *The Quarterly Review of Biology, 67*(2), 151-74.

Castro, L., López-Fanjul, C., Toro, M. (2003). *A la sombra de Darwin. Las aproximaciones evolucionistas al comportamiento humano*. Madrid: Siglo XXI.

Colell Mimó, M., Segarra Castells, M. (1997). Conducta cultural. En F. Peláez del Hierro y J. Vea Beró (Eds.), *Etología. Bases biológicas de la conducta animal y humana* (pp. 157-186). Madrid: Pirámide.

Dawkins, R. (2009). *El espejismo de Dios*. Madrid: Espasa.

Dawkins, R. (2015). *El relojero Ciego*. Barcelona: Tusquets.

De Waal, F. (2002). *El simio y el aprendiz de suchi. Reflexiones de un primatólogo sobre la cultura*. Barcelona: Paidós.

De Waal, F. (2014). Raíces del espíritu cooperativo. *Investigación y Ciencia, 458*, 55-57.

De Waal, F. (2016). *¿Tenemos suficiente inteligencia para entender la inteligencia de los animales?* Barcelona: TusQuets.

Dennett, D. (1995a). *La peligrosa idea de Darwin*. Barcelona: Galaxia Gutenberg.

Dennett, D. (1995b). *La conciencia explicada. Una teoría interdisciplinaria*. Barcelona: Paidós.

Dugatkin, L. (2009). *Principles of Animal Behavior*. Nueva York: W. W. Norton & Company.

Eldredge, N., Gould, S. (1972). Punctuated equilibria: an alternative to phyletic gradualism. En T. Schopf (Ed.), *Models in paleobiology* (pp. 82-115). San Francisco: Freeman, Cooper & Co.

Fossey, D. (1994). *Gorilas en la niebla*. Barcelona: Salvat.

Futuyma, D., Kirkpatrick, M. (2018). *Evolution*. Nueva York: Sinauer.

Galdikas, B. (2013). *Reflejos del Edén. Mis años con los orangutanes de Borneo*. La Rioja: Pepitas de calabaza.

Gardner, H. (1989). *La nueva ciencia de la mente. Historia de la revolución cognitiva*. Barcelona: Paidós.

Goodall, J. (1986). *En la senda del hombre*. Barcelona: Salvat.

Goodall, J. (1994). *A través de la ventana*. Treinta años estudiando a los chimpancés. Barcelona: Salvat.

Gould, S. (1994a). De neumáticos a sandalias. En S. Gould, *Ocho cerditos. Reflexiones sobre historia natural* (pp. 297-310). Barcelona: Crítica.

Gould, S. (1994b). La evolución de la vida en la Tierra. *Investigación y Ciencia*, 219, 36-45.

Grahman, S., Fisher, S. (2015). Understanding Language from a Genomic Perspective. *Annual Review of Genetics*, 49, 131-160.

Helfman, G., Collett, B., Facey, D., Bowen, B. (2009). *The Diversity of Fishes. Biology, Evolution and Ecology*. Oxford: Wiley-Blackwell.

Heyes, C. (1994). Social learning in animal. Categories and mechanisms. *Biological Reviews of the Cambridge Philosophical Society*, 55, 39-46.

Jablonka, E., Marion, L. (2013). *Evolución en cuatro dimensiones. Genética, epigenética, comportamiento y variación simbólica en la historia de la vida*. Buenos Aires. Capital Intelectual.

Kroeber, A., Kluckhohn, C. (1952). *Culture: a critical review of concepts and definitions*. Cambridge: Harvard University Press.

Laland, K. (2018). Así nos convertimos en un animal diferente. La evolución de nuestra excepcionalidad. *TEMAS (Investigación y Ciencia)*, 87, 13-19.

Laland, K., Galeff, B. (2009). *The question of animal culture*. Londres: Harvard University Press.

Laland, K., Janik, V. (2006). The animal cultures debate. *Trends in Ecology and Evolution*, *21*(10), 542-547.

Lane. N. (2016). *La cuestión vital*. Barcelona: Ariel.

Lockwood, C., Kimbel, W., Johanson, D. (2000). Temporal trends and metric variation in the mandibles and dentition of Australopithecus afarensis. *Journal of Human Evolution*, *39*(1), 23-55.

Lorenz, K. (1974). *La otra cara del espejo*. Barcelona: Plaza & Janés.

Lumsden, C., Wilson, E. (1985). *El fuego de Prometeo. Reflexiones sobre el origen de la mente*. México: Fondo de Cultura Económica.

Margulis, L., Sagan, D. (2003). *Captando genomas. Una teoría sobre el origen de las especies*. Barcelona: Kairós.

Mayr, E. (1988). *Toward a new philosophy of biology*. Cambridge: Harvard University Press.

Mayr, E. (2002). Prólogo. En L. Margulis y D. Sagan (Eds.), *Captando genomas. Una teoría sobre el origen de las especies* (pp. 13-17). Barcelona: Kairós.

McGrew, W. (2009). Ten Dispatches from the Chimpanzee Culture Wars. En K. Laland y G. Bennet (Eds.), *The Question of Animal Culture* (pp. 41-69). Cambridge: Harvard University Press.

McLaughlin, B., Bennett, K. (2018). Supervenience. En E. Zalta (Ed.), *The Stanford Encyclopedia of Philosophy*. https://plato.stanford.edu/archives/win2018/entries/supervenience/

Morando, M., Ávila, L. (2009). Entrevista a Niles Eldredge. *Ciencia Hoy*, *113*(19), 36-42.

O'Connor, T. (2020). Emergent Properties. En E. Zalta (Ed.), *The Stanford Encyclopedia of Philosophy*. https://plato.stanford.edu/archives/fall2020/entries/properties-emergent/

Pagel, M. (2018). La lingüística y la evolución del lenguaje humano. En J. Losos y R. Lenski (Eds.), *Cómo la evolución configura nuestras vidas. Ensayos sobre biología y sociedad* (pp. 407-428). Barcelona: Biblioteca Buridan.

Pagel, M. (2013). Adaptados a la cultura. *Mente y Cerebro*, 60, 22-26.

Perry, S. (2009). Are nonhuman primates likely to exhibit cultural capacities like those of humans? En K.N. Laland y B.G. Jr. Galef (Eds.), *The Question of Animal Culture* ( pp 247-268). Harvard University Press, Cambridge/MA.

Perfectti, F. (2002). Especiación: modos y mecanismos. En M. Soler (Ed.), *Evolución. La base de la biología* (pp. 307-321). Granada: Proyecto Sur de Ediciones.

Pinker, S. (2007). *El instinto del lenguaje*. Madrid: Alianza.

Pinker, S., Bloom, P. (2013). Natural Language y Natural Selection. En S. Pinker (Ed.), *Language, Cognition and Human Nature*. Oxford: Oxford University Press. p. 110-159.

Pozo, I. (2014). *Psicología del aprendizaje humano. Adquisición de conocimiento y cambio personal*. Madrid: Morata.

Richerson, P., Boyd, R. (2005). *Not by Genes Alone. How Culture Transformed Human Evolution*. Chicago: The University of Chicago Press.

Richerson, P., Boyd, R., Henrich, J. (2010). Gene-culture coevolution in the age of genomics. *Proceedings of the National Academy of Sciences, 107*(Supplement 2), 8985-8992.

Ridley, M. (2004). *Evolution*. Malden: Blackwell.

Rubenstein, D., Alcock, J. (2019). *Animal Behavior*. Nueva York: Sinauer Associates.

Salgado, L., Arcucci, A. (2016). *Teorías de la evolución: Notas desde el sur*. Viedma: Universidad Nacional de Río Negro.

Sampedro, J. (2004). *Deconstruyendo a Darwin. Los enigmas de la evolución a la luz de la nueva genética*. Barcelona: Crítica.

Schaeffer, J. M. (2009). *El fin de la excepción humana*. Buenos Aires: Fondo de Cultura Económica.

Sober, E., Wilson, D. (2000). *El comportamiento altruista. Evolución y psicología*. Madrid: Siglo XXI.

Sperber, D. (2005). *Explicar la cultura. Un enfoque naturalista*. Madrid: Morata.

Sterelny, K., Griffiths, P. (1999). *Sex and Death. An Introduction to Philosophy of Biology*. Chicago: The University Chicago Press.

Styx, G. (2014). La pequeña gran diferencia. *Investigación y Ciencia*, 458, 58-65.

Thorton, A., McAuliffe, K. (2006). Teaching in wild meerkats. *Science*, 313, 227-229.

Tomasello, M. (1994). The question of chimpanzee culture. En R. Wragham, W. McGrew, F. de Waal y P. Heltne (Eds.), *Chimpanzee cultures* (pp. 301-317). Cambridge: Harvard University Press.

Tomasello, M. (2009). The Question of Chimpazee Culture, plus Postcript. En K. Laland y G. Bennet (Eds.), *The Question of Animal Culture* (pp. 198-221). Cambridge: Harvard University Press.

Tomasello, M. (2011). Human culture in evolutionary perspective. En M. Gelfand, C. Chiu y Y. Hong (Eds.), *Advances in culture y psychology* (Vol. 1, pp. 5-51). Nueva York: Oxford University Press.

Tomasello, M. (2019). *Una historia natural del pensamiento humano*. Santiago: Ediciones Universidad Católica de Chile.

Wilson, E. (1999). *Consilience. La unidad del conocimiento*. Barcelona: Galaxia Gutenberg/Círculo de Lectores.

Wood, B. (Ed.) (2011). *Wiley-Blackwell Encyclopedia of Human Evolution*. Oxford: Wiley-Blackwell.

Wood, B., Wood, C., Konigsberg, L. (1994). Paranthropus boisei – an example of evolutionary stasis? *American Journal of Physical Anthropology*, 95, 117-36.

## La Antropología Filosófica frente al factum de la evolución

### Rodrigo Sebastián Braicovich*

### 1. Introducción

El disparador inicial de las páginas que siguen radica en un interrogante que inevitablemente enfrentan quienes están interesados en comprender el ser del hombre pero parten, al mismo tiempo, del presupuesto de que el *homo sapiens* es el resultado de una historia evolutiva: si la evolución es un *factum* que configura en un sentido importante el ser del hombre ¿debería la Antropología Filosófica [AF] quedar eventualmente reducida a la Antropología Biológica [AB]? Este interrogante, personal, específico y quizás excesivamente dicotómico, suele inaugurar en forma sistemática las reflexiones de quienes que se dedican a la AF bajo esta otra forma más cautelosa: ¿pueden las ciencias positivas contribuir a los objetivos de la AF? ¿Puede, en particular, el estudio del pasado evolutivo de nuestra especie contribuir a la comprensión de aquello que la AF intenta dilucidar, a saber, "el ser del hombre"? Inicialmente al menos, la respuesta a todas estas preguntas depende de cuáles entendamos que sean los objetivos de la AF o, alternativamente, de qué entendamos por "el ser del hombre". Si suponemos, en efecto, que el "ser del hombre" se vincula con cierta dimensión espiritual que nada debe a procesos evolutivos o que su dimensión biológica es irrelevante para la explicación de eso en lo que consiste 'ser hombre', es claro que las investigaciones provenientes de la AB serán consideradas como carentes de todo interés para la AF. Es cierto que han pasado más de dos décadas desde que los discursos acerca de la dimensión espiritual del hombre han desaparecido en forma casi absoluta de la escena de la

---

* Investigador Independiente (CONICET). Doctor en Humanidades y Artes mención Filosofía (UNR). Postdoctorado del Programa de Postdoctoración de la Universidad Nacional de Rosario (UNR), Argentina. Profesor Titular de Introducción a la Filosofía y las Ciencias Sociales (Facultad de Derecho, UNR). Profesor Titular de Antropología Filosófica (UNR). Jefe de Trabajos Prácticos de *Historia de la Filosofía Antigua* (UNR). Director del *Centro de Estudios (Filosóficos) Postdisciplinarios* (UNR). Director de la revista *Cuadernos Filosóficos* (UNR). Email: rbraicovich@gmail.com

AF. Como veremos enseguida, sin embargo, no es la alternativa dualista (platónico-cartesiana) la única que conduce a considerar el diálogo entre la AF y la AB como una relación improductiva.

Como intentaré mostrar en la segunda sección, en efecto, una corriente importante -virtualmente hegemónica- en los desarrollos contemporáneos de la AF, aboga abiertamente por desatender las investigaciones provenientes de ámbitos como la AB por considerar que aun siendo la evolución por selección natural un hecho irrefutable en la conformación del presente de nuestra especie, el proceso evolutivo no ha producido marcas estructurales en la vida anímica del hombre y se vuelve, en consecuencia, inesencial para los objetivos de la AF. En la tercera sección intentaré exponer algunas de las razones que han contribuido, desde las propias ciencias positivas dedicadas al estudio del hombre, a obstaculizar el diálogo entre la AF y la AB, enfatizando particularmente una serie de crisis teóricas que se han dado en las últimas décadas en relación con los marcos teóricos sobre los que se suponía que dicho diálogo debía construirse. A pesar de la profundidad de las crisis señaladas, sugeriré en la cuarta sección que existen razones para creer que el diálogo con las ciencias positivas no puede ser desterrado de los objetivos de la AF, y que la crisis actual debe ser vista como el inicio de una renovación de la AB que se aleje de las sendas antropocéntricas que transitó en momentos claves de su historia reciente. Argumentaré asimismo que la búsqueda del ser del hombre a la luz de su pasado evolutivo posee muchas más consecuencias para la AF que las que tradicionalmente se admiten y, en la última sección, esbozaré algunas reflexiones en torno a los presupuestos y consecuencias de una AF post-darwinista.

## 2. El objeto de la Antropología Filosófica

La pregunta por la relación entre la AF y la AB que plantee anteriormente como eje articulador, no fue en rigor planteada en esos términos exactos por las primeras generaciones de filósofos dedicados a la AF: para Scheler el interrogante a responder tenía que ver con la relación entre la AF y las disciplinas que estudian al hombre desde una perspectiva biológica y evolutiva; para Gehlen y Landmann lo era el diálogo entre la AF y la "antropología física"; para Groethuysen, con la "ciencia del hombre"; para Buber, con la "antropología como ciencia". Esta falta de homogeneidad atestigua, por un lado, el carácter dinámico mediante el cual el estudio del hombre desde una perspectiva científica se fue constituyendo como disciplina autónoma, y, por otro lado, el carácter lento y dispar de la difusión de la AB como disciplina consolidada. Aún así, la pregunta que atravesaba las reflexiones de todos estos autores era la misma: ¿puede el estudio científico del hombre como especie contribuir a una comprensión del "ser del hombre" o, alternativamente, de la "diferencia antropológica"?

Como adelantaba anteriormente, esta pregunta se halla determinada fundamentalmente por qué entendamos exactamente por "el ser del hombre": podemos considerar con Heidegger, por ejemplo, que el ser del hombre es algo que escapa por completo a las investigaciones de tipo empírico, dado que éstas consideran al hombre como una más de las especies de organismos vivos[1]. En tal caso, no sólo la AB sino ninguna de las ciencias restantes que estudian las distintas dimensiones del hombre (como la neurociencia cognitiva o la psicología experimental) tendrá algo que aportar a la búsqueda del ser del hombre, una búsqueda que es, en esencia, virtualmente supratemporal, en la medida en que su objeto de interés es hermético respecto de los desarrollos científicos. Aristóteles y San Agustín, desde esta perspectiva, no se hallaban en peores condiciones para perseguir con éxito los objetivos de la AF, dado que los avances en la comprensión del pasado evolutivo de nuestra especie, o en la comprensión de nuestra arquitectura cerebral, son absolutamente irrelevantes para comprender la diferencia antropológica. En suma, "qué sea el hombre" no es, para Heidegger, algo que pueda ser respondido a partir del estudio de su historia evolutiva, y no porque las investigaciones de las ciencias positivas no alcancen a abarcar la complejidad del fenómeno de lo humano, sino porque la pregunta por el ser del hombre es una pregunta que transita caminos completamente distintos.

Heidegger no se encuentra solo en esto: similarmente escéptico respecto de la necesidad de construir la AF sobre el diálogo con la AB -o con las ciencias positivas en general- se muestra Landmann, quien afirma que tanto la AB (que ha "usurpado" el título de 'antropología') como la Antropología Etnográfica, presuponen ya el "conocimiento de lo que el hombre es, e investigan simplemente sus caracteres exteriores o sus obras culturales" (Landmann 1961, 3). Desde esta perspectiva, la relación entre la AF y la AB no es de interacción o de construcción conjunta, sino más bien de prioridad lógica de aquella respecto de ésta: la AB presupone que su objeto de estudio ya haya sido definido con precisión por la AF *antes* de comenzar su investigación. La AF, en otras palabras, realiza la tarea de definir lo que luego será el objeto de estudio de la AB, y ésta no puede comenzar hasta que aquella no ha concluido. Más importante aún para lo que nos ocupa en estas páginas: una vez que la AF ha concluido su búsqueda de la "naturaleza fundamental del ser del hombre", la AB ya no nada tiene para aportar al respecto.

La actitud heideggeriana ante las ciencias positivas, cabe aclararlo, representa una actitud relativamente infrecuente entre los filósofos dedicados a la AF (con la excepción de M. Buber y B. Groethuysen), y más infrecuente aun ha sido la postura de Landmann, la cual presupone que la AF puede, efectivamente, arribar

---

[1] "En ninguna época se ha sabido tanto y tan diverso con respecto al hombre como en la nuestra. En ninguna época se expuso el conocimiento acerca del hombre en forma más penetrante ni más fascinante que en ésta. Ninguna época, hasta la fecha, ha sido capaz de hacer accesible este saber con la rapidez y facilidad que la nuestra. Y, sin embargo, en ningún tiempo se ha sabido menos acerca de lo que el hombre es. En ninguna época ha sido el hombre tan problemático como en la actual." (Heidegger 2014, 241).

a una definición estática de la naturaleza del hombre, en lugar de considerarla como una construcción flexible y dinámica. Más frecuente ha sido, en cambio, la postulación de una *relación arquitectónica* entre la AB y la AF, que otorga a esta última una función de integración y totalización de las investigaciones realizadas por aquella. Tal es el caso, paradigmáticamente, de Gehlen (quien sostiene que la tarea de la AF consiste precisamente en realizar una articulación de las investigaciones parciales acerca del hombre realizadas por las ciencias positivas, dotando a dichas investigaciones de sentido — un sentido que ellas solas no pueden otorgarle sin la ayuda de la AF; Gehlen 1993, 167-169), y de Choza (quien admite que las ciencias positivas pueden contribuir a la comprensión de lo humano, pero que la complejidad esencial del ser humano solo puede ser captada a través de la tarea reflexiva que la AF realiza sobre los aportes de dichas ciencias; Choza 1988, 17-20).

El postulado de la relación arquitectónica entre la AF y la AB ha encontrado numerosos adeptos entre quienes se dedican a la primera, al menos al momento de declarar programáticamente los objetivos generales de la AF. A pesar de ello, y a pesar de que no es infrecuente encontrar declaraciones respecto de la necedad que representaría hoy en día pretender construir una AF a espaldas de las investigaciones más recientes en el ámbito de las ciencias positivas (vg., Morey 1987, 17; Parellada Redondo 2007, 351), lo cierto es que el diálogo efectivo entre la AF y la AB no pasa, en general, de ser más que una promesa a futuro. ¿A qué se debe esto? Creo que existen dos razones fundamentales: una de ellas, sobre la que volveré más tarde, consiste en la inexistencia de un modelo teórico que permita articular en forma convincente las investigaciones realizadas en disciplinas como la etología cognitiva, la primatología, y la AB. La segunda razón se vincula con lo que podríamos denominar la *tesis de la irrelevancia de la selección natural*, la cual consiste en admitir (o, cuanto menos, no cuestionar explícitamente) la validez de la evolución por selección natural para explicar el surgimiento y desarrollo de nuestra especie, pero, al mismo tiempo, afirmar que el mecanismo de la selección natural no alcanza a tocar a aquello que es objeto de interés para la AF.

Una formulación sintética de dicha tesis podría afirmar lo siguiente: teniendo en cuenta los desarrollos de la biología, la paleoantropología y la AB, parece indudable, o al menos altamente probable, que la constitución fisio-neurológica del *homo sapiens* sea el resultado de una infinidad de procesos de selección natural y que, por lo tanto, su constitución morfológica no pueda ser comprendida sino es a la luz de la evolución. Sin embargo, dicho proceso evolutivo no ha dejado marcas específicas directas en la forma en la que el hombre interpreta la realidad e interactúa con ella — todo lo cual puede ser explicado únicamente recurriendo a estructuras invariantes de la psiquis humana que nada deben al proceso evolutivo. Los procesos de selección natural, en otras palabras, han seleccionado el tamaño del cerebro y su arquitectura general, pero no han determinado contenido alguno (ya sea a nivel de pulsiones, tendencias, hábitos, módulos psicológicos, etc.) que configure en forma precisa y universal el modo específico de "ser en el mundo" que interesa a la AF desentrañar.

Particularmente significativo parece ser el hecho de que la tesis de la irrelevancia es coextensiva con la historia de la AF como disciplina autónoma, dado que es precisamente en la obra fundadora de la misma en donde encontramos una primera adhesión tácita a dicha tesis. En la conferencia titulada *El puesto del hombre en el cosmos* (publicada en 1927), en efecto, Scheler propone un análisis de "la estructura fundamental del ser humano" (Scheler 1938, 173) que parte de la constatación de los posibles puntos de contacto entre la vida anímica del sujeto y la de otros primates, lo cual lo lleva a realizar un relevamiento de los caracteres morfológicos compartidos con otras especies, pero concluye con la postulación de que el mecanismo de constitución de la subjetividad específicamente humana se produce a partir de la energía almacenada por cada acto de renuncia a los datos de los sentidos, acto que deriva en la "transformación de la energía impulsiva en actividad 'espiritual'" (Scheler 1938, 122). Si bien es cierto que el tono y el vocabulario al que recurre el autor para explicar la diferencia antropológica se explica por el contacto con los modelos vitalistas que atravesaban el discurso médico del primer cuarto del siglo XIX, también es cierto que todo posible contacto con la AB como disciplina científica se ha perdido ya por completo hacia el final del viaje en el cual se embarca Scheler, y el diálogo esbozado al inicio del mismo con la AB termina mostrándose como una mera excusa para señalar su absoluta irrelevancia al momento de comprender el ser del hombre. Aún desde su cristianismo inicial (que devendrá luego en un misticismo no denominal), Scheler parece dispuesto a admitir el carácter evolucionado[2] del hombre, lo cual lo lleva a explicar los niveles que dan forma a la *scala naturae* que culmina en el hombre sobre la base de consideraciones provenientes de la biología y la antropología evolutiva. Pero la concesión al evolucionismo se detiene allí: llegado el momento de explicar en dónde radica la diferencia antropológica, Scheler (tal como lo harán numerosos filósofos posteriores) abandona la consideración naturalista de las estructuras compartidas con otras especies, y recurre a un abordaje esencialmente filosófico (en su caso específico: fenomenológico) e impermeable a las investigaciones de

---

[2] En lo sucesivo utilizaré el término 'evolucionado' como equivalente del uso tradicional aglosajón del término '*evolved*', es decir, en referencia a un organismo o rasgo que ha sido objeto de la selección natural. Este sentido se limita a señalar que un determinado organismo o rasgo posee una historia evolutiva (lo cual implica que no existe desde toda la eternidad, sino que tiene un origen histórico), y que ese origen histórico se vincula, directa o indirectamente, con determinadas características adaptativas. En modo alguno implica tal uso una ponderación positiva del organismo o del rasgo en cuestión, connotación que suele tener en nuestro idioma el término 'evolucionado', producto en parte de una mala interpretación de la teoría de la evolución por selección natural que asume la existencia de una linealidad jerárquica en el desarrollo evolutivo, en lugar de un mero criterio de señalamiento de características adaptativas.

tipo empírico, concluyendo, contra Darwin, que las diferencias entre el *homo sapiens* y sus parientes más cercanos no son meramente de grado: el hombre tiene acceso a una dimensión que lo distingue respecto de cualquier otra especie, la del 'espíritu', que no puede ser considerada como producto de un proceso evolutivo gradual, y que determina su distancia respecto del mundo y, al mismo tiempo, su apertura ante el mismo[3].

Hay en todo esto tres interrogantes que Scheler no aborda: en primer lugar, si ese mismo 'hallarse abierto al mundo' que es propio del hombre no es un producto de la evolución; en segundo lugar, si la evolución no ha dejado al menos marcas sutiles pero concretas en ese tipo de 'estar ante el mundo' que es propio solamente del hombre; por último, si esa actitud ante el mundo que representa la diferencia antropológica no es, en realidad, un mosaico compuesto de elementos ya presentes en otras especies. Es claro, desde ya, que en caso de haberse hecho tales preguntas, el estado todavía incipiente de desarrollo de la AB habría impedido hallar respuestas a las mismas. Podemos preguntarnos entonces: ¿ha cambiado sustancialmente la situación casi un siglo después de la publicación de *El puesto del hombre en el cosmos*? ¿Se encuentra finalmente la AB en condiciones de aportar elementos para responder a tales interrogantes? En la tercera sección sugeriré que solo parcialmente; y mucho menos de lo que varios etólogos, filósofos y psicólogos estarían dispuestos a admitir.

## 3. Los aportes de las ciencias positivas a la comprensión del fenómeno humano

Las investigaciones actuales procedentes de las ciencias vinculadas con el estudio del pasado evolutivo del ser humano (AB, paleoantropología, arqueología cognitiva, neuroanatomía comparada, etc.) aspiran casi exclusivamente a contribuir con la comprensión de ciertos patrones generales de la socialidad humana (tal como los patrones de migración y asentamiento, el surgimiento de las tendencias mutualistas o cooperativas, o la formación de alianzas en los conflictos inter e intracomunitarios), del surgimiento del lenguaje como herramienta de comunicación/coordinación intersubjetiva, y del desarrollo gradual de las actua-

---

[3] Aun cuando la obra de Scheler ha caído hace ya tiempo en el olvido (junto con la de sus discípulos más inmediatos, Plessner y Gehlen), su forma general de proceder ante la AB es paradigmática dentro de la disciplina, en la medida en que adelanta, como he señalado, la tesis de la irrelevancia de la selección natural. Cabe señalar, a modo de ejemplo, la obra de Choza, la cual pretende construirse (como lo hace la de San Martín Sala) sobre un diálogo sistemático con la AB, a la cual dedica buena parte de su Manual de Antropología Filosófica: es allí donde, luego de una extensa, precisa y detallada reconstrucción del proceso evolutivo de la hominización (que compendia las investigaciones más actuales al momento de la escritura del libro), concluye que "en el hombre [la] indeterminación del comportamiento es casi total, y es suplida por lo que se pueden llamar patrones no biológicos [i.e., culturales] de comportamiento" (Choza 1988, 141), y que "no hay para el hombre patrones biológicamente determinados de conducta, [sino] que ha de inventarlos" (Choza 1988, 147).

les capacidades cognitivas de nuestra especie, nada de lo cual parece contribuir específicamente con los objetivos tradicionales de la AF. Las razones de esto pueden ser rastreadas, a mi juicio, hasta dos factores fundamentales, vinculables entre sí pero, al menos en principio, independientes.

El primero de ellos consiste en una tendencia presente en la AB hacia lo que podemos denominar la *hipótesis de la flexibilidad,* la cual sostiene que el rasgo adaptativo principal que caracterizaría al orden de los primates es la capacidad de adecuarse a escenarios evolutivos nuevos y cambiantes (lo cual deriva, por supuesto, de un incremento general en las capacidades cognitivas, producto, a su turno, de modificaciones graduales de su arquitectura cerebral). Como han demostrado numerosas investigaciones de las últimas décadas en primatología, en efecto, si hay algo que caracteriza la socialidad de los primates es su variedad y su adaptación al entorno específico en el que cada comunidad se desarrolla: si bien es cierto, por ejemplo, que se pueden establecer tendencias conductuales generales que atraviesan en forma transversal buena parte de las comunidades de chimpancés estudiadas hasta el momento, también es cierto que la modalidad específica que adopta la dinámica social entre dichas comunidades depende marcadamente de cada comunidad, de su tamaño, de los patrones de fusión-fisión que las caracterizan y, fundamentalmente, del entorno en que se asienta la comunidad (en términos de recursos, geografía, proximidad con otros grupos, etc.). Más aún: la dinámica social que caracteriza a las comunidades de chimpancés en cautiverio presenta marcadas diferencias estructurales con las comunidades libres, lo cual evidencia la fuerte plasticidad conductual de los chimpancés, antes que su carácter de animales conductualmente "fijados" (para utilizar un término nietzscheano). Las consecuencias de la eventual adopción de la hipótesis de la flexibilidad por parte de la comunidad académica parecen ser devastadoras para el diálogo entre la AB y la AF, dado que dicha hipótesis parece condenar al fracaso toda pretensión de explicar la conducta humana a partir del pasado evolutivo de nuestra especie y del orden al cual pertenecemos, devolviéndonos, por una vía insospechada, a la tesis de la irrelevancia.

La segunda razón que ha contribuido a obstaculizar el diálogo entre la AF y la AB radica, a mi entender, en una sucesión de crisis teóricas que se han producido en relación con ciertos modelos explicativos que habían adquirido cierta hegemonía durante el último cuarto del siglo XX al momento de pensar los aportes de las ciencias positivas a la comprensión del ser del hombre. La más notoria de dichas crisis fue, claro está, la de la sociobiología y de buena parte de la psicología evolucionista[4], y, vinculada con esta última en particular, la crisis generalizada de las concepciones modulares de la mente, la cual ha venido siendo acompañada en las últimas dos décadas por un llamado a retornar a una concepción del cerebro

---

[4] Para una critica general de los métodos y conclusiones de ambos abordajes, cf. Buller 2005; Dupré 2001; Rose y Rose 2010.

humano como un mecanismo de resolución de problemas de dominio general (es decir, de procesamiento distribuido, en lugar de modular: Fox y Friston 2012; Lindquist y Barrett 2012; Oosterwijk et al. 2012; Thagard y Schröder 2015; Kaskan et al. 2005; Glascher et al. 2010; Prinz 2006). Pero la sociobiología y la psicología evolucionista, junto con sus pretensiones de explicar la parte más sustancial y relevante de la conducta humana a través de conceptos como *kin selection*, *adaptive fitness*, etc., no fueron los únicos grandes relatos que entraron en crisis con la llegada del nuevo siglo: los célebres intentos de De Waal (1996; 2006), por ejemplo, de derivar el sentido de justicia humano a partir de ciertas tendencias supuestamente presentes en otras especies de primates (construyendo una narrativa tan ambiciosa y frágil como las de la psicología evolucionista cuyos riesgos y excesos él mismo criticaba en De Waal, 2002) empezaron a tambalear una vez que los experimentos sobre los que se apoyaban comenzaron a ser analizados desde hipótesis alternativas[5], así como sucedió con sus sugerencias previas de que era posible construir una nueva *Realpolitik* partiendo de un análisis comparativo de las dinámicas de competencia y alianzas evidenciadas en otras especies de primates (De Waal 1983). La crisis más reciente, y quizás la más dramática, es la que atraviesa el modelo de las emociones básicas desarrollado fundamentalmente a partir de las investigaciones de Paul Ekman, un modelo que prometía tender puentes precisos y definitivos entre la vida anímica de nuestra especie y la de otras especies de animales no humanos no limitadas al orden de los primates (Barrett 2017; Barrett y Russell 2015; Brooks et al. 2017; Lindquist 2013; Lindquist et al. 2012, 2016)[6].

## 4. El diálogo entre la Antropología Filosófica y las ciencias positivas

Ahora bien: si la hipótesis de la flexibilidad, como sugería anteriormente, parece reforzar el presupuesto de los filósofos que se mostraban partidarios de la

---

[5] Esto no impide, no obstante, que se haya seguido recurriendo acríticamente a sus investigaciones iniciales para construir ambiciosos modelos explicativos como el propuesto, por ejemplo, por Bekoff y Pierce 2009.

[6] El carácter todavía necesariamente incipiente de la posibilidad de integrar los datos de las ciencias positivas en la consideración del ser del hombre ya había sido advertido por Mosterín: "A lo largo de la Historia, la antropología filosófica ha sido una empresa prematura, dada la ausencia de datos y conocimientos sobre la naturaleza humana en los que basar la reflexión. [...] Un libro realmente satisfactorio sobre la naturaleza humana solo podrá ser escrito dentro de cien años, cuando conozcamos mucho mejor las funciones de nuestros genes y el funcionamiento de nuestro cerebro." (Mosterín 2011, 13-14). La diferencia entre el escenario que vislumbraba en ese momento Mosterín y el que intento esbozar aquí, sin embargo, es esencial: mientras que Mosterín alude al carácter incipiente de las integración entre AF y AB, y considera que la hoja de ruta se encuentra ya firmemente establecida, lo que intento señalar es que, por el contrario, hoy nos encontramos discutiendo cuál debería ser la nueva hoja de ruta, una vez que aquella en la que el propio Mosterín confiaba se ha revelado como plagada de contradicciones, caminos sin salida y falsas promesas.

tesis de la irrelevancia, las crisis que acabo de señalar ha contribuido aún más a obstaculizar el diálogo entre la AF y la AB, en la medida en que han dejado a los filósofos interesados en realizar un análisis científicamente informado del ser del hombre, desprovistos de los modelos más importantes que hasta el momento habían tenido a su disposición para integrar en sus reflexiones los resultados de las investigaciones realizadas en el ámbito de la AB, la primatología, la neuroanatomía comparada, etc.

¿Significa esto que debemos abandonar por completo todo intento de construir un diálogo de ese tipo? ¿Debemos concluir que, sea por una convicción lógica o por falta de un modelo teórico que permita ensayar la integración propuesta, la AF debe continuar su camino a espaldas de las investigaciones de las ciencias positivas? Seguramente habrá, por supuesto, quien considere que el hecho de que las características específicas de la socialidad humana posean un origen evolutivo no agrega nada al análisis, la comprensión y la evaluación de las mismas. Se argumentará, por ejemplo, que la constatación por parte de Tomasello de que la esclerótica del ojo humano es tres veces más grande que la del resto de los primates (lo cual permite que la dirección de la mirada sea claramente detectable por sus congéneres, junto con la hipótesis adicional de que esto habría facilitado el desarrollo de la cooperación; Tomasello 2009, 75-76), nada habría aportado a la reflexión de J.-P. Sartre en cuanto a la centralidad de la mirada ajena en los procesos de constitución de la subjetividad, la cual se halla entre las páginas más lúcidas y bellas de la AF del siglo XX. De modos similar, la posibilidad de que el lenguaje humano haya surgido como producto indirecto de una "mutación genética o epigenética aditiva [en el linaje del *homo sapiens*] que afectó la organización neural del cerebro" (Coolidge y Wynn 2009, 214), o la posibilidad de que, alternativamente, el lenguaje haya surgido como resultado de un lento proceso de exaptación de la funcionalidad de las neuronas espejos y de las áreas motoras vinculadas con el mecanismo neuronal involucrado en la manipulación de objetos (Ravosa et al. 2007), podrán serán consideradas igualmente irrelevantes para el análisis de la dimensión lingüístico-simbólica que, desde Heidegger en adelante, ocupa buena parte de las reflexiones de la AF sobre la diferencia antropológica.

Personalmente, considero que ninguna de esas conclusiones se sostiene, y que sólo a partir del diálogo con las ciencias positivas puede la AF refundarse como una disciplina relevante: aun si adoptáramos la hipótesis de la flexibilidad, y aun cuando la construcción de un nuevo modelo teórico que sustituya en su función articuladora a los modelos teóricos que han entrado en crisis (producto, fundamentalmente, de la mirada marcadamente antropocéntrica sobre la que se hallaban diseñados) se nos presente todavía como algo demasiado lejano en el tiempo, la apertura sistemática de la AF al diálogo con las ciencias positivas tiene, cuanto menos, tres consecuencias decisivas sobre aquella. La primera de ellas radica en el hecho de que la comprensión del fenómeno humano a la luz de la evolución permite realizar una operación de 'limpieza selectiva' sobre el pasado de la disciplina y un proceso de filtrado respecto de hipótesis presentes y futuras: partir del hecho incontestable del carácter evolucionado de la especie humana restringe el rasgo de preguntas que vale la pena abordar, al tiempo que desmaleza los debates al interior de la AF de conceptos, modelos y discusiones incompatibles con el carácter evolucionado de nuestra especie[7].

La segunda consecuencia que se deriva de la consideración del fenómeno humano a la luz de su pasado evolutivo consiste en que obliga a realizar una transición desde un modelo esencialista, normativo y, en cuanto tal, potencialmente funcional a proyectos colonizadores, prácticas de subordinación, esclavización, o genocidio, hacia lo que Mayr (2006) ha denominado un 'pensamiento poblacional'[8] (esbozado por Darwin), que enfatiza la contingencia, la provisoriedad y, fundamentalmente, el carácter absolutamente singular de cada individuo que compone una especie[9].

La última consecuencia se vincula con la búsqueda de la 'diferencia antropológica', es decir, de aquello cuya búsqueda ha marcado el rumbo de la AF desde sus inicios como disciplina: si el pensamiento poblacional contribuye a erosionar las barreras entre las especies filogenéticamente cercanas (obligándonos a desembarazarnos de todos los lastres esencialistas que la noción misma de especie suele aun hoy en día arrastrar), las investigaciones zoológicas llevadas a cabo desde la publicación de *The descent of man* han contribuido progresivamente a poner en

---

[7] Podríamos, es cierto, admitir la validez de la teoría de la evolución por selección natural pero afirmar, al mismo tiempo, que ese universo de lo biológico que se rige por dicho mecanismo en realidad fue creado inicialmente, hace miles de millones de años, por voluntad divina, y que la dimensión físico-biológica de los seres humanos se halla acompañada por una dimensión espiritual. Podríamos decir, a modo de ejemplo, que si bien la selección natural es suficiente para explicar la constitución fenotípica actual de nuestra especie (tanto a nivel fisiológico como neural), aun así el hombre está dotado de un alma inmaterial y eterna que habita ese cuerpo. Esta estrategia poseería la ventaja de conceder la verdad de los mecanismos de la selección natural, evitando así el problema de tener que lidiar con la evidencia a favor de los mismos, pero ofreciendo al mismo tiempo un refugio a la dimensión espiritual del hombre. En tanto ejercicio especulativo es ciertamente válido; tan válido como postular la existencia del chupacabras para explicar las muertes ocasionales de ganado lanar en las zonas andinas.

[8] Para una discusión de las consecuencias y los matices conceptuales de este abordaje poblacional, cf. Caponi 2012; Mayr 2006; O'Hara 1997; Sober 1980.

[9] Cabe remarcar que este mismo proceso de reflexión sobre las consecuencias de un abordaje poblacional se halla en curso desde hace ya varias décadas en el interior de la primatología misma: como señala (Strier 2010), en efecto, las investigaciones contemporáneos son cada vez más sensibles no sólo a los efectos de las condiciones demográficas de cada población de primates, sino también a los mecanismos fisiológicos y hormonales subyacentes y los procesos de desarrollo que regulan la conducta, así como a la historia individual de cada comunidad de primates. Esto ha implicado un desplazamiento decisivo, en cuanto que ha llamado la atención sobre la necesidad de atender no solo a las variaciones interespecíficas sino también a las intraespecíficas, algo que había sido desatendido en buena medida por las investigaciones anteriores.

cuestión gran parte de los presupuestos tradicionales de occidente respecto de aquello que es propio y exclusivo del hombre. Cabe señalar sólo unas pocas a modo de ejemplo:

- Las investigaciones vinculadas con los ricos y complejos sistemas de comunicación proto-lingüísticos, y con la capacidad de manipular y combinar símbolos en formas novedosas (Allen y Hauser 1996; Bettoni 2007; Cheney y Seyfarth 2007; Fouts et al. 2002; Saidel 2002; Savage-Rumbaugh y Brakke 1996; Tomasello y Zuberbühler 2002) ha obligado a cuestionar en forma radical la singularización de la especie humana como posesora única del don del lenguaje.
- Las investigaciones en torno a la capacidad de auto-reconocimiento de ciertas especies de animales no humanos (Cheney y Seyfarth 2007; Gallup et al. 2013; Gallup y Anderson 2002; Shumaker y Swartz 2002) han conducido a repensar la atribución de autoconciencia únicamente al ser humano.
- El postulado de que la conciencia de la muerte es privativa únicamente del hombre ha sido sacudido por las investigaciones relativas a la presencia de prácticas fúnebres en otras especies y de sentimientos de luto y aflicción ante la muerte de otros individuos tanto de la misma como de otra especie (Anderson 2011; Douglas-Hamilton et al. 2006; Gonçalves y Carvalho 2019; B. King 2016; B. J. King 2013; Piel y Stewart 2016).

La lista de todas las heridas narcisistas que las investigaciones zoológicas han infligido a la autopercepción del hombre a lo largo de los últimos ciento cincuenta años excede no sólo los límites de estas páginas sino también mi intención en este punto, la cual se limita a señalar el impacto decisivo que las mismas han tenido en la búsqueda de la diferencia antropológica, un impacto que debería obligar a reconfigurar por completo la disciplina de la AF.

## 5. Hacia una Antropología Filosófica post-darwinista

La actitud antropocéntrica que ha caracterizado a buena parte de la historia de la filosofía no es una característica *estructural* de la AF: que el objeto de interés de la disciplina sea el hombre, que el objetivo de la misma sea comprender el ser del hombre, no implica necesariamente que la AF deba abordar la comprensión del hombre y del cosmos *desde el hombre mismo*. En primer lugar, porque la búsqueda de la diferencia antropológica no implica ceder a un pensamiento jerarquizante: si hay algo que el pensamiento post-darwiniano nos ha hecho comprender en forma profunda es, precisamente, que *la diferencia no implica jerarquía*, y que el triunfo desde el punto de vista adaptativo de una especie no implica más que eso: mejor capacidad de adaptación comparativa (y temporaria) a un entorno específico. Nada hay de positivo ni negativo en ello desde un punto de vista moral que garantice realizar juicios de valor ni construir jerarquías en torno a la capacidad de adaptación. Si las sociedades occidentales siguen su curso actual, guiadas por el lucro, la sobre-explotación y el extractivismo (todos ellos patrones estructurales al modo de producción capitalista), no parece arriesgado especular sobre un futuro no tan lejano en el que nuestra especie haya desaparecido por completo y en el que las únicas especies adaptadas a las nuevas condiciones sean bacterias y microorganismos carentes de consciencia y autoconsciencia. En un escenario de ese tipo, probablemente nadie se atrevería a afirmar que la capacidad de esas especies de adaptarse al nuevo entorno implique una diferencia desde el punto de vista jerárquico ni moral. La pregunta acerca de si el propio Darwin llevó hasta el final este carácter revolucionario y horizontal latente en la teoría de la evolución por selección natural, de aplanamiento de las jerarquías en la consideración de los seres vivos, es otro asunto. Lo decisivo, en todo caso, es que nosotros, un siglo y medio después de la publicación de *The origin of species*, podemos extraer el potencial revolucionario escondido en el abordaje evolucionista y ponerlo a jugar en nuestra consideración del 'puesto del hombre en el cosmos'.

Pero la consideración del *homo sapiens* a la luz de la evolución posee una dimensión doblemente relocalizadora: por un lado, como acabo de señalar, nos enlaza en forma indisoluble con la historia evolutiva del resto de las especies, al tiempo que nos arroja desde el trono en que la cosmovisión judeo-cristiano-islámica nos había emplazado, hacia una tierra que debemos compartir con la totalidad de los organismos vivientes, sin derecho alguno a reclamar primacía, y sin otra salida posible que la solidaridad necesaria para clausurar lo que Morton (2019) ha denominado "el Desgarro" entre el hombre y la naturaleza. Por otro lado, la comprensión del carácter evolucionado de esta especie que se pregunta por sí misma obliga a tomar conciencia de que ese mismo acto de preguntarse por su propio ser es un hecho que podría no haberse dado jamás, que podría haberse dado de otro modo completamente distinto (si nuestra historia evolutiva hubiera sido distinta), y -radicalizando una hipótesis del propio Darwin (1981, 71-72)- podría en algún momento darse en otra(s) especie(s). En suma, que el hombre no es, como pretendía Heidegger, el pastor del ser, sino, a lo sumo, el pastor de un conjunto de preguntas históricas que podrían no haberse planteado jamás.

**Referencias bibliográficas**

Allen, C., Hauser, M. D. (1996). Concept attribution in nonhuman animals: Theoretical and methodological problems in ascribing complex mental processes. En M. Bekoff y D. Jamieson (Eds.), *Readings in animal cognition* (pp. 47-62). Cambridge, Massachusetts: MIT Press.

Anderson, J. R. (2011). A primatological perspective on death. *American Journal of Primatology*, *73*(5), 410-414. https://doi.org/10.1002/ajp.20922

Barnard, A. (2011). *Social anthropology and human origins*. Cambridge: Cambridge University Press.

Barrett, L. F. (2017). *How emotions are made: The secret life of the brain*. Boston, Massachusetts: Houghton Mifflin Harcourt.

Barrett, L. F., Russell, J. A. (Eds.) (2015). *The psychological construction of emotion*. New York: The Guilford Press.

Bekoff, M., Pierce, J. (2009). *Wild justice: The moral lives of animals*. Chicago: The University of Chicago Press.

Beorlegui Rodríguez, C. (2004). *Antropología filosófica: Nosotros, urdimbre solidaria y responsable*. Bilbao: Universidad de Deusto.

Bettoni, M. (2007). The Yerkish Language: From Operational Methodology to Chimpanzee Communication. *Constructivist Foundations, 2*(2-3), 32-38.

Brooks, J. A., Shablack, H., Gendron, M., Satpute, A. B., Parrish, M. H., Lindquist, K. A. (2017). The role of language in the experience and perception of emotion: A neuroimaging meta-analysis. *Social Cognitive and Affective Neuroscience, 12*(2), 169-183. https://doi.org/10.1093/scan/nsw121

Buber, M. (1992). *¿Qué es el hombre?* México D.F.: Fondo de Cultura Económica.

Buller, D. J. (2005). *Adapting Minds. Evolutionary Psychology and the Persistent Quest for Human Nature*. Cambridge, Massachusetts: MIT Press.

Caponi, G. (2012). Tipología y filogenia de lo humano. *Ludus Vitalis, 20*(37), 175-191.

Cassirer, E. (1968). *Antropología Filosófica. Introducción a una filosofía de la cultura*. México D.F.: Fondo de Cultura Económica.

Cheney, D. L., Seyfarth, R. M. (2007). *Baboon metaphysics: The evolution of a social mind*. Chicago: University of Chicago Press.

Choza, J. (1988). *Manual de antropología filosófica*. Madrid: Rialp.

Coolidge, F. L., Wynn, T. G. (2009). *The rise of homo sapiens: The evolution of modern thinking*. Nueva Jersey: Wiley-Blackwell.

Darwin, C. (1981). *The descent of man, and selection in relation to sex*. Princeton, Nueva Jersey: Princeton University Press.

De Waal, F. B. M. (1983). *Chimpanzee Politics. Power and Sex among Apes*. Melbourne, Auckland, and London: Unwin Paperbacks.

De Waal, F. B. M. (1996). *Good Natured. The Origins of Right and Wrong in Humans and Other Animals*. Cambridge, Massachusetts: Harvard University Press.

De Waal, F. B. M. (2002). Evolutionary Psychology: The wheat and the chaff. *Current Directions in Psychological Science, 11*(6), 187-191.

De Waal, F. B. M. (2006). The Tower of Morality. En S. Macedo y J. Ober (Eds.), *Primates and Philosophers: How Morality Evolved* (pp. 161-182). Princeton, Nueva Jersey: Princeton University Press.

Douglas-Hamilton, I., Bhalla, S., Wittemyer, G., y Vollrath, F. (2006). Behavioural reactions of elephants towards a dying and deceased matriarch. *Applied Animal Behaviour Science*, *100*(1-2), 87-102. https://doi.org/10.1016/j.applanim.2006.04.014

Dupré, J. (2001). *Human nature and the limits of science*. Oxford: Clarendon Press.

Falk, D. (2010). Evolution of the Brain, Cognition, and Speech. En C. S. Larsen (Ed.), *A Companion to Biological Anthropology* (pp. 258-271). Hoboken, Nueva Jersey: Wiley-Blackwell.

Fouts, R. S., Jensvold, M. L. A., Fouts, D. H. (2002). Chimpanzee Signing: Darwinian Realities and Cartesian Delusions. En M. Bekoff, C. Allen, y G. M. Burghardt (Eds.), *The cognitive animal: Empirical and theoretical perspectives on animal cognition* (pp. 285-291). Cambridge, Massachusetts: MIT Press.

Fox, P. T., Friston, K. J. (2012). Distributed processing; distributed functions? *NeuroImage*, *61*(2), 407-426. https://doi.org/10.1016/j.neuroimage.2011.12.051

Gallup, G. G., Anderson, J. R. (2002). The mirror test. En M. Bekoff, C. Allen y G. M. Burghardt (Eds.), *The cognitive animal: Empirical and theoretical perspectives on animal cognition* (pp. 325-333). Cambridge, Massachusetts: MIT Press.

Gallup, G. G., Anderson, J. R., Platek, S. M. (2013). Self-recognition. En S. Gallagher (Ed.), *The Oxford Handbook of the Self* (pp. 80-110). Oxford: Oxford University Press.

Gehlen, A. (1993). *Antropología filosófica: Del encuentro y descubrimiento del hombre por sí mismo*. Madrid: Paidós.

Glascher, J., Rudrauf, D., Colom, R., Paul, L. K., Tranel, D., Damasio, H., Adolphs, R. (2010). Distributed neural system for general intelligence revealed by lesion mapping. *Proceedings of the National Academy of Sciences*, *107*(10), 4705-4709. https://doi.org/10.1073/pnas.0910397107

Gonçalves, A., Carvalho, S. (2019). Death among primates: A critical review of non-human primate interactions towards their dead and dying. *Biological Reviews*, brv.12512. https://doi.org/10.1111/brv.12512

Groethuysen, B. (1975). *Antropología filosófica*. Buenos Aires: Losada.

Heidegger, M. (2009). *Carta sobre el humanismo* (H. Cortes y A. Leyte, Trads.). Madrid: Alianza.

Heidegger, M. (2014). *Kant y el problema de la metafísica*. México D.F.: Fondo de Cultura Económica.

Herrmann, E., Call, J., Hernandez-Lloreda, M. V., Hare, B., Tomasello, M. (2007). Humans have evolved specialized skills of social cognition: The cultural intelligence hypothesis. *Science, 317*(5843), 1360-1366. https://doi.org/10.1126/science.1146282

Horkheimer, M. (1998). Observaciones sobre la antropología filosófica. En *Kritische Theorie/Teoría crítica* (pp. 50-75). Buenos Aires, Madrid: Amorrortu.

Kaskan, P. M., Franco, E. C. S., Yamada, E. S., de Lima Silveira, L. C., Darlington, R. B., Finlay, B. L. (2005). Peripheral variability and central constancy in mammalian visual system evolution. *Proceedings of the Royal Society B: Biological Sciences, 272*(1558), 91-100. https://doi.org/10.1098/rspb.2004.2925

King, B. (2016). Animal mourning. *Animal Sentiences, 4*, 1-5.

King, B. J. (2013). *How animals grieve*. Chicago: The University of Chicago Press.

Landmann, M. (1961). *Antropología Filosófica*. México D.F.: UTEHA.

Larsen, C. S. (Ed.). (2010). *A Companion to Biological Anthropology*. Hoboken, Nueva Jersey: Wiley-Blackwell.

Lindquist, K. A. (2013). Emotions emerge from more basic psychological ingredients: A modern psychological constructionist model. *Emotion Review, 5*(4), 356-368. https://doi.org/10.1177/1754073913489750

Lindquist, K. A., Barrett, L. F. (2012). A functional architecture of the human brain: Emerging insights from the science of emotion. *Trends in Cognitive Sciences, 16*(11), 533-540. https://doi.org/10.1016/j.tics.2012.09.005

Lindquist, K. A., Satpute, A. B., Wager, T. D., Weber, J., Barrett, L. F. (2016). The Brain Basis of Positive and Negative Affect: Evidence from a Meta-Analysis of the Human Neuroimaging Literature. *Cerebral Cortex, 26*(5), 1910-1922. https://doi.org/10.1093/cercor/bhv001

Lindquist, K. A., Wager, T. D., Kober, H., Bliss-Moreau, E., Barrett, L. F. (2012). The brain basis of emotion: A meta-analytic review. *The Behavioral and brain sciences, 35*(3), 121-143. https://doi.org/10.1017/S0140525X11000446

Mayr, E. (2006). *Por qué es única la biología: Consideraciones sobre la autonomía de una disciplina científica*. Buenos Aires, Madrid: Katz.

Morey, M. (1987). *El hombre como argumento*. Barcelona: Anthropos.

Morton, T. (2019). *Humanidad: Solidaridad con los no-humanos*. Madrid: Adriana Hidalgo.

Mosterín, J. (2007). La incorrecta descripción de lo que somos. *Thémata, 39*, 23-37.

Mosterín, J. (2011). *La Naturaleza humana*. Barcelona: Espasa.

O'Hara, R. J. (1997). Population thinking and tree thinking in systematics. *Zoologica Scripta*, *26*(4), 323-329. https://doi.org/10/dkck3d

Oosterwijk, S., Lindquist, K., Anderson, E., Dautoff, R., Moriguchi, Y., Barrett, L. (2012). States of mind: Emotions, body feelings, and thoughts share distributed neural networks. *NeuroImage*, *62*, 2110-2128. https://doi.org/10.1016/j.neuroimage.2012.05.079

Parellada Redondo, R. (2007). Las formas de la antropología. *Thémata*, *39*, 347-353.

Piel, A. K., Stewart, F. A. (2016). Non-Human Animal Responses towards the Dead and Death: A Comparative Approach to Understanding the Evolution of Human Mortuary Practices. En C. Renfrew, M. J. Boyd, y I. Morley (Eds.), *Death Rituals, Social Order and the Archaeology of Immortality in the Ancient World* (pp. 15-26). Cambridge: Cambridge University Press. https://doi.org/10.1017/CBO9781316014509.003

Prinz, J. J. (2006). Is the mind really modular? En R. Stainton (Ed.), *Contemporary debates in cognitive science* (pp. 22-36). Oxford: Blackwell.

Ravosa, M. J., Dagosto, M., Preuss, T. M. (Eds.). (2007). Evolutionary Specializations of Primate Brain Systems. En *Primate origins: Adaptations and evolution* (pp. 625-666). Cham: Springer.

Rose, H., Rose, S. P. R. (Eds.). (2010). *Alas, poor Darwin: Arguments against evolutionary psychology*. Vintage.

Saidel, E. (2002). Animal minds, human minds. En M. Bekoff, C. Allen, y G. M. Burghardt (Eds.), *The cognitive animal: Empirical and theoretical perspectives on animal cognition* (pp. 53-57). Cambridge, Massachusetts: MIT Press.

San Martín, J. (2013). *Antropología filosófica I: De la antropología científica a la filosófica*. Madrid: UNED.

Savage-Rumbaugh, S., y Brakke, K. E. (1996). Animal language: Methodological and interpretative issues. En M. Bekoff y D. Jamieson (Eds.), *Readings in animal cognition* (pp. 269-288). Cambridge, Massachusetts: MIT Press.

Scheler, M. (1938). *El puesto del hombre en el cosmos*. Buenos Aires: Losada.

Shumaker, R. W., Swartz, K. B. (2002). When Traditional Methodologies Fail: Cognitive Studies of Great Apes. En M. Bekoff, C. Allen, y G. M. Burghardt (Eds.), *The cognitive animal: Empirical and theoretical perspectives on animal cognition* (pp. 335-343). Cambridge, Massachusetts: MIT Press.

Sober, E. (1980). Evolution, Population Thinking, and Essentialism. *Philosophy of Science*, *47*(3), 350-383. https://doi.org/10/cvcc5v

Strier, K. B. (2010). Primate Behavior and Sociality. En C. S. Larsen (Ed.), *A Companion to Biological Anthropology* (pp. 243-257). Hoboken, Nueva Jersey: Wiley-Blackwell.

Thagard, P., Schröder, T. (2015). Emotions as Semantic Pointers: Constructive Neural Mechanisms. En L. F. Barrett y J. A. Russell (Eds.), *The psychological construction of emotion* (pp. 144-167). New York: The Guilford Press.

Tomasello, M. (2009). *Why we cooperate*. Cambridge, Massachusetts: MIT Press.

Tomasello, M., Zuberbühler, K. (2002). Primate Vocal and Gestural Communication. En M. Bekoff, C. Allen y G. M. Burghardt (Eds.), *The cognitive animal: Empirical and theoretical perspectives on animal cognition* (pp. 293-299). Cambridge, Massachusetts: MIT Press.

# Construyendo desde adentro: repensando la metaética y el debate sobre el aborto desde una comprensión evolutiva de la naturaleza humana

## Julieta Elgarte[*]; Martín Daguerre[**]

## 1. Introducción

En este trabajo señalaremos dos maneras en las que un enfoque evolutivo puede ayudar a iluminar debates en filosofía práctica. En primer lugar, mostraremos cómo puede contribuir a delinear y sostener un enfoque metaético naturalista inmune a la crítica que tanto preocupa a filósofos y biólogos por igual: la de cometer la falacia naturalista. En segundo lugar, mostraremos cómo puede contribuir a clarificar lo que está en juego en un debate ético. Ilustraremos las ventajas de este enfoque por medio de su aplicación al debate en torno a la legalización del aborto.

En la sección 2 presentaremos la hipótesis que consideramos más plausible para explicar la asignación de valor a algo: la del neurocientífico Antonio Damasio. Destacaremos el papel evolutivo de la valoración para, con relación a ella, establecer cuál es el rol que desempeña nuestra capacidad cognitiva. En términos

---

[*] Julieta Elgarte es DEA en Filosofía y Letras (Universidad de Lovaina) y Profesora y Licenciada en Filosofía (Universidad Nacional de La Plata). Es Profesora Adjunta de Lógica y JTP de Ética en la Carrera de Filosofía de la UNLP y profesora de Teoría de la Argumentación en la Maestría en Filosofía de la UNQ, Argentina. Co-dirige el proyecto de investigación "La normatividad en ética y en lógica: una perspectiva evolutiva" radicado en el CIeFi (IdIHCS-FaHCE-CONICET). Sus temas de investigación incluyen justicia social, desigualdad, políticas redistributivas y justicia de género. Email: jelgarte@fahce.unlp.edu.ar

[**] Martín Daguerre es Profesor y Licenciado en Filosofía (Universidad Nacional de La Plata) y Dr. en Sociología (Universidad de Barcelona). Actualmente se desempeña como Profesor Adjunto de Ética (FaHCE – UNLP), Profesor Adjunto de Lógica (FaHCE y Facultad de Psicología – UNLP) y como Profesor contratado a cargo de Filosofía Política Contemporánea del Doctorado en Ciencias Sociales (Universidad Nacional de Quilmes). Dirige el proyecto I+D "La normatividad en ética y en lógica: una perspectiva evolutiva". Email: mdaguerre@fahce.unlp.edu.ar

más propios del debate ético, presentaremos una explicación evolutiva de la interacción entre emociones y razones.

En la sección 3 abordaremos la noción de valor en el ámbito de la ética. Presentaremos lo que entendemos es la concepción metaética que se desprende del enfoque evolutivo presentado en la sección 2. Se trata de una metaética humeano-darwiniana, tal como la denominó Oliver Curry. Como el propio Curry se ha encargado de demostrar, ésta es una metaética naturalista que no cae en la falacia naturalista, en ninguna de sus versiones. Para lo que a nosotros nos interesa, no da lugar a un salto del *es* al *debe*, ni confunde explicación con justificación. A su vez, una vez iluminada por investigaciones como las de Damasio, nos permite categorizar los distintos tipos de conflictos que se dan en ética. Creemos que esta categorización arrojará luz sobre la lectura y las posibles soluciones de tales conflictos.

Para ilustrar las virtudes propias de este enfoque, abordaremos el debate en torno a la legalización del aborto. En la sección 4 destacaremos las limitaciones de las justificaciones más comunes a favor de la legalización, limitaciones que tienen por consecuencia la profundización del conflicto.

En la sección 5 enmarcaremos la práctica del aborto en una perspectiva evolutiva y ofreceremos una justificación de la legalización del aborto que permite superar las limitaciones de los argumentos reseñados en la sección 4[1].

## 2. La valoración, la conciencia y la razón, en perspectiva evolutiva

En las discusiones éticas está en juego qué considerar valioso o disvalioso, bueno o malo, y por qué razones, así como establecer qué debemos (o no) hacer en diversas circunstancias, y por qué razones. Resulta relevante, entonces, establecer cómo asignamos valor a algo y qué papel tiene en todas estas cuestiones nuestra capacidad cognitiva, nuestra razón. Dada la complejidad de estos temas y lo limitado de nuestro conocimiento actual, cabe esperar diversas respuestas a estas preguntas. Sin embargo, el enfoque del influyente neurólogo Antonio Damasio ha obtenido cierto consenso y en él nos apoyaremos para mostrar la relevancia de la teoría evolutiva para la ética.

Como señala la filósofa Mary Midgley (1979), una ventaja del enfoque evolutivo de cara a comprendernos a nosotros mismos, como individuos y como especie, radica en el hecho de que tal enfoque nos permite ponernos en contexto, comprendernos en el marco del concierto general de la vida:

---

[1] No pretendemos saldar el debate en torno a la legalización del aborto, sino mostrar las virtudes de un enfoque humeano-darwiniano, que transforma un debate que parece interminable y suele derivar en fuertes agresiones, en otro más contemplativo de lo que está en juego para las distintas posiciones, razón por la que promueve la posibilidad de entendimiento entre ellas.

De no haber conocido ninguna otra forma de vida animada más que la nuestra, sin duda nuestra especie nos habría resultado sumamente misteriosa. Esto nos habría dificultado también enormemente la comprensión de nosotros mismos como individuos. Cualquier cosa que nos ponga en un contexto, que nos muestre como parte de un continuo, es de gran ayuda. (Midgley 1979, 18)

Retrocedamos, pues, algunos pasos, y veamos cómo aparecen los procesos de valoración en el contexto más amplio de las estrategias de supervivencia de los seres vivos.

Durante mucho tiempo los únicos seres vivos que habitaron el planeta fueron organismos carentes de conciencia, e incluso de toda célula nerviosa. Sólo tardíamente, y a partir de aquellos seres, surgieron las neuronas y, mucho más acá, los seres conscientes y autoconscientes. Con sus modestos recursos, aquellos seres vivos debieron superar diferentes escollos para lograr sobrevivir y reproducirse. De no haberlos superado, no estarían hoy entre nosotros, ni tampoco nosotros hubiésemos llegado hasta aquí. ¿Cómo lo lograron? Ya al nivel de las células encontramos dispositivos que les permiten permanecer dentro de un intervalo homeostático, esto es, que les permiten mantener ciertos parámetros (de temperatura, energía, etc.) dentro del rango requerido para mantenerse con vida, y salirse del cual implica perecer. Así, por ejemplo, organismos unicelulares logran de manera automática adquirir energía, reparar su estructura interna o eludir agresores externos o temperaturas extremas.

A medida que los organismos se fueron volviendo más complejos, también se complejizaron los dispositivos que permitían mantener el equilibrio homeostático necesario para sobrevivir y reproducirse. Nos encontraremos, entonces, con regulaciones metabólicas complejas, comportamientos que nosotros asociamos al dolor, instintos como el sexo, y reacciones típicas de emociones como el asco o el miedo. Todas estas reacciones poseen un carácter automático y se dan ya en seres carentes de conciencia como la mosca del vinagre o los caracoles marinos. Podemos ver en ellos reacciones corporales que en nosotros reconoceríamos como miedo o furia (aceleración del ritmo cardíaco, conducta de auto-repliegue o de ataque), en respuesta a estímulos (como el ataque de un depredador) que desencadenarían esas mismas emociones en nosotros, sólo que en ellos, cuyos sistemas nerviosos son mucho más simples que los nuestros, estas reacciones emocionales se darán sin conciencia (como sí se da entre los mamíferos) ni autoconciencia (como en nuestro caso).

Es preciso destacar que en este proceso, donde todo se fue volviendo más complejo, la finalidad siguió siendo la misma: la regulación homeostática que da lugar a la supervivencia y reproducción. En palabras de Damasio (2012, 87):

Para cualquier organismo considerado como un todo, lo que tiene un valor primordial es, dicho sin ambages, la supervivencia con una salud buena hasta una edad compatible con el éxito reproductivo. La selección natural ha perfeccionado la maquinaria de la homeostasis con el fin precisamente de permitir que así sea. En consecuencia, el estado fisiológico de los tejidos de un organismo vivo, en el interior de un intervalo homeostático óptimo, es el origen más profundo del valor biológico y la valorización. Y lo mismo se puede afirmar tanto de los organismos pluricelulares como de aquellos organismos cuyo "tejido" vivo se limita a una sola célula.

Y posiblemente el mismo papel que los instintos, reflejos y emociones es el que ha venido a cumplir la conciencia (y la autoconciencia):

> la conciencia nace y se hace gracias al valor biológico, como colaboradora en la gestión más efectiva del valor de la vida. Pero la conciencia no *inventó* el valor biológico ni el proceso de valoración. Paso a paso, en la mente humana, la conciencia dio a conocer el valor biológico y permitió el desarrollo de nuevas maneras y medios de gestionarlo. (Damasio 2012, 56)

Al igual que organismos carentes de conciencia, nosotros nos alejamos del peligro y buscamos el alimento que nos permita sobrevivir. De alguna manera, el fin de cada célula es, también, el fin de un colectivo de células, como el que nos constituye. Nuestro cuerpo está dispuesto a vivir, independientemente de que seamos conscientes o no de ello. Cuando conscientemente hacemos todo lo posible por sobrevivir, no hacemos otra cosa que poner nuestra conciencia al servicio de algo que valoramos previamente: la vida.

Ahora bien, ¿de qué manera puede la conciencia contribuir a la supervivencia del "cuerpo", si no posee el conocimiento suficiente de lo que ocurre en el mismo? Puesto que la conciencia no tiene un registro directo de lo que ocurre en el cuerpo, no puede ser la encargada de tareas esenciales como, por ejemplo, regular la liberación de hormonas o neurotransmisores para el mejor funcionamiento del cuerpo. Sin embargo, el cerebro va generando "mapas" de lo que ocurre en el cuerpo, mapas sobre los que se constituyen las experiencias conscientes. Así, luego de habernos alimentado bastante, las glándulas adiposas liberarán cierta cantidad de leptina que derivará en la detención de las conductas alimenticias. En el plano consciente tendremos una sensación de saciedad, el correlato accesible a la conciencia de los procesos corporales inconscientes antes mencionados. Por el contrario, cuando en el cuerpo existen déficits alimenticios, cualquier organismo se pondrá a buscar comida, pero nosotros lo haremos acompañados de la sensación de hambre. Esa sensación es el registro que tenemos a nivel consciente de procesos corporales que nos son opacos. El sentir conscientemente hambre es lo que permite poner al servicio del cuerpo toda nuestra capacidad cognitiva. En resumen, al perseguir el bienestar, la conciencia (y la capacidad de aprendizaje dependiente de la misma) se estaría poniendo al servicio de la supervivencia y reproducción del cuerpo. Y es por esto que la conciencia puede constituir una ventaja en términos evolutivos.

Como cada emoción coloca al cuerpo en una disposición particular, cada emoción tendrá su registro particular en el mapa cerebral[2]. Y es precisamente cuando en el mapa se da una configuración particular, que tendremos nuestros sentimientos conscientes. Cuando, por ejemplo, el mapa del cuerpo indica que el mismo se encuentra con la disposición propia de la emoción de tristeza, a nivel consciente, sentiremos tristeza. Fue preciso contar con mapas complejos de todo lo que ocurre en el cuerpo, para que fuésemos capaces de ser conscientes de nuestros sentimientos.

De aquí que Damasio (2007, 88) diga que: "[u]n sentimiento de emoción es una idea del cuerpo cuando es perturbado por el proceso de sentir la emoción"[3]. Los sentimientos son una *percepción consciente* de lo que ocurre en el cuerpo, generada a partir de los mapas neurales del cerebro (así como las sensaciones visuales, auditivas, etc., son una *percepción consciente* de lo que rodea al cuerpo).

Un colaborador de Damasio, el neurocientífico Antoine Bechara, diseñó un experimento que nos puede ayudar a entender para qué sirven los sentimientos (Bechara et al. 1994). El experimento es el siguiente: se pone a la persona (el jugador) frente a cuatro mazos de cartas (llamémosles A, B, C y D), cada una de las cuales determina que el jugador gana o pierde una suma de dinero. El jugador tendrá que ir dando vuelta cartas de cualquier mazo, hasta que el experimentador le diga que debe parar (lo que ocurrirá luego de que el jugador haya dado vuelta 100 cartas). Los mazos están preparados de manera tal que el C y el D son mejores que el A y el B. Durante todo el experimento los jugadores están conectados a una máquina que mide la conductancia eléctrica de su piel, lo cual revela la reacción emocional del jugador. En promedio, luego de haber dado vuelta 10 cartas, la mano refleja nerviosismo al dirigirse a los mazos menos rentables. Sin embargo, recién luego de dar vuelta 50 cartas, el jugador toma una decisión consciente de dar vuelta sólo las cartas de los mazos C y D. Y recién después de dar vuelta 80 cartas, está en condiciones de explicar por qué sólo retira de esos mazos.

Como vemos, la reacción emocional inteligente fue rápida y no requirió de ningún proceso de deliberación consciente. En algún momento, el mapa neural de la reacción emocional ha dado lugar a un sentimiento negativo fuerte, que llevó a que la persona decidiese dejar de tomar cartas de los mazos perjudiciales,

---

[2] Más precisamente, en la corteza somatosensorial.

[3] Damasio utiliza el concepto de emoción en un sentido estricto, que incluye vergüenza, tristeza, alegría, miedo, etc., y en un sentido amplio, que incluye un conjunto más amplio de reacciones corporales, como las que corresponden al deseo sexual, de comida, de placer, etc. Los sentimientos lo son de emociones en sentido amplio.

aun cuando no podía explicar por qué. A su vez, ese sentimiento negativo indujo y orientó a nuestra capacidad cognitiva, a la razón, a que determine cuál es el problema. Si el juego tuviese un lugar importante en nuestras vidas, si nuestro salario dependiese del juego, la razón podría establecer reglas que codifiquen lo aprendido, de manera de aplicarlas directamente al encontrarnos en situaciones similares, sin tener que pasar nuevamente por el proceso de aprendizaje.

Así como, en el transcurso del juego, se terminó asociando un movimiento con una sensación negativa, en el transcurso de nuestra vida iremos asociando opciones y resultados con señales positivas y negativas. De manera que cada vez que pensemos en ciertas opciones y en ciertos resultados, los mismos estarán asociados a sentimientos positivos o negativos.

Supongamos que estamos pensando qué hacer frente a un conflicto con un amigo. Pensaremos en una alternativa. Al pensar en esa alternativa, vendrán a nuestra mente (por asociación) ciertas consecuencias de la misma, y si estas consecuencias se encuentran marcadas (asociadas) a un sentimiento negativo, nos llevarán a descartar rápidamente la alternativa que condujo a ellas. Cada vez que tenemos que tomar decisiones, no podemos abocarnos a evaluar todas las alternativas posibles, puesto que no terminaríamos nunca. Muchas de las alternativas posibles ni siquiera se nos ocurrirán. Y, entre las que se nos ocurren, no podemos estar analizando detalladamente cada consecuencia posible. En general, vamos evaluando algunas consecuencias guiados por sentimientos positivos y negativos, hasta que sentimos que ya podemos decidir. Esta es la hipótesis a la que Damasio llamó la "hipótesis del marcador somático". Las opciones vienen asociadas a una marca sentimental, que tiene su origen en el cuerpo (por ello, *somático*).

La señal, la marca, puede ser fuerte, al punto de disparar la emoción pertinente, con lo que se modificará el mapa y se tendrá el sentimiento de la emoción. Pero en otros casos, simplemente actuará sobre el mapa neural, por lo que tendremos un sentimiento "como si" tuviésemos una emoción. En todos los casos, lo que ocurre a un nivel inconsciente termina jugando un rol central en la toma de decisiones y en los razonamientos.

Al ser los sentimientos acontecimientos mentales conscientes, permiten un nivel de manipulación no disponible en el plano de los mapas neurales. A nivel mental consciente podemos jugar con variantes, podemos representar alternativas, crear escenarios ficticios, de los cuales vamos a aprender sin necesidad de tener que experimentarlos. Pensaremos caminos de acción, sus consecuencias y, gracias al marcador somático, podremos descartar unos y adoptar otros. Así, no será necesario experimentar el camino descartado, cuyas consecuencias hubieran sido negativas, para aprender que no lleva a nada bueno.

Por otra parte, a nivel consciente se integran las experiencias pasadas con la situación presente, y con el futuro anticipado. Esto nos permite suprimir emociones en virtud de sus consecuencias a largo plazo. Un niño puede verse tentado a robarle el postre a su hermano, pero como recuerda el conflicto pasado (con los sentimientos negativos asociados a él) y como quiere que su hermano le ayude más tarde, puede llegar a frenar el comportamiento emotivo a punto de dispararse. De esta manera, la consciencia, los sentimientos y su capacidad cognitiva (su razón) le permiten lograr el mejor resultado, en términos homeostáticos, a largo plazo.

A pesar de su enorme complejidad, todo esto estaría persiguiendo la misma finalidad que los mecanismos más sencillos que reseñamos antes: mantenernos en nuestro rango homeostático. En conclusión, nuestros valores últimos son los mismos de todos los seres vivos, pero se da una diferencia en la capacidad cognitiva a la hora de establecer los medios para satisfacer los mismos.

Destaquemos aquí un aspecto que será crucial para entender, luego, los conflictos éticos. Una vez que nuestra capacidad cognitiva establece que algo es un medio para el logro de lo que es considerado valioso, ese medio puede adquirir, a su vez, valor y oficiar de guía para un nuevo esfuerzo cognitivo.

En realidad, para que esto ocurra no hace falta contar con capacidades cognitivas complejas. Todo proceso de aprendizaje tendría este resultado. Read Montague (2006) ha abordado los procesos cerebrales por los que puede darse este traslado de valoración de fines a medios, a partir de las investigaciones con monos de Wolfram Schultz. En el trabajo de Schultz se observaba la actividad de ciertas neuronas dopaminérgicas ante la llegada de una recompensa (jugo), ante una anticipación de la recompensa (encendido de una luz) y ante un error en la predicción de la recompensa. Inicialmente, cuando la luz se presenta no hay cambios en la actividad de las neuronas dopaminérgicas, puesto que la luz no está asociada a ninguna recompensa; esto es, inicialmente, la luz es asociada con una señal "las cosas son tal como lo esperado", una modificación del ambiente que no implica mejoras ni castigos. Sin embargo, la llegada del jugo sí causa un estallido de actividad en las neuronas dopaminérgicas; esto es, el envío de jugo es inicialmente asociado con una señal "las cosas son mejores que lo esperado" en las neuronas. Si los pares luz-jugo son enviados repetidamente al sujeto, se dan dos cambios destacados. La respuesta inicial asociada al jugo (la respuesta "las cosas son mejor que lo esperado") desaparece literalmente y las neuronas ya no cambian su actividad cuando el jugo llega luego de la luz. Esto significa que el sistema dopaminérgico ha aprendido a esperar el tiempo y la cantidad de jugo enviado, y lo demuestra no cambiando su actividad ("las cosas son tal como lo esperado") cuando llega el jugo. Pasemos al segundo cambio. La falta de respuesta inicial a la luz (la respuesta "las cosas son tal como lo esperado") cambia hacia un estallido de actividad. Las neuronas ahora informan que la luz es "mejor que lo esperado"; esto es, reaccionan a la luz de la misma manera en que, inicialmente, reaccionaban al jugo. En algún sentido, el valor del jugo ha sido transferido a la luz, la cual deviene un "valor proxi" para la llegada futura de jugo que predice. La respuesta neural a la luz se transforma en una especie de nota neural promisoria para el real valor (agua azucarada) que llegará pronto.

Este traslado de la respuesta de estallido desde el jugo hacia la luz es comunicado por los axones diseminados de las neuronas dopaminérgicas, diciéndole al resto del cerebro que trate a la luz como si tuviese el mismo valor de recompensa intrínseca que el jugo. De todos modos, si luego deja de enviarse jugo tras prender la luz, habrá una reconfiguración neuronal que tendrá por resultado que la luz nuevamente carezca de valor.

En el caso del homo sapiens, la dinámica es similar, aunque la complejidad aumenta. Como destacan Churchland y Suhler (2014, 318-319):

> al embellecer la antigua organización del sistema de recompensa subcortical con un sofisticado *input* cortical, un plan puede ser evaluado por sus probables consecuencias. Un *input* cortical más rico permite predicciones y evaluaciones más ricas. Unas metas pueden anidarse dentro de otras. Los planes pueden volverse muy elaborados y las metas muy abstractas. Al hacer uso de patrones de causalidad aprendidos, el cerebro puede ensamblar evaluaciones de las consecuencias de un plan. Estas son modelos "si..., entonces", y pueden volverse realmente muy sofisticadas.

En general, este mecanismo es lo suficientemente flexible como para poder aprender de los diversos entornos. El fin último es estable, pero todo lo que adquiera valor por su relación con él dependerá de las circunstancias en las que se dé el desarrollo del organismo. Todo esto da lugar a que, incluso si en última instancia todos valoramos lo mismo, lo cierto es que la experiencia y la cultura en la que nos desarrollamos nos llevarán a asignarle valor a distintos medios, y dado el anidamiento de metas que a nivel cognitivo podemos generar, muchas veces se darán conflictos muy complejos entre personas, ya que cada una puede estar defendiendo un juicio producto de su emoción, que considera tan final como el disparado por nuestra búsqueda de supervivencia.

¿Qué impacto tiene todo esto sobre la filosofía, y más precisamente, sobre la metaética?

### 3. Una metaética naturalista humeano-darwiniana

La metaética es la disciplina filosófica que se ocupa de esclarecer qué implica un debate ético (en términos metafísicos, semánticos, psicológicos, etc.), mientras que la ética intentará determinar cuál de las posiciones en debate es la correcta. En el plano metaético nos preguntamos, por ejemplo, si las afirmaciones acerca de lo que es bueno o valioso, o acerca de lo que debemos (o no debemos) hacer, expresan creencias (de las que cabe decir que son verdaderas o falsas) o son más bien herramientas que utilizamos para expresar nuestras emociones e influir en las emociones (y el comportamiento) de los demás; o qué lugar le cabe (si es que le cabe alguno) al conocimiento científico sobre cómo es de hecho el mundo en la determinación de lo que es valioso o de lo que debemos hacer.

Consideramos que, en función de lo desarrollado hasta aquí, la teoría metaética más sólida es aquella que Oliver Curry (2006) ha denominado humeano-darwiniana. De Hume se adopta la idea de que son nuestras *pasiones*, nuestras *emociones*, las que determinan lo que es *valioso*. Somos *sujetos morales* porque tenemos ciertas *pasiones que promueven el bien común* (nos sentimos bien ayudando, nos sentimos mal ante la mera imaginación de matar a alguien con nuestras manos, etc.), y no porque tengamos una *razón* que determina que es correcto ayudar o que está mal matar y que, de alguna manera, nos motiva a actuar.

De Darwin se adopta la *explicación* de por qué tenemos esas emociones. Hemos llegado a tener esas emociones en virtud de la evolución por selección natural. La evolución por selección natural ha dado lugar a un animal con ciertos sentimientos que, luego, son la base sobre la que podemos llegar a construir una teoría moral. En alguna medida deseamos el bien común, razón por la cual podemos adherir a una teoría ética que exija los comportamientos que contribuyan al bien común. Pero si no deseásemos el bien común, si fuésemos seres a quienes no les afecta en lo más mínimo el sufrimiento ajeno, ningún argumento racional nos llevaría a adherir a normas que exigiesen que nos preocupemos por quienes sufren.

El enfoque humeano-darwiniano permite ofrecer respuesta a una crítica que se suele hacer a estos enfoques naturalistas[4]. Se les achaca el error de pasar del *es* al *debe*. Esto es visto como un problema tanto por filósofos, como por biólogos, razón por la cual es de enorme relevancia ofrecer una respuesta al mismo.

### 3.1. Por qué una metaética humeano-darwiniana no cometería la falacia naturalista

Según esta crítica, un humeano-darwiniano estaría pretendiendo justificar una conclusión normativa ("Debe hacerse *x*" o "No debe hacerse *x*") a partir de consideraciones sobre cómo son las cosas. Si ésta fuese la pretensión de los humeano-darwinianos, la observación tendría sentido.

Por ejemplo, en los siguientes argumentos estaríamos dando un salto injustificado:

---

[4] En el terreno de la metaética, el naturalismo ha sido definido de diferentes maneras. En el presente trabajo tomamos una idea bien amplia de naturalismo, que niega la posibilidad de que existan criterios a priori que la filosofía (entendida como un conocimiento diferente del científico) pueda descubrir y aplicar a los problemas éticos.

Premisa: Un feto es un organismo con vida.
Conclusión: No debemos matar a un feto.

Premisa: Las personas de sexo femenino son personas que dedican más horas al cuidado de otros, que las de sexo masculino.
Conclusión: Los trabajos de cuidado deben ser realizados por personas de sexo femenino.

Premisa: Argentina es un país con grandes desigualdades.
Conclusión: No debemos perseguir la igualdad en Argentina.

Sin embargo, como destaca Curry, los razonamientos que presentan los humeano-darwinianos no tienen esa forma. A los argumentos recién presentados les está faltando la premisa en donde se afirma lo que se considera *valioso*, esto es, cuál es nuestro *fin*, qué es lo que *valoramos*. Por ejemplo, de la afirmación "Aprender griego *es* necesario para leer a Platón sin recurrir a traducciones" no se sigue nada. No se sigue, por ejemplo, que *debo* aprender griego. Sin embargo, si agrego, como premisa, que *considero valioso* leer a Platón sin recurrir a traducciones (que valoro hacerlo en el sentido de que asocio un sentimiento positivo a esa idea), el razonamiento ya no parece estar dando un simple salto del *es* al *debe*.

No estamos diciendo que el argumento sea *deductivamente válido* (para ello es necesario agregar premisas), sino que no es evidentemente *falaz*. Si la primera premisa señala qué es lo que *valoro*, y la segunda premisa me dice *cómo* se logra lo que valoro, tiene sentido concluir que *debo* hacer lo que indica la segunda premisa.

Y es ésta la estructura que tienen los argumentos humeano-darwinianos: una premisa que afirma qué es *valioso* para nosotros (lo cual viene determinado, como vimos, por nuestra naturaleza emocional)[5], una segunda premisa que señala cuál es el *medio* para lograr ese fin valioso (lo cual viene determinado por nuestra capacidad de aprendizaje, en la que juega un rol destacable nuestra especial capacidad cognitiva) y, por último, una conclusión que se enuncia como un *deber*. No tiene por qué ser una única premisa en cada caso, sino que pueden ser conjuntos de premisas, pero resulta más claro presentar de esta manera la argumentación ética.

Esta teoría metaética entiende que una teoría ética debería establecer, en primer lugar, qué es lo que realmente *valoramos*, indagando en nuestra naturaleza

---

[5] Debe tenerse en cuenta, sin embargo, que, como destacamos al final de la sección anterior, cuando reconocemos que x es un medio para el logro de lo que valoramos, x también adquiere valor. De esta manera, x podrá ser usado como premisa de otro razonamiento y, en ese sentido, la premisa de valor habrá sido establecida por la razón. Por otra parte, la razón también puede ayudarnos a esclarecer qué es lo que realmente valoramos. La evolución por selección natural da lugar a subóptimos, y nuestra capacidad cognitiva puede contribuir a su superación (aunque nunca podrá establecer la finalidad última). Si bien esto último es muy relevante para la ética, por razones de espacio sólo podemos mencionarlo.

emocional (la cual, para poder hablar de ética, tendrá que incluir emociones que promuevan el *bien común*). En segundo lugar, la teoría ética debería hacer uso del conocimiento científico relevante para establecer cuáles son los mejores *medios* para lograr lo que realmente *valoramos*. Y, en tercer lugar, y teniendo en cuenta lo que valoramos y los medios idóneos para lograrlo, podrá concluir cuáles son nuestros *deberes*.

Una vez que hemos establecido el lugar subordinado de la razón y establecido que las primeras premisas presentan aquello que es valorado, entendemos que los juicios sobre deberes también tienen un rol subordinado. Podrá defenderse que algo debe hacerse si es el caso que valoramos algo y nuestra capacidad cognitiva establece que eso que sostenemos que debe hacerse es el mejor medio para obtener lo que consideramos valioso.

Sin embargo, aun aceptando esta lectura de los juicios de deber, en el terreno de la metaética el debate se trasladará a las primeras premisas. ¿Por qué decimos que algo es valioso? ¿Qué justificación tenemos para decir que algo es valioso? La teoría evolutiva, dirán los críticos, puede explicarnos por qué valoramos algo, pero ello no justifica que efectivamente sea valioso; una ética apoyada en la biología evolutiva confundiría explicación con justificación.

Desde ya que es relevante diferenciar explicación de justificación. Muchas veces podemos *explicar* por qué nos enojamos, pero no pretendemos que la explicación sea una *justificación*. Que todo me haya salido mal en el día *explica* por qué no tuve paciencia con mis hijos a la noche. Pero eso no quita que les deba una disculpa, puesto que, puedo considerar, *merecían* un mejor trato que el que les di. Puedo *explicar* por qué me enojé, y a la vez considerar que *no debí* enojarme. Todo tiene una explicación, pero no toda explicación es una justificación.

Este planteo es aceptado dentro del enfoque humeano-darwiniano. Un humeano-darwiniano podría, por ejemplo, dar el siguiente argumento para justificar por qué no debí enojarme (aunque pueda dar una explicación de por qué me enojé):

*Valoro* tener una relación de respeto y consideración mutua con mis hijos.
<u>Enojarme cuando me hacen planteos razonables *perjudica* ese tipo de relación.</u>
Por lo tanto, *no debo* enojarme en esas circunstancias.

Desde este enfoque, entonces, si bien puedo explicar por qué me enojé, también sostengo que no estuvo justificado, esto es, que no debí hacerlo, en virtud de lo que considero valioso. De manera que los humeano-darwinianos no tienen problemas en aceptar la distinción entre explicación y justificación.

El verdadero debate se da en el plano de los *valores* (no de los *deberes*). Este naturalismo ofrece una *explicación evolutiva* del *origen de los valores*. Es contingente que un mamífero valore una cosa y otro mamífero valore otra cosa. Un mamífero puede valorar las frutas y otro mamífero valorar la carne de otro animal. Todo esto es el producto de la mutación genética en su interacción con el medioambiente (que incluye, obviamente, a otros seres vivos). Éste es el *origen* de los valores. Luego, las capacidades de cada animal le ayudarán a encontrar medios adecuados para conseguir lo que considera valioso.

Desde el enfoque humeano-darwiniano, no tiene sentido preguntarse si está *justificado valorar* lo que, de hecho, valoramos. Sí tiene sentido preguntarse algo distinto, a saber, si está justificado legalizar el aborto o no (esto es, si *debe* legalizarse o no), si *debemos* combatir el patriarcado o no, si *debemos* redistribuir la riqueza o no. Los argumentos tendrían esta forma: dado que *valoramos* x, y puesto que redistribuir la riqueza *contribuye (o no) a lograr* x, *debemos* (o no) redistribuir la riqueza.

Pero, ¿cómo podemos justificar lo que consideramos *valioso* en última instancia? El humeano-darwiniano entiende que, en última instancia, diremos que valoramos algo *porque sí*, porque así lo *sentimos*[6]. A partir de ahí, lo único que podemos hacer es ofrecer una *explicación* de por qué lo sentimos así, pero nunca una *justificación*. En palabras de Hume:

> Preguntale a un hombre *por qué hace ejercicio*; responderá que *porque quiere preservar su salud*. Si le preguntás *por qué desea salud*, responderá enseguida que *porque la enfermedad es dolorosa*. Si continuás aún más con tus averiguaciones, y deseás la razón de *por qué odia el dolor*, es imposible que pueda darte alguna. Este es un fin último, y nunca es referido a ningún otro objeto. Y más allá de él es una absurdidad requerir una razón. Es imposible que haya un progreso *in infinitum*, y que una cosa pueda siempre ser ofrecida como la razón por la que otra es deseada. Algo debe de ser deseado por sí mismo, y debido a su sintonía o acuerdo con los sentimientos o afectos humanos. (Hume 1777, 244-245; citado por Curry 2006, 241).

Si esto nos parece insuficiente, deberíamos preguntarnos: ¿por qué el humeano-darwiniano tendría que buscar otra cosa que una explicación de los valores últimos? En todo caso, ¿no recae el peso de la prueba en quienes asumen la existencia de un mundo "ideal", o de un dios creador de la moral, o de un sujeto racional libre que establece las reglas de convivencia sin estar determinado por el mundo natural? Hasta que no se haya dado alguna prueba contundente a favor de posiciones como éstas, ¿por qué el humeano-darwiniano estaría obligado a ofrecer algo más que una explicación de los valores últimos?

---

[6] Recordemos que, siguiendo a Damasio, la conciencia sólo nos permite conocer el valor biológico, no otorgarlo.

Resumiendo, no se trataría de que el naturalista cree que al *explicar* está *justificando*, sino de que considera que en el plano de las *valoraciones últimas* sólo caben explicaciones, no justificaciones.

## 3.2. Propuesta de una tipología de los conflictos éticos (y sus posibles vías de solución)

Una vez comprendido el lugar de los valores y de nuestra capacidad cognitiva en la argumentación moral, ¿qué podemos decir sobre los tipos de conflictos éticos que pueden darse y los modos posibles de resolverlos? En los términos con los que venimos trabajando, tenemos dos opciones: que el conflicto se deba a una discrepancia en torno a la primera premisa, o que el conflicto se deba a una discrepancia sobre la segunda premisa.

En caso de que la discrepancia sea en torno a la primera premisa, esto es, en torno a lo que se considera valioso, estaremos frente a un juego de suma cero (siempre que el conflicto exija resolución): el triunfo de una posición implicará la derrota de la otra. Si nos enfrentamos a un depredador hambriento, resulta obvio que lo que él valora en ese momento (comernos) es diferente de lo que nosotros valoramos (seguir vivos). En tal situación, cada uno pondrá todo su aprendizaje y capacidad cognitiva al servicio de sus fines, y el triunfo de uno será la derrota del otro.

En caso de que la discrepancia sea en torno a la segunda premisa, esto es, en torno al modo más eficiente de lograr un fin compartido, estaremos frente a un juego cooperativo. Todo el aprendizaje y capacidad cognitiva de los involucrados, estará volcada al esclarecimiento de potenciales perjuicios o beneficios de los medios considerados, y redundará en beneficio del conjunto, al contribuir a determinar lo que ha de hacerse para alcanzar fines comunes. El conflicto los involucra en un juego cooperativo, no de suma cero: un conflicto en el que todos pueden ganar, incluso quienes pierdan el debate, ya que habrán descubierto gracias al mismo medios más adecuados para el logro de sus fines.

Ahora bien, dado que, como vimos anteriormente, la valoración de los fines se traslada a los medios, y se dan anidamientos de metas, muchas veces no sabremos si el debate es sobre la primera o la segunda premisa. Si partimos del hecho de que somos animales morales, de que nuestro sentimiento de bienestar no está disociado del bienestar de otras personas, cabe esperar que nuestros conflictos sean en este sentido confusos.

En todo conflicto ético habrá una evidente diferencia en la valoración (aquí se origina el conflicto), por lo que aparentará ser un enfrentamiento en torno a la primera premisa. Sin embargo, dadas las diferentes experiencias y culturas de las personas, podemos estar frente a primeras premisas en las que se afirma el carácter valioso de algo, carácter que fue adquirido por asociación con otro fin valioso, que en la discusión no se tiene en mente. Aun valorando lo mismo, personas diferentes en condiciones ambientales diferentes pueden haber trasladado la valoración del fin a medios diferentes. De manera que conflictos que parecen darse en torno a la primera premisa, en torno a valores últimos, en realidad son conflictos en torno a medios, esto es, en torno a una segunda premisa de un argumento que contaría con una primera premisa compartida.

Supongamos, por mor del argumento, que el enfoque neuroevolutivo anteriormente presentado está en lo cierto, que el valor/fin último de todo ser vivo es la supervivencia y reproducción, que nuestros sentimientos conscientes nos revelan ese fin disfrazado de una búsqueda de bienestar, y que toda nuestra capacidad cognitiva para aprender se pone, entonces, al servicio de la supervivencia y reproducción, con bienestar. A su vez, en nuestro caso ha sido seleccionado un conjunto de sentimientos morales que implican que nuestro bienestar esté asociado al bienestar del colectivo del que formamos parte. ¿Cuál será el problema si abordamos los conflictos éticos desde una metaética racionalista o desde un relativismo cultural?

Frente a todo conflicto de valores, frente a todo debate en torno a la primera premisa, un relativista cultural se detendrá en esa diferencia e impedirá ver la posibilidad de una constructiva discusión sobre una segunda premisa. Si bien entienden que sobre los valores últimos no cabe una discusión, no advierten que los homo sapiens compartimos una biología común que nos permite suponer fines comunes, y que cabe pensar en las diferentes culturas como diferentes medios creados por distintas comunidades para lograr lo que todos consideramos valioso. Al ver los valores culturales como finales, transforman en juegos de suma cero lo que podrían ser juegos cooperativos.

Por diferentes razones, el mismo resultado se da cuando abordamos los conflictos éticos desde posiciones racionalistas. Dos racionalistas se abocarán a buscar la mejor justificación de los distintos valores en juego, considerando que abandonar el valor por ellos adoptado es inadmisible. Si bien su valor está funcionando de brújula en la búsqueda de justificaciones (dado el valor subordinado de nuestra capacidad cognitiva en relación con los valores; recuérdese el experimento de Bechara), al encontrar justificaciones terminarán creyendo que la defensa de su valor *deriva* de tal justificación. Usarán su capacidad cognitiva del mismo modo que la usamos cuando enfrentamos a un depredador; su argumentación sería el arma civilizada de la batalla. El debate se habrá transformado en una guerra, sólo que ambas partes se verán como realmente logrando una justificación de los valores enfrentados. Claro que, como sobre los valores últimos no cabe justificación y como lo que motiva su adopción no son argumentos sino emociones, ninguna de las partes estará dispuesta a abandonar sus valores por el hecho de que otro ofrezca razones en su contra. Y ninguno podrá entender cómo el otro es tan irracional[7]. De manera que, si partimos de una posición racionalista, nuestra capacidad cognitiva, aplicada a los conflictos éticos, dará lugar a juegos de suma cero.

El humeano-darwiniano partirá del proverbio latino *Homo sum, humani nihil a me alienum puto,* soy humano y nada humano me es ajeno. Entenderá que, salvo por psicopatías o patologías similares, poseemos sentimientos morales compartidos que dan sentido a la discusión ética. Esperará, por tanto, un amplio acuerdo sobre los fines últimos. Entenderá también que los entornos en los que nos desarrollamos y, por lo tanto, nuestros aprendizajes, serán muchas veces diversos, por lo que, producto de esta diversidad, habremos ido otorgando valor a diferentes medios. No le sorprenderá, por tanto, que valoremos positivamente distintos medios (como si fueran fines en sí mismos), medios a los que hemos aprendido a valorar por su asociación con los fines últimos. El reconocimiento de que somos seres morales con experiencias diferentes lo inclinará a ver los conflictos éticos como debates sobre la segunda premisa, antes que sobre la primera (sobre los medios, antes que sobre los fines); o, más precisamente, como debates sobre algo que se toma como un fin pero en realidad es un medio (que ha adquirido valor por asociación con fines más abstractos, compartidos). Vistos de este modo, los enfrentamientos surgidos de estas diferencias resultarán, en principio, solubles. Y los debates éticos se revelarán como juegos cooperativos, antes que como juegos de suma cero.

Recapitulando, ¿qué podemos concluir, entonces, sobre los distintos tipos de conflictos éticos que pueden darse y los modos posibles de resolverlos? Lo antes expuesto permite distinguir tres tipos de conflictos éticos, que proponemos denomina *estratégicos, recalcitrantes* y *solubles*.

Llamaremos *conflictos estratégicos* a aquellos en los cuales existen fines reconocidos como compartidos por las dos partes pero hay, no obstante, un desacuerdo o *discrepancia a nivel de los medios o estrategias más idóneas para el logro de esos fines comunes*. En ellos el desacuerdo gira claramente en torno a la segunda premisa y es posible un uso cooperativo de la argumentación, por cuanto se reconoce a la otra parte como compartiendo con nosotros las mismas preocupaciones éticas

---

[7] Refiriéndose a estos debates, el psicólogo Jonathan Haidt (2001) ha ofrecido las siguientes imágenes: Si el razonamiento moral es generalmente una construcción post-hoc destinada a justificar las intuiciones morales automáticas, entonces nuestra vida moral está plagada de dos tipos de ilusiones. El primero puede denominarse la ilusión de "menear el perro": creemos que nuestro propio juicio moral (el perro) es conducido por nuestro propio razonamiento moral (la cola). El segundo tipo puede llamarse la ilusión de "menear la cola del otro perro": en una argumentación moral suponemos que la refutación exitosa de los argumentos de un oponente cambiará su opinión. Tal creencia es como pensar que al forzar la cola de un perro para que se mueva, utilizando tu mano, harás feliz al perro.

de fondo, como formando parte de una comunidad moral, de un *nosotros* cuyas emociones morales son sustancialmente las mismas.

En las antípodas de esta situación, encontramos los conflictos que llamaremos *recalcitrantes*. Aquí el conflicto en torno a lo que debe hacerse surge por *inexistencia de fines compartidos* por las partes en debate, que permitan la solución del conflicto. Aquí pueden existir fines compartidos, pero no existen fines compartidos que sean *relevantes* de cara a resolver el conflicto. El desacuerdo gira en torno a la primera premisa. En esto conflictos, carece de sentido intentar convencer a la otra parte de valorar lo que no valora. La razón puede usarse para intentar vencer a la otra parte, no para convencerla. Si argumentamos a favor de nuestra posición o en contra de la de nuestro oponente, no es para convencerlo sino para cohesionar nuestras filas o sumar aliados potenciales.

Entre estos dos extremos, están los conflictos del tercer tipo, que llamaremos *solubles*. Aquí el conflicto surge por *falta de reconocimiento de la existencia de fines compartidos* que permiten su solución (y puede, por tanto, resolverse mostrando la existencia de estos fines compartidos y buscando a partir de allí el curso de acción que mejor armonice esos fines comunes). Aquí el desacuerdo *parece ser* sobre la primera premisa, pero bien analizado se revela como un conflicto sobre la *segunda* premisa. Como las valoraciones se trasladan de fines a medios, muchas veces podemos estar tomando como fines, lo que en realidad son medios. Así, podemos terminar en un conflicto que aparenta ser *recalcitrante* pero que en realidad es *estratégico* (por cuanto es posible identificar fines compartidos y ver que la discrepancia gira en torno a la determinación de los mejores medios para el logro de esos fines). Puede ocurrir también que en una situación se vean involucradas diversas emociones, dando lugar a la posibilidad de que un grupo se haya concentrado en una de esas emociones, mientras que otro grupo se haya concentrado en otras. Nuevamente, puede que ambos grupos valoren lo mismo, pero vean sólo parte de lo que está en juego, terminando en conflictos que parecen ser recalcitrantes, cuando en realidad no lo son.

Aclarado el enfoque metaético compatible con la teoría evolutiva, y presentada nuestra tipología de los conflictos morales y sus posibles vías de solución, veamos su efectiva aplicación en el terreno ético.

### 4. El debate público en torno a la legalización del aborto como caso de aplicación y los problemas de los principales argumentos a favor de la legalización

Para destacar las virtudes del enfoque evolutivo, no ofreceremos directamente una lectura del aborto desde el mismo, sino que primero mostraremos las deficiencias de los enfoques que no lo tienen en cuenta. Si estamos en lo cierto, todo enfoque desanclado de la consideración de nuestra biología avanzará sin brújula y correrá el riesgo de caer en racionalizaciones de su posición que, en la medida en que en el debate hagan todos lo mismo, dará lugar a un enfrentamiento cada vez más acalorado, que llevará a ver el conflicto como un juego de suma cero, antes que como un juego cooperativo.

Dada la virulencia del debate en torno a la legalización del aborto, es claro que, de alguna manera, estamos frente a valoraciones diferentes. Como sostenemos que las valoraciones dependen de reacciones emocionales, podemos decir que hay emociones enfrentadas. Sin ahondar en cuáles son estas emociones, lo cierto es que una posición comprende y hace empatía con la situación de la embarazada que decide abortar (y sólo desde ahí lee el problema), mientras que otra posición tiene una reacción emocional negativa frente a la idea de matar una vida humana (y sólo desde ahí lee el problema).

Nuestra hipótesis es que la emoción central de cada una de las partes en debate dispara la necesidad de justificar su posición, por lo que se ofrecen razones que, suponen, deberían modificar la posición del oponente. Sin embargo, por lo que hemos dicho antes, el papel de las razones es el de ofrecer medios para un fin, y dado que los oponentes no coinciden en el fin, ninguna razón ofrecida les hará cambiar de posición. Cada parte ofrecerá una justificación que sólo será una racionalización de sus emociones, pero que no logrará que su parte oponente modifique su posición.

Las razones que equivocadamente se consideran justificaciones últimas de la posición, pueden servir para fortalecer la unión o la confianza de los adherentes a uno de los lados del debate, pero difícilmente contribuyan a lograr consenso entre las partes, cada una de las cuales tenderá a ver a la otra como irracional. De manera que más bien dificultan la resolución de un conflicto, que podría tener una solución más contemplativa de las dos posiciones en juego, que nunca se encontrará si lo que cada bando está haciendo es justificar las emociones de las que partió.

Por otra parte, lo cierto es que normalmente las embarazadas que están pensando en abortar, viven la situación de manera bastante trágica, razón por la cual podemos esperar que sientan emociones en conflicto, muy probablemente las emociones que cada grupo toma por separado. Si esto es así, podemos esperar dos cosas en el debate: que ninguna posición convenza a la otra, y que ninguna sea capaz de articular el dilema vivido por quien considera la posibilidad de abortar.

En relación con esto último, son elocuentes las siguientes palabras de Laura Klein (2018, 164-165):

> Tanto para legalizarlo como para prohibirlo, las palabras y los razonamientos son ajenos a la experiencia de las mujeres que abortan. De un lado se habla de "homicidio" o "asesinato". Pero del otro lado, los argumentos también resultan extrañamente ajenos a nuestras experiencias. Para defender que abortar sea legal se habla de "elección libre", "autonomía" y "control del propio cuerpo". [...] Todos sabemos que, no importa cuán

irrefutables sean en la arena pública, esos argumentos enmudecen cuando nos alejamos de la escena del debate y nos acercamos a los abortos reales, los de las mujeres que van y abortan, estén de acuerdo o no con que sea legal. En ese momento todas las razones invocadas en el debate caen, nadie las invoca, ni siquiera las recuerda ya, frente a una mujer embarazada que decide abortar.

Es que los argumentos no se dirigen a las mujeres ni pretenden articular su predicamento "sino que giran hacia el poder como el tribunal ante el cual hay que lograr justificar a aquellas" (Klein 2018, 165). Y al hacerlo, creemos, pierden contacto con los valores en juego y acaban ofreciendo débiles racionalizaciones *post hoc* de decisiones cuyas verdaderas razones no se buscan, no se encuentran y permanecen fuera de la órbita del debate.

Digamos, de paso, que esta falencia constituye un problema importante, desde el punto de vista de las éticas feministas. Según destaca Samantha Brennan (1999, 860):

> las teorías éticas feministas pueden ser definidas como aquellas teorías que comparten dos metas centrales: (a) lograr una comprensión teórica de la opresión de las mujeres con el propósito de ofrecer una vía para terminar con dicha opresión; (b) desarrollar una caracterización de la moralidad que esté basada en la(s) experiencia(s) moral(es) de las mujeres.

Creemos que, así como una caracterización adecuada de la moralidad no puede prescindir de las experiencias morales de las mujeres, del mismo modo, y en este caso específico, es improbable que logremos capturar adecuadamente las cuestiones moralmente relevantes en relación con la práctica del aborto si prescindimos de las experiencias de las mujeres que abortan: si dejamos de lado sus motivos, sus pesares y las consideraciones que ponen en la balanza a la hora de tomar esa decisión. Ahora bien, como la moralidad depende de la biología, toda argumentación que dé la espalda a la misma tendrá gran probabilidad de resultar ajena a las experiencias de las mujeres. Contra lo que generalmente se cree desde posiciones feministas, la biología y, más específicamente, un enfoque evolutivo, puede contribuir al logro de sus metas, tal como las presenta Brennan.

Veamos, entonces, en lo que queda de esta sección, los problemas de los dos principales argumentos en el debate público a favor de la legalización, para pasar luego, en la sección 5, a mostrar cómo un enfoque humeano-darwiniano permitiría enfocar el debate de una manera más fructífera.

### 4.1. El argumento basado en las muertes de mujeres por abortos clandestinos

Un argumento usual a favor de la legalización del aborto es el siguiente. Las mujeres decididas a abortar lo harán, incluso si el aborto está prohibido. Así lo atestiguan la cantidad de abortos que se realizaban año a año en Argentina, donde la práctica estuvo penada por la ley hasta el año 2020. De modo que la prohibición no disuade. Pero, por otro lado, si la práctica está prohibida, estas mujeres deberán abortar en la clandestinidad, muchas veces en lugares desprovistos de las condiciones mínimas para garantizar una intervención segura. Y de hecho, más allá de la fiabilidad de las estadísticas, lo cierto es que muchas mujeres mueren por hacerse un aborto, o terminan en un hospital, o quedan estériles, etc.

Por lo tanto, reza el argumento, si la prohibición no disuade, y encima tiene como consecuencia la muerte de muchas mujeres, lo que corresponde es eliminar la prohibición (despenalizar), o incluso legalizar la práctica, incorporándola a las realizadas en los hospitales públicos o cubiertas por las obras sociales, para evitar así los abortos inseguros y el incremento de la mortalidad materna que estos provocan.

El razonamiento resulta, por un lado, incompleto (de cara a ofrecer un argumento convincente para quienes se oponen a la legalización), y, por otro, insuficiente (de cara a justificar lo que quienes abortan consideran justificado).

¿En qué sentido incompleto? Una prohibición puede estar justificada, aun cuando no disuada y tenga consecuencias negativas. En todo caso, podría defenderse que lo que debe hacerse es complementar la prohibición con algo más, para que logre disuadir, y/o atacar las consecuencias negativas mediante un mayor control social. Por ejemplo, en la presente pandemia muchos gobiernos han establecido la prohibición de reuniones sociales grandes. En ese contexto, se han dado fiestas clandestinas. A partir de allí, se ha argumentado que debería anularse la prohibición, puesto que se ve que no disuade, a la vez que lleva a que se organicen fiestas de manera clandestina, que no cumplen con los protocolos que sí cumplirían lugares habilitados para fiestas. Sin embargo, está claro que otra opción es tomar medidas adicionales que contribuyan a evitar tales fiestas (ya sea mediante campañas de concientización, mediante aumento de controles, aumento de sanciones, etc.). De manera que del hecho de que una norma no disuada e incluso esté generando perjuicios, no se sigue la necesidad de su derogación.

Si, además, consideramos que abortar implica matar a una persona inocente, obviamente, la solución de legalizar el aborto para reducir la mortalidad materna nos parecerá una locura, porque equivaldría a convalidar la muerte de una persona inocente para salvar a otra. Y ésta es, precisamente, la mirada de quienes se oponen a la legalización del aborto. De manera que para ser completo, el argumento necesitaría mostrar que el feto no es una persona, y mostrar por qué eliminar la prohibición sería mejor que, por ejemplo, realizar campañas de concientización o aumentar los controles o las penas.

Como nuestro objeto no es saldar el debate en torno a la legalización del aborto, no tendremos en cuenta las diversas maneras en que podría complementárselo. El punto que queremos señalar es que suele esgrimirse como un argumento contundente, cuando no es difícil ver sus limitaciones. Esto nos lleva a pensar que se trata de una rápida racionalización, antes que de un razonamiento meditado, y la confianza que genera en quienes lo formulan ahonda el conflicto con quienes se oponen a la legalización, consolidando en ambas partes la percepción de que se está ante un juego de suma cero.

Pero además de ser incompleto y, por lo tanto, no lograr refutar la posición de quienes se oponen a la legalización, el argumento es insuficiente, por cuanto la razón que ofrece para justificar la legalización no permite justificarla en todas las situaciones en las que las mujeres consideran que deben abortar. Aun cuando sus vidas no estuvieran en juego, aun si no existiese un solo caso de mujer muerta por aborto clandestino, el reclamo de legalización se mantendría incólume.

De hecho, mujeres con una situación económica que les permite realizarse un aborto seguro entienden que no corresponde que se las condene legal, ni moralmente si deciden realizárselo. Entienden que están haciendo lo que deben hacer, que es la decisión correcta dada su situación[8]. Es que, al menos en la mayoría de los casos, el apoyo a la legalización no surge de la constatación de que la penalización causa muertes evitables, ni se limita a las situaciones en que esto sea así: surge de la convicción de que abortar no es una opción que deba vedarse, aunque, como veremos, sí tenga una dimensión trágica.

De todos modos, las estadísticas son un dato absolutamente relevante para demostrar que lo que está en juego, desde la perspectiva de las mujeres que deciden abortar, es algo verdaderamente crucial, a tal punto que están dispuestas a poner en riesgo sus vidas, con tal de no dar a luz. Las estadísticas no justifican, pero sí nos indican que lo que está en juego tiene una enorme fuerza emocional, que hay en juego algo tan valioso que lleva a arriesgar la vida por ello. Este aspecto de la cuestión no suele ser tenido en cuenta por quienes se oponen a la legalización.

### 4.2. El argumento que apela al derecho al propio cuerpo

El segundo argumento nodal al que suelen recurrir quienes defienden la legalización del aborto en el debate público es el que apela al derecho al propio cuerpo

Según este argumento, las personas tienen derecho a hacer lo que quieran con su propio cuerpo, razón por la cual las mujeres tienen derecho a terminar un embarazo, habida cuenta de que el mismo ocurre dentro del cuerpo de las mujeres.

---

[8] En un sentido menos dramático, por las emociones que están en juego, el debate es similar al de la legalización de las drogas. Uno puede estar en una situación social y económica que le garantice el acceso a drogas ilícitas (que se da en un mercado que el Estado no puede controlar, al igual que la práctica del aborto), saber que su salud no corre riesgos al consumirlas (en el sentido de que no sufren adulteraciones nocivas), y sin embargo reclamar su legalización.

Al igual que ocurría con el anterior argumento, éste está lejos de ser convincente para quienes se oponen, y tampoco logra articular los valores en juego, tal como son experimentados por las propias mujeres que abortan.

El argumento ignora una diferencia crucial entre los casos que involucran o no a terceros. Cuando no hay terceros involucrados, parece correcto asignar a las personas el derecho de hacer lo que quieran con su propio cuerpo. Si una persona decide tatuarse, agujerearse el cuerpo para ponerse aros o someterse a cirugías o terapias para cambiar de sexo, parece correcto decir que es *su* decisión (i.e., que tiene derecho a decidir libremente sobre estas cuestiones y a que otros respeten su decisión como una que tiene derecho a tomar).

Ahora bien, está claro que quienes se oponen a la legalización del aborto consideran que *hay* terceros involucrados, que el embrión o el feto es algo más que una parte del cuerpo de la mujer que decide abortar.

Un argumento clásico que intenta iluminar este aspecto del debate hace uso del famoso experimento mental del violinista propuesto por Judith Jarvis Thomson (1971). Suponga, nos pide la autora, que un violinista sufre una grave enfermedad, que lo llevaría a la muerte a menos que estuviera conectado con usted durante 9 meses. Usted vería gravemente afectada su libertad de usar su cuerpo como quiera durante ese período, pasado el cual el violinista ya podría independizarse y ambos podrían seguir con sus vidas por separado. Supongamos que admiradores del violinista lo han conectado a usted con él por la fuerza, de modo que ahora la vida de él depende de estar conectado con usted por nueve meses. ¿Está justificado exigirle como un deber moral o incluso obligarlo legalmente a renunciar a su libertad por nueve meses para salvar la vida del violinista? Muchos pensarán que no. Pero recordemos que este argumento sólo vale para casos de violación, en los que la dependencia del violinista respecto de un tercero no es producto de una libre decisión de éste, sino que le fue impuesta por los admiradores del violinista.

¿Qué ocurriría si esta dependencia fuera fruto de una decisión libre (o incluso de una negligencia) por parte suya? Supongamos, por ejemplo, que usted atropelló al violinista mientras conducía alcoholizado y ahora la vida de aquel sólo puede salvarse si usted acepta estar conectado a él durante 9 meses. ¿Diríamos que el derecho sobre el propio cuerpo lo exime de toda obligación de ayudar al violinista? ¿Que no corresponde exigirle (moral o incluso legalmente) hacer ese sacrificio para salvar una vida que usted mismo puso en situación de vulnerabilidad?

Si volvemos la mirada sobre lo que viven las mujeres que evalúan abortar, también veremos que no viven su decisión como una simple decisión personal sobre su cuerpo, en la que no hay terceros involucrados (como una decisión análoga a la de tatuarse o hacerse un *piercing*).

Pero, por otra parte, ¿por qué correr el riesgo de morir en un aborto clandestino? ¿Sólo para que otro no haga uso de su cuerpo por nueve meses, para no perder autonomía por nueve meses? Evidentemente, tiene que haber algo más que la pérdida de un derecho al propio cuerpo por nueve meses, algo que implica una carga emocional fuerte, al punto de arriesgar la propia vida por ello.

En estos dos argumentos principales no se tiene en cuenta que se mata vida humana, razón por la cual no se podrá convencer a quienes se oponen, en tanto su preocupación central pasa por allí: nada justifica matar vidas humanas. Por otra parte, tampoco capta las emociones en juego de quienes abortan. Lejos de vivir la experiencia como una simple intervención en el propio cuerpo, los relatos de mujeres que abortaron, reunidos por Dahiana Belfiori (2015) a menudo muestran la opción como dilemática, como involucrando emociones encontradas, como la opción por el mal menor en una situación en la que ninguna opción es buena. Los siguientes son sólo dos pasajes, aunque representativos, de los testimonios recogidos por Belfiori:

> Cuando las usé [las pastillas] lloré porque no quise hacerlo. Me dolió lo que hice. Pero tenía que hacerlo porque no estaba preparada. (Belfiori 2015, 50)

> Es una cuestión emocional para mí. Me sentí mal y me parecía lo mejor. Sí, lo enterré. Y por más feo que fuera, yo sabía que no lo quería tener, así que preferí aguantarme el dolor antes que aguantar todo lo que siguiera después. (Belfiori 2015, 100)

## 5. Clarificando los valores en juego y articulando la experiencia de las mujeres con la ayuda de una mirada evolutiva

Para hacernos una idea más clara de lo que está en juego en la decisión de abortar, veamos lo que nos enseña la biología sobre los distintos factores necesarios para una maternidad exitosa y las decisiones difíciles que enfrentan las hembras humanas cuando estos factores no están presentes.

Empecemos por una situación óptima[9]. Supongamos a dos enamorados. La sensación de enamoramiento contribuye al deseo de tener relaciones sexuales, lo cual da lugar al embarazo de la mujer. El embarazo dispara una liberación mayor de oxitocina, que da lugar a una "maternización del cerebro". Como otros mamíferos, empieza a buscar un lugar limpio y seguro para tener a su hijo. A su vez, la maternización del cerebro (más la liberación de opioides endógenos) dará lugar a un vínculo emocional especial que hará posible el enorme esfuerzo que exige criar a un ser tan vulnerable y dependiente como el bebé humano hasta el momento

---

[9] Al igual que cuando presentamos la posición de Damasio, queremos destacar que lo que sigue es un resumen de diversas investigaciones, ninguna de las cuales puede presentar sus resultados como indiscutibles. Nuestro trabajo no pretende ser una defensa de ninguna de estas investigaciones, sino ilustrar qué tipo de consideraciones resultarán pertinentes para un enfoque evolutivo en el terreno de la ética.

en que es capaz de sostenerse por sí mismo. El enamoramiento, por otra parte, lleva a que el padre desee tomar parte en esa crianza. Además, los rasgos del bebé generan empatía en el resto de la comunidad, por lo que despierta la disposición a servir de apoyo a la pareja en situaciones especiales. Tal la situación ideal, y que permite el desarrollo exitoso de una cría tan vulnerable y de maduración tan lenta como la humana.

Ahora bien, cuando las condiciones no son favorables (por ej., porque se está pasando por un período de hambruna, o no se cuenta con la disposición del padre a cooperar, o ya se tienen otros hijos para cuidar) podemos encontrarnos con trágicos casos de infanticidio, muchas veces velados. En casos menos extremos, una situación desfavorable modulará la cantidad y calidad de cuidado que la madre podrá dispensar a cada cría. Ahora bien, ¿qué puede llevar a una madre a abandonar o asesinar a su propio hijo?

Como señala Hrdy (1999), que las hembras humanas recurran al infanticidio puede parecer difícil de explicar evolutivamente: ¿cómo puede ser seleccionada la tendencia a tirar por la borda el fruto de todo el esfuerzo de la gestación, un fruto que es, además, el portador de nuestros genes? ¿Cómo puede ayudar esto a que nuestros genes pasen a la siguiente generación? La clave está en la enorme inversión postnatal que requiere un bebé humano para poder crecer, desarrollarse y estar en condiciones de pasar sus genes a la siguiente generación. En términos evolutivos, la decisión de no ser madre en estas condiciones, para poder ser madre luego, cuando las condiciones mejoren, o la decisión de no ser madre de otro bebé, para poder dedicarse a que sobrevivan sus otros hijos, puede permitir la mayor tasa de reproducción, ya que lo que importa no es cuántos bebés nacen sino cuántos logran llegar a la adultez en condiciones que permitan su propia reproducción exitosa. Para tener éxito en esta empresa, las hembras humanas necesitan elegir con discreción cuándo y cuántas veces reproducirse. Esta es la decisión que, en términos reproductivos, enfrentan las mujeres, y es esto lo que explica la existencia (y, sobre todo, la prevalencia) de prácticas como el infanticidio, y también del aborto[10].

Hoy nos encontramos con un entorno muy diferente al de los cazadores-recolectores. El desarrollo tecnológico nos permite tomar decisiones mucho antes de que el bebé nazca. La decisión que la mujer siempre tuvo que tomar es la siguiente: ¿deseo (y estoy en condiciones de) modificar mi vida de cara a hacerme cargo de otra persona durante varios años? Hoy, esa decisión puede tomarse desde el primer día de embarazo, por lo que ya no sería necesario enfrentarse a la tragedia de estar decidiendo cometer un infanticidio.

---

[10] Las hembras tienen que elegir el momento, concentrándose en la calidad, antes que en la cantidad. En el caso de los machos, existe la opción calidad vs. cantidad, lo que podría ayudar a explicar por qué la decisión de abortar es más trágica para la embarazada que para el progenitor masculino.

La mujer valora la vida humana vulnerable de la misma manera que los demás, de la misma manera que quienes se oponen a la legalización. El carácter traumático que suele tener la decisión de abortar da fe de ello; nos habla de que quienes abortan asignan un valor a la vida humana, al menos a la que llevan en su vientre. De aquí que no corresponda la dura condena que les aplican quienes se oponen a la legalización.

Sin embargo, aun otorgando la valoración que todos solemos otorgar a la vida humana, la mujer decide abortar. ¿Por qué? ¿Qué la diferencia de quienes condenan la práctica?

Quienes se oponen a la legalización sólo tienen en cuenta el valor de la vida humana, sobre todo de la de un bebé que tiene las características especiales para generar empatía. Pero la decisión a la que se enfrenta la embarazada no es la de salvar o no salvar la vida humana que lleva en su vientre. No está decidiendo únicamente qué hacer en sus próximos nueve meses. Está decidiendo si está dispuesta, en esa etapa de su vida, a dedicarse al cuidado de un bebé, si las condiciones socio-económicas le permiten hacerlo con efectividad, si está dispuesta a padecer limitaciones en cuanto a formar una nueva pareja, si le resulta tolerable generar un vínculo potencialmente de por vida con la familia paterna, si está en condiciones de distribuir los recursos hoy utilizados por sus otros hijos, etc.

En resumen, la embarazada tiene que decidir si está dispuesta a sacrificar su actual proyecto de vida (y, en caso de que otros dependan de ella, sacrificar también su proyecto) para dedicarse en los próximos años al cuidado de otra vida humana.

Planteada la decisión en estos términos, ¿qué opción tomarían quienes se oponen a la legalización? No hace falta especular. Ninguno de nosotros está dispuesto a sacrificar su proyecto de vida por el mero hecho de salvar vidas humanas. De hecho no lo hacemos. Podríamos emplear todos nuestros bienes y nuestro tiempo en proveer de recursos o cuidados a personas que los necesitan, pero no lo hacemos ni creemos que sea nuestro deber hacerlo. Podemos creer que es nuestro deber contribuir *en alguna medida* a proveer a esas personas de lo que necesitan (pagando impuestos que financien subsidios o servicios públicos, o brindando ayudas ocasionales a parientes, amigos, vecinos o incluso desconocidos), pero no creemos tener la obligación de dedicar nuestra vida a cuidar a un desconocido sólo por el hecho de que de otro modo moriría. Podemos considerar loable a quien decida hacerlo pero difícilmente consideremos que sea su obligación moral (y mucho menos que tal opción deba ser mandada por la ley).

De manera que le estamos pidiendo a una embarazada que haga lo que nosotros no estamos dispuestos a hacer. Como se dijo, podemos estar dispuestos a dar una mano a quien la necesita (a dar una ayuda ocasional), pero no a hacernos cargo de su cuidado a largo plazo. No somos máquinas de salvar vidas humanas, y tampoco pensamos que debemos serlo.

Si se piensa en la adopción como una propuesta que evitaría el costo que la mujer no quiere pagar (i.e., el de hacerse cargo de la crianza), a la vez que salvaría la vida del feto, se está pasando por alto lo que implica la maternización del cerebro. Si la mujer lleva adelante el embarazo, es muy probable que genere un vínculo con el bebé que la coloque ante una trágica decisión: dar en adopción a un bebé que ya siente como propio o asumir una carga que ya sabía al inicio del embarazo que no estaba en condiciones de asumir (por inmadurez o falta de apoyos sociales, por ejemplo) o que le iba a resultar insoportable (como en caso de un embarazo producto de una violación o de una mala relación). Queremos cuidar de nuestros hijos pero, como se dijo, dados los altos costos de la crianza, debemos elegir con discreción el momento oportuno. Permitir el desarrollo del embarazo vuelve más trágica la situación, porque la biología de la mujer la va preparando para ser madre y la situación se vuelve aún peor si se llega a amamantar o a poner nombre.

Pero de nuevo, se justificaría exigir dar en adopción si la protección de la vida humana fuese nuestro fin esencial. No nos comportamos de esa manera. Y si alguien se comporta de esa manera, seguramente no le exigirá a todos quienes le rodean que hagan lo mismo.

El aborto debe verse como una alternativa al infanticidio, y no como un asesinato. Quizá las embarazadas arriesgan su vida porque, por un lado, no están en condiciones de hacerse cargo de la crianza (reconocen lo gravoso de la decisión de ser madres), y por otro, descartarían con horror tener que recurrir a un infanticidio (sienten la misma empatía que cualquiera por un bebé humano). Puede verse con claridad lo trágica de la situación.

En definitiva, desde un punto de vista evolutivo podemos comprender la difícil situación de quien está evaluando abortar, así como la identificación que muchos sienten frente a su padecer y la empatía con el "bebé" que prima en quienes se oponen a la legalización. En alguna medida, compartimos todas esas valoraciones. En principio, no se trata de un juego de suma cero entre asesinos y fanáticos religiosos, sino de un juego que puede resultar cooperativo en la medida en que compartimos las emociones en cuestión. No se trata de un conflicto *recalcitrante* sino de uno *soluble*. De lo que se trata es de ir esclareciendo las diversas emociones en juego, las alternativas por las que hay que optar, el peso que cada una tiene para los involucrados, etc. Lo anterior sólo es un ejemplo del modo en que se puede ir avanzando en ese juego cooperativo.

## 6. Conclusiones

Esperamos haber mostrado cómo entender (con la ayuda de la perspectiva evolutiva) el origen de los valores en general nos permite delinear una metaética capaz de ayudarnos a evitar debates estériles. Una forma más promisoria de encarar los debates éticos (en línea con esta metaética) consiste en intentar iluminar, en cada caso, la naturaleza de nuestras diferencias (haciendo uso de la tipología propuesta más arriba). Esto debería contribuir a orientar el esfuerzo cognitivo y argumentativo al tipo de objeto pertinente en cada caso. En los casos de conflictos que denominamos *solubles*, debería contribuir a arribar a consensos razonables, al recomendar esfuerzos por comprender las emociones que están detrás de la posición ajena y buscar posibles puntos de convergencia. Como esperamos haber ilustrado con el caso del debate en torno a la legalización del aborto, conocer la biología que hay detrás de un problema ético particular contribuye a hacerse una mejor idea de los valores en juego y, junto con la atención a las articulaciones de los agentes involucrados, aporta herramientas para una evaluación más promisoria de las soluciones alternativas que tenemos.

**Referencias bibliográficas**

Bechara, A., Damasio, A. R., Damasio, H., Anderson, S. (1994). Insensitivity to future consequences following damage to human prefrontal cortex. *Cognition*, 50, 7-12.

Belfiori, D. (2015). *Código Rosa*. Buenos Aires: Ed. La Parte Maldita.

Brennan, S. (1999). Recent Work in Feminist Ethics. *Ethics, 109*(4), 858-893.

Churchland, P., Suhler, C. (2014). Agency and Control: The Subcortical Role in Good Decisions. En W. Sinnot-Armstrong (Ed.), *Moral Psychology. Vol. 4: Free Will and Moral Responsability*. Cambridge, Massachusetts: MIT Press.

Curry, O. (2006). Who's Afraid of the Naturalistic Fallacy? *Evolutionary Psychology*, 4, 234-247. https://doi.org/10.1177/147470490600400120

Damasio, A. (2012). *Y el cerebro creó al hombre*. Barcelona: Destino.

Damasio, A. (2007). *En busca de Spinoza*. Barcelona: Crítica.

Haidt, J. (2001). The emotional dog and its rational tail: A social intuitionist approach to moral judgement. *Psychological Review, 108*(4), 814-834.

Hrdy, S. B. (1999). *Mother nature. A History of Mothers, Infants and Natural Selection*. New York: Pantheon Books.

Hume, D. (1777). *An Enquiry Concerning the Principle of Morals*.

Klein, L. (2018). Aborto, derechos humanos y estrategias de subjetivación. En D. Busdygan (Ed.), *Aborto. Aspectos normativos, jurídicos y discursivos*. Buenos Aires: Biblos.

Midgley, M. (1979). *Beast and man: the roots of human nature*. London: Methuen.

Montague, R. (2006). *Why choose this book?* Nueva York: Penguin.

Thomson, J. J. (1971). A defense of abortion. *Philosophy & Public Affairs, 1*(1), 47-66. http://www.jstor.org/stable/2265091

# III

*De la filosofía de las ciencias cognitivas
al giro cognitivo en la filosofía*

## La cognición extendida y colaborativa: un reto para la epistemología

### Anna Estany[*]

**1. Introducción**

Uno de los signos de nuestro tiempo es la atomización del saber, consecuencia de la complejidad de los fenómenos a explicar. Aristóteles tenía todo el conocimiento en sus manos, el horizontal (desde la física a la sociología) y el vertical (desde la ciencia a la metafísica). A lo largo de la historia, los conocimientos sobre alguna parte del mundo natural y social se han ido desgajando de la filosofía convirtiéndose en las disciplinas científicas que ahora conocemos. El precio que hemos tenido que pagar por conocer más y poder explicar muchos más fenómenos es que el saber se ha fragmentado como consecuencia de la especialización. Así mientras los fenómenos con los que nos enfrentamos cada día son más complejos los compartimentos del conocimiento son cada vez más estrechos. Sin embargo, en las disciplinas científicas ha habido un punto de inflexión en el sentido de que se ha visto la necesidad de la interdisciplinariedad, a fin de establecer la relación entre los distintos saberes. Campos como la bioquímica, la arqueometría, la psi-

---

[*] Anna Estany es Catedrática Emérita de Filosofía de la Ciencia en la Universidad Autónoma de Barcelona, España. Es Master of Arts por la Indiana University y Doctora por la Universidad de Barcelona. Ha sido Visiting Scholar en University of California (San Diego, EEUU), en la École Normale Supérieure – Paris, y en el Institut d'Histoire et de Philosophie des Sciences et des Techniques de París. Sus líneas de investigación son los modelos de cambio científico, el enfoque cognitivo en Filosofía de la Ciencia y de la Tecnología, la Filosofía de las Ciencias de Diseño, la democratización del saber teórico y práctico y la Filosofía de la Medicina. Entre sus obras más representativas están *Modelos de cambio científico* (1990), *Vida, muerte y resurrección de la conciencia* (1999), *¿Eureka? el trasfondo de un descubrimiento sobre el cáncer y la genética molecular* (2003, coautora con D. Casacuberta), *Innovación en el saber teórico y práctico* (2016, coautora con Rosa M. Herrera), *Filosofía de la epidemiología social* (2016, coordinadora con Ángel Puyol), *Democracia y conocimiento* (2019, coordinadora con Mario Gensollen) y *Philosophical and methodological debates in public health* (2019, editora junto a J. Vallverdú y A. Puyol). Email: anna.estany@uab.cat

cobiología y la astrofísica son una prueba de ello. La novedad no es tanto que una disciplina recurra a los conocimientos de otra sino que esta relación se ha institucionalizado a través de titulaciones universitarias, congresos, revistas, etc.

Frente a este hecho hay que tener en cuenta, por un lado, lo que han significado los cambios en los procesos de investigación, desde las cuestiones metodológicas hasta la gestión de la organización de las comunidades científicas, lo cual requiere analizar la investigación colaborativa y los elementos que entran en juego en los procesos de investigación, que tienen que lidiar con la fragmentación del saber y la complejidad de los fenómenos a explicar; por otro, los enfoques desde la filosofía surgidos a fin de reformular la epistemología como fundamentación del conocimiento a partir de los modelos cognitivos que estudian la unidad de cognición y los elementos que inciden en ella.

El objetivo del artículo es ver hasta qué punto los modelos cognitivos proporcionan base empírica a la capacidad de colaboración y a la necesidad de incorporar recursos tecnológicos y culturales a fin de llevar a cabo la investigación científica de fenómenos altamente complejos. Como marco general partimos del programa de la epistemología naturalizada en el sentido de una epistemología no apriorística sino anclada en las ciencias empíricas sin que ello implique una postura reduccionista, abogando así por la tesis minimalista de la naturalización.[1] Para las cuestiones que abordamos en este trabajo el marco de referencia son las ciencias cognitivas, en lo que se denomina "enfoque cognitivo en filosofía de la ciencia", en el sentido de que los modelos cognitivos pueden ser, bien un aval bien un cuestionamiento de determinados valores epistémicos y normas metodológicas de la investigación científica. En primer lugar, analizaremos qué se entiende por investigación colaborativa con todo lo que ello comporta en el proceso de la investigación científica; en segundo lugar, vamos a abordar los cambios en la unidad de cognición a partir de los modelos cognitivos de la tercera generación de la ciencia cognitiva[2]; en tercer lugar, examinaremos la cognición a nivel de grupo; y, finalmente, veremos qué conclusiones podemos sacar de la relación entre investigación colaborativa y cognición extendida.

---

[1] La Tesis minimalista de la naturalización se sitúa entre la filosofía apriorística y el reduccionismo de la epistemología a cualquiera de las ciencias empíricas. Podemos resumirla en los siguientes puntos: la psicología cognitiva establece los límites de nuestras capacidades cognitivas, por tanto, toda norma epistémica tiene que ser compatible con sus resultados empíricos; la psicología cognitiva puede decirnos cuáles son las mejores condiciones para ejercer nuestras capacidades cognitivas a fin de optimizar las funciones epistémicas; lo que la psicología cognitiva no puede decirnos es cuál, entre todas las posibles normas epistémicas compatibles con las capacidades cognitivas de los humanos, es la más apropiada para determinadas actividades científicas. Ver Estany (2001a) como estudio de caso sobre la carga teórica de la observación *versus* la observación neutra desde la psicología cognitiva.

[2] En la ciencia conginitiva se suelen distinguir tres grandes paradigmas: el primero es el denominado "Paradigma simbólico del procesamiento de la información", correspondiente a la Inteligencia

## 2. Investigación colaborativa

A lo largo de la última década la colaboración en la investigación científica se ha incrementado notablemente a causa de la complejidad de los fenómenos a estudiar. Los artículos de un solo autor son cada vez menos habituales. K.B. Wray en 2002 trata el tema en el artículo "The epistemic significance of collaborative research" en el que proporciona una serie de datos sobre este hecho y cómo se ha ido incrementando a lo largo de las últimas décadas. Señala también las diferencias entre disciplinas respecto a la investigación colaborativa, sobre todo entre las ciencias y las humanidades. Wray hace una distinción entre investigación colectiva y colaborativa, un punto importante desde la perspectiva epistémica. Por ejemplo, en el laboratorio de Boyle se trabajaba colectivamente pero no colaborativamente, ya que era Boyle el que proponía la teoría y la metodología, marcando el ritmo de trabajo. Otra cuestión a explicar es porqué la colaboración se da más en las ciencias naturales que en la sociales y en éstas más que en las humanidades. Wray propone una explicación de la investigación colaborativa en ciencia en los términos siguientes: "la investigación colaborativa juega un rol muy importante para que las comunidades científicas lleven a cabo con efectividad sus fines epistémicos y es causalmente anterior al éxito que puedan alcanzar sus resultados" (Wray, 2002, 155). Lo que no acaba de aclarar es a qué se deben las diferencias entre ciencias naturales, sociales y humanidades. Podría ser que en las ciencias naturales el éxito epistémico requiera de más expertos en temas dispares para poder llegar a resultados empíricamente experimentados. Sin embargo, a medida que las ciencias sociales avancen y las humanidades introduzcan alta tecnología en sus estudios, posiblemente, las diferencias sean menores. Por ejemplo, en cuanto la arqueología ha introducido análisis químicos y biológicos para datar los yacimientos la especialización se ha hecho más necesaria y se requiere la participación de estos profesionales. En humanidades la introducción de la informática para el arte digital, la simulación, etc. hacen imprescindible la participación de expertos.

Wray señala que los artículos en colaboración son más citados que los realizados individualmente, además hacen posible investigaciones de más envergadura que no serían posibles individualmente, facilitan que no olvidemos los conocimientos adquiridos y hacen progresar la ciencia. La colaboración tiene un papel importante en la formación de futuros científicos. En este punto Wray hace referencia a D. Crane (1972) que encontró una correlación entre colaboración y productividad y a P. Thagard (1997) quien argumenta que la colaboración tiene ganancias en poder, rapidez y eficiencia en generar resultados. Respecto a las causas de la colaboración podemos encontrar explicaciones diversas. Para algunos

---

Artificial clásica; el segundo correspondería al "Paradigma de procesamiento de la información en paralelo", llamado también "Conexionismo"; el tercero se caracteriza por el cuestionamiento del paradigma simbólico, apelando a la cognición situada, corporizada, extendida y distribuida.

la causa principal es la especialización, para otros como D. Beaver y R. Rosen (1978; 1979a; 1979b) la causa hay que buscarla en la profesionalización de la ciencia. Posiblemente, la explicación es multicausal pero no cabe duda de que la especialización ha tenido y tiene un papel muy importante en la colaboración entre científicos.

Wray también apunta algunos costes de la investigación colaborativa como la difusión de la responsabilidad epistémica, la posible erosión de la motivación de los científicos y el hecho de que una vez se han establecido las redes de colaboración éstas pueden actuar como un loby de poder. Vemos pues que el propio fenómeno de la colaboración es muy complejo, con beneficios y costes por lo que requiere un estudio desde diversas perspectivas. Uno de dichos estudios es el de Thomas Boyer Kassem, Conor Mayo Wilson y M. Weisberg (eds.) 2018, coordinadores del libro *Scientific collaborations and collective knowledge*, en el que diversos autores abordan una serie de cuestiones sobre la colaboración científica. En la Introducción estos autores consideran que la colaboración científica puede interpretarse como una extensión de la epistemología social, lo que se ha llamado "giro social en filosofía de la ciencia" (Boyer-Kassem et al. 2018, xiii). Entre dichas cuestiones podemos señalar las siguientes: qué información deben compartir los científicos; por qué colaboran los científicos y cómo podemos impulsar colaboraciones más fructíferas; cómo la noción tradicional de autoría se enfrenta a la era de colaboración; y cómo son y cómo se deben relacionar los juicios de una comunidad científica con los científicos individuales.

R. Muldoon (2018) en "Diversity, racionality and de division of cognitive labor" sugiere que una de las respuestas a la necesidad de la investigación colaborativa es la división de la labor cognitiva, fruto de la especialización y de la complejidad de los fenómenos estudiados. Entre las cuestiones que plantea están, por un lado, las que atañen a la colaboración entre científicos individuales y, por otro, entre disciplinas. Respecto a las primeras la cuestión es cómo se reparten los créditos entre los científicos que participan en un artículo, en función de las habilidades de cada científico y de su participación en una investigación. En cuanto a la colaboración entre disciplinas aborda la cuestión de lo que llama la "colonización" de un campo por otro, por ejemplo, la biología colonizada por la física. También se puede considerar colonización la utilización de determinados métodos desarrollados en un campo y utilizados más adelante por otro, tal es el caso en neurociencia. Así, los físicos han aplicado "modelos de oscilación acoplados" (coupled oscillator models) para describir los patrones de activación neuronal. En este caso entender los osciladores acoplados es una cuestión de la física, pero la aplicación a la neurociencia representa una novedad, hasta tal punto de que se habla de biofísica. A estos casos podemos añadir la utilización del carbono 14 para medir la antigüedad de los artefactos encontrados en las excavaciones arqueológicas y la técnica de la PCR utilizada en la investigación del cáncer.[3] Para concluir, Muldoon sugiere que la tolerancia con el pluralismo metodológico es beneficioso para las comunidades científicas por lo que debemos promoverlo en lugar de lamentar el incremento de la especialización. Para ello necesitamos más inversión y más comprensión en ciencia colaborativa.

Kevin J.S. Zollman (2018) en "Learning to collaborate" señala que colaborar implica abordar los problemas de forma conjunta a partir de las perspectivas que aportarán los diferentes científicos. Sin embargo, la colaboración tiene costes o, dicho de otra forma, no sale gratis, como ya señalaba Wray en 2002. Por ejemplo, cada individuo tiene que emplear tiempo en comprender la perspectiva de los otros científicos que colaboran y a medida que el grupo crece pueden darse lo que Zollman llama "patologías epistémicas". Son la cara y la cruz de la investigación colaborativa. Frente a ello Zollman propone modelar la colaboración a partir de redes sociales buscando los beneficios óptimos, proporcionando un modelo como una idealización apropiada de algunas situaciones de colaboración y ofreciendo una guía clara sobre cómo lograr la colaboración efectiva (Zollman 2018, 76). Podemos añadir que, aunque no necesariamente, la diversidad en la colaboración puede evitar sesgos epistémicos.[4]

De hecho el propio Wray en 2018 "The impact of collaboration on the epistemic cultures of science" examina algunos de los cambios que se requieren en lo que él llama "culturas epistémicas de la ciencia" a partir de la complejidad de los fenómenos a explicar, en concreto, cómo la investigación colaborativa cuestiona la noción tradicional de la autoría en ciencia y el proceso del arbitraje para las publicaciones, por ejemplo, cuando hay artículos firmados por cientos de científicos, como el caso de la "big science", en el sentido de Derek de Solla Price (1963) que la caracteriza como la investigación científica a gran escala, es decir, en la que participan muchos individuos y con alta tecnología. Wray entiende cultura epistémica en el sentido de K. Knorr Cetina (1999) como "culturas que crean y justifican el conocimiento".

Para Wray (2018) la unidad de investigación colaborativa es el grupo, haciendo una distinción relevante epistémicamente entre compartir creencias y compartir aceptación, en el sentido que la actitud cognitiva del grupo es más adecuada como aceptación que como creencias. Posiblemente este problema es más filosófico que práctico pero no cabe duda que es importante desde el punto de vista de la cultura epistémica. También señala diferencias entre especialidades o comunidades científicas y equipos de investigación. Las primeras, como conjunto, no tienen la capacidad de sostener puntos de vista que, irreductiblemente, son los puntos de vista del grupo, es decir, son grupos sociales cuyos miembros

---

[3] Ver Casacuberta y Estany (2003).

[4] Ver Estany (2001b) "Ventajas epistémicas de la cognición socialmente distribuida".

coinciden en muchas cuestiones pero carecen de cohesión y de solidaridad orgánica. En cambio, los segundos son capaces de sostener puntos de vista que, irreductiblemente, son los puntos de vista del grupo y tienen solidaridad orgánica, que supone una división de funciones dentro del campo de la investigación.

No cabe duda que la investigación en colaboración tiene muchas ventajas para abordar fenómenos complejos y para los propios científicos que tienen acceso a conocimientos que de otra forma requeriría mucho más tiempo. Pero esto significa que puede darse el caso que haya científicos firmantes de un artículo que no comprenden del todo determinadas afirmaciones. Wray hace referencia a otros autores que proponen alternativas al individualismo, por ejemplo, R. Giere (2002) que prefiere abordar la colaboración en base a la cognición distribuida. También M.B. Fagan (2011) que propone "el punto de vista interactivo del conocimiento colectivo". Ambos autores secundan la idea de Wray en el sentido de que la noción de aceptación colectiva ayuda a comprender mejor la conducta de los científicos cuando trabajan colaborativamente.

La otra gran cuestión a abordar en la investigación colectiva es el proceso de arbitraje. Para los artículos con muchos o cientos de autores con perspectivas y funciones distintas es difícil que un solo árbitro pueda comprender y sobre todo evaluar el texto. Frente a ello ya se han dado algunas soluciones como que lo arbitren diferentes personas con formaciones científicas distintas pero a veces la fragmentación del saber hace que muy pocas personas sean las especialistas con lo que dichas personas acapararían determinados temas. Otra posibilidad que ya se ha adoptado en algunos centros de investigación o revistas es tener paneles de evaluadores, en el mismo sentido de que hay comités de bioética en los hospitales podría haber comités de árbitros en revistas y centros de investigación. Por ejemplo, en la investigación de física de altas energías el arbitraje se lleva a cabo por una asociación de partes más federal (a more federal association of parts). También puede ser problemático evaluar investigaciones que estén determinadas en función de algunos instrumentos o tecnologías, por lo que tiene consecuencias, tanto para los árbitros como para los autores, ya que solo los que conozcan estas técnicas estarán capacitados para evaluar los textos.

Uno de los beneficios de la investigación colaborativa es que determinadas capacidades del grupo son emergentes de la colaboración de los individuos pero no reducibles al pensamiento individual de cada uno de ellos. Wray recurre a una metáfora biológica en el sentido de qué aporta cada órgano de un animal para su salud general.

La conclusión que saca Wray en 2018 es que la cultura epistémica cambia como resultado de la investigación coloborativa. Pero hay que tener en cuenta que el conocimiento de determinados fenómenos de este mundo solo son accesibles a través del trabajo colectivo. Esta es la discusión sobre lo que ocurre en la investigación científica. A partir de aquí hay que examinar lo que dicen los modelos cognitivos al respecto.

## 3. La unidad de cognición

A partir del desarrollo de las ciencias cognitivas, la unidad de cognición ha sufrido cambios importantes con repercusiones tanto en la filosofía de la mente como de la ciencia. A pesar de que podemos encontrar diferentes aproximaciones en cómo abordar la unidad de cognición el elemento común consiste en la extensión de la mente más allá de la cavidad craneal. Esta extensión puede ir desde implicar al cuerpo (cognición corporizada) hasta la tecnología, el entorno, además de la cognición de grupo o grupal. No parece que estas diversas aproximaciones sean incompatibles sino que responden al énfasis o análisis de un tipo de extensión determinada. La cuestión está en el aval que los modelos cognitivos puedan dar a las nuevas formas de organización de la investigación científica para las que la unidad de cognición es crucial.

En primer lugar vamos a examinar la cognición extendida y situada a partir de la tesis de A. Clark y D. Chalmers sobre mente extendida y de R.A. Wilson y A. Clark sobre la cognición situada. Nos centraremos en la extensión a través de recursos naturales, tecnológicos y socioculturales y veremos algunas de las consecuencias para la epistemología y metodología de la ciencia. En segundo lugar, y enlazando con los recursos socioculturales analizaremos el modelo de E. Hutchins sobre la cognición distribuida y su propuesta de ecología cognitiva (2010). Finalmente, abordaremos el grupo como unidad de cognición a partir de la tesis de R.A. Wilson y su contraposición a la de David Sloan Wilson. Un punto importante es la relación que plantea R.A. Wilson entre la cognición extendida y la biología extendida, analizando ejemplos de fisiología extendida en algunos animales. Habría que ver hasta qué punto estas analogías tienen una función estrictamente heurística o también predictiva.

### 3.1. El modelo de la cognición situada y extendida

La cognición situada abarca un amplio campo de modelos cuyo denominador común es la oposición al platonismo, al cartesianismo, al individualismo, al representacionismo e incluso al computacionalismo de la mente. Esto no significa que no pueda caracterizarse de forma positiva como lo hacen Wilson y Clark (2009) en "How to Situate Cognition: Letting Nature Take its Course". Como ya hemos indicado un aspecto fundamental es la extensión de la cognición más allá de la cavidad craneal, lo cual indica su condición de corporizada (embodied). Al respecto señalan: "Es suficiente decir que pensamos que tomar en serio la corporización de la cognición reforzará la perspectiva que hemos desarrollado, sobre todo porque muchas formas de cognición corporizada, entendida correctamente, resultará que involucra el tipo de extensión cognitiva que hemos articulado" (Wilson y Clark 2009, 56). Es decir, la característica de corporizada puede verse como el primer nivel de extensión, a saber: el cuerpo en su conjunto y no solo el cerebro.

La propuesta del modelo de la cognición situada y extendida ha ocasionado un debate muy interesante, tanto a nivel científico como filosófico en torno a dos grandes corrientes de la filosofía de la mente, a saber: internalismo *vs.* externalismo. Lo que está en juego es si la mente y los procesos cognitivos se extienden más allá de las fronteras de la piel del agente individual. Como señalan Wilson y Clark: "el trabajo sobre cognición situada es mejor verlo como una serie de investigaciones en el ámbito de las extensiones cognitivas" (Wilson y Clark 2009, 58). Aún sin hacerlo explícito, los modelos metodológicos clásicos como los del empirismo lógico parten de una concepción internalista de la mente y las normas están pensadas para que las sigan los agentes individuales sin interferencias externas. Una concepción externalista de la mente nos hace replantear si no la normatividad epistémica, sí los constreñimientos para las normas a seguir, teniendo en cuenta los factores externos.

De hecho Wilson y Clark analizan extensiones en otros campos como es el caso de la biología, mostrando que hay ámbitos de la naturaleza en que la capacidad de ciertos organismos va más allá del elemento al que se atribuye la función a desempeñar. Por ejemplo, citan el caso de J.S. Turner que ha estudiado los arrecifes de coral y los montículos de termitas (Turner 2000) en que importantes componentes del proceso fisiológico tienen lugar fuera del animal (Turner 2000, 24; Wilson y Clark 2009, 59). Turner se inspira en R. Dawkins (1982) y su idea del "fenotipo extendido", según el cual los efectos genéticos relevantes que sobreviven no siempre hay que buscarlos en los límites de la piel del organismo. De aquí Wilson y Clark concluyen que tampoco los procesos cognitivos tienen porqué estar limitados a la cavidad craneal. Para ello recurren a la analogía de "la mente como casa", así de la misma forma que una casa puede extenderse también puede hacerlo una mente. En conclusión, la idea básica de Wilson y Clark es que debemos considerar la cognición situada como una forma de extensión cognitiva, o, más bien, como una de las formas que puede tomar la extensión cognitiva. Los ejemplos de la biología no son baladí para la tesis de Wilson y Clark, ya que implican una base biológica de los procesos cognitivos. La analogía de la casa es relevante pero no va más allá de su función estrictamente heurística.

### 3.2. Recursos naturales, tecnológicos y socioculturales

El próximo paso es ver con qué recursos cuenta la mente más allá del cerebro y el cuerpo para alcanzar sus objetivos. Wilson y Clark abordan la articulación de la extensión cognitiva a partir de dos dimensiones. La primera tiene que ver con la naturaleza de recursos no neurales que se incorporan en las conductas cognitivas. Estos recursos pueden ser naturales, tecnológicos y socioculturales, cada uno de los cuales determinan distintos tipos de sistemas cognitivos. La segunda dimensión tiene que ver con la durabilidad y plausibilidad del sistema, es decir, que una vez accedemos a un recurso podamos conservarlo y recuperarlo.

Respecto a la primera vamos a ver cómo caracterizan los distintos tipos de recursos cognitivos (Wilson y Clark 2009, 62-64). Los recursos naturales son los sistemas naturales del entorno del agente cognitivo y que han sido funcionalmente integrados en el repertorio cognitivo del agente, por ejemplo, el oxígeno, un recurso natural para la respiración que incorpora elementos que están fuera del cuerpo humano. En cuanto a los recursos tecnológicos se consideran artificiales en el sentido que están construidos por agentes humanos y señalan que, al igual que los recursos naturales, abarcan una amplia gama de recursos, desde los que se utilizan una sola vez en un momento determinado para resolver un problema puntual, hasta los que forman parte de nuestra vida cotidiana como las prótesis. En el caso de los recursos tecnológicos, se nos plantea de forma acuciante la cuestión de hasta qué punto están integrados en el sistema cognitivo. En este sentido Wilson y Clark señalan que como en el caso de los recursos naturales, los tecnológicos pueden servir como meras entradas al sistema cognitivo delimitado por la piel del organismo, pero también hay casos en que están integrados en el sistema cognitivo general. La idea de integración es importante y ponen el ejemplo de un ingeniero electrónico que tiene muy claro lo que es una simple entrada a un sistema y lo que está integrado. Este punto es especialmente relevante para la discusión filosófica sobre la mente extendida. De hecho, para muchos de los detractores de la mente extendida el punto clave es si estas extensiones son instrumentales (que muchos aceptarían) o constitutivas del sistema cognitivo (que la mayoría no aceptarían). Un tercer tipo de recursos son los socioculturales que se forman cuando en su actividad cognitiva un individuo tiene una dependencia estable con otros individuos y con los productos culturales correspondientes. Wilson y Clark se plantean hasta qué punto estos recursos socioculturales pueden verse como naturales, en tanto en cuanto para muchos individuos pueden darse por supuestos como parte de las condiciones normales en las que desarrolla sus habilidades cognitivas y aprenden destrezas particulares. Lo que parece que quieren indicar es que en la práctica hay recursos socioculturales que actúan como los naturales a causa de la socialización en consonancia con los modelos culturales de D'Andrade (1989).

La segunda dimensión se refiere a la durabilidad y plausibilidad del sistema cognitivo extendido, fruto de la integración funcional de los recursos naturales, tecnológicos y socioculturales. Es decir, la cognición extendida ocurre cuando los recursos internos y externos confluyen y se integran para que el sistema__el agente biológico más los andamiajes y "affordances"[5] específicos__ sea capaz de acometer nuevas formas inteligentes de resolver problemas. Este punto podemos relacionarlo con la estabilización del conocimiento y el papel que pueden jugar los anclajes materiales, conceptuales y sociales.[6]

Abundando en la segunda dimensión, podemos decir que para que un recurso sea duradero se necesita estabilizar, al menos hasta cierto punto. Y aquí es donde interviene la propuesta de R.F. Williams (2004) sobre las formas de estabilizar el conocimiento que, en realidad, funcionan como soportes cognitivos. Williams se plantea la siguiente pregunta: "Dado nuestro aparato conceptual limitado, ¿cómo podemos ser capaces de aprender conceptos complejos, de llevar a cabo procedimientos computacionales complicados, y de mantener nuestros logros como especie a través del tiempo, incluso de construir sobre dichos logros, a lo largo de múltiples generaciones?" (Williams 2004, 5). La respuesta a esta cuestión es que los humanos disponemos de distintas formas de superar estas limitaciones y así estabilizar las conceptualizaciones a modo de estructuras que actúan como recursos materiales, conceptuales, y sociales.

Los recursos materiales son todas las huellas dejadas por los humanos que, en un momento determinado de la evolución, pudieron suponer la supervivencia y que ahora constituyen un ahorro cognitivo, si no para la supervivencia, sí para facilitar nuestra actividad como humanos. Ejemplos de recursos materiales hay muchos y de muy diversa índole, desde edificios y señales de tráfico, hasta la distribución de objetos en el espacio cotidiano. Además, los humanos construimos objetos y los introducimos en el entorno para facilitar la actividad cognitiva, a modo de memoria externa.

Como recursos conceptuales Williams señala diversas formas de organizar la información, por ejemplo, los bloques (chunks) de Miller o los marcos (frames) de Minsky. También lo que Schank and Abelson (1977) llaman "esquemas" (scrips), como patrones de estructuras de acontecimientos, pueden considerarse recursos conceptuales, por ejemplo, cómo pedir comida en un restaurante o cómo asumir el rol de profesor. Todas estas formas de organizar la información podemos considerarlas como modelos conceptuales.

En el caso de que un modelo conceptual sea compartido por los miembros de un mismo grupo, D'Andrade (1989) lo denomina "modelo cultural". Son precisamente los modelos conceptuales y culturales los que permiten la comunicación y el entendimiento entre los humanos. En último término la base para que sean posibles los modelos culturales está en que, según Williams, los humanos tene-

---

[5] La traducción de "affordances" ha traído ya un cierto debate por lo que en muchos textos en castellano se deja el término en inglés. Entre las traducciones propuestas están la de "facilitaciones" dado que procede del verbo del verbo "*to afford* ", facilitar.

[6] Ver Estany 2012.

mos las mismas configuraciones corporales y habitamos el mismo mundo, lo cual avala la suposición de unos mecanismos universales en circunstancias normales (Williams 2004, 6). Por tanto, en tanto en cuanto es la interacción social la que hace posible intercambiar y compartir modelos conceptuales y culturales, los recursos sociales son imprescindibles.

A partir de las dos dimensiones indicadas por Wilson y Clark y por la aportación de Williams podemos concluir que lo que los investigadores de la cognición extendida actualmente pretenden es estudiar procesos híbridos en los que las contribuciones internas y externas a pesar de ser muy distintas por su propia naturaleza se complementen y estén profundamente integradas. Se podría considerar el proceso de investigación como un proceso híbrido en el que confluyen contribuciones internas, tales como los conocimientos de los investigadores, sean modelos teóricos, normas metodológicos, etc., y externas desde instrumentos y tecnologías utilizadas a la interacción entre sus miembros, pasando por la organización y gestión administrativa. Sin la posibilidad de estos procesos híbridos la cognición colaborativa no sería factible, y tampoco la investigación colaborativa.

### 3.3. Las aportaciones de la ecología cognitiva

A la reconfiguración de la unidad de cognición con la idea de mente extendida de D. Chalmers y A. Clark, hay que añadir la cognición distribuida de E. Hutchins (1995) como un sistema formado por varios agentes interactuando entre ellos y con artefactos tecnológicos. Hutchins es reconocido como uno de los impulsores de la Cognición Distribuida (CD) y uno de los que ha aplicado este modelo en contextos como la cabina de avión y la sala de máquinas de un barco y que ha quedado plasmado en su obra seminal *Cognition in the wild* (1995). En la cognición socialmente distribuida se pueden distinguir dos tipos de interacción: sujeto/artefacto y sujeto/sujeto. Desde el punto de vista de la unidad de cognición (y ésta es su gran novedad) esta distinción es poco relevante porque los dos tipos de interacción forman una unidad indisociable. Las siguientes palabras de Hutchins y Klausen resumen perfectamente su modelo de unidad de cognición.

> La cuestión de interés para un pasajero (en un avión) no es si un piloto particular lo está haciendo bien, sino si el sistema compuesto por los pilotos y la tecnología en el entorno de la cabina de avión lo están haciendo bien. Es la actuación del sistema, no las habilidades de cualquier piloto individualmente, lo que determina si el pasajero vivirá o morirá. Para entender la actuación de la cabina de avión como un sistema necesitamos, por supuesto, referirnos a las propiedades cognitivas de los pilotos individualmente, pero también necesitamos una nueva unidad de cognición más amplia. Esta unidad de análisis debe permitirnos describir y explicar las propiedades

cognitivas del sistema de la cabina de avión que está compuesta por los pilotos y su entorno informacional. A esta unidad de análisis le llamamos un sistema de "cognición distribuida" (Hutchins y Klausen 1998, 16-17).

A partir de aquí podemos sacar algunas conclusiones. En primer lugar, el hecho de que la unidad de cognición sea un sistema no elimina las propiedades cognitivas del sujeto como individuo. En segundo lugar, es importante resaltar la intervención de la tecnología en el sistema, lo cual enlaza con Clark y Chalmers. Finalmente, el éxito de un proceso cognitivo está en función de la colaboración con otros sujetos, por ejemplo, en el caso de la cabina de avión es crucial la relación del piloto con el copiloto y con los controladores y, para esta interacción son muy importantes las tecnologías de la comunicación. Por tanto, la tecnología no sólo interviene como mente extendida sino que en el caso de Hutchins también tiene un papel como la que hace posible la interacción entre los individuos que forman parte de un mismo sistema cognitivo. Por lo que el exito o fracado del proceso cognitivo depende del buen funcionamiento del sistema.

En esta perspectiva se sitúa la ecología cognitiva como el estudio de los fenómenos en su contexto. Hutchins (2010) se remite a G. Bateson (1972) *Steps to an ecology of mind* para señalar que "la ecología de la mente es un amplio argumento para la idea de que así como una comprensión completa de los organismos biológicos debe incluir sus relaciones con otros organismos y las condiciones físicas en sus entornos; entonces, una comprensión de los fenómenos cognitivos debe incluir una consideración de los entornos en los cuales los procesos cognitivos se desarrollan y operan" Hutchins (2010, 706). En consecuencia, los fenómenos biológicos son buenas metáforas para la cognición, en la cual interviene no solo procesos lógicos sino también culturales.

Una de las cuestiones claves que se plantea al abordar la unidad de cognición son sus límites. Sabemos que cada teoría implica una serie de compromisos ontológicos y que cada uno de ellos pone el acento en un tipo de conexiones sobre otras. A partir de la tesis de la ecología cognitiva vemos que todo está conectado con todo, sin embargo, la densidad de la conexión determina las propiedades cognitivas del sistema en función de si el sistema es un área del cerebro o un grupo de agencias gubernamentales cuyo objetivo es responder a una situación de crisis. Es decir, todo está conectado con todo pero con distinta intensidad. La cuestión es qué criterios vamos a tener en cuenta para determinar qué elementos situados fuera del cráneo consideramos más relevantes para los procesos neurales que tienen lugar en el interior del mismo. A lo cual Hutchins, aludiendo a un artículo de 2008 "The role of cultural practices in the emergence of modern human intelligence" responde en los siguientes términos:

La convergencia de enfoques bajo la rúbrica de la ecología cognitiva ya está sugiriendo una respuesta. La actividad en el sistema nervioso está vinculada a procesos cognitivos superiores, a través de la interacción corporizada con material organizado culturalmente y el mundo social (Hutchins 2010, 712)

En tanto en cuanto la ciencia cognitiva de la tercera generación incluye en la unidad de cognición la cultura, el contexto y la relación con otros organismos el diseño social constituye uno de los componentes del acceso al conocimiento. Esto significa que el diseño cognitivo no es solo para la tecnología sino también para las estructuras de las organizaciones sociales y políticas que tienen a su cargo la gestión de la investigación científica. Todo ello nos lleva a la cognición a nivel de grupo.

## 4. La cognición a nivel de grupo

La idea de situar el grupo en el centro de la unidad de cognición recoge buena parte de las propuestas sobre mente extendida, situada y distribuida pero nos sitúa en otro nivel de reflexión en el que la relación entre mente y cognición produce unas tensión filosófica que quizás se había evitado en los conceptos de mente extendida y cognición distribuida. Es por ello que en este caso es relevante la distinción entre mente grupal y cognición grupal. A continuación vamos a hacernos eco de algunas de las reflexiones en torno a estas cuestiones.

R. A. Wilson (2001) aborda esta cuestión a partir de la revisión de las tesis de David Sloan Wilson sobre su idea de "mente grupal" como una aplicación de la selección de grupo a la cognición. R. A. Wilson señala que es importante distinguir entre "la hipótesis de la mente grupal" y la "tesis de la manifestación social". La "hipótesis de la mente grupal" considera que los grupos de organismos individuales poseen mentes en el mismo sentido que los organismos individuales la tienen. Por ejemplo, las colonias de abejas o las bandas de búfalos decidiendo en qué dirección moverse, corresponderían a una analogía de la mente grupal.

Según R. A. Wilson los antecedentes de esta hipótesis hay que buscarla, por un lado, en la psicología social o colectiva, con referencias a William McDougall (1920) y Emile Durkheim (1898), cuya idea central es que la psicología de los colectivos es emergente y no reducible a la psicología de los individuos de dichos colectivos. Por otro, desde el campo biológico se invoca el concepto de superorganismo propio de la biología evolutiva, desde cuya perspectiva las abejas y las hormigas individuales funcionan como órganos o partes de los sistemas en estas especies. Dado que los miembros de estas colonias a menudo carecen de fines, éstos constituyen propiedades emergentes de la colonia, de la misma forma que la mente grupal está pensada como emergente de las mentes individuales. Por tanto, en ambos casos tenemos una tesis no reduccionista en el sentido de que el grupo tiene rasgos o características que no poseen los individuos que lo componen.

La tesis que defiende R. A. Wilson, denominada "tesis de la manifestación social", tiene como idea central que los individuos tienen propiedades psicológicas que sólo se manifiestan cuando forman parte de un grupo. Esto significa que determinadas capacidades cognitivas, además de que se verían favorecidas en función del diseño tecnológico, también tendría un papel importante en el diseño organizativo, en el que se desarrollan. La consecuencia de la tesis de R. A. Wilson es que hace posible mantener una postura no-reduccionista sin que derive necesariamente en la hipótesis de una mente grupal.

R. A. Wilson relaciona su tesis con la hipótesis de la mente extendida en los términos siguientes:

> La idea básica al postular la tesis de la manifestación social, especialmente cuando estaba casada con la hipótesis de la cognición extendida, era presentar un desafío para aquellos que consideraban que una ontología poblada por mentes grupales y psicología colectiva tenía una especie de justificación explicativa: las mentes colectivas y la psicología colectiva está justificada porque es ineliminable que figure en nuestras mejores explicaciones de las ciencias sociales. Al aceptar una visión enriquecida de la cognición individual, viéndola encarnada, incrustada, extendida y enactiva, y reconociendo las dimensiones sociales de esta visión "4E" de la cognición humana, y mostrando que dicha visión podría explicar al menos casos paradigmáticos de la psicología colectiva putativa, el desafío para el proponente de las mentes grupales era identificar fenómenos que requieren, además o en su lugar de, cognición a nivel de grupo humano. (Wilson 2001, 14).

Desde este punto de vista, la cognición individual en sí misma es constitutivamente social, por lo que no existe un camino reductivo que conduzca, ya sea ontogenéticamente o evolutivamente, desde la intencionalidad individual pre-social a la intencionalidad colectiva. (R. A. Wilson, 2001, 14). Esta tesis proporciona un nivel medio entre la psicología individualista y la hipótesis de la mente grupal, que puede leerse como una forma particular de la hipótesis de la mente extendida.

G. Theiner, C. Allen, R. L. Goldstone (2010) en "Recognizing group cognition" también abordan la cognición grupal desde la perspectiva de la mente extendida. La idea central es que la cognición grupal no consiste en una agregación desestructurada de individuos sino que es el resultado de la división de la labor cognitiva entre agentes cognitivos, por lo que hay que abordarla seriamente y no de forma trivial. En consecuencia, dan prioridad a la cognición grupal frente a la mente extendida por el hecho de que los humanos son fundamentalmente seres sociales. En este punto parece que consideran la mente extendida como algo ajeno a los factores sociales pero no creo que tenga mucho fundamento. Posiblemente, estos autores están pensando en la idea de mente extendida desarrollada por Clark y Chalmers en su artículo seminal de 1998, pero incluso en este artículo en ningún momento se niega el factor social, en todo caso podemos decir que se centran en la extensión a través de la tecnología y en los soportes materiales. Además, hemos visto que en el caso de Clark, junto con Wilson, abordan la cognición situada que es eminentemente social. Por lo demás coinciden con Wilson en querer separarse de la llamada "mente grupal" por remitirse al vocabulario mentalista del siglo XIX y principios del XX. En la misma línea de Wilson señalan: "Cuando afirmamos que los grupos pueden constituir sistemas cognitivos por derecho propio, como hemos argumentado, no tenemos ningún deseo de revivir la grandeza de la tesis tradicional de "mente grupal". De hecho, uno de los objetivos principales de nuestro artículo ha sido ofrecer un procedimiento para transformar la pregunta notoriamente abstracta de si los grupos pueden pensar en una hipótesis empírica que admite respuestas relativamente sencillas". (Theiner et al. 2010, 392).

K. Ludwig (2015) en "Is Distributed Cognition Group Level Cognition?" señala que estudios recientes de grupos resolviendo problemas revelan que capacidades cognitivas específicas que habitualmente se atribuyen a los individuos pueden también atribuirse a los grupos. Pero este hecho no lo relacionan con una mente grupal sino a la cognición distribuida ligada a la resolución de problemas. Distingue distintos tipos de grupos como agentes para resolver problemas: aditivos, compensatorios, conjuntivos, disyuntivos y complementarios. Todos ellos implican cognición distribuida pero solo los compensatorios y los complementarios funcionan como cognición grupal por lo que respecta a la resolución de problemas. La tesis fundamental es que los grupos pueden resolver problemas que ninguno de los individuos que forman el grupo podría haberlos resuelto por sí mismo.

Celia B. Harris, Paul G. Keil, John Sutton, & Amanda J. Barnier (2010) en "Collaborative Remembering: When Can Remembering With Others Be Beneficial?" realizan una investigación experimental sobre los beneficios de la colaboración en el caso de mantener los recuerdos, lo que llaman "collaborative remembering". A partir de una serie de experimentos realizados con parejas que llevaban muchos años conviviendo juntos la colaboración para recordar era beneficiosa. Hay que señalar sin embargo, que los resultados salieron mas bien negativos cuando los grupos no se conocían.

Theiner (2009) en "Making sense of group cognition: the curious case of transactive memory systems" considera la cognición grupal como una forma emergente de cla cognición socialmente distribuida y se aparta de la idea de mente grupal como altamente especulativa. Entiende la cognición socialmente distribuida como centrada biológicamente y relacionada a la idea de la cognición de equipo y como una instancia de la cognición individual manifestada socialmente. Podríamos decir que en la línea de Wilson.

Finalmente, nos hacemos eco de la aportación de Deborah Perron Tollefsen (2004) "Collective Epistemic Agency" en el que desafía al "individualismo epistémico del agente", argumentando que ciertos grupos pueden ser agentes epistémicos. Así señala que esto no es solo porque los grupos son, a veces, agentes epistémicos legítimos, sino porque hay un sentido en el que la racionalidad individual está influenciada por la racionalidad colectiva. Podría interpretarse también como la propuesta de Wilson en el sentido de que determinadas capacidades cognitivas solo se manifiestan en un contexto social.

La conclusión que podemos sacar de estas aportaciones a la cognición de grupo es que, por un lado, la cognición grupal es una forma de cognición extendida situada y distribuida centrada en la característica de interrelación social. Una idea que ninguno de los demás enfoques niega pero que no todos inciden en el mismo grado. Por ejemlo, la mente extendida de Clark y Chalmers se centran, sobre todo, en la extensión a través de la tecnología en sentido amplio, desde un cuaderno de notas o una tableta hasta un marcapasos. En el caso de la cognición socialmente distribuida de Hutchins los dos elementos, tecnología y relación social forman un sistema cognitivo. También podríamos hablar de la cognición corporizada centrada en la extensión al cuerpo, o la cognición situada en la que entorno juega un papel principal.

## 5. Conclusiones

La complejidad de los fenómenos a estudiar hace que la investigación científica requiera la incorporación de expertos de distinta índole en función del ámbito disciplinario. Frente a este hecho, la investigación colaborativa es imprescindible. La sección segunda es una muestra del interés por esta cuestión y se ha plasmado en una serie de estudios sobre este tema, examinando costes y beneficios pero siempre dando por sentado que la investigación científica no tiene más alternativa que la colaboración entre los miembros implicados en ella.

Las dificultades para la colaboración pueden abordarse desde diversos ángulos como también hemos constatado en algunos de los estudios, tales como la evaluación entre pares, el esfuerzo intelectual para integrarse en equipos de investigación y la organización de las comunidades científicas. Sin embargo, hay un elemento que subyace a todos estos casos y es la capacidad cognitiva de los agentes que intervienen, además de lo que dicen las ciencias cognitivas al respecto. De aquí, el análisis de la unidad de cognición que desarrollamos a partir de la sección tercera, viendo cómo dicha unidad va ampliándose desde el cerebro, recluido en la cavidad craneal, hasta la cognición grupal, pasando por el cuerpo y el entorno. Es importante tener en cuenta los recursos con los que contamos los humanos, materiales, conceptuales y sociales, para poder llevar a término los objetivos planteados en cualquier proceso de investigación. La conclusión es que a pesar de las dificultades y los costes de la investigación colaborativa, según los modelos cognitivos, los humanos tenemos las capacidades suficientes para afrontar el reto de la investigación colaborativa, requisito indispensable para el avance del saber, tanto en el plano teórico como práctico.

En un campo tan nuevo como es la cognición extendida y colaborativa, las metáforas y analogías juegan un papel relevante, como ha ocurrido a lo largo de la historia de la ciencia. En este sentido, la recurrente metáfora biológica para comprender determinados procesos cognitivos constituye una guía heurística para el estudio de la cognición extendida. Finalmente, los cambios que se están introduciendo en la gestión y evaluación de la actividad científica suponen una nueva perspectiva de la sociología de la ciencia que hace innecesaria una visión relativista como la propuesta por el "Strong Programm in Sociology of Knowledge". El papel de los factores contextuales en la investigación científica puede ser interpretado de forma muy distinta a la luz de los modelos de cognición extendida y colaborativa, que implica también la cognición situada y ecológica.

## Agradecimientos

Este trabajo ha sido financiado por el Ministerio de Ciencia, Innovación y Universidades dentro del Subprograma Estatal de Generación del Conocimiento a través del proyecto de investigación FFI2017-85711-P Innovación epistémica: el caso de las ciencias biomédicas.

Este trabajo forma parte de la red de investigación consolidada "Grupo de Estudios Humanísticos de Ciencia I Tecnología" (GEHUCT), reconocida y financiada por la Generalitat de Catalunya, referencia 2017 SGR 568.

## Referencias bibliográficas

Darwin, C. (1958). *The autobiography of Charles Darwin 1809-1882*. With the original omissions restored. Edited and with appendix and notes by his grand-daughter Nora Barlow. (N. Barlow, Ed.). New York: W.W. Norton.

Beaver, D., Rosen, R. (1978). Studies in Scientific Collaboration: Part I. The Professional Origins of Scientific Coauthorship. *Scientometrics*, 1, 65-84.

Beaver, D., Rosen, R. (1979a). Studies in Scientific Collaboration: Part II. Scientific Coauthorship, Research Productivity and Visibility in the French Scientific Elite, 1799-1830. *Scientometrics*, 1, 133-149.

Beaver, D., Rosen, R. (1979b). Studies in Scientific Collaboration: Part III. Professionalization and the Natural History of Modern Scientific Co-authorship. *Scientometrics*, 1, 231-245.

Boyer-Kassem, T., Mayo-Wilson, C., Weisberg, M. (eds.) (2018). *Scientific collaboration and collective knowledge*. Oxford: Oxford University Press.

Clark, A., Chalmers, D.I. (1998). The extended mind. *Analysis*, 58, 10-23.

Crane, D. (1972). *Invisible Colleges: Diffusion of Knowledge in Scientific Communities*. Chicago: University of Chicago Press.

D'Andrade, Roy G. (1989). Culturally based reasoning. En A.R.H. Gellatly, D. Rogers, J.A. Sloboda (eds.), *Cognition and Social Worlds* (pp. 132-143). Oxford, UK: Oxford University Press.

Dawkins, R. (1982). *The extended phenotype*. Oxford: Oxford University Press.

Estany, A. (2001a). The Theory-Laden Thesis of Observation in the Light of Cognitive Psychology. *Philos. of Science*, 68, 203-217.

Estany, A. (2001b). Ventajas epistémicas de la cognición socialmente distribuida. *Contrastes*, 6, 351-375.

Estany, A., (2012). The Stabilizing Role of Material Structure in Scientific Practice. *Philosophy Study*, 2(6), 398-410.

Estany, A., Casacuberta, D. (2003). *¿Eureka? El trasfondo de un descubrimiento sobre el cáncer y la genética molecular*. Barcelona: Tusquets.

Estany, A., Martínez, S. (2014). 'Scaffolding' and 'Affordance' as integrative concepts in the cognitive sciences. *Philosophical Psychology*, 27(1), 98-111.

Estany, A., Herrera, R.M. (2016). *Innovación en el saber teórico y práctico*. London: College Publications.

Fagan, M.B. (2011). Is there collective scientific knowledge? Arguments from explanation. *Philosophical Quarterly*, 61(243), 247-269.

Giere, R.N. (2002). Distributed cognition in epistemic cultures. *Philosophy of science*, 69, 637-644.

Hutchins, E. (1995). *Cognition in the wild*. Cambridge MASS: The MIT Pres.

Hutchins, E. (2010). Cognitive ecology. *Topics in Cognitive Science*, 2, 705-715.

Hutchins, E., Klausen, T. (1996). Distributed cognition in an airline cockpit. En Y. Engeström, D. Middleton, D. (eds.), *Cognition and communication at work* (pp. 15-34). Cambridge, UK: Cambridge University Press.

Harris, C.B., Keil, P.G., Sutton, J., Barnier, A.J. (2008). Collaborative recall and collective memory: What happens when we remember together? *Memory*, 16(3), 213-230.

Harris, C.B., Keil, P.G., Sutton, J., Barnier, A.J. (2010). Collaborative remembering: when can remembering with others be beneficial? En W. Christensen, E. Schier, J. Sutton (eds.), *ASCS09: Proceedings of the 9th Conference of the Australasian Society for Cognitive Science* (pp. 131-134). North Ryde: Macquarie Centre for Cognitive Science. https://doi.org/10.5096/ASCS200921

Knorr Cetina, K. (1999). *Epistemic cultures: how the sciences make knowledge*. Cambrige, MA: Harvard University Press.

Ludwig, K. (2015). Is Distributed Cognition Group Level Cognition? *Journal of Social Ontology, 1*(2), 189-224.

Muldoon, R. (2018). Diversity, rationality and the division of cognitive labor. En T. Boyer-Kassem, C. Mayo-Wilson, M. Weisberg (eds.), *Scientific collaboration and collective knowledge* (pp. 78-92). Oxford: Oxford University Press.

Thagard, P. (1997). Collaborative Knowledge. *Nous*, 31, 242-261.

Price, D.J. de Solla (1963). *Little science, big science*. New York: Columbia University Press.

Theiner, G. (2009). Making Sense of Group Cognition: The Curious Case of Transactive Memory Systems. En W. Christensen, E. Schier, J. Sutton (eds.), *ASCS09: Proceedings of the 9th Conference of the Australasian Society for Cognitive Science* (pp. 334-342). Sydney: Macquarie Center for Cognitive Science.

Theiner, G., Allen, C., Goldstone, R.L. (2010). Recognizing group cognition. *Cognitive Systems Research, 11*(4), 378-395.

Tollefsen, D. (2004). Collective epistemic agency. *Southwest Philosophy Review, 20*(1), 55-66.

Wilson, R.A. (2001). Two Views of Realization. *Philosophical Studies*, 104, 1-30.

Wilson, R.A. (2017). Group-level Cognizing, Collaborative Remembering, and Individuals. En Penny Van Bergen Michelle Meade (ed.), *Collaborative Remembering: Theories, Research, and Applications* (pp. 248-260). New York, NY, USA.

Wilson, R.A., Clark, A. (2009). How to situate cognition: Letting nature take its course. En P. Robbins, M. Aydede (eds.), *The Cambridge handbook of situated cognition* (pp. 55-77). New York: Cambridge University Press.

Williams, R.F. (2004). Making Meaning from a Clock: Material Artifacts and Conceptual Blending in Time-Telling Instruction. Dissertation in University of California San Diego.

Wray, K.B. (2002). The Epistemic Significance of Collaborative Research. *Philosophy of Science, 69*(1), 150-168.

Wray, K.B. (2018). The Impact of Collaboration on the Epistemic Cultures of Science. En T. Boyer-Kassem, C. Mayo-Wilson, M. Weisberg (eds.), *Scientific Collaboration and Collective Knowledge: New Essays* (pp. 117-134). Oxford: Oxford University Press.

Zollman, Kelvin J.S. (2018). Learning to collaborate. En T. Boyer-Kassem, C. Mayo-Wilson, M. Weisberg (eds.), *Scientific collaboration and collective knowledge* (pp. 65-77). Oxford: Oxford University Press.

## ¿Puede controlar el cerebro nuestra mente?

### Camilo José Cela Conde*

El pensamiento filosófico, como es sabido, se diferencia del científico por el propósito especulador. La filosofía no diseña experimentos destinados a falsar hipótesis, ni se ve constreñida a ilustrar con ejemplos empíricos sus postulados. Pero eso tampoco quiere decir que permanezca del todo ajena a las evidencias porque, entre dos especulaciones contrarias, la que sea más compatible con lo observable parece ser preferible sin más que aplicar el sentido común.

Hablar, pues, de filosofía post-darwiniana tiene dos distintos significados. Cabría seguir en qué forma se ha ido desarrollando el pensamiento filosófico del propio Darwin que es de domino común que abunda. Pero también podría plantearse de qué forma algunos de los avances derivados de la ciencia darwiniana y post-darwiniana pueden contribuir a arrojar algo de luz sobre cuestiones filosóficas ya venerables.

Leyendo el título de estas cuartillas es fácil deducir que su propósito transcurre por ese segundo camino. Y, de acuerdo con lo que la parte de las ciencias de la vida que se ocupa del análisis de las funciones cerebrales, la pregunta del título tiene una respuesta tan rápida como obvia: claro que puede. En realidad, de no encargarse el cerebro de generar nuestros pensamientos lo que cabría plantear es cuál es el órgano que puede producirlos. Y las alternativas son más bien nulas.

Darwin, desde luego, lo tenía muy claro. En uno de los cuadernos de notas que fue llenando para ordenar sus ideas a la vuelta del viaje alrededor del mundo a

---

* Camilo José Cela Conde (Madrid, 1946) es profesor emérito de la Universidad de las Islas Baleares (UIB) e investigador del centro de estudio de redes cerebrales de la Universidad Politécnica de Madrid en el Centro de Tecnología Biomédica del Campus de Montegancedo (Madrid, España). Ocupa en la actualidad el cargo de Director de Investigación de la Fundación Gabarrón. Es "Fellow" de la American Association for the Advancement of Science (sección de Biología), distinción concedida en 1999, y miembro del Center for Academic Research and Teaching in Anthropogeny, Salk Institute & University of San Diego, elegido en marzo de 2008. Es presidente de la Fundación Charo y Camilo José Cela.

bordo del barco de Su Majestad *Beagle*, el cuaderno C, Darwin apuntó refiriéndose al ser humano lo siguiente: "He is Mammalian / he is not a deity / he possesses some of the same general instincts, & moral feelings as animals, but Man has reasoning powers in excess. Instead of definite instinct —this is a replacement in mental machinery— so analogous to what we see in bodily, that . . . it does not stagger me." (Darwin 1838, §7).

El pasaje da para numerosos comentarios acerca de la condición humana pero lo que me gustaría resaltar ahora es que la particularidad de nuestra forma de ser —incluyendo los sentimientos morales, de tanta trascendencia en la historia de la filosofía— descansa para Darwin en un cambio en la maquinaria mental; la nuestra difiere en ese sentido especial y de tanta importancia de la de los otros animales.

A la maquinaria mental se le llama, por lo común, cerebro. Pero la identificación entre mente y cerebro no resulta fácil ni es aceptada de manera general. No faltan los filósofos que, siguiendo a Descartes, sostienen que la mente resulta imposible de reducir en forma alguna al cerebro, y tachan de mecanicistas a quienes postulan que el pensamiento puede tenerse por un mero producto de la actividad cerebral.

El esquema dualista cartesiano quedaría fuera de los propósitos de un volumen dedicado a examinar las claves de la filosofía postdarwiniana, de no ser por un detalle. La forma como se plantea hoy, aprovechando la herencia de Darwin, el análisis del conjunto mente/cerebro tiene sus mejores armas, a mi entender, en el paradigma del funcionalismo computacional. Y éste se basa, como se sabe, en las propuestas sobre la construcción del conocimiento que nos legaron Hilary Putnam y Noam Chomsky. Pues bien, tampoco descubriremos ningún secreto al recordar que Chomsky se declara cartesiano y ha denunciado numerosas veces como falacia reduccionista la consideración digamos ontológica de la mente como un producto del cerebro.

Siendo así, tenemos un problema muy serio, con argumentos dignos de consideración. En su debate con Pierre Gassendi, Descartes propuso un ejemplo para distinguir las capacidades mentales de las cerebrales: la diferencia que se da entre idea e imagen. La definición de "triángulo" como polígono cerrado de tres lados forma parte de las ideas. La representación mental que puedo hacerme de un triángulo es una imagen. Nos es fácil transformar la definición de triángulo en imagen porque entendemos a la perfección la idea de partida: un triángulo tiene tres lados. Sin embargo, entendemos también la definición de "quiliónogo" como polígono cerrado de mil lados pero, ¡ay!, tendríamos bastantes dificultades para imaginárnoslo.

El argumento de Descartes es interesante pero falaz. Para que la diferencia que existe entre imagen e idea demuestre algo en el contexto que consideramos habría que separarlas, asignando una de esas funciones cognitivas a la mente y otra al cerebro. Eso mismo es lo que hace el filósofo francés: la imagen sería producto del órgano físico; la idea, de la materia mental. Pero no aporta ninguna evidencia ni argumento en ese sentido y, además, por ese camino se llega muy pronto al segundo de los grandes errores de Descartes porque cabe suponer que un invertebrado sería incapaz de entender la definición de un quilógono —y, ya que estamos, de un triángulo—, cosa que lleva a negar, de la mano de Descartes, que los animales tengan mente. Son como máquinas, como autómatas al estilo de una cámara fotográfica —el ejemplo es mío— útil para tomar una imagen pero incapaz de comprenderla.

Ni que decir tiene que ambas propuestas, la de la separación absoluta entre mente y cerebro y la de la ausencia de mente en todos los animales, tropiezan con evidencias empíricas de peso.

Pero pese a las limitaciones obvias que sufre un planteamiento ontológico de separación de mente y cerebro, lo cierto es que las objeciones de Descartes se han mantenido vivas durante siglos. En mi opinión, no se han superado hasta la propuesta hecha por el funcionalismo cognitivo (en la obra de Rodolfo Llinás, por ejemplo). Para esa escuela, la entidad a la que llamamos "mente" en el lenguaje común no es otra cosa que un estado funcional del cerebro (Llinás, 1987, pp. 339-358). Se trata de un punto de vista extendido en los enfoques del funcionalismo computacional y aceptado hoy incluso por los científicos dualistas más convencidos.

Pero, ¿qué es un estado funcional del cerebro? Pongamos el caso de la visión. Imaginemos que observamos acercarse a alguien y nos damos cuenta de que se trata de una persona a la que conocemos desde hace mucho tiempo. La manera como nuestro cerebro procesa esa información consiste en acumular por separado datos sensoriales que se refieren a la forma, el color, el movimiento, el sonido —si el visitante se ha dirigido a alguien—, la memoria y, de forma segura, las emociones. Distintas áreas del cerebro están implicadas en la construcción de cada uno de esos componentes. Así sucede, por ejemplo, con las diversas pautas visuales del reconocimiento de los objetos y su localización espacial. Y la amalgama de tales respuestas cerebrales parciales se produce mediante una interconexión entre distintas neuronas situadas en lugares diversos y distantes del cerebro que, al interconectarse, forman una red.

Estamos ya pues en condiciones de precisar lo que es un estado funcional del cerebro. Se trata del episodio en el que determinadas neuronas componen una red temporal gracias a la sincronización que se establece entre la actividad de todas ellas. Determinar las características de las redes relacionadas con los procesos de pensamiento forma parte de los principales objetivos que la neurociencia cognitiva tiene planteados en este momento.

Se puede ir más allá en las explicaciones acerca de cómo cabe detectar e interpretar las redes funcionales pero no es nada fácil. No obstante, a los efectos del propósito de estas cuartillas bastará con dar por bueno que la conexión entre mente y cerebro se produce merced a la dinámica (al cambio a lo largo del tiempo) de las redes cerebrales. Tales redes son propias de cada especie y, dentro de una determinada de ellas, son también peculiares hasta cierto punto para cada individuo. Pues bien, las particularidades de lo que supone el cerebro humano como órgano generador del pensamiento deben ser analizadas, tal y como propuso Darwin, concretando cuáles son las características que distinguen nuestro cerebro del de los demás primates.

Y la primera característica que llama la atención respecto del cerebro humano es la de su tamaño. Nuestro cerebro es enorme; nadie lo ignora. Pero para poder entender en toda su dimensión lo grande que es resulta conveniente hacer algunas matizaciones. La primera, que en cualquier mamífero el tamaño del cerebro depende en líneas generales de lo grande que sea el cuerpo. El cerebro de un elefante es más del doble en peso y volumen absolutos que el del delfín (7,5 kg. frente a 1,6 kg.). Pero el tamaño corporal del elefante también es mucho mayor (5.000 kg. frente a los 170 kg. del delfín). Casi treinta veces más, por lo que no cabe sacar muchas conclusiones de las diferencias de peso de los respectivos cerebros. Si medimos el cerebro en términos absolutos, no aclaramos nada.

Ese hecho lleva a que, si se quieren establecer comparaciones, haya que utilizar valores relativos del cerebro respecto del tamaño corporal. Una medida muy común para expresar el volumen relativo del cerebro es la del coeficiente de encefalización, que cuantifica la relación existente entre tamaño del cerebro y el tamaño del cuerpo. En su formula más común, se indica como una relación entre el volumen de hecho del cerebro frente al volumen teórico que debería tener de acuerdo con el tamaño del cuerpo. Pues bien, si se calcula el coeficiente de encefalización de los diferentes primates resulta que todos ellos tienen una relación alométrica, cosa que quiere decir que el tamaño del cerebro es el que corresponde, en términos aproximados, al tamaño del cuerpo. Menos en el caso de los humanos: el volumen y el peso de nuestro cerebro es muy superior al que correspondería al tamaño de nuestro cuerpo y, por tanto, el coeficiente de encefalización es mucho mayor en la especie humana.

También el número de neuronas es muy superior, tanto en términos absolutos como relativos, en el cerebro humano al compararlo con el de otros mamíferos. El cerebro humano es, pues, único en la naturaleza tanto por tamaño como por número de neuronas. Pero ¿fue siempre así a lo largo de la evolución de nuestra especie? La respuesta es negativa. El aumento del volumen del cerebro y de su coeficiente de encefalización resulta un fenómeno un tanto tardío en la evolución del linaje humano. Los humanos más antiguos, los pertenecientes a los géneros *Ardipithecus*, *Australopithecus* y *Paranthropus*, contaban con una encefalización comparable a la de los actuales simios africanos. Hubo que esperar al surgimiento del género *Homo* hace cerca de 2,5 millones de años para que se diese un incremento en el tamaño relativo del cerebro. Y son las especies más recientes del género *Homo*, la de los neandertales y los humanos modernos, las que alcanzan los cerebros más grandes y más encefalizados. Se lograron en el Pleistoceno Medio y Superior, hace cerca de medio milón de años, y se han mantenido en nuestra especie hasta ahora mismo.

¿Eso es todo? ¿Debemos contentarnos con atribuir los cambios en la maquinaria mental humana a un aumento de la encefalización del cerebro? Esa modificación es de enorme importancia pero con ella no se agotan las evidencias. Hay más aunque, para poder seguir adelante, tenemos que entrar en el problema de los qualia.

Todas las experiencias subjetivas, entre las que se encuentran la comprensión y uso del lenguaje, las actitudes morales, los juicios estéticos y los demás rasgos mentales que podamos indicar, forman parte de lo que los filósofos denominan 'qualia' —término acuñado por el filósofo de Harvard Clarence Lewis en 1929. Se trata de estimaciones conscientes y subjetivas de carácter individual; por ejemplo, las sensaciones de calor, frío, enamoramiento, tristeza o añoranza que sólo cada uno de nosotros tiene certeza de que las siente. Y podría decirse que el conjunto de los qualia forma la consciencia (incluyendo el quale más importante de todos: el de la autoconsciencia personal; el *cogito* de Descartes).

Siendo así, cabría sostener que los qualia son un ejemplo perfecto para el dualismo cartesiano. No pueden comunicarse más que describiendo, mediante introspección, las sensaciones subjetivas. No forman parte de lo observable "desde fuera" y, por tanto, tampoco pueden ser objeto de un estudio científico. En una ocasión Louis Armstrong lo expresó de forma harto sintética cuando le preguntaron qué es el jazz: *"If you got to ask, you ain't never gonna get to know"* (la cita ha sido aireada en este contexto por Daniel Dennett).

Francis Crick y Kristoff Koch sostuvieron en el año 2003 de forma sintética y precisa que el "problema fuerte" —*hard problem*— de la consciencia (o, si se prefiere, de los qualia) es de momento insuperable. El problema fuerte consiste en explicar cómo se obtiene la sensación de un quale: por ejemplo, la amarillez del limón o el frío del hielo. A lo más que parece que se ha llegado hasta el momento es a analizar el "problema débil', el que plantea qué correlatos cerebrales existen cuando se experimenta una sensación consciente: qué procesos del cerebro aparecen cuando el resultado mental es el de percibir un color o sentir la temperatura, por ejemplo. Pero Crick y Koch (2003) ni siquiera ofrecieron una hipótesis firme a tal respecto; se limitaron a indicar un punto de vista —*framework*— acerca de cómo podrían abordarse de manera científica los correlatos cerebrales de los qualia.

Entre los aspectos que indicaron los autores, el más importante a los efectos de lo que estamos intentando caracterizar —qué es un estado funcional del cerebro— es el del *binding problem*: cómo se produce la integración de los diferentes elementos de una percepción consciente. Volvamos al caso de la visión al que nos referíamos antes. Como decíamos, distintas áreas del cerebro están implicadas en la construcción de cada uno de los componentes que forman la imagen. Pues bien, ¿cómo se unen, en términos del funcionamiento cerebral, todos esos elementos separados para formar la sensación consciente de "ahí l llega un amigo al que hace mucho que no veo"?

Aunque el *binding* cerebral puede ser de distintos tipos, y los neurorreceptores implicados en la interacción apenas se conocen —Trevor Wardill y colaboradores indicaron hace años, en 2012, algunos relacionados con la discriminación del movimiento en el sistema visual de las moscas *Drosophila*, y eso es casi todo lo que se sabe al respecto—, podemos dejar semejante problema de lado. Nos bastará con plantear que la amalgama se produce mediante la interconexión entre distintas neuronas que forman una red funcional.

Cabe entender que, aunque Darwin no oyó hablar nunca de las redes cerebrales, la particularidad acerca de cómo se activan tales redes en el cerebro de una determinada especie formaría parte de uno de los componentes esenciales de su maquinaria mental. Por suerte, el desarrollo de las técnicas de imaginería cerebral ha permitido detectar la existencia de algunas de esas redes funcionales en el caso del ser humano.

La primera identificación de redes neuronales que tuvo lugar la llevaron a cabo Marcus E. Raichle y colaboradores en el año 2001. Por medio de tomografía de emisión de positrones (PET), Raichle y colaboradores descubrieron la conectividad funcional que se produce en el estado de reposo (*resting state*) entre áreas mediales del cerebro (precúneo, frontal medial, parietal inferior y áreas temporales mediales). El estado de reposo de un sujeto es el que corresponde a las condiciones de estar despierto, relajado y en una postura tumbada, en una habitación en penumbra, sin estímulos externos ni visuales ni auditivos y sin tarea alguna que se le encomiende. Pues bien, en ese estado de supuesto reposo cerebral se activan varias redes y, entre ellas, la identificada por Raichle y colaboradores en 2001 que fue confirmada por medio de resonancia magnética funcional (fMRI) cuatro años más tarde.

Raichle y colaboradores denominaron "Default Mode Network" (DMN) a esa red, que podríamos calificar como el estado basal del cerebro en la vigilia. Y una característica esencial de la DMN es que se desvanece en el momento en que un estímulo atrae la atención del sujeto que se encuentra en el estado de reposo.

Pero no siempre… La complejidad profunda de las redes cerebrales, y su carácter dinámico, fue puesta de manifiesto de manera experimental a través del estudio de la percepción estética. Se conocen desde 2004 algunas de las áreas cerebrales que se activan cuando el sujeto percibe el estímulo visual de un objeto —un paisaje, un cuadro, un rostro— que le resulta bello. Pero fue necesario esperar casi una década hasta que se detectó la red neuronal activa en ese mismo caso de percepción de la belleza visual. Y resultó tener algunas características notables.

El experimento de detección de redes neuronales activadas en la percepción de la belleza consistió en el registro mediante magnetoencefalografía —una técnica de imaginería cerebral con resolución temporal muy alta, de milisegundos— de las áreas funcionalmente conectadas cuando el sujeto (el grupo estaba formado por mujeres y hombres) percibe estímulos visuales que le resultan "bellos", frente a las activadas al contemplar estímulos "no bellos". Los registros se distribuyeron en tres ventanas temporales: V0 (estado de reposo), V1 (250-750 milisegundos tras la proyección de cada estímulo) y V2 (1000-1500 milisegundos tras la proyección de cada estímulo) (Cela-Conde et al 2013).

Como es natural, se detectó una actividad cerebral notable en el estado de reposo (V0), con la DMN como una de las principales. En V1, para todos los sujetos y todos los estímulos, la DMN desaparecía como cabía esperar dado que se produce un fenómeno de atención hacia el estímulo proyectado. Pero en la ventana temporal V2 tenían lugar los acontecimientos más interesantes. Para todos los sujetos, se activaba una red en particular aunque sólo en el caso de que el estímulo fuese considerado "bello" por el sujeto. Y esa red coincidía en buena parte con la DMN.

Las redes activadas en la percepción visual de la belleza resultaban ser, pues, dinámicas, con al menos dos cambios notables entre V0 y V1 y entre V1 y V2; en un segundo y medio en total. Aún más intrigante es que la DMN, que se supone que debe quedar inactiva en cualquier proceso cognitivo que implique atención, se recuperaba en la ventana temporal V2.

¿Por qué?

Contestar esa pregunta tiene más problemas de los que puedan ser evidentes porque el enfoque darwinista exige para cualquier rasgo que se expliquen las ventajas adaptativas que justifiquen el que haya evolucionado. Y tratándose de una función del cerebro, tales ventajas tienen que ser muy grandes para compensar el enorme coste metabólico que tiene la actividad cerebral.

Cualquier hipótesis acerca de la encefalización creciente debe tomar en cuenta las necesidades metabólicas. El tejido cerebral consume una cantidad muy grande de oxígeno y glucosa, y lo hace de manera continua al margen de los estados físicos o mentales del individuo. Eso sucede en todos los mamíferos pero, en el ser humano, las necesidades metabólicas del cerebro se disparan. Si la proporción entre el oxígeno consumido por el cerebro respecto del total del cuerpo es del 10% en el macaco (*Macaca mulata*), en los humanos esa cifra se dobla. A su vez, el córtex humano muestra hasta un 43% más de índice metabólico que el resto del cerebro. Y el "sobrecoste" de la corteza cerebral, en términos comparativos entre distintos primates, no depende del tamaño del cuerpo sino del grado de desarrollo evolutivo de la materia gris (como apuntó Michael Hofman en 1983).

La existencia de unas altas exigencias metabólicas debe ser tenida en cuenta, pues, cuando la selección natural impone un córtex en expansión. ¿Cómo se consigue resolver ese problema adaptativo? Katherine Milton sostuvo en 1988 que la única salida para satisfacer la demanda metabólica creciente del cerebro en el género *Homo* era la de un cambio de dieta hacia nutrientes de mayor rendimiento —carne, en esencia. A su vez, el intestino de los humanos modernos es de menor tamaño cuando se compara con los demás primates. Que un órgano —el cerebro— exija mayor cantidad de nutrientes y otro —el intestino— responda en la filogénesis disminuyendo de tamaño podría parecer extraño. Para Milton, eso se explica porque el aparato digestivo humano está especializado en la ingesta carnívora, con un intestino delgado de tamaño relativo mayor frente al largo colon de los simios. El intestino, junto con la dentición, indican que los humanos cuentan con una dieta de alta calidad.

Un estudio de Leslie Aiello y Peter Wheeler acerca de la relación que existe entre tamaño cerebral y longitud del intestino apuntó en 1995 algo similar. Los primates folívoros, con intestinos más grandes, tienen cerebros relativamente más pequeños que los primates frugívoros. Para explicarlo, Aiello y Wheeler enunciaron la "hipótesis del tejido costoso".

De acuerdo con la hipótesis del tejido costoso, dos especies diferentes de animales con una tasa metabólica similar deberían "elegir" entre tejidos intestinales y tejidos cerebrales, ya que ambos requieren un aporte energético muy alto y no es posible satisfacer ambas necesidades. Como la dieta folívora exige intestinos muy grandes para la digestión, ese sistema digestivo costoso sería una barrera para la alta encefalización.

En realidad la solución evolutiva para poder resolver el problema que plantea un cerebro en crecimiento parece ser doble, de acuerdo con las dos explicaciones ya aludidas. Por una parte, la reducción de uno o más de los órganos que consumen también muchos recursos metabólicos que apuntan Aiello y Wheeler (1995). Por otra, el cambio de alimentación indicado por Milton (1988) hacia una ingesta más rica en nutrientes. De hecho, Aiello y Wheeler (1995) apuntaron que esas dos vías no son alternativas sino coincidentes en el caso humano. Aunque dan por hecho que la explicación es obvia, no está de más recordar que la dieta carnívora permite la reducción del tracto intestinal.

Si dejamos ahora de lado los problemas adaptativos del crecimiento cerebral humano y nos centramos en la cuestión que teníamos pendiente, la de la actividad de redes en el estado de reposo, la pregunta sigue siendo la misma: ¿qué ventajas adaptativas supone mantener el cerebro activo en esas condiciones?

Una función fundamental de la DMN es facilitar las respuestas inmediatas a los estímulos. Como Raichle y Snyder sostuvieron en 2007, la actividad cerebral intrínseca ayuda al "mantenimiento de la información para interpretar, responder e incluso para *predecir* demandas ambientales" [el énfasis es mío]. Semejante capacidad funcional parece lo suficientemente adaptativa para justificar por sí misma los altos costes metabólicos de la actividad cerebral.

Pero incluso si damos por bueno que es así, que la red por defecto proporciona ventajas que explican su evolución, queda por aclarar cómo podría aparecer en términos adaptativos una combinación neuronal que permita la preferencia estética. En realidad, parecería que nos encontramos en el extremo opuesto, porque se ha postulado que tal tipo de percepción no proporciona ventaja adaptativa alguna. Siendo así, lo único que justifica que haya evolucionado algo así es porque pueda haber aprovechado la existencia previa de otras características cognitivas que, estas sí, se seleccionaron a causa de sus propios beneficios adaptativos. En otras palabras, la estética podría ser una exaptación. Por ejemplo, Stephen Kaplan postuló en 1987 que "sería adaptativo para los animales el gustarles el tipo de entornos en los que se desarrollan" y, así, la preferencia por los paisajes pudo haber dado lugar a la preferencia por ciertos ornamentos como los jardines. Centrándose en la apreciación estética de valencia positiva, Brown y sus colaboradores (2011) han sostenido la presencia de un mecanismo de exaptación así: "tal sistema evolucionó primero para apreciar los objetos con ventajas de supervivencia, como las fuentes de alimentos, y posteriormente, fue absorbido por los seres humanos, para la experiencia de obras de arte capaz de satisfacer necesidades sociales".

Es obvio que cualquier hipótesis en este campo es difícil de probar. Sin embargo, se puede dar una justificación complementaria de la evolución de las capacidades para apreciar la belleza mediante las coincidencias entre la red estética tardía y la red por defecto (DMN). Desde luego, una DMN filogenéticamente fijada y vinculada a la percepción estética bastaría para justificar la capacidad humana de apreciar belleza en los objetos. Otro asunto distinto es explicar cómo aparece esta relación entre la DMN y la percepción estética, o dicho de otra forma, qué características de la red por defecto podrían dar lugar a las experiencias de apreciación de belleza en un cuadro o un paisaje.

Pero pueden proponerse hipótesis a tal respecto porque, como función adicional a la de mantener el cerebro en acción durante el estado de reposo, la DMN se relaciona con los procesos de mente divagadora ["mind wandering"]. Tales procesos se refieren a las imágenes, los pensamientos, las voces y los sentimientos que la mente produce de manera espontánea en ausencia de estímulos externos (en adelante, pensamientos independientes de los estímulos —SIT, *stimulus independent thoughts*). Los SIT son lo que podríamos llamar "la mente hablando consigo misma".

La percepción estética no es un pensamiento independiente de los estímulos. Excepto en el caso de rememorar experiencias pasadas, detectar la belleza depende de los estímulos externos. Sin embargo, la apreciación estética podría ser un subproducto de esa capacidad general de la mente divagadora. Divagar mentalmente es un proceso general de percepción que no queda guiado por ninguna meta ni se dirige hacia ningún aspecto en particular. Es obvio que esto vale también para la apreciación estética del medio ambiente. En la línea de Kaplan (1987), el siguiente paso de la apreciación de los paisajes para recrearlos como obras de arte se apoyaría en la coincidencia entre la DMN y la red estética tardía.

Una capacidad relacionada con la mente divagadora es la del proceso de comprensión rápida que resuelve un problema o una ambigüedad perceptual mediante introspección mental —momento ¡ahá!. Combinando electroencefalografía (EEF) e imagen de resonancia magnética funcional (IRMf), el momento ¡ahá! ha podido identificarse como la culminación de una serie de procesos neuronales en diferentes escalas de tiempo. Los participantes de distintos experimentos llevados a cabo por John Kounios y colaboradores se encontraban en el estado de reposo cuando se les plantearon los problemas a resolver, pidiendo a la mitad de ellos que lo hiciesen de manera analítica y a la otra mitad que utilizasen la introspección. Estos últimos, de acuerdo con Kounios y colaboradores, podrían haber hecho uso de capacidades de tipo general relacionadas con el estado de reposo para alcanzar el momento ¡ahá! (Véase, por ejemplo, Kounios y Beeman 2009).

Con respecto a la percepción estética, la interpretación de los resultados del experimento de identificación de las redes dinámicas asociadas a ella ya indicado sugiere que la apreciación de la belleza podría ser un momento ¡ahá! Aparecería éste en etapas temporales tempranas del proceso perceptivo y no resultaría guiado por tareas con metas dirigidas sino que trabajaría de manera casi holística (véase Cela-Conde y Ayala 2014).

La identificación de las redes dinámicas en la percepción estética puede suponer un primer paso para la comprensión de la manera como el cerebro controla nuestra mente.

Volvamos al problema de los *qualia*. En su estudio ya mencionado del año 2003 sobre la conciencia, Francis Crick y Kristoff Koch dejaron de lado como hemos dicho el "problema fuerte" del *quale*, el contenido subjetivo de los estados mentales. Como dicen los autores: "nadie ha dado una explicación plausible sobre cómo la experiencia de la rojez o de lo rojo podría surgir de las acciones del cerebro". En su lugar, Crick y Koch se centraron en el "problema débil": los correlatos neuronales de la conciencia. Con respecto a la apreciación estética, este problema débil consiste en localizar las áreas del cerebro activas cuando los sujetos miden la belleza de un objeto visual. El problema débil ya se ha resuelto, al menos en parte, mediante los experimentos que han identificado desde el año 2004 las zonas cerebrales activadas en la percepción estética.

Pero algunos aspectos de la investigación disponible respecto de la apreciación de la belleza ayudan también a abordar la superficie del problema fuerte. Mediante la combinación de experimentos tanto de fMRI como de MEG y de estudios de comportamiento de sujetos con ciertas discapacidades, la forma en la que la experiencia de la belleza surge de los procesos cerebrales podría empezar a esbozarse.

Los argumentos disponibles para sostener algo así siguen de cerca las hipótesis acerca de los componentes del acto moral que fueron propuestas hace ya más de tres décadas (Cela Conde 1985). Se sostuvo entonces que al juzgar cualquier comportamiento moral era necesario distinguir entre varios niveles entre los que destacaban el motivo para actuar y la calificación del acto. De tal suerte es posible que uno lleve a cabo una cierta conducta impelido por el miedo, la codicia, el amor, etc. y, a la vez, considere que no está actuando bien. Un ejemplo típico sería el del automovilista que, al ver un herido en la carretera, cree que su deber es recogerle pero no detiene el coche ya sea por temor a ser sospechoso de haber causado el accidente, por no querer manchar la tapicería de su vehículo, por una aversión ante el derramamiento de sangre o por la razón que sea. Ese contraste entre el plano psicológico y el ético abre paso a que se produzcan los remordimientos.

Con mayor soporte experimental, en el juicio estético también cabría distinguir de forma paralela entre la *estructura* y el *contenido* de la preferencia. La primera consiste en la aparición de determinadas redes que se activan en el cerebro del espectador cuando éste aprecia la belleza de un objeto. Que tales redes hayan sido identificadas, que guarden relación con la red por defecto (DMN) y que exista una hipótesis plausible acerca del por qué de ese hecho a través del momento *Aha!* son activos importantes en favor de la aproximación filosófica a la identidad mente-cerebro a partir de logros empíricos.

Pero, por otro lado, muchas circunstancias personales como son las experiencias previas, los rasgos de carácter, la salud, la edad y tal vez el género, al igual que las particularidades históricas y culturales de cada época y lugar y las experiencias personales previas, contribuyen con certeza a la experiencia de apreciación de la belleza. Estos aspectos podrían modificar, de una manera que aún no se puede detallar lo suficiente, el resultado del juicio.

Siendo así, resulta necesario admitir que, si la estructura del *quale* comienza a ser conocida gracias a la neurociencia, su contenido –el resultado de apreciar la belleza, o su ausencia, como una sensación interior– queda de momento fuera de nuestro alcance.

## Referencias bibliográficas

Aiello, L.C., Wheeler, P. (1995). The expensive tissue hypothesis: The brain and the digestive system in human and primate evolution. *Current Anthropology*, 36, 199-221.

Brown, S., Gao, X., Tisdelle, L., Eickhoff, S.B., & Liotti, M. (2011). Naturalizing aesthetics: Brain areas for aesthetic appraisal across sensory modalities. *Neuroimage*, 58, 250-258.

Cela Conde, C.J. (1985/2011). *De genes, dioses y tiranos* (2da edición). Madrid: Alianza Editorial. México: Centro de Estudios Filosóficos, Políticos y Sociales Vicente Lombardo Toledano.

Cela-Conde, C.J., Ayala, F.J. (2014). Brain keys in the appreciation of beauty: a tale of two worlds. *Rendiconti Lincei*, 25, 1-8.

Cela-Conde, C.J. et al. (2013). Dynamics of brain networks in the aesthetic appreciation. *Proc Natl Acad Sci USA* 110, 2, 10454-10461.

Crick, F., Koch, C. (2003). A framework for consciousness. *Nature Neuroscience*, 6, 119-126.

Darwin, C. (1838/2008). Notebook C. In P.H. Barrett, P.J. Gautrey, S. Herbert, D. Kohn, & S. Smith (eds.), *Charles Darwin's Notebooks, 1836-1844*. Cambridge: Cambridge University Press.

Kaplan, S. (1987). Aesthetics, affect, and cognition. *Environment and Behavior*, 19, 3-32.

Kounios, J., Beeman, M. (2009). The *Aha!* moment. The Cognitive Neuroscience of insight. *Current Directions in Psychological Science*, 18, 210-216.

Llinás, R. (1987). 'Mindness' as a Functional State of the Brain. En C. Blakemore, S. Greenfield (eds.), *Mindwaves. Thoughts in Intelligence, Identity and Consciousness* (pp. 339-358). Oxford: Basil Blackwell.

Milton, K. (1988). Foraging behaviour and the evolution of primate intelligence. En R. Byrne, A. Whiten (eds.), *Machiavellian Intelligence* (pp. 285-305). Oxford: Clarendon Press.

Raichle, M. E., Snyder, A. Z. (2007). A default mode of brain function: A brief history of an evolving idea. *NeuroImage*, 37, 1083-1090.

Raichle, M.E., MacLeod, A.M., Snyder, A.Z., Powers, W.J., Gusnard, D.A., & Shulman, G.L. (2001). A default mode of brain function. *Proceedings of the National Academy of Sciences*, 98(2), 676-682.

Wardill, T.J., List, O., Li, X., Dongre, S., McCulloch, M., Ting, C.-Y., O'Kane, C.J., Tang, S., Lee, C-H., Hardie, R.C., & Juusola, M. (2012). Multiple Spectral Inputs Improve Motion Discrimination in the Drosophila Visual System. *Science, 336*(6083), 925-931.

# Reivindicación psicológico-mecanicista de la autoridad de las normas morales

## Alejandro Rosas López[*]

### 1. Introducción

Si los agentes biológicos evolucionaron por selección natural, los valores y la valoración son fenómenos fundamentalmente biológicos. Los hechos sobre la valoración dependen de los hechos sobre los comportamientos que promueven niveles competitivos de aptitud. Los seres vivos tienden necesariamente a valorar lo que promueve su aptitud. Si nuestros antepasados hubieran valorado circunstancias que no favorecían, o peor aún, obstaculizaban su aptitud (suponiendo que la valoración influye en el comportamiento) su actividad de valorar y sus valores habrían muerto con ellos y sus linajes (Street 2006).

Cualquier ser que percibe situaciones en el mundo como amenazantes o satisfactorias percibe valores en un sentido amplio, pues percibe algo que activa sus emociones y provoca un actuar consistente a lo largo del tiempo a través de representaciones de recompensa o castigo. Los valores percibidos difieren de una especie a otra, según los factores ecológicos, los sistemas de apareamiento, las estructuras sociales e incluso sus capacidades psicológicas distintivas. Los valores de un león, un bonobo o un humano, inferidos de los comportamientos típicos de su especie, a veces difieren radicalmente. El infanticidio es gratificante para los leones macho después de apoderarse de una manada. Los humanos y los bonobos

---

[*] Alejandro Rosas López obtuvo su PhD en 1991 en la Universidad de Münster, Alemania con una disertación sobre Kant. Posteriormente hizo un giro hacia el naturalismo filosófico y comenzó un proyecto de investigación sobre la explicación del comportamiento moral con recurso a los avances contemporáneos en las ciencias evolucionarias, cognitivas y del comportamiento. Enseña e investiga en el Departamento de Filosofía, Universidad Nacional de Colombia, Bogotá, desde 1992. Ha sido investigador financiado por la Deutsche Forschungs-Gemeinschaft, la Fundación Alexander von Humboldt, el Konrad Lorenz Institute for Evolution and Cognition Research y la John Simon Guggenheim Memorial Foundation. Publicaciones en https://www.researchgate.net/profile/Alejandro_Rosas. Email: arosasl@unal.edu.co

tienen diferentes sistemas de apareamiento y estructuras sociales, y el infanticidio rara vez les atrae (Lukas y Huchard 2014). A veces, los humanos se desvían deliberadamente de actitudes evaluativas programadas por la evolución. Nos distanciamos de actitudes que alguna vez fueron adaptativas pero que posteriormente se volvieron inadecuadas, por ejemplo, de la tendencia a pensar en términos de intra-grupo vs. extra-grupo. Tales desviaciones no amenazan el marco antirrealista. Todavía están impulsadas por consideraciones de aptitud: en la "aldea global", pensar en términos de una marcada tensión entre lo intra-grupal y lo extra-grupal conduce de manera predecible a conflictos y violencia y, por lo tanto, a pérdidas de aptitud.

Desde una perspectiva evolutiva, la valoración es principalmente egocéntrica. Cuando dos individuos de la misma especie tienen deseos del mismo tipo no están imparcialmente dedicados a satisfacer cada uno de esos deseos particulares. Cada individuo está principalmente dedicado a su propia satisfacción. Esta perspectiva de la valoración es filosóficamente inquietante, dado su evidente choque con los valores morales. Así, incluso los antirrealistas prominentes han otorgado a la moralidad un estatus especial. Mackie (1977) distinguió dos sentidos distintos de la moral: uno amplio y uno estrecho. En sentido amplio, la moral comprende valores egocéntricos y de grupos particulares; esta moral no posee la pretensión de una autoridad universal. En sentido estrecho, las normas morales exigen el cumplimiento universal e ineludible en todas las personas con las que uno potencialmente interactúa. En lo que sigue, restrinjo el término "moral" al sentido estrecho. Su pretensión de autoridad universal se deriva de la lógica especial de los términos morales; se está lógicamente obligado por ella si se utiliza el lenguaje moral, pero no se está lógicamente obligado a utilizar ese lenguaje (Mackie 1977)[1]. Mi objetivo es identificar y describir las características centrales de la psicología humana que hacen que la adopción del lenguaje moral sea *psicológicamente* inevitable si se tienen esas características. Si tengo éxito, la autoridad ineludible de las normas morales emergerá como un elemento integrado y fundado en nuestra constitución psicológica. Entiendo esto como una reivindicación naturalista. Es en virtud de esta constitución psicológica que algunas propiedades fácticas de las acciones desencadenan un sentido de obligación moral (Tomasello 2020).

Comprendo los valores como implicando normas o principios de acción y comprendo la pretensión de autoridad universal como una característica intrínseca de las normas específicamente morales. En la sección 2 explico lo que implica la pretensión naturalista de autoridad universal y respondo a algunas objeciones

---

[1] La ineludibilidad de la moral en su sentido estrecho es ambiguo en Mackie (1977, 106). El filósofo dejó en claro que la obligación moral no es una cuestión de necesidad lógica ineludible -podríamos negarnos a usar el lenguaje moral por completo-, pero nunca defendió claramente que la moral es psicológicamente ineludible, o necesaria, para nosotros. Una reivindicación naturalista debe hacer plausible que la moral sea psicológicamente ineludible.

naturalistas en su contra. En la sección 3, defiendo un cambio de enfoque en los intentos de naturalizar las normas morales: en lugar de buscar una propiedad natural, independiente de la mente, de las acciones o de las consecuencias de las acciones, un enfoque naturalista debería apuntar a explicar cómo la autoridad especial e ineludible de las normas morales surge psicológicamente para hacer frente a la evaluación egocéntrica. En la sección 4, explico por qué y cómo esto es diferente del ficcionalismo: la autoridad moral surge de la interacción de subcomponentes psicológicos, como en las explicaciones mecanicistas (Bunge 2004). En contraste, el ficcionalismo sostiene que la autoridad moral depende de una creencia ilusoria en la objetividad moral, fomentada en nosotros por la selección natural (Joyce 2006, 132ss). En las secciones 5 y 6 esbozo cómo podría comprenderse una explicación mecanicista al abandonar la engañosa idea de un mecanismo de proyección, supuestamente moldeado por la selección natural.

## 2. Reivindicación vs. desacreditación

Juzgar un comportamiento dado como moralmente incorrecto es plantear consideraciones que reclaman una adhesión universal por encima de intereses o valores particulares. Invoca una *autoridad universal, ineludible* y *soberana*. Agrupo estas propiedades bajo la etiqueta de "peso moral" (Joyce 2006, 199). El reclamo de universalidad significa que las normas morales expresan obligaciones, prohibiciones o permisos que se aplican a cualquiera que cumpla con los criterios *generales*. De allí que no sea posible citar características que sean verdaderas tan sólo respecto de un individuo o de un grupo individualizado a través de propiedades singulares (por ejemplo, los seguidores o descendientes de un individuo en particular). Estos criterios generales funcionan como razones para otorgar o negar libertades y privilegios. Respaldar normas morales implica respaldar las características generales que otorgan libertades también en los casos en aquellas falten en nuestros seres queridos (incluido uno mismo), así como respaldar los criterios generales que niegan libertades aunque los cumplan nuestros seres queridos. Una prohibición universal, por ejemplo, debe ser cumplida por todos los que satisfacen los criterios generales relevantes, incluido el caso hipotético en el que la prohibición se aplique a la persona que la formula (Hare 1981). Una pregunta importante que debe plantearse con respecto a esta visión de la universalidad moral (o cualquier otra que pertenezca aproximadamente a la misma familia) es la siguiente: ¿Existen prescripciones que tengan esta característica en virtud de su contenido?

Supongamos provisionalmente que "peso moral" denota una actitud de uno o más sujetos hacia cualquier contenido arbitrario dado. Sin embargo, hay que señalar inmediatamente una limitación de este punto de vista. Los individuos tienen actitudes morales como miembros de un grupo. Si los miembros del mismo grupo no están de acuerdo en sus actitudes morales, la interacción social pacífica en ese grupo será muy difícil, si no imposible. Sin una medida estable y considerable de acuerdo en el grupo, el elogio, el reproche, el castigo y la recompensa – los cuales se derivan del peso moral – llevarían a confrontaciones constantes. Ahora bien, esto permite sin duda que diferentes grupos tengan normas morales diversas e incluso incompatibles y sólo exige que, *dentro* de los límites de cualquier sociedad dada, las normas con peso moral posean uniformidad. La cohesión social requiere que el acuerdo general predomine por sobre el desacuerdo, so pena del colapso social. Las sociedades modernas muestran más desacuerdos que las tradicionales; pero podría decirse que todavía se mantienen unidas, si es que lo hacen, por un acuerdo predominante. La polarización extrema probablemente conducirá a su disolución. El desacuerdo sobre el aborto, por ejemplo, se describe plausiblemente como implicando un acuerdo sobre una moral de los derechos individuales y un desacuerdo sobre los criterios de la condición de persona y, en consecuencia, sobre cómo adjudicar prioridades en un choque de derechos.

Sin embargo, *entre* sociedades, las normas morales no tienen por qué ser uniformes, asumiendo que las sociedades tienen fronteras espaciales claras e interactúan sólo esporádicamente. Con base en esta suposición, las explicaciones naturalistas de lo correcto/incorrecto a nivel moral podrían implicar que las normas morales, por ser producto de la socialización, no puedan realizar exigencias más allá de sus fronteras sociales (Harman 1979). Crecemos en la moral particular de nuestros mayores adoptando lo que nos enseñan sobre lo que está bien y lo que está mal, pero en ningún caso identificando lo "objetivamente incorrecto". La socialización sería lo único que queda tras una explicación naturalista de la moral. Este punto de vista niega que algunos valores podrían aún reclamar autoridad universal, por estar anclados en una estructura universal de la mente humana.

Ahora bien, la socialización necesita responder a esta pregunta: ¿Cómo apareció por primera vez el peso moral en el primer eslabón en la cadena de transmisión que presupone cualquier proceso de socialización? Una visión plausible agrega una historia evolutiva: la selección natural nos diseñó con mecanismos para la cohesión social, incluida una disposición para coordinar el comportamiento a través de normas con peso moral. Entonces, nos enfrentamos a dos posibles significados de reivindicación. Podríamos reivindicar la moral mostrando que una sociedad humana no es posible sin que la mayoría de sus miembros adopten un conjunto común de normas morales, incluso si la diversidad reina entre las sociedades. Ésta es una versión débil de la reivindicación, pero aún inteligible. Justifica la opinión de que la moral no sólo es útil, sino *indispensable*, si la sociedad humana ha de ser en absoluto posible. Supongo que la mayoría de los desacreditadores estarían dispuestos a aceptar la reivindicación de la moral en este sentido débil. Todavía podrían sostener, en justicia a la desacreditación, que ningún principio moral es universal entre sociedades o épocas.

No obstante, el reivindicador podría tomar esta concesión y proponer la tesis más fuerte de un conjunto único de normas que promueven la cohesión y la estabilidad en cualquier sociedad, por muy general y parco que sea su contenido. El principal obstáculo para esta afirmación más fuerte es la supuesta evidencia empírica en su contra. Los ejemplos extremos de divergencia moral entre grupos sugieren que no existe un conjunto único, como lo sugiere la práctica del canibalismo en algunas sociedades (Prinz 2007). Además, con el fin de promover la estabilidad, las normas morales no necesitan beneficiar a todos los individuos por igual. Lo que sí necesitan es inspirar autoridad y obediencia, pues su rechazo probablemente resulte en violencia y colapso social. La institución de la servidumbre tuvo autoridad durante siglos y su rechazo final provocó el colapso de una época. Esto sugiere que la autoridad moral se adhiere *arbitrariamente* a las normas particulares que cada sociedad considera como parte de un orden moral. La estabilidad no está garantizada por su contenido particular -sigue argumentando el desacreditador - sino por la fe inquebrantable en su autoridad ineludible, creencia que explica las reacciones punitivas provocadas por las transgresiones contra ellas.

A partir de los argumentos anteriores, podríamos distinguir dos dominios diferentes de la relatividad moral: el dominio espacial y el temporal. El dominio espacial es convincente sólo si las sociedades interactúan muy raramente o no interactúan en absoluto. Esto ya no es factible en la "aldea global". La exigencia de una moral universal en sentido estrecho es inevitable e implica que, o acordamos una moralidad universal o desaparecemos como sociedad global. Por otro lado, el dominio temporal sugiere un fenómeno que es manifiestamente diferente de la relatividad: en muchos casos se parece más a la desaparición de un *status quo* de discriminación moral (la institución de la servidumbre). Las creencias que apoyan los privilegios de grupo desaparecen y el valor de la equidad amplía su aplicación, pero no se produce ninguna novedad real en los valores morales básicos. Y este mismo valor, la equidad, es el que probablemente necesite cualquier sociedad como condición para una supervivencia prolongada frente a la subversión interna.

Este es el proyecto que interesa al naturalista reivindicativo. Busca un terreno común a través de la diversidad cultural. Podría intentar respaldar su existencia identificando empíricamente normas que cuentan como universales transculturales. Podría, por ejemplo, señalar que es engañoso decir que algunas sociedades permiten el canibalismo y el asesinato y otras no. Más bien, prácticamente todas las sociedades prohíben varias formas de matanza dentro del grupo, pero son más tolerantes con las matanzas fuera del grupo[2]; y algunas sociedades "primiti-

---

[2] Sripada y Stich (2006) niegan que "el asesinato está mal" cuente como un universal intercultural por ser analíticamente verdadero: "asesinato" significa matar a alguien de manera ilícita. Esto no implica que haya reglas universales compartidas sobre lo que es un asesinato. Sin embargo, "cada sociedad conocida enumera varias formas inadmisibles de matar a miembros del grupo" no es analítica y no es un hecho trivial.

vas" permiten el asesinato y el canibalismo si se practican en individuos que no pertenecen al grupo[3]. La permisibilidad de matar y canibalizar a individuos que no pertenecen al grupo no es suficiente para concluir lógicamente el relativismo como un hecho. Ambos son compatibles con la opinión de que existe un conjunto común de normas morales en todas las sociedades, y que sus prohibiciones o permisos dependen convenientemente del grupo donde se apliquen (Darwin 1871, 93ss). Pero esta flexibilidad con la prohibición y el permiso se vuelve cada vez más difícil a medida que las poblaciones humanas avanzan temporalmente hacia la interacción global. Las tendencias "tribalistas" recalcitrantes son ciertamente una característica perniciosa de la moral humana. La selección natural no es un diseñador perfecto y su diseño de la moral contiene limitaciones. Lo que importa ahora es darse cuenta de que el tribalismo no es una característica que queramos preservar desde una perspectiva normativa. No proporciona una razón contra la afirmación de la universalidad de las normas morales.

La variedad transcultural tiende a emerger en normas con contenidos muy específicos, las cuales a menudo dependen de creencias fácticas sujetas a muchos desacuerdos entre las sociedades, como es el caso de las normas que proscriben determinados alimentos y prácticas sexuales (Darwin 1871, 99). Aunque estoy dispuesto a admitir que una estrategia que busque reglas universales en las sociedades podría funcionar, eso no probaría que el contenido común así encontrado esté necesariamente anclado en características comunes de la naturaleza humana. Aún tendríamos que investigar qué hechos generales determinan su presencia. Prefiero, por tanto, explorar un camino alternativo, a saber, indagar sobre el proceso mediante el cual las normas morales emergen psicológicamente con la autoridad ineludible que las distingue. En este análisis asumiré que, en algún nivel funcional general, los humanos, o más bien la mayoría de los humanos, comparten algunas capacidades psicológicas cruciales.

### 3. ¿Qué es lo que explica el peso moral?

Centrémonos en el peso moral como una experiencia que surge en la mente, asumiendo por el momento que es independiente de cualquier contenido y que se puede adjuntar a cualquier contenido (Sripada y Stich 2006). Es la experiencia de una autoridad distintiva, ineludible y predominante adherida a las normas que cada grupo o sociedad identifica como "morales" en sentido estricto. Los escépticos sobre las reivindicaciones naturalistas, por ejemplo, Joyce (2006), así como los filósofos que rechazan el naturalismo moral en cualquier forma, parecen adoptar

---

[3] La cena caníbal de Schneebaum con los Harakmbut de Perú que Prinz cita como fuente de prácticas caníbales (Prinz 2007, 173), en realidad se practicó después de un asesinato extra-grupal, sobre hombres asesinados en una aldea vecina (Fox 2005). El mismo patrón se aplica al canibalismo mesoamericano (Harris 1977).

la misma noción de autoridad moral[4]. Kant escribió a menudo sobre cómo la ley moral "humilla" y "derriba" el engreimiento (Kant 2002a, 96ss). La ley moral es: "… una ley ante la cual todas las inclinaciones quedan silenciadas incluso si actúan secretamente en su contra…" (Kant 2002a, 111; sobre "silenciar" ver Joyce 2006, 111). Profundamente impresionado por esta formulación, Charles Darwin (1871, 71) la utilizó como guía en su intento especulativo de naturalizar la moral. La noción de peso moral como experiencia interna sugiere una explicación próxima que remite a un mecanismo mental. Kant la llamó la facultad de la razón práctica pura, la cual produce tanto el contenido de la ley moral como un respeto elevado por ella. Las acciones moralmente permisibles u obligatorias tienen, como cualquier otra acción, una descripción objetiva, pero su autoridad sobre nuestros deseos egoístas depende de un sentido especial de obligación. El sentido de obligación podría surgir de mecanismos naturales, profundamente arraigados en nuestras mentes en forma de estructuras psicológicas (Tomasello 2020). Darwin trató de explicar la autoridad de la conciencia moral – la fuerza detrás de esa "palabra breve pero imperiosa *debe*, tan llena de significado" (Darwin 1871, 70)[5] – a través de la presión persistente e imperativa que los instintos sociales ejercen sobre los animales sociales (Darwin 1871, 91), y que en los seres humanos provoca sentimientos de arrepentimiento o remordimiento al violar sus órdenes (Darwin 1871, 91). Pero dado que los instintos sociales se disparan ante diferentes eventos en diferentes especies, y dado que no dan nacimiento a la conciencia moral a menos que se integren con otras capacidades psicológicas (por ejemplo, la autoconciencia a lo largo del tiempo), la reivindicación naturalista no debería centrarse, al menos no principalmente, en el contenido de los disparadores. De hecho, Darwin argumentó que las especies inteligentes probablemente apoyarían normas morales propias a su especie: "(…) abejas obreras [*inteligentes*], [pensarían] que es un deber sagrado matar a sus hermanos (…)" (Darwin 1871, 73). Podría decirse, por tanto, que la reivindicación naturalista debería buscar la base

---

[4] Aquellos que niegan el peso moral como parte del significado de los términos morales mencionan casos en los que un juicio moral sincero no implica una presión motivacional. Algunas personas podrían decir: "creo sinceramente que hay un punto de vista moral según el cual realizar acciones de tipo A, B, etc., está mal, pero no siento ningún empuje motivacional en contra de realizar una acción A, B, etc., a menos que pueda anticipar un castigo". Sin embargo, la comunidad científica tiende a clasificar a las personas que dicen esto como psicópatas, especialmente cuando A, B, etc. implica daños gratuitos que recaen sobre otros. Los psicópatas responden, si es que acaso lo hacen alguna vez, solamente ante la amenaza de un castigo y en ningún caso a una forma de conciencia moral. No experimentan ni entienden la diferencia entre la autoridad de las normas morales y la recomendación de cumplir con las convenciones para evitar el castigo social (Blair 1995).

[5] Las reflexiones de Darwin sobre este tema han merecido la atención crítica de Christine Korsgaard, quien también ha ofrecido un esbozo de una hipótesis evolutiva propia (Korsgaard 2010). En su versión de la historia, la socialización sigue un camino profundamente arraigado en una psicología que evolucionó en medio de jerarquías dominantes. Aquí defiendo un camino diferente, el cual implica una psicología dualista del egoísmo y la simpatía.

subveniente de la "maldad moral" en las estructuras mentales evolucionadas, en un *mecanismo de la mente* que genera valor moral al crear la experiencia del peso moral. Presumiblemente, comprender cómo funciona este mecanismo nos daría una idea de su contenido.

Mackie argumentó que las propiedades naturales fuera de la mente no explicaban ni justificaban el peso moral (Mackie 1977, capítulo 1), pero no ofreció una explicación alternativa. Anscombe (1958) sugirió que el peso moral emergió cuando algunas normas se identificaron con mandatos divinos. Dios es análogo a un soberano mundano que tiene el poder de hacer cumplir estas normas. A su vez, si Dios diseñó y ensambló la naturaleza humana, debe saber qué es lo mejor para nosotros, individual y colectivamente (Mackie 1977, 189). Sus mandatos no serían arbitrarios; deberían promover eficazmente el florecimiento humano. Estas creencias sobre el origen de las normas morales explicarían la experiencia del peso moral para quienes las adoptan. A su vez, a través de estas creencias, la moral controlaría la motivación, dotando a las normas de una autoridad que anula los deseos o propósitos contrarios. La autoridad moral, como dijo Mackie, "... es absoluta, no depende de ningún deseo, preferencia, política o elección, suya o de cualquier otra persona" (Mackie 1977, 33). Desde una perspectiva social-evolutiva, estas creencias se volvieron necesarias cuando la vigilancia del comportamiento social enfrentaba dificultades inmanejables en sociedades de gran escala (Norenzayan y Shariff 2008).

Sin embargo, en última instancia, la creencia religiosa explica el peso moral con una fuerza tomada de otro lugar. Las creencias religiosas sólo pueden sustentar el peso moral si se concibe a Dios como un ser moral. Podemos señalar con Hume (1757) y con la ciencia cognitiva actual de la religión (Baumard y Boyer 2013) que las primeras nociones de deidades de la humanidad se vinculaban a poderes invisibles personificados que controlaban los eventos en el mundo, sin restricciones morales. La noción de una deidad *moral* apareció más tarde (Norenzayan y Shariff 2008) y probablemente dependía del acceso a una noción de moralidad independiente y preexistente. La pregunta retórica de Sócrates en el *Eutyphro* de Platón: "¿Depende el bien de lo que Dios manda o son sus mandatos dependendientes del bien?" es un "argumento de pregunta abierta" que revela elegantemente que la proposición "Dios es moralmente bueno" no era analítica cuando se pronunció por primera vez. Esta afirmación se funda en una reivindicación evolutiva y psicológica del peso moral que desarrollaré en las siguientes secciones. Concluyo este apartado sugiriendo que la religión apoyó la experiencia de el peso moral durante una buena parte de nuestra historia (escrita) sólo porque tomó prestada su fuerza de una noción independiente de moralidad, con su cualidad distintiva de autoridad ineludible[6]. Anscombe, por lo tanto, puso la historia

---

[6] Esta afirmación ha sido implícitamente cuestionada por Philip Kitcher, quien declaró que el punto de vista moral es un "mito psicológico ideado por filósofos" (Kitcher 2011, 81). Una idea tan

de cabeza. La religión se apropió del peso moral para apoyar la idea de los mandatos morales divinos. Pero al hacerlo, la religión ocultó el verdadero mecanismo natural subyacente al peso moral.

## 4. Un mecanismo natural

Los naturalistas deberían buscar un mecanismo en la mente. Se supone que dicho mecanismo explicaría la autoridad especial, ineludible de las normas morales, es decir, nada más y nada menos que su especial sentido de obligación, que contrasta con los valores egocéntricos. No existe nada por fuera de la mente que pueda explicarlo completamente. Pero en lugar de concluir que se requiere una creencia ficticia en valores objetivos, los naturalistas deberían concentrarse en comprender y explicar cómo surge el peso moral de aspectos preexistentes de nuestra mente. Con este cambio de enfoque podríamos desactivar un argumento *a priori* contra las reivindicaciones naturalistas. El argumento afirma que si identificamos el peso moral con una propiedad natural, entonces se seguiría al menos una de dos consecuencias igualmente fatales para el proyecto reivindicativo: o el peso moral no agrega nada a la propiedad, por lo que el lenguaje moral es superfluo; o agrega algo, y entonces la identificación falla (Joyce 2006, 207). Este argumento es ineficaz contra la tesis de que la base subveniente del peso moral es un mecanismo mental que produce una motivación distintiva. Dicho mecanismo mental podría ser desencadenado por algún contenido objetivo natural de las acciones, pero sólo su funcionamiento interno, no esos contenidos objetivos, explica la capacidad de las normas morales de silenciar las tendencias de acción egocéntricas. Joyce resalta esta capacidad peculiar (Joyce 2006, 208): "... el pensamiento moral tiene un tipo especial de fuerza práctica que silencia el cálculo y trasciende el deseo, lo cual lo suele hacer menos vulnerable a sucumbir a la tentación que la deliberación prudencial lúcida". El comportamiento moral será a menudo, pero no siempre, lo mejor para nuestro interés personal. El interés propio nos dice que, en ocasiones especiales, se pueden obtener beneficios personales *a expensas de los demás sin acarrear un castigo*. Por esa razón no puede explicar completamente la moralidad y a menudo el poder moral de silenciar la evaluación egocéntrica le opone resistencia. El sentido común y la filosofía moral tradicional ven este poder como la marca característica del peso moral[7].

---

intrigante requeriría más que un artículo para refutarla. Este ensayo es una modesta contribución en esa dirección.

[7] Korsgaard (2006, 100) argumentó que el interés propio es una noción mal definida, y que una visión egoísta de los seres humanos como persiguiendo su propio interés es "ridícula", como señaló Butler. La filósofa critica aquí a la opinión de que los humanos son *puramente* egoístas, dado que, de ser así, gran parte de su comportamiento consistiría en errores "ridículos" sobre nuestro interés propio. No obstante, el interés propio es *uno* de nuestros motivadores primitivos y solemos enfrentar sus conflictos con la moral. A Kant le gustaba hablar de una oposición entre la ley moral y una

Llegamos ahora a una etapa crucial de la discusión. Es importante darse cuenta de que los desacreditadores suelen relacionar el peso moral con la ilusión de objetividad que surge de una proyección psicológica (Joyce 2006, 132). Esta idea sugiere que el peso moral surgió *de novo* a partir de un "mecanismo biológicamente sin precedentes" (Joyce 2006, 114-115), independientemente de las capacidades psicológicas preexistentes. Particularmente, el peso moral supera las disposiciones altruistas por su capacidad de apoyar la cooperación a gran escala (Joyce 2006, 111-115; véanse también las págs. 16, 44, 49-50; Kitcher 2012, 69, 73 y siguientes). No obstante, ver el juicio moral como ajeno a las capacidades psicológicas preexistentes y funcionando independientemente del resto de nuestra psicología obstaculiza el proyecto de naturalización de la normatividad moral. Psicológicamente desconectado, se parece a una propiedad mágica. También carece de un vínculo intrínseco con el contenido moral típico. Se *estipula* que las normas morales se refieren a la *cooperación* e incluyen prohibiciones *públicas* de *dañar* y *engañar* (Joyce 2006, 111, 115). Pero ese mecanismo, en tanto carente de "entrañas" o subcomponentes psicológicos, no puede explicar por qué precisamente los contenidos mencionados tienen peso moral, en lugar de otros.

Un enfoque naturalista diferente apunta a la construcción por selección natural de un mecanismo integrado que produce peso moral a partir de características preexistentes de nuestra psicología. El mecanismo debe proporcionar información sobre el contenido moral, su carácter público y la fuerza de la normatividad moral. Por ejemplo, aunque debemos reconocer que el juicio moral no expresa simplemente disposiciones altruistas, tales disposiciones podrían ser, no obstante, *uno* de sus *subcomponentes* necesarios[8]. Identificar el conjunto completo de subcomponentes reivindicaría a la moral, en tanto que surge orgánicamente de una estructura mental específica.

## 5. Convenciones humeanas y peso moral

Volviendo ahora al tema de la socialización: si un mecanismo mental explica el peso moral y juega un papel en la socialización, las reflexiones teóricas sobre la socialización deberían haber detectado esta conexión. Menciono brevemente dos

---

forma ilícita de amor propio, a saber, el engreimiento. Ésta es la creencia arrogante de que estamos por encima de la ley moral y que, por lo tanto, tenemos derecho de dañar a otros para nuestro beneficio propio (Kant 2002a, 96). Una reivindicación naturalista sólo tiene éxito si conserva la distinción entre razones morales y de interés propio.

[8] Según Nagel, por ejemplo, el altruismo conecta la racionalidad práctica con la moral (Nagel 1970). Los psicólogos sociales han tendido a interpretar y medir el altruismo unilateralmente como una disposición a ayudar a otros por su propio bien (Batson 1991; Cialdini et al. 1997). Pero medir tan sólo la voluntad de ayudar no permite captar completamente la actitud altruista. Dicha actitud incluye, de manera más prototípica, una aversión a dañar a los demás y a utilizarlos como medios para obtener un beneficio personal.

teorías discutidas por Harman (1977). La teoría de las costumbres sociales afirma que adquirimos nuestra moral a partir de las reglas o costumbres que la sociedad impone a través de prácticas como el elogio, el reproche y el ostracismo social. La sociedad impone con estas prácticas las reglas que sirven al interés general o al bien común. Pero, ¿cómo llegan los individuos interesados a compartir un interés común y ponerse de acuerdo sobre casos particulares? La teoría de las convenciones de Hume es más explícita a este respecto. Explica cómo los individuos interesados llegan a ponerse de acuerdo en una convención, por ejemplo sobre derechos de propiedad, otorgando estabilidad artificial a la posesión real de un bien. Las convenciones son reglas a las que se adhieren los individuos de un grupo con la expectativa de que otros también se adhieran a ellas, por el hecho de que la adhesión general es para el beneficio de todos e idealmente para el beneficio *igual* de todos. Cada persona espera que los demás se adhieran en reciprocidad a su propia adhesión y cada persona sabe que los demás se adhieren con la misma expectativa.

Hume confiaba mucho en el interés propio como la fuerza psicológica que sostenía este patrón. Pero conviene señalar dos puntos en relación con el relato humeano. Primero, atribuye implícitamente un papel decisivo a la "intencionalidad auto-iterada": nuestra capacidad de fijarnos en una representación de otra mente como representando mi representación de ella, de una manera recíproca (cada mente se entrelaza con otras de esta manera, y lo sabe, y sabe que otros lo saben, etc.). Esta capacidad es necesaria para *crear* una convención sobre un comportamiento *novedoso*. Cada participante debe ser capaz de representar un patrón de comportamiento conocido y esperado por todos los participantes. Además, cada participante sabe que el cumplimiento de los demás está condicionado a su propio cumplimiento y sabe que los demás lo saben. Este patrón de cumplimiento condicional, mutuamente esperado y recíproco es crucial para crear la fuerza normativa. También nos permite hacer una conexión con los mecanismos de elogio y reproche. Dichos mecanismos ejercen presión sobre el comportamiento de los demás sólo a través de un espacio público e intersubjetivo en el cual todos participan; y un espacio público sólo existe en virtud de la intencionalidad auto-iterada.

El segundo punto es que el "interés propio" no puede ser el único motivo detrás de las convenciones. Dicho interés protege contra la explotación al exigir un cumplimiento recíproco, es decir, equidad. A su vez, explica la aversión a la inequidad desventajosa para el sujeto que sufre la explotación (McAuliffe et al. 2016). Pero este es sólo el lado agradable del interés propio, que, no debemos olvidar, también tiene uno repulsivo, expresado en el deseo de aprovecharse de los demás y usarlos como recursos. Ésta es la razón principal por la que la teoría de las costumbres sociales enfatiza las sanciones externas, es decir, sociales (elogio, reproche y ostracismo u otros castigos). No obstante, las sanciones sociales precisan de auxilio para hacer frente al lado repulsivo del interés propio. Como señaló originalmente Glaucón en *La República* de Platón, los individuos puramente egoístas verán la justicia o el beneficio igual para todos, sólo como una segunda mejor opción. La mejor opción sería imponer la propia voluntad a los demás: engañarlos o forzarlos a satisfacer sus deseos egoístas. Si el acuerdo de vincularse a un patrón de comportamiento mutuamente beneficioso se mantuviese en su lugar sólo por el interés propio, sólo duraría mientras los individuos puramente egoístas no pudiesen explotar a los demás como recursos y permaneciesen provisionalmente satisfechos con protegerse de la explotación. Además, las sanciones sociales y legales externas proporcionarían un remedio débil, dado que ocasionalmente podrían ser eludidos. De allí que, como en los contratos explícitos, el interés propio sólo preserva los acuerdos pactados por un período de tiempo específico, con un comienzo y un final; el final lo decide unilateralmente el egoísmo oportunista. Si la moral se basara sólo en el interés propio, terminaría cuando las partes puramente interesadas viesen la oportunidad de desertar sin que eso conlleve un castigo. Hume sabía que un "bribón sensato" tendría esta política como principio rector (Hume 1902, §232-233). Su postura crítica contra tal política sugiere que las convenciones humeanas requieren que nos veamos a nosotros mismos y a los demás como pre-institucionalmente protegidos contra la explotación, con la condición de que todos (o casi todos) aceptemos recíprocamente un derecho similar en los demás. La adopción desinteresada de este derecho natural informa el patrón de cumplimiento recíproco mutuamente esperado y explica la fuerza normativa con autoridad universal. Pero, ¿de dónde proviene este derecho natural? El interés propio puro no deja lugar a derechos naturales.

Este no es el lugar para desarrollar una interpretación académica del pensamiento de Hume; pero su afirmación de que las convenciones se desarrollan sin acuerdos explícitos, a partir de la conciencia de un interés *común*, puede tomarse como basando la convención en algo distinto al puro interés propio. Dicha base apunta a su otro principio de la moral, a saber, la simpatía. El término "*común*" puede intercambiarse plausiblemente por "compartido" y vincularse al concepto de "intencionalidad compartida" tal como se usa en la psicología comparada y en la filosofía de la acción colectiva (Tomasello y Carpenter 2007; Bratman 1992, 1993; Gilbert 2009; Tomasello 2020). La intencionalidad compartida es una capacidad exclusivamente humana o, al menos, especialmente optimizada (aunque quizás todavía no lo suficiente) en la especie humana. Esta incluye dos aspectos. Consiste en una capacidad cognitiva de "intencionalidad auto-iterada", que nos permite existir en modo "nosotros", un colectivo que propone y actúa como si fuera un sólo agente. Pero también requiere que veamos a los demás como pre-institucionalmente protegidos contra la explotación y que otorguemos valor a sus intereses a la par con los nuestros (Rosas y Bermúdez 2018). Ambos sentidos de compartir, el evaluativo y el cognitivo, están comprendidos en lo que Hume y Smith denominaron "simpatía". Tomando "*común*" en este sentido, el sentido de interés común situado en la raíz de la convención no puede entenderse cabalmente con la noción de interés propio. Para cooperar realmente en la forma que requiere una convención, cada persona tiene que "compartir" los intereses de los demás, evitando tratarlos como meras herramientas sociales para sus fines egoístas. El sentido de obligación moral que impregna las convenciones humeanas está profundamente arraigado en nuestra capacidad de ver a los demás como nuestros iguales y como pre-institucionalmente protegidos contra la explotación.

## 6. El mecanismo y sus subcomponentes

Si entendemos las convenciones humeanas como se sugirió anteriormente, podemos ver al menos tres subcomponentes psicológicos básicos subyacentes (plausiblemente innatos y universales): 1) una capacidad cognitiva para la intencionalidad auto-iterada (la capacidad de formar un sujeto colectivo o un "nosotros"); 2) interés propio; y, en tensión con él, 3) una disposición a conferir un valor comparable tanto a los demás como a nosotros mismos. Las convenciones humeanas presuponen la capacidad de atribuir estados mentales y, específicamente, expectativas mutuas sobre las intenciones y el comportamiento de cada uno. Las obligaciones y normas sólo son posibles entre organismos con esta capacidad (Tomasello 2009)[9]. El peso moral y las convenciones humeanas no son, pues, meras experiencias privadas: están vinculadas al sujeto colectivo o al "nosotros" e implican la experiencia de una esfera pública que pueda ser compartida por cualquier persona con las habilidades requeridas. El peso moral es la experiencia de una exigencia pública contra la tentación del engreimiento. En palabras de Kant: "Nunca trates a los demás simplemente como medios para tus fines egoístas, sino siempre al mismo tiempo como fines"[10]. Aquí los subcomponentes de la equidad y el egoísmo aparecen en su mutua tensión. Estas conexiones conceptuales, sin embargo, no resuelven nuestro problema, el cual consiste en comprender cómo el peso moral emerge funcionalmente de estos subcomponentes.

Para abordar este problema, podríamos mostrar cómo dos subcomponentes cualesquiera no pueden explicar el surgimiento del peso moral sin agregar el tercero. Por ejemplo, podríamos tratar de imaginarnos una mente poseedora tanto de interés por los demás como de motivaciones egoístas y explicar por qué no sería capaz de experimentar peso moral si, al mismo tiempo, no posee la intencionalidad compartida. Ocasionalmente, los chimpancés pueden ser analizados

---

[9] Nuestros parientes primates más cercanos atribuyen estados mentales, muy probablemente de orden superior, y tienen al menos una comprensión implícita de otras mentes (Hare, Call y Tomasello 2001; Hare, Call y Tomasello 2006; Hirata y Matsuzawa 2001; Krupenye et al. 2016; Hall et al. 2016). No obstante, parecen carecer de la capacidad de una intencionalidad compartida (Tomasello 2009). Dicha intencionalidad es la que les permite a los humanos crear un espacio público de creencias compartidas, objetivos y razones, incluyendo allí normas y reglas de comportamiento.

[10] Este implicación conceptual no es una "prueba" del altruismo psicológico, pero hay un cuerpo considerable de evidencia empírica que sugiere que existen en los seres humanos disposiciones altruistas innatas hacia los individuos no familiares. Para una revisión, véase Cline (2015)

como un ejemplo de este tipo de mentes (Kitcher 2006). En un experimento mental, Joyce (2006, 112) retrata una mente con disposiciones altruistas y egoístas, y señala que dicha mente no puede pensar que lastimar a otra persona *sea algo malo* o sentir *culpa por ello*, porque ninguna disposición tiene autoridad sobre la otra, aunque ambas (en tensión mutua) tengan autoridad sobre nuestro comportamiento. Pero esto es sólo la mitad de lo que necesitamos mostrar: la otra mitad expone cómo la adición de la intencionalidad compartida hace que surja el pensamiento "X está mal".

Creo que un experimento mental alternativo podría ser más fácil de seguir, a saber, imaginar una mente que *sólo* tiene disposiciones egoístas y capacidades de meta-representación. Este tipo de mente es examinada con más frecuencia en la literatura filosófica. Algunos incluso creen que es idéntica a la mente humana y leen a Hume como si tal mente pudiera dar lugar a convenciones (ver Harman 1977, 103). Creo que esta lectura es fallida: olvida el papel que juegan la coerción y el engaño en las interacciones sociales de una mente puramente egoísta y olvida lo que el propio Hume dijo sobre la encarnación de tal mente en el "bribón precavido". Por lo tanto, intentaré mostrar cómo una mente puramente egoísta con capacidades meta-representacionales carece de la capacidad de experimentar el peso moral y cómo dicha experiencia surge al agregar una preocupación por los demás como merecedores de igual consideración.

Las mentes puramente egoístas *sólo* tienen deseos y metas egoístas. No tienen ninguna disposición en contra de *tratar a los demás simplemente como medios*, como recursos para sus fines egoístas. Podemos imaginarlos como si tuvieran un sólo principio fundamental: "Haz todo lo que esté en tu poder para promover tus propios intereses por encima de los de cualquier otra persona". Aunque son incapaces de experimentar la tentación de actuar en contra de este principio (excepto por error), y aunque pueden poseer tendencias innatas a engañar y coaccionar a otros para que estén a su servicio, es posible que aún necesiten representar su principio como una regla de acción y utilizarla en sus deliberaciones prácticas con el fin de identificar las opciones maximizadoras o satisfactorias. También pueden necesitar razonar a partir de este principio egoísta para así identificar los medios apropiados en circunstancias específicas. El engaño y la coacción no son necesariamente fines en sí mismos para ellos, pero podrían serlo. Sucede que el mundo está lleno de dilemas sociales (como el dilema del prisionero) donde las mentes egoístas tienen un incentivo para promover sus intereses a través de esos medios. El principio egoísta es una regla de acción, y se les presenta siempre como una buena razón. Además, es lógico que lo vean como una buena razón para cualquier mente puramente egoísta. Pero esto no los obliga a querer, o a promover, que todos lo adopten (Harman 1977, 76). La razón es simple: promover su adopción universal obstaculizaría sus fines egoístas. No poseen una actitud favorable hacia su adopción por los demás, ya que no recibirían ningún beneficio por ello. Más bien, las mentes egoístas tienen razones para no querer que su principio sea adoptado universalmente. En estas condiciones, este principio no puede convertirse en una convención humeana.

Sin embargo, las mentes que se representan tal principio sin querer que otros lo adopten son mentes sofisticadas. Parafraseando a Kant: "actúan de acuerdo con la representación de" principios (Kant 2002, 29; Ak. 4: 412) y también se representan a otros como actuando bajo principios. Sus habilidades de meta-representación resultan útiles para predecir comportamientos y para inventar cualquier esquema coercitivo y engañoso que promueva sus fines. Incluso podrían querer comunicarse con otros, ya sea para engañarlos o para ejercer su dominio. No obstante, si el mundo estuviera habitado sólo por mentes egoístas es poco probable que lograran producir un idioma. Esto es, si tienen acceso a un idioma es porque viven en un mundo que incluye al menos algunas mentes que trascienden el egoísmo. Podría decirse que los lenguajes se basan en las convenciones humeanas y que éstas requieren mentes dispuestas a aceptar a otros como iguales en derechos. Los idiomas requieren una disposición básica a la veracidad[11], pero las mentes puramente egoístas ven en el engaño un medio mejor para sus fines. Esto se deriva de que no valoran los intereses de los demás. Por lo tanto, una sociedad de mentes puramente egoístas que tuvieran la capacidad de leer otras mentes (si tal sociedad pudiera existir) sería incapaz de crear y respaldar las convenciones humeanas. Las mentes puramente egoístas tal vez podrían usar y manipular convenciones ya existentes, pero no podrían crearlas ni adoptarlas por completo. Y dado que experimentar obligaciones y deberes requiere convenciones humeanas, estas mentes no podrían experimentar el peso moral.

Supongamos que estas mentes puramente egoístas adquieren, por *fiat*, una preocupación por los demás como si estos tuvieran el mismo valor. Entonces, el deseo de coaccionar o engañar a otros no se experimentaría sin un conflicto. Y si cada uno ve correctamente que los demás experimentan el mismo conflicto y desea que la equidad emerja como vencedora, podrían comprender también cómo otros tendrían el mismo deseo en relación con ellos. En tanto mentes con capacidades de meta-representación, se darían cuenta de que estos deseos podrían transformarse en expectativas mutuas de cumplimiento recíproco, cada parte respaldando un compromiso público de resistir su inclinación al engreimiento. Una

---

[11] La intencionalidad compartida presupone la capacidad de atribuir intenciones de orden superior y, específicamente, intenciones comunicativas: dirigidas a compartir creencias con otros. No obstante, las intenciones *verdaderamente* comunicativas deben ser *veraces*, es decir, intenciones de compartir la verdad con los demás. Esta capacidad puede depender de la comprensión implícita (Peters 2016), o de otros atajos de comprensión del lenguaje, o de "impostores" de la toma de perspectiva (Barr 2014). Cualquiera que sea el medio que uno utilice para alcanzar un estado de intención compartida (heurística, interacción o trabajosa inferencia individual), es esencial que uno identifique el estado compartido como implicando veracidad en los participantes. El término "compartido", aplicado a las intenciones, necesariamente lo implica.

mente puramente egoísta con capacidades de meta-representación no podría tener esta experiencia. Es preciso tener en cuenta también que el primer efecto de esta nueva experiencia no es principalmente el de hacer sacrificios altruistas por los demás. Es sólo el engreimiento, como diría Kant, lo que se sacrifica, es decir, el pensamiento de que mis intereses están por encima de los de los demás. Su principal efecto está relacionado con la justicia, esto es, con el concebir a los demás como pre-institucionalmente, i.e., naturalmente con derecho a no ser dañados ni explotados como recursos.

La interacción entre los subcomponentes aquí considerados admite un mayor desarrollo. Sin duda, quedan preguntas abiertas sobre cuál sería la mejor manera de proceder. ¿Puede el experimento mental sobre mentes puramente egoístas iluminar completamente la interacción mecanicista? ¿No deberíamos acaso emprender simultáneamente un enfoque empírico complementario? La investigación empírica de las mentes que experimentan vs. las que no experimentan el peso moral (como las mentes de los chimpancés, por carecer de intencionalidad compartida; o las de los psicópatas, por carecer de motivaciones altruistas), podría aportar conocimientos nuevos y más detallados. En cualquier caso, este tipo de indagación explicaría plausiblemente el carácter público de las normas morales, su autoridad especial y haría inteligible su contenido general, que me atrevo a postular como en gran medida congruente con la segunda formulación de Kant del imperativo categórico.

## 7. Conclusión

Hay una gran diferencia entre un ficcionalismo evolucionario que aísla la autoridad peculiar de las normas morales como surgiendo de una creencia ficticia en propiedades morales objetivas; y una visión que lo arraiga directamente en estructuras mentales familiares. Cuando el peso moral se comprende como el resultado de un mecanismo psicológico que incluye subcomponentes familiares; cuando uno se da cuenta de que estos subcomponentes siempre se han considerado características esenciales de la psicología humana, entonces ya no suena apropiado en ningún sentido describir el peso moral como una ilusión. Esas características de nuestra psicología pueden ser un producto contingente de la evolución biológica, pero determinan quiénes somos. Probablemente no importaría mucho para nuestra autocomprensión si la ciencia encontrara evidencia para describir el orgasmo como un "mecanismo biológicamente sin precedentes" (Joyce 2006, 114-115), un tipo de recompensa *sui generis* fisiológicamente diferente a otras recompensas que experimentamos. Pero considerar el peso moral como sin precedentes en el mismo sentido no es inocuo. El ficcionalismo puede derivar fácilmente en una perspectiva relativista que deja el peso moral teóricamente libre para adherirse a cualquier norma que se adopte socialmente. Pero el peso moral no tiene este carácter impredecible; surge de la interacción de características muy básicas de nuestra psicología y su contenido se deriva de esas características. Ni un relativismo moral de tipo radical[12], ni la renuncia total a la moral, son opciones en la medida de que estemos constituidos por disposiciones primitivas egoístas y altruistas, y por la capacidad de compartir intenciones con los demás. Puede que no estemos obligados, por pura lógica, a adoptar la moral en su sentido estricto (una moral de derechos). Pero podríamos estar psicológicamente obligados a hacerlo (Mackie 1977, capítulo 5) siempre que tendamos a organizar la vida social en torno a las convenciones humeanas, de modo similar al imperativo de nunca tratar a los demás como meros medios en beneficio de una persona o de un grupo en particular. Es cierto que esto no excluirá desacuerdos morales mientras subsistan creencias encontradas sobre las condiciones fácticas de la condición de persona. No obstante, todavía parece que podemos estar de acuerdo en una norma moral básica que expresa una preocupación por la equidad en las interacciones cooperativas. Este es un contenido común y establece un punto de partida universal para la psicología moral y la filosofía.

**Referencias bibliográficas**

Anscombe, G.E.M. (1958). Modern moral philosophy. *Philosophy*, 33, 1-19.

Barr, D.J. (2014). Perspective taking and its impostors in language use: four patterns of deception. En T. Holtgraves (ed.), *The Oxford handbook of language and social psychology* (pp. 98-111). New York: Oxford University Press.

Batson, C.D. (1991). *The Altruism Question: Toward a Social-Psychological Answer*. Hillsdale, NJ: Lawrence Erlbaum Associates.

Baumard N., Boyer P. (2013). Explaining Moral Religions. *Trends in Cognitive Science*, *17*(6), 272-280.

Blair, R. (1995). A cognitive developmental approach to morality: investigating the psychopath. *Cognition*, 57, 1-29.

Bratman, M. (1992). Shared cooperative activity. *Philosophical Review*, 101, 327-340.

Bratman, M. (1993). Shared intention. *Ethics*, 104, 97-113.

Bunge, M. (2004). How Does It Work? The Search for Explanatory Mechanisms. *Philosophy of the Social Sciences*, 34(2), 182.

Cialdini, R., Brown S., Lewis, B., Luce C., & Neuberg, S. (1997). Reinterpreting the Empathy-Altruism Relationship: When One Into One Equals Oneness. *Journal of Personality and Social Psychology*, 73(3), 481-494.

Cline, B. (2015). Nativism and the Evolutionary Debunking of Morality. *Review of Philosophy and Psychology*, 6(2), 231-253.

---

[12] Para un tipo de relativismo moderado, más plausible e interesante, véase Wong (2006).

Darwin, Ch. (1871/1981). *The Descent of Man, and Selection in Relation to Sex.* Princeton NJ: Princeton U. Press.

de Waal, F. (2006). *Primates and Philosophers.* Princeton: Princeton University Press.

Fox, M. (2005). Tobias Schneebaum, Chronicler and Dining Partner of Cannibals, Dies. *New York Times,* Sept 25. http://www.nytimes.com/2005/09/25/obituaries/tobias-schneebaum-chronicler-and-dining-partner-of-cannibals.html

Gilbert, M. (2009). Shared intention and personal intentions. *Philos. Stud.,* 144, 167-187. https://doi.org/10.1007/s11098-009-9372-z

Hall, K., Oram, M.W., Campbell, M.W., Eppley, T.M., Byrne, R.W., de Waal, F.B.M. (2016). Chimpanzee uses manipulative gaze cues to conceal and reveal information to foraging competitor. *American Journal of Primatology, 79*(3), e22622.

Hare, B., Call, J., Tomasello, M. (2001). Do chimpanzees know what conspecifics know? *Animal behaviour,* 61, 139-151. https://doi.org/10.1006/anbe.2000.1518

Hare, B., Tomasello, M. (2006). Chimpanzees deceive a human competitor by hiding. *Cognition, 101*(3), 495-514.

Hare, R. (1981). *Moral thinking: its levels, method and point.* Oxford: OUP.

Harman, G. (1977). *The Nature of Morality: An Introduction to Ethics.* Oxford: Oxford University Press.

Harris, M. (1977). *Cannibals and Kings.* New York: Random House.

Hirata, S., Matsuzawa, T. (2001). Tactics to obtain a hidden food item in chimpanzee pairs (Pan troglodytes). *Animal Cognition, 4*(3-4), 285-295.

Hume, D. (1740/1978). *A Treatise of Human Nature.* Selby-Bigge (ed.). Oxford: Clarendon.

Hume, D. (1757/1889). *The Natural History of Religion.* London: A. and H. Bradlaugh Bonner.

Hume, D. (1777/1902). *An enquiry concerning the principles of morals.* En Enquiries concerning the human understanding and concerning the principles of morals, L. Selby-Bigge (ed.) (pp. 169–285). Oxford: Oxford University Press.

Joyce, R. (2006). *The Evolution of Morality.* Cambridge MA: MIT press.

Kant, I. (1788/2002a). *Critique of Practical Reason.* Indianapolis: Hackett Publishing Co.

Kant, I. (1785/2002b). *Groundwork of the Metaphysics of Morals.* London and New Haven: Yale University Press.

Kitcher, P. (2006). Ethics and Evolution: How to Get Here from There. En *Primates and Philosophers* (pp. 120-139). Princeton: Princeton U. Press.

Kitcher, P. (2011). *The Ethical Project*. Cambridge, MA.: Harvard University Press.

Korsgaard, Ch. (2006). Morality and the distinctiveness of human action. En *Primates and Philosophers* (pp. 98-119). Princeton: Princeton U. Press.

Korsgaard, C.M. (2010). Reflections on the Evolution of Morality. *The Amherst Lecture in Philosophy*, 5, 1-29. http://www.amherstlecture.org/korsgaard2010/

Krupenye, Ch., Kano, F., Hirata, S., Call, J., Tomasello, M. (2016). Great apes anticipate that other individuals will act according to false beliefs. *Science*, *354*(6308), 110-114.

Lukas, D., Huchard, E. (2014). The evolution of infanticide by males in mammalian societies. *Science*, 346, 6211, 841-844.

Mackie, J.L. (1977). *Ethics: Inventing Right and Wrong*. London: Penguin.

McAuliffe, K., Blake, P.R., Steinbeis, N., Warneken, F. (2016). The developmental foundations of human fairness. *Nature Human Behavior*, 1, 1-9.

Nagel, T. (1970). *The Possibility of Altruism*. Oxford: Oxford University Press.

Norenzayan, A., Shariff, A. (2008). The origin and evolution of religious prosociality. *Science*, 322, 58-62.

Prinz, Jesse. (2007). *The Emotional Construction of* Morals. Oxford: Oxford University Press.

Smith, A. (1790/1984). *A Theory of Moral Sentiments*. Indianapolis: Liberty Fund.

Sripada, C.H., Stich, S. (2006). A Framework for the psychology of norms. En P. Carruthers et al. (eds.), *The innate mind: Culture and cognition*. New York: Oxford University Press.

Street, S. (2006). A Darwinian dilemma for realist theories of value. *Philosophical Studies*, 127, 109-166.

Peters, U. (2016). Human thinking, shared intentionality, and egocentric biases. *Biology & Philosophy*, 31, 299-312.

Tomasello, M., Carpenter, M. (2007). Shared Intentionality. *Developmental Science*, *10*(1), 121,125.

Tomasello, M. (2009). *Why we cooperate*. Boston MA: Boston Review Book/MIT Press.

Tomasello, M. (2020). The moral psychology of obligation. *Behavioral and Brain Sciences*, 43, E56, 1-58. https://doi.org/10.1017/S0140525X1900174

Wong D. (2006). *Natural Moralities. A defense of pluralistic relativism*. Oxford: Oxford University Press.

# Bases neuroéticas de la corrección política. Una aproximación desde la teoría de la espiral del silencio de Elisabeth Noelle-Neumann

## Pedro Jesús Pérez Zafrilla[*]

### 1. Introducción

El concepto de opinión pública ha tenido una trayectoria controvertida. El motivo es que se han desarrollado en paralelo dos significaciones distintas de este concepto en los ámbitos de la filosofía y la sociología: una, de corte normativo, cuya principal figura será Habermas y otra de naturaleza sociológica, representada por Elisabeth Noelle-Neumann y su teoría de la espiral del silencio. Ambas significaciones cuentan con un recorrido de varios siglos, plasmado en las obras de filósofos, sociológicos y politólogos. Sin embargo, en esta pugna soterrada, la concepción normativa acabó por imponerse, dando lugar al concepto que hoy tenemos de opinión pública como esfera de control del poder político institucional. Por su parte, la concepción sociológica, tras haber recibido numerosas críticas (Alonso Marcos 2014), parece haber quedado arrumbada y condenada casi al olvido.

Ahora bien, a pesar de su derrota, en mi opinión, la concepción sociológica, y muy especialmente la teoría de Noelle-Neumann, posee un gran valor y debe ser rescatada en la actualidad. Ello se debe a que en las tesis de Noelle-Neumann, así como en las de otros teóricos anteriores en los que apoya su teoría, podemos encontrar un interesante paralelismo con algunas propuestas aparecidas en los campos de la psicología evolutiva, la neuroética y la neuropolítica sobre aspectos como la reputación, la convivencia social y la argumentación en el debate público.

---

[*] Pedro Jesús Pérez Zafrilla. Profesor Titular de Filosofía Política en la Universidad de Valencia, España. Es autor de numerosos artículos en revistas científicas y capítulos en obras colectivas. Su último libro como autor único es *La democracia en cuestión. Los ciudadanos demandan una política diferente* (Biblioteca Nueva, 2017). Sus líneas de investigación abarcan la teoría de la democracia, democracia deliberativa, neuroética, neuropolítica y, actualmente, la polarización política en la vida social e internet. Email: p.jesus.perez@uv.es

Por ese motivo, en este trabajo deseo abordar la teoría de Noelle-Neuman relativa a la opinión pública, mostrando sus semejanzas con los planteamientos de autores de la psicología evolutiva, la neuroética y la neuropolítica. Comenzaré presentando las trayectorias de las que beben los modelos normativo y sociológico de opinión pública. Ello nos dará la clave para comprender mejor las diferencias entre la concepción sociológica de opinión pública de Noelle-Neumann y el modelo normativo de Habermas. Seguidamente expondré los pilares básicos de la teoría de Noelle-Neumann sobre la opinión pública y la espiral del silencio. En tercer lugar, presentaré los paralelismos existentes entre la teoría de la opinión pública de Noelle-Neumann y algunas propuestas de autores como Haidt, Alexander, Mercier o Sperber. Esta imbricación entre la teoría sociológica y la relativa la psicología evolutiva nos permitirá, en la última parte del trabajo, comprender mejor el ámbito de actuación de la opinión pública en su modelo sociológico. Frente a la pretensión de los autores de la neuroética de conocer los fundamentos del comportamiento moral, defenderé que la opinión pública configura más bien una forma de entender el fenómeno de la corrección política. Así, presentaré la conexión de este modelo de opinión pública con la corrección política para, en la última sección del trabajo, abordar las bases neuroéticas de la corrección política que explican el fenómeno de la espiral del silencio.

## 2. Dos modelos de opinión pública

La diferencia entre los dos modelos de opinión pública, el normativo de Habermas y el sociológico de Noelle-Neumann, puede comprenderse fácilmente partiendo de qué aspecto de la opinión pública enfatiza cada uno de ellos. La concepción sociológica se asienta en una tradición que acentúa la *opinión*. Tan es así que Noelle-Neumann enlaza el concepto de opinión pública con el de opinión al dar por supuesta en éste la idea de publicidad (Noelle-Neumann 1995). Por su parte, el modelo normativo se articula sobre la *publicidad*, más concretamente, sobre la distinción entre los ámbitos público y privado. Esto explica que la concepción sociológica tenga un carácter más amplio, mientras que la normativa se circunscriba al plano político. Ello se debe a que ambos modelos recogen tradiciones diferentes derivadas de acentuar aspectos distintos de este concepto. A continuación presentaré brevemente las tradiciones que han dado lugar a cada uno de estos modelos de opinión pública.

Noelle-Neumann remite el origen de la opinión pública al concepto de opinión en Grecia. Para los griegos la opinión (*doxa*) consistía en un punto medio entre la ignorancia y la *episteme* (el conocimiento cierto y racional). Concretamente, la opinión era un conocimiento basado en los sentidos, y por tanto, inseguro. Consistía en una forma de conjetura o inducción a partir de las apariencias que percibimos de los sentidos, por lo que era proclive al error. Pero sobre todo, un aspecto clave que Noelle-Neuman no advierte de la *doxa* platónica es que esta era la forma de conocimiento propia del vulgo, las personas que no podían acceder al conocimiento racional. Es decir, para los griegos hay ya una conexión entre la opinión y el pueblo, particularmente el menos instruido (Muñoz-Alonso 1992). Esta unión entre la opinión y el vulgo dará pie a una nueva connotación de la opinión que irá cobrando forma con posterioridad y encontramos, por ejemplo, en la obra de Sakespeare: la idea de opinión no ya como conocimiento inseguro o engañoso sino como parecer compartido o consideración del vulgo sobre la reputación o el crédito de alguien.

Estos dos sentidos de opinión llegarán hasta el siglo XIX, pero será Maquiavelo quien los conjugue en el plano político. Por un lado dice Maquiavelo, "los hombres, en general, juzgan más por los ojos que por las manos" (Maquiavelo 2000, 106). Es decir, el pueblo no es capaz de conocer la realidad y se deja llevar por las apariencias, por la opinión. Es más, llegará a decir Maquiavelo que incluso aquellos conocedores de la realidad no se atreverán a contradecir la opinión de la mayoría. Pero del mismo modo, para Maquiavelo la opinión del pueblo, a pesar de su escaso valor epistémico, es un elemento útil y necesario para que el príncipe pueda alcanzar el poder y mantenerse en él. Quien llega al poder con el favor del pueblo y no de los poderosos podrá luego mantenerse en él de una forma más cómoda al no haber otros poderosos que le puedan disputar su posición. El pueblo, debido a su debilidad ante los poderosos, se mantendrá sumiso ante aquel que le proteja. Por ese motivo Maquiavelo aconsejará al príncipe contar con la aprobación del pueblo y para ello no tendrá más que aparentar la posesión de unas virtudes y un poder pues, como hemos dicho, el pueblo no ve más allá de las apariencias. Así *El príncipe* presenta un conjunto de consejos sobre cómo mantener una buena imagen y evitar todo aquello que pueda suscitar odio o rechazo hacia él entre el pueblo. La opinión del pueblo se presenta de esta forma también como un tribunal que juzga la reputación del gobernante. De ahí que se presuponga su carácter público.

Aparece así la idea de la opinión como tribunal creador o destructor de reputaciones. Pero, a diferencia de la concepción normativa que presentaré después, ese tribunal no sólo juzga la reputación de los poderosos, sino que en realidad somete a toda la población. Así lo atestigua el uso de la opinión por varios autores de la época de la Ilustración y el siglo XIX, como recoge Noelle-Neumann. Entre estas fuentes sobresale Locke con su idea de la ley de la opinión o de la moda. Para Locke el contrato social establecía la cesión al soberano del uso de la fuerza para la defensa de los derechos naturales. Sin embargo, los hombres mantenían el poder de aprobar o desaprobar los actos de sus vecinos juzgándolos como virtudes o vicios. Para ello los sujetos tomaban como referencia un "tácito consenso" sobre lo que en esa sociedad se consideraba digno de alabanza o reproche sobre diversos asuntos o costumbres. Ahora bien, la idea clave está en que esa alabanza o censura del colectivo que constituye la ley de la opinión representa una fuerza que lleva a los hombres a ajustar sus opiniones a ese parecer como forma de mantener la reputación dentro del grupo. Quien ofenda esa moda u opinión compartida recibirá la censura y el castigo del grupo en la forma de descrédito u ostracismo. Para Locke no hay nadie capaz de resistir en sociedad ese repudio del resto de personas (Locke 1999).

Se configura, así, la opinión como un órgano evaluativo que presiona a cada uno de sus miembros (gente sencilla o poderosa) con el rechazo y el aislamiento. Así lo será para otros autores como Rousseau, Madison o Tocqueville. Incluso en obras literarias, como *Las amistades peligrosas* de Choderlos de Laclos aparece ya el concepto de opinión pública como tribunal que juzgará la reputación de una persona particular por las compañías que frecuente, es decir, con relación a temas ajenos por completo a la política (Noelle-Neumann 1995).

Frente a esta concepción sociológica de la opinión pública encontramos la concepción normativa. Esta hunde sus raíces en la distinción tradicional entre los ámbitos público y privado. Esta distinción la encontramos ya entre los griegos. Ellos distinguían entre lo *koinón* (común), relativo a lo que afecta a todos (cuya máxima expresión será el ágora como espacio común de decisión los ciudadanos), frente a *ídion*, que hacía referencia al ámbito privado, y que se albergaba en el *iokos*. Esta idea de lo público, como aquello de interés común, contrapuesta a lo privado como relativo a lo particular, llegará desde los griegos hasta nuestros días, pasando por la distinción latina entre *publicus* y *privatus* (por ejemplo, la *res publica*). Así en el Renacimiento *publicus* se identificará con el bien común de la sociedad y, posteriormente, con lo que está abierto al escrutinio de cualquiera (Sennett 1978). Esta distinción dará pie, ya a lo largo de la modernidad a la progresiva distinción entre los ámbitos público y privado: el primero es relativo al ámbito político-institucional propio del Estado moderno, y el privado a las esferas de la sociedad que escapan al control del Estado (familia, religión, asociaciones, economía, etc.).

Sin embargo, como señala Habermas, la pujanza de la burguesía con el desarrollo del comercio y las ciudades desde finales del Medievo hizo que la nueva clase emergente reclama, ya avanzada la modernidad, una influencia sobre el poder político a través de la crítica. Aparecen así un conjunto de ciudadanos ilustrados que, reunidos en cafés, debatirán sobre los asuntos públicos elevando exigencias de legitimación al poder político, como el mismo principio de publicidad de origen kantiano. Estos sujetos, aun siendo personas privadas constituirán mediante debates racionales una opinión que los poderes políticos deben atender para mantener su legitimidad. Esas discusiones en los cafés dan cuerpo a la opinión pública que marca los criterios de interés general que debe seguir el poder político en su actuación para mantener su legitimidad (Habermas 1994).

Aparece así una nueva significación de la esfera pública que dará lugar a este modelo normativo de opinión pública: el ámbito de crítica y exigencia de legitimación del poder político que será ocupado por unos sujetos particulares cuya opinión sobre los asuntos públicos influye en la acción y legitimación del poder político. La opinión pública será ocupada primeramente por los ilustrados, posteriormente por la prensa y más recientemente por los grupos que conforman la sociedad civil (Habermas 1994). En la actualidad, como muestra la democracia monitorizada, el desarrollo de las nuevas tecnologías de la comunicación permite al conjunto de los ciudadanos presentar exigencias de legitimación al poder político de una forma directa y generar opinión pública, por ejemplo, a través de videos de YouTube o una cuenta de Twitter (Feenstra 2012).

Así pues, podemos comprobar cómo se han formado históricamente ambos modelos de opinión pública. El normativo se erige sobre la distinción entre los ámbitos público y privado, se lleva a cabo por un colectivo concreto, ilustrado, y tiene por objeto el control y crítica del poder político. Por su parte, el sociológico, se asienta sobre la idea de opinión como parecer compartido del grupo sobre la reputación de alguien. Consiste en el juicio que el colectivo hace sobre la opinión o comportamiento de alguien con relación a cualquier tema o costumbre sobre el que existe una cierta polémica y sobre el que hay en la sociedad una posición dominante que goza de prestigio y reconocimiento social mientras otras posiciones minoritarias son objeto de censura o reproche.

La diferencia clave entre ambos modelos está en que en el modelo normativo ciertos sujetos influyentes monopolizan la opinión pública y tienen como objetivo vigilar la acción de los representantes políticos para que se mantengan en su actuación dentro de unos límites de legitimidad y ejemplaridad. Por su parte, en el modelo sociológico, la opinión pública incluye a todos los ciudadanos con independencia de su influencia pública, y tiene por objeto controlar el comportamiento de la ciudadanía mediante la acomodación de esta a unas actitudes y pareceres dominantes sobre ciertos temas. Este será el modo de lograr la cohesión social (Mendoza Pérez 2011).

A partir de esta diferenciación podemos pasar a abordar más detenidamente los puntos centrales de la opinión pública en Noelle-Neumann y su teoría de la espiral del silencio.

### 3. La opinión pública como clima de opinión

Noelle-Neumann presenta varias definiciones de opinión pública a lo largo de sus trabajos. De todas ellas, yo considero más atinadas las siguientes:

> [o]piniones sobre temas controvertidos que pueden expresarse en público sin aislarse" (Noelle-Neumann 1995, 88).

> La opinión pública es el acuerdo por parte de los miembros de una comunidad activa sobre algún tema con carga afectiva o valorativa que deben

respetar tanto a los individuos como a los gobiernos, transigiendo al menos en su comportamiento público, bajo la amenaza de quedar excluidos o de perder la reputación en la sociedad" (Noelle-Neumann 1995, 234).

En estas definiciones encontramos algunos de los elementos clave que nos permiten comprender mejor la opinión pública en su modelo sociológico. En primer lugar, la opinión pública no consiste propiamente en un acuerdo o consenso sobre cualquier tema dentro de un grupo, ni siquiera se refiere a la opinión mayoritaria numéricamente sobre un tema. La opinión pública hace referencia más bien a los puntos de vista, actitudes o gustos sobre cualquier tema controvertido (es decir, con carga afectiva) que son dominantes y que marcan las pautas de conducta aprobadas en la comunidad en referencia a esos temas. Es decir, la opinión pública no se refiere a un "estado de opinión" estadístico sobre un tema. Se refiere más bien a lo que conocemos como "clima de opinión", esto es, las líneas de conducta o corrientes de opinión dominantes sobre unos temas.

En segundo lugar, la opinión pública como opinión dominante conduce el parecer de la comunidad sobre ciertos temas, de tal forma que expresar la opinión dominante generará simpatías dentro del grupo, mientras que discrepar de esa opinión dominante generará el rechazo y la censura del grupo (Dader 1992). En este sentido el consenso social no es la causa de la opinión pública sino la consecuencia, al amoldarse los sujetos discrepantes a la opinión dominante. La opinión pública se centra en aquellos temas que resultan polémicos o que poseen una carga afectiva, porque es en ellos en los que se manifiesta la hegemonía de la opinión dominante frente a las más débiles o minoritarias. Es decir, los temas que tienen carga afectiva se refiere a que son temas donde se percibe un dominio de una opinión frente a otras y, por ende, donde hay discrepancias evidentes entre diferentes corrientes de opinión y puede surgir un conflicto social. Esto nos conecta con el tercer elemento: la presión social.

La existencia de una opinión dominante sobre ciertos temas polémicos no es casual, sino que ejerce una función claramente adaptativa: mantener la cohesión social a través del control de lo que los sujetos pueden decir en público. La opinión pública es un sistema de amenaza y control social de sus miembros, dirigido a cohesionar el grupo en torno a unas ideas mediante el castigo a los discrepantes. La opinión pública fuerza a los sujetos a acomodarse a la opinión dominante si no quieren recibir la censura del grupo y quedar aislados. Así se consigue cohesionar al grupo y protegerlo frente a los enemigos.

En este sentido Noelle-Neumann se refiere a la opinión pública como "piel social": como la piel, la opinión pública protege y unifica a la sociedad, homogeneizando el comportamiento público de todos los sujetos sobre unos temas polémicos con el fin de fomentar la cohesión y, con ella, la estabilidad social. Pero a nivel individual, esa piel rodea a los individuos influyendo en su interioridad. Los individuos sufren la sensibilidad de esa piel social, ya que sufren el aislamiento y la censura cuando discrepan públicamente de la opinión dominante. Por ello los individuos deben decidir en cada momento entre expresar su opinión sobre esos temas polémicos y sufrir el aislamiento del grupo, o bien callarse para conseguir la integración en la sociedad.

Otro aspecto clave de la teoría de Noelle-Neumann es que los individuos cuentan con "un sentido cuasiestadístico de percepción" que les permite percibir el clima de opinión de su entorno y decidir así cómo deben comportarse para evitar la censura del grupo. Esa percepción del clima de opinión tiene dos fuentes: la observación directa (es decir, a través de sus experiencias personales) y la observación indirecta (de los sucesos que el sujeto no puede experimentar de primera mano), a través de los medios de comunicación (Alonso Marcos 2014). Este sentido cuasiestadístico es la base de la espiral del silencio, a la que me referiré después.

Evidentemente, dada la limitación de nuestro entorno personal, para Noelle-Neumann los medios de comunicación tienen un rol determinante en la configuración de la opinión pública. Por un lado, siguiendo a Luhmann, Noelle-Neumann mantiene que los medios estructuran la atención del público seleccionando unos temas como asuntos de interés al ponerlos en la agenda. Los medios seleccionan así, lo importante para la sociedad. Pero también, dando voz a unas opiniones y no a otras, los medios configuran lo que puede decirse y lo que no sobre esos temas. Es decir, los medios recogen aquellas opiniones que se convierten, por el hecho de aparecer en los medios, en las dominantes sobre el tema. Lo que no recogen los medios, simplemente no existe. De este modo, los medios conforman la percepción de lo que puede decirse sin ser aislado.

Pero como bien apuntara Lippmann, los medios tampoco proporcionan una visión completa ni objetiva de la realidad (Lippmann 2003). Es más, los periodistas deben expresar un mundo complejo con un vocabulario reducido y con mensajes muy breves que inevitablemente tergiversan los asuntos públicos. Por ese motivo, los medios proporcionan a los sujetos no una descripción de la realidad, sino unos estereotipos, esto es, unas imágenes simplificadas de la realidad construidas a partir de los intereses, creencias, referentes culturales y prejuicios de los periodistas. Porque el propio ver de los periodistas está ya configurado por su cultura y prejuicios. Por eso justamente los estetreotipos no son neutrales. Los estereotipos expuestos en los medios transmiten una versión codificada y moralizada de la realidad.[1] Además, estos estereotipos difundidos por los medios conforman la forma de ver la realidad de la ciudadanía. Los sujetos adoptan acríticamente e interpretan la realidad a la luz de esos estereotipos transmitidos por los medios. De esta forma, los estereotipos llevan a los sujetos a percibir unos

---

[1] Esto explica que el enfoque de los periódicos sobre las noticias tienda siempre a corroborar su línea editorial. Porque la exposición de las noticias tiene ya una carga valorativa propia de la línea editorial del medio.

hechos y no otros y los hechos que no encajan en esos estereotipos son ignorados hasta que su peso se hace innegable. Esta es una idea clave desarrollada por Sartori (1998): en la cultura audiovisual, la propia imagen es ya transmisora de realidad, así como de valoraciones transmitidas emocionalmente.

Por ese motivo, precisamente, la opinión pública para Lippmann y Noelle-Neumann adquiere un carácter moral que proyecta la aprobación y desaprobación implícita de las diferentes opiniones: aquellas opiniones ajustadas a los estereotipos reciben aprobación pública, mientras que las opiniones que contradicen lo marcado por esos estereotipos son rechazadas. No en vano, los medios no sólo reflejan qué opiniones son hegemónicas y configuran el clima de opinión, sino que cumplen la función de articular los argumentos con los que defender esas opiniones. En consecuencia, las personas que no encuentran expresados en los medios argumentos para su punto de vista, se quedan sin argumentos para defenderlo y permanecen en silencio, dando lugar a la espiral del silencio.

Ahora bien, esta relevancia de los medios para configurar la opinión pública mediante la amplificación de ciertas opiniones y el opacamiento de otras, da lugar a una compleja relación entre la opinión aupada por los medios y la opinión mantenida por los sujetos, que se muestra en diversos escenarios posibles. Aquí tiene un papel fundamental la configuración del escenario mediático.

En un espectro mediático disgregado como el actual, donde cada grupo ideológico encuentra un espacio donde informarse de acuerdo a sus ideas, cada uno verá su visión de la realidad como hegemónica, produciéndose el fenómeno de la ignorancia pluralista: los sujetos son incapaces de captar correctamente el clima de opinión, porque viven en cámaras de eco (Sunstein 2003). Cada uno sobrevalora y percibe como mayoritarias las opiniones amplificadas por su universo informativo. Esto sucede en sociedades polarizadas, en las que la sociedad está partida en dos mitades y cada parte sobrevalora su representatividad (Pérez Zafrilla 2020). En este caso se da la situación de que la minoría piensa erróneamente que es la mayoría hegemónica.

Un segundo escenario es cuando los medios presentan una opinión como mayoritaria y otra como minoritaria y realmente lo son. En este caso, un miembro de la minoría se percibirá correctamente como minoría, dando lugar al fenómeno de la espiral del silencio.

Una tercera posibilidad es que los medios presenten como opción mayoritaria a una opinión que no es respaldada por la mayoría de individuos. En este caso nos encontraremos con que una mayoría se estará percibiendo erróneamente como formando parte de la minoría, ya que su visión es presentada como minoritaria al contar con menor respaldo público. Este es el fenómeno de la "mayoría silenciosa" o el "doble clima de opinión", como lo denomina Noelle-Neumann. Aquí los medios están sobredimensionando la opinión compartida por una minoría que copa el acceso a los medios. Con ello los medios estarán haciendo pasar una opinión minoritaria como si fuera mayoritaria, acallando a la opinión realmente mayoritaria y dando alas a la minoría para imponer su agenda (Alonso Marcos 2014).

Así pues, de este modo la opinión pública queda configurada para Noelle-Neumann como un espacio en el que, con la ayuda de los medios, una opinión se convierte en hegemónica en relación con ciertos temas y, en consecuencia, condiciona mediante la presión el posicionamiento de los sujetos sobre ese tema. Aquellos más dóciles acomodarán su opinión a la difundida por los medios como mayoritaria. En cambio, quienes mantengan su opinión divergente con la hegemónica se enfrentarán a un dilema: o manifestar su opinión y arriesgarse a recibir la condena del grupo, o bien callarse para evitar el aislamiento y, con ello, contribuir a la espiral del silencio. Como dirá Noelle-Neumann, en las sociedades hay un grupo dentro de la minoría que es más propenso a expresar su opinión. Son lo que ella llama el "núcleo duro" o vanguardia: los sujetos convencidos de sus opiniones que no temen la presión del grupo (Noelle-Neumann 1995). Sin embargo, la mayoría sí sucumbe a la presión del grupo, dando lugar a la espiral del silencio que paso a presentar.

## 4. La espiral del silencio

Como hemos dicho, para Noelle-Neumann los sujetos están pertrechados con un sentido cuasiestadístico que les permite detectar si su opinión es mayoritaria o minoritaria en un determinado ambiente y, en función de ello, expresar o no públicamente su opinión para evitar ver dañada su reputación dentro del grupo. La existencia de este sentido ha sido cuestionada por algunos autores (Moscovici 1991). Sin embargo, para Noelle-Neumann la evidencia de que existe ese sentido es que cuando a los sujetos les preguntaba por el clima de opinión en la forma de "¿qué cree usted que piensa la mayoría de la gente?", los sujetos respondían con naturalidad diciendo cuál era la opinión que creían mayoritaria. No se observaba en los individuos extrañeza por esa pregunta.

La base de ese sentido de percepción del clima de opinión estará para Noelle-Neumann en nuestra naturaleza social y el miedo al aislamiento. Es decir, la necesidad de pertenencia que experimentamos como seres sociales y el temor a ser rechazados por el grupo. Ese miedo al aislamiento es precisamente la fuerza que pone en marcha la espiral del silencio. Para Noelle-Neumann los sujetos son conscientes de que sobre determinados temas hay una opinión dominante que goza del prestigio y el reconocimiento social, de tal forma que es de buen tono sustentarla, ya que quien lo haga recibirá las simpatías del grupo. Pero también saben que expresar una opinión discrepante a esa les acarreará el aislamiento y dañará su reputación. Porque el grupo castiga con el repudio a aquellos sujetos que amenazan la estabilidad y la armonía social introduciendo la discrepancia al opinar sobre ciertos temas. De este modo, el grupo produce la cohesión a través de la coacción, creando un falso consenso sobre el silencio de los discrepantes.

Por ello los sujetos se encuentran constantemente observando cuáles son las opiniones que acaparan el dominio de la opinión pública y sobre qué temas. No en vano, sobre qué temas actúe la opinión pública dependerá de los cambios que se produzcan en la sociedad. Quizá en un momento opinar sobre un tema no acarree el reproche social, pero llegado un momento ese tema pase a considerarse polémico y los sujetos tengan que evaluar cuál es la opinión dominante para ajustarse a ella y evitar la censura pública. Así también los sujetos perciben qué posiciones son mayoritarias o minoritarias sobre un tema y cuándo una opinión mayoritaria pasa a ser minoritaria y viceversa. En reacción a esa percepción, los individuos se animan a expresar abiertamente su opinión cuando perciben que coincide con la hegemónica. Asimismo, prefieren callar cuando perciben que su posición es minoritaria o se encuentra en retroceso. De este modo, amoldándose a la opinión dominante, los sujetos evitan el aislamiento que les supondría significarse como miembros de la minoría.

Ahora bien, este miedo al aislamiento pone en marcha una espiral del silencio debido a que aquellos que perciben que su opinión es mayoritaria se expresarán con más seguridad y ello reforzará aún más la posición de esa opinión. Pero por el contrario, los que advierten que su opinión es minoritaria, al callar, contribuirán al opacamiento de ese punto de vista, con lo que ahondarán en su declive al tener así menos defensores, hasta que termine por no escucharse ese punto de vista. Es decir, los sujetos que perciben su posición como minoritaria, con su silencio, favorecen la impresión de que la opinión hegemónica tiene un apoyo mayor del que en realidad tiene, lo que hace que aquellos que apoyan esa visión dominante se expresen con mayor decisión, acrecentando así su poder. Pero de la misma forma, con su silencio, la minoría se sentirá más sola de lo que en realidad está, ya que muchos que apoyan esa opinión permanecen callados. Esto creará, como digo, un proceso en espiral, ya que, por añadidura, los sujetos con convicciones menos firmes o más indecisas se sumarán más fácilmente a la posición que cuente con mayor prestigio (Dader 1992).

En todo caso, es importante señalar que la espiral del silencio se asienta sobre la percepción de que una opinión es dominante o minoritaria, no sobre el peso agregado que cada opinión tiene realmente en la sociedad. De ahí que los medios tengan una importancia crucial a la hora de fomentar la espiral del silencio. Porque, como hemos señalado, son los medios los que proyectan una opinión como dominante y otras como minoritarias sobre el conjunto de la población. Así el sentido cuasiestadístico que evalúa el clima de opinión se dejará llevar por lo que los medios que escuchan presenten como opinión mayoritaria.

La tesis que deseo defender a continuación es que esta teoría de la espiral del silencio, cuyos precedentes encontramos siquiera pergeñados, en las obras de Maquiavelo, Locke o Tocqueville, reproduce a nivel de la sociología los descubrimientos realizados en el campo de la psicología evolutiva por otros investigadores como Haidt, Alexander o Sperber. En la siguiente sección presentaré algunos de esos paralelismos.

## 5. Bases neuroéticas de la espiral del silencio

Las teorías de la opinión pública y la espiral del silencio de Noelle-Neumann se articulan en torno a un conjunto de ideas presentadas en las secciones anteriores. Entre ellas sobresalen: el miedo al aislamiento; el sentido cuasiestadístico que permite captar el clima de opinión; el rastreo permanente que hacen los sujetos de las opiniones que ganan peso y las que caen en declive dentro del grupo en cada momento; la existencia de una opinión dominante que permite cohesionar el grupo; el acomodamiento del sujeto a la opinión mayoritaria para mantener su reputación en el grupo; o también el castigo o aislamiento por pate del grupo al disidente de esa opinión dominante. Pues bien, todas estas ideas tienen un reflejo en la psicología evolutiva en las teorías desarrolladas por diferentes autores. A continuación me referiré a las más relevantes. A mi parecer, este paralelismo entre la teoría de Noelle-Neumann y la psicología evolutiva permitirá comprender mejor el alcance del concepto de opinión pública.

Ciertamente, la conexión de la teoría de Noelle-Neumann con la psicología, lejos de ser una hipótesis aventurada, es algo defendido por la propia autora. Así, Noelle-Neumann cree encontrar una evidencia de su tesis del miedo al aislamiento, y la tendencia del sujeto a adaptarse al grupo, en el famoso experimento realizado por Solomon Asch. En él pedía a unos sujetos manifestarse sobre la semejanza de una línea con otras de diferente tamaño. Entre estas últimas había una idéntica a la primera pero otras eran claramente disímiles. Pues bien, en cada grupo había unos sujetos concertados con el experimentador y decían que la línea del mismo tamaño era una a todas luces diferente. Entonces, cuando en último lugar pedían que diera la opinión a un sujeto que no había sido avisado (y que es con el que se hacía el experimento realmente), éste en el 80% de las ocasiones decía que la línea idéntica era la que habían señalado el resto de sujetos. Sólo un 20% de los individuos se aferraron a su visión de la realidad contraviniendo la opinión expresada por quienes le precedieron (Noelle-Neumann 1995).

Este experimento muestra que, incluso en situaciones inofensivas, como un experimento de laboratorio, y para nada polémicas (evaluar la longitud de unas líneas), los sujetos son capaces de percibir la presión que ejerce el colectivo. El sujeto percibe una opinión mayoritaria que contrasta con la evidencia que tiene ante sus propios ojos. Pero, sin embargo, prefiere acomodar su parecer al del grupo ante la presión que le produce el quedarse aislado en su parecer. Es decir, aunque no es esperable la censura o reproche por parte del resto de sujetos, la percepción de una opinión mayoritaria (aunque manifiestamente falsa) y el miedo a quedar aislado del grupo, lleva al sujeto a manifestar una opinión contraria a su propia percepción de la realidad. En otras palabras, los sujetos perciben una presión de grupo y temen quedarse aislados del mismo incluso en situaciones en las que se encuentran junto a otras personas a las que no conocen de nada y con las que no tienen ninguna ligazón. Solo el mero escuchar una opinión dominante dentro del grupo (creado artificialmente, como es el de los sujetos de investigación) despierta en el sujeto la sensibilidad que le advierte de los peligros que supone contravenirla. Es ese miedo lo le lleva a acomodarse a la opinión mayoritaria, incluso en situaciones intrascendentes.

En realidad el miedo al aislamiento y el temor a la presión del grupo, evidenciados por el experimento de Asch, radican en la naturaleza social (y tribal) del ser humano. Este es un punto central en el campo de la psicología evolutiva. El ser humano ha vivido durante gran parte de la evolución en grupos pequeños, lo que ha configurado la naturaleza social del individuo, así como su temor a quedar aislado por el grupo. No en vano, su exclusión del grupo representaba una amenaza para su supervivencia individual, ya que podía ser atacado por otros grupos o animales o morir de inanición o de frío. Además, su exclusión de la comunidad reduciría sus posibilidades de reproducirse. Esta naturaleza social del ser humano ha llevado a la formación de un cerebro diseñado para asegurar su supervivencia en el grupo. Esto explica que, como se señala desde la psicología social (Schkade, Sunstein y Hastie 2010; Isenberg 1986), los sujetos deseen presentarse y ser percibidos de manera favorable por su grupo. Porque sólo proyectar una buena imagen ante los demás permitía a los sujetos mantener su supervivencia. Esta tendencia está a la base del conocido sesgo de deseabilidad social, según el cual las personas no expresan la opinión que realmente tienen sobre un tema, sino aquella que les hace quedar mejor ante el entrevistador o ante el grupo. Este sesgo explica, así también, como defiende Noelle-Neumann, que los sujetos amolden su opinión al parecer de la mayoría.

Ahora bien, esta asunción de nuestra naturaleza social y ese deseo de ser percibidos favorablemente por el grupo tienen como consecuencia que, como señalan algunos autores como Haidt, Sperber o Mercier, nuestro cerebro se configuró para dar respuesta a los problemas surgidos en la interacción social, no para tener un conocimiento objetivo de la realidad. Esta es una tesis fuerte que permite comprender también la acomodación de los sujetos a la opinión dominante.

Efectivamente, Mercier y Sperber, con su teoría argumentativa del razonamiento entienden que la función primaria del razonamiento humano no es cognoscitiva, sino argumentativa (Mercier y Sperber 2011). Es decir, la facultad del razonamiento se desarrolló evolutivamente por sus ventajas adaptativas en el marco de las relaciones intersubjetivas. El intercambio de información permite no sólo resolver conflictos, encontrar la solución a problemas o detectar *free riders*, sino también tejer alianzas, persuadir a otros de que confíen en nosotros, ganar discusiones o mejorar nuestra posición en el grupo recurriendo a la manipulación. Es decir, el razonamiento evolucionó por su utilidad para facilitar la adaptación de los individuos en los contextos intersubjetivos. Justamente porque el individuo vive en un entorno social, la motivación que para Mercier orienta al individuo en la deliberación es mantener su reputación dentro del grupo (Mercier 2011). De esta forma, los sujetos emplearán la argumentación para proyectar una buena imagen de sí mismos ante los demás porque ello les facilitará la supervivencia dentro del grupo. Es decir, en el día a día nuestro razonamiento no busca argumentos objetivos, sino aquellos que apoyan las posiciones que defendemos y mejoran nuestra posición en el grupo (Pérez Zafrilla 2016). Por eso dirá también Haidt que el razonamiento se comporta más como un abogado que trata de defender a su cliente que como un juez que trata de descubrir la verdad (Haidt 2001). Porque la dimensión social del razonamiento atrofia la capacidad de la razón de escapar a esos condicionantes sociales. Esto es lo que explica para autores como Sperber, Mercier y Haidt el sesgo de confirmación. Este sesgo, lejos de representar un error de programación en nuestra mente racional que debamos corregir, constituye una función propia de nuestra mente argumentativa dirigida a encontrar y presentar argumentos que respalden nuestra tesis, de forma que así podamos defender mejor nuestra posición en el grupo (Haidt 2019).

Así pues, si la búsqueda de la reputación es la motivación clave que orienta el comportamiento de los individuos en el grupo, ello explica la acomodación que las minorías hacen al discurso dominante en la teoría de la Noelle-Neumann. En la medida de que discrepar del grupo representa una amenaza a su reputación, los sujetos prefieren callar como forma de mantener su posición en el grupo. Es más, en la teoría de Mercier encontramos también un paralelismo con la sensibilidad que apunta Noelle-Neumann que lleva a las personas a temer por su reputación en el grupo. Dice Mercier que es el sentimiento de dolor que experimenta el sujeto al reconocer las consecuencias que tendría para él que la sociedad descubriera su inconsistencia lo que lleva al sujeto a modular su opinión en el diálogo (Mercier 2011).

Ahora bien, una vez señalado que la búsqueda de la reputación es una motivación fundamental de los sujetos en el entorno social y, además, que el razonamiento está configurado evolutivamente para asegurar nuestra posición en el grupo, ahora podemos abordar un siguiente elemento: ese sentimiento evaluativo del clima de opinión que está constantemente monitorizando qué opiniones son minoritarias o hegemónicas en cada momento. Son tres las bases neuroéticas que encontramos para este órgano.

La primera viene señalada por Philip E. Tetlock. Este autor descubrió con varios experimentos que los sujetos razonaban de forma distinta en función de si sabían que debían explicar su posición sobre un asunto ante un público de su misma ideología, de ideología contraria o de ideología desconocida. El resultado del experimento mostró que los que tenían que exponer sus ideas ante alguien de ideología contraria tendían a adaptarse a las ideas de esa persona. Pero los que tenían que explicar su posición ante alguien cuya ideología desconocían mostraron un razonamiento más complejo y tuvieron en cuenta más puntos de vista (Gascón 2020).

Este ejemplo muestra que los sujetos a la hora de argumentar sobre un asunto rastrean el público ante el que deben argumentar y el carácter de esa audiencia presiona a los individuos a razonar de un modo u otro. Es más, conocer las opiniones de aquellos con quienes argumentan, lleva a los sujetos a acomodarse a sus opiniones debido al factor de la presión social que tiene el hecho de justificarse ante otros. Pero sobre todo, aun en el caso de cuando los sujetos desconocen la ideología de su audiencia, su esfuerzo no se dirige realmente a tener una posición más objetiva, sino a tener argumentos que le permitan aparentar ante los demás que está en lo cierto. Porque para Tetlock el razonamiento tiene el propósito de persuadir a otros y, por ende, de mejorar la reputación del individuo en el grupo, no la función de descubrir la verdad (Haidt 2019).

Una segunda base de ese órgano evaluativo del clima de opinión la podemos encontrar en la hipótesis señalada por Haidt de uno de los módulos morales: el relativo a la Autoridad/Subversión. Para Haidt los humanos estamos preparados de manera innata para vivir en jerarquías de dominación. De hecho, los grupos constituyen entidades jerárquicas. Tradicionalmente un individuo ejercía de autoridad y asumía las funciones de control del grupo, resolviendo las disputas internas y suprimiendo los conflictos violentos. En este sentido, los sujetos reconocen a quien ostenta la autoridad como alguien que no sólo tiene el poder de la fuerza, sino que ejerce la responsabilidad de mantener el orden y la justicia. Así pues, los sujetos debían hacer frente a un desafío evolutivo: sobrevivir y mantener su reputación dentro de relaciones jerárquicas. Dado que va en interés de todos mantener el orden dentro del grupo, es fundamental que la persona pudiera rastrear en todo momento quién ocupaba posiciones superiores e inferiores a ella. Saber quién manda y a quién no hay que soliviantar es fundamental para mantener nuestra supervivencia en el grupo (Haidt 2019). Por ese motivo, mantiene Haidt, nosotros hoy día rastreamos las autoridades legítimas que hay en los lugares que visitamos, en la forma de tradiciones, cargos, jerarquías o modales, como el referirnos con el tú o con el usted según a qué persona en las diferentes situaciones.

Ese órgano que evalúa el clima de opinión, así como el fenómeno de la presión de grupo puede explicarse, en tercer lugar, recurriendo a la teoría de la reciprocidad indirecta, uno de cuyos principales exponentes es Robert Alexander (Alexander 1987). Esta teoría establece que los sujetos se comportan respetando las normas sociales debido a que su comportamiento está siendo evaluado en todo momento por terceras personas que analizan si ese sujeto es un buen candidato con el que interactuar o no. Es decir, la reciprocidad indirecta convierte las relaciones sociales en un escenario permanente en el que los miembros del grupo juzgan la reputación de cada uno de los miembros en su trato con otros. Los individuos saben que su estatus en el grupo depende de la imagen que transmitan ante los demás, y que la no cooperación y la violación de las normas sociales comportarán el castigo y el rechazo por parte del grupo. Por ello entienden que el altruismo indiscriminado es la mejor estrategia, ya que beneficiarán con ello a cualesquiera futuro reciprocador, mejorando su posición en el grupo. Es más, una sociedad en la que todos se comporten como altruistas indiscriminados será una sociedad que cuente con una mayor unidad y sentará las bases del comportamiento moral.

Ahora bien, la idea clave aquí es que es precisamente el miedo del individuo al reproche del grupo y la pérdida de su reputación lo que le lleva a actuar de una forma altruista. Así, Alexander define la conciencia moral como "la voz estratégica que nos aconseja cómo alcanzar nuestros intereses de forma prudente, sin correr riesgos intolerables" (Alexander 1987, 102). Dicho de otra manera, esa "voz estratégica" de la conciencia rastrea los comportamientos considerados aceptables por el grupo y, a continuación, aconseja al individuo hasta dónde puede llegar en su comportamiento egoísta respetando esas normas del grupo para conseguir sus objetivos sin llegar a perder su reputación.

En el lado contrario, visto desde la perspectiva del colectivo, el grupo busca mantener la cohesión social entre individuos egoístas. Esta es sin duda una tarea compleja, pero para ello surgió el control o presión social expresada por la hipótesis del chismorreo. En ese escenario de reciprocidad indirecta, los individuos murmuraban sobre los individuos que violaban las normas del grupo o amenazaran la estabilidad, minando con ello su reputación dentro del grupo. De esta forma ese sujeto señalado recibía el desprecio y aislamiento por parte de sus semejantes (Haidt 2019). Esta estrategia desarrollada por las primeras tribus recolectoras sería la base precisamente de la presión social que amenaza a los individuos y castiga a los disidentes.

Para los teóricos de la psicología evolutiva estas tácticas dirigidas a reprimir el egoísmo de los sujetos y fomentar la solidaridad y la cooperación dentro del grupo darán forma a la moralidad. Más concretamente, para estos autores la moralidad se compone de los conjuntos de normas, costumbres y valores que un grupo adopta para guiar la conducta social de los individuos. Así define, precisamente, Haidt la moralidad: "conjuntos de valores, virtudes, normas, prácticas, identidades, instituciones, tecnologías y mecanismos psicológicos evolucionados que trabajan juntos para suprimir o regular el interés propio y hacer posible las sociedades cooperativas" (Haidt 2019, 387).

Sin embargo, parece fácil percatarse que con esta definición, los psicólogos evolutivos no están reflejando propiamente el mundo moral, sino más bien el ámbito de las convenciones sociales. Es decir, reducen la moral a la aceptación por parte de los individuos de aquellas normas y costumbres imperantes que mantienen el grupo unido. Pero de este modo estos teóricos olvidan la dimensión moral de la política, relativa a la capacidad de crítica por la cual los sujetos pueden evaluar si lo establecido socialmente se adecúa a unos principios de justicia y, en caso de no ajustarse, reclamar la transformación de lo vigente. Se produce así, en el campo de la psicología evolutiva, una confusión entre la vigencia social y la validez moral (García-Marzá 2020; Cortina 2016).

Esta reducción del elemento de la presión social a la dimensión de lo socialmente establecido y no propiamente al mundo moral, da pie para abordar desde la perspectiva neuroética un último aspecto relativo a la opinión pública en Noelle-Neumann: me refiero al hecho de que la opinión pública logra la cohesión social a través de la primacía de una opinión dominante sobre un tema polémico. A mi parecer este elemento revela el ámbito donde más claramente se aprecia esta realidad de la opinión pública en el enfoque sociológico. Ese ámbito no es otro que la denominada corrección política, cuando ésta es empleada como herramienta para conseguir la hegemonía a nivel social frente a los adversarios. En la siguiente sección presentaré la idea de corrección política y cómo ésta puede derivar en una forma de opinión pública en el sentido señalado por Noelle-Neumann. Después mostraré las bases neuroéticas de este uso estratégico de la corrección política para imponer la hegemonía en el espacio público a través del dominio de la opinión.

## 6. La opinión pública como corrección política

Siguiendo al periodista Ricardo Dudda, podemos definir la corrección política como aquello que una sociedad considera aceptable en una conversación civilizada. La premisa de esa conversación civilizada es el respeto a la dignidad de los individuos. Por ese motivo, la corrección política, con el tiempo, irá incluyendo el respeto a más colectivos en la medida en que la sociedad toma conciencia de sus problemáticas (Dudda 2019). La situación de estos grupos en etapas anteriores estaba invisibilizada y, por tanto, sus miembros no recibían un trato digno. Así pues, la corrección política puede entenderse como una actitud moralizante dirigida a corregir desigualdades históricamente heredadas, recurriendo para ello a símbolos o reglas de comportamiento que amplían el ámbito de lo público para concienciar a la población sobre las implicaciones éticas que tienen ciertos comportamientos o actitudes (considerados hasta entonces privados o irrelevantes) sobre la dignidad de esos grupos discriminados. La corrección política es, pues, un intento de promover la cortesía y el respeto.

Otro elemento importante a tener en cuenta es que la corrección política viene marcada siempre por un grupo que hace de vanguardia social. Este grupo genera nuevas intuiciones sobre lo que es correcto en el trato respecto a los colectivos discriminados, e impulsa la generalización de dichas intuiciones entre la sociedad. Para ello se recurre al lenguaje, desalentando el empleo de ciertos términos que pueden ser degradantes para ciertos colectivos y sustituyendo esas expresiones por otras que no resulten denigratorias. Se promueven así unas nuevas actitudes y opiniones que, a través de su difusión en los medios, se hacen imperantes para que todos los ciudadanos las adopten y sean, así, respetuosos con los demás.

Para Dudda, la corrección política es necesaria y adecuada. Al fin y al cabo, toda sociedad civilizada se basa en el respeto a todos sus miembros. Por ello, todos hemos de saber respetar al resto de personas para reconocerles en su igual dignidad. Ahora bien, el problema surge cuando esta actitud pierde su sentido original inclusivo y emancipador, y esa vanguardia social que orienta la corrección política se transforma, en ciertas ocasiones, en un activismo hipermobilizado que pide cambios sociales a un paso más rápido del que la sociedad puede asimilar. Entonces, la corrección política, difundida por los medios de comunicación, se transforma, según Dudda, en una ortodoxia asfixiante que forma un consenso ilusorio (Dudda 2019). Este sería el caso referido por Noelle-Neumann como "ignorancia pluralista": una posición realmente minoritaria es presentada en los medios como mayoritaria, mientras la mayoría de la población tiene una opinión desconectada de esa minoría hegemónica.

Como señala Dudda, este será precisamente el caldo de cultivo propicio para el surgimiento del populismo: el populista se presenta como el políticamente incorrecto que expresa "la voz del pueblo" que las élites políticas y culturales buscan acallar. El populista ha venido a mostrar la realidad desnuda y a señalar a los culpables de los problemas. Además, su lenguaje directo y claro se presenta como una muestra de autenticidad, frente a los políticos del establishment que hablan con su lengua de madera para ocultar o relativizar problemas reales (Mounk 2018). Pero, como bien afirma Dudda, el políticamente incorrecto, con el pretexto de decir lo que otros callan, aprovecha para señalar a falsos culpables de los problemas y aportar soluciones sencillas (e irreales) a problemas complejos (Dudda 2019).

Esta deriva de la corrección política de una actitud moralizante inclusiva a una ortodoxia asfixiante se produce impulsada por el fenómeno del postureo moral. Para comprender la relevancia del postureo moral dentro de la corrección política, hemos de comenzar aludiendo al concepto de deslizamiento conceptual, señalado por Haidt y Lukianoff.

La idea de deslizamiento conceptual hace referencia al hecho de que conceptos que antes se aplicaban a unas situaciones, con la mejora de las condiciones sociales y los modales, en lugar de dejar de emplearse, pasan a aplicarse a nuevos contextos o acciones. Antes, por ejemplo, la violencia era agredir físicamente, pero ahora puede ser también insultar (Haidt y Lukianoff 2019). Esto, de nuevo, tampoco es un problema, sino, al contrario, una buena noticia. El deslizamiento conceptual es la prueba de que la sociedad ha progresado en su nivel de civilización al considerar irrespetuosas cosas nuevas. Por tanto, ser atento a más cuestiones o aspectos de nuestras relaciones que antes no eran percibidos como problemáticos no es sino una prueba de nuestra elevación como sociedad en el respeto a la dignidad de sus miembros (Gomá 2019).

El problema surge cuando, en determinados momentos, ese deslizamiento conceptual no se produce tanto por un intento de elevar la dignidad de nuestra sociedad, sino como una consecuencia del postureo moral. El postureo moral consiste en la expresión de indignación moral fingida sobre un asunto. El postureo moral no se define por el contenido que se expresa, sino por la intención con la que se dice. Es una indignación fingida porque el exhibicionista moral no tiene como intención denunciar la inmoralidad de un hecho sino que el resto de individuos reconozcan su especial sensibilidad ética (Tosi y Warmke 2018). No en vano, al exhibicionista moral le importa más elevar su reputación dentro del grupo que la propia justicia de los hechos. Esto explica que el exhibicionista moral se dedique a patrullar la vida privada de la gente para denunciar públicamente (de modo especial en las redes sociales) comportamientos discriminatorios sin tener en cuenta las intenciones del sujeto acusado ni el contexto de lo sucedido. Pero entonces, sus compañeros, al escuchar (o al recibir en el móvil) la denuncia de esa persona, entran en una escalada condenatoria para no quedar rezagados en la escala de sensibilidad ética y elevan la petición de castigo hacia esa persona. Esa pugna de exhibicionismo se viraliza en las redes y se traslada a los medios, de tal forma que la posición más extrema acaba triunfando y se consolida como opinión dominante de la sociedad sobre ese tema; es decir, como la opinión pública referida a ese tema, en el sentido dado por Noelle-Neumann a ese concepto.

De esta forma, mediante ese postureo los activistas consiguen elevar artificialmente el umbral de corrección política de las sociedades, al emplear la corrección política como un instrumento para imponer su hegemonía y aumentar su estatus a nivel social. Es una elevación artificial por dos motivos: En primer lugar, porque es resultado de una competición entre grupos por obtener notoriedad y mejorar su posición frente a sus competidores directos dentro de la sociedad. Pero también, porque, con esa competición, el deslizamiento conceptual y, con él, la corrección política, pierden su orientación ética emancipadora. Como hemos visto, los exhibicionistas que elevan el umbral de corrección política no buscan realmente el avance de la sociedad, sino su autopromoción personal. La prueba de ello es que su denuncia de las injusticias la realizan de forma pública, en lugar de optar por reconvenir en privado a la persona, algo que les privaría de la oportunidad de exhibir su sensibilidad ética ante los demás (Haidt y Lukianoff 2019). Además, la denuncia la realizan sin tener en cuenta el contexto de lo sucedido ni la intención del acusado. Sólo importa promocionarse ante los demás como alguien con una sensibilidad ética mayor para posicionarse como vanguardia del cambio social, ganar seguidores en las redes sociales y ser un referente para los demás.

Las consecuencias de esta elevación artificial del umbral de corrección política fruto del postureo serán múltiples: La primera es un alejamiento progresivo de la ciudadanía respecto de esa élite, ya que el pensamiento instalado como opinión pública por la corrección política resulta de una pugna entre grupos minoritarios desconectada de la opinión común de la sociedad. La segunda es la dificultad para llevar a cabo un debate público razonado sobre ciertos temas, ya que el mero hecho de hablar sobre esos temas será considerado inaceptable (Dudda 2019). Otra consecuencia serán los casos de linchamientos virtuales, especialmente los sufridos por famosos. Ciertos famosos buscan en ocasiones exhibir su elevada virtud moral para granjearse el favor del público y hacer aumentar su notoriedad o prestigio social. Pero, en lugar de recabar el aplauso, reciben una avalancha de críticas impulsada por otro grupo que le reprocha haber ofendido con su comentario a otro colectivo.

Precisamente estos linchamientos virtuales fruto del postureo moral sacan a la luz otro elemento que conecta este uso estratégico de la corrección política con la opinión pública en el modelo de Noelle-Neumann. El actual tiempo de postureo moral en el escaparte de las redes sociales hace que el clima de opinión cambie continuamente. Ello obliga a los sujetos a rastrear constantemente el clima de opinión y estar al tanto de la última tendencia. De lo contrario, serán objeto de un linchamiento de otros sujetos más actualizados. Estos, a su vez, realizan el linchamiento precisamente como forma de mostrar su mayor sensibilidad ética. No en vano, como reflejan los estudios, las personas no se unen a un linchamiento virtual porque estén indignadas con el caso, sino para exhibir su adhesión a la corriente dominante (Johnen, Junbblut y Ziegele 2018).

Pero especialmente grave es cuando el postureo moral se emplea en el marco del debate público frente al adversario ideológico. Aquí el exhibicionista busca presentarse como alguien moralmente superior al mostrar una sensibilidad moral más fina. El objetivo es conseguir que su agenda tenga la hegemonía en el discurso público, desplazando aquellos temas que sus adversarios quieren colocar en el debate (Tosi y Warmke 2018). Entonces el exhibicionista impone su agenda, pero también su lenguaje, sobre el resto de la sociedad. Hace así pasar sus posiciones como las mayoritarias en la sociedad, cuando en realidad son simplemente las hegemónicas. Con ello esa opinión hegemónica ejerce de opinión pública en el sentido señalado por Noelle-Neumann: marca lo considerado aceptable en esa sociedad y presiona con la censura a los discrepantes, condenándolos al aislamiento.

De esta forma, el exhibicionismo moral en política convierte el debate público en una lucha de los grupos por la hegemonía en la esfera pública, en el sentido señalado por Gramsci. Quien tiene hegemonía domina la opinión pública y emplea la corrección política como herramienta de censura contra sus adversarios para que éstos no puedan ni introducir nuevos temas en la agenda ni siquiera criticar las posiciones hegemónicas. Pero, en el lado contrario, el políticamente incorrecto tratará con su incorrección política de romper la hegemonía de su adversario, presentándole como alguien tibio, que no resuelve los problemas sociales, bien por incapacidad, bien por un interés personal espurio. Cuando, gracias a esa estrategia populista, logra derrotar al político políticamente correcto, entonces el que era políticamente incorrecto impone su propia corrección política como discurso hegemónico (Dudda 2019).

Así pues, vemos cómo corrección política puede derivar en una forma de opinión pública en el sentido sociológico dado por Noelle-Neumann. En la siguiente sección presentaré las bases neuroéticas que explican esta deriva de la corrección política como imposición de la opinión hegemónica.

### 7. Bases neuroéticas de la corrección política

Las bases neuroéticas de esa presión social ejercida desde una opinión hegemónica pueden encontrarse claramente en los trabajos de autores como George Lakoff (2007) y Jonathan Haidt (2019). En esta sección tomaré como base las ideas que expuse más ampliamente en un trabajo anterior (Pérez Zafrilla 2018).

Podemos explicar desde una perspectiva neuroética el fenómeno de la corrección política recurriendo a la idea de marco mental desarrollada principalmente por Lakoff. La idea básica de este concepto es que nuestro lenguaje no es objetivo, sino que cobra sentido siempre dentro de unos marcos. El marco es el esquema conceptual que articula nuestro pensamiento. El marco crea un relato sobre qué es bueno y malo sobre un tema. Del mismo modo, la adopción de un marco por parte de los sujetos se realiza de forma inconsciente, mediante la activación de las sinapsis cerebrales al escuchar el concepto que articula ese marco. Concretamente, los marcos se activan mediante la escucha de metáforas. Al escuchar la metáfora, nuestro cerebro conecta de modo inconsciente esa metáfora con emociones y pensamientos determinados que llevan, a su vez, a los sujetos a realizar una valoración inconsciente de aprobación o rechazo hacia ese concepto. En consecuencia, al triunfar una metáfora ente la opinión pública se conseguirá que una gran parte de la población piense a través de ese marco al hablar sobre un tema concreto. Por ejemplo, la metáfora "alivio fiscal" crea el marco de que los impuestos son algo malo y bajarlos es bueno. Por tanto, el triunfo de esa metáfora creará una valoración negativa inconsciente hacia todo aquel que apoye subir impuestos para financiar políticas sociales (Lakoff 2009). Así se explicará desde la neuropolítica que el comportamiento político es básicamente inconsciente. De esta forma los autores de la neuropolítica reducen la política a la creación e imposición de metáforas que encasillen posiciones políticas o a líderes políticos como buenos o malos.

Ahora bien, las implicaciones de la idea de marco mental sobre la corrección política son evidentes: el triunfo de una metáfora en el nivel social activa el fenómeno de la presión social y la espiral del silencio. Una vez triunfa una metáfora relativa a un asunto, gracias a los medios de comunicación, todos los ciudadanos son conscientes de la opinión dominante que esa metáfora expresa sobre ese tema. Saben que "lo políticamente correcto" sobre un tema es opinar en el sentido que marcan los medios. Además, emplear los conceptos hegemónicos les reportará respetabilidad dentro del grupo al identificarse como parte de la mayoría. En cambio, se calificará socialmente como "políticamente incorrectos" a aquellos sujetos que no comparten el marco imperante y se expresan públicamente empleando marcos alternativos que reflejan, por ende, opiniones contrarias a la imperante. Por ejemplo, si a nivel social, a través de su reproducción en los medios, se impone la metáfora "gestación subrogada", los individuos perciben intuitivamente que la opinión dominante en la sociedad es que esa práctica está bien considerada y criticarla es una opinión minoritaria. Además, los sujetos captan las consecuencias que tiene a nivel social emplear la metáfora antagónica, "vientres de alquiler". Al utilizarla, la mayoría de personas intuitivamente identificarán a esa persona como alguien que se opone a esa práctica y generarán hacia ella una actitud negativa de rechazo, al contravenir lo socialmente aceptado, y lo harán sin escuchar siquiera sus argumentos. Esa persona que no acepta el marco será políticamente incorrecta y recibirá el reproche de la mayoría.

De esta forma vemos cómo la corrección política, mediante la forja de una opinión dominante, crea una presión sobre el grupo y cómo los sujetos rastrean si su posición es mayoritaria o minoritaria. Esto se produce porque la activación del marco mental remite a unos códigos adaptativos forjados por la evolución que nos impulsan a actuar de forma que procuremos la aceptación del grupo y evitemos el reproche. Como vimos en secciones anteriores, los sujetos en las primeras etapas de la evolución asimilaron que el respeto a las normas era esencial para la supervivencia en el grupo. Por ese motivo, la oposición al marco imperante genera intuitivamente en los sujetos una sensación de incomodidad, porque el sujeto contraviene una opinión que percibe como mayoritaria y, con ello, contraviene esos impulsos ancestrales que ligan al individuo al grupo.

Esa incomodidad que sienten los sujetos opositores ante la opinión dominante es precisamente el elemento que emplea la corrección política para forzar a esa minoría a acabar asumiendo el marco. Por ello, la aceptación acomodaticia del marco se presenta ante la minoría como la única forma de ser aceptada por el grupo, en claro paralelismo con lo que señala Noelle-Neumann en su teoría. Por esa razón también se produce la espiral del silencio. Cuando el triunfo del marco se percibe como una imposición artificial por parte de la élite de una agenda con la que el sujeto discrepa, la opción que queda a la persona es callar su opinión, es decir, su marco, sobre ese tema, dando lugar a la espiral del silencio. Si, por el contrario, alguien sigue empleando su marco para hablar sobre ese tema, seguirá siendo considerado como políticamente incorrecto y recibirá el rechazo intuitivo del grupo, algo que, como recuerda Noelle-Neumann, pocos individuos son capaces de soportar.

## 8. Conclusión

En este trabajo hemos realizado un análisis del concepto de opinión pública, tomando como base el modelo sociológico elaborado principalmente por Elisabeth Noelle-Neumann. Como hemos visto, la opinión pública para Noelle-Neumann se articula como un fenómeno de control social que procura la cohesión del grupo mediante el dominio de una opinión. Este modelo de opinión pública, ciertamente, quedó opacado en la literatura académica por el modelo normativo hoy imperante. Sin embargo, como he tratado de mostrar, la teoría de Noelle-Neumann posee claros paralelismos con propuestas realizadas recientemente en los campos de la psicología evolutiva, la neruroética y la neuropolítica.

La conexión de la teoría de Noelle-Neumann con las investigaciones neurocientíficas permite comprender las bases psicológicas y evolutivas que explican fenómenos como la presión social hacia la conformidad o la espiral del silencio. Además, esa puesta en relación de la sociología y la neuropolítica revela el ámbito de aplicación genuino de la opinión pública, entendida como forjadora de la cohesión social a través del dominio de una opinión. Ese ámbito es el de los usos estratégicos de la corrección política. Así, esta aproximación a la corrección política desde la sociología, la neuroética y la neuropolítica puede ayudarnos a entender mejor este concepto tan rodeado de polémica.

El análisis realizado, por un lado, nos ayuda a discernir el sentido que tiene y la función que desempeña la corrección política en la sociedad. La corrección política cumple la función adaptativa de cohesionar el grupo, evitando los continuos conflictos y divisiones que pudieran debilitarlo frente a un adversario. Pero además, tiene una dimensión ética, emancipadora: permite integrar en pie de igualdad a aquellos grupos que se encuentran excluidos y cuyas problemáticas son ignoradas desde el plano político. No en vano, el espacio público no es un ámbito cerrado ni definido de antemano, sino que se va construyendo desde lo que la sociedad va reconociendo como digno de preocupación compartida (Krause 2008). Pero también, el análisis que hemos hecho revela de qué manera la corrección política puede ver truncada su función integradora y convertirse en un dogma asfixiante alejado de la mayoría social. Eso ocurre cuando la corrección política es monopolizada por un activismo más atento al postureo moral y a la exclusión del adversario que a la integración de los marginados.

Por ese motivo, el análisis realizado nos puede dar las claves para reorientar la corrección política a su sentido ético emancipador. Esta reubicación de la corrección política en el plano que le es propio será posible sólo si la política se aleja del esquema emotivista en el que se encuentra instalada, y se reconoce a los sujetos como ciudadanos a los que se debe convencer con razones que apelen al corazón y no con emociones que atrofien el raciocinio. Es decir, cuando se reconoce que el postureo moral es una simple impostura dirigida a la autopromoción y que la manipulación de emociones en política es un paso atrás en democracia al devaluar el papel de los ciudadanos a meros sujetos anómicos a merced del dominio de unas élites. Sólo partiendo del reconocimiento de los ciudadanos como sujetos dignos de respeto cobra sentido una corrección política que eleve el nivel de dignidad de la sociedad mediante el dominio de la opinión. Porque en esa sociedad los ciudadanos estarán abiertos a modificar sus modales o pareceres para reconocer como iguales a los otros desde un diálogo sincero. Entonces, sí, la opinión pública formará un consenso tácito (en palabras de Locke) sobre el trato correcto en sociedad y dejará de representar una ortodoxia impuesta por las élites por un mero propósito narcisista.

**Agradecimientos**

Este trabajo se enmarca en el Proyecto de Investigación Científica y Desarrollo Tecnológico "Ética cordial y Democracia ante los retos de la Inteligencia Artificial" (PID2019-109078RB-C22), financiado por el Ministerio de Ciencia, Innovación y Universidades.

**Referencias bibliográficas**

Alexander, Robert (1987). *The biology of moral systems.* New York: Routledge.

Alonso Marcos, Felipe (2014). *Análisis sobre la investigación contemporánea sobre la espiral del silencio.* Barcelona: UPF.

Cortina, Adela (2016). La conciencia moral desde una perspectiva neuroética. De Darwin a Kant. *Pensamiento,* 72, 771-788.

Dader, José Luís (1992). Las teorías contemporáneas. En Alejandro Muñoz Alonso, Cándido Muñoz, Juan Ignacio Rospir, José Luís Dader (eds.), *Opinión pública y comunicación política* (pp. 187-217). Madrid: Anzos.

Dudda, Ricardo (2019). *La verdad de la tribu. La corrección política y sus enemigos.* Madrid: Debate.

Feenstra, Ramón (2012). *Democracia monitorizada en la era de la nueva galaxia mediática.* Barcelona: Icaria.

García-Marzá, Domingo (2020). El principio de cordialidad: hacia una gestión ética de las emociones morales en las instituciones. En Jesús Conill, Domingo García-Marzá (eds.), *Neuroeducación moral y democracia* (pp. 137-156). Granada: Comares.

Gascón, José Ángel (2020). Las motivaciones en la argumentación. En Cristián Santibáñez (ed.). *Emociones, argumentación, argumentos* (pp. 51-72). Lima: Palestra.

Gomá Lanzón, Javier (2019). *Dignidad.* Barcelona: Galaxia Gútemberg.

Habermas, Jürgen (1994). *Historia y crítica de la opinión pública.* Barcelona: Gustavo Gili.

Haidt, Jonathan (2001). The emotional dog and its rational tail. A social intuitionist approach to moral judgment. *Psychological Review, 108*(4), 814-834.

Haidt, Jonathan (2019). *La mente de los justos*. Madrid: Deusto.

Haidt, Jonathan y Lukianoff, Greg (2019). *La transformación de la mente moderna. Cómo las buenas intenciones y las malas ideas están condenando a una generación al fracaso*. Madrid: Deusto.

Isenberg, Daniel (1986). Group polarization: a critical review and meta-analysis. *Journal of Social and Personal Psychology*, 50, 1141-1151.

Johnen, Marius, Junbblut, Marc, Ziegele, Marc (2018). The digital outcry: What incites participation behavior in an online firestorm. *New Media & Society*, 20, 3.140-3.160.

Krause, Sharon (2008). *Civil passions. Moral sentiment and democratic deliberation*. Princeton: Princeton University Press.

Lakoff, George (2007). *No pienses en un elefante. Lenguaje y debate político*. Madrid: Editorial Complutense.

Lakoff, George (2009). *The political mind. A cognitive scientist guide to your brain and its politics*. New York: Penguin Books.

Lippmann, Walter (2003). *La opinión pública*. Madrid: Langre.

Locke, John (1999). *Ensayo sobre el entendimiento humano*. México: F.C.E.

Maquiavelo, Nicolás (2000). *El príncipe*. Madrid: Alianza.

Mendoza Pérez, Jesús Leticia (2011). Perspectivas teóricas sobre la opinión pública: Habermas y Nelle-Neumann. *Interpretextos*, 6-7, 105-118.

Mercier, Hugo (2011). What good is moral reasoning? *Mind & Society*, 10, 131-148.

Mercier, Hugo y Sperber, Dan (2011). Why do humans reason? Arguments for an argumentative theory. *Behavioral and Brain Sciences*, 34, 57-111.

Moscovici, Serge (1991). Silent majorities and loud minorities. *Communication Yearbook*, 14, 298-308.

Mounk, Yascha (2018). *El pueblo contra la democracia*. Barcelona: Paidós.

Muñoz-Alonso, Alejandro (1992). Génesis y aparición de la opinión pública. En Alejandro Muñoz Alonso, Cándido Muñoz, Juan Ignacio Rospir, José Luís Dader (eds.), *Opinión pública y comunicación política* (pp. 23-83). Madrid: Anzos.

Noelle-Neumann, Elisabeth (1995). *La espiral del silencio. Opinión pública: nuestra piel social*. Barcelona: Paidós.

Pérez Zafrilla, Pedro Jesús (2016). Is Deliberative Democracy an adaptive political theory? A critical analysis of Hugo Mercier's Argumentative Theory of Democracy. *Análise Social,* 51(220), 544-564.

Pérez Zafrilla, Pedro Jesús (2018). Marcos mentales: ¿marcos morales? Deliberación pública y democracia en la neuropolítica. *Recerca. Revista de penament i Anàlisi,* 22, 97-124.

Pérez Zafrilla, Pedro Jesús (2020). Polarización política: estado de la cuestión y orientaciones para el análisis. En Cristián Santibáñez (ed.), *Emociones, argumentación, argumentos* (pp. 95-122). Lima: Palestra.

Sartori, Giovanni (1998). *Homo videns. La sociedad teledirigida.* Madrid: Taurus.

Schkade, David, Sunstein, Cass, Hastie, Reid (2010). When deliberation produces extremism. *Critical Review,* 22, 227-252.

Sennett, Richard (1978). *El declive del hombre público.* Barcelona: Península.

Sunstein, Cass (2003). *República.com. Internet, democracia y libertad.* Barcelona: Paidós.

Tosi, Justin, Warmke, Brandon (2018). Moral grandstanding. *Philosophy and Public Affairs,* 44, 197-217.

# El reduccionismo instrumentalista de la racionalidad ecológica aplicada a las decisiones morales

## María Natalia Zavadivker[*]

### 1. Introducción

El concepto de opinión pública ha tenido una trayectoria controvertida. El motivo es que se han desarrollado en paralelo dos significaciones distintas de este concepto en los ámbitos.

En este capítulo me propongo, en primer lugar, exponer y analizar la teoría de la racionalidad limitada o ecológica de Gerd Gigerenzer. En segundo lugar haré referencia a la aplicación de dicha teoría a la esfera de la toma de decisiones morales, a los fines de demostrar que la misma presupone un enfoque puramente instrumental de la moralidad, en la medida en que la concibe como un conjunto de estrategias o medios para alcanzar ciertos fines que el autor de algún modo da por supuestos como evidentes, sin cuestionar o tematizar su carácter netamente valorativo. En otras palabras, Gigerenzer no parece advertir que la esencia de la moralidad consiste en la elección de principios categóricos en tanto fines últimos que orientan las acciones morales, y que la elección de tales principios es el objeto último, no sólo de la Ética como disciplina, sino de los razonamientos y acciones prácticas reales y concretas vinculadas a la esfera moral. Finalmente, argumentaré a favor de Gigerenzer que, si bien en el plano de la "ética sustantiva" (razonamiento y acción práctica) el reduccionismo instrumentalista (vale decir, la suposición

[*] Natalia Zavadivker es Doctora en Filosofía por la Universidad Nacional de Tucumán (UNT) e investigadora del CONICET, Argentina. Es Profesora Asociada en las cátedras de Epistemología y Evolución del pensamiento científico y Epistemología y Metodología de la investigación en la Facultad de Bioquímica, Química y Farmacia de la UNT; y Profesora Adjunta de Epistemología en la Licenciatura en Educación Física de la misma universidad. Es autora del libro *Homo Eticus. Las bases biológicas del comportamiento pro-social*, así como de una gran cantidad de artículos científicos. Su actual línea de investigación está ligada al metaanálisis y propuesta de experimentos en psicología moral y al estudio de los mecanismos psicológicos y correlatos neuronales que intervienen en la cognición moral, sobre todo desde un enfoque evolucionista. Email: zavadivker@yahoo.com.ar

de que las decisiones éticas consisten en la búsqueda de los medios más idóneos para alcanzar ciertos fines) se equivoca al no advertir que la moralidad está asociada a la elección de determinados principios y valores categóricamente asumidos como orientadores de la praxis; en el plano de la metaética evolucionista cabe asumir que tales principios y valores (entendidos cono fines) son ellos mismos, en última instancia, medios o estrategias idóneas para lidiar con desafíos adaptativos provenientes del entorno social.

Si bien Gigerenzer no proviene del campo de la Biología sino de la Psicología (ha tenido un papel trascendental en la creación de algoritmos basados en heurísticos que procuran simular las estrategias que realmente usan las personas cuando deben tomar decisiones en contextos de incertidumbre por falta de tiempo e información suficiente), su enfoque está inspirado en paradigmas ecológicos de corte evolucionista y adaptacionista, de modo tal que es posible considerar sus aportes como claramente ligados a terreno de la Biología. En este capítulo pretendemos demostrar que, si bien su original concepción de la moralidad como una subclase de decisión condicionada por el entorno resulta sumamente relevante como materia prima para la reflexión filosófica, también los abordajes provenientes de la Ética Normativa como disciplina filosófica pueden contribuir a esclarecer aspectos de la naturaleza de la moralidad que aparentemente no fueron considerados por Gigerenzer.

## 2. Racionalidad ecológica o limitada

La teoría de la racionalidad limitada se enfoca en el hecho de que la amplia mayoría de las decisiones de la vida real se realizan en contextos de incertidumbre, vale decir, las personas no cuentan de antemano con información certera respecto de todos los resultados posibles a los que conducirán tales decisiones. Un ejemplo de decisión cuyas consecuencias sí son 100% predecibles de antemano, ya que se conoce con certeza el conjunto exhaustivo y mutuamente excluyente de estados futuros del mundo y todas sus consecuencias y probabilidades, es el de los juegos de azar como la ruleta, en donde es posible calcular de antemano la probabilidad de que salga un número cualquiera dentro de un conjunto finito de opciones (Gigerenzer 2019). Estas son las denominadas decisiones de riesgo, ya que el agente asume un riesgo al hacer una apuesta sabiendo de antemano qué probabilidades tiene de ganar o perder. Para determinar la solución óptima en estos casos basta con los cálculos bayesianos de probabilidad. Savage, uno de los fundadores de la teoría bayesiana de la decisión (1954) fue quien introdujo, apelando a ejemplos de la vida real, limitaciones intrínsecas a la teoría axiomática de la racionalidad, indicando que esta sólo es aplicable a lo que él denominó "mundos pequeños". Un mundo pequeño consiste en un conjunto $S$ de estados futuros del mundo mutuamente excluyentes y exhaustivos, y un conjunto $C$ de consecuencias mutuamente excluyentes y exhaustivas de acciones del agente si ocurre un estado particular (Gigerenzer 2019). Desde el punto de vista normativo, la racionalidad axiomática, consistente en la anticipación de todos los probables estados futuros a los que conduciría una decisión x y sus consecuencias, ha sido concebida como la forma de razonamiento correcta asociada a la toma de decisiones, de modo tal que su no acatamiento conduciría indefectiblemente a la comisión de errores.

Sin embargo, esta no es la situación de la mayoría de las decisiones en la vida real, tales como qué oferta de trabajo elegir, donde invertir dinero o con quién casarse (Gigerenzer 2019). En tales casos no es posible, por definición, determinar cuál es la decisión óptima (Savage 1954), puesto que en realidad no contamos con información suficiente y definitiva respecto de cuáles serían los estados futuros del mundo en caso de adoptar uno u otro curso de acción. De allí que Herbert Simon, precursor del enfoque adoptado por Gigerenzer, haya acuñado el concepto de racionalidad limitada -en contraposición a las teorías estadísticas de la optimización vigentes sobre todo en el campo de la Economía- en alusión a las situaciones reales que solemos enfrentar los seres humanos en las que nos vemos obligados a tomar decisiones siendo incapaces de anticipar, por ejemplo, eventos futuros aleatorios que no están bajo nuestro control, lo que impide predecir con certeza los márgenes de éxito o fracaso resultantes de la decisión.

Basándose en este concepto, Simon propuso abordar el asunto desde un punto de vista descriptivo, procurando detectar cuáles son los heurísticos o atajos mentales que de hecho utilizan las personas para tomar decisiones en contextos de incertidumbre, en lugar de formular modelos "normativos" de optimización. El enfoque de la racionalidad limitada (Gigerenzer 2008a; Gigerenzer y Selten 2001a; Simon 1990), entonces, implica estudiar el modo como las personas toman decisiones reales en un mundo incierto, contando además con tiempo e información limitadas, para lo cual dependen en gran medida de heurísticos. Un heurístico es un proceso mental que ignora gran parte de la información disponible y no pretende una optimización del resultado, vale decir, no efectúa cálculos probabilísticos conscientes y explícitos en los que determina los riesgos mínimos y máximos, sólo aspira a alcanzar soluciones lo suficientemente satisfactorias. Esta versión naturalizada de la racionalidad sería aplicable, no a situaciones de riesgo (tal como fueron definidas anteriormente), sino a situaciones de intratabilidad o incertidumbre en relación con todos los posibles estados futuros y sus consecuencias (Gigerenzer 2019).

## 3. Racionalidad ecológica o limitada aplicada a la esfera moral

En su artículo "Moral Satisficing: Rethinking Moral Behavior as Bounded Rationality" (2010), Gigerenzer se propone aplicar el enfoque de la racionalidad limitada a la comprensión del comportamiento moral, asumiendo que éste depende en gran medida de heurísticos, al igual que cualquier otro tipo de decisión con la que solemos enfrentarnos en la vida real. Para este autor, también el comportamiento moral se despliega en "mundos grandes" y no en "mundos pequeños", vale decir, en ambientes en los que las alternativas, con sus consecuencias y probabilidades, no pueden conocerse con certeza de antemano, de modo tal que nuestras elecciones morales tienden a la satisfacción más que a la maximización. Al mismo tiempo, Gigerenzer afirma que, en consonancia con los preceptos de la racionalidad limitada, en asuntos de elecciones morales también la satisfacción basada en la confianza en heurísticos puede conducir a mejores resultados que los cálculos de maximización, dependiendo de la estructura del entorno. Por otra parte, afirma que la satisfacción opera típicamente con heurísticas sociales en lugar de basarse en reglas exclusivamente morales: las heurísticas subyacentes al comportamiento moral son a menudo las mismas que coordinan el comportamiento social en general, proposición que, según Gigerenzer, contrasta tanto con el consecuencialismo de reglas como con la tesis de la existencia de una gramática moral innata programada con reglas tales como "no matar".

Para Gigerenzer, el comportamiento moral no depende únicamente de estados o procesos mentales, sino que está condicionado por información proveniente del entorno social, siendo el resultado de la coincidencia (o desajuste) de los procesos mentales con la estructura de dicho entorno. En otras palabras, las reglas a las que respondemos serían heurísticas sociales inconscientes provocadas por la estructura del "nicho ecológico" en el que estamos insertos. De allí extrae la conclusión normativa según la cual, para mejorar el comportamiento moral (vale decir, para direccionarlo hacia un fin determinado), cambiar los entornos puede ser una política más exitosa que intentar cambiar las creencias o las virtudes internas (Gigerenzer 2019, 529-530). Gigerenzer ilustra además estos conceptos recurriendo a la analogía de las tijeras (*scissors analogy*) de Simon: "El comportamiento racional humano está formado por unas tijeras cuyas dos hojas son la estructura de los entornos de tareas y las capacidades computacionales del actor" (Simon 1990, 7; citado por Gigerenzer 2019, 537). La metáfora apunta a que no podemos comprender el funcionamiento de una tijera mirando solo una de sus hojas. Del mismo modo, si estudiamos sólo la mente tendremos una comprensión parcial de la conducta humana. Asimismo, la norma para evaluar una decisión moral no debe tener en cuenta solamente aspectos como su coherencia y otros principios lógicos, sino fundamentalmente *cuán exitosa resulta en el entorno en el que se aplica*, lo que implica que la conducta es una función tanto de la mente como del entorno. Por ende, el estudio de la racionalidad ecológica se pregunta básicamente en qué mundo (entorno) una heurística da mejor resultado que otra.

Sintetizando su posición general sobre la toma de decisiones en la esfera moral, Gigerenzer apela a dos principios básicos:

- La fórmula minimalista "menos es más", según la cual las decisiones basadas en heurísticos que sólo toman patrones de información mínimos del ambiente (los suficientes para desencadenar una intuición) pueden en la práctica ser más eficaces y dar lugar a mejores soluciones que complejos cálculos probabilísticos que sopesan todas las variables intervinientes y sus consecuencias.

- Las "tijeras de Simon" (*Simon scissors*), vale decir, la tesis de que la conducta es tanto una función de la mente como del ambiente, y que no se puede comprender la función de una de sus hojas (el aspecto cognitivo) sin considerar la función de la otra (el entorno al que se aplica nuestra cognición general, y la cognición moral en particular).

Gigerenzer recurre a estos dos principios para explicitar los dos objetivos de su programa de investigación:

- Un objetivo descriptivo: la explicación del comportamiento moral presente de hecho en la mayoría de las personas como una función resultante tanto de la mente como de la estructura del ambiente (vale decir, la aplicación de una perspectiva ecológica del comportamiento moral).
- Un objetivo prescriptivo: La utilización de sus modelos explicativos para extraer implicancias normativas, entendidas en términos de estrategias que permitan modificar comportamientos a los fines de promover más eficazmente determinadas metas morales. A partir de la consideración de los principios intervinientes en la conducta moral antes mencionados, los cambios conductuales podrían ser promovidos mediante la modificación de las heurísticas, los entornos, o ambas cosas.

Aquí es donde el autor introduce su perspectiva instrumentalista, al afirmar que:

> la satisfacción moral no es una teoría normativa que nos diga cuáles deben ser las metas morales de una persona: si debe inscribirse como donante de órganos, divorciarse de su cónyuge, etc. o dejar de desperdiciar energía para proteger el medio ambiente. Pero la teoría puede decirnos cómo ayudar a las personas a alcanzar una meta determinada de manera más eficiente. (Gigerenzer 2010, 538)

Antes de esgrimir nuestros comentarios críticos, comenzaremos por mostrar las fortalezas de esta perspectiva, en principio en su versión descriptiva, para lo cual aportaremos ejemplos propios (además de los señalados por el autor) que dan buenas cuentas de su plausibilidad. Cabe señalar que no nos centraremos en aspectos específicos de la propuesta del autor. Estos sólo fueron mencionados a los fines de describir su posición teórica con un mínimo de detalle. No nos abocaremos a cuestionar, por ejemplo, si los heurísticos en tanto respuestas rápidas e intuitivas pueden resultar en la práctica más eficaces para la toma de decisiones que los cálculos probabilísticos exhaustivos de las consecuencias posibles de cada acción, basados en procesos deliberativos lentos y conscientes. Nuestro objetivo no es analizar qué tipo de herramienta resulta más adaptativa para guiar el comportamiento moral. Sólo nos limitaremos a examinar el carácter netamente instrumental de la posición de Gigerenzer en relación con las elecciones morales. De acuerdo a este enfoque, los fines mismos o metas últimas hacia las que tienden nuestras decisiones no son el verdadero objeto de estudio de la moralidad. Su atención está centrada exclusivamente en los medios, estrategias o vías para alcanzar dichos fines (cuyo status moral en principio resulta indiferente o no constituye el tema central de sus reflexiones). Aun así el autor parece adoptar una perspectiva pragmática en virtud de la cual asume sin mayor discusión cuáles son los fines deseables hacia los que solemos (o deberíamos) apuntar de manera prácticamente evidente, como dando por sentado que tales fines no son ellos mismos algo que deba discutirse porque "caen de suyo" (considérese el ejemplo de Gigerenzer sobre las medidas para promover la donación de órganos, que será abordado posteriormente). Más adelante propondremos una explicación desde una posición evolucionista ya no sustantiva, sino metaética, de porqué existen ciertos valores (como el de la vida y la salud) que gozan de un consenso tan generalizado que ni siquiera advertimos su carácter valorativo, y tendemos a creer que sólo basta con el conocimiento instrumental que nos permitiría alcanzar su consecución para decidir implementarlo sin necesidad de preguntarnos si se trata de un fin deseable o digno de ser alcanzado.

Gigerenzer comienza abordando el aspecto descriptivo de las conductas morales, analizándolas tal como se manifiestan en el mundo real, bajo el supuesto de que éstas están condicionadas en gran medida por las características de los entornos sociales en los que nos hallamos inmersos. Su cosmovisión subyacente es el supuesto adaptacionista de que toda creencia y comportamiento implica un ajuste de nuestras capacidades cognitivas a presiones ecológicas reales, más el aprovechamiento de la información y los recursos disponibles en el entorno. De este modo, los entornos sociales serían los desencadenantes de determinadas reglas generales, y provocarían, dependiendo de cuáles sean éstas, conductas moralmente aceptables o reprobables. Un ejemplo muy ilustrativo y actual que avalaría esta concepción es el de la modificación de muchas reglas profundamente arraigadas en el contexto de la pandemia global de covid-19. Ciertas normas de comportamiento que en situaciones "normales" eran consideradas buenas y deseables (e incluso se fomentaba su promoción) tales como el contacto social cara a cara en contraposición a las interacciones sociales virtuales, el poder sanador del abrazo, las muestras de afecto al saludarse entre amigos o familiares, el "poner el cuerpo" en asambleas, manifestaciones o marchas para reclamar por alguna causa en lugar de tener una participación meramente pasiva mediante juntada de firmas por internet, etc.; en la actualidad son vistas como comportamientos negativos, peligrosos y amenazantes. Incluso principios morales que para muchos de nosotros serían incláudicables en condiciones "normales", como el resguardo de las libertades y derechos individuales, también han sido puestos entre paréntesis y resultan claramente cuestionables en un escenario tan atípico como el de la pandemia, en el que hemos tenido que resignificar nuestra escala de valores a la luz de las condiciones impuestas por un nuevo contexto en el que el ejercicio de libertades individuales, que en otras situaciones sería lo normal y aceptable, puede generar graves consecuencias al poner en peligro la salud e integridad de terceros y generar efectos devastadores a escala global. Incluso más allá de nuestra comprensión racional de que las normas que promueven el aislamiento y el distanciamiento social son temporarias y cambiarán una vez solucionado el problema, puede que a nivel inconsciente no sólo incorporemos algunos de estos hábitos de comportamiento a largo plazo, sino incluso que nuestros juicios morales se modifiquen sustancialmente y empecemos a percibir como "objetivamente malas" ciertas prácticas sociales que antes nos parecían totalmente naturales, e incluso "buenas". Algo similar sucedió históricamente con muchos preceptos religiosos ancestrales, tales como los mandatos de la religión judía (por ej., la prohibición de consumir cerdo o técnicas específicas de cocción y combinación de los alimentos). Estos preceptos parecen tener una significación claramente sanitaria (en otras épocas el cerdo, por ejemplo, era la fuente de propagación del parásito causante de la triquinosis) y es muy probable que estén ligados a situaciones de epidemias e insalubridad en el pasado. El hecho de haberlas revestido de un tinte de sacralidad o mandato trascendente ha permitido su persistencia hasta nuestros días en determinadas comunidades, lo cual es una prueba del valor adaptativo de la "deontologización" o sacralización de normas que en principio parecen cumplir un rol meramente instrumental o utilitario.

Los ejemplos anteriores pretenden ilustrar en qué medida nuestras creencias y juicios de valor (lo que en determinado momento histórico y entorno socio-cultural concebimos como bueno o malo, correcto e incorrecto, deseable o indeseable), las cuales a su vez guían nuestra normatividad y nuestras decisiones morales concretas, son sensibles a las presiones y desafíos reales que nos impone el entorno (natural y fundamentalmente social). Gigerenzer pone además el énfasis en el hecho de que muchos de estos intentos de ajustar el comportamiento a las presiones del entorno dependen de heurísticos relativamente simples que sólo consideran los aspectos más relevantes de una situación e ignoran todo el caudal de datos involucrados, precisamente por lo que señalábamos con anterioridad en relación con la toma de decisiones en "mundos grandes", en los que de todos modos la consideración de todas las variables intervinientes, resultados posibles y sus efectos no es viable por el componente de incertidumbre ligado al hecho de que es imposible prever de antemano todas las consecuencias de un determinado curso de acción. La apuesta de Gigerenzer es que estos heurísticos o atajos mentales, entendidos como respuestas rápidas y poco reflexivas basadas en información parcial y limitada, no dan lugar a meros errores ni deben ser concebidos, a la manera de Kahneman y Tversky, como sesgos y falencias que deben ser detectados y mantenidos a raya mediante la apelación al pensamiento racional, lento y deliberado, el único concebido como la vía propicia para tomar las mejores decisiones posibles en la esfera moral y en la vida práctica en general. Por el contrario, su apuesta es que tales atajos podrían resultar en la práctica (al menos en algunos casos) más eficaces que complejos cálculos probabilísticos que sopesan demasiadas variables en lugar de prestar una atención selectiva a aspectos intuitivamente más relevantes. Estas respuestas adaptativas estarían orientadas a la mera satisfacción y no a la optimización de los resultados (vale decir, a alcanzar resultados lo suficientemente aceptables, posición compatible con el modo como la mayoría de los biólogos evolucionistas suelen concebir las adaptaciones biológicas en general, las cuales suelen orientarse a alcanzar estándares mínimamente aceptables de supervivencia de modo de no ser "penalizadas" por el ambiente, en lugar de consistir en soluciones óptimas). Este y otros aspectos, tales como la idea de que la modificación de los entornos podría resultar más útil para inducir comportamientos deseables que apuntar directamente sobre el comportamiento, son tomados por Gigerenzer para extraer consecuencias normativas de su enfoque, entendidas éstas como estrategias viables para promover la modificación del comportamiento en la dirección deseada. Como ejemplo, cita el caso de la donación de órganos, alegando que el uso de la vía negativa (mediante alguna ley o cláusula que indique que todas las personas son potenciales donantes a menos que expresen manifiestamente lo contrario) ha resultado mucho más útil en la práctica que cualquier propaganda tendiente a instar a la donación voluntaria expresa, y da razones de índole psicológica y pragmática (tales como que la gente simplemente dará por sentada la norma y no se tomará el trabajo de hacer un trámite específico para dejarla sin efecto) ligadas a formas adecuadas de "sensar" las condiciones del entorno ecológico sobre las que se aplicarán las decisiones. También recurre al clásico ejemplo del "síndrome de las ventanas rotas"[1] para ilustrar la misma idea (en qué medida la manipulación de los entornos afecta y condiciona el comportamiento en una dirección determinada).

Pero el talón de Aquiles de este abordaje es que, al instrumentalizar las decisiones morales tomándolas como una sub-clase de decisiones sensibles al contexto, Gigerenzer no distingue entre dos niveles diferentes de decisiones: aquellas pragmáticamente orientadas al logro de un fin asumido de antemano como valioso, y aquellas orientadas a la elección de los fines mismos o principios morales sustantivos, que en el fondo constituyen la esencia de la ética, en la medida en que las reglas de comportamiento particulares estarían al servicio de tales principios. Así,

---

[1] Se ha comprobado experimentalmente que si se deja un auto abandonado con una ventana rota al poco tiempo éste es vandalizado, y se atribuye este efecto psicológico a que el aspecto de abandono y dejadez incita a las personas a ajustar su comportamiento a esas señales, promoviendo conductas delictivas y antisociales, mientras que entornos pulcros, prolijos y bien cuidados generarían el efecto contrario.

en los ejemplos aludidos se da por sentado sin ningún tipo de cuestionamiento que el fin último al cual deben orientarse ciertas decisiones en materia sanitaria es la preservación de la salud, y en el límite, de la vida. Tal como lo señalábamos anteriormente, no es casual que dicho propósito resulte tan evidente que ni siquiera lo advertimos ni necesitamos hacer consciente su carácter netamente valorativo, ya que, en última instancia, podemos asumir desde el punto de vista biológico que la supervivencia es la meta final hacia la que tienden todos los organismos vivos. Pero aun así sigue tratándose de una meta particular a la que le adjudicamos un enorme peso valorativo, no de una suerte de "hecho", por mucho que lo demos por supuesto. El carácter de valoración estrictamente moral en este caso, en contraposición a cualquier otro tipo de valoración capaz de orientar la acción práctica, es que medidas como la donación de órganos o el distanciamiento social no sólo apuntan a la preservación de cada individuo sino también al cuidado de los demás, y por ende, a la supervivencia de terceros y de las sociedades o la población en general. Sin embargo, cabe señalar que cualquier tipo de decisión, ya sea que pertenezca a la esfera amoral (individual) o moral (con repercusiones sobre terceros y sobre la sociedad en general) siempre estará orientada a fines que dependen de nuestros valores (vale decir, de lo que ponderamos como valioso, importante o deseable).

En resumen, Gigerenzer instrumentaliza las decisiones morales (aunque también las decisiones en general) al percibirlas como estrategias adaptativas basadas en la flexibilidad humana para evaluar y sensar las condiciones específicas de contextos sociales y ambientales determinados y adaptarse eficazmente a ciertos desafíos concretos que nos interpelan en diversas circunstancias. Al mismo tiempo, desde un punto de vista normativo insta a modificar ciertas condiciones del contexto (como las instituciones sociales, los discursos y estrategias para manipular el comportamiento social, etc.) a fin de inducir acciones que da por sentadas de antemano como "moralmente adecuadas", en consonancia con una perspectiva pragmática que ya no se molesta en poner en tela de juicio los fines últimos del comportamiento, sino que asume más o menos espontáneamente que existen ciertos fines objetivamente deseables, o que al menos gozan de un amplio consenso y nadie sometería a discusión. Sin embargo, si lo que pretende develar el autor es de algún modo la esencia de la moralidad humana, podríamos decir que ésta se orienta fundamentalmente a la discusión sobre los fines mismos que persigue toda decisión o comportamiento, y la ponderación positiva o negativa de los valores asociados a dichos fines. La discusión y controversia en torno de los valores y fines últimos no puede ser eludida por ninguna aproximación naturalista, cognitivista o pragmática del fenómeno de la moral.

La posición de Gigerenzer implica además un reduccionismo cognitivista, ya que hace referencia a los factores exclusivamente cognitivos implicados en las decisiones morales. Esto se debe a que Gigerenzer sólo está considerando los medios o estrategias más apropiados para alcanzar un fin, para lo cual se requiere recabar datos o información proveniente del entorno, o comprender las relaciones causales entre ciertos cursos de acción y ciertas consecuencias, todo lo cual implica la activación de recursos cognitivos que a su vez se nutren de información o inputs del entorno. En tal sentido, cuando Gigerenzer apela al término "intuición" aplicado a la esfera moral, está usando dicho término en un sentido muy diferente al que le dieron la mayoría de los filósofos y psicólogos morales, ya que en su caso está refiriéndose a formas intuitivas de resolver problemas o guiarse en el terreno de la praxis de manera más o menos eficaz, vale decir, está haciendo alusión a intuiciones sobre cursos de acción "correctos", en el sentido de adecuados o idóneos si lo que se desea es alcanzar un fin determinado. Esta teoría intuicionista difiere del intuicionismo filosófico clásico, que hace referencia a la posibilidad de capturar de manera intuitiva los *principios y valores morales propiamente dichos*, entendidos estos como los *fines* mismos a los que supeditamos nuestras acciones. También la teoría intuicionista-social de Haidt hace referencia a intuiciones morales que desencadenan sentimientos de aceptación o rechazo frente a ciertas situaciones moralmente evaluables, y por ende estarían relacionadas con la intuición de principios y valores morales.

En otras palabras, las intuiciones para la mayoría de las corrientes en Filosofía y Psicología Moral no serían sobre los medios más adecuados para alcanzar un fin (como en las teorías de la decisión) sino sobre los fines mismos, inspirados en principios y valores, los cuales tradicionalmente son objeto de reflexión por parte de la ética normativa. Gigerenzer, en cambio, reduce la cuestión de la moralidad a un asunto meramente cognitivo ligado a la toma de decisiones pero asumiendo implícitamente que el fin a alcanzar mediante el curso de acción elegido no es en sí mismo el objeto de interés ni de cuestionamiento, de lo que se trata es simplemente de cómo alcanzarlo con mayor eficacia. Como ya lo señalamos, Gigerenzer admite tácitamente el carácter meramente instrumental de su propuesta al afirmar que su perspectiva teórica no se aboca a decirle a la gente a qué fines debe aspirar ni qué propósitos son moralmente correctos o incorrectos, sino a generar las condiciones más favorables para viabilizar sus propias metas personales. Sin embargo, da la sensación de que el autor no percibe que la esencia de la moralidad apunta a la reflexión y cuestionamiento sobre los fines y valores últimos, sobre por qué o en qué medida ciertas metas son más deseables que otras, en qué medida podemos juzgarlas como moralmente correctas o incorrectas, etc. Por otra parte, cuando hablamos de decisiones morales no estamos pensando tanto en distintas vías alternativas para alcanzar un mismo fin (si bien los medios mismos también pueden ser objeto de consideración moral), sino más bien de opciones alternativas a favor de unos u otros fines, cada uno de los cuales está inspirado en principios y valores morales diferentes, e incluso opuestos. Esto se torna patente a la hora de analizar diversos dilemas morales, en los que se requiere realizar una ponderación entre principios alternativos a los fines de sopesar cuál de ellos posee mayor relevancia moral en la situación planteada, y, por ende, debería ser el que oriente la decisión final[2]. En otras palabras, el autor aborda la cuestión de la toma de decisiones morales sólo en el sentido instrumental de sopesar cuál de ellas contribuye más eficazmente a la satisfacción de una meta moral determinada, cuando éstas dependen en realidad de los fines mismos que consideramos deseable alcanzar y los valores en los que se inspiran, de modo tal que consisten básicamente en ponderar el peso específico (en algunos casos meramente volitivo, en otros propiamente moral) que tienen para nosotros ciertos valores en contraposición a otros.

En síntesis, resulta necesario distinguir entre la aplicación de determinadas reglas en tanto medios o instrumentos para la consecución de ciertos fines adaptativos en función de sensar las características del contexto; y los fines mismos orientados por ciertos principios generales, cuyo valor es asumido no como hipotético o instrumental sino como categórico. Esto es claramente aplicable al terreno de la moralidad, pero lo es también para cualquier tipo de decisión práctica, incluyendo las que no tienen connotaciones propiamente morales, vale decir, las que atañen a cada individuo sin afectar a un tercero o a la comunidad. Por ejemplo, las teorías de la decisión racional vigentes en el campo de la economía actualmente asumen que el concepto de "utilidad" es claramente subjetivo ya que no puede agotarse, ni siquiera en el terreno económico, en la mera utilidad monetaria. La utilidad sería en cambio aquello que cada agente, usuario o consumidor considere valioso o importante para sí mismo, de modo que puede abarcar un espectro casi infinito de "bienes" subjetivamente valorados por individuos concretos.

## 4. ¿Cómo entender la racionalidad ecológica orientada a fines desde una metaética evolucionista?

Todo lo antedicho indica que cuando Gigerenzer aplica la racionalidad ecológica a la esfera moral está usando la noción de racionalidad en un sentido meramente estratégico, no compatible con la idea de racionalidad ampliada orientada a fines de inspiración kantiana (con antecedentes en la filosofía griega) y que actualmente sustentan corrientes filosóficas tales como la ética del discurso.

---

[2] Para dar un ejemplo cualquiera, considérese el clásico dilema (entre tantos otros) que nos interpela en la pandemia global de covid-19: ¿debemos priorizar la salud y la vida de la población, y por ende adoptar medidas que restrinjan la circulación de las personas; o debemos priorizar la economía, procurando mantener las fuentes de trabajo, y en consecuencia permitir ciertas actividades aunque éstas favorezcan la circulación del virus y contribuyan a incrementar los casos de covid? Si bien es cierto que en este caso –así como en muchos otros- todos podríamos estar de acuerdo respecto de cuál es la meta más deseable (preservar tanto la salud de la población como la prosperidad económica y las fuentes de trabajo), se trata de un dilema precisamente porque ambas cosas no son posibles al mismo tiempo, de modo tal que nos vemos obligados a optar por uno u otro fin, para lo cual debemos adjudicar un valor específico a cada uno de ellos y optar en base a la ponderación de la relevancia relativa atribuida a uno y a otro.

En contraposición a la perspectiva instrumentalista de Gigerenzer, en este trabajo hemos argumentado que la esencia de la ética como disciplina consiste en la reflexión sobre los juicios categóricos y no meramente hipotéticos (en términos kantianos), vale decir, sobre los principios últimos categóricamente asumidos hacia los cuales orientamos nuestras acciones, de modo tal que la reducción de la toma de decisiones moralmente relevantes a una cuestión meramente instrumental parece dejar afuera el aspecto más controvertido e inasible del fenómeno de la moralidad, a saber la discusión y reflexión sobre los fines mismos que orientan nuestras acciones.

Ahora bien, si examinamos el asunto desde la perspectiva metaética sustentada por la teoría evolucionista ¿no cabría la posibilidad de que ciertos principios morales categóricamente sustentados, a los cuales solemos adherir espontáneamente, asumiendo incluso su valor incondicional, en el fondo sean ellos mismos medios o herramientas adaptativas eficaces para lidiar con desafíos y problemas usuales en el entorno social en el que nos desenvolvemos? Dicho de otro modo ¿podrían nuestras estructuras cognitivas (o bien nuestra información genética) estar equipadas a priori con ciertas disposiciones (viabilizadas por ciertas emociones morales) que nos instan a sustentar determinado tipo de creencias, juicios de valor y comportamientos morales por resultar buenas soluciones a ciertos desafíos adaptativos propios de la vida en sociedad, que es el nicho ecológico por excelencia de la especie humana?

La perspectiva evolucionista parte del supuesto general de que cualquier rasgo fenotípico (fisiológico, morfológico, conductual, perceptual, cognitivo, etc.) presente en el bagaje genético de la mayoría de los miembros de una población, puede ser tomado como una adaptación biológica a un determinado entorno y a determinadas presiones selectivas. Vale decir, "está allí" como resultado de un proceso de selección natural, por haber contribuido (más eficazmente que otras variantes disponibles en el pasado ancestral) al desempeño exitoso del organismo portador, en términos de supervivencia y éxito reproductivo. A dicho enfoque filogenético, que aportaría las razones evolutivas del bagaje genético con el que vienen equipados los organismos antes de interactuar con el ambiente; habría que sumarle además la perspectiva ontogenética, que daría cuenta del aprendizaje por ensayo y error que cada organismo realiza en interacción directa con el entorno, a lo largo de su desarrollo (Zavadivker 2014a). Si tal fuera el caso, incluso los principios que tendemos a defender categórica e incondicionalmente, si bien serían percibidos como fines últimos hacia los que asumimos que deberían dirigirse nuestras acciones, en un nivel metaético serían también medios para el logro de las metas adaptativas hacia las que tiende cualquier organismo vivo: la supervivencia y la reproducción.

Las creencias morales constituyen una sub-clase de creencias vinculadas a la forma correcta de desempeñarnos en la vida práctica. Particularmente hacen referencia a la orientación de nuestro comportamiento en el entorno social, en el que nos vemos forzados a tomar decisiones que involucran a otros sujetos. La Psicología Evolucionista sostiene que venimos equipados genéticamente con un conjunto de impulsos o disposiciones innatas que nos llevan a preferir ciertos valores a otros, y que dichas preferencias poseen, a su vez, fuertes connotaciones emocionales. Estas inclinaciones, al igual que cualquier disposición presente en nuestra configuración cerebral, estarían almacenadas en la memoria genética de nuestra especie como resultado de miles de años de aprendizaje por ensayo y error en el entorno ecológico en el que evolucionaron nuestros ancestros. Este acopio de estrategias adaptativas específicas para lidiar con condiciones concretas de un ambiente dado, aparecería plasmado en un conjunto de módulos cerebrales específicos que habrían evolucionado en respuesta a diversas presiones selectivas concretas y recurrentes del entorno ancestral, cuando sobrevivíamos como cazadores-recolectores en el Pleistoceno Superior (Barkow, Cosmides y Tooby 1992, 5). Cabe destacar que una característica crucial del "nicho ecológico" de nuestra especie, es su carácter primordialmente social. Esto se debe a que, dadas nuestras limitaciones morfogenéticas, tales como la escasez de adaptaciones físicas especializadas para lidiar con la adversidad del ambiente (garras, pezuñas o colmillos prominentes para capturar presas o defendernos de los predadores, pelo para protegernos del frío, etc.) y la extrema inmadurez e indefensión en nuestra primera infancia, nos es imposible satisfacer por cuenta propia todas nuestras complejas necesidades ligadas a la supervivencia y el bienestar. Esto lleva a que la preservación de cada individuo humano dependa crucialmente de su inmersión en un contexto social organizado, en el que debe establecer necesarias interacciones cooperativas con otros sujetos. De allí que la Psicología Evolucionista sostenga que estaríamos genéticamente equipados para sustentar ciertas valoraciones acerca del comportamiento "correcto" o "incorrecto", que habrían emanado de miles de años de acumulación de experiencia colectiva en el terreno de las interacciones sociales; de las cuales habrían surgido situaciones conflictivas típicas (Zavadivker 2014a).

De este modo, la concepción metaética sustentada por el evolucionismo parece adjudicar a las creencias morales (plasmadas en asunciones categóricas acerca de lo bueno y lo malo, o lo correcto e incorrecto) un valor puramente pragmático o utilitario. Las decisiones basadas en evaluaciones morales serían tan sólo estrategias útiles o inútiles para contribuir a nuestro desempeño eficaz en sociedad, en la medida en que nos ayuden o no a lidiar con problemas que surgen usualmente en el seno de la convivencia social. A esta perspectiva se le agrega además el ingrediente, que no consideraremos aquí, de la motivación en última instancia egoísta o basada en el autointerés hacia la que tiende el comportamiento de cualquier organismo vivo, lo que no impide que en diversas especies sociales (fundamentalmente en la nuestra) hayan prosperado disposiciones emocionales genuinamente orientadas al altruismo y la cooperación -lo que se conoce como emociones pro-sociales- por resultar medios eficaces para la perpetuación de la especie, de las comunidades y grupos sociales, e indirectamente, de los individuos que las componen. De allí que podamos disociar las disposiciones psicológicas de las personas en un plano sustantivo, que bien pueden incluir genuinos sentimientos morales y cierto interés real por el bienestar de los demás, emociones que se plasman en la adhesión a valores y la formulación de principios morales que asumimos categóricamente como "verdaderos" o válidos (actitud deontologista), de las razones biológicas últimas por las cuales estaríamos genética y cognitivamente equipados para adherir a tales disposiciones sólo por su utilidad adaptativa, utilidad que tampoco posee como tal una validez universal, sino que depende de presiones específicas de contextos ecológicos reales. En otras palabras, desde una perspectiva metaética la concepción evolucionista interpreta nuestras inclinaciones, decisiones y comportamientos morales como una sub-clase más de adaptación biológica, que por ende no posee un valor moral per se, sino un valor supeditado a su potencialidad adaptativa en tanto respuesta eficaz frente a ciertas demandas del entorno.

Si bien no abordaremos este tema acá, esta perspectiva permitiría explicar no sólo el consenso generalizado en torno de ciertos valores y principios básicos, por ejemplo, en la medida en que promueven actitudes y comportamientos favorables para garantizar una convivencia social relativamente pacífica y armónica, o bien la cooperación mutua a los fines de que todos obtengan beneficios parciales de la misma; sino también el disenso y la controversia entre valores y principios antagónicos, puesto que podríamos encontrar correlaciones entre diversas normas y valores, aun de signo contrario, y su potencialidad para resolver problemas adaptativos específicos, a menudo contradictorios, que emanan de la vida en sociedad y la interacción con otros. No hay estrategias evolutivamente estables únicas en materia de toma de decisiones en la esfera social (y, por ende, moral) ya que, como bien lo señala Gigerenzer, tendemos a ajustar nuestro comportamiento a variables específicas del entorno, que en este caso involucran, entre otros aspectos, el comportamiento de los demás.

### Referencias bibliográficas

Barkow, J., Cosmides, L., Tobby, J. (1992). *The adapted mind. Evolutionary Psichology and the generation of Culture.* Oxford: Oxford University Press.

Gigerenzer, G. (2010). Moral satisficing: Rethinking moral behavior as bounded rationality. *Topics in Cognitive Science, 2*(3), 528-554. https://doi.org/10.1111/j.1756-8765.2010.01094.x

Gigerenzer, G. (2919). Axiomatic rationality and ecological rationality. *Synthese*, 198, 3547-3564 https://doi.org/10.1007/s11229-019-02296-5

Kahneman, D. (2011). *Thinking, Fast and Slow.* London: Macmillan.

Macbeth, G., Cortada de Kohan, N. (2005). *Repensar la racionalidad humana en la investigación de las decisiones bajo incertidumbre. XII Jornadas de Investigación y Primer Encuentro de Investigadores en Psicología del Mercosur.* Buenos Aires: Facultad de Psicología, Universidad de Buenos Aires.

Savage, L. J. (1954). *The foundations of statistics.* New York: Wiley.

Tversky, A., Kahneman, D. (1973). Availability: A heuristic for judging frequency and probability. *Cognitive Psychology, 5*(2), 207-232. https://doi.org/10.1016/0010-0285(73)90033-9

Viale, R. (2021). The epistemic uncertainty of COVID-19: failures and successes of heuristics in clinical decision-making. *Mind & Society,* 20, 149–154. https://doi.org/10.1007/s11299-020-00262-0

Zavadivker, M. N. (2010). Aportes de la biología evolucionista y la psicología cognitiva a la polémica positivismo-iusnaturalismo. *Ludus Vitalis, 18*(33), 133-154.

Zavadivker, M. N. (2014a). Adaptación biológica y valor de verdad en creencias cognitivas y morales. *Nuevas Fronteras de Filosofía Práctica,* 2(2), 1-27.

Zavadivker, M. N. (2014b). *La conducta social y sus resabios biológicos. Aportes de la sociobiología al problema de la cohesión social y del origen de la ética.* San Miguel de Tucumán: Editorial La Monteagudo.

www.ingramcontent.com/pod-product-compliance
Lightning Source LLC
Chambersburg PA
CBHW071327190426
43193CB00041B/898